非线性脉冲微分系统

傅希林　闫宝强　刘衍胜　著

科学出版社

北　京

内 容 简 介

本书详细论述了非线性脉冲微分系统的最新研究成果,主要内容包括非线性脉冲微分系统基本理论、几何理论、稳定性理论、边值问题以及非线性脉冲偏微分系统的振动理论,同时还给出了脉冲微分系统的若干应用模型.

本书可以作为高等院校数学及控制、管理、工程、医学等专业的大学生、研究生、教师及相关专业科研人员的参考书.

图书在版编目(CIP)数据

非线性脉冲微分系统/傅希林, 闫宝强, 刘衍胜著. —北京: 科学出版社, 2008

ISBN 978-7-03-021392-1

Ⅰ.非… Ⅱ.①傅… ②闫… ③刘… Ⅲ.非线性-微分-脉冲系统 Ⅳ.O172.1

中国版本图书馆 CIP 数据核字(2008) 第 034463 号

责任编辑: 吕 虹 赵彦超 / 责任校对: 陈玉凤
责任印制: 徐晓晨 / 封面设计: 王 浩

科 学 出 版 社 出版
北京东黄城根北街 16 号
邮政编码: 100717
http://www.sciencep.com

北京建宏印刷有限公司 印刷
科学出版社发行 各地新华书店经销
*
2008 年 6 月第 一 版 开本: B5(720×1000)
2018 年 5 月第二次印刷 印张: 22
字数: 423 000
定价: **149.00 元**
(如有印装质量问题,我社负责调换)

前　言

作为一种瞬时突变现象, 脉冲现象在现代科技各领域的实际问题中普遍存在, 其数学模型往往可归结为脉冲微分系统. 最新研究表明, 脉冲微分系统来源于实践, 应用于实践, 在科技领域及工程技术中层出不穷, 有着重要的应用价值.

脉冲微分系统的研究始于 1960 年 Mil'man 和 Myshkis 的工作. 自 20 世纪 80 年代后逐渐引起微分系统学者的兴趣和关注, 特别是自 20 世纪 90 年代以来, 逐渐形成了非线性微分系统的热点研究领域, 并取得一批重要成果.

进入 21 世纪后, 作为非线性微分系统领域一个新的分支, 脉冲微分系统的研究十分活跃并取得了重要进展. 譬如, 脉冲自治系统的几何理论取得新的研究成果; 具无穷延滞的脉冲微分系统解的基本理论开始建立; 对于具依赖状态脉冲情形的研究取得重要突破; 脉冲泛函周期边值问题的研究取得可喜进展; 脉冲泛函偏微分系统的振动性取得深刻结果, 特别是关于脉冲微分系统的应用研究成果层出不穷.

本书旨在向读者阐述当前脉冲微分系统研究的主要内容、典型方法和最新成果, 其中包括作者及合作者近年的一些成果. 本书按照通常对非线性微分系统研究的核心课题划分章节和展开论述, 并自始至终突出阐述近年在 "脉冲" 与 "时滞" 共存情况下的最新研究成果. 譬如, 第 1 章重点阐述非线性脉冲微分系统的基本理论 (包括无穷延滞情形); 第 3 章重点介绍具有有界滞量、p 时滞以及无穷延滞的非线性脉冲微分系统的稳定性理论; 第 4 章研究非线性脉冲微分系统的周期边值问题解的存在性; 第 5 章阐述具有时滞的抛物型和双曲型脉冲偏微分系统的振动性; 第 2 章和第 6 章重点介绍脉冲微分系统的吸引子 (包括奇点吸引子、极限环吸引子和混沌吸引子) 的最新研究成果及应用模型.

希望本书能使更多的读者对当前非线性脉冲微分系统的理论与研究方法有一个基本的了解, 以便尽快掌握该领域的概貌. 当然限于我们的水平, 本书定会有不当之处, 敬请读者指正.

在撰写本书的过程中得到了郭柏灵院士的鼓励和支持, 我们表示由衷的感谢. 山东师范大学数学科学学院张立琴教授对该书提出宝贵意见并做了一定的工作, 在此表示深切的谢意. 本书的出版得到国家自然科学基金 (10571111)、山东省自然科学基金 (Y2005A07,Y2006A22,Y2007A10) 以及山东师范大学出版基金的资助, 在此一并致谢.

作　者

2007 年 12 月

目　　录

绪　　论

瞬时突变现象 (通常称为脉冲现象) 在现代科技各领域的实际问题中普遍存在, 且往往对实际问题的规律产生本质的影响. 因此, 在建立数学模型对这些实际问题进行研究时, 必须充分考虑脉冲现象的作用, 这类数学模型往往可归纳为脉冲微分系统. 脉冲微分系统最突出的特点是能够充分考虑瞬时突变现象对状态的影响, 更深刻、更精确地反映事物的变化规律, 譬如, 对著名的产生蝴蝶效应的 Lorenz 系统考虑脉冲的影响, 经研究发现, 在不同脉冲输入时可导致 Lorenz 系统吸引子的轨道发生本质变化, 出现单圈的吸引子, 甚至是近似于周期的轨道 [2,13]. 又如著名的 Hopfield 神经网络模型, 最新研究表明, 脉冲也会对其动力学行为产生本质影响 [11,12]. 近年来, 脉冲微分系统在混沌控制、机密通信、航天技术、风险管理、信息科学、生命科学、医学、经济等领域均有重要应用 [12,14~22]. 因此, 脉冲微分系统来源于实践, 应用于实践, 在科技领域有着重要的应用价值.

鉴于脉冲微分系统在诸多科技领域实际问题的精细研究中日益显现出的深刻实际意义和应用价值, 对其研究引起了微分系统学者专家的重视与兴趣, 并逐渐形成非线性微分系统的热点研究领域. 学者们特别关注脉冲是如何对系统的状态进行影响的, 试图揭示脉冲导致系统规律出现的本质变化. 研究发现, 脉冲微分系统绝不是连续系统与离散系统的简单叠加, 而是综合了连续和离散系统的特征, 但又超出了连续和离散系统的范围, 还有许多带有根本性的问题亟待解决, 而脉冲微分系统解的不连续性也给研究带来了新的困难, 亟待寻求新的研究方法和途径. 因此, 关于脉冲微分系统的研究在理论上也极具吸引力和挑战性, 并具有重要理论意义.

作为非线性微分系统一个新的分支, 关于脉冲微分系统的研究已取得一批重要结果. Lakshmikantham 等对该领域 20 世纪 90 年代以前的基本研究成果进行了系统总结 [6], 其特点是所考虑的系统只含脉冲而不含时滞; 本书对 20 世纪 90 年代至 21 世纪初的若干重要研究成果进行了系统阐述, 其特点是着重阐述不含时滞的脉冲微分系统的几何理论、稳定性理论、边值问题、脉冲偏微分系统的振动理论. 值得指出的是, 对运动复杂情况的研究尚处于初始阶段, 而关于 "脉冲" 与 "时滞" 共存情况下的研究也只是取得了初步成果 [8~11], 因而本书主要侧重于对具有有界滞量脉冲时滞微分系统的基本研究成果的介绍. 近年关于脉冲微分系统的研究十分活跃, 并取得了重要进展. 譬如, 脉冲自治系统的几何理论又取得新的研究成果, 具无穷延滞的脉冲微分系统解的性质的研究取得了实质进展, 对于具依赖状态脉冲情形的研究取得重要突破, 脉冲泛函周期边值问题的研究成果层出不穷, 脉冲泛函偏微分系统的振动性取得深刻结果. 特别是关于脉冲微分系统的应用研究取得可喜进展, 充分反映了脉冲微分系统在现代科技领域深刻的应用背景和重要的应用价值.

下面给出脉冲微分系统的一般定义.

定义 1 (脉冲微分系统)　(i) 考虑微分系统

$$\frac{\mathrm{d}x}{\mathrm{d}t} = f(t, x), \tag{1}$$

这里 $f: R^+ \times \Omega \to R^n, \Omega \subseteq R^n$ 是开集, R^n 是 n 维空间, $R^+ = [0, +\infty)$ 和

(ii) 集合 $M(t), N(t) \subseteq \Omega, \forall t \in R^+$, 及

(iii) 算子 $A(t) : M(t) \to N(t), \forall t \in R^+$.

设 $x(t) = x(t, t_0, x_0)$ 是系统 (1) 满足 $x(t_0) = x_0$ 的解, 并且具有下列特点: 点 $P_t = (t, x(t))$ 开始于 (t_0, x_0), 沿弧线 $\{(t, x) : t \geqslant t > t_0, x = x(t)\}$ 运动直到点 $t_1 > t_0$, 在 t_1 处遇到集合 $M(t)$. 在 $t = t_1$ 处, $A(t)$ 将 $P_{t_1} = (t_1, x(t_1))$ 变成 $P_{t_1^+} = (t_1, x_1^+) \in N(t_1)$, 这里 $x_1^+ = A(t_1)x(t_1)$. 而 P_t 沿着系统 (1) 的解 $x(t) = x(t, t_1, x_1^+)$ 所代表的弧继续运动直到在 $t_2 > t_1$ 遇到 $M(t)$. 从而 $P_2(t_2, x(t_2))$ 被变成 $P_{t_2^+} = (t_2, x_2^+) \in N(t_2)$, 这里 $x_2^+ = A(t_2)x(t_2)$. 像前面一样, P_t 沿着系统 (1) 的解 $x(t) = x(t, t_1, x_2^+)$ 所代表的弧继续运动. 如果 P_t 系统 (1) 的解存在则一直进行下去. 我们将具有上述运动过程的 (i)~(iii) 综合起来称为脉冲微分系统, 由 P_t 所描述的弧称为积分弧, 而积分弧所代表的函数称为脉冲微分系统的解.

一个脉冲微分系统的解有三种情况: (a) 是连续函数, 这时积分弧不遇到 $M(t)$ 或在 $A(t)$ 的不动点遇到 $M(t)$; (b) 具有有限个不连续点的逐段连续函数, 这时在 $A(t)$ 的有限个非不动点上遇到 $M(t)$; (c) 具有可数个不连续点的逐段连续函数, 这时在 $A(t)$ 的可数个非不动点上遇到 $M(t)$.

P_t 遇到 $M(t)$ 时所在的时刻 t_k 称为脉冲时刻. 假设脉冲微分系统的解在所有脉冲时刻都是左连续的, 即 $x(t_k^-) = \lim_{h \to 0^+} x(t_k - h) = x(t_k)$.

下面就 (i)~(iii) 的不同来描述不同的系统.

I. 不依赖于状态的脉冲微分系统

设 $M(t)$ 表示一列面 $\{M_k | M_k = \{(t_k, x), x \in \Omega\}\}_{k=1}^{\infty}$, 这里 $t_1 < t_2 < \cdots < t_k < \cdots$, 且 $\lim_{k \to +\infty} t_k = +\infty$. 设算子 $A(t)$ 仅在 t_k 处有定义, 满足

$$A(t_k) : \Omega \to \Omega, \quad x \to A(t_k)x = x + I_k(x),$$

这里 $I_k : \Omega \to \Omega$. 因此, 集合 $N(t)$ 仅与 t_k 有关且 $N(t_k) = A(t_k)M(t_k)$. 对于上面所选择的 $M(t_k), N(t_k)$ 和 $A(t_k)$, 不依赖于状态的脉冲微分系统的数学模型如下

$$
\begin{cases}
x' = f(t,x), & t \neq t_k, k = 1, 2, \cdots, \\
\Delta x = I_k(x), & t = t_k, k = 1, 2, \cdots.
\end{cases}
\tag{2}
$$

系统 (2) 也可称为固定时刻脉冲微分系统.

II. 依赖于状态的脉冲微分系统

设 $M(t)$ 表示一列面 $\{S_k | S_k = \{(t,x) | t = \tau_k(x), x \in \Omega\}\}_{k=1}^{\infty}$, 这里 $\tau_1(x) < \tau_2(x) < \cdots < \tau_k(x) < \cdots$, 且 $\lim\limits_{k \to +\infty} \tau_k(x) = +\infty$. 设算子 $A(t)$ 满足

$$
A(t) : \Omega \to \Omega, \quad x \to A(t)x = x + I_k(x),
$$

这里 $I_k : \Omega \to \Omega$. 因此, 集合 $N(t) = A(t)M(t), t = \tau_k(x)$. 对于上面所选择的 $M(t)$, $N(t)$ 和 $A(t)$, 不依赖于状态的脉冲微分系统的数学模型如下

$$
\begin{cases}
x' = f(t,x), & t \neq \tau_k(x), k = 1, 2, \cdots, \\
\Delta x = I_k(x), & t = \tau_k(x), k = 1, 2, \cdots.
\end{cases}
\tag{3}
$$

定义 2 (脉冲泛函微分系统) 　(i)$'$ 考虑泛函微分系统

$$
\frac{\mathrm{d}x}{\mathrm{d}t} = f(t, x_t),
\tag{4}
$$

这里 $f : R^+ \times \Omega' \to R^n$, $\Omega' \subseteq PC([-\tau, 0], R^n)$ 是开集,

$$
\begin{aligned}
PC([-\tau, 0], R^n) = \{x : [-\tau, 0] \to R^n \,| x(t) &\text{ 在 } [-\tau, 0] \text{ 上左连续,} \\
&\text{在 } [-\tau, 0] \text{ 上除至多可列个点外右连续,} \\
&\text{且在这至多可列个点上右极限存在}\},
\end{aligned}
$$

τ 是有限正数或 $+\infty$, 建立适当的范数使之成为赋范线性空间;

(ii)$'$ 集合 $M(t), N(t) \subseteq \Omega, \forall t \in R^+$, 这里 $\Omega \subseteq R^n$ 是开集, 且 $\{x(t) | x \in \Omega', t \in [-\tau, 0]\} \subseteq \Omega\}$;

(iii)$'$ 算子 $A(t) : M(t) \to N(t), \forall t \in R^+$.

按照与定义 1 同样的思想, 可以给出 "脉冲泛函微分系统" 和 "脉冲泛函微分系统的解" 的定义. 不依赖于状态的脉冲泛函微分系统

$$
\begin{cases}
x' = f(t, x_t), & t \neq t_k, k = 1, 2, \cdots, \\
\Delta x = I_k(x_t), & t = t_k, k = 1, 2, \cdots
\end{cases}
\tag{5}
$$

和依赖于状态的脉冲泛函微分系统

$$
\begin{cases}
x' = f(t, x_t), & t \neq \tau_k(x), k = 1, 2, \cdots, \\
\Delta x = I_k(x_t), & t = \tau_k(x), k = 1, 2, \cdots
\end{cases}
\tag{6}
$$

亦可类似定义.

注 1   在依赖于状态的脉冲微分系统和依赖于状态的脉冲泛函微分系统中, 系统的解可能碰到同一脉冲面 $t = \tau_k(x)$ 多于一次甚至无限多次, 造成在同一脉冲面上有规律的碰撞, 这种现象可称为**脉动现象**[6]. 当前的研究一般考虑脉冲微分系统和脉冲泛函微分系统没有脉动的情况.

注 2   在更广的情况下, 有些作者用 $I_k(t, x)$, $I_k(t, x_t)$ 分别代替 $I_k(x)$ 和 $I_k(x_t)$, 这种情况更复杂一些.

对于脉冲微分系统和脉冲泛函微分系统, 由于其不同的背景, 分别列出不同的初值条件

$$x(t_0^+) = x_0, \quad (t_0, x_0) \in R^+ \times \Omega, \tag{7}$$

$$x(t_0^+) = x_0, \quad x_{t_0} = \Phi, \quad (t_0, x_0) \in R^+ \times \Omega, \quad (t_0, \Phi) \in R^+ \times \Omega' \tag{8}$$

和不同的边值条件

$$x(a^+) = x_0, \quad x(b) = x_0', \quad (a, x_0), (b, x_0') \in R^+ \times \Omega', \tag{9}$$

$$x(a^+) = x_0, \quad x_{t_0} = \Phi, \quad x(b) = x_0', \quad (a, x_0), (b, x_0') \in R^+ \times \Omega, \quad (t_0, \Phi) \in R^+ \times \Omega'. \tag{10}$$

本书第 1 章主要研究具有固定时刻脉冲泛函微分系统的基本理论和依赖于状态脉冲泛函微分系统的基本理论, 包括解的局部存在性、饱和解的存在性、解的存在唯一性及解对初值函数的连续依赖性等, 其中脉冲泛函微分系统的连续依赖性有待于进一步完善. 第 2 章阐述非线性脉冲微分系统的几何理论的基本结果. 着重阐述具固定时刻脉冲自治系统的闭轨的存在性、奇点与分支、横截异宿轨道与混沌和任意时刻脉冲微分自治系统极限环存在的充要条件. 重点揭示脉冲对微分系统的吸引子 (包括奇点吸引子、极限环吸引子和混沌吸引子) 的重要影响, 刻画其轨线的相图的拓扑结构发生的本质变化. 第 3 章重点介绍具有界滞量、p 时滞以及无穷延滞的脉冲泛函微分系统的稳定性理论及具有依赖状态脉冲的微分系统的稳定性的新结果. 第 4 章研究脉冲泛函微分系统的边值问题解的存在性, 主要有非 Lipschitz 条件下脉冲泛函微分方程周期边值问题、一阶脉冲泛函微分方程周期边值问题、二阶脉冲泛函微分方程周期边值问题和 Banach 空间中非线性脉冲奇异微分方程边值问题. 所用方法为单调迭代技巧、上下解方法和锥上的不动点指数理论等. 第 5 章重点研究具有时滞的脉冲偏微分系统的振动性. 利用特征函数与脉冲时滞微分不等式, 分别在 Dirichlet 边界条件和 Robin 边界条件下给出了具有时滞的抛物型与双曲型脉冲偏微分系统的振动准则. 第 6 章给出了非线性脉冲微分系统的应用. 分别讨论了整合–激发电路模型、具有脉冲的捕食者–食饵模型、具有脉冲和时滞的 Cohen-Grossberg 神经网络模型以及 Hopfield 神经网络模型的动力学行为, 还讨论了超吕混沌系统的脉冲控制与同步及一类新的脉冲耦合网络的同步.

参 考 文 献

[1] Bainov D D and Simeonov P S. Systems with Impulse Effect:Stability, Theory and Applications. New York:Halsted Press, 1989.

[2] 林伟. 复杂系统中的若干理论问题及其应用. 复旦大学博士学位论文, 2002.

[3] 顾凡及, 李训经, 阮炯. 动态神经元的网络模型. 生物物理学报, 1992, 8: 339~345.

[4] Mil'man V D, Myshkis A D. On the stability of motion in nonlinear mechanics. Sib.Math. J., 1960: 233~237(In Russian).

[5] Samoolenko A M, Perestyuk N A. Differential Equations with Impulse Effect. Moscov: Visca Skola, 1987.

[6] Lakshmikantham V, Bainov D D and Simeonov P S. Theory of Impulsive Differential Equations. Singapore: World Scientific, 1989.

[7] George Ballinger, Xinzhi Liu. Existence, uniqueness results for impulsive delay differential equations. Applicable Analysis, 2000, 74: 71~93.

[8] Xilin Fu, Baoqiang Yan. The global solutions of impulsive functional differential equations in Banach spaces. Nonlinear Studies, 2000, 1(1): 1~17.

[9] Xilin Fu, Baoqiang Yan. The global solutions of impulsive retarded functional differential equations. International Journal of Applied Mathematics, 2000, 3: 389~363.

[10] 闫宝强, 傅希林. 具有无限时滞脉冲泛函微分方程解的存在性. 中国学术期刊文摘, 1999.

[11] 傅希林, 闫宝强, 刘衍胜. 脉冲微分系统引论. 北京：科学出版社, 2005.

[12] Yang Z, Pei J, Xu D, Huang Y and Xu L. Global exponential stability of Hopfield neural networks with impulsive effects. Lecture Notes in Computer Science, 2005, 3496: 187~192.

[13] Xie W, Wen C and Li Z. Impulsive control for the stabilization and synchronization of Lorenz systems. Physics Letters A, 2000, 275: 67~72.

[14] Smith R J, Wahl L M. Drug resistance in an immunological model of HIV-1 infection with impulsive drug effects. Bulletin of Mathematical Biology, 2005, 67: 783~813.

[15] Gourley S A, Rongsong Liu, Jianhong Wu. Eradicating vector-borne diseases via age-structureed culling. J.Math.Bio., 2007, 54: 309~335.

[16] Shigui Ruan and Dongmei Xiao. Stability of steady states and existence of travelling waves in a vector-disease model. Proceedings of the Royal Society of Edinburgh: Section A Mathematics, 2004, 134: 991~1011.

[17] Culshaw R V, Shigui Ruan and Glenn Webb. A mathematical model of cell-to-cell spread of HIV-1 that includes a time delay. Journal of Mathematical Biology, 2003, 46: 425~444.

[18] Gumel A B, Shigui Ruan, Troy Day, James Watmough, Fred Brauer, Driessche P V D, Dave Gabrielson, Chris Bowman, Murray Alexander, Sten Ardal, Jianhong Wu, Sahai B M. Modelling strategies for controlling SARS outbreaks. Proceedings of the Royal

Society B: Biological Sciences, 2004, 271: 2223~2232.

[19] Xuemei Li, Lihong Huang, Jianhong Wu. Further results on the stability of delayed cellular neural networks. Circuits and Systems I: Fundamental Theory and Applications, 2003, 50: 1239~1242.

[20] Zhichun Yang, Daoyi Xu. Existence and exponential stability of periodic solution for impulsive delay differential equations and applications. Nonlinear Analysis, 2006, 64: 130~145.

[21] Zhichun Yang, Daoyi Xu. Impulsive effects on stability of Cohen-Grossberg neural networks with variable delays. Applied Mathematics and Computation, 2006, 177: 63~78.

[22] Daoyi Xu, Zhichun Yang. Impulsive delay differential inequality and stability of neural networks. Journal of Mathematical Analysis and Applications, 2005, 305: 107~120.

第1章 非线性脉冲微分系统的基本理论

脉冲微分系统的研究始于 1960 年 Mil'man 和 Myshkis 的工作 [25]. 20 世纪 80 年代以来, 许多学者从事脉冲微分系统的研究, 对于不具有时滞的脉冲微分系统的研究工作日趋成熟 [1,2,9,20].

对于具有时滞的脉冲泛函微分系统基本理论的研究起步较晚, 主要是由于脉冲和时滞同时出现会带来困难. 例如, 设

$$x(t) = \begin{cases} 0, & t \in [-1, 0), \\ 1, & t \in [0, 1], \end{cases} \quad \text{及 } x_t(\theta) = x(t+\theta), \ \theta \in [-1, 0].$$

对 $t, t' \in (0,1)$, $t \neq t'$, 若从空间

$$PC[-1,0] = \{x : [-1,0] \to R | x(\theta) \text{ 在 } [-r,0] \text{上至多有限个点不连续,}$$
$$\text{而且满足在这些不连续点左连续且右极限存在}\}$$

(范数定义为 $\|x\| = \sup\limits_{\theta \in [-1,0]} |x(\theta)|$, 在该范数下 $PC[-1,0]$ 是赋范线性空间) 考虑, $\|x_t - x_{t'}\| = \sup\limits_{\theta \in [-1,0]} |x(t+\theta) - x(t'+\theta)| = 1$, 因此 $\lim\limits_{t \to t', t \neq t'} \|x_t - x_{t'}\| = 1$. 则 x_t 在 $(0,1]$ 上处处不连续, 也就是即使 $f(t, \phi)$ 在 $[0,1] \times PC[-1,0]$ 上处处连续, $f(t, x_t)$ 也可能处处不连续, 这就给研究 $f(t, x_t)$ 的可积性带来了困难.

本章分为两节. 1.1 节主要对具有固定时刻的脉冲泛函微分系统基本理论的部分成果进行总结和研究; 1.2 节主要对依赖于状态的脉冲泛函微分系统的部分成果进行总结和研究. 相对于 1.1 节的成果, 1.2 节的内容有待于进一步完善.

1.1 具固定时刻脉冲的脉冲泛函微分系统的基本理论

1.1.1 具有限时滞的脉冲泛函微分系统的局部解和整体解

本节首先讨论脉冲时滞微分方程 (IRFDE). 一般来说, 考虑

$$\begin{cases} x' = f(t, x(t), x(t-\tau_1), x_t), & t \neq t_k, \\ \Delta x|_{t=t_k} = I_k(x(t_k)), & k = 1, 2, \cdots, \\ x(t_0^+) = \omega, \\ x_{t_0} = \Phi, \end{cases} \tag{1.1.1}$$

其中

$\Phi \in PC([-\tau,0],R) = \{x, x$ 是 $[-\tau,0]$ 到 R 的有界映射;

$$x(t^-) = x(t), t \in (-\tau,0]; x(t^+) \text{ 存在, } t \in [-\tau,0);$$

对 $t \in (-\tau,0]$, 除可列个点外有 $x(t^+) = x(t)\}$,

$$L^1([-\tau,0],R) = \left\{ x \text{ 是由}[-\tau,0]\text{到}R\text{的可测函数且} \int_{-\tau}^0 |x(t)|\mathrm{d}t < +\infty \right\},$$

这里假设 $f \in C(R \times R \times R \times L^1([-\tau,0],R),R)$, $I_k \in C(R,R), k = 1,2,\cdots$. 方程 (1.1.1) 的解表示为 $x(t,t_0,\omega,\Phi)$.

为简单起见, 考虑

$$\begin{cases} x' = f(t, x(t), x(t - \tau_1), x_t), & t \neq t_k, \\ \Delta x|_{t=t_k} = I_k(x(t_k)), & k = 1,2,\cdots, \\ x(0^+) = \omega, \\ x_0 = \Phi, \end{cases} \tag{1.1.2}$$

其中 $\Phi \in PC([-\tau,0],R)$, $0 < t_1 < t_2 < \cdots < t_m < +\infty$, $J = (0,+\infty)$, $J' = J - \{t_i\}_{i=1}^{+\infty}$, 其解表示为 $x(t,0,\omega,\Phi)$.

首先考虑方程

$$\begin{cases} x' = f(t, x_t), \\ x_0 = \Phi, \end{cases} \tag{1.1.3}$$

其中 $\Phi \in C([-\tau,0],R) = \{x, x \text{是}[-\tau,0]\text{到}R\text{的连续函数}\}$.

引理 1.1.1 [15]   设 $f \in C(R \times C([-\tau,0],R),R)$, 且满足 Lipschitz 条件, 则存在 $\delta > 0$, 使得方程 (1.1.3) 在 $[0,\delta]$ 上存在唯一解 $x(t,0,\Phi)$ 满足 $x_0 = \Phi$.

引理 1.1.2 [15]   设 $f \in C(R \times C([-\tau,0],R),R)$, 则存在 $\delta > 0$, 使得方程 (1.1.3) 在 $[0,\delta]$ 上至少存在解 $x(t,0,\Phi)$ 满足 $x_0 = \Phi$.

引理 1.1.3 [15]   设 $f \in C(R \times C([-\tau,0],R),R)$, 则方程 (1.1.3) 存在饱和解 $x(t,0,\Phi)$ 满足 $x_0 = \Phi$, $t \in [0,\beta)$.

引理 1.1.4 [15]   若 $f \in C^p(R \times C([-\tau,0],R),R)$, $p \geqslant 1$, 则方程 (1.1.3) 的解 $x(t,t_0,\Phi)$ 是连续可微的.

下面介绍对于 (1.1.1) 的研究工作.

引理 1.1.5   若 $f \in C(R \times R \times R \times L^1([-\tau,0],R),R)$, 则 $x \in PC([-\tau,+\infty),R)$ 是方程 (1.1.2) 满足 $x_0 = \Phi$, $x(0^+) = \omega$ 的解当且仅当 $x \in PC([-\tau,+\infty),R) \cap C^1([0,+\infty) - J',R)$ 是方程

$$x(t) = \omega + \int_0^t f(s, x(s), x(s - \tau_1), x_s)\mathrm{d}s$$
$$+ \sum_{0 < t_k < t} I_k(x(t_k)), \quad t \in (0,+\infty) \tag{1.1.4}$$

的解, 其中, 当 $t + s \leqslant 0$ 时, $x_t(s) = x(t+s) = \Phi(t+s)$.

证明 对任意 $x \in PC([-\tau, +\infty), R)$ 和 $x_t(s) = x(t+s), s \in [-\tau, 0], t \geqslant 0$, 其中当 $t + s \leqslant 0$ 时, $x(t+s) = \Phi(t+s)$. 对任意 $t_0 \in (0, +\infty)$, 有

$$\lim_{t \to t_0} x_t(s) = x_{t_0}(s), \quad \text{a.e.} \ \ s \in [-\tau, 0].$$

则

$$\lim_{t \to t_0} \| x_t - x_{t_0} \|_1 = \lim_{t \to t_0} \int_{-\tau}^{0} \| x(t+s) - x(t_0+s) \| \, \mathrm{d}s = 0.$$

所以对任意 $x \in PC((0, +\infty), R)$, $f(t, x(t), x(t - \tau_1), x_t)$ 在 $J = (0, +\infty)$ 上除可数个点外连续, 则 $f(t, x(t), x(t - \tau_1), x_t)$ 在任意有界区间上 Lebesgue 可积.

若 $x \in PC(J, R) \cap C^1(J', R)$ 是方程 (1.1.4) 的解, 显然满足 (1.1.2) 的第二和第三式, 且在 J 上除有限个点外有 $x'(t) = f(t, x(t), x(t - \tau_1), x_t)$. 反之, 若 $x \in PC(J, R)$ 是方程 (1.1.2) 的解, 则对 $t \in (0, t_1]$, $x(t)$ 在 $(0, t_1]$ 上是一致连续的, 而且

$$x(t) = \omega + \int_0^t f(s, x(s), x(s - \tau_1), x_s) \mathrm{d}s, \quad t \in (0, t_1].$$

又因 $x(t_1^+) = x(t_1) + I_1(x(t_1))$ 且 $x(t)$ 在 $(t_1, t_2]$ 上一致连续,

$$x(t) = x(t_1) + I_1(x(t_1)) + \int_{t_1}^t f(s, x(s), x(s - \tau_1), x_s) \mathrm{d}s, \quad t \in (t_1, t_2].$$

类似有

$$x(t) = x(t_{n-1}) + I_{n-1}(x(t_{n-1})) + \int_{t_{n-1}}^t f(s, x(s), x(s - \tau_1), x_s) \mathrm{d}s,$$

$$t \in (t_{n-1}, t_n], \quad n = 1, 2, \cdots.$$

则 $x \in PC([-\tau, +\infty), R) \cap C^1([0, +\infty) - J', R)$ 是方程 (1.1.4) 的解. 证毕.

对 $x \in PC(J, R)$, 定义

$$(Ax)(t) = \omega + \int_0^t f(s, x(s), x(s - \tau_1), x_s) \mathrm{d}s + \sum_{0 < t_k < t} I_k(x(t_k)), \quad t \in (0, +\infty),$$

这里 $x_t(s) = x(s+t) = \Phi(s+t), s+t \leqslant 0$; $x(t - \tau_1) = \Phi(t - \tau_1), t - \tau_1 \leqslant 0$.

下面列出条件:

(H1) 对任意 $R > 0$, $M(R) = \sup\limits_{t \in (0, +\infty), |x| \leqslant R, |y| \leqslant R, \|\phi\| \leqslant R} |f(t, x, y, \phi)| < +\infty$;

(H2) 存在 $M > 0, b > 0, c > 0, d > 0$ 和 $P_k(s) \geqslant 0 (k \geqslant 1)$, 使得

$$|f(t, x, y, \phi)| \leqslant M + b|x| + c|y| + d\|\phi\|, \quad \forall (t, x, y, \phi) \in R \times R \times R \times L^1([-\tau, 0], R),$$

$$|I_k(x)| \leqslant P_k(|x|), \quad k = 1, 2, \cdots.$$

对于 $x, y \in PC(J, R)$, 定义

$$d(x, y) = \sum_{n=1}^{\infty} \frac{1}{2^n} \frac{\|x - y\|_n}{1 + \|x - y\|_n},$$

这里, $\|x - y\|_n = \sup_{t \in [0, t_n]} |x(t) - y(t)|$. 易证, $PC(J, R)$ 是局部凸空间.

引理 1.1.6　设条件 (H1) 成立, 则算子 $A : PC(J, R) \to PC(J, R)$ 是全连续算子.

证明　由 (H1) 易知, 对任意有界的 $D \subseteq PC(J, R)$, $A(D)$ 是有界的. 现在令 $\{x_n\} \subseteq PC(J, R), x_0 \in PC(J, R)$ 且 $x_n \to x_0, n \to +\infty$. 若当 $n \to +\infty$ 时 $d(Ax_n, Ax_0)$ 不趋于零, 则存在 $\varepsilon_0 > 0, k_0 > 0$ 和 $\{n_j\} \subseteq \{n\}$, 使得

$$\| Ax_{n_j} - Ax_0 \|_{k_0} \geqslant \varepsilon_0, \quad j = 1, 2, 3, \cdots. \tag{1.1.5}$$

因为 $d(x_{n_j}, x_0) \to 0, j \to +\infty$, 有

$$\| x_{n_j} - x_0 \|_{k_0} \to 0, \quad j \to +\infty.$$

所以对任意 $s \geqslant 0$,

$$\| x_{n_{js}} - x_{0_s} \|_1 = \int_{-\tau}^{0} \| x_{n_j}(s + r) - x_0(s + r) \| \, \mathrm{d}r$$
$$\leqslant \tau \| x_{n_j} - x_0 \|_{k_0} \to 0, \quad j \to +\infty.$$

因为 $I_k \in C(R, R), f \in C(J \times R \times R \times L^1([-\tau, 0], R), R)$, 且 $\| f(t, x, y, \psi) \| \leqslant M + b \| x \| + c \| y \| + d \| \psi \|_1$, 由 Lebesgue 控制收敛定理, 有

$$\| I_k(x_{n_j}(t_k)) - I_k(x_0(t_k)) \| \to 0, \quad k = 1, 2, \cdots, k_0 - 1, \quad j \to +\infty,$$

且

$$\int_0^{t_{k_0}} \| f(s, x_{n_j}(s), x_{n_j}(s - \tau_1), x_{n_{js}})$$
$$- f(s, x_0(s), x_0(s - \tau_1), x_{n_{0_s}}) \| \, \mathrm{d}s \to 0, \quad j \to +\infty.$$

这与 (1.1.5) 矛盾. 所以 A 是有界连续的.

对有界的 $D \subseteq PC(J, R)$, 若 $x \in D$ 且 $s_1 > s_2 \geqslant 0$,

$$\| (Ax)(s_1) - (Ax)(s_2) \| \leqslant \int_{s_2}^{s_1} (M + b \| x(s) \| + c \| x(s - \tau_1) \| + d\tau \| x_s \|_{PC}) \mathrm{d}s$$
$$+ \sum_{s_2 \leqslant t_k \leqslant s_1} I_k(x(t_k)).$$

则对任意 $\varepsilon > 0$, 可以取 $\delta > 0$, 使得

$$\| (Ax)(s_1) - (Ax)(s_2) \| < \varepsilon,$$

其中 $x \in D$ 且 $|s_1 - s_2| < \delta, s_1, s_2 \in (0, t_1]$, 即 $(AD)(t)$ 在 $(0, t_1]$ 上同等连续. 类似可证 $(AD)(t)$ 在 $(t_i, t_{i+1}], i = 1, 2, \cdots$ 上同等连续, 所以 AD 在 $PC(J, R)$ 上同等连续. 证毕.

定理 1.1.1　设 $f \in C(R \times R \times R \times L^1([-\tau, 0], R), R)$, 且条件 (H1) 成立, 则存在 $\delta > 0$, 使得方程 (1.1.2) 在 $(0, \delta]$ 上至少存在一个解 $x(t, 0, \omega, \Phi)$ 满足 $x_0 = \Phi$, $x(0^+) = \omega$.

证明　由引理 1.1.5 知, $f(t, x(t), x(t - \tau_1), x_t)$ 是可测的. 取 $R > \max\{\|\Phi\|, |\omega|\}$. 取 $\delta > 0$, 使得 $|\omega| + \delta M(R) < R$. 取 $\Omega = \{x \in C([0, \delta], R) | \|x\| \leqslant R\}$. 定义

$$(Ax)(t) = \omega + \int_0^t f(s, x(s), x(s - \tau_1), x_s) \mathrm{d}s, \quad x \in \Omega.$$

由引理 1.1.6 的证明, 易知 A 是全连续算子, 且对任意 $x \in \Omega$,

$$\|Ax\| = \max_{t \in [0, \delta]} \left| \omega + \int_0^t f(s, x(s), x(s - \tau_1), x_s) \mathrm{d}s \right| < R.$$

所以, $A(\Omega) \subseteq \Omega$.

由 Schauder 定理, A 在 Ω 中至少有一个不动点 x^*. 定义

$$y(t) = \begin{cases} \Phi(t), & t \in [-\tau, 0], \\ x^*(t), & t \in (0, \delta]. \end{cases}$$

则 $y(t)$ 是方程 (1.1.2) 的一个解. 证毕.

定理 1.1.2　设定理 1.1.1 的条件成立, 则方程 (1.1.2) 存在饱和解 $x(t, 0, \omega, \Phi)$. 设饱和存在区间 $[-\tau, \beta)$, 若 $\beta < +\infty$, 则 $\varlimsup\limits_{t \to \beta^-} |x(t)| = +\infty$.

证明　其证明与引理 1.1.3 一样. 不妨设 $\beta \in (t_k, t_{k+1}]$, 则在 (t_k, β) 上满足

$$x(t) = x(t_k^+) + \int_{t_k}^t f(s, x(s), x(s - \tau_1), x_s) \mathrm{d}s, \quad t \in (t_k, \beta).$$

反证法. 设 $\varlimsup\limits_{t \to \beta^-} |x(t)| < +\infty$, 则存在 $R' > 0$, 使得 $\|x_t\| \leqslant R', t \in (t_k, \beta)$. 对任意 $\varepsilon > 0$, 取 $\delta = \dfrac{\varepsilon}{M(R')}$, 则当 $0 < \beta - t < \delta, 0 < \beta - t' < \delta$ 时, 有

$$|x(t) - x(t')| = \left| \int_{t'}^t f(s, x(s), x(s - \tau_1), x_s) \mathrm{d}s \right| \leqslant M(R')\delta < \varepsilon.$$

所以, $\lim\limits_{t\to\beta^-} x(t)$ 存在有限. 因此该解可以延拓, 与饱和性相矛盾. 证毕.

现在考虑

$$z(t) = |\omega| + Mt + (b + c + d\tau) \int_0^t z(s)\mathrm{d}s$$
$$+ \sum_{0 < t_k < t} P_k(z(t_k)), \quad t \in [0, +\infty), \tag{1.1.6}$$

可得以下引理.

引理 1.1.7   方程 (1.1.6) 有非减的非负解.

证明   对 $t \in [0, t_1]$, (1.1.6) 可写为

$$z(t) = |\omega| + Mt + (b + c + d\tau) \int_0^t z(s)\mathrm{d}s. \tag{1.1.7}$$

显然存在一个 $z_1 \in C([0, t_1], R^+)$ 满足 (1.1.7). 当 $t \in [t_1, t_2]$ 时, 考虑方程

$$z(t) = z_1(t_1) + P_1(z_1(t_1)) + Mt + (b + c + d\tau) \int_{t_1}^t z(s)\mathrm{d}s. \tag{1.1.8}$$

显然存在一个 $z_2 \in C([t_1, t_2], R^+)$ 满足 (1.1.8). 继续下去, 当 $t \in [t_{n-1}, t_n]$ 时, 考虑

$$z(t) = z_{n-1}(t_{n-1}) + P_{n-1}(z_{n-1}(t_{n-1})) + Mt + (b + c + d\tau)\tau \int_{t_{n-1}}^t z(s)\mathrm{d}s. \tag{1.1.9}$$

显然存在一个 $z_n \in C([t_{n-1}, t_n], R^+)$ 满足 (1.1.9). 继续以上的证明, 并且令

$$z(t) = \begin{cases} z_1(t), & t \in [0, t_1], \\ z_2(t), & t \in (t_1, t_2], \\ \quad \cdots\cdots\cdots\cdots \\ z_n(t), & t \in (t_{n-1}, t_n], \\ \quad \cdots\cdots\cdots\cdots \end{cases}$$

则 $z \in PC(J, R^+)$ 满足 (1.1.6), 且 $z(t)$ 非减连续. 证毕.

定理 1.1.3   当 (H1), (H2) 成立时, (1.1.2) 在 J 上至少有一个解.

证明   考虑局部凸空间 $PC(J, R), \forall x, y \in PC(J, R)$, 定义

$$d(x, y) = \sum_{n=1}^\infty \frac{1}{2^n} \frac{\sup\limits_{t \in [0, t_n]} |x(t) - y(t)|}{1 + \sup\limits_{t \in [0, t_n]} |x(t) - y(t)|}.$$

由引理 1.1.6, $A : PC(J, R) \to PC(J, R)$ 是全连续算子. 由引理 1.1.7, 存在一个 $z \in PC(J, R^+)$, 使得 z 满足 (1.1.6). 令 $B = \{x \in PC(J, R), |x(t)| \leqslant z(t), t \in J\}$. 则 $B \subseteq PC(J, R)$ 是有界凸闭集.

对任意 $x \in B, s \in (0, +\infty)$, 当 $s \in [0, \tau)$ 时, 有

$$
\begin{aligned}
\| x_s \|_{PC} &= \sup_{r \in [-\tau, 0]} \| x(s+r) \| \\
&= \max\{ \sup_{r \in [-\tau, -s]} \| x(s+r) \|, \sup_{r \in [-s, 0]} \| x(s+r) \| \} \\
&\leqslant \max\{ \| \Phi \|_{PC}, \sup_{r \in [-s, 0]} z(s+r) \} \\
&= \max\{ \| \Phi \|_{PC}, z(s) \} \\
&= z(s);
\end{aligned}
$$

当 $s \geqslant \tau$ 时, 有

$$
\| x_s \|_{PC} = \sup_{r \in [-\tau, 0]} \| x(s+r) \| \leqslant \sup_{r \in [-\tau, 0]} z(s+r) = z(s).
$$

因此, 对 $x \in B, t \in (0, +\infty)$, 有

$$
\begin{aligned}
|(Ax)(t)| &\leqslant |\omega| + Mt + b \int_0^t |x(s)| \mathrm{d}s + c \int_0^t |x(s - \tau_1)| \mathrm{d}s \\
&\quad + d \int_0^t \| x_s \|_1 \mathrm{d}s + \sum_{0 < t_k < t} |I_k(x(t_k))| \\
&\leqslant |\omega| + Mt + (b + c + d\tau) \int_0^t z(s) \mathrm{d}s + \sum_{0 < t_k < t} P_k(z(t_k)) \\
&= z(s).
\end{aligned}
$$

所以 $AB \subseteq B$.

由 Tychonoff 不动点定理, A 至少有一个点 $x^* \in PC(J, R)$, 当 $t + s \leqslant 0$ 时, 有 $x_t^*(s) = x^*(t+s) = \Phi(t+s)$. 所以, $x^*(t)$ 是方程 (1.1.2) 的整体解. 证毕.

定理 1.1.4 假设 $f \in C(J \times R \times R \times L^1([-\tau, 0], R), R)$ 且存在 $a, b, c \in C(J, R^+)$, 使得对任意 $x, y, w, z, \in R, \phi, \psi \in L^1([-\tau, 0], R)$, 有

$$
|f(t, x, w, \phi) - f(t, y, z, \psi)| \leqslant a(t)|x - y| + b(t)|w - z| + c(t)\|\phi - \psi\|_1.
$$

则 (1.1.2) 有唯一解 $x^* \in PC(J, R)$ 且 $x_0^* = \Phi$.

证明 对 $x \in C([0, t_1], R)$, 令

$$
\| x \| = \max\{ \mathrm{e}^{-M_1 t} \max\{ \| x(s) \|, s \in [0, t] \}, t \in [0, t_1] \},
$$

其中 $N_1 = \max\{ a(t) + b(t) + c(t)\tau, t \in [0, t_1] \}$ 且 $M_1 = N_1 + 1$. 现在对 $x \in C([0, t_1], R)$, 令

$$
(A_1 x)(t) = \omega + \int_0^t f(s, x(s), x(s - \tau_1), x_s) \mathrm{d}s,
$$

其中, 当 $s + r \leqslant 0$ 时, 有 $x_s(r) = x(s + r) = \Phi(s + r)$, 则对任意 $x, y \in C([0, t_1], R)$, 且当 $t \in [0, \tau]$ 时有

$$
\begin{aligned}
\| x_t - y_t \|_{PC} &= \sup_{s \in [-\tau, 0]} |x(t + s) - y(t + s)| \\
&= \max\{|x(t + s) - y(t + s)|, s \in [-\tau, 0]\} \\
&= \max\{|x(s) - y(s)|, s \in [0, t]\}.
\end{aligned}
$$

当 $t \in [\tau, t_1]$ 时, 有

$$
\begin{aligned}
|(A_1 x)(t) - (A_1 y)(t)| &\leqslant \int_0^t |f(s, x(s), x(s - \tau_1), x_s) - f(s, y(s), y(s - \tau_1), y_s)| \mathrm{d}s \\
&\leqslant \int_0^t (a(s)|x(s) - y(s)| + b(s)|x(s - \tau_1) \\
&\quad - y(s - \tau_1)| + c(s) \| x_s - y_s \|_1) \mathrm{d}s \\
&\leqslant \int_0^t (a(s) + b(s) + c(s)\tau) \max\{|x(r) - y(r)|, r \in [0, s]\} \mathrm{d}s \\
&= \int_0^t (a(s) + b(s) + c(s)\tau) \mathrm{e}^{M_1 s} \mathrm{e}^{-M_1 s} \\
&\quad \times \max\{|x(r) - y(r)|, r \in [0, s]\} \mathrm{d}s \\
&\leqslant \int_0^t (a(s) + b(s) + c(s)\tau) \mathrm{e}^{M_1 s} \mathrm{d}s \| x - y \| \\
&\leqslant \int_0^t N_1 \mathrm{e}^{M_1 s} \mathrm{d}s \| x - y \| \\
&= \frac{N_1}{M_1} \mathrm{e}^{M_1 t} \| x - y \|.
\end{aligned}
$$

因为 $\mathrm{e}^{M_1 t}$ 增,

$$
\max\{|(A_1 x)(s) - (A_1 y)(s)|, s \in [0, t]\} \leqslant \frac{N_1}{M_1} \mathrm{e}^{M_1 t} \| x - y \|.
$$

则

$$
\mathrm{e}^{-M_1 t} \max\{|(A_1 x)(s) - (A_1 y)(s)|, s \in [0, t]\} \leqslant \frac{N_1}{M_1} \| x - y \|.
$$

所以

$$
\max\{\mathrm{e}^{-M_1 t} \max\{|(A_1 x)(s) - (A_1 y)(s)|, s \in [0, t]\}, t \in [0, t_1]\} \leqslant \frac{N_1}{M_1} \| x - y \|,
$$

即

$$
\| A_1 x - A_1 y \| \leqslant \frac{N_1}{M_1} \| x - y \|.
$$

因此 A_1 有唯一不动点 $x_1^* \in C([0,t_1], R)$. 对 $x \in C([t_1, t_2], R)$, 令

$$\| x \| = \max\{e^{-M_2(t-t_1)} \max\{|x(s)|, s \in [t_1, t]\}, t \in [t_1, t_2]\},$$

其中 $N_2 = \max\{a(t) + b(t) + c(t)\tau, t \in [t_1, t_2]\}$ 且 $M_2 = N_2 + 1$. 现在对 $x \in C([t_1, t_2], R)$, 令

$$(A_2 x)(t) = x_1^*(t_1) + I_1(x_1^*(t_1)) + \int_{t_1}^t f(s, x(s), x(t-\tau_1), x_s)\mathrm{d}s,$$

其中, 当 $s+r \leqslant 0$ 时, 有 $x_s(r) = x(s+r) = \Phi(s+r)$, 当 $0 < s+r \leqslant t_1$ 时, 有 $x_s(r) = x(s+r) = x^*(s+r)$. 类似可证, A_2 有唯一的不动点 $x_2^* \in C([t_1, t_2], R)$. 继续下去, 对 $x \in C([t_n, t_{n+1}], R)$, 令

$$\| x \| = \max\{e^{-M_{n+1}(t-t_n)} \max\{|x(s)|, s \in [t_n, t]\}, t \in [t_n, t_{n+1}]\},$$

其中 $N_{n+1} = \max\{a(t) + b(t) + c(t)\tau, t \in [t_n, t_{n+1}]\}$ 且 $M_{n+1} = N_{n+1} + 1$. 现在对 $x \in C([t_n, t_{n+1}], R)$, 令

$$(A_{n+1} x)(t) = x_n^*(t_n) + I_n(x_n^*(t_n)) + \int_{t_n}^t f(s, x(s), x(t-\tau_1), x_s)\mathrm{d}s,$$

其中, 当 $s+r \leqslant 0$ 时, 有 $x_s(r) = x(s+r) = \Phi(s+r)$, 当 $s+r \in (0, t_1]$ 时, 有 $x_s(r) = x(s+r) = x^*(s+r), \cdots$, 当 $s+r \in (t_{n-1}, t_n]$ 时, 有 $x_s(r) = x(s+r) = x_{n-1}^*(s+r)$. 类似可证, A_n 有唯一的不动点 $x_{n+1}^* \in C([t_n, t_{n+1}], R)$. 继续下去, 令

$$x^*(t) = \begin{cases} \Phi(t), & t \in [-\tau, 0], \\ x_1^*(t), & t \in (0, t_1], \\ x_2^*(t), & t \in (t_1, t_2], \\ \quad \cdots\cdots\cdots \\ x_{n+1}^*(t), & t \in (t_n, t_{n+1}], \\ \quad \cdots\cdots\cdots \end{cases}$$

则 $x^*(t)$ 是 (1.1.2) 的一个整体解. 如果 y^* 是方程 (1.1.2) 的另一个解, 由 $x_0^* = y_0^*, y^*|_{[0,t_1]}$ 是 A_1 的一个不动点, 所以 $x^*|_{[0,t_1]} = y^*|_{[0,t_1]}$. 继续下去, 有 $x^*|_{[t_n,t_{n+1}]} = y^*|_{[t_n,t_{n+1}]}, n = 1, 2, \cdots$, 即 $x^* = y^*$. 证毕.

下面讨论 (1.1.2) 的特殊形式

$$\begin{cases} x' = f(t, x_t), & t \neq t_k, \\ \Delta x|_{t=t_k} = I_k(x(t_k)), & k = 1, 2, \cdots, \\ x(0^+) = \omega, \\ x_0 = \Phi, \end{cases} \tag{1.1.10}$$

其中

$$\Phi \in PC([-\tau, 0], R) = \{x, x \text{ 是由 } [\tau, 0] \text{ 到 } R \text{ 的映射};$$

$$x(t^-) = x(t), t \in (-\tau, 0]; x(t^+) \text{ 存在},$$

$$t \in [-\tau, 0); \text{ 对 } t \in (-\tau, 0], \text{ 除有限个点外，有}$$

$$x(t^+) = x(t)\} \subseteq L^1([-\tau, 0], R),$$

$$0 < t_1 < t_2 < \cdots < t_m < +\infty, \quad J = (0, +\infty),$$

$$J' = J - \{t_i\}_{i=1}^{+\infty}.$$

其解表示为 $x(t, 0, \omega, \Phi)$. $B : L^1([-\tau, 0], R) \to R$ 是有界线性泛函，满足存在 $\gamma(t)$，使得对任意 $\psi \in L^1([-\tau, 0], R)$，有

$$B\psi = \int_{-\tau}^0 \gamma(s)\psi(s)\mathrm{d}s.$$

先证明下面的引理.

引理 1.1.8 (比较结果)　假设 $p \in PC([-\tau, T], R) \cap C^1(J', R)$ 且满足

$$\begin{cases} p' \leqslant -Mp(t) - Bp_t, & t \in (0, T], t \neq t_k, \\ \Delta p|_{t=t_k} \leqslant -L_k p(t_k), & k = 1, 2, \cdots, m, \end{cases} \tag{1.1.11}$$

其中常数 $M \geqslant 0, 0 \leqslant L_k \leqslant 1(k = 1, 2, \cdots, m)$ 且 $M_0 = \int_{-\tau}^0 \mathrm{e}^{-Mt}\gamma(t)\mathrm{d}t$. 再假设或者

(a) $p(0^+) \leqslant p_0(s) \leqslant 0, s \in [-\tau, 0]$ 且

$$M_0 \Delta_1 \leqslant \frac{\prod\limits_{k=1}^m (1 - L_k)}{1 + \sum\limits_{j=1}^m \prod\limits_{k=1}^j (1 - L_k)}, \tag{1.1.12}$$

其中 $\Delta_1 = \max\{t_1, t_2 - t_1, \cdots, T - t_m\}$; 或者

(b) $p(0^+) \geqslant -\gamma$, $p_0 \in PC([-\tau, 0], R) \cap C^1(I', R)$, 其中 $I' = [-\tau, 0] - \{t_l\}_{l=-r}^{-1}$, $\{t_l\}_{l=-r}^{-1}$ 是 $PC([-\tau, 0], R)$ 中不连续点的集合, $p'(t) \leqslant M_0 \lambda$,

$$p(t_{-i}^+) - p(t_{-i}) \leqslant -L_{-i}p(t_{-i}), \quad \inf_{s \in [-\tau, 0]} p(s) = -\lambda < 0 \tag{1.1.13}$$

且

$$M_0 \Delta_2 \leqslant \frac{\prod\limits_{k=-r}^m (1 - L_k)}{1 + \sum\limits_{j=-r}^m \prod\limits_{k=j}^m (1 - L_k)}, \tag{1.1.14}$$

其中 $\Delta_2 = \max\{t_{-r} + \tau, t_{-r+1} - t_r, \cdots, -t_{-1}, t_1, t_2 - t_1, \cdots, T - t_m\}$. 则 $p(t) \leqslant 0$, 也就是 $t \in (0, T]$.

证明　令 $v(t) = \mathrm{e}^{Mt} u(t), t \in [-\tau, 0]$. 由 B 的定义, (1.1.11) 可以写为

$$
\begin{cases}
v'(t) \leqslant -\displaystyle\int_{t-r}^{t} \mathrm{e}^{M(t-s)} v(s) \gamma(s-t) \mathrm{d}s, & t \in J, t \neq t_k, \\
\Delta v|_{t=t_k} \leqslant -L_k v(t_k), & k = 1, 2, \cdots, m.
\end{cases}
\tag{1.1.15}
$$

现在证明 $v(t) \leqslant 0, t \in [-\tau, T]$. 事实上, 如果存在一个 $t^* > 0$ 使 $v(t^*) > 0$, 可以假设 $t^* \neq t_1, t_2, \cdots, t_m$ (否则可以找到一个 $\bar{t}$ 与 t^* 充分接近且使 $v(\bar{t}) > 0$), 令

$$
\inf_{-r \leqslant t \leqslant t^*} v(t) = -b,
\tag{1.1.16}
$$

先考虑情况 (a).

(A) 若 $b = 0$, 则 $v(t) \geqslant 0, t \in [0, t^*]$. 从而 $v'(t) \leqslant 0, t \in [0, t^*]$, 所以 $v'(t^*) \leqslant 0$. 矛盾.

(B) 若 $b > 0$. 假设 $t^* \in (t_i, t_{i+1}]$. 显然存在一个 $0 \leqslant t_* < t^*$ 使 $v(t_*) = -b$, 其中 t_* 位于某个 $J_j(j \leqslant i)$ 或 $v(t_j^+) = -b$. 可以假设 $v(t_*) = -b$(当 $v(t_j^+) = -b$ 时, 证明类似). 由中值定理可得

$$
\begin{cases}
v(t^*) - v(t_i^+) = v'(\zeta_i)(t^* - t_i), & t_i < \zeta_i < t^*, \\
v(t_i) - v(t_{i-1}^+) = v'(\zeta_{i-1})(t_i - t_{i-1}), & t_{i-1} < \zeta_{i-1} < t_i, \\
\qquad\qquad\cdots\cdots\cdots\cdots \\
v(t_{j+2}) - v(t_{j+1}^+) = v'(\zeta_{j+1})(t_{j+2} - t_{j+1}), & t_{j+1} < \zeta_{j+1} < t_{j+2}, \\
v(t_{j+1}) - v(t_*) = v'(\zeta_*)(t_{j+1} - t_*), & t_* < \zeta_* < t_{j+1}.
\end{cases}
$$

另一方面, 对 $t \in (0, t^*]$,

$$
v'(t) \leqslant -\int_{t-r}^{t} \mathrm{e}^{M(t-s)} v(s) \gamma(s-t) \mathrm{d}s \leqslant bM_0.
\tag{1.1.17}
$$

由 (1.1.11) 有

$$
v(t_k^+) \leqslant (1 - L_k) v(t_k), \quad k = 1, 2, \cdots, m,
$$

且

$$
\begin{cases}
v(t^*) - (1 - L_i) v(t_i) \leqslant bM_0 \Delta_1, \\
v(t_i) - (1 - L_{i-1}) v(t_{i-1}) \leqslant bM_0 \Delta_1, \\
\qquad\cdots\cdots\cdots\cdots \\
v(t_{j+2}) - (1 - L_{j+1}) v(t_{j+1}) \leqslant bM_0 \Delta_1, \\
v(t_{j+1}) + b \leqslant bM_0 \Delta_1.
\end{cases}
\tag{1.1.18}
$$

这说明

$$0 < v(t^*) \leqslant -b \prod_{k=j+1}^{i} (1 - L_k) + b M_0 \Delta_1 \left\{ 1 + \sum_{l=j+1}^{i} \prod_{k=l}^{i} (1 - L_k) \right\},$$

而且

$$
\begin{aligned}
M_0 \Delta_1 &> \frac{\displaystyle\prod_{k=j+1}^{i} (1 - L_k)}{1 + \displaystyle\sum_{l=j+1}^{i} \prod_{k=l}^{i} (1 - L_k)} \\
&\geqslant \frac{\displaystyle\prod_{k=j+1}^{m} (1 - L_k)}{\displaystyle\prod_{k=j+1}^{m} + \sum_{l=j+1}^{i} \prod_{k=l}^{m} (1 - L_k)} \\
&\geqslant \frac{\displaystyle\prod_{k=1}^{m} (1 - L_k)}{1 + \displaystyle\sum_{l=1}^{m} \prod_{k=1}^{m} (1 - L_k)}.
\end{aligned}
$$

与 (1.1.12) 矛盾. 由 (A) 和 (B), $v(t) \leqslant 0$, $t \in J$.

再考虑情况 (b).

(A′) 若 $-b = \inf\limits_{t \in [0, t^*]} v(t)$, 类似于 (a) 可以得到矛盾.

(B′) 若 $-b < \inf\limits_{t \in [0, t^*]} v(t)$, 则 $b = \lambda$, 并且存在一个 $t_* \in (t_{-j-1}, t_{-j}]$, 使得 $v(t_*) = -b$(或者 $v(t_{-j-1}^+) = -b$, 证明类似). 所以

$$
\begin{cases}
v(t^*) - v(t_i^+) = v'(\zeta_i)(t^* - t_i), & t_i < \zeta_i < t^*, \\
v(t_i) - v(t_{i-1}^+) = v'(\zeta_{i-1})(t_i - t_{i-1}), & t_{i-1} < \zeta_{i-1} < t_i, \\
\qquad \cdots\cdots\cdots\cdots \\
v(t_1) - v(t_{-1}^+) = v'(\zeta_{-1})(t_1 - t_{-1}), & t_{-1} < \zeta_{-1} < t_1, \\
v(t_{-1}) - v(t_{-2}^+) = v'(\zeta_{-2})(t_{-1} - t_{-2}), & t_{-2} < \zeta_{-2} < t_{-1}, \\
\qquad \cdots\cdots\cdots\cdots \\
v(t_{-j+1}) - v(t_{-j}^+) = v'(\zeta_{-j})(t_{-j+1} - t_{-j}), & t_{-j} < \zeta_{-j} < t_{-j+1}, \\
v(t_{-j}) - v(t_*) = v'(\zeta_*)(t_{-j} - t_*), & t_* < \zeta_* < t_{-j}.
\end{cases}
\tag{1.1.19}
$$

由 (1.1.13), (1.1.18), 有

$$\begin{cases} v(t^*) - (1 - L_i)v(t_i) \leqslant bM_0\Delta_2, \\ v(t_i) - (1 - L_{i-1})v(t_{i-1}) \leqslant bM_0\Delta_2, \\ \qquad\cdots\cdots\cdots\cdots \\ v(t_1) - (1 - L_{-1})v(t_{-1}) \leqslant bM_0\Delta_2, \\ v(t_{-1}) - (1 - L_{-2})v(t^+_{-2}) \leqslant bM_0\Delta_2, \\ \qquad\cdots\cdots\cdots\cdots \\ v(t_{-j+1}) - (1 - L_{-j})v(t_{-j}) \leqslant bM_0\Delta_2, \\ v(t_{-j}) + b \leqslant bM_0\Delta_2. \end{cases}$$

这说明

$$0 < v(t^*) \leqslant -b \prod_{k=-j}^{i}(1 - L_k) + bM_0\Delta_2 \left\{ 1 + \sum_{l=-j}^{i}\prod_{k=l}^{i}(1 - L_k) \right\}.$$

类似有

$$\begin{aligned} M_0\Delta_2 &> \frac{\displaystyle\prod_{k=-j}^{i}(1 - L_k)}{1 + \displaystyle\sum_{l=-j}^{i}\prod_{k=l}^{i}(1 - L_k)} \\ &\geqslant \frac{\displaystyle\prod_{k=-j}^{m}(1 - L_k)}{\displaystyle\prod_{k=-j}^{m} + \sum_{l=-j}^{i}\prod_{k=l}^{m}(1 - L_k)} \\ &\geqslant \frac{\displaystyle\prod_{k=-r}^{m}(1 - L_k)}{1 + \displaystyle\sum_{l=-r}^{m}\prod_{k=l}^{m}(1 - L_k)}. \end{aligned}$$

这与 (1.1.14) 矛盾.

由 (A′) 和 (B′), $v(t) \leqslant 0$, 也就是 $t \in (0, T]$. 证毕.

引理 1.1.9 令 $\sigma, \eta \in M([-\tau, T], R)$. 则 $x \in PC_0([-\tau, T], R)$ 是方程

$$\begin{cases} x' + Mx + Bx_t = \sigma(t), \quad t \in J, t \neq t_k, \\ \Delta\, x|_{t=t_k} = I_k(\eta_k) - L_k[x(t_k) - \eta(t_k)], \quad k = 1, 2, \cdots, m, \\ x(0^+) = \omega, \\ x_0 = \Phi \end{cases} \tag{1.1.20}$$

的解当且仅当 $x \in PC_0([-\tau, T], R)$ 是以下积分方程

$$
\begin{aligned}
x(t) = {} & \omega \mathrm{e}^{-Mt} + \int_0^t \mathrm{e}^{-M(t-s)}[\sigma(s) - Bx_s]\mathrm{d}s \\
& + \sum_{0 < t_k < t} \mathrm{e}^{-M(t-t_k)}\{I_k(\eta(t_k)) - L_k[x(t_k) - \eta(t_k)]\}, \quad t \in (0, T] \qquad (1.1.21)
\end{aligned}
$$

的解, 其中 $x_t(s) = x(t+s) = \Phi(t+s)$, $t+s \leqslant 0$.

证明　假设 $x \in PC_0([-\tau, T], R)$ 是 IRFDE(1.1.20) 的解. 令 $z(t) = x(t)\mathrm{e}^{-Mt}$. 则 $z \in PC([-\tau, T], R)$ 且

$$
z'(t) = [\sigma(t) - Bx_t]\mathrm{e}^{-Mt}, \quad t \in (0, T], \quad t \neq t_k, k = 1, 2, \cdots, m.
$$

因为 $(\sigma(t) - Bx_t)\mathrm{e}^{-Mt}$ 在 $(0, T]$ 上可测, 易知

$$
z(t) = z(0^+) + \int_0^t z'(s)\mathrm{d}s + \sum_{0 < t_k < t}[z(t_k^+) - z(t_k)], \quad t \in (0, T].
$$

由 (1.1.20) 的第二式有

$$
z(t_k^+) - z(t_k) = \{I_k(\eta(t_k)) - L_k[x(t_k) - \eta(t_k)]\}\mathrm{e}^{Mt_k},
$$

而且

$$
\begin{aligned}
x(t)\mathrm{e}^{Mt} = {} & \omega + \int_0^t [\sigma(t) - Bx_s]\mathrm{d}s \\
= {} & \sum_{0 < t_k < t}\{I_k(\eta(t_k)) - L_k[x(t_k) - \eta(t_k)]\}\mathrm{e}^{Mt_k}, \quad t \in [0, T],
\end{aligned}
$$

即 $x(t)$ 满足 (1.1.21).

可以看出, 如果 $x \in PC([-\tau, T])$ 是 (1.1.21) 的解, 易知, 在 $t \in [0, T] - \{t_k\}_{k=1}^m$ 上除去 Lebesgue 测度为零的集合外均满足 (1.1.20) 的第一式, 并且 (1.1.20) 的第二式和第三式也是正确的. 证毕.

引理 1.1.10　方程 (1.1.20) 有唯一解属于 $PC_0([-\tau, T], R)$, 且 $x_0 = \Phi$, $x(0^+) = \omega$.

证明　对 $x \in C([0, t_1], R)$, 令 $\| x \| = \max\{\mathrm{e}^{-M_1 t}|x(t)|, t \in [0, t_1]\}$, 且

$$
(A_1 x)(t) = \omega \mathrm{e}^{-Mt} + \int_0^t \mathrm{e}^{-M(t-s)}[\sigma(s) - (Bx_s)]\mathrm{d}s, \quad t \in (0, T],
$$

其中, 若 $t+s \leqslant 0$, 则 $x(t+s) = \Phi(t+s)$ 且 $M_1 = \| B \| + 1$. 显然 $A_1 : C([0, t_1], R) \to$

$C([0, t_1], R)$ 是连续映射. 对 $x, y \in C([0, t_1], R)$,

$$|(A_1 x)(t) - (A_1 y)(t)| = \left| \int_0^t [(Bx_s) - (By_s)] \mathrm{d}s \right|$$

$$\leqslant \int_0^t \int_{-\tau}^0 |x_s(r) - y_s(r)| \gamma(r) \mathrm{d}r \mathrm{d}s$$

$$= \int_{-\tau}^0 \int_0^t |x_s(r) - y_s(r)| \gamma(r) \mathrm{d}s \mathrm{d}r$$

$$= \int_{-\tau}^0 \int_0^t |x_s(r) - y_s(r)| \mathrm{d}s \gamma(r) \mathrm{d}r$$

$$= \int_{-\tau}^0 \int_0^{t+r} |x(s) - y(s)| \mathrm{d}s \gamma(r) \mathrm{d}r$$

$$\leqslant \int_{-\tau}^0 \int_0^{t+r} |x(s) - y(s)| \mathrm{d}s \gamma(r) \mathrm{d}r$$

$$= \int_0^t |x(s) - y(s)| \mathrm{d}s \int_{-\tau}^0 \gamma(r) \mathrm{d}r$$

$$= \| B \| \int_0^t \mathrm{e}^{M_1 s} \mathrm{e}^{-M_1 s} \| x(s) - y(s) \| \mathrm{d}s$$

$$\leqslant \frac{\| B \|}{M_1} \| x - y \|.$$

所以

$$\mathrm{e}^{-M_1 t} |(A_1 x)(t) - (A_1 y)(t)| \leqslant \frac{\| B \|}{M_1} \| x - y \|,$$

即

$$\| A_1 x - A_1 y \| \leqslant \frac{\| B \|}{M_1} \| x - y \|. \tag{1.1.22}$$

由连续映射理论, A_1 有唯一的不动点 $x_1 \in C([0, t_1], R)$. 对 $x \in C([t_1, t_2], R)$, 令 $\| x \| = \max\{\mathrm{e}^{-M_2(t-t_1)} |x(t)|, t \in [t_1, t_2]\}$, 且

$$(A_2 x)(t) = (x_1(t_1)) + [I_1(\eta(t_1)) - L_1(x_1(t_1) - \eta(t_1))] \mathrm{e}^{-M(t-t_1)}$$

$$+ \int_{t_1}^t \mathrm{e}^{-M(t-s)} [\sigma(s) - Bx_s] \mathrm{d}s, \quad t \in [t_1, t_2], \tag{1.1.23}$$

其中, 如果 $t + s \leqslant 0$, 则 $x(t+s) = \Phi(t+s)$, 如果 $t + s \in (0, t_1]$, 则 $x(t+s) = x_1(t+s)$ 且 $M_2 = \| B \| + 1$. 类似地, A_2 在 $C([t_1, t_2], R)$ 上有唯一的不动点 x_2. 继续下去, 对 $x \in C([t_n, T], R)$, 令 $\| x \| = \max\{\mathrm{e}^{-M_{n+1} t} |x(t)|, t \in [t_n, T]\}$, 且

$$(A_{n+1} x)(t) = (x_n(t_n)) + [I_n(\eta(t_n)) - L_n(x_n(t_n) - \eta(t_n))] \mathrm{e}^{-M(t-t_n)}$$

$$+ \int_0^t \mathrm{e}^{-M(t-s)} [\sigma(s) - Bx_s] \mathrm{d}s, \quad t \in [t_n, T], \tag{1.1.24}$$

其中, 如果 $t + s \leqslant 0$, 则 $x(t + s) = \Phi(t + s)$; 如果 $t + s \in (0, t_1]$, 则 $x(t + s) = x_1(t + s)$; $\cdots$; 如果 $t + s \in (t_{n-2}, t_n]$, 则 $x(t + s) = x_{n-1}(t + s)$ 且 $M_{n+1} = \parallel B \parallel + 1$.

同样, A_{n+1} 有唯一的不动点 $x_{n+1} \in C([t_n, T], R)$. 令

$$x^*(t) = \begin{cases} \Phi(t), & t \in [-\tau, 0], \\ x_1(t), & t \in (0, t_1], \\ x_2(t), & t \in (t_1, t_2], \\ \quad \cdots\cdots\cdots \\ x_{n+1}(t), & t \in (t_n, T]. \end{cases}$$

则 $x^* \in PC([-\tau, T], R)$ 是一个解. 如果 $y^* \in PC([-\tau, T], R)$ 是方程的另一个解, 由 $x^*(t) = y^*(t), t \in [-\tau, 0]$, 易得 $x^*(t) = y^*(t), t \in [0, t_1]$. 同样 $x^*(t) = y^*(t), t \in (t_1, t_2]$. 继续下去, 有 $x^*(t) = y^*(t), t \in (t_n, T]$. 所以 $x^* = y^*$. 证毕.

为方便起见, 列出几个独立的条件:

(A1) 存在 $u, v \in PC_0([-\tau, T], R)$ 满足 $u(t) \leqslant v(t)(t \in J)$ 且

$$\begin{cases} u'(t) \leqslant f(t, u_t), & t \in J, t \neq t_k, \\ \Delta u|_{t = t_k} \leqslant I_k(u_{t_k}), & k = 1, 2, \cdots, m, \\ u(0^+) \leqslant \bar{u}, \\ u_0 \leqslant \Phi, \end{cases}$$

$$\begin{cases} v'(t) \geqslant f(t, v_t), & t \in J, t \neq t_k, \\ \Delta v|_{t = t_k} \geqslant I_k(v_{t_k}), & k = 1, 2, \cdots, m, \\ v(0^+) \geqslant \bar{v}, \\ v_0 \geqslant \Phi, \end{cases}$$

并且, $\Phi - u_0$ 与 $v_0 - \Phi$ 满足引理 1.1.8 中的条件 (a) 或 (b).

(A2) 存在常数 $M \geqslant 0$, 使得

$$f(t, \Phi) - f(t, \Psi) \geqslant -M(\phi(0) - \psi(0)) - B(\phi - \psi),$$

其中 $t \in J, \phi, \psi \in \{x_t, u(t) \leqslant x(t) \leqslant v(t), t \in J\}$ 且 $\phi \geqslant \psi$.

(A3) 存在常数 $0 \leqslant L_k \leqslant 1(k = 1, 2, \cdots, m)$, 使得

$$I_k(x) - I_k(y) \geqslant -L_k(x - y),$$

其中 $u(t_k) \leqslant y \leqslant x \leqslant v(t_k), k = 1, 2, \cdots, m$.

(A4) $f : J \times L^1([-\tau, 0], R) \to R$ 连续.

定理 1.1.5　设条件 (A1)~(A4) 都成立且 $f \in C([0, T]) \times L^1([-\tau, 0], R), [u, v] \subseteq PC_0([-\tau, 0], R)$. 则存在单调序列 $\{u_n\}, \{v_n\} \subseteq PC_0([-\tau, T], R)$ 在 $(0, T]$ 上分别收

敛于位于 $[u,v]$ 上的最大与最小解 $x^*, x_* \in PC_0([-\tau,T], R)$. 若 $x \in PC_0([-\tau,T], R)$ 是满足 $x \in [u,v]$ 的任意解, 则

$$u(t) \leqslant u_1(t) \leqslant \cdots \leqslant x_* \leqslant x(t) \leqslant x^*(t) \leqslant \cdots \leqslant v_1(t) \leqslant v(t), \quad t \in (0,T].$$

证明 对任意 $\eta \in [u,v]$, 考虑线性方程 (1.1.20), 其中

$$\sigma(t) = f(t, \eta_t) + M\eta(t) + B\eta_t, \quad t \in J.$$

由条件 (A4) 和引理 1.1.5 可知 $\sigma \in M([-\tau,T], R)$. 由引理 1.1.9, IRFDE(1.1.20) 有唯一解 $x \in PC_0([-\tau,T], R)$ 且 $x_0 = \Phi$. 令

$$x(t) = (A\eta)(t), \quad t \in (0,T]. \tag{1.1.25}$$

则 A 是由 $[u,v]$ 到 $PC_0([-\tau,T], R)$ 的连续映射. 下面证明:

(a) $u \leqslant Au, Av \leqslant v$;

(b) A 在 $[u,v]$ 上非减.

先证 (a), 令 $u_1 = Au, p = u - u_1$. 由引理 1.1.5 可知

$$\begin{cases} u_1'(t) + Mu_1(t) + Bu_{1t} = f(t, u_t) + Mu(t) + Bu_t, \quad t \in J, t \neq t_k, \\ \Delta u_1|_{t=t_k} = I_k(u(t_k)) - L_k[u_1(t_k) - u(t_k)], \quad k = 1, 2, \cdots, m, \\ u_{10} = \Phi, \end{cases} \tag{1.1.26}$$

所以

$$\begin{cases} p'(t) = u'(t) - u_1' \leqslant -Mp(t) - Bp_t, \quad t \in J, t \neq t_k, \\ \Delta p|_{t=t_k} = \Delta u|_{t=t_k} - \Delta u_1|_{t=t_k} \leqslant -L_k p(t_k), \quad k = 1, 2, \cdots, m, \\ p_0 = u_0 - u_{10} \leqslant 0, \end{cases} \tag{1.1.27}$$

由引理 1.1.8 可知 $p(t) \leqslant 0, t \in J$, 即 $u \leqslant u_1 = Au$. 类似可证 $v_1 = Av \leqslant v$.

再证 (b), 对 $\eta_1, \eta_2 \in [u,v]$ 且 $\eta_1 \leqslant \eta_2$, 令 $p = x_1 - x_2$, 其中 $x_1 = A\eta_1, x_2 = A\eta_2$. 由引理 1.1.8 有

$$\begin{aligned} p' &= x_1' - x_2' \\ &= [f(t, \eta_{1t}) + M(\eta_1(t) - x_1(t)) + (B\eta_{1t} - Bx_{1t})] \\ &\quad - [f(t, \eta_{2t}) + M(\eta_2(t) - x_2(t)) + (B\eta_{2t} - Bx_{2t})] \\ &= -[f(t, \eta_{2t}) - f(t, \eta_{1t}) + M(\eta_2(t) - \eta_1(t)) + (B\eta_{2t} - B\eta_{1t})] - Mp - Bp_t \\ &\leqslant p(t) - Bp_t, \quad t \in J, t \neq t_k, \end{aligned}$$

及

$$\Delta p|_{t=t_k} = \Delta x_1|_{t=t_k} - \Delta x_2|_{t=t_k}$$
$$= \{I_k(\eta_1(t_k)) - L_k[x_1(t_k) - \eta_1(t_k)]\} - \{I_k(\eta_2(t_k) - L_k[x_2(t_k) - \eta_2(t_k)]\}$$
$$= -\{I_k(\eta_2(t_k)) - I_k(\eta_1(t_k)) + L_k[\eta_2(t_k) - \eta_1(t_k)]\} - L_k p(t_k)$$
$$\leqslant -L_k p(t_k), \quad k = 1, 2, \cdots, m,$$

且

$$p_0 = x_{10} - x_{20} = 0.$$

因此, 由引理 1.1.8, $p(t) \leqslant 0, t \in J$, 即 $A\eta_1 \leqslant A\eta_2$, 则 (b) 可证.

令 $u_n = A u_{n-1}$ 且 $v_n = A v_{n-1}, n = 1, 2, \cdots, m$. 由 (a), (b) 有

$$u(t) \leqslant u_1(t) \leqslant \cdots \leqslant u_n \leqslant \cdots \leqslant v_n(t) \leqslant \cdots \leqslant v_1(t) \leqslant v(t), \quad t \in J, \tag{1.1.28}$$

其中 $u_n, v_n \in PC_0([-\tau, T], R)$ 且 $u_{n0} = v_{n0} = \Phi, n = 1, 2, \cdots$. 所以存在 x_* 和 x^*, 使得

$$u_n(t) \to x_*(t), \quad t \in [-\tau, T], \quad n \to +\infty, \tag{1.1.29}$$
$$v_n(t) \to x^*(t), \quad t \in [-\tau, T], \quad n \to +\infty. \tag{1.1.30}$$

所以

$$u_{nt}(s) \to x_{*t}(s), \quad s \in [-\tau, 0], \quad n \to +\infty,$$
$$v_{nt}(s) \to x_t^*(s), \quad s \in [-\tau, 0], \quad n \to +\infty.$$

因此

$$f(t, u_{nt}) + M u_{n-1}(t) - (B u_{nt} - B u_{n-1t}) \to f(t, x_{*t}) + M x_*(t), \quad n \to +\infty.$$

由 Lebesgue 控制收敛定理, 有

$$\int_0^t e^{-M(t-s)}[f(s, u_{ns}) + M u_{n-1}(s) - (B u_{ns} - B u_{n-1s})]\mathrm{d}s$$
$$\to \int_0^t e^{-M(t-s)}[f(s, x_{*s}) + M x_*(s)]\mathrm{d}s, \quad n \to +\infty. \tag{1.1.31}$$

所以

$$x_*(t) = \Phi(0)e^{-Mt} + \int_0^t e^{-M(t-s)}[f(s, x_{*s}) + M x_*(s)]\mathrm{d}s, \quad t \in [0, t_1], \tag{1.1.32}$$

其中 $x_{*0} = \Phi$. 由 I_1 的定义, 有

$$I_1(u_n(t)) \to I_1(x_*(t_1)), \quad n \to +\infty. \tag{1.1.33}$$

同上, 有

$$
\begin{aligned}
x_*(t) =& [x_*(t_1) + I_1(x_*(t_1))]\mathrm{e}^{-M(t-t_1)} \\
& + \int_{t_1}^{t} \mathrm{e}^{-M(t-s)} [f(s, x_{*s}) + M x_*(s)] \mathrm{d}s, \quad t \in (t_1, t_2],
\end{aligned} \tag{1.1.34}
$$

其中 $x_{*0} = \Phi$. 继续下去,

$$
\begin{aligned}
x_*(t) =& [x_*(t_n) + I_n(x_*(t_n))]\mathrm{e}^{-M(t-t_n)} \\
& + \int_{t_n}^{t} \mathrm{e}^{-M(t-s)} [f(s, x_{*s}) + M x_*(s)] \mathrm{d}s, \quad t \in (t_n, T],
\end{aligned} \tag{1.1.35}
$$

其中 $x_{*0} = \Phi$. 则

$$
\begin{aligned}
x_*(t) =& \Phi \mathrm{e}^{-Mt} + \int_{0}^{t} \mathrm{e}^{-M(t-s)} [f(s, x_{*s}) + M x_*(s)] \mathrm{d}s \\
& + \sum_{0 < t_k < t} \mathrm{e}^{-M(t-t_k)} I_k(x_*(t_k)), \quad t \in J.
\end{aligned} \tag{1.1.36}
$$

同上, 有

$$
\begin{aligned}
x^*(t) =& \Phi \mathrm{e}^{-Mt} + \int_{0}^{t} \mathrm{e}^{-M(t-s)} [f(s, x_s^*) + M x^*(s)] \mathrm{d}s \\
& + \sum_{0 < t_k < t} \mathrm{e}^{-M(t-t_k)} I_k(x^*(t_k)), \quad t \in J,
\end{aligned} \tag{1.1.37}
$$

其中 $x_0^* = \Phi$.

最终, 若 $x \in Pc(-[\tau, T], R)$ 是方程 (1.1.10) 在 $[u, v]$ 上的一个解. 令 $p = u_n - x$ 并运用数学归纳法, 显然 $u \leqslant x$. 假设 $u_{n-1} \leqslant x$, 则

$$
\begin{aligned}
p' =& u_n' - x' \\
=& f(t, u_{n-1t}) - M(u_n(t) - u_{n-1}(t)) - (Bu_{nt} - Bu_{n-1t}) - f(t, x_t) \\
=& -Mp - Bp_t - [f(t, x_t) - f(t, u_{n-1t})] \\
& + M(-x(t) + u_{n-1}(t)) + (-Bx_t + Bu_{n-1t}) \\
\leqslant& -Mp - Bp_t, \quad t \in J, t \neq t_k,
\end{aligned}
$$

及

$$
\begin{aligned}
\Delta p|_{t=t_k} =& \Delta u_n|_{t=t_k} - \Delta x|_{t=t_k} \\
=& I_k(u_{n-1}(t_k)) - L_k[u_n(t_k) - u_{n-1}(t_k)] - I_k(x(t_k)) \\
=& -\{I_k(x(t_k)) - I_k(u_{n-1}(t_k)) + L_k[x(t_k) - u_{n-1}(t_k)]\} - L_k p(t_k) \\
\leqslant& -L_k p(t_k), \quad k = 1, 2, \cdots, m,
\end{aligned}
$$

且

$$p_0 = u_{n0} - x_0 = 0.$$

因此, 由引理 1.1.8, $p(t) \leqslant 0, t \in J$, 即 $u_n(t) \leqslant x(t), t \in J$. 所以 $u_n(t) \leqslant x(t), t \in J, n = 1, 2, \cdots$. 同上证明可得 $x(t) \leqslant v^{(n)}(t), t \in J, n = 1, 2, \cdots$, 即 $x_*(t) \leqslant x(t) \leqslant x^*(t), t \in J$. 证毕.

例 1.1.1　考虑

$$\begin{cases} x' = \dfrac{1}{72}(t - x(t))^3 + \dfrac{1}{40}(t^2 - x(t-1))^5 \\ \qquad + \dfrac{1}{144}\left(\sin^2 t - \displaystyle\int_{-1}^0 x(t+s)\mathrm{d}s\right)^3, & t \in (0,1], t \neq \dfrac{1}{2}, \\ \Delta x\big|_{t=\frac{1}{2}} = -\dfrac{1}{6}x\left(\dfrac{1}{2}\right), \\ x_0 = \phi, \end{cases} \tag{1.1.38}$$

其中

$$\phi(t) = \begin{cases} 1, & t \in \left[-1, -\dfrac{1}{2}\right), \\ \dfrac{1}{2}, & t \in \left(-\dfrac{1}{2}, 0\right]. \end{cases}$$

则 IRFDE(1.1.38) 有最大解和最小解.

证明　令

$$u(t) = 0, \quad t \in [-1, 1],$$

$$v(t) = \begin{cases} 1, & t \in [-1, 0], \\ 1 + t, & t \in \left(0, \dfrac{1}{2}\right], \\ t + \dfrac{5}{6}, & t \in \left(\dfrac{1}{2}, 1\right]. \end{cases}$$

易证 u, v 不是解且 $u(t) \leqslant v(t), t \in [-1, 1]$, 而且

$$\Delta u\big|_{t=\frac{1}{2}} = -\frac{1}{6}u\left(\frac{1}{2}\right),$$

$$\Delta v\big|_{t=\frac{1}{2}} = -\frac{1}{6} > -\frac{1}{2} = -\frac{1}{6}u\left(\frac{1}{2}\right),$$

$$u'(t) = 0, \quad t \in [0, 1], \quad v'(t) = 1, \quad t \in \left[0, \frac{1}{2}\right) \cup \left(\frac{1}{2}, 1\right],$$

$$f(t, u_t) = \frac{1}{72}t^3 + \frac{1}{40}t^{10} + \frac{1}{144}\sin^6 t, \quad t \in [0, 1],$$

$$f(t, v_t) = \frac{1}{72}(t - (1+t))^3 + \frac{1}{40}(t^2 - 1)^5$$

$$+ \frac{1}{144}\left(\sin^2 t - \int_{-1}^0 v(t+s)\mathrm{d}s\right)^3, \quad t \in [0,1].$$

则

$$\begin{cases} u'(t) \leqslant f(t, u_t), \quad t \in (0,1), t \neq \frac{1}{2}, \\ \Delta u\big|_{t=\frac{1}{2}} \leqslant -\frac{1}{6}u\left(\frac{1}{2}\right), \\ u_0 \leqslant \Phi, \end{cases}$$

$$\begin{cases} v'(t) \geqslant f(t, v_t), \quad t \in J, t \neq \frac{1}{2}, \\ \Delta v\big|_{t=\frac{1}{2}} > -\frac{1}{6}v\left(\frac{1}{2}\right), \\ v_0 \geqslant \Phi, \end{cases}$$

即条件 (A1) 成立.

由计算可知

$$\frac{1}{72}((t-x)^3 - (t-y)^3) = -\frac{1}{24}(t - \eta(x,y))^2(x-y),$$

$$\frac{1}{40}((t^2-x)^5 - (t^2-y)^5) = -\frac{1}{8}(t - \zeta(x,y))^4(x-y),$$

且

$$\frac{1}{144}((\sin^2 t - x)^3 - (\sin^2 t - y)^3) = -\frac{1}{48}(\sin^2 t - \gamma(x,y))^2(x-y).$$

对任意 $\psi \in M([-1,0], R)$, 令

$$B\psi = \frac{1}{8}\psi(-1) + \frac{1}{48}\int_{-1}^0 \psi(s)\mathrm{d}s.$$

则

$$f(t, \phi) - f(t, \psi) \geqslant -\frac{1}{24}(\phi(0) - \psi(0)) - (B\phi - B\psi),$$

$$\phi, \psi \in \{x_t, u(t) \leqslant x(t) \leqslant v(t), t \in [0,1]\} \ \text{且} \ \phi \leqslant \psi.$$

所以条件 (A2) 也是成立的.

对 $u\left(\frac{1}{2}\right) \leqslant y \leqslant x \leqslant v\left(\frac{1}{2}\right)$, $I(x) - I(y) = -\frac{1}{6}(x-y)$. 所以条件 (A3) 成立, 即

$$M = \frac{1}{24}, \quad L_1 = \frac{1}{6}, \quad \Delta_1 = \frac{1}{2}, \quad \Delta_2 = 1,$$

$$M_0 < \frac{1}{224} + \frac{1}{8} = \frac{1}{6}.$$

对 $p_1(t) = u(t) - \Phi(t), t \in [-1, 0]$, 有

$$L_{-1} = \frac{1}{2}, \quad \Delta = \max\left\{\frac{1}{2}, 1, \frac{1}{2}\right\} = 1, \quad \inf_{t \in [-1, 0]} p_1(t) = -1 < p_1(0),$$

且

$$p_1'(t) = 0 < M_0, \quad t \in \left[-1, -\frac{1}{2}\right) \cup \left(-\frac{1}{2}, 0\right].$$

所以

$$M_0 \Delta_1 < \frac{5}{23} = \frac{(1 - L_{-1})(1 - L_1)}{1 + (1 - L_{-1}) + (1 - L_{-1})(1 - L_1)}.$$

对 $p_2(t) = \Phi(t) - v(t)$, 有

$$p_2(0) = \frac{1}{2} \leqslant p_2(t), \quad t \in [-1, 0],$$

且

$$M_0 < \frac{5}{11} = \frac{(1 - L_1)}{1 + (1 - L_1)}.$$

显然 (A4) 成立. 由定理 1.1.5, 方程 (1.1.38) 有最大解和最小解. 证毕.

注 1.1.1　此结论可以推广到 Banach 空间中的脉冲时滞微分方程.

下面考虑系统

$$x'(t) = f(t, x_t) + \sum_{i=1}^{n_*} x(t - T_i), \quad t \in J := [0, b] \backslash \{t_1, t_2, \cdots, t_m\}, \tag{1.1.39}$$

$$x(t_k^+) - x(t_k^-) = I_k(x(t_k^-)), \quad k = 1, \cdots, m, \tag{1.1.40}$$

$$x(t) = \Phi(t), \quad t \in [-r, 0], \tag{1.1.41}$$

其中 $n_* \in \{1, 2, \cdots\}, r = \max_{1 \leqslant i \leqslant n_*} T_i$, 给定函数 $f: J \times D \to R^n, D = \{\Psi : [-r, 0] \to R; \Psi$ 除了有限个点 $\bar{t}$ 外连续, 在这些点处 $\Phi(\bar{t})$ 和 $\Phi(\overline{t^+})$ 存在且 $\Phi(\bar{t}) = \Phi(\overline{t^+})\}, 0 = t_0 < t_1 < \cdots < t_m < t_{m+1} = b, I_k \in C(R^n, R^n), k = 1, 2, \cdots, m$.

在 D 中定义 x_t, 其中 $y \in [-r, b]$ 和 $t \in J$,

$$x_t(\theta) = y(t + \theta), \quad \theta \in [-r, 0],$$

其中 $x_t(\cdot)$ 表示过去时间 $t - r$ 到现在的时间 t 的过程. 下面介绍记号、定义和基本事实.

$C(J, R^n)$ 是 $J \to R^n$ 的所有连续函数组成的 Banach 空间, 范数定义如下

$$\|x\|_\infty := \sup\{|x(t)| : t \in J\}.$$

D 的范数定义如下

$$||\Phi||_D := \sup\{|\Phi(\theta)| : -r \leqslant \theta \leqslant 0\},$$

$$L^1(J, R^n) = \{x : J \to R^n : x \text{ Lebesgue 可积}\}.$$

则定义如下式子

$$||x||_{L^1} = \int_0^b |x(t)|\mathrm{d}t, \quad J := [0, b].$$

如果集合 $\{x_1(t) \neq x_2(t), t \in J\}$ 的 Lebesgue 测度为零, 则这两个函数 $x_1, x_2 : J \to R^n$ 相等. 易知

$$(L^1(J, R^n), ||\cdot||_{L^1})$$

是 Banach 空间.

$AC^i(J, R^n)$ 中的函数 $x : J \to R^n i$ 阶可微, 且 $x^{(i)}$ 绝对连续.

定义 1.1.1 映射 $f : J \times D \to R^n$ 称为 L^1-Carathéodory 函数, 如果下面的条件成立:

(i) 对于每一个 $u \in D$, $t \to f(t, u)$ 可测;

(ii) 几乎所有 $t \in J$, $u \to f(t, u)$ 连续;

(iii) 对每一个 $q > 0$, 存在 $h_q \in L^1(J, R_+)$, 满足 $||u|| \leqslant q$ 和几乎所有的 $t \in J$, 有

$$|f(t, u)| \leqslant h_q(t).$$

为了定义 $(1.1.39) \sim (1.1.40)$ 的解, 首先定义下列空间

$$PC = \{x : [0, b] \to R^n : x(t_k^+) \text{ 和} x(t_k^-) \text{ 存在} x(t_k^+) = x(t_k^-),$$
$$k = 1, \cdots, m \text{ 且} x \in C([t_k, t_{k+1}), R^n), k = 0, \cdots, m\}$$

是 Banach 空间, 其范数定义为

$$||x||_{PC} = \max\{||x_k||_{J_k}, k = 0, \cdots, m\},$$

其中 x_k 是 x 到 $J_k = [t_k, t_{k+1}], k = 0, \cdots, m$ 的限制. 设

$$\Omega = \{x : [-r, b] \to R^n : x \in D \cap PC\}$$

是 Banach 空间且范数

$$||x||_\Omega = \sup\{|x(t)| : t \in [-r, b]\}, \quad x \in \Omega.$$

定义 1.1.2　函数 $x \in \Omega \cap AC(J, R^n)$ 是 (1.1.39) $\sim$ (1.1.41) 的解, 如果 f 在 J 上满足方程 $x'(t) = f(t, x_t) + \sum_{i=1}^{n_*} x(t - T), t \neq t_k, k = 1, \cdots, m$ 和下列条件 $x(t_k^+) - x(t_k^-) = I_k(x(t_k^-)), k = 1, \cdots, m$, 且在 $[-r, 0]$ 上 $x(t) = \Phi(t)$.

引理 1.1.11　设 $f : D \to R^n$ 是连续函数, 则 x 是初值问题

$$x'(t) = f(x_t) + \sum_{i=1}^{n_*} x(t - T_i), \quad t \in J := [0, b], t \neq t_k, k = 1, \cdots, m, \tag{1.1.42}$$

$$x(t_k^+) - x(t_k) = I_k(x(t_k^-)), \quad k = 1, \cdots, m, \tag{1.1.43}$$

$$x(t) = \Phi(t), \quad t \in [-r, 0] \tag{1.1.44}$$

的唯一解当且仅当 x 是下列脉冲积分泛函微分方程

$$x(t) = \begin{cases} \Phi(t), \quad t \in [-r, 0], \\ \Phi(0) + \sum_{i=1}^{n_*} \int_{-T_i}^{0} \Phi(s)\mathrm{d}s + \int_0^t f(x_s)\mathrm{d}s \\ \quad + \sum_{i=1}^{n_*} \int_0^{t-T_i} x(s)\mathrm{d}s + \sum_{0 < t_k < t} I_k(x(t_k^-)), \quad t \in [0, b] \end{cases} \tag{1.1.45}$$

的解. 其中 $r = \max_{1 \leqslant i \leqslant n_*} T_i$.

证明　设 x 是问题 (1.1.42) $\sim$ (1.1.44) 的一个可能解, 则 $x|_{[-r,t_1]}$ 是下列方程

$$x'(t) = f(x_t) + \sum_{i=1}^{n_*} x(t - T_i), \quad t \in [0, b]$$

的解. 设 $t_k < t \leqslant t_{k+1}, k = 1, \cdots, m$. 对上述等式积分可得

$$x(t_1^-) - x(0) = \int_0^{t_1} f(x_s)\mathrm{d}s + \sum_{i=1}^{n_*} \int_0^{t_1} x(s - T_i)\mathrm{d}s,$$

$$x(t_1^-) - x(0) = \int_0^{t_1} f(x_s)\mathrm{d}s + \sum_{i=1}^{n_*} \int_{-T_i}^{t_1-T_i} x(s - T_i)\mathrm{d}s,$$

$$x(t_2^-) - x(t_1^+) = \int_{t_1}^{t_2} f(x_s)\mathrm{d}s + \sum_{i=1}^{n_*} \int_{t_1}^{t_2} x(s - T_i)\mathrm{d}s,$$

$$x(t_2^-) - x(t_1^-) = I_1(x(t_1^-)) + \int_{t_1}^{t_2} f(x_s)\mathrm{d}s + \sum_{i=1}^{n_*} \int_{t_1-T_i}^{t_2-T_i} x(s)\mathrm{d}s,$$

$$\cdots\cdots\cdots\cdots$$

$$x(t_k^-) - x(t_{k-1}^+) = \int_{t_{k-1}}^{t_k} f(x_s)\mathrm{d}s + \sum_{i=1}^{n_*} \int_{t_{k-1}}^{t_k} x(s - T_i)\mathrm{d}s,$$

$$x(t_k^-) - x(t_{k-1}^-) = I_k(x(t_k^-)) + \int_{t_{k-1}}^{t_k} f(x_s)\mathrm{d}s + \sum_{i=1}^{n_*} \int_{t_{k-1}-T_i}^{t_k-T_i} x(s - T_i)\mathrm{d}s,$$

$$x(t) - x(t_k^-) = I_k(x(t_k^-)) + \int_{t_k}^{t} f(x_s)\mathrm{d}s + \sum_{i=1}^{n_*} \int_{t_k-T_i}^{t-T_i} x(s)\mathrm{d}s,$$

则

$$x(t_1) - x(0) = \int_{0}^{t_1} f(x_s)\mathrm{d}s + \sum_{i=1}^{n_*} \int_{-T_i}^{t_1-T_i} x(s)\mathrm{d}s,$$

$$x(t_2) - x(t_1^-) = I_1(x(t_1^-)) + \int_{t_1}^{t_2} f(x_s)\mathrm{d}s + \sum_{i=1}^{n_*} \int_{-T_i}^{t_2-T_i} x(s)\mathrm{d}s,$$

$$\cdots\cdots\cdots\cdots$$

$$x(t_k^-) - x(t_{k-1}) = I_k(x(t_k^-)) + \int_{k-1}^{t_k} f(x_s)\mathrm{d}s + \sum_{i=1}^{n_*} \int_{t_{k-1}-T_i}^{t_k-T_i} x(s - T_i)\mathrm{d}s,$$

$$x(t) - x(t_k^-) = I_k(x(t_k^-)) + \int_{t_k}^{t} f(x_s)\mathrm{d}s + \sum_{i=1}^{n_*} \int_{t_k-T_i}^{t-T_i} x(s)\mathrm{d}s.$$

联立可得

$$\begin{aligned}
x(t) &= x(0) + \sum_{0 < t_k < t} I_k(x(t_k^-)) + \int_{0}^{t} f(x_s)\mathrm{d}s + \sum_{i=1}^{n_*} \int_{-T_i}^{t-T_i} x(s)\mathrm{d}s \\
&= \Phi(0) + \sum_{0 < t_k < t} I_k(x(t_k^-)) + \int_{0}^{t} f(x_s)\mathrm{d}s + \sum_{i=1}^{n_*} \int_{0}^{t-T_i} x(s)\mathrm{d}s + \sum_{i=1}^{n_*} \int_{-T_i}^{0} x(s)\mathrm{d}s.
\end{aligned}$$

则

$$x(t) = \Phi(0) + \sum_{0 < t_k < t} I_k(x(t_k^-)) + \int_{0}^{t} f(x_s)\mathrm{d}s + \sum_{i=1}^{n_*} \int_{0}^{t-T_i} x(s)\mathrm{d}s + \sum_{i=1}^{n_*} \int_{-T_i}^{0} \Phi(s)\mathrm{d}s.$$

如果 x 满足积分方程 (1.1.45), 则 x 是问题 (1.1.42) $\sim$ (1.1.44) 的解. 设 $t \in [0, b] \backslash \{t_1, \cdots, t_m\}$ 和

$$x(t) = \Phi(0) + \sum_{0 < t_k < t} I_k(x(t_k^-)) + \int_{0}^{t} f(x_s)\mathrm{d}s + \sum_{i=1}^{n_*} \int_{0}^{t-T_i} x(s)\mathrm{d}s + \sum_{i=1}^{n_*} \int_{-T_i}^{0} \Phi(s)\mathrm{d}s.$$

所以

$$x'(t) = f(x_t) + \sum_{i=1}^{n_*} x(t - T_i).$$

很容易证明 $x(t_k^+) - x(t_k^-) = I_k(x(t_k^-)), \quad k = 1, \cdots, m.$

下面证明问题 $(1.1.39) \sim (1.1.41)$ 的解的存在性. 首先假设

(H1) $F : J \times D \to R^n$ 是 L^1-Carathéodory 函数;

(H2) 存在正常数 $c_k, k = 1, \cdots, m$ 满足

$$|I_k(x)| \leqslant c_k, \quad x \in R^n;$$

(H3) 存在函数 $p \in L^1(J, R_+)$ 且一个连续非减的函数 $\Psi : [0, \infty) \to [0, \infty)$ 满足

$$|f(t, y)| \leqslant p(t)\Psi(\|y\|_D), \quad t \in J, y \in D$$

且

$$\int_0^b m(s)\mathrm{d}s < \int_c^\infty \frac{\mathrm{d}u}{u + \Psi(u)},$$

其中 $c = \|\Phi\|_D + rn_*\|\Phi\|_D + \sum_{k=1}^m c_k$ 且 $m(t) = \max(n_*, p(t)).$

定理 1.1.6　假设 (H1) $\sim$ (H3) 成立, 则 IVP(1.1.39) $\sim$ (1.1.41) 在 $[-r, b]$ 上至少有一个解.

证明　问题 $(1.1.39) \sim (1.1.41)$ 转化为不动点问题. 考虑算子 $N : \Omega \to \Omega$,

$$N(x)(t) = \begin{cases} \Phi(t), \quad t \in [-r, 0], \\ \Phi(0) + \displaystyle\sum_{i=1}^{n_*} \int_{-T_i}^0 \Phi(s)\mathrm{d}s + \int_0^t f(s, x_s)\mathrm{d}s \\ \quad + \displaystyle\sum_{i=1}^{n_*} \int_0^{t-T_i} x(s)\mathrm{d}s + \sum_{0 < t_k < t} I_k(x(t_k^-)), \quad t \in [0, b]. \end{cases}$$

则算子 N 是全连续算子.

第一步. N 是连续的. 设 $\{x_n\}$ 是 Ω 上的序列满足 $x_n \to y$, 则

$$\begin{aligned} |N(x_n)(t) - N(x)(t)| &\leqslant \int_0^t |f(s, x_{ns}) - f(s, x_s)|\mathrm{d}s + n_* \int_0^t |x_n(s) - x(s)|\mathrm{d}s \\ &\quad + \sum_{k=1}^m |I_k(x_n(t_k^-)) - I_k(x(t_k^-))| \\ &\leqslant \int_0^b |f(s, x_{ns}) - f(s, x_s)|\mathrm{d}s + n_* \int_0^t |x_n(s) - x(s)|\mathrm{d}s \\ &\quad + \sum_{k=1}^m |I_k(x_n(t_k^-)) - I_k(x(t_k^-))|. \end{aligned}$$

因为 f 是 L^1-Carathéodory 函数且 I_k 是连续的, 由 Lebesgue 控制定理可得

$$\|N(x_n) - N(x)\|_\Omega \leqslant \int_0^b |f(s, x_{n_s}) - f(s, x_s)| \mathrm{d}s + n_* b \|x_n - x\|_\Omega$$
$$+ \sum_{k=1}^m |I_k(x_n(t_k^-)) - I_k(x(t_k^-))| \to 0, \quad n \to \infty.$$

第二步. N 在 Ω 上把有界集映射到有界集. 事实上, 对于任何 $q > 0$, 存在一个正常数 ℓ, 满足对于每一个 $x \in B_q = \{y \in \Omega : \|x\|_\Omega \leqslant q\}$ 有 $\|N(x)\|_\Omega \leqslant \ell$. 由定义 1.1.1(iii) 可得, 对于任何 $t \in [0, b]$,

$$|N(x)(t)| \leqslant |\Phi(0)| + \sum_{k=1}^{n_*} \int_0^{T_i} |\Phi(-s)| \mathrm{d}s + \int_0^t |f(s, x_s)| \mathrm{d}s$$
$$+ \sum_{k=1}^{n_*} \int_0^{t - T_i} |x(s)| \mathrm{d}s + \sum_{k=1}^m |I_k(x(t_k^-))|$$
$$\leqslant \|\Phi\|_D + n_* r \|\Phi\|_D + \|h_q\|_{L^1} + n_* q b + \sum_{k=1}^m c_k.$$

则

$$\|N(x)\|_\Omega \leqslant \|\Phi\|_D + n_* r \|\Phi\|_D + \|h_q\|_{L^1} + n_* q b + \sum_{k=1}^m c_k := \ell.$$

第三步. N 把有界集映射到 Ω 上等度连续集. 设 $l_1, l_2 \in [0, b], l_1 < l_2, B_q$ 和第二步中的相同, 是 Ω 中的有界集, 设 $x \in B_q$, 则

$$|N(x)(l_2) - N(x)(l_1)| \leqslant \int_{l_1}^{l_2} h_q(s) \mathrm{d}s + n_* |l_2 - l_1| + \sum_{0 < t < l_2 - l_1} c_k.$$

当 $l_2 \to l_1$ 时, 上面不等式的右边趋于零. 当 $l_1 < l_2 \leqslant 0$ 且 $l_1 \leqslant 0 \leqslant l_2$ 时, 等度连续是很显然的.

由第一步到第三步和 Arzela-Ascoli 定理可得, $N : \Omega \to \Omega$ 是完全连续的.

第四步. 最后可得集合

$$\varepsilon(N) := \{x \in \Omega : x = \lambda N(x), 0 < \lambda < 1\}$$

是有界的.

设 $x \in \varepsilon(N)$, 则 $x = \lambda N(x)$, $0 < \lambda < 1$. 对于每一个 $t \in [0, b]$,

$$x(t) = \lambda(\Phi(0)) + \sum_{i=1}^{n_*} \int_{-T_i}^0 |\Phi(s)| \mathrm{d}s + \int_0^t |f(s, x_s)| \mathrm{d}s$$
$$+ \sum_{i=1}^{n_*} \int_0^{t - T_i} x(s) \mathrm{d}s + \sum_{0 < t_k < t} I_k(x(t_k^-)).$$

(H2) 和 (H3) 表明, 对于每一个 $t \in J$, 有

$$|x(t)| \leqslant ||\Phi||_D + n_* r ||\Phi||_D + \sum_{k=1}^{m} c_k + \int_0^t p(s) \Psi(||x_s||_D) \mathrm{d}s + n_* \int_0^t |x(s)| \mathrm{d}s.$$

函数 μ 定义为

$$\mu(t) = \sup\{|y(s)| : -r \leqslant s \leqslant t\}, \quad 0 \leqslant t \leqslant b.$$

设 $t^* \in [-r, t]$ 满足 $\mu(t) = |y(t^*)|$. 如果 $t^* \in [0, b]$, 由上面的不等式, 对于 $t \in [0, b]$, 有

$$\mu(t) \leqslant ||\Phi||_D + n_* r ||\Phi||_D + \sum_{k=1}^{m} c_k + \int_0^t p(s) \Psi(\Psi(s)) \mathrm{d}s + n_* \int_0^t \mu(s) \mathrm{d}s.$$

如果 $t^* \in [-r, 0]$, 则 $\mu(t) = ||\Phi||_D$, 上面不等式成立. 设上面不等式的右边等于 $v(t)$. 则

$$c = v(0) = ||\Phi||_D + n_* r ||\Phi||_D + \sum_{k=1}^{m} c_k, \quad \mu(t) \leqslant v(t), \quad t \in [0, b],$$

且

$$v'(t) = n_* \mu(t) + p(t) \Psi(\mu(t)), \quad t \in [0, b].$$

利用 Ψ 的非减性可得

$$v'(t) \leqslant n_* v(t) + p(t) \Psi(v(t)) \leqslant m(t)[v(t) + \Psi(v(t))], \quad t \in [0, b].$$

这说明, 对于每一个 $t \in [0, b]$,

$$\int_{v(0)}^{v(t)} \frac{\mathrm{d}s}{s + \Psi(s)} \leqslant \int_0^b m(s) \mathrm{d}s < \int_{v(0)}^{\infty} \frac{\mathrm{d}s}{s + \Psi(s)}.$$

存在一个常数 K 满足 $v(t) \leqslant K, t \in [0, b]$, 且 $\mu(t) \leqslant K, t \in [0, b]$. 因为对每一个 $t \in [0, b], ||y_t|| \leqslant \mu(t)$, 于是有

$$||y||_\Omega \leqslant \max\{||\Phi||_D, K\} := K',$$

其中 K' 依赖于 b 和函数 m 和 Ψ. 这表明 $\varepsilon(N)$ 有界.

设 $X := \Omega$. 利用 Schaefer 定理 [28] 易知, 上面合理性的推导可以得到一阶脉冲泛函微分方程

$$\frac{\mathrm{d}}{\mathrm{d}t}[y(t) - g(t, y_t)] = f(t, y_t) + \sum_{i=1}^{n_*} y(t - T_i), \quad t \in J := [0, b] \backslash \{t_1, t_2, \cdots, t_m\}, \quad (1.1.46)$$

$$y(t_k^+) - y(t_k) = I_k(y(t_k)), \quad k = 1, \cdots, m, \quad (1.1.47)$$

$$y(t) = \Phi(t), \quad t \in [-r, 0], \tag{1.1.48}$$

其中 r, f, I_k 和问题 (1.1.39) $\sim$ (1.1.41) 中的相同且 $g : J \times D \to R^n$.

下面给出问题 (1.1.39) $\sim$ (1.1.41) 解的唯一性结果.

(A_1^1) 存在 $l \in L^1([0, b], R_+)$ 满足

$$|f(t, y) - f(t, \overline{y})| \leqslant l(t)\|y - \overline{y}\|_D, \quad y, \overline{y} \in D \text{且} \ t \in J;$$

(A_2^1) 存在常数 $\overline{c}_k, k = 1, 2, \cdots, m$ 满足

$$|I_k(\overline{x}) - I_k(x)| \leqslant \overline{c}_k|x - \overline{x}|, \quad x, \overline{x} \in R^n.$$

定理 1.1.7 假设 (A_1^1) $\sim$(A_2^1) 成立且 $\sum\limits_{k=1}^{m} \overline{c}_k < 1$. 则 IVP(1.1.39) $\sim$ (1.1.41) 有一个解.

证明 设 $N : \Omega \to \Omega$ 如定理 1.1.6 中定义. 下面证明 N 是收缩的. 事实上, 考虑 $y, \overline{y} \in \Omega$. 则对于每一个 $t \in [0, b]$,

$$\begin{aligned}
|N(y)(t) - N(\overline{y})(t)| &\leqslant \int_0^t |f(s, y_s) - f(s, \overline{y}_s)|\mathrm{d}s + \sum_{i=1}^{n_*} \int_0^{t-T_i} |y(s) - \overline{y}(s)|\mathrm{d}s \\
&\quad + \sum_{0 < t_k < t} |I_k(y_n(t_k^-)) - I_k(\overline{y}(t_k^-))| \\
&\leqslant \int_0^t l(s)\|y_s - \overline{y}_s\|_D \mathrm{d}s + n_* \int_0^t |y(s) - \overline{y}(s)|\mathrm{d}s \\
&\quad + \sum_{0 < t_k < t} \overline{c}_k|y(t_k) - \overline{y}(t_k)| \\
&\leqslant \int_0^t l(s)\mathrm{e}^{\tau L(s)}\mathrm{e}^{-\tau L(s)}\|y_s - \overline{y}_s\|_D \mathrm{d}s \\
&\quad + \int_0^t n_* \mathrm{e}^{\tau L(s)}\mathrm{e}^{-\tau L(s)}|y(s) - \overline{y}(s)|\mathrm{d}s \\
&\quad + \sum_{0 < t_k < t} \overline{c}_k\mathrm{e}^{\tau L(s)}\mathrm{e}^{-\tau L(s)}|y(t_k) - \overline{y}(t_k)| \\
&\leqslant \int_0^t l(s)\mathrm{e}^{\tau L(s)}\mathrm{d}s\|y - \overline{y}\|_{B\Omega}\mathrm{d}s + \int_0^t n_* \mathrm{e}^{\tau L(s)}\mathrm{d}s\|y - \overline{y}\|_{B\Omega} \\
&\quad + \sum_{0 < t_k < t} \overline{c}_k\mathrm{e}^{\tau L(s)}\|y - \overline{y}\|_{B\Omega} \\
&\leqslant \int_0^t \frac{1}{\tau}(\mathrm{e}^{\tau L(s)})'\mathrm{d}s\|y - \overline{y}\|_{B\Omega}\mathrm{d}s + \int_0^t \frac{1}{\tau}(\mathrm{e}^{\tau L(s)})'\mathrm{d}s\|y - \overline{y}\|_{B\Omega} \\
&\quad + \sum_{k=1}^{m} \overline{c}_k\mathrm{e}^{\tau L(t)}\|y - \overline{y}\|_{B\Omega}
\end{aligned}$$

$$\leqslant \mathrm{e}^{\tau L(t)} \left(\frac{2}{\tau} + \sum_{k=1}^{m} \overline{c}_k \right) ||y - \overline{y}||_{B\Omega}.$$

则

$$\mathrm{e}^{-\tau L(t)} |N(y)(t) - N(\overline{y})(t)| \leqslant \left(\frac{2}{\tau} + \sum_{k=1}^{m} \overline{c}_k \right) ||y - \overline{y}||_{B\Omega},$$

其中 $L(t) = \displaystyle\int_{-r}^{t} l_*(s)\mathrm{d}s$ 且

$$l_*(t) = \begin{cases} 0, & t \in [-r, 0], \\ l(t) + n_*, & t \in [0, b]. \end{cases}$$

τ 充分大且在 Ω 定义的 Bielecki 型范数 $||\cdot||_{B\Omega}$:

$$||y||_{B\Omega} = \sup_{t \in [-r, b]} \mathrm{e}^{-\tau L(t)} |y(t)|.$$

所以

$$||N(y) - N(\overline{y})||_{B\Omega} \leqslant \left(\frac{2}{\tau} + \sum_{k=1}^{m} \overline{c}_k \right) ||y - \overline{y}||_{B\Omega},$$

表明 N 是收缩的且有唯一的不动点, 也就是 (1.1.39) ~ (1.1.41) 的一个解. 证毕.

现在考虑无穷个脉冲点和多重时滞问题解的存在性和唯一性:

$$y'(t) = f(t, y_t) + \sum_{i=1}^{n_*} y(t - T_i), \quad t \in J_* := [0, \infty)\backslash\{t_1, t_2, \cdots\}, \tag{1.1.49}$$

$$y(t_k^+) - y(t_k^-) = I_k(y(t_k^-)), \quad k = 1, 2, \cdots, \tag{1.1.50}$$

$$y(t) = \Phi(t), \quad t \in [-r, 0], \tag{1.1.51}$$

其中给定函数 $f: J_* \times D \to R^n$ 且 $I_k \in C(R^n, R^n), k = 1, 2, \cdots, m,$

$$D = \{\Psi : [-r, 0] \to R^n; \Psi \text{ 除了可数个点 } \overline{t} \text{ 外处处连续},$$

$$\text{在这些点处 } \Phi(\overline{t}) \text{ 和 } \Phi(\overline{t^+}) \text{ 存在且 } \Phi(\overline{t}) = \Phi(\overline{t^+}),$$

$$\sup_{\theta \in [-r, 0]} |\Psi(\theta)| < \infty\}, \quad 0 < r < \infty,$$

$$0 = t_0 < t_1 < \cdots < t_m < \cdots, \lim_{n \to \infty} t_n = \infty.$$

定义下列记号和文献 [6] 中相同, 设 X 是 Fréchet 空间, 半范数为 $(||\cdot||_n, n \in N)$. 设 $Y \subset X$, 如果对于每个 $n \in N$, 存在 $M_n > 0$ 满足

$$||y||_n \leqslant M_n, \quad \forall y \in Y,$$

则 Y 是有界的.

对于 X, 考虑 Banach 空间 $\{(X^n, \|\cdot\|_n)\}$ 的序列如下. 对于每一个 $n \in N$, 考虑等价关系 $\sim_n, x \sim_n y$ 当且仅当 $\|x - y\|_n = 0, x, y \in X$. 定义 $X^n = (X/\sim_n, \|\cdot\|)$ 商空间. 对于 $Y \subset X$, 考虑 $Y^n \subset X^n$ 的子集的序列 $\{Y^n\}$ 如下: 对于每一 $x \in X$, $[x]_n$ 指集合 X^n 的子集 x 的等价类, $Y^n = \{[x]_n : x \in X\}$. 在 X^n 关于 $\|\cdot\|$, $\overline{Y^n}$, $\text{int}_n(Y^n), \partial_n Y^n$ 指 Y^n 的闭集、内部和边界. 设半范数 $\{\|\cdot\|_n\}$ 为

$$\|x\|_1 \leqslant \|x\|_2 \leqslant \|x\|_3 \leqslant \cdots, \quad x \in X.$$

定义 1.1.3 函数 $f : X \to Y$ 是收缩的, 如果对于 $n \in N$, 存在 $k_n \in (0,1)$, 满足

$$\|f(x) - f(y)\|_n \leqslant k_n \|x - y\|_n, \quad \forall x, y \in X.$$

定理 1.1.8 [6] 设 X 是 Fréchet 空间且 $Y \subset X$ 是闭子集, 设 $N : Y \to X$ 是收缩的且 $N(Y)$ 是有界的, 则下列情况之一成立:

(C1) N 有一个不动点;

(C2) 存在 $\lambda \in [0,1), n \in N$, 且 $x \in \partial_n Y^n$ 满足 $\|x - \lambda N(x)\|_n = 0$.

为了定义 $(1.1.49) \sim (1.1.51)$ 的解, 考虑空间

$$PC(J, R^n) = \{y : [0, \infty) \to R^n : y(t) \text{ 除 } t_k \text{ 外处处连续},$$
$$y(t_k^+) \text{ 和 } y(t_k^-) \text{ 存在}, y(t_k^+) = y(t_k^-), k = 1, 2, \cdots\}.$$

设

$$\Omega = \{y : J_1 \to R^n : y \in D \cap PC(J_*, R^n)\}, \quad J_1 = [-r, 0] \cup J_*.$$

定义 1.1.4 函数 $y \in \Omega$ 是 $(1.1.49) \sim (1.1.51)$ 的解, 如果

$$y'(t) = f(s, y_t) + \sum_{k=1}^{n_*} y(t - T_i), \quad t \in [0, \infty), t \neq t_k, k = 1, 2, \cdots,$$

且 (1.1.50) 和 (1.1.51) 条件满足.

设下列假设成立:

(B1) 存在函数 $p \in L^1(J_*, R_+)$ 且连续非减函数 $\Psi : [0, \infty) \to [0, \infty)$ 满足

$$\|f(t, y)\| \leqslant p(t)\Psi(\|y\|_D), \quad t \in J_*, y \in D,$$

且

$$\int_1^\infty \frac{\mathrm{d}s}{s + \Psi(s)} = \infty;$$

(B2) 存在常数 $c_k > 0$ 满足

$$|I_k(x)| \leqslant c_k, \quad k = 1, 2, \cdots, \quad x \in R^n;$$

(B3) 对于所有的 $R > 0$, 存在 $l_R \in L^1_{\text{loc}}([0, \infty), R_+)$ 满足

$$|f(t, y) - f(t, \overline{y})| \leqslant l_R(t)\|y - \overline{y}\|_D, \quad y, \overline{y} \in D, \quad \|y\|, \|\overline{y}\| \leqslant R, \quad t \in J_*;$$

(B4) 存在常数 $\overline{c}_k \geqslant 0$ 和 $k = 1, 2, \cdots,$ 有

$$|I_k(\overline{x}) - I_k(x)| \leqslant \overline{c}_k|x - \overline{x}|, \quad x, \overline{x} \in R^n.$$

定理 1.1.9　假设 (B1)~(B4) 成立, $\displaystyle\sum_{k=1}^{\infty} \overline{c}_k < 1$, 则 IVP(1.1.49) $\sim$ (1.1.51) 有唯一解.

证明　在 Ω 上定义半范数, 使 Ω 为 Fréchet 空间. 设 τ 充分大, 对于每一个 $n \in N$, 在 Ω 上定义半范数

$$\|y\|_n = \sup\{\mathrm{e}^{-\tau L_n(t)}|y(t)| : -r \leqslant t \leqslant t_n\},$$

其中 $L_n(t) = \displaystyle\int_{-r}^{t} \overline{l}_n(s)\mathrm{d}s$ 且

$$\overline{l}_n(t) = \begin{cases} 0, & t \in [-r, 0], \\ l_n + n_*, & t \in [0, t_n], \end{cases}$$

$$\Omega = \cup_{n \geqslant 1}\Omega_n,$$

其中

$$\Omega_n = \{y : [-r, t_n] \to R : y \in D \cap PC_n(J, R^n)\},$$

且

$$PC_n(J, R^n) = \{y : [0, t_n] \to R^n \text{ 除了一些点 } t_k \text{ 处处连续},$$
$$y(t_k^+) \text{ 和 } y(t_k^-) \text{ 存在且 } y(t_k^+) = y(t_k^-), k = 1, 2, \cdots, n-1\}.$$

则 Ω 范数为 $\{\|\cdot\|_n\}$ 的 Fréchet 空间.

问题 (1.1.49) $\sim$ (1.1.51) 转化为不动点问题. 考虑算子 $G : \Omega \to \Omega$,

$$G(y)(t) = \begin{cases} \Phi(t), & t \in [-r, 0], \\ \Phi(0) + \displaystyle\sum_{i=1}^{n_*} \int_{-T_i}^{0} \Phi(s)\mathrm{d}s + \int_0^t f(s, y_s)\mathrm{d}s \\ \quad + \displaystyle\sum_{i=1}^{n_*} \int_0^{t-T_i} y(s)\mathrm{d}s + \sum_{0 < t_k < t} I_k(y(t_k^-)), & t \in [0, \infty). \end{cases}$$

设 y 是问题 (1.1.49) ∼ (1.1.51) 的解, 且对于 $t \in [0, t_n], n \in N$ 有

$$y(t) = \Phi(0) + \sum_{i=1}^{n_*} \int_{-T_i}^{0} \Phi(s)\mathrm{d}s + \int_{0}^{t} f(s, y_s)\mathrm{d}s$$
$$+ \sum_{i=1}^{n_*} \int_{0}^{t-T_i} y(s)\mathrm{d}s + \sum_{0 < t_k < t} I_k(y(t_k^-)).$$

类似于与定理 1.1.6 可证, 存在 $M_n > 0$ 满足 $\|y\|_n \leqslant M_n$. 设

$$Y = \{y \in \Omega : \|y\|_n \leqslant M_n + 1, n \in N\}.$$

易知, Y 是 Ω 上闭子集且 $G : \Omega_n \to \Omega_n$ 是收缩的. 由 Y 的选择可知, 不存在 $y \in \partial Y^n$ 满足 $y = \lambda G(y), \lambda \in (0, 1)$. 利用定理 1.1.8 可得, G 有唯一一个不动点, 也就是 (1.1.49) ∼ (1.1.51) 的一个解.

事实上, 可以用下面比较弱的条件代替 (H3):

(H3)* 存在连续函数 $\Psi : [0, \infty) \to (0, \infty)$ 且 $P \in L^1([0, b], R^n)$ 满足

$$|f(t, y) \leqslant p(t)\Psi(\|y\|_D)|, \quad t \in [0, b], y \in D,$$

且

$$\int_{t_{k-1}}^{t_k} m(t)\mathrm{d}s < \int_{\overline{N}_{k-1}}^{\infty} \frac{\mathrm{d}u}{u + \Psi(u)}, \quad k = 1, \cdots, m,$$

其中

$$\overline{N}_0 = \|\Phi\|_D + \sum_{i=1}^{n^*} T_i \|\Phi\|_D,$$
$$N_{k-1} = \sup_{x \in [-K_{k-2}, K_{k-2}]} |I_{k-1}(x)| + M_{k-2},$$
$$\overline{N}_{k-1} = N_{k-1} + n_* t_{k-1} K_{k-2},$$
$$M_{k-2} = \Gamma_{k-1}^{-1}\left(\int_{t_{k-2}}^{t_{k-1}} m(s)\mathrm{d}s\right), \quad k = 2, \cdots, m+2,$$

且

$$K_0 = \max(M_0, \|\Phi\|_D), \quad K_k = \max(K_{k-1}, K_k), \quad k = 1, \cdots, m+1,$$
$$m(t) = \max(p(t), n_*),$$
$$\Gamma_{l-1}(z) = \int_{\overline{N}_{l-1}}^{z} \frac{\mathrm{d}u}{u + \Psi(u)}, \quad z \geqslant \overline{N}_{k-1}, \quad l \in \{1, \cdots, m+2\}.$$

对于每一个 $k = 0, \cdots, m+1$, 存在一个常数 K_k, 对于问题 (1.1.39) ~ (1.1.41) 的每一解满足

$$\sup\{|x(t)|; t \in [t_{k-1}, t_k]\} \leqslant K_k.$$

证明　设 y 是问题 (1.1.39) ~ (1.1.41) 的一个可能解, 则 $y|_{[-r, t_1]}$ 是方程

$$y'(t) = f(t, y_t) + \sum_{i=1}^{n_*} y(t - T_i), \quad t \in [0, t_1], \quad y(t) = \Phi(t), \quad t \in [-r, 0]$$

的一个解. 对上面方程积分可得

$$y(t) = \Phi(0) + \int_0^t f(s, y_s)\mathrm{d}s + \sum_{i=1}^{n_*} \int_{-T_i}^0 \Phi(s)\mathrm{d}s + \sum_{i=1}^{n_*} \int_0^t y(s)\mathrm{d}s.$$

由 (H3)* 可得

$$|y(t)| \leqslant \|\Phi\|_D + \sum_{i=1}^{n_*} T_i\|\Phi\|_D + \int_0^t p(s)\Psi(\|y_s\|_D)\mathrm{d}s + n_* \int_0^t |y(s)|\mathrm{d}s.$$

函数 μ 定义如下

$$\mu(t) = \sup\{|y(s)|; -r \leqslant s \leqslant t\}, \quad 0 \leqslant t \leqslant t_1.$$

设 $t^* \in [-r, t]$ 满足 $\mu(t) = |y(t^*)|$. 如果 $t^* \in [0, t_1]$, 由上面的不等式, 对于 $t \in [0, t_1]$, 有

$$\mu(t) \leqslant \|\Phi\|_D + \sum_{i=1}^{n_*} T_i\|\Phi\|_D + \int_0^t m(s)[\mu(s) + \Psi(\mu(s))]\mathrm{d}s.$$

如果 $t^* \in [-r, 0]$, 则 $\mu(t) = \|\Phi\|_D$ 且上面不等式成立. 设上面不等式的右边为 $v(t)$, 则有

$$c = v(0) = \|\Phi\|_D + \sum_{i=1}^{n_*} T_i\|\Phi\|_D, \quad \mu(t) \leqslant v(t), \quad t \in [0, t_1],$$

且

$$v'(t) \leqslant m(t)[\mu(t) + \Psi(\mu(t))], \quad t \in [0, t_1],$$

由 Ψ 的非减性可得

$$v'(t) \leqslant m(t)[v(t) + \Psi(v(t))], \quad t \in [0, t_1],$$

对于每一个 $t \in [0, t_1]$ 可得

$$\Gamma_1(v(t)) = \int_{v(0)}^{v(t)} \frac{\mathrm{d}s}{s + \Psi(s)} \leqslant \int_0^{t_1} m(s)\mathrm{d}s < \int_{v(0)}^{\infty} \frac{\mathrm{d}s}{s + \Psi(s)}.$$

于是存在一个常数 K 满足 $v(t) \leqslant \Gamma_1^{-1} \left(\int_0^{t_1} m(s) \mathrm{d}s \right) = M_0, t \in [0, t_1]$, 所以 $\mu(t) \leqslant M_0, t \in [0, t_1]$. 对于每一个 $t \in [0, t_1], \|y_t\| \leqslant \mu(t)$, 有

$$\|y\|_\infty \leqslant \max\{\|\Phi\|_D, M_0\} = K_0.$$

$y|_{[t_1, t_2]}$ 是下列方程

$$y'(t) = f(t, y_t) + \sum_{i=1}^{n_*} y(t - T_i), \quad t \in [t_1, t_2], \quad y(t_1^+) - y(t_1^-) = I_1(y(t_1^-))$$

的一个解. 注意到

$$|y(t_1^+)| \leqslant \sup_{r \in [-K_0, K_0]} |I_1(r)| + K_0 := N_1,$$

而且

$$|y(t)| \leqslant N_1 + \sum_{i=1}^{n_*} \int_0^{t_1} |y(s)| \mathrm{d}s + \int_{t_1}^t p(s) \Psi(\|y_s\|_D) \mathrm{d}s + \sum_{i=1}^{n_*} \int_{t_1}^t |y(s)| \mathrm{d}s.$$

考虑函数

$$\mu(t) = \sup\{|y(s)| : -r \leqslant s \leqslant t\}, \quad 0 \leqslant t \leqslant t_2.$$

设 $t^* \in [-r, t]$ 满足 $\mu(t) = |y(t^*)|$. 对于 $t^* \in [0, t_2]$, 由上面的不等式可得

$$\mu(t) \leqslant N_1 + n_* t_1 K_0 + \int_{t_1}^t m(s)[\mu(s) + \Psi(\mu(s))] \mathrm{d}s.$$

如果 $t^* \in [-r, t_1]$, 则 $\mu(t) \leqslant K_0$ 且上面不等式成立. 设上面不等式的右边为 $\omega(t)$, 则有

$$c = v(t_1) = N_1 + t_1 K_0 n_*, \quad \mu(t) \leqslant \omega(t), \quad t \in [t_1, t_2],$$

且

$$\omega'(t) = m(t)[\mu(t) + \Psi(\mu(t))], \quad t \in [t_1, t_2].$$

由 Ψ 的非减性可得

$$\omega'(t) \leqslant m(t)[\omega(t) + \Psi(\omega(t))], \quad t \in [t_1, t_2].$$

这说明对于每一个 $t \in [t_1, t_2]$,

$$\Gamma_2(\omega(t)) = \int_{\omega(t_1)}^{\omega(t)} \frac{\mathrm{d}s}{s + \Psi(s)} \leqslant \int_{t_1}^{t_2} m(s) \mathrm{d}s < \int_{\omega(t_1)}^\infty \frac{\mathrm{d}s}{s + \Psi(s)}.$$

则存在一个常数 K 满足 $v(t) \leqslant \Gamma_2^{-1}\left(\int_{t_1}^{t_2} m(s)\mathrm{d}s\right) = M_1, t \in [t_1, t_2]$, 所以 $\mu(t) \leqslant M_1, t \in [t_1, t_2]$. 对于每一个 $t \in [t_1, t_2], \|y_t\| \leqslant \mu(t)$, 所以

$$\|y\|_\infty \leqslant \max\{K_0, M_1\} = K_1.$$

继续这个过程, 并且考虑问题

$$y'(t) = f(t, y_t) + \sum_{i=1}^{n_*} y(t - T_i), \quad t \in [t_m, b], \quad y(t_{m-1}^+) - y(t_m^-) = I_m(y(t_m^-))$$

的一个解 $y|_{[t_m, b]}$, 则存在一个常数 M_{m+1} 满足

$$\sup\{|y(t)| : t \in [t_m, b]\} \leqslant \max(M_{m+1}, K_{m-1}) := K_{m+1},$$

其中 $M_{m+1} = \Gamma_{m+1}^{-1}\left(\int_{t_m}^b m(s)\mathrm{d}s\right)$. 而且, 对于 (1.1.39) ~ (1.1.41) 的每一个解 y, 可得

$$\|y\|_\Omega \leqslant \max\{\|\Phi\|_D, K_i, i = 1, \cdots, m\} := \overline{M}.$$

定理 1.1.10　假设 (H1) 和 (H3)* 成立, 则问题 (1.1.39) ~ (1.1.41) 至少有一个解.

证明　考虑在定理 1.1.6 证明中定义的算子 N. 设 $U = \{y \in \Omega : \|y\|_\Omega < \overline{M} + 1\}$. 和定理 1.1.6 的算子相同, $N : \overline{U} \to \Omega$ 是连续并且是完全连续的. 由 U 的选择可知, 不存在 $y \in \partial U$ 满足 $y = \lambda N(y), \lambda \in (0, 1)$. 由定理 1.1.18 可得, N 在 U 中有一个不动点 x 是 IVP(1.1.39) ~ (1.1.41) 的一个解.

下面给出例子说明定理的应用.

例 1.1.2　考虑系统

$$x'(t) = \frac{1}{(t+1)(t+2)}\left(\int_{-1}^0 x(t+\theta)\mathrm{d}\theta\right)^2 + x(t-1), \quad t \in J := [0, 1]\backslash\left\{\frac{1}{2}\right\}, \quad (1.1.52)$$

$$x\left(\frac{1}{2}^+\right) - x\left(\frac{1}{2}^-\right) = b\left(\frac{1}{2}^-\right), \quad (1.1.53)$$

$$x(t) = \Phi(t), \quad t \in [-1, 0], \quad (1.1.54)$$

其中

$$\Phi(t) = \begin{cases} 0, & t = 0, \\ t - \frac{1}{2}, & t \in [-1, 0), \end{cases}$$

$$I_1(x) = bx \text{ 且 } f(t, \psi) = \frac{1}{(t+1)(t+2)}\left(\int_{-1}^0 \psi(\theta)\mathrm{d}\theta\right)^2.$$

假设 $p(t) = \dfrac{1}{t+1}$ 且 $\Psi(x) = x^2 + 1$, 则

$$|f(t,y)| \leqslant \frac{1}{t+2} \Psi(\|y\|_D), \quad y \in D, t \in [0,1],$$

$$\int_0^1 m(t)\mathrm{d}t = 1 < \int_0^\infty \frac{\mathrm{d}u}{u^2 + u + 1} = \frac{\Pi}{2\sqrt{2}}.$$

由定理 1.1.10 可知, 问题 $(1.1.52) \sim (1.1.54)$ 至少有一个解.

例 1.1.3 考虑系统

$$y'(t) = \frac{1}{(t+1)(t+2)} \left(\int_{-1}^0 x(t+\theta)\mathrm{d}\theta \right)^2 + y(t-1), \quad t \in J := [0,\infty] \backslash \{t_1, t_2, \cdots\},$$
$$\tag{1.1.55}$$
$$y(t_k^+) - y(t_k^-) = b_k(y(t_k^-)), \quad k = 1, \cdots, m, \tag{1.1.56}$$
$$y(t) = \Phi(t), \quad t \in [-1, 0], \tag{1.1.57}$$

其中

$$t_k = \frac{(6k^2 + 12k - 2)}{6k}, \quad k \in N,$$

$$\Phi(t) = \begin{cases} 0, & t = 0, \\ t - \dfrac{1}{2}, & t \in [-1, 0), \end{cases}$$

$$f(t, \psi) = \frac{1}{(t+1)(t+2)} \left(\int_{-1}^0 \psi(\theta)\mathrm{d}\theta \right)^2, \quad b_k > 0, \quad I_k(x) = b_k x, \quad k \in N.$$

设 $R > 0$ 且 $y, \overline{y} \in D$, 满足 $\|y\|_D, \|\overline{y}\|_D \leqslant R$. 所以

$$|f(t,y) - f(t,\overline{y})| \leqslant \frac{1}{(t+1)(t+2)} \|y + \overline{y}\|_D \|y - \overline{y}\|_D \leqslant \frac{2R}{(t+1)(t+2)} \|y - \overline{y}\|_D,$$

设 $l_R(t) = \dfrac{2R}{(t+1)(t+2)}, t \in [0, \infty) \Rightarrow l_R \in L_{\mathrm{loc}}^1([0,\infty), R^n)$. 易知

$$|I_k(y) - I_k(\overline{y})| \leqslant b_k |y - \overline{y}|, \quad \forall y, \overline{y} \in R^n.$$

如果 $\displaystyle\sum_{k=1}^\infty b_k < 1$, 则由定理 1.1.9 可知, 问题 $(1.1.55) \sim (1.1.57)$ 有唯一解.

1.1.2 具有无穷时滞的脉冲泛函微分系统

设 $J_0 = (-\infty, 0], J = (0, +\infty), R = (-\infty, +\infty), 0 = t_0 < t_1 < t_2 < \cdots < t_k < \cdots$, $\displaystyle\lim_{k \to +\infty} t_k = +\infty$. 设函数 $h : J_0 \to J$ 连续且满足 $\displaystyle\int_{-\infty}^0 h(t)\mathrm{d}t < +\infty, h(t) > 0, t \in J_0$.

对 $a > 0$, 定义

$$PC([-a,0], R) = \{\psi : [-a,0] \to R | \forall t \in (-a,0], \psi(t^-) = \psi(t);$$
$$\forall t \in [-a,0], \psi(t^+) \text{ 存在, 且除在有限个点}$$
$$t \in [a,b) \text{ 外均有 } \psi(t^+) = \psi(t)\},$$

且范数 $\|x\|_{[-a,0]} = \sup\limits_{s \in [-a,0]} |x(s)|$. 另外, 令

$$PC_h((-\infty,0], R) = \left\{ \psi : J_0 \to R | \forall c > 0, \ \psi|_{[-c,0]} \in PC([-c,0], R) \right.$$
$$\left. \text{且} \int_{-\infty}^0 h(t)\|\psi\|_{[t,0]}\mathrm{d}t < +\infty \right\},$$
$$PC((0,a], R) = \{\psi : (0,a] \to R | \text{对每一} t \neq t_k, \psi(t) \text{连续, 在} t = t_k \text{点左连续,}$$
$$\psi(t_k^+) \text{存在}(k = 1, 2, \cdots, m, t_m \leqslant a < t_{m+1})\},$$
$$PC(J, R) = \{\psi : J \to R | \psi|_{(0,a]} \in PC((0,a], R)\},$$
$$PC_h((-\infty,a], R) = \{\psi : (-\infty,a] \to R | \psi|_{J_0}$$
$$\in PC_h((-\infty,0], R), \psi|_{(0,a]} \in PC((0,a], R)\},$$
$$PC_h(R, R)\{\psi : R \to R | \psi|_{J_0} \in PC_h((-\infty,0], R), \psi|_J \in PC(J, R)\}.$$

任给 $\psi \in PC_h((-\infty,0], R)$, 定义

$$\|\psi\|_h = \int_{-\infty}^0 h(s)\psi_{[s,0]}\mathrm{d}s,$$

其中 $\psi_{[s,0]} = \sup\limits_{t \in [s,0]} |\psi(t)|$. 易得 $PC_h((-\infty,0], R)$ 是线性空间. 一般地, $PC_h((-\infty,0],$ $R)$ 不是 Banach 空间, 不满足文献 [5] 中 Banach 空间的条件. 如果 $x \in PC(R, R)$, 定义 x_t 为 $x_t(s) = x(t+s)$, $\forall s \in J_0$.

考虑延滞脉冲微分系统

$$\begin{cases} x'(t) = f(t, x(t), x(t-\tau), x_t), \quad t \neq t_k, & (1.1.58a) \\ \Delta x|_{t=t_k} = I_k(x(t_k)), \quad t = t_k, & (1.1.58b) \\ x(0^+) = \omega, & (1.1.58c) \\ x_0 = \phi, & (1.1.58d) \end{cases}$$

其中 $f : J \times R \times R \times PC_h((-\infty,0], R) \to R$, $I_k : R \to R$, $k = 1, 2, \cdots$, $\Delta x(t) = x(t^+) - x(t^-)$, $\omega \in R$, $\phi \in PC_h((-\infty,0], R)$. 给定函数 $\psi \in PC([a,b])$, 设 s_i 表示 $\psi \in (a,b)$ 的第 i 个脉冲点且 $s_0 = a, s_{m+1} = b$. 如果对每个 $i = 0, \cdots, m$, 函数

$\eta : [s_i, s_{i+1}] \to R$ 定义为

$$\eta(s) = \begin{cases} \psi(s_i^+), & s = s_i, \\ \psi(s), & s \in (s_i, s_{i+1}], \end{cases}$$

在 $[s_i, s_{i+1}]$ 上是绝对连续的, 则称 ψ 在 $[a, b]$ 上是分段绝对连续的.

定义 1.1.5　如果 $x \in PC((-\infty, \alpha], R)(\alpha > 0)$ 在 $(0, \alpha]$ 上是分段绝对连续的, 对 $(0, \alpha]$ 内的每个 $t \neq t_k$ 是连续的, 除了一个测度为零的集外, 对任意 $t \in [0, \alpha]$ 满足方程 (1.1.58a) (这些例外点通常不只包括脉冲时刻 t_k), 并且任给 $t \in (0, \alpha)$ 满足方程 (1.1.58b) 及 $x(0^+) = \omega$, $x_0 = \phi$, 则称 x 是系统 (1.1.58) 的一个解.

定义 1.1.6　设 $x(t)$ 是系统 (1.1.58) 的一个解, $t \in (-\infty, \alpha)$. 若存在系统 (1.1.58) 的另一个解 $y(t)$, $t \in (-\infty, \bar{\alpha})$, 使得

(1) $\bar{\alpha} > \alpha$;

(2) $x(t) = y(t)$, $t \in (-\infty, \alpha)$.

则称 $y(t)$ 是 $x(t)$ 的向右一个延拓, 或简称为 $x(t)$ 的一个延拓, 称 $x(t)$ 可延拓到 $(-\infty, \bar{\alpha})$. 若 $x(t)$ 是不可延拓的, 则称 $x(t)$ 是系统 (1.1.58) 在 $(-\infty, \alpha)$ 上的一个饱和解, 此时 $(-\infty, \alpha)$ 称为 $x(t)$ 的最大存在区间.

引理 1.1.12　设 $x \in PC((-\infty, a], R)(a > 0)$, 则对 $t \in (0, a]$, $x_t \in PC_h((-\infty, 0], R)$, 且

$$\|x_t\|_h \geqslant l|x(t)|,$$

其中

$$l = \int_{-\infty}^0 h(s) \mathrm{d}s.$$

证明　对于任意 $t \in (0, a]$,

$$\begin{aligned}
\int_{-\infty}^0 h(s)\|x_t\|_{[s,0]}\mathrm{d}s &= \int_{-\infty}^{-t} h(s)\|x_t\|_{[s,0]}\mathrm{d}s + \int_{-t}^0 h(s)\|x_t\|_{[s,0]}\mathrm{d}s \\
&\leqslant \int_{-\infty}^{-t} h(s)\max\{\|x_0\|_{[t+s,0]}, \|x_t\|_{[-t,0]}\}\mathrm{d}s + \int_{-t}^0 h(s)\|x\|_{[0,t]}\mathrm{d}s \\
&\leqslant \int_{-\infty}^0 h(s)\|x_0\|_{[s,0]}\mathrm{d}s + 2\int_{-\infty}^0 h(s)\mathrm{d}s \sup_{t \in [0,a]} |x(t)| \\
&= \|x_0\|_h + 2l \sup_{t \in [0,a]} |x(t)|.
\end{aligned} \tag{1.1.59}$$

既然 $x_0 \in PC_h((-\infty, a], R)$, 那么 $x_t \in PC_h((-\infty, 0], R)$, 而且

$$\|x_t^*\|_h = \int_{-\infty}^0 h(s)\|x_t^*\|_{[s,0]}\mathrm{d}s \geqslant \int_{-\infty}^0 h(s)|x^*(t)|\mathrm{d}s = l|x^*(t)|.$$

证毕.

注 1.1.2　一般地, 对 $x \in PC((-\infty, a], R)$, x_t 在 $t \in (0, a]$ 是不连续的. 例如, 设

$$x(t) = \begin{cases} 0, & (-\infty, 0] \\ 1, & (0, 1]. \end{cases}$$

任给 $t_0, t \in (0, a]$ 且 $t > t_0$, 那么任给 $s < -t$,

$$\sup_{r \in [s, 0]} |x(t + r) - x(t_0 + r)| \geqslant |x(t - t_0) - x(0)| = 1.$$

则

$$\|x_t - x_{t_0}\|_h = \int_{-\infty}^0 h(s) \|x_t - x_{t_0}\|_{[s, 0]} \mathrm{d}s$$

$$\geqslant \int_{-\infty}^{-t} h(s) \|x_t - x_{t_0}\|_{[s, 0]} \mathrm{d}s$$

$$\geqslant \int_{-\infty}^{-t} h(s) \mathrm{d}s.$$

所以 $\lim\limits_{t \to t_0^+} \|x_t - x_{t_0}\| \geqslant \int_{-\infty}^{t_0} h(s) \mathrm{d}s$. 因此 x_t 在 t_0 点是不连续的. 又由 t_0 的任意性, x_t 是处处不连续的. 那么, 即使对每个 $\psi \in PC_h((-\infty, 0], R)$, $F(\psi)$ 是连续的, $F(x_t)$ 也可能是处处不连续的. 为了保证 $F(x_t)$ 的可积性, 需要加强某些条件.

定义 1.1.7　设函数 $G : PC_h((-\infty, 0], R) \to R$, 若任给 $\{\phi_n\} \subseteq PC_h((-\infty, 0], R)$, 对 $s \in J_0$ 几乎处处有 $\lim\limits_{n \to \infty} \phi_n(s) = \phi_0(s)$, 且存在 $\lim\limits_{n \to \infty} G(\phi_n) = G(\phi_0)$, 则称 G 在 $\phi_0 \in PC_h((-\infty, 0], R)$ 是弱连续的. 若任给 $\{\phi\} \in PC_h((-\infty, 0], R)$, G 在 ϕ 是弱连续的, 则称 G 在 $PC_h((-\infty, 0], R)$ 上是弱连续的.

注 1.1.3　此定义在某种程度上可代替条件 $f(t, \psi) \in C(J \times L^1([-\tau, 0], R)$.

为方便起见, 现列出下列条件:

(a) 对固定的 $\phi \in PC_h((-\infty, 0], R)$, $f(t, x, y, \phi)$ 在 $(t, x, y) \in J \times R \times R$ 是连续的, 对固定的 $(t, x, y) \in R$, $f(t, x, y, \phi)$ 在 ϕ 是弱连续的;

(b) 对任意有界集 $I \subseteq J$, D_1, $D_2 \subseteq R$, $D_3 \subseteq PC_h((-\infty, 0], R)$, $f(I, D_1, D_2, D_3)$ 是有界的;

(c) $I_k : R \to R$ 是连续的, $k = 1, 2, \cdots$.

引理 1.1.13　设 (a), (b) 成立, 函数 $x \in PC_h((-\infty, \alpha], R)(\alpha > 0)$ 是 (1.1.58) 的解当且仅当满足

$$x(t) = \begin{cases} \phi(t), & t \in J_0, \\ \omega + \displaystyle\int_0^t f(s, x(s), x(s-\tau), x_s)\mathrm{d}s, & t \in (0, \tau], \\ x(t_k) + I(t_k, x_{t_k}) + \displaystyle\int_{t_k}^t f(s, x(s), x(s-\tau), x_s)\mathrm{d}s, \\ \quad t \in (t_k, t_{k+1}], \quad k = 1, 2, \cdots, \end{cases} \tag{1.1.60}$$

或等价地,

$$x(t) = \begin{cases} \phi(t), & t \in J_0, \\ \omega + \displaystyle\int_0^t f(s, x(s), x(s-\tau), x_s)\mathrm{d}s \\ \quad + \displaystyle\sum_{0 < t_k < t} I(t_k, x_{t_k}), & t \in (0, \alpha], \end{cases} \tag{1.1.61}$$

其中 $(t-\tau) = \phi(t-\tau)$, 任给 $t+s \leqslant 0$, $x_t(s) = x(t+s) = \phi(t+s)$.

证明　首先, 对 $x \in PC((-\infty, \alpha], R)$, 需证 $f(t, x(t), x(t-\tau), x_t)$ 在 $(0, \alpha]$ 上是可积的. 由引理 1.1.12, 任给 $t \in (0, \alpha]$, $x_t \in PC_h((-\infty, 0], R)$. 给定 $t_0 \in (0, \alpha]$, 几乎处处有

$$\lim_{t \to \bar{t}} x_t(s) = x_{\bar{t}}(s), \quad s \in J_0.$$

则对每个 $\bar{t} \in (0, \alpha]$, $f(\cdot, \cdot, \cdot, x_t)$ 是连续的. 由条件 (a) 及 $x(t)$, $x(t-\tau)$ 均是分段连续函数知, $f(t, x(t), x(t-\tau), x_t)$ 在 $[0, \alpha]$ 上是分段连续函数, 再由条件 (b) 及 (1.1.59) 知, $f(t, x(t), x(t-\tau), x_t)$ 在 $(0, \alpha]$ 上是有界的, 因此 $f(t, x(t), x(t-\tau), x_t)$ 在 $(0, \alpha]$ 上是可积的. 所以易得 (1.1.60) 和 (1.1.61) 是等价的.

设 $x(t)$ 是 (1.1.58) 的一个解. 由 (1.1.58d) 知, x 满足 (1.1.60) 中的第一个表达式. 由 x 在 $(0, \alpha]$ 上是分段绝对连续的, 在 $t \neq t_k$ 连续且在 $(0, \alpha]$ 上几乎处处满足方程 (1.1.58a), 则任给子区间 $[u, v] \subseteq (0, \alpha]$ 且 $t_k \notin (u, v)$, 有

$$x(t) = x(u^+) + \int_u^t f(s, x(s), x(s-\tau), x_s)\mathrm{d}s, \quad t \in (u, v). \tag{1.1.62}$$

特别地, 若 $u = 0$, $v = \min\{t_1, \alpha\}$, 则由 (1.1.58c) 得 $x(u^+) = \omega$, 因此由 (1.1.62) 得 (1.1.60) 中的第二个表达式. 若 $t_k \in (0, \alpha)$, 令 $u = t_k$, $v = \min\{t_{k+1}, \alpha\}$, 由 x 在 t_k 点满足 (1.1.58b), 因此 $x(u^+) = x(t_k^+) + I_k(x_{t_k})$, 所以由 (1.1.62) 得 (1.1.60) 中的第三个表达式.

相反地, 若 x 是 (1.1.60) 的一个解, 易得 (1.1.58b)~(1.1.58d) 成立, 且 $x(t)$ 在 $[0, \alpha]$ 上是分段连续的. 由直接求导知, 除去一个零测度集外 (1.1.58a) 对 $t \in (0, \alpha]$ 成立. 证毕.

下面讨论存在性和唯一性. 首先给出下列引理.

引理 1.1.14 [3] 设 $x \in PC([-a, \alpha], R)(a > 0)$, $e(t) = \sup\limits_{s \in [-a, 0]} |x_t(s)|$, $t \in [0, \alpha]$. 则 $e \in PC([0, \alpha], R^+)$, 并且 e 的唯一可能的不连续点是 t^* 和 $t^* + a$, 其中 t^* 是 x 的一个不连续点.

引理 1.1.15 设 $x \in PC([-\infty, \alpha], R)$, $g(t) = \int_{-\infty}^{0} h(s)\|x_t\|_{[s,0]}\mathrm{d}s$, $t \in [0, \alpha]$, 则 $g \in PC([0, \alpha], R^+)$, 且 g 唯一可能的不连续点是 t_*, 其中 t_* 是 x 的一个不连续点.

证明 往证对 $\forall t_* \in (0, \alpha]$, 有 $g(t_*^-) = g(t_*)$. 显然 $\forall t_* \in (0, \alpha]$, $g(t_*) = \int_{-\infty}^{0} h(s)\|x_{t_*}\|_{[s,0]}\mathrm{d}s$. 对 $t < t_*$, 由引理 1.1.14,

$$\lim_{t \to t_*^-} \|x_t\|_{[s,0]} = \|x_{t_*}\|_{[s,0]}, \quad s \in (-\infty, 0].$$

由 Lebesgue 控制收敛定理,

$$g(t_*^-) = \lim_{t \to t_*^-} g(t) = \lim_{t \to t_*^-} \int_{-\infty}^{0} h(s)\|x_t\|_{[s,0]}\mathrm{d}s = \int_{-\infty}^{0} h(s)\|x_{t_*}\|_{[s,0]}\mathrm{d}s = g(t_*).$$

现设 $x(t)$ 在 t_* 点右连续, $B = \{s, x(t)$ 在 $t_* - s$ 右连续, $s \in (-\infty, 0]\}$. 由于 $x \in PC_h((-\infty, \alpha], R]$, 则 B 是一个 Lebesgue 测度为 0 的集. 由引理 1.1.14, 有

$$\lim_{t \to t_*^+} \|x_t\|_{[s,0]} = \|x_{t_*}\|_{[s,0]}, \quad s \in (-\infty, 0].$$

由 Lebesgue 控制收敛定理得

$$g(t_*^+) = \lim_{t \to t_*^+} g(t) = \lim_{t \to t_*^+} \int_{-\infty}^{0} h(s)\|x_t\|_{[s,0]}\mathrm{d}s = \int_{-\infty}^{0} h(s)\|x_{t_*}\|_{[s,0]}\mathrm{d}s = g(t_*).$$

同理, 若 $x(t)$ 在 t^* 点不右连续, 且 $x(t_*^+)$ 存在, 易得 $g(t_*^+)$ 存在. 证毕.

定理 1.1.11 (局部存在性) 设 (a), (b) 成立, 则方程 (1.1.58) 至少有一个局部解.

证明 设 $M_1 = |\omega| + \sup\limits_{t \in [-\tau, 0]} |\phi(t)| + \|\phi\|_h + 1 + 2l(|\omega| + 1)$, 由 (b) 得, 存在一个 $M > 0$, 使得

$$|f(t, x, y, \psi)| \leqslant M.$$

对 $\forall t \in [0, t_1], |x| \leqslant M_1, |y| \leqslant M_1, \|\psi\|_h \leqslant M_1$. 取 $t_1 \geqslant \delta > 0$ 且 $\delta M \leqslant 1$. 对 $x \in C([0, \delta], R)$, 定义

$$(Ax)(t) = \omega + \int_{0}^{t} f(s, x(s), x(s - \tau), x_s)\mathrm{d}s,$$

其中 $x(t - \tau) = \phi(t - \tau)$, $x_t(s) = x(t + s) = \phi(t + s)$, $t + s < 0$.

设 $D = \{x \in C([0,\delta], R), \|x-\omega\|_0 = \max\limits_{t\in[0,\delta]} |x(t)-\omega| \leqslant 1\}$. 则对 $\forall x \in D, t \in [0,\delta]$,

$$|x(t-\tau)| \leqslant 1 + |\omega| + \sup\limits_{t\in[-\tau,0]} |\phi(t)| \leqslant M_1, \quad t \in [0,\delta].$$

由引理 1.1.12 得

$$\|x_t\|_h \leqslant \|\phi\|_h + 2l(|\omega|+1) \leqslant M_1.$$

所以对 $x \in D$, 几乎处处有

$$|(Ax)(t) - \omega| = \left| \int_0^t f(s, x(s), x(s-\tau), x_s)\mathrm{d}s \right| \leqslant \delta M = 1,$$

$$\|Ax - \omega\|_0 \leqslant 1.$$

所以 $AD \subseteq D$.

对任给 $\varepsilon > 0$, 取 $0 < \delta_1 < \min\left\{\delta, \dfrac{\varepsilon}{M}\right\}$. 那么对任给 $x \in D$, 如果 $|t_1 - t_2| < \delta_1, t_1 < t_2$, 则

$$|(Ax)(t_1) - (Ax)(t_2)| \leqslant \int_{t_1}^{t_2} |f(s, x(s), x(s-\tau), x_s)|\mathrm{d}s \leqslant \delta_1 M < \varepsilon.$$

所以 AD 在 $[0,\delta]$ 上是等度连续的.

下证 A 是连续的. 设 $\{x^{(n)}\} \subseteq D, x^{(0)} \in D$, 且 $\lim\limits_{n\to+\infty} \|x^{(n)}(t) - x^{(0)}(t)\|_0 = 0$. 易见对任给 $t \in [0,\delta]$, 有

$$\lim\limits_{n\to+\infty} \|x^{(n)}(t) - x^{(0)}(t)\| = 0,$$

$$\lim\limits_{n\to+\infty} \|x^{(n)}(t-\tau) - x^{(0)}(t-\tau)\|_0 = 0$$

和

$$\lim\limits_{n\to+\infty} x_t^{(n)}(s) = x_t^{(0)}(s), \quad s \in (-\infty, 0].$$

由 Lebesgue 控制收敛定理, 条件 (a) 说明

$$\lim\limits_{n\to\infty} \left| \int_0^t f(s, x^{(n)}(s), x^{(n)}(s-\tau), x_s^{(n)})\mathrm{d}s - \int_0^t f(s, x^{(0)}(s), x^{(0)}(s-\tau), x_s^{(0)})\mathrm{d}s \right|$$

$$\leqslant \lim\limits_{n\to\infty} \int_0^\delta |f(s, x^{(n)}(s), x^{(n)}(s-\tau), x_s^{(n)}) - f(s, x^{(0)}(s), x^{(0)}(s-\tau), x_s^{(0)})|\mathrm{d}s = 0.$$

因此, $A: D \to D$ 连续, 故 $A: D \to D$ 是全连续的. 由 Schauder 不动点定理, A 至少有一个不动点 $\bar{x} \in D$. 最后, 令

$$x^*(t) = \begin{cases} \phi(t), & t \in J_0, \\ \bar{x}(t), & t \in (0, \delta]. \end{cases}$$

则 $x^*(t)$ 是 (1.1.58) 的一个解. 证毕.

定理 1.1.12 (延拓)　设定理 1.1.11 的条件成立, 则方程 (1.1.58) 的任何解是可延拓的 (饱和解的最大存在区间是右开的), 而且, 若 x 是定义在 $(-\infty, \beta)$ 上的一个不可延拓解, $\beta < +\infty$, 则当 $t \to \beta^-$ 时, $x(t)$ 是无界的.

证明　设由定理 1.1.11 得到方程 (1.1.58) 的解为 $x^*(t)$, $t \in (-\infty, \delta]$. 此时有以下两种情形:

(1) $\delta < t_1$. 取 $t_1 \geqslant \delta_1 > \delta$, 考虑

$$(A_1 x)(t) = x^*(\delta) + \int_\delta^t f(s, x(s), x(s-\tau), x_s)\mathrm{d}s,$$

其中 $x \in C([\delta, \delta_1], R)$, 任给 $t - \tau < \delta$, $s + t < \delta$, 有 $x(t-\tau) = x^*(t-\tau)$, $x_t(s) = x^*(t+s)$. 同定理 1.1.11 的证明, 得解 x^{**}, $t \in (-\infty, \delta_1]$, 满足 $x^*(t) = x^{**}(t)$, $t \in (-\infty, \delta]$.

(2) $\delta = t_1$. 取 $t_2 \geqslant \delta_1 > \delta$, 考虑

$$(A_1 x)(t) = x^*(t_1) + I_1(x^*(t_1)) + \int_{t_1}^t f(s, x(s), x(s-\tau), x_s)\mathrm{d}s,$$

其中 $x \in C([t_1, \delta_1], R)$, 任给 $t - \tau < t_1$, $s + t < t_1$, 有 $x(t-\tau) = x^*(t-\tau)$, $x_t(s) = x^*(t+s)$.

同定理 1.1.11 的证明, 得解 x^{**}, $t \in (-\infty, \delta_1]$, 满足 $x^*(t) = x^{**}(t)$, $t \in (-\infty, t_1]$.

设 x 是方程 (1.1.58) 的定义在 $(-\infty, \beta)$ 上的一个不可延拓解, $\beta < +\infty$. 若 $\{x(t), \ t \in (0, \beta)\}$ 是有界的, 可取 $\beta > \beta_0 > 0$ 使 $t_k \notin [\beta_0, \beta)(k = 1, 2, \cdots)$. 由 $\{x(t), \ t \in (0, \beta)\}$ 的有界性及 (1.1.59) 知, $\{x_t, \ t \in (0, \beta)\}$ 在 $PC_h((-\infty, 0], R)$ 上是有界的. 因此任给 $t \in (0, \beta)$, 存在 $\bar{M} > 0$, 使 $|f(t, x(t), x(t-\tau), x_t)| \leqslant \bar{M}$. 则对 $\beta_0 \leqslant \bar{t} < t < \beta$,

$$|x(t) - x(\bar{t})| \leqslant \int_{\bar{t}}^t |f(s, x(s), x(s-\tau), x_s)|\mathrm{d}s \leqslant M(t - \bar{t}).$$

由 Cauchy 准则, $\lim\limits_{t \to \delta^-} x(t)$ 存在. 由前面的方法知 x 是可延拓的, 此与假设矛盾. 故当 $t \to \beta^-$ 时, $x(t)$ 是无界的. 证毕.

定理 1.1.13 (整体存在性)　设条件 (a), (b) 成立, 存在 $L, M, N, K \in L_1^{\mathrm{loc}}(J, R^+)$ 及非减函数 $c \in C(R^+, R^+)$, 使任给 $t \in J$, $x, y \in R$, $\psi \in PC_h((-\infty, 0], R)$, 有 $|f(t, x, y, \psi)| \leqslant L(t) + M(t)|x| + N(t)c(|y|) + K(t)\|\psi\|_h$, 存在 (1.1.56) 的饱和解 $x^*(t)$, 其存在区间为 $(-\infty, +\infty)$.

证明　由定理 1.1.12, x^* 可以延拓成最大存在区间. 设最大存在区间为 $(-\infty, \beta)$, $\beta < +\infty$. 当 $t \to \beta$ 时, $x(t)$ 是无界的. 下证 $x(t)$ 在 $(-\infty, \beta)$ 上是有界的, 从

而得矛盾. 不失一般性, 设 $\beta > \tau$(对 $\beta \leqslant \tau$ 的情形, 证明类似). 令 $W_1 = |\omega| + \sum\limits_{0<t_k<\beta} |I_k(x^*(t_k))|$, $W_2 = \|x^*_{\beta-\tau}\|_h$. 由 (1.1.62), 对 $t \in [\beta-\tau, \beta)$ 有

$$
\begin{aligned}
|x^*(t)| &\leqslant |\omega| + \left|\sum_{0<t_k<\beta} I_k(x^*(t_k))\right| + \left|\int_0^t f(s, x^*(s)x^*(s-\tau), x^*_s)\mathrm{d}s\right| \\
&\leqslant W_1 + \int_0^t (L(s) + M(s)|x^*(s)| + N(s)c(|x^*(s-\tau)|) + K(s)\|x^*_s\|_h)\mathrm{d}s \\
&= W_1 + \int_0^{\beta-\tau} (M(s)|x^*(s)| + K(s)\|x^*_s\|_h)\mathrm{d}s \\
&\quad + \int_0^t (L(s) + N(s)c(|x^*(s-\tau)|))\mathrm{d}s \\
&\quad + \int_{\beta-\tau}^t (M(s)|x^*(s)| + K(s)\|x^*_s\|_h)\mathrm{d}s.
\end{aligned}
\tag{1.1.63}
$$

由 $x^*(t)$ 在 $[-\tau, \beta-\tau]$ 上有界, 设

$$
\begin{aligned}
T_0 &= W_1 + \int_0^{\beta-\tau} (M(s)|x^*(s)| + K(s)\|x^*_s\|_h)\mathrm{d}s \\
&\quad + \int_0^\beta (L(s) + N(s)c(|x^*(s-\tau)|))\mathrm{d}s, \\
W_3 &= \max\{\max\{|x^*(t)|, T_0\}\}.
\end{aligned}
$$

由 (1.1.63), 对 $t \in [\beta-\tau, \beta)$ 有

$$
|x^*(t)| \leqslant W_3 + \int_{\beta-\tau}^t (M(s)|x^*(s)| + K(s)\|x^*_s\|_h)\mathrm{d}s.
\tag{1.1.64}
$$

由引理 1.1.12, 任给 $t \in [\beta-\tau, \beta)$,

$$
\|x^*(t)\|_h \geqslant l|x^*(t)|.
\tag{1.1.65}
$$

由 (1.1.64) 及 (1.1.65), 对 $t \in [\beta-\tau, \beta)$, 得

$$
|x^*(t)| \leqslant W_3 + \int_{\beta-\tau}^t \left(M(s)\frac{1}{l} + K(s)\|x^*_s\|_h\right)\mathrm{d}s.
$$

再由引理 1.1.12, 对 $t \in [\beta-\tau, \beta)$, 得

$$
\begin{aligned}
\|x^*_t\|_h &= \int_{-\infty}^0 h(s)\|x^*_t\|_{[s,0]}\mathrm{d}s \\
&\leqslant \|x^*_{\beta-\tau}\|_h + 2l \sup_{s\in[-\beta,t]} |x^*(s)| \\
&\leqslant W_2 + 2lW_3 + 2l\int_{\beta-\tau}^t \left(M(s)\frac{1}{l} + K(s)\|x^*_s\|_h\right)\mathrm{d}s.
\end{aligned}
$$

令 $g(t) = \|x_t^*\|_h$, $\beta - \tau < \beta_1 < \beta$, 则由引理 1.1.14, $g \in PC([\beta - \tau, \beta_1], R^+)$. 由 Grownwall 不等式得

$$g(t) \leqslant (W_2 + 2lW_3)e^{2l\int_{\beta-\tau}^t (\frac{1}{l}M(s)+K(s))\mathrm{d}s}.$$

设 $W = (W_2 + 2lW_3)e^{2l\int_{\beta-\tau}^t (\frac{1}{l}M(s)+K(s))\mathrm{d}s}$, 则任给 $t \in (\beta - \tau, \beta_1)$, 有 $g(t) \leqslant W$. 故任给 $t \in (\beta - \tau, \beta_1]$, 有 $|x^*(t)| \leqslant \frac{1}{l}g(t) \leqslant \frac{1}{l}W$. 由 β_1 的任意性知, 任给 $t \in [\beta - \tau, \beta)$, 有 $|x^*(t)| \leqslant \frac{1}{l}W$. 此与当 $t \to \beta^-$ 时 $x^*(t)$ 是无界的矛盾. 证毕.

定理 1.1.14 (唯一性) 设条件 (a), (b) 成立, 存在 $M, N, K \in L_1^{\mathrm{loc}}(J, R^+)$ 使任给 $t \in J$, $x, y, x_1, y_1 \in R$, $\psi, \psi_1 \in PC_h((-\infty, 0], R)$ 及 $\gamma > 0$, 有

$$|f(t, x, y, \psi) - f(t, x_1, y_1, \psi_1)| \leqslant M(t)|x - x_1| + N(t)|y - y_1| + K(t)\|\psi - \psi_1\|_h,$$

则方程 (1.1.58) 在 $(-\infty, +\infty)$ 上存在唯一的整体解.

证明 易知定理 1.1.13 的条件成立, 故方程 (1.1.58) 的任何局部解都可延拓到 $+\infty$, 并且方程 (1.1.58) 至少存在一个整体解 x^*. 设 y^* 是另一整体解且 $x^* \neq y^*$, 定义 $t^* = \sup\{t \in (0, +\infty), \forall\, s \in (-\infty, t], x^*(s) = y^*(s)\}$, 则当 $t \in (-\infty, t^*]$ 时, 有 $x^*(s) = y^*(s)$. 设 $\varepsilon > 0$ 充分小使任给 k 及 $\varepsilon < \frac{\tau}{2}$, 有 $t_k \notin (t^*, t^* + \varepsilon)$. 设 $0 < \delta < \frac{\varepsilon}{2}$, 使得

$$\int_{t^*}^{t^*+\delta} \left(\frac{1}{l}M(s) + K(s)\right)\mathrm{d}s < \frac{1}{2l}. \tag{1.1.66}$$

故对 $t \in [t^*, t^* + \delta]$, 有

$$x^*(t - \tau) = y^*(t - \tau)$$

及

$$
\begin{aligned}
|x^*(t) - y^*(t)| &= \left|\int_{t^*}^t (f(s, x^*(s), x^*(s - \tau), x_s^*) - f(s, y^*(s), y^*(s - \tau), y_s^*))\right|\mathrm{d}s \\
&\leqslant \int_{t^*}^t |f(s, x^*(s), x^*(s - \tau), x_s^*) - f(s, y^*(s), y^*(s - \tau), y_s^*)|\mathrm{d}s \\
&\leqslant \int_{t^*}^t (M(s)|x^*(s) - y^*(s)| + N(s)|x^*(s - \tau) \\
&\quad - y^*(s - \tau)| + K(s)\|x_s^* - t_s^*\|_h)\mathrm{d}s \\
&= \int_{t^*}^t (M(s)|x^*(s) - y^*(s)| + K(s)\|x_s^* - t_s^*\|_h)\mathrm{d}s. \tag{1.1.67}
\end{aligned}
$$

由 (1.1.65) 及 (1.1.67), 对 $t \in [t^*, t^* + \delta]$ 有

$$|x^*(t) - y^*(t)| \leqslant \int_{t^*}^t \left(\frac{1}{l} + K(s)\right)\|x_s^* - t_s^*\|_h\mathrm{d}s. \tag{1.1.68}$$

另一方面, 由 $\sup\limits_{t\in(-\infty,t^*+\delta)}|x^*(t)-y^*(t)|=\sup\limits_{t\in[t^*,t^*+\delta]}|x^*(t)-y^*(t)|$, 对 $t\in[t^*,t^*+\delta]$,

$$\|x_t^*-y_t^*\|_h=\int_{-\infty}^0 h(s)\|x_t^*-y_t^*\|_{[s,0]}\mathrm{d}s$$

$$\leqslant\int_{-\infty}^0 h(s)\mathrm{d}s\max\{|x^*(t)-y^*(t)|,t\in[t^*,t^*+\delta]\}$$

$$=l\max\{|x^*(t)-y^*(t)|,t\in[t^*,t^*+\delta]\}.$$

则由 (1.1.68), 有

$$|x^*(t)-y^*(t)|\leqslant\int_{t^*}^t\left(\frac{1}{l}+K(s)\right)\mathrm{d}sl\max\{|x^*(t)-y^*(t)|,t\in[t^*,t^*+\delta]\}.$$

故

$$\max\{|x^*(t)-y^*(t)|,\ t\in[t^*,t^*+\delta]\}$$

$$\leqslant\int_{t^*}^{t^*+\delta}\left(\frac{1}{l}+K(s)\right)\mathrm{d}sl\max\{|x^*(t)-y^*(t)|,t\in[t^*,t^*+\delta]\}$$

$$\leqslant\frac{1}{2}\max\{|x^*(t)-y^*(t)|,t\in[t^*,t^*+\delta]\}.$$

故任给 $t\in[t^*,t^*+\delta]$, 有 $x^*(t)=y^*(t)$, 此 t^* 与的定义矛盾. 故 $x^*(t)=y^*(t)$, $t\in(-\infty,+\infty)$. 证毕.

下面讨论方程 (1.1.58) 的最大解和最小解的存在性. 设 $Q=\{x\in PC_h((-\infty,0],R),x(t)\geqslant 0,\ t\in(-\infty,+\infty)\}$, 则 $Q\in PC_h((-\infty,0],R)$ 是一个锥. 设 $B:PC(J_0,R)\to R$ 是正线性算子, 满足条件 (a) 且范数为

$$\|B\|=\sup_{x\in PC_h((-\infty,0],R),\|x\|_h=1}Bx.$$

引理 1.1.16 (比较结果) 设 $p\in PC(R,R)\cap C^1(J',R)$ 满足

$$\begin{cases}p'\leqslant -Mp-Bp_t-Lp(t-\tau_1),\quad t\in J,\ t\neq t_k,\\ \Delta p_{t=t_k}\leqslant -L_kp(t_k),\quad k=1,2,\cdots,\\ p(0^+)\leqslant 0,\quad p_0=0,\end{cases}\tag{1.1.69}$$

其中常数 $M>0$, $0\leqslant L_k<1(k=1,2,\cdots,m,\cdots)$, $J'=J-\{0,t_1,t_2,\cdots\}$ 且

$$M_0=Le^{M\tau}+\|B\|.$$

又设

$$M_0\Delta\leqslant\frac{\prod\limits_{k=j}^{+\infty}(1-L_k)}{1+\sum\limits_{j=1}^{+\infty}\prod\limits_{k=j}^{+\infty}(1-L_k)},\tag{1.1.70}$$

其中 $\Delta = \sup\{t_1, t_2 - t_1, \cdots, t - t_m, \cdots\} < +\infty$. 则对 $t \in J$ 几乎处处有 $p(t) \leqslant 0$, 而且若 $p(0^+) < 0$, 则 $p(t) < 0$, $t \in (0, t_1]$.

证明 令 $v(t) = e^{Mt}p(t)$, $t \in (-\infty, +\infty)$. 则由 (1.1.69) 得

$$
\begin{cases}
v'(t) \leqslant -B_1 v_t - Le^{M\tau_1}v(t - \tau_1), & t \in (0, +\infty), \ t \neq t_k, \\
\Delta v_{t=t_k} \leqslant -L_k v(t_k), & k = 1, 2, \cdots, \\
v(0^+) \leqslant 0, \\
v_0 = 0,
\end{cases}
\tag{1.1.71}
$$

其中 $B_1 v_t = B\psi$, $\psi(t + s) = e^{-Ms}v(t + s)$, 易得 $\|B_1\| \leqslant \|B\|$. 下证 $v(t) \leqslant 0$, $t \in (0, +\infty)$.

事实上, 若存在 $0 < t^*$, $v(t^*) > 0$, 恰好可设 $t^* \neq t_1, t_2, \cdots$ (若不然, 可取 $\bar{t}$ 与 t^* 充分接近使 $v(\bar{t}) > 0$), 令

$$
\inf_{0 < t \leqslant t^*} v(t) = -b.
\tag{1.1.72}
$$

(A) 情形 $b = 0$. $v(t) \geqslant 0$, $t \in (0, t^*]$. 任给 $t \in [0, t^*]$, $-x_t \in Q$. 因此 $t \in [0, t^*]$, $v'(t) \leqslant 0$, 且

$$
v(t_k^+) = v(t_k) + \Delta v|_{t=t_k} \leqslant (1 - L_k)v(t_k) \leqslant v(t_k).
$$

故 $v(t)$ 在 $(0, t^*]$ 上是不减的, 则 $v(0^+) \geqslant v(t^*) > 0$. 矛盾.

(B) 情形 $b > 0$. 设 $t^* \in (t_i, t_{i+1}]$. 易得存在 $0 < t_* < t^*$, 使 $v(t_*) = -b$ 或 $v(j^+) = -b$, 其中 t_* 在某个 $(t_j, t_{j+1}](j \leqslant i)$ 中. 设 $v(t_*) = -b$(对情形 $v(j^+) = -b$, 类似可证). 由中值定理得

$$
\begin{cases}
v(t^*) - v(t_i^+) = v'(\zeta_i)(t^* - t_i), & t_i < \zeta_i < t^*, \\
v(t_i) - v(t_{i-1}^+) = v'(\zeta_{i-1})(t_i - t_{i-1}), & t_{i-1} < \zeta_i < t_i, \\
\qquad\qquad \cdots\cdots\cdots\cdots \\
v(t_{j+2}) - v(t_{j+1}^+) = v'(\zeta_{j+1})(t_{j+2} - t_{j+1}), & t_{j+1} < \zeta_{j+1} < t_{j+2}, \\
v(t_{j+1}) - v(t_*) = v'(\zeta_*)(t_{j+1} - t^*), & t_* < \zeta_* < t_{j+1}.
\end{cases}
\tag{1.1.73}
$$

另一方面, 对 $t \in (0, t^*]$,

$$
v'(t) \leqslant -B_1 v_t - Le^{M\tau_1}v(t - \tau_1) \leqslant (\|B\| + Le^{M\tau_1})b = M_0 b.
$$

由 (1.1.71) 有

$$
v(t_k^+) \leqslant (1 - L_k)v(t_k), \quad k = 1, 2, \cdots,
$$

且由 (1.1.73)

$$
\begin{cases}
v(t^*) - (1 - L_i)v(t_i) \leqslant bM_0\Delta, \\
v(t_i) - (1 - L_{i-1})v(t_{i-1}) \leqslant bM_0\Delta, \\
\quad\cdots\cdots\cdots\cdots \\
v(t_{j+2}) - (1 - L_{j+1})v(t_{j+1}) \leqslant bM_0\Delta, \\
v(t_{j+1}) + b \leqslant bM_0\Delta.
\end{cases} \tag{1.1.74}
$$

所以得

$$
0 < v(t^*) \leqslant -b \prod_{k=j+1}^{i}(1 - L_k) + bM_0\Delta \left\{ 1 + \sum_{l=j+1}^{i}\prod_{k=l}^{i}(1 - L_k) \right\},
$$

而且

$$
\begin{aligned}
M_0\Delta &> \frac{\displaystyle\prod_{k=j+1}^{i}(1 - L_k)}{\displaystyle 1 + \sum_{l=j+1}^{i}\prod_{k=l}^{i}(1 - L_k)} \\
&\geqslant \frac{\displaystyle\prod_{k=j+1}^{+\infty}(1 - L_k)}{\displaystyle\prod_{k=j+1}^{+\infty} + \sum_{l=j+1}^{i}\prod_{k=l}^{+\infty}(1 - L_k)} \\
&\geqslant \frac{\displaystyle\prod_{k=j+1}^{+\infty}(1 - L_k)}{\displaystyle 1 + \sum_{l=1}^{+\infty}\prod_{k=l}^{+\infty}(1 - L_k)}.
\end{aligned}
$$

此与 (1.1.70) 矛盾.

由 (A), (B) 得 $v(t) \leqslant 0$, $t \in (0, +\infty)$. 证毕.

定理 1.1.15 (比较结果) 设定理 1.1.13 的条件满足. 存在 $M > 0$, $L > 0$, $1 > L_k \geqslant 0$ 及正线性算子 $B : PC_h((-\infty, 0], R) \to R$, 使任给 $x \geqslant \bar{x} \in R$, $y \geqslant \bar{y} \in R$, $\psi \geqslant \bar{\psi} \in PC_h((-\infty, 0], R)$, 有

$$
f(t, x, y, \psi) - f(t, \bar{x}, \bar{y}, \bar{\psi}) \geqslant -M(x - \bar{x}) - L(y - \bar{y}) - B(\psi - \bar{\psi}),
$$

$$
I_k(x) - I_k(\bar{x}) \geqslant -L_k(x - \bar{x}), \quad k = 1, 2, \cdots,
$$

且条件 (1.1.70) 成立. 则方程 (1.1.58) 有一个最大整体解和一个最小整体解.

证明 设 $y_m = \dfrac{1}{m}$, $m = 1, 2, \cdots$. 首先考虑方程

$$\begin{cases} x'(t) = f(t, x(t), x(t-\tau), x_t), & t \neq t_k, \\ \Delta x_{t=t_k} = I_k(x(t_k)), & k = 1, 2, \cdots, \\ x(0^+) = \omega + y_m, \\ x_0 = \phi. \end{cases} \tag{1.1.75}$$

由定理 1.1.13, 对每个 $m > 0$, 方程 (1.1.75) 至少有一个整体解 $x^{(m)}(t)$ 满足 $x^{(m)}(0^+) = \omega + y_m$ 和 $x_0^{(m)} = \phi (n = 1, 2, \cdots)$.

令 $p(t) = x^{(2)}(t) - x^{(1)}(t)$. 由引理 1.1.16 得 $p(t) \leqslant 0$, $t \in (0, T]$ 及 $p(t) < 0$, $t \in (0, t_1]$. 故 $x^{(1)}(t) \geqslant x^{(2)}(t) \geqslant \cdots \geqslant x^{(m)}(t) \geqslant \cdots$, $t \in (-\infty, T]$.

定义

$$\bar{x}^{(m)}(t) = \begin{cases} x^{(m)}(0^+), & t = 0, \\ x^{(m)}(t), & t > 0. \end{cases}$$

现在考虑 $S = \{\bar{x}^{(m)}\}$. 易知任给 $n > 0$, s 在 $[0, t_n]$ 上一致有界且分段等度连续. 故 $S_{[0,t_n]}$ 在 $PC([0, t_n], R)$ 上是相对紧的. 由 n 的任意性, 知 S 在 $PC([0, +\infty), R)$ 上是相对紧的. 因此 S 有收敛子列. 而且, $\{\bar{x}^{(m)}\}$ 是单调的, 存在 $\bar{x} \in PC([0, +\infty), R)$, 使得

$$\bar{x}^{(m)} \to \bar{x}, \quad m \to +\infty.$$

有 Lebesgue 控制收敛定理, $t \in (0, t_1]$,

$$\int_0^t f(s, \bar{x}^{(m)}(s), \bar{x}^{(m)}(s-\tau), \bar{x}_s^{(m)}) \mathrm{d}s \to \int_0^t f(s, \bar{x}(s), \bar{x}(s-\tau), \bar{x}_s) \mathrm{d}s, \quad m \to +\infty,$$

其中对 $t + s < 0$, $\bar{x}_t(s) = \phi(t+s)$. 由 I_1 的连续性,

$$I_1(\bar{x}^{(m)}(t_1)) \to I_1(\bar{x}(t_1)), \quad m \to +\infty.$$

同理, 对 $(t_1, t_2]$ 有

$$\bar{x}^{(m)}(t_1) + I_1(\bar{x}^{(m)}(t_1)) + \int_{t_1}^t f(s, \bar{x}^{(m)}(s), \bar{x}^{(m)}(s-\tau), \bar{x}_s^{(m)}) \mathrm{d}s$$
$$\to \bar{x}(t_1) + I_1(\bar{x}(t_1)) + \int_{t_1}^t f(s, \bar{x}(s), \bar{x}(s-\tau), \bar{x}_s) \mathrm{d}s, \quad m \to +\infty,$$

其中对 $t + s < 0$, $\bar{x}_t(s) = \phi(t+s)$. 故任给 $t \in (0, +\infty)$ 有

$$\bar{x}^{(m)}(t) = \omega + \frac{1}{m} + \int_0^t f(s, \bar{x}^{(m)}(s), \bar{x}^{(m)}(s-\tau), \bar{x}_s^{(m)}) \mathrm{d}s + \sum_{t_k \in (0,t)} I_k(\bar{x}^{(m)}(t_k))$$
$$\to \omega + \int_0^t f(s, \bar{x}(s), \bar{x}(s-\tau), \bar{x}_s) \mathrm{d}s + \sum_{t_k \in (0,t)} I_k(\bar{x}(t_k)), \quad m \to +\infty,$$

其中对 $t + s < 0$, $\bar{x}_t(s) = \phi(t + s)$. 由 $\bar{x}^{(m)}(t) \to \bar{x}(t)$, $t \in [0, +\infty)$ 得

$$\bar{x}(t) = \omega + \int_0^t f(s, \bar{x}(s), \bar{x}(s - \tau), \bar{x}_s)\mathrm{d}s + \sum_{t_k \in (0,t)} I_k(\bar{x}(t_k)), \quad t \in [0, +\infty),$$

其中对 $t + s < 0$, $\bar{x}(t - \tau) = \phi(t - \tau)$, $\bar{x}_t(s) = \phi(t + s)$.

令

$$\bar{x}^*(t) = \begin{cases} \phi(t), & t \in J_0, \\ \bar{x}(t), & t \in (0, +\infty). \end{cases}$$

易得 $\bar{x}^*(t)$ 是方程 (1.1.58) 的一个整体解.

下证 $\bar{x}^*$ 是方程 (1.1.58) 的一个最大整体解. 设 x^* 是方程 (1.1.58) 的任意一个整体解, 令 $p(t) = x^*(t) - x^{(m)}(t)$, 则

$$\begin{cases} p'(t) \leqslant -Mp(t) - Lp(t - \tau) - Bp_t, & t \neq t_k, \\ \Delta p|_{t=t_k} \leqslant -L_k p(t_k), & k = 1, 2, \cdots, \\ p(0^+) < 0, \\ p_0 = 0. \end{cases} \quad (1.1.76)$$

由引理 1.1.16 得 $p(t) \leqslant 0$, $t \in (0, T]$. 则任给 $m > 0$, $x^*(t) \leqslant x^{(m)}(t)$, $t \in (0, T]$. 故

$$x^*(t) \leqslant \lim_{m \to +\infty} x^{(m)}(t) = \bar{x}^*(t), \quad t \in (0, T].$$

故 $\bar{x}^*$ 是方程 (1.1.58) 的一个最大整体解.

下面考虑最小整体解的存在性. 类似地, 考虑方程

$$\begin{cases} x'(t) = f(t, x(t), x(t - \tau), x_t), & t \neq t_k, \\ \Delta x_{t=t_k} = I_k(x(t_k)), & k = 1, 2, \cdots, \\ x(0^+) = \omega - y_m, & m = 1, 2, \cdots, \\ x_0 = \phi, \end{cases} \quad (1.1.77)$$

用同样的证明方法可以得到一个最小整体解. 证毕.

例 1.1.4 考虑下列方程

$$\begin{cases} x'(t) = \cos(t)x(t)^{\frac{1}{3}} + t^2 x^2(t - 1) + \ln\left(1 + \left|\int_{-\infty}^0 \mathrm{e}^s x_t(s)\mathrm{d}s\right|\right), & t \neq t_k, \\ \Delta x\big|_{t=t_k} = k(x(t_k)), & k = 1, 2, \cdots, \\ x(0^+) = 1, \\ x_0 = \phi, \end{cases} \quad (1.1.78)$$

其中 $\phi(t) = -t$. 则方程 (1.1.78) 至少有一个整体解.

证明　设 $h(t) = \mathrm{e}^t$, $t \in (-\infty, 0]$. 对 $\psi \in PC_h((-\infty, 0], R)$, 令

$$B\psi = \int_{-\infty}^0 \mathrm{e}^s \psi(s) \mathrm{d}s.$$

则 $f(t, x, y, \psi) = \cos(t)x^{\frac{1}{3}} + t^2 y^2 + \ln(1 + |B\psi|)$. 易证 f 满足条件 (a) 及 (b), 且

$$|f(t, x, y, \psi)| \leqslant 1 + |x| + t^2 |y|^2 + |B\psi|.$$

由定理 1.1.12 及定理 1.1.13 知, 方程 (1.1.78) 至少有一个整体解. 证毕.

例 1.1.5　考虑下列方程

$$\begin{cases} x'(t) = -\cos(t^2)x(t) + x(t)^{\frac{1}{3}} - \dfrac{1}{30}\ln(1 + |x(t-1)|) \\ \qquad\quad - \dfrac{1}{12}\displaystyle\int_{-\infty}^0 \mathrm{e}^s x_t(s)\mathrm{d}s, \quad t \neq t_k, \\ \Delta x_{t=t_k} = -\left(1 - \dfrac{1}{2^{\frac{1}{2^k}}}\right)x(k), \quad k = 1, 2, \cdots, \\ x(0^+) = 0, \\ x_0 = \phi, \end{cases} \tag{1.1.79}$$

其中

$$\phi(t) = \begin{cases} -1, & t \in (-\pi, 0], \\ -2, & t \in (-2\pi, -\pi], \\ \quad\cdots\cdots\cdots\cdots \\ -n, & t \in (-(n+1)\pi, -n\pi], \\ \quad\cdots\cdots\cdots\cdots \end{cases}$$

则方程 (1.1.79) 有一个最大整体解和最小整体解.

证明　设 $h(t) = \mathrm{e}^t$, $t \in J_0$. 对 $\psi \in PC_h((-\infty, 0], R)$, 令

$$B\psi = \frac{1}{12}\int_{-\infty}^0 \mathrm{e}^s \psi(s)\mathrm{d}s.$$

易知 B 满足条件 (a) 及 $\|B\| \leqslant 1$. 则

$$f(t, x, y, \psi) = -\cos(t)x + x^{\frac{1}{3}} - \frac{1}{30}\ln(1 + |y|) - B\psi, \quad I_k(x) = -\left(1 - \frac{1}{2^{\frac{1}{2^k}}}\right)x,$$

且

$$|f(t, x, y, \psi)| \leqslant 1 + 2|x| + \frac{1}{30}|y| + \frac{1}{12}\|\psi\|_h.$$

显然 $f(t,x,y,\psi)$ 满足条件 (a) 及 (b). 任给 $x \geqslant \bar{x} \in R$, $y \geqslant \bar{y} \in R$, $\psi \geqslant \bar{\psi} \in PC_h((-\infty,0],R)$,

$$
\begin{aligned}
f(t,x,y,\psi) - f(t,\bar{x},\bar{y},\bar{\psi}) &= -\cos(t)(x-\bar{x}) + x^{\frac{1}{3}} - \bar{x}^{\frac{1}{3}} \\
&\quad - \frac{1}{30}(\ln(1+|y|) - \ln(1+|\bar{y}|)) - (B\psi - B\bar{\psi}) \\
&\geqslant -(x-\bar{x}) - \frac{1}{30}(y-\bar{y}) - (B\psi - B\bar{\psi}),
\end{aligned}
$$

$$
I_k(x) - I_k(\bar{x}) = -\left(1 - \frac{1}{2^{\frac{1}{2^k}}}\right)(x-\bar{x}).
$$

则 $M=1$, $L=\dfrac{1}{30}$, $\|B\|=\dfrac{1}{12}$, $L_k = 1 - \dfrac{1}{2^{\frac{1}{2^k}}}$, $\Delta = 1$, 且

$$
\prod_{k=1}^{+\infty}(1-L_k) = 2^{-\sum\limits_{k=1}^{+\infty}\frac{1}{2^k}} = \frac{1}{2},
$$

及

$$
\sum_{k=1}^{+\infty}\prod_{n=k}^{+\infty}(1-L_k) = \sum_{k=1}^{+\infty}\frac{1}{2^{k-1}} = 2.
$$

故

$$
M_0\Delta = \frac{1}{30}\mathrm{e} + \frac{1}{12} < \frac{1}{6}
$$

$$
= \frac{\prod\limits_{k=j+1}^{+\infty}(1-L_k)}{1+\sum\limits_{k=1}^{+\infty}\prod\limits_{n=k}^{+\infty}(1-L_k)}.
$$

因此, 定理 1.1.15 的条件成立, 则方程 (1.1.79) 有一个最大整体解和最小整体解. 证毕.

下面讨论

$$
x'(t) = Ax(t) + f(t,x_{p(t,x_t)}), \quad t \in I = [0,a], \tag{1.1.80}
$$

$$
x_0 = \varphi \in \mathcal{B}, \tag{1.1.81}
$$

$$
\Delta x(t_i) = I_i(x_{t_i}), \quad i = 1,\cdots,n, \tag{1.1.82}
$$

这里, A 是定义在 Banach 空间 X 上的有界线性算子 $(T(t))_{t\geqslant 0}$ 的一个紧 C_0 半群的无穷小生成元, 函数组 $x_s:(-\infty,0] \to X$, $x_s(\theta) = x(s+\theta)$ 属于某个公理化描述性的

抽象相空间; $0 < t_1 < \cdots < t_n < a$ 是给定的点; $f: I \times \mathcal{B} \to X$, $\rho: I \times \mathcal{B} \to (-\infty, a]$, $I_i: \mathcal{B} \to X$, $i = 1, \cdots, n$ 是合适的函数, 且符号 $\Delta\xi(t)$ 代表函数 ξ 在 t 的跳跃, 定义为 $\Delta\xi(t) = \xi(t^+) - \xi(t^-)$.

为了简化这些记法, 令 $t_0 = 0$, $t_{n+1} = a$, 对于 $u \in PC$, 定义函数

$$\tilde{u}_i \in C([t_i, t_{i+1}]; X), \quad i = 0, 1, \cdots, n, \quad \tilde{u}_i(t) = \begin{cases} u(t), & t \in (t_i, t_{i+1}], \\ u(t_i^+), & t = t_i, \end{cases}$$

而且, 对 $B \in PC$, 定义 $\tilde{B}_i$, $i = 0, 1, \cdots, n$, 集合 $\tilde{B}_i = \tilde{u}_i: u \in B$.

引理1.1.17　集合 $A, B \subseteq PC$ 在 PC 上是相对紧的当且仅当集合在 $C([t_i, t_{i+1}]; X)$, $i = 0, 1, \cdots, n$ 上是相对紧的.

引用相似于文献 [19] 中所用的相空间 $\mathcal{B}$ 上的公理化定义. 特别, $\mathcal{B}$ 是一个映 $(-\infty, 0]$ 到 X 的线性函数空间, 并赋予半模 $\|\cdot\|$, 假设 $\mathcal{B}$ 满足以下公理:

公理　(A) 如果 $x: (-\infty, \sigma + b) \to X, b > 0$ 满足 $x|_{[\sigma, \sigma+b]} \in PC([\sigma, \sigma+b]: X)$, $x_\sigma \in \mathcal{B}$, 那么对于每一个 $t \in [\sigma, \sigma + b]$, 以下条件成立:

(i) x_t 在 $\mathcal{B}$ 中;

(ii) $\|x(t)\| \leqslant H\|x_t\|_\mathcal{B}$;

(iii) $\|x_t\|_\mathcal{B} \leqslant K(t-\sigma)\sup\|x(s)\|: \sigma \leqslant s \leqslant t + M(t-\sigma)\|x_\sigma\|_\mathcal{B}$,

其中 $H > 0$ 是一个常数, $K, M: [0, \infty) \to [1, \infty)$, K 上连续的, M 是局部有界的, H, K, M 对 $x(\cdot)$ 是独立的.

(B) 空间 $\mathcal{B}$ 是完备的.

例如, 相空间 $PC_h(X)$, $PC_g^0(X)$, $g: [0, \infty) \to [1, \infty)$ 是一个连续不减函数, $g(0) = 1$, 且满足文献 [19] 中的条件 (g-1), (g-2). 这意味着当 $t \geqslant 0$ 时函数

$$G(t) := \sup_{-\infty < \theta < -t} \frac{g(t+\theta)}{g(\theta)}$$

是局部有界的, 且 $\lim\limits_{\theta \to -\infty} g(\theta) = \infty$.

通常称 $\varphi: (-\infty, 0] \to X$ 是正规分段连续的, 如果 φ 是左连续、限制到 $[-r, 0]$ 内部且分段连续.

接下来, 稍微修改一下 C_g 空间的定义, C_g^0 在文献 [19] 中可以见到. 用 $\mathcal{PC}_g(X)$ 表示由正规分段连续函数 φ 形成的空间, 且 φ/g 在 $(-\infty, 0]$ 上有界, 用 $\mathcal{PC}_g^0(X)$ 表示由函数 φ 形成的 $\mathcal{PC}_g(X)$ 的子空间, 且这里的 φ 满足

$$\frac{\varphi(\theta)}{g(\theta)} \to 0, \quad \text{当 } \theta \to -\infty \text{ 时}.$$

容易看出, $\mathcal{PC}_g(X)$ 和 $\mathcal{PC}_g^0(X)$ 在范数

$$\|\varphi\|_\mathcal{B} := \sup_{\theta \leqslant 0} \frac{\|\varphi(\theta)\|}{g(\theta)}$$

下是相空间. 进一步, 在 $K(s) \equiv 1, s \geqslant 0$ 的情形下也是如此.

例如相空间 $\mathcal{PC} \times L^2(g, X)$. 令 $1 \leqslant p < \infty, 0 \leqslant r < \infty$, 且 $g(\cdot)$ 是一个在 $(-\infty, r)$ 上满足文献 [19] 术语中条件 (g-5) 和 (g-6) 的 Borel 非负可测函数. 简单说, 就是 $g(\cdot)$ 在 $(-\infty, -r)$ 上是局部可积的, 且在 $(-\infty, 0)$ 上存在一个非负且局部有界函数 G, 满足 $g(\xi + \theta) \leqslant G(\xi)g(\theta)$ 对所有 $\xi \leqslant 0$ 且 $\theta \in (-\infty, -r) \backslash N_\xi$ 成立, 这里 $N_\xi \subseteq (-\infty, -r)$ 是一个 Lebesgue 测度为 0 的集合.

令 $\mathcal{B} := \mathcal{PC} \times L^p(g; X)$, $r \geqslant 0$, $p > 1$ 是由所有这样的函数 $\varphi : (-\infty, 0] \to X$ 构成的, 且 $\varphi|_{[-r,0]} \in \mathcal{PC}([-r, 0], X)$, $\varphi(\cdot)$ 在 $(-\infty, -r)$ 上是 Lebesgue 可测的且 $g\|\varphi\|^p$ 在 $(-\infty, -r)$ 上是 Lebesgue 可积的. $\|\cdot\|_\mathcal{B}$ 上的半范定义如下

$$\|\varphi\|_\mathcal{B} := \sup_{\theta \in [-r, 0]} \|\varphi(\theta)\| + \left(\int_{-\infty}^{-r} g(\theta) \|\varphi(\theta)\|^p \mathrm{d}\theta \right)^{1/p}.$$

在文献 [19] 的证明过程中, $\mathcal{B}$ 是一个满足公理 A 与 B 的相空间. 进一步, 当 $r = 0$ 和 $p = 2$ 时, 这个空间与 $C_0 \times L^2(g, X), H = 1$ 相一致; $M(t) = G(-t)^{1/2}$ 和 $K(t) = 1 + \left(\int_{-t}^{0} g(\tau) \mathrm{d}\tau \right)^{1/2}$ 对所有的 $t \geqslant 0$ 都成立.

注 1.1.4 在无脉冲的时滞泛函微分方程中, 有关函数 $t \to x_t$ 在抽象相空间 $\mathcal{B}$ 上连续性定理的细节部分可参阅文献 [17, 19]. 由于脉冲的影响, 此性质在含有脉冲时滞的系统中不满足, 由于这个原因, 在描述的抽象空间 $\mathcal{B}$ 中此性质也消失.

注 1.1.5 令 $\varphi \in \mathcal{B}$, 且 $t \leqslant 0$. 定义 φ_t: $\varphi_t(\theta) = \varphi(t + \theta)$. 如果在公理 A 下的函数 $x(\cdot)$ 满足 $x_0 = \varphi$, 那么 $x_t = \varphi_t$. 可以看到, 既然 φ 的范围是 $(-\infty, 0]$, 则在 $t \geqslant 0$ 时 φ_t 是可定义的. 注意到, 通常 $\varphi_t \notin \mathcal{B}$, 例如在空间 $\mathcal{PC}_r \times L^p(g; X)$ 中, $x^\mu(t) = (t - \mu)^{-\alpha} \chi_{(\mu, 0]}, \mu > 0$ 类型的函数类, 这里 $\chi_{(\mu, 0]}, \mu > 0$ 是 $(\mu, 0], \mu < -r$ 上的特征函数且 $\alpha p \in (0, 1)$.

对 Banach 空间 $(Z, \|\cdot\|_Z), (W, \|\cdot\|_W)$, 记 $\mathcal{L}(Z, W)$ 代表从 Z 到 W 的 Banach 空间上的有界线性算子, 当 $Z = W$ 时简记为 $\mathcal{L}(Z)$. 进一步, $B_r(x, Z)$ 表示 Z 中以 x 为圆心, 半径为 $r \geqslant 0$ 的闭球.

定理 1.1.16 [10] 令 D 是 Banach 空间 Z 上的闭凸子集并假定 $0 \in D$. 令 $\Gamma : D \to D$ 是一个全连续映射. 那么, 或者映射 Γ 在 D 上有一个固定点, 或者 $\{z \in D : z = \lambda\Gamma(z), 0 < \lambda < 1\}$ 是无界的.

这一部分建立了脉冲抽象 Cauchy 问题 (1.1.80)∼(1.1.82) 的广义解的存在性. 为了证明结论, 总是假设 $\rho : I \times \mathcal{B} \to (-\infty, a]$ 是连续的, φ, f 满足下列条件:

(H_φ) $\mathcal{R}(\rho^-) = \rho(s, \psi) : (s, \psi) \in I \times \mathcal{B}, \rho(s, \psi) \leqslant 0$, 函数 $t \to \varphi_t$ 适当定义在从 $\mathcal{R}(\rho^-)$ 到 $\mathcal{B}$ 上, 则存在一个连续有界函数 $J^\varphi : \mathcal{R}(\rho^-) \to R$, 对所有 $t \in \mathcal{R}(\rho^-)$ 使 $\|\varphi_t\|_\mathcal{B} \leqslant J^\varphi(t) \|\varphi\|_\mathcal{B}$;

(H1) 函数 $f : I \times \mathcal{B} \to X$ 满足下列条件:

(i) $x : (-\infty, a] \to X$, 有 $x_0 = \varphi, x|_I \in PC$. 函数 $t \to f(t, x_{\rho(t, x_t)})$ 在 $[0, a]$ 上可测, 对每一个 $s \in [0, a]$, 函数在 $\mathcal{R}(\rho^-) \bigcup [0, a]$ 上是连续的;

(ii) 对每一个 $t \in I$, 函数 $f(t, \cdot) : \mathcal{B} \to X$ 是连续的;

(iii) 存在一个可积函数 $m : I \to [0, \infty)$ 和一个连续不减函数 $W : [0, \infty) \to (0, +\infty)$, 使 $\|f(t, \varphi)\| \leqslant m(t) W(\|\psi\|_{\mathcal{B}}), (t, \psi) \in I \times \mathcal{B}$.

注 1.1.6　　连续有界的函数总是满足条件 (H_φ), 事实上, 假设连续有界函数空间 $C_b((-\infty, 0], X)$ 连续地包含于 $\mathcal{B}$ 中. 那么, 存在 $L > 0$ 使

$$\|\psi_t\|_{\mathcal{B}} \leqslant L \frac{\sup_{\theta \leqslant 0} \|\psi(\theta)\|}{\|\psi\|_{\mathcal{B}}} \cdot \|\psi\|_{\mathcal{B}}, \quad t \leqslant 0, \psi \neq 0, \psi \in C_b((-\infty, 0], X),$$

很容易看出, 空间 $C_b((-\infty, 0], X)$ 是连续地包含于 $PC_g(X)$ 和 $PC_g^0(X)$ 中的. 而且, 如果 $g(\cdot)$ 满足文献 [19] 中 (g-5)~(g-6), $g(\cdot)$ 在上可积, 则空间 $C_b((-\infty, 0], X)$ 也是连续地包含于 $PC_r \times L^P(g; X)$ 中的. 这个问题的完整细节, 可参阅文献 [19].

$x : (-\infty, a] \to X$ 是这样的函数, $x, x' \in PC$. 如果 x 是 (1.1.80)~(1.1.82) 的一个解, 又由半群理论, 有

$$x(t) = T(t)\psi(0) + \int_0^t T(t - s) f(s, x_{\rho(s, x_s)}) \mathrm{d}s, \quad t \in [0, t_1).$$

由此得

$$x(t_1^-) = T(t_1)\psi(0) + \int_0^{t_1} T(t_1 - s) f(s, x_{\rho(s, x_s)}) \mathrm{d}s,$$

利用 $x(t_1^+) = x(t_1^-) + I_1(x_{t_1})$, 对 $t \in (t_1, t_2)$, 发现

$$\begin{aligned}
x(t) &= T(t - t_1) x(t_1^+) + \int_{t_1}^t T(t - s) f(s, x_{\rho(s, x_s)}) \mathrm{d}s \\
&= T(t - t_1)(x(t_1^-) + I_1(x_{t_1})) + \int_{t_1}^t T(t - s) f(s, x_{\rho(s, x_s)}) \mathrm{d}s \\
&= T(t - t_1)(T(t_1)\psi(0) + \int_0^{t_1} T(t_1 - s) f(s, x_{\rho(s, x_s)}) \mathrm{d}s + I_1(x_{t_1})) \\
&\quad + \int_{t_1}^t T(t - s) f(s, x_{\rho(s, x_s)}) \mathrm{d}s \\
&= T(t)\psi(0) + \int_0^t T(t - s) f(s, x_{\rho(s, x_s)}) \mathrm{d}s + T(t - t_1) I_1(x_{t_1}).
\end{aligned}$$

重复这些过程, 可以证明

$$x(t) = T(t)\varphi(0) + \int_0^t T(t - s) f(s, x_{\rho(s, x_s)}) \mathrm{d}s + \sum_{0 < t_i < t} T(t - t_i) I_i(x_{t_i}), \quad t \in I.$$

这些叙述引出了如下定义.

定义 1.1.8 一个函数 $x : (-\infty, a] \to X$ 称为抽象 Cauchy 问题 (1.1.80)$\sim$ (1.1.82) 的一个广义解, 如果 $x_0 = \varphi, x_\rho(s, x_s) \in \mathcal{B}$ 对每一个 $s \in I$ 都成立, 且

$$x(t) = T(t)\varphi(0) + \int_0^t T(t-s)f(s, x_{\rho(s, x_s)})\mathrm{d}s$$
$$+ \sum_{0 < t_i < t} T(t - t_i)I_i(x_{t_i}), \quad t \in I. \tag{1.1.83}$$

下一个引理用相空间定理证明.

引理 1.1.18 令 $x : (-\infty, a] \to X$ 是一个满足 $x_0 = \varphi$ 且 $x|_{[0,a]} \in \mathcal{PC}$ 的函数. 那么

$$\|x_s\|_{\mathcal{B}} \leqslant (M_a + J_0^\varphi)\|\varphi\|_{\mathcal{B}} + K_a \sup\{\|x(\theta)\|; \theta \in [0, \max\{0, s\}]\}, \quad s \in \mathcal{R}(\rho^-) \cup [0, a],$$

这里 $J_0^\varphi = \sup_{t \in \mathcal{R}(\rho^-)} J^\varphi(t), M_a = \sup_{t \in I} M(t)$ 且 $K_a = \sup_{t \in I} K(t)$.

现在可以建立第一个存在性结果.

定理 1.1.17 假定存在常数 $L_i, i = 1, 2, \cdots, n$, 满足

$$\|I_i(\psi_1) - I_i(\psi_2)\| \leqslant L_i\|\psi_1 - \psi_2\|_{\mathcal{B}}, \quad \psi_j \in \mathcal{B}, \quad j = 1, 2, i = 1, 2, \cdots, n.$$

如果

$$\widetilde{M}K_\alpha \left[\liminf_{\xi \to \infty} \frac{W(\xi)}{\xi} \int_0^a m(s)\mathrm{d}s + \sum_{i=1}^n L_i \right] < 1, \tag{1.1.84}$$

那么存在 (1.1.80)$\sim$(1.1.82) 的一个广义解.

证明 令 $Y = \{u \in \mathcal{PC} : u(0) = \varphi(0)\}$ 具有一致收敛的拓扑结构. 在空间 Y 上定义算子 $\Gamma : Y \to Y$ 满足

$$\Gamma x(t) = T(t)\varphi(0) + \int_0^t T(t-s)f(s, \overline{x}_{\rho(s, \overline{x}_s)})\mathrm{d}s + \sum_{0 < t_i < t} T(t - t_i)I_i(\overline{x}_{t_i}), \quad t \in I,$$

这里 $\overline{x} : (-\infty, a] \to X$ 满足 $\overline{x}_0 = \varphi$ 且 $\overline{x} = x$ 在 I 上成立. 由公理 (A) 知, $(T(t))_{t \geqslant 0}$ 强连续且由在 φ 和 f 上的假设, 可推断出 $\Gamma x \in \mathcal{PC}$.

接下来证明存在 $r > 0$ 满足 $\Gamma(B_r(0, Y)) \subseteq B_r(0, Y)$. 如果假定这个性质不成立, 那么对每一个 $r > 0$, 存在 $x^r \in B_r(0, Y)$ 与 $t^r \in I$, 满足 $r < \|\Gamma x^r(t^r)\|$. 再由引

理 1.1.18 得到

$$r < \|\Gamma x^r(t^r)\|$$

$$\leqslant \widetilde{M}H\|\varphi\|_{\mathcal{B}} + \widetilde{M}\int_0^{t^r} m(s)W(\|\overline{x^r}_{\rho(s,(\overline{x^r}_s))}\|_{fsB})\mathrm{d}s$$

$$+ \widetilde{M}\sum_{i=1}^n (L_i\|\overline{x}_{t_i}\|_{\mathcal{B}} + \|I_i(0)\|)$$

$$\leqslant \widetilde{M}H\|\varphi\|_{\mathcal{B}} + \widetilde{M}W((M_a + J_0^\varphi)\|\varphi\|_{\mathcal{B}} + K_a r)\int_0^{t^r} m(s)\mathrm{d}s$$

$$+ \widetilde{M}\sum_{i=1}^n (L_i((M_a + J_0^\varphi)\|\varphi\|_{\mathcal{B}} + K_a r) + \|I_i(0)\|),$$

因此

$$1 \leqslant \widetilde{M}K_\alpha\left[\liminf_{\xi\to\infty}\frac{W(\xi)}{\xi}\int_0^a m(s)\mathrm{d}s + \sum_{i=1}^n L_i\right],$$

这与假设矛盾.

令 $r > 0$ 满足 $\Gamma(B_r(0,Y) \subset B_r(0,Y))$. 接下来证明在 $B_r(0,Y)$ 上 Γ 是一个凝聚映射. 考虑分解 $\Gamma = \Gamma_1 + \Gamma_2$, 这里

$$\Gamma_1 x(t) = T(t)\varphi(0) + \int_0^t T(t-s)f(s,\overline{x}_{\rho(s,\overline{x}_s)})\mathrm{d}s, \quad t \in I,$$

$$\Gamma_2 x(t) = \sum_{0<t_i<t} T(t-t_i)I_i(\overline{x}_{t_i}), \quad t \in I.$$

第一步. 任意 $t \in I$, 集合 $\Gamma_1(B_r(0,Y))(t) = \{\Gamma_1 x(t) : x \in B_r(0,Y)\}$ 在 X 中是相对紧的. 当 $t = 0$ 时是显然的. 令 $0 < \varepsilon < t \leqslant a$. 如果 $x \in B_r(0,Y)$, 由引理 1.1.18有

$$\|\overline{x}_{\rho(t,\overline{x}_t)}\|_{\mathcal{B}} \leqslant r^* := (M_a + J_0^\varphi)\|\varphi\|_{\mathcal{B}} + K_a r,$$

所以

$$\left\|\int_0^\tau T(\tau-s)f(s,\overline{x}_{\rho(s,\overline{x}_s)})\mathrm{d}s\right\| \leqslant r^{**} := \widetilde{M}W(r^*)\int_0^a m(s)\mathrm{d}s, \quad \tau \in I.$$

因此, 对于 $x \in B_r(0,Y)$, 有

$$\Gamma_1 x(t) = T(t)\varphi(0) + T(\varepsilon)\int_0^{t-\varepsilon} T(t-\varepsilon-s)f(s,\overline{x}_{\rho(s,\overline{x}_s)})\mathrm{d}s$$

$$+ \int_{t-\varepsilon}^t T(t-s)f(s,\overline{x}_{\rho(s,\overline{x}_s)})\mathrm{d}s$$

$$\in \{T(t)\varphi(0)\} + T(\varepsilon)B_{r^{**}}(0,X) + C_\varepsilon,$$

这里, 直径 $(C_\varepsilon) \leqslant 2\widetilde{M}W(r^*)\int_{t-\varepsilon}^t m(s)\mathrm{d}s$, 且可证明, 在 X 中 $\Gamma_1(B_r(0,Y))(t)$ 是相对紧的.

第二步. 函数集 $\Gamma_1(B_r(0,Y))$ 在 I 上是等度连续的. 令 $0 < t < a, \varepsilon > 0$. 既然半群 $(T(t))_{t\geqslant 0}$ 是强连续的且 $\Gamma_1(B_r(0,Y))(t)$ 在 X 中是相对紧的, 那么存在 $0 < \delta \leqslant a - t$ 满足

$$\|T(h)x - x\| < \varepsilon, \quad x \in \Gamma_1(B_r(0,Y))(t), \quad 0 < h < \delta.$$

在这个条件下, 对于 $x \in (B_r(0,Y), 0 < h < \delta$, 有

$$\|\Gamma_1 x(t+h) - \Gamma_1 x(t)\| \leqslant \|(T(h) - I)\Gamma_1 x(t)\| + \int_t^{t+h} T(t-s)f(s, \overline{x}_{\rho(s, \overline{x}_s)})\mathrm{d}s$$

$$\leqslant \varepsilon + \widetilde{M}W(r^*)\int_t^{t+h} m(s)\mathrm{d}s$$

成立, 这里 $r^* = (M_a + J_0^\varphi)\|\varphi\|_{\mathcal{B}} + K_a r$. 这就证明了 $\Gamma_1(B_r(0,Y))$ 在 $t \in (0,a)$ 上是右等度连续的. 类似地, 可证明它在零点右等度连续且在 $t \in (0,a]$ 上左等度连续. 那么, $\Gamma_1(B_r(0,Y))$ 在 I 上连续.

第三步. 映射 $\Gamma_1(\cdot)$ 在 $B_r(0,Y)$ 上连续. 令 $(x^n)_{n\in N}$ 是 $B_r(0,Y)$ 上的一个序列, 且 $x \in B_r(0,Y)$ 在 $\mathcal{PC}$ 上满足 $x^n \to x$. 容易看到 $(\overline{x^n}_s) \to \overline{x}_s$, 当 $n \to \infty$ 时, 对 $s \in (-\infty, a]$ 一致成立. 根据这个事实, 条件 (H1) 及不等式

$$\|f(s, \overline{x^n}_{\rho(s, (\overline{x^n})_s)}) - f(s, \overline{x}_{\rho(s, \overline{x}_s)})\| \leqslant \|f(s, \overline{x^n}_{\rho(s, (\overline{x^n})_s)}) - f(s, \overline{x}_{\rho(s, (\overline{x^n})_s)})\|_{\mathcal{B}}$$

$$+ \|f(s, \overline{x}_{\rho(s, (\overline{x^n})_s)}) - f(s, \overline{x}_{\rho(s, \overline{x}_s)})\|_{\mathcal{B}}$$

推出, 当 $n \to \infty$ 时 $f(s, \overline{x^n}_{\rho(s, (\overline{x^n})_s)}) \to f(s, \overline{x}_{\rho(s, (\overline{x})_s)})$ 对每一个 $s \in I$ 都成立. 现在, 用 Lebesgue 控制收敛定理证明 $\Gamma_1 x^n \to \Gamma_1 x$ 在 Y 上成立是它的一个标准应用. 这样, $\Gamma_1(\cdot)$ 是连续的.

第四步. 映射 $\Gamma_2(\cdot)$ 在 $B_r(0,Y)$ 上是收缩的. 由 (1.1.84) 可直接推断出来, 且有估计

$$\|\Gamma_2 x - \Gamma_2 y\|_{\mathcal{PC}} \leqslant K_a \widetilde{M} \sum_{i=1}^n L_i \|x - y\|_{\mathcal{PC}}.$$

先前几步已证明从 $B_r(0,Y)$ 到 $B_r(0,Y)$ 的映射 Γ 是一个凝聚算子. 由凝聚算子的不动点定理可得结论. 证毕.

定理 1.1.18 假定 $\rho(t,\psi) \in t$ 对每一个 $(t,\psi) \in I \times \mathcal{B}$ 成立, 映射 I_i 是全连续的, 且存在一个常数 $c_i^j, i = 1, 2, \cdots, n, j = 1, 2$, 满足 $\|I_i(\psi)\| \leqslant c_i^1 \|\psi\|_{\mathcal{B}} + c_i^2$ 对每一个 $\psi \in \mathcal{B}$ 成立. 如果 $\mu = 1 - K_a \widetilde{M} \sum_{i=1}^n c_i^1 > 0$ 且

$$\frac{K_a\widetilde{M}}{\mu}\int_0^a m(s)\mathrm{d}s < \int_C^\infty \frac{\mathrm{d}s}{W(s)},$$

这里

$$C = \frac{1}{\mu}\left[(M_a + J_0^\varphi + \widetilde{M}HK_a)\|\varphi\|_{\mathcal{B}} + K_a\widetilde{M}\sum_{i=1}^n c_i^2\right],$$

那么, 存在 (1.1.80)~(1.1.82) 的一个广义解.

证明　令 $y : (-\infty, a] \to X$ 是由 $y(t) = \varphi(t)$ 在 $(-\infty, 0]$ 上定义的函数, 且在 $[0, a]$ 上, $y(t) = T(t)\varphi(0)$. 在空间

$$\mathcal{BPC} = \{u : (-\infty, a] \to X; u_0 = 0, u|_{[0,a]\in\mathcal{PC}}\}$$

上赋予范数 $\|\cdot\|_{\mathcal{PC}}$, 定义算子 $\Gamma : \mathcal{BPC} \to \mathcal{BPC}$ 如下

$$\Gamma x(t) = \begin{cases} 0, & t \in (-\infty, 0], \\ \displaystyle\int_0^t T(t-s)f(s, \overline{x}_\rho(s, \overline{x}_s))\mathrm{d}s + \sum_{0<t_i<t} T(t-t_i)I_i(\overline{x}_{t_i}), & t \in [0, a], \end{cases}$$

这里, 在 $(-\infty, a]$ 上 $\overline{x} = y + x$. 对积分方程 $z = \lambda\Gamma z, \lambda \in (0,1)$ 的解建立一个先验估计. 假定 $x^\lambda, \lambda \in (0,1)$ 是 $z = \lambda\Gamma z$ 的一个解. 如果 $\alpha^\lambda(s) = \sup_{\theta\in[0,s]}\|x^\lambda(\theta)\|$, 那么, 由引理 1.1.18 有

$$\begin{aligned}
\|x^\lambda(t)\| \leqslant{} & \widetilde{M}\int_0^t m(s)W((M_a + J_0^\varphi)\|\varphi\|_{\mathcal{B}} + K_a \sup_{\theta\in[0,s]}\|\overline{x^\lambda}(\theta)\|)\mathrm{d}s \\
& + \widetilde{M}\sum_{0<t_i<t} c_i^1((M_a + J_0^\varphi)\|\varphi\|_{\mathcal{B}} + K_a \sup_{\theta\in[0,s]}\|\overline{x^\lambda}(\theta)\|) + \widetilde{M}\sum_{i=1}^n c_i^2 \\
\leqslant{} & \widetilde{M}\int_0^t m(s)W((M_a + J_0^\varphi + \widetilde{M}HK_a)\|\varphi\|_{\mathcal{B}} + K_a\alpha^\lambda(s))\mathrm{d}s \\
& + \widetilde{M}\sum_{0<t_i<t} c_i^1((M_a + J_0^\varphi + \widetilde{M}HK_a)\|\varphi\|_{\mathcal{B}} + K_a\alpha^\lambda(t)) + \widetilde{M}\sum_{i=1}^n c_i^2,
\end{aligned}$$

由于 $\rho(s, (\overline{x^\lambda}_s)) \leqslant s, s \in I.$ 令 $\xi^\lambda(t) = (M_a + J_0^\varphi + \widetilde{M}HK_a))\|\varphi\|_{\mathcal{B}} + K_a\alpha^\lambda(t)$, 则

$$\begin{aligned}
\xi^\lambda(t) \leqslant{} & (M_a + J_0^\varphi + \widetilde{M}HK_a))\|\varphi\|_{\mathcal{B}} + K_a\widetilde{M}\sum_{i=1}^n c_i^2 \\
& + K_a\widetilde{M}\int_0^t m(s)W(\xi^\lambda(s))\mathrm{d}s + K_a\widetilde{M}\sum_{i=1}^n c_i^1\xi^\lambda(t),
\end{aligned}$$

所以

$$\xi^\lambda(t) \leqslant \frac{1}{\mu}\left[(M_a + J_0^\varphi + \widetilde{M}HK_a))\|\varphi\|_{\mathcal{B}} + K_a\widetilde{M}\sum_{i=1}^n c_i^2\right] + \frac{K_a\widetilde{M}}{\mu}\int_0^t m(s)W(\xi^\lambda(s))\mathrm{d}s.$$

用 $\beta_\lambda(t)$ 表示上一个不等式的右半部分, 则有

$$\beta_\lambda'(t) \leqslant \frac{K_a\widetilde{M}}{\mu} m(t)W(\beta^\lambda(t)),$$

因此

$$\int_{\beta_\lambda(0)=C}^{\beta_\lambda(t)} \frac{\mathrm{d}s}{W(s)} \leqslant \frac{K_a\widetilde{M}}{\mu} \int_0^a m(s)\mathrm{d}s < \int_C^\infty \frac{\mathrm{d}s}{W(s)},$$

表示函数集 $\{\beta_\lambda(\cdot) : \lambda \in (0,1)\}$ 在 $C(I:R)$ 上是有界的. 所以, $\{x^\lambda(\cdot) : \lambda \in (0,1)\}$ 在 $\mathcal{BPC}$ 上有界.

为证明映射 Γ_1 是全连续的, 介绍分解 $\Gamma x = \Gamma_1 x + \Gamma_2 x$, 这里 $(\Gamma_i)_0 = 0, i = 1,2$, 且

$$\Gamma_1 x(t) = \int_0^t T(t-s)f(s, \overline{x}_{\rho(s,\overline{x}_s)})\mathrm{d}s, \quad t \in I,$$

$$\Gamma_2 x(t) = \sum_{0<t_i<t} T(t-t_i)I_i(\overline{x}_{t_i}), \quad t \in I.$$

由定理 1.1.17 的证明可推出 Γ_1 是全连续的. 接下来, 用引理 1.1.17 证明 Γ_2 也是全连续的. Γ_2 的连续性可用相空间定理证明. 由 Γ_2 的定义, 对 $r > 0, t \in [t_i, t_{i+1}]\bigcap(0,a), i \geqslant 1$, 且 $u \in B_r = B_r(0, \mathcal{BPC})$, 可得到

$$\widetilde{\Gamma_2 u}(t) = \begin{cases} \displaystyle\sum_{j=1}^i T(t-t_j)I_j(B_{r^*}(0;X)), & t \in (t_i, t_{i+1}), \\ \displaystyle\sum_{j=0}^i T(t_{i+1}-t_j)I_j(B_{r^*}(0;X)), & t = t_{i+1}, \\ \displaystyle\sum_{j=1}^{i-1} T(t_i-t_j)I_j(B_{r^*}(0;X)) + I_i(B_{r^*}(0;X)), & t = t_i, \end{cases}$$

这里 $r^* := (M_a + H\widetilde{M})\|\varphi\|_{\mathcal{B}} + K_a r$, 既然映射 I_j 是全连续的, 可证明在 X 上 $\widetilde{[\Gamma_2(B_r)]}_i(t)$ 对每一个 $t \in [t_i, t_{i+1}]$ 是相对紧的. 进一步, 用算子 I 紧性和 $(T(t))_{t\geqslant 0}$ 的强连续性可证明在 t 点等度连续, 对每一个 $t \in [t_i, t_{i+1}]$ 成立. 由引理 1.1.17, 可得到 Γ_2 是全连续的.

由 Leray-Schauder 定理可看到有一个固定点 $x \in \mathcal{BPC}$. 简单地说, 函数 $u = x + y$ 是 (1.1.80)~(1.1.82) 的一个广义解. 证明结束.

例 1.1.6　$X = L^2([0,\pi])$ 和 $A : D(A) \subset X \to X$ 是范围在 $D(A) := \{f \in X : f'' \in X, f(0) = f(\pi) = 0\}$ 上的算子 $Af = f''$. 众所周知, A 是定义在 X 上的有界线性算子 $(T(t))_{t\geqslant 0}$ 的一个紧 C_0 半群的无穷小生成元. 进一步, A 是离散谱, 特征值是 $-n^2, n \in N$, 且具有相应的正规特征向量

$$z_n(\xi) := \left(\frac{2}{\pi}\right)^{1/2} \sin(n\xi),$$

$\{z_n : n \in N\}$ 是 X 的一个标准正交基且

$$T(t)x = \sum_{n=1}^{\infty} \mathrm{e}^{-n^2 t}(x, z_n)z_n$$

对每一个 $x \in X$ 都成立. 考虑微分系统

$$\frac{\partial}{\partial t}u(t, \xi) = \frac{\partial^2}{\partial \xi^2}u(t, \xi) + \int_{-\infty}^{t} \beta(s-t)u(s-\sigma(\|u(t)\|), \xi)\mathrm{d}s, \qquad (1.1.85)$$

$$u(t, 0) = u(t, \pi) = 0, \qquad (1.1.86)$$

$$u(\tau, \xi) = \varphi(\tau, \xi), \quad \tau \leqslant 0, \qquad (1.1.87)$$

$$\Delta u(t_j, \xi) = \int_{-\infty}^{t_j} \gamma_j(t_j - s)u(s, \xi)\mathrm{d}s, \quad j = 1, \cdots, n, \qquad (1.1.88)$$

对每一个 $(t, \xi) \in [0, a] \times [0, \pi]$, 这里 $\varphi \in \mathcal{B} = \mathcal{PC}_0 \times L^2(g, X)$ 且 $0 < t_1 < \cdots < t_n < a$ 是给定的点. 为研究这个系统, 假定下面条件成立:

(i) 函数 $\beta : R \to R, \sigma : R \to R^+$ 是连续的、有界的且

$$L_f = \left(\int_{-\infty}^{0} \frac{\beta^2(s)}{g(s)}\mathrm{d}s\right)^{1/2} < \infty;$$

(ii) 函数 $\gamma_j : R \to R$ 是连续的且

$$L_j = \left(\int_{-\infty}^{0} \frac{(\gamma_j(-s))^2}{g(s)}\mathrm{d}s\right)^{1/2} < \infty$$

对每一个 $j = 1, 2, \cdots, n$ 都成立.

通过

$$\rho(t, \psi) = t - \sigma(\|\psi(0)\|),$$

$$f(\psi)(\xi) = \int_{-\infty}^{0} \beta(s)\psi(s, \xi)\mathrm{d}s,$$

$$I_j(\psi)(\xi) = \int_{-\infty}^{0} \gamma_j(-s)\psi(s, \xi)\mathrm{d}s, \quad j = 1, 2, \cdots, n$$

来定义函数 $\rho, f, I_j : \mathcal{B} \to X$.

可用抽象脉冲 Cauchy 问题 (1.1.80)~(1.1.82) 代表系统 (1.1.85)~(1.1.88). 进一步, 映射 $f, I_j, j = 1, 2, \cdots, n$ 是有界线性算子, $\|f\|_{\mathcal{L}(\mathcal{B}, X)} \leqslant L_f$ 且 $\|I_j\|_{\mathcal{L}(\mathcal{B}, X)} \leqslant L_j$ 对每一个 $j = 1, 2, \cdots, n$ 都成立.

结论 令 $\varphi \in B$ 满足 H_φ 是有效的且在 $\mathcal{R}(\rho^-)$ 上 $t \to \varphi_t$ 是连续的. 如果

$$\left(1 + \left(\int_{-a}^{0} g(\tau)\mathrm{d}\tau\right)^{1/2}\right)\left(aL_f + \sum_{i=1}^{n} L_i\right) < 1,$$

那么存在 (1.1.85)~(1.1.88) 的一个广义解.

证明 令 $x : (-\infty, a] \to X$ 满足 $x_0 = \varphi$ 且 $x|_I \in \mathcal{PC} \times [0, a]$. 可直接证明, 在 $[0, a]$ 上 $t \to f(x_t)$ 是连续的, 且在 $[0, a]$ 上 $t \to f(x_{\rho(t, x_t)})$ 是连续的. (1.1.85)~(1.1.88) 的一个广义解的存在性就是定理 1.1.17 的一个结论.

1.1.3 解对初值的连续依赖性

令 R 表示实数集, R_+ 表示正实数集合, R^n 表示模为 Euclid 模 $\|\cdot\|$ 的 Euclid 线性空间.

对 $a, b \in R, a < b$ 及 $S \subset R^n$, 定义

$$PC([a, b], S) = \{\psi : [a, b] \to S | \psi(t^+) = \psi(t), \forall t \in [a, b), \psi(t^-) \text{ 在 } S \text{ 中存在},$$

$$\forall t \in (a, b], \text{ 除至多有限个点外, 对所有 } t \in (a, b), \text{ 有 } \psi(t^-) = \psi(t)\},$$

$$PC([a, b), S) = \{\psi : [a, b) \to S | \psi(t^+) = \psi(t), \forall t \in [a, b), \psi(t^-) \text{ 在 } S \text{ 中存在},$$

$$\forall t \in (a, b), \text{ 除去至多有限个点处, 对所有 } t \in (a, b], \psi(t^-) = \psi(t)\},$$

$$PC([a, \infty), S) = \{\psi : [a, \infty) \to S | \forall c > a, \psi|_{[a, c]} \in PC([a, c], S)\}.$$

这里, 用缩写记号 $x(t^+) = \lim_{s \to t^+} x(s)$ 和 $x(t^-) = \lim_{s \to t^-} x(s)$ 表示右极限和左极限.

给定一个常数 $r > 0$ 代表系统中时滞的上界, 赋予线性空间 $PC([-r, 0], R^n)$ 模 $\|\cdot\|_r$ 为 $\|\psi\|_r = \sup_{-r \leqslant s \leqslant 0} \|\psi(s)\|$. 如果 $x \in PC([t_0 - r, \infty), R^n)$, 这里 $t_0 \in R_+$, 那么对每一个 $t \geqslant t_0$, 定义 $x_t \in PC([-r, 0], R^n)$, 对 $-r \leqslant s \leqslant 0$ 有 $x_t(s) = x(t + s)$. 而且定义 $x_{t-} \in PC([-r, 0], R^n)$, 对 $-r \leqslant s < 0$ 有 $x_t(s) = x(t + s)$, 对 $s = 0$ 有 $x_{t-}(s) = x(t^-)$. 注意到 x_{t-} 的定义不同于 $\lim_{s \to s^-} x_s$. 事实上, 这个极限关于模 $\|\cdot\|_r$ 不存在.

令 $J \subset R_+$ 是形如 $[a, b)$ 的区间, 这里 $0 \leqslant a < b \leqslant \infty$, 且令 $D \subset R^n$ 是一个开集. 那么考虑系统

$$x'(t) = f(t, x_t), \tag{1.1.89}$$

其中, 函数 $f : J \times PC([-r, 0], D) \to R^n$. 也考虑脉冲时滞微分方程

$$x'(t) = f(t, x_t), \quad t \neq \tau_k, \tag{1.1.90a}$$

$$\Delta x(t) = I(t, x_{t-}), \quad t = \tau_k, \tag{1.1.90b}$$

这里 τ_k 满足 $0 = \tau_0 < \tau_1 < \cdots < \tau_k < \cdots$, $T = \{\tau_0, \tau_1, \cdots, \tau_k, \cdots\}$, $\lim\limits_{k \to \infty} \tau_k = \infty$, 而且, 附加初始条件为

$$x_{t_0} = \phi, \tag{1.1.91}$$

这里 $t_0 \in R_+, \phi \in PC([-r, 0], D)$.

定义 1.1.9　定义函数 $x \in PC([t_0 - r, t_0 + \alpha], D) \to R^n$, 这里 $\alpha > 0$ 和 $[t_0, t_0 + \alpha) \subset J$ 是 (1.1.90) 的一个解, 如果

(i) x 在每一个 $t \in (t_0, t_0 + \alpha] \setminus T$ 是连续的;

(ii) 除了 $(t_0, t_0 + \alpha)$ 上至多有限个点外, x 的导数存在, 且满足时滞微分方程 (1.1.90a);

(iii) x 在 T 满足 (1.1.90b).

如果另外的 x 满足初始条件 (1.1.91), 那么可以说是 (初值问题)(1.1.90) 和 (1.1.91) 的一个解, 用 $x = x(t_0, \phi)$ 表示.

定义 1.1.10　一个函数 $x \in PC([t_0 - r, t_0 + \beta), D)$, 这里 $0 < \beta \leqslant \infty [t_0, t_0 + \beta) \subset J$ 称为 (1.1.90) 的一个解 (或 (1.1.90) 和 (1.1.91) 的解), 如果对每一个 $0 < \alpha < \beta$, x 对 $[t_0 - r, t_0 + \alpha]$ 的限制是 (1.1.90) 的一个解 ((1.1.90) 和 (1.1.91) 的解).

下面将给出解的存在性、唯一性及连续性定理. 这些定理的证明可参阅文献 [3]. 先给出下列假设:

(H1) $f(t, \psi)$ 是复合 $-PC$ 的, 也就是说, 对每个 $t_0 \in J, \alpha > 0$, 这里 $[t_0, t_0 + \alpha] \subset J$, 如果 $x \in PC([t_0 - r, t_0 + \alpha], R^n)$ 且 x 在 $(t_0, t_0 + \alpha]$ 上对每个 $t \neq \tau_k$ 是连续的, 那么, 如此定义 $g(t) = f(t, x_t)$ 的复合函数 g 是函数组 $PC([t_0, t_0 + \alpha], R^n)$ 的一个元素.

(H2) $f(t, \psi)$ 是拟有界的, 也就是说, 对每个 $t_0 \in J, \alpha > 0$, 这里 $[t_0, t_0 + \alpha] \subset J$, 且对于每一个紧集 $F \subset R^n$, 存在 $M > 0$ 满足 $\|f(t, \psi)\| \leqslant M$, 对所有 $(t, \psi) \in [t_0, t_0 + \alpha] \times PC([-r, 0], F)$ 成立.

(H3) 对每一个固定的 $t \in J, f(t, \psi)$ 是在 $PC([-r, 0], R^n)$ 上 ψ 的一个连续函数.

定理 1.1.19 给出了系统 (1.1.90) 和 (1.1.91) 的一个局部解存在性的充分条件.

定理 1.1.19　设 f 在 ψ 上复合 $-PC$、拟有界且连续. 那么, 对每一个 $(t_0, \phi) \in J \times PC([-r, 0], D)$, 在 $[t_0 - r, t_0 + \beta] (\beta > 0)$ 上存在 (1.1.90) 和 (1.1.91) 的一个解 $x = x(t_0, \phi)$.

下面两个定理说明系统 (1.1.90) 和 (1.1.91) 的解总可能被连续延拓到一个解存在性的最大区间.

定理 1.1.20 设 f 在 ψ 上复合 $-PC$、拟有界且连续. 又 $\psi(0) + I(\tau_k, \psi) \in D, \psi(0^-) = \psi(0)$ 对所有的 $k = 1, 2, \cdots$ 成立, 那么对 (1.1.90) 和 (1.1.91) 的每一个可连续延拓的解 x, 存在 x 的一个延拓 y 是不可连续延拓的.

定理 1.1.21 设 f 在 ψ 上复合 $-PC$、拟有界且连续. 又 $\psi(0) + I(\tau_k, \psi) \in D, \psi(0^-) = \psi(0)$ 对所有的 $k = 1, 2, \cdots$ 成立, 令 x 是 (1.1.90) 和 (1.1.91) 的任意解. 如果 x 定义在一个形如 $[t_0-r, t_0+\alpha]$ 的闭区间上, 这里 $\alpha > 0$ 且 $[t_0, t_0+\alpha] \subset J$, 那么 x 是可连续开拓的. 如果 x 定义在一个形如 $[t_0-r, t_0+\beta)$ 的区间上, 这里 $0 < \beta < \infty$ 且 $[t_0, t_0+\beta] \subset J$, 且如果 x 是不可连续开拓的, 那么对每一个紧集 $F \subset D$, 存在一个数列 $\{s_k\}_{k=1}^{\infty}$, 其中 $t_0 < s_1 < s_2 < \cdots < s_k < \cdots < t_0 + \beta, \lim_{k \to \infty} s_k = t_0 + \beta$ 满足 $x(s_k) \notin F$.

对于唯一性, 需要如下附加假设:

(H4) $f: J \times PC([-r, 0], D) \to R^n$ 在 ψ 上是满足局部 Lipschitz 条件的, 也就是说, 如果对每一个 $t_0 \in J, \alpha > 0$, 这里 $[t_0, t_0+\alpha] \subset J$, 及对每一个紧集 $F \subset D$, 那么存在一个 $L > 0$ 满足 $\|f(t, \psi_1) - f(t, \psi_2)\| \leqslant L\|\psi_1 - \psi_2\|_r$, 对所有 $t \in [t_0, t_0+\alpha]$ 和 $\psi_1, \psi_2 \in PC([-r, 0], F)$.

如果 f 在 ψ 上是满足局部 Lipschitz 条件, 那么很显然在 ψ 上也是连续的. 既然 $\|f(t, \psi)\| \leqslant L\|\psi\|_r + \|f(t, 0)\|, t \in [t_0, t_0+\alpha]$, 这里 $\|\psi\|_r \leqslant \sup\{\|z\| | z \in F\}$ 且 $\|f(t, 0)\|$ 是有上界的, 既然 $f(t, 0)$ 是 t 的分段连续函数, 如果再加上 f 是复合 $-PC$ 的, 那么它也是拟有界的.

定理 1.1.22 设 f 在 ψ 上复合 $-PC$, 且在 ψ 上是满足局部 Lipschitz 条件的, 那么至多存在 (1.1.90) 和 (1.1.91) 的一个饱和解.

现在验证关于初始条件的连续依赖性.

令 $(t_0, \phi) \in J \times PC([-r, 0], D)$, 且假设 $x = x(t_0, \phi)$ 是 (1.1.90) 和 (1.1.91) 在 $[t_0 - r, t_0+\beta), \beta > 0$ 上的一个解, $[t_0, t_0+\beta] \subset J$. 一种准确定义连续依赖性的概念的方式为: 对每一个 $\varepsilon > 0$, 存在一个 $\delta > 0$, 满足如果 $(t_0^*, \phi^*) \in J \times PC([-r, 0], D)$, 这里 $|t_0 - t_0^*| \leqslant \delta, \|\phi - \phi^*\| \leqslant \delta$, 那么若 $y = y(t_0^*, \phi^*)$ 是 (1.1.90) 和 (1.1.91) 的一个解, 则 y 存在于 (可被连续延拓到) 区间 $[t_0^* - r, t_0+\beta]$, 且 $\|x(t) - y(t)\| \leqslant \varepsilon$, 对所有 $t \in [\bar{t}-r, t_0+\beta], \bar{t} = \max\{t_0, t_0^*\}$ 成立. 这个定义实际上已由 Hale 和 Lunel[16] 在研究时滞微分方程时给出. 注意到 δ 通常由 ε, x 决定.

连续依赖性的一个弱化概念有时可被考虑, 这里 δ 也由 t 在区间 $[\bar{t}-r, t_0+\beta]$ 上的特殊值决定. 也就是说, (1.1.90) 和 (1.1.91) 的任何解 $y = y(t_0^*, \phi^*)$ 满足 $|t_0 - t_0^*| \leqslant \delta, \|\phi - \phi^*\| \leqslant \delta$, 至少可连续延拓到时刻 t, 且在此时刻 (在其他时刻未必) 有 $\|x(t) - y(t)\| \leqslant \varepsilon$.

关于原始定义, 首先要注意的是如果 $t_0^* \neq t_0$, 那么通常不可能有 $\|x(t) - y(t)\| \leqslant \varepsilon, t \in [\bar{t}-r, \bar{t}]$ (也就是说 $\|x_{\bar{t}} - y_{\bar{t}}\| \leqslant \varepsilon$), 尽管对 $t \in [\bar{t}, t_0+\beta]$ 可能有不等式成立. 这

与系统 (1.1.90) 定义的分段连续空间有关. 的确, 如果 ϕ 有一个或多个间断点 (在点 $-r < s_1 < s_2 < \cdots < s_m \leqslant 0$), 选择 ϕ 以便研究 t_0 的连续依赖性, 那么当 $t_0^* \to t_0, \|x_{\bar{t}} - y_{\bar{t}}\|$ 时不会趋于零, 而是会接近于某个正数 $\max_{1 \leqslant k \leqslant m}\{\|\phi(s_k) - \phi(s_k^-)\|\}$.

现在只考虑关于初值函数 ϕ 的连续依赖性. 进一步讨论关于 t_0 的连续依赖性或关于 (t_0, ϕ) 的连续依赖性之前, 先介绍一个仅关于初值函数的连续依赖性定理. 对于时滞微分方程, 这通常是文献中考虑的唯一类型. 将假定函数 f 在 ψ 上满足局部 Lipschitz 条件.

首先给出 (1.1.90) 和 (1.1.91) 的解关于初始条件连续依赖的定义, 然后, 给出并证明一个关于系统 (1.1.90) 和 (1.1.91) 的一个定理, 最后, 应用此定理给出一个关于系统 (1.1.90) 和 (1.1.91) 相应的定理.

定义 1.1.11　称 (1.1.90) 和 (1.1.91) 的解关于初始函数是连续依赖的, 若对于 (1.1.90) 和 (1.1.91) 的任意一个定义在区间 $[t_0 - r, t_0 + \beta]$ 上的解 $x = x(t_0, \varphi)$(其中 $(t_0, \varphi) \in J \times PC([-r, 0], D), \beta > 0, [t_0, t_0 + \beta] \subset J$), 都满足对于任给的 $\varepsilon > 0$, 总存在一个 $\delta > 0$, 使得若 $y = y(t_0, \varphi^*)$ 是 (1.1.90) 和 (1.1.91) 的满足 $\varphi^* \in PC([-r, 0], D), \|\varphi - \varphi^*\| \leqslant \delta$ 的任一个解, 则 $y(t)$ 可定义 (或可延拓) 在区间 $[t_0 - r, t_0 + \beta]$ 上, 且对于所有的 $t \in [t_0 - r, t_0 + \beta]$ 满足 $\|x(t) - y(t)\| \leqslant \varepsilon$.

定义 1.1.11 要求 (1.1.90) 的解 $x = x(t_0, \varphi)$ 是定义在闭区间 $[t_0 - r, t_0 + \beta]$ 上的. 可以简单地修改上述定义, 即 (1.1.90) 和 (1.1.91) 的解 $x = x(t_0, \varphi)$ 对于满足 $0 < \beta_1 < \beta$ 的任一个闭区间 $[t_0 - r, t_0 + \beta_1]$ 上定义 1.1.11 都是成立的, 这就变为在半开区间 $[t_0 - r, t_0 + \beta)$ 上的解关于初始函数的连续依赖的定义了. 值得注意的是, 若定义 1.1.11 成立, 则 (1.1.90) 和 (1.1.91) 的解是唯一的.

定理 1.1.23　若 f 是复合 PC 的且关于 ψ 满足局部 Lipschitz 条件, 则 (1.1.89) 和 (1.1.91) 的解连续依赖于初始函数.

证明　令 $(t_0, \varphi) \in J \times PC([-r, 0], D), x = x(t_0, \varphi)$ 是满足 $\beta > 0, [t_0, t_0 + \beta] \subset J$ 的闭区间 $[t_0 - r, t_0 + \beta]$ 上的 (1.1.89) 和 (1.1.91) 的任意一个解.

任给 $\varepsilon > 0$, 不失一般性, 选取 ε 充分小, 使得对于任意固定的 $t \in [t_0 - r, t_0 + \beta]$, 集合 $S = \{z \in R^n \mid \|x(t) - z\| \leqslant \varepsilon\}$ 包含在 D 的某一个紧子集 F 中. 令 L 是 f 在 $t \in [t_0 - r, t_0 + \beta]$ 上关于 φ 的 Lipschitz 常数. 定义 $\delta = \dfrac{\mathrm{e}^{-L\beta}\varepsilon}{\beta L + 1}$, 则 $0 < \delta < \varepsilon$. 取 $\varphi^* \in PC([-r, 0], D)$ 且满足 $\|\varphi - \varphi^*\|_r \leqslant \delta$. 对于 $\alpha > 0, [t_0, t_0 + \alpha] \subset J$, 设 $y = y(t_0, \varphi^*)(t)$ 是 (1.1.90) 和 (1.1.91) 任意一个定义在 $[t_0 - r, t_0 + \alpha]$ 上的解. 根据定理 1.1.20 和定理 1.1.21, 解 $y = y(t_0, \varphi^*)(t)$ 可以延拓到最大的闭区间 $[t_0 - r, t_0 + \beta_1](\alpha < \beta_1 \leqslant \infty)$. 要证 $\beta_1 > \beta$, 则 y 至少可延拓到 $[t_0 - r, t_0 + \beta]$. 且对于所有的 $t \in [t_0 - r, t_0 + \beta]$, 有 $\|x(t) - y(t)\| < \varepsilon$.

若 $\beta_1 \leqslant \beta$, 则由定理 1.1.21 知, 存在某一个 $t \in [t_0 - r, t_0 + \beta_1]$ 使得 $y(t) \notin F$, 特别

地, 有 $\|x(t)-y(t)\| > \varepsilon$. 要证对所有的 $t \in [t_0-r, t_0+\beta_1) \cap [t_0-r, t_0+\beta]$, $\|x(t)-y(t)\| \leqslant \varepsilon$. 于是对于所有这样的 $t, y(t) \in F$, 有 $\beta_1 > \beta$.

假设对于某一个 $t \in [t_0-r, t_0+\beta_1] \cap [t_0-r, t_0+\beta]$, 有 $\|x(t)-y(t)\| > \varepsilon$. 定义

$$t^* = \inf\{t \in [t_0-r, t_0+\beta_1) \cap [t_0-r, t_0+\beta] \,|\, \|x(t)-y(t)\| > \varepsilon\}.$$

对于 $t \in [t_0-r, t_0]$, 有

$$\|x(t)-y(t)\| = \|\varphi(t-t_0) - \varphi^*(t-t_0)\| \leqslant \delta < \varepsilon.$$

由于两个解限制在区间 $[t_0, t_0+\beta_1) \cap [t_0, t_0+\beta]$ 上时都是连续的, 所以有

$$t_0 < t^* < \min\{t_0+\beta, t_0+\beta_1\}, \|x(t^*)-y(t^*)\| = \varepsilon,$$

且对于所有的 $t \in [t_0-r, t^*]$,

$$\|x(t^*)-y(t^*)\| \leqslant \varepsilon.$$

于是, 对于所有的 $t \in [t_0, t^*]$, 有

$$x_t, y_t \in PC([-r, 0], F).$$

对于 $t \in [t_0, t^*]$, 有

$$\begin{aligned}
\|x(t)-y(t)\| &\leqslant \|\varphi(0) - \varphi^*(0)\| + \int_{t_0}^t \|f(s, x_s) - f(s, y_s)\| \mathrm{d}s \\
&\leqslant |\varphi(0) - \varphi^*(0)\| + \int_{t_0}^t L\|x_s - y_s\|_r \mathrm{d}s \\
&\leqslant |\varphi(0) - \varphi^*(0)\| + L \int_{t_0}^t (\|\varphi - \varphi^*\|)_r \\
&\quad + \sup_{u \in [t_0, s]} \|x(u) - y(u)\|) \mathrm{d}s.
\end{aligned} \tag{1.1.92}$$

令

$$g(t_0) = \|\varphi(0) - \varphi^*(0)\|, \quad g(t) = \sup_{u \in [t_0, t]} \|x(u) - y(u)\|, \quad t \in (t_0, t^*].$$

则

$$g \in C([t_0, t^*], R_+).$$

注意到 (1.1.92) 右端关于 t 是非减的, 则由 (1.1.92) 式, 对于 $t \in [t_0, t^*]$, 有

$$\begin{aligned}
g(t) &\leqslant \|\varphi(0) - \varphi^*(0)\| + L \int_{t_0}^t (\|\varphi - \varphi^*\|)_r + \sup_{u \in [t_0, s]} \|x(u) - y(u)\|) \mathrm{d}s \\
&\leqslant \|\varphi(0) - \varphi^*(0)\| + \beta L\|\varphi - \varphi^*\|_r + L \int_{t_0}^t g(s) \mathrm{d}s
\end{aligned}$$

$$\leqslant (\beta L + 1)\delta + L \int_{t_0}^{t} g(s)\mathrm{d}s. \tag{1.1.93}$$

对于 $t \in [t_0, t^*]$, 对 (1.1.93) 式用 Grownwall 不等式可得

$$g(t) \leqslant (\beta L + 1)\delta \mathrm{e}^{L(t-t_0)} = \mathrm{e}^{L(t-\beta-t_0)}\varepsilon.$$

由于 $t^* < t_0 + \beta$, 由 (1.1.93) 式可得 $g(t^*) < \varepsilon$. 换句话说, 即 $\sup\limits_{u \in [t_0, t^*]} \|x(u) - y(u)\| < \varepsilon$. 此式与 $\|x(t^*) - y(t^*)\| = \varepsilon$ 矛盾. 证毕.

定理 1.1.24　假设 f 是复合 PC 的且关于 φ 满足局部 Lipschitz 条件, I 关于 φ 是连续的. 又若对于满足 $\psi(0^-) = \psi(0)$ 的所有 $\psi \in PC([-r, 0], D)$ 有 $\psi(0) + I(\tau_k, \psi) \in D(k = 1, 2, 3, \cdots)$, 则 (1.1.90) 和 (1.1.91) 的解是连续依赖于初始函数的.

证明　令 $(t_0, \varphi) \in J \times PC([-r, 0], D), x = x(t_0, \varphi)$ 是满足 $\beta > 0, [t_0, t_0 + \beta] \subset J$ 的闭区间 $[t_0 - r, t_0 + \beta]$ 上的 (1.1.90) 和 (1.1.91) 的任意一个解. 于是存在某个正整数 l, 使得 $t_0 \in [\tau_{l-1}, \tau_l)$. 此时又分为三种情形:

(1) $t_0 + \beta < \tau_l$, 则 x 是 (1.1.89) 和 (1.1.91) 的一个解. 于是由定理 1.1.23 可得 x 是连续依赖于 φ 的.

(2) $t_0 + \beta = \tau_l$. 令 $\varepsilon > 0$. 因为 I 关于 ψ 是连续的, 所以必存在某个 $\bar{\delta} : 0 < \bar{\delta} \leqslant \frac{\varepsilon}{2}$, 使得对于 $\psi \in PC([-r, 0], D), \|x_{\tau_l^-} - \psi\|_r \leqslant \bar{\delta}$, 有 $\|I(\tau_l, x_{\tau_l^-}) - I(\tau_l, \psi)\| \leqslant \frac{\varepsilon}{2}$. 此时若重新定义 x 在 τ_l 的值为 $x(\tau_l^-)$, 则 x 在 $[t_0, \tau_l]$ 上是连续的. 在定义 1.1.11 中取 $\varepsilon = \bar{\delta}$, 于是可以对 x 应用定理 1.1.23.

令 $\varphi^* \in PC([-r, 0], D)$ 满足 $\|\varphi - \varphi^*\|_r \leqslant \delta$. 则 (1.1.90) 和 (1.1.91) 的任一个解 $y = y(t_0, \varphi^*)(t)$ 在 $[t_0 - r, \tau_l]$ 上存在或作为 (1.1.89) 和 (1.1.91) 的一个解可延拓到 $[t_0 - r, \tau_l]$, 且在此区间上有 $\|x(t) - y(t)\| \leqslant \bar{\delta}$. 重新定义 y 在 τ_l 的值为 $y(\tau_l^-) + I(\tau_l, y_{\tau_l^-})$, 得到 (1.1.90) 和 (1.1.91) 的一个解, 据定理 1.1.22, 此解唯一.

由于对于 $t \in [t_0 - r, \tau_l)$ 有 $\|x(t) - y(t)\| \leqslant \bar{\delta} \leqslant \varepsilon$, 则有 $\|x_{\tau_l^-} - y_{\tau_l^-}\| \leqslant \bar{\delta}$ 成立. 最后, 对于 $t = \tau_l$ 有

$$\begin{aligned}
\|x(\tau_l) - y(\tau_l)\| &= \|x(\tau_l^-) + I(\tau_l, x_{\tau_l^-}) - y(\tau_l^-) - I(\tau_l, y_{\tau_l^-})\| \\
&\leqslant \|x(\tau_l^-) - y(\tau_l^-)\| + \|I(\tau_l, x_{\tau_l^-}) - I(\tau_l, y_{\tau_l^-})\| \\
&\leqslant \bar{\delta} + \frac{\varepsilon}{2} \leqslant \varepsilon.
\end{aligned} \tag{1.1.94}$$

由此对于所有的 $t \in [t_0 - r, \tau_l]$, 有 $\|x(t) - y(t)\| \leqslant \varepsilon$ 成立. 于是, 当 $t_0 + \beta = \tau_l$ 时结论成立.

(3) 存在某个正整数 m 使得 $\tau_{l+m-1} < t_0 + \beta \leqslant \tau_{l+m}$ 成立, 且令 $\varepsilon > 0$. 把解 x 限制在 $[\tau_{l+m-1} - r, t_0 + \beta]$ 上, 且令 τ_{l+m-1} 是初始时刻, $x_{\tau_{l+m-1}}$ 为初始函数. 取

$\delta_1 > 0$, 使得对于满足 $\|x_{\tau_{l+m-1}} - \varphi^*\|_r \leqslant \delta_1$ 的所有 $\varphi^* \in PC([-r, 0], D)$, (1.1.90) 和 (1.1.91) 的任意一个解 $y = y(\tau_{l+m-1}, \varphi^*)$, 或者在 $[\tau_{l+m-1} - r, t_0 + \beta]$ 上存在, 或者可以延拓到此区间上, 且对于所有的 $t \in [\tau_{l+m-1} - r, t_0 + \beta]$ 有 $\|x(t) - y(t)\| \leqslant \varepsilon$ 成立. 这样的 δ_1 的存在性可由此定理证明的前半部分得出.

类似地, 若 $m \geqslant 2$, 对于 $i = 1, 2, \cdots, m-1$, 把 x 限制在 $[\tau_{l+m-i-1}, \tau_{l+m-i}]$ 上, 且令 $\tau_{l+m-i-1}$ 和 $x_{\tau_{l+m-i-1}}$ 分别为新的初始时刻和初始函数. 用归纳法定义 δ_{i+1} 满足 $\delta_{i+1} < \delta_i$, 且使得当 $\varphi^* \in PC([-r, 0], D), \|x_{\tau_{l+m-i-1}} - \varphi^*\|_r \leqslant \delta_{i+1}$ 时, (1.1.90) 和 (1.1.91) 的任一个解 $y = y(\tau_{l+m-i-1}, \varphi^*)$ 或都在 $[\tau_{l+m-i-1} - r, \tau_{l+m-i}]$ 上存在, 或者可以延拓到此区间上, 且对于所有的 $t \in [\tau_{l+m-i-1} - r, \tau_{l+m-i}]$, 有 $\|x(t) - y(t)\| \leqslant \delta_i$ 成立.

最后选取 $\delta > 0$, 使得对于任一给定满足 $\|\varphi - \varphi^*\|_r \leqslant \delta$ 的 $\varphi^* \in PC([-r, 0], D)$ 及任一个 (1.1.90) 和 (1.1.91) 的一个解 $y = y(t_0, \varphi)$, 有 y 可定义于或可延拓到 $[t_0 - r, \tau_l]$, 且使得对于所有的 $t \in [t_0 - r, \tau_l]$, 有 $\|x(t) - y(t)\| \leqslant \delta_m$ 成立.

通过这样选取 δ, 可以看出, 对于 (1.1.90) 和 (1.1.91) 的任意一个满足 $\varphi^* \in PC([-r, 0], D), \|\varphi - \varphi\|_r \leqslant \delta$ 的解 $y = y(t_0, \varphi^*)$ 可以一直延拓到 $[t_0 - r, t_0 + \beta]$ 上, 且对于所有的 $t \in [t_0 - r, t_0 + \beta]$ 满足 $\|x(t) - y(t)\| \leqslant \varepsilon$. 这是因为 y 能延拓到 $[t_0 - r, \tau_l]$ 上, 且在此区间上 $\|x(t) - y(t)\| \leqslant \delta_m$. 特别地, 有 $\|x_{\tau_l} - y_{\tau_l}\|_r \leqslant \delta_m$. 因此, y 能够延拓到 $[t_0 - r, \tau_{l+1}]$ 上, 且在此区间上 $\|x(t) - y(t)\| \leqslant \delta_{m-1}$(当 $m = 1, t_0 + \beta \leqslant \tau_{l+1}$ 时, y 能够延拓到 $[t_0 - r, t_0 + \beta]$ 上, 且在此区间上 $\|x(t) - y(t)\| \leqslant \varepsilon$). 重复此过程 $m - 1$ 步, y 可以延拓到脉冲时刻 $\tau_{l+2}, \tau_{l+3}, \cdots, \tau_{l+m-1}$ 且最终能延拓到 $t_0 + \beta$. 在每一个区间 $[t_0 - r, \tau_{l+i}]$ 上, 有 $\|x(t) - y(t)\| \leqslant \delta_{m-i}$, 最后得到在区间 $[t_0 - r, t_0 + \beta]$ 上有 $\|x(t) - y(t)\| \leqslant \varepsilon$ 成立. 证毕.

现在讨论 (1.1.90) 和 (1.1.91) 的解关于初始时刻的连续依赖性, 处理关于固定的允许初始时刻具有小扰动的初值函数. 不管 t_0^* 与 t_0 多么接近, 在区间 $[\bar{t} - r, \bar{t}]$, 这里 $\bar{t} = \max\{t_0^*, t_0\}$. 另外需要注意的是, 如果 t_0 碰巧是一个脉冲时刻, 那么在 t_0 时刻 (1.1.90) 和 (1.1.91) 的解不存在连续依赖性. 如果对某个 $k, t_0 = \tau_k$, 那么由 (1.1.90) 和 (1.1.91) 的解的定义, 不能考虑在初始时刻 t_0, 一个解 $x = x(t_0, \phi)$ 频繁地具有脉冲过程. 然而, 如果选择 t_0^* 以便对任意小 $\delta > 0, 0 < t_0 - t_0^* \leqslant \delta$, 那么相应的解 $y = y(t_0^*, \phi)$ 在时刻 $t = t_0$ 具有脉冲过程, 这也可能使得解 y 在时刻 $t \geqslant t_0$ 与 x 产生很大区别.

来自于脉冲函数 I 的时刻 t_0 的连续依赖性已经建立. 通常, 如果 I 不包含时滞, 只能期望 (1.1.90) 和 (1.1.91) 的解在 t_0 是连续依赖的. 为了阐述在 I 可能引起的时滞问题, 考虑简单的标量方程

$$x'(t) = 0, \quad t \neq k, \tag{1.1.95}$$

$$\Delta x(t) = x(t-1), \quad t = k, \tag{1.1.96}$$

这里 $k = 1, 2, \cdots$, 时滞只在脉冲方程中出现. 初始方程 ϕ 定义为 $\phi(s) = 0, s \in [-1, 0); \varphi(0) = 1$. 令 $t_0 = 0$, 得到 (1.1.95) 和 (1.1.96) 的一个解 $x = x(t_0, \phi)$, 且 $x(t) = 1, t \in [0, 1); x(t) = 2, t \in [1, 2)$. 另一方面, 对任意小 $\delta > 0$, 如果 $t_0^* = \delta, y = y(t_0^*, \phi)$, 那么得到对所有 $t \in [\delta, 2)$ 有 $y(t) = 1$. 很清楚, 在这种情况下这些解互不靠近. 如果只考虑不包含任何形式为 $[\tau_k - r, \tau_k]$ 的集合中的初始时刻 t_0, 那么这一问题可以避免.

众所周知, 在古典时滞微分系统中. 当 f 是一个连续函数且关于 ψ 满足局部 Lipschitz 条件时, 它的解是连续依赖于初始时刻的. 事实上, 解连续依赖于初始数据 (t_0, ψ). 更一般地, 在 f 连续的假设之下, 即可得出连续依赖性且系统的解是唯一的 [16]. 但当函数空间从连续函数集合扩大到分断连续集合时, 文献 [16] 中的证明就不再适用了. 事实上, 在此条件下, 就不能再保证对初始时刻 t_0 的连续依赖性了. 下面用一个例子说明这个结论, 其中的 f 是复合 PC 的且关于 ψ 是满足局部 Lipschitz 条件的. 此时定理 1.1.22 是满足的, 且保证解是唯一的. 根据定理 1.1.23, 相应的无脉冲系统 (1.1.89) 和 (1.1.91) 的解连续依赖于初始函数. 然而, 此解 (具分段连续的初始函数) 是不满足对初始时刻的连续依赖性的.

定义函数 $f : R_+ \times PC([-r, 0], R) \to R$ 为

$$f(t, \psi) = \begin{cases} \psi(-t), & t \in [0, 1], \\ \psi(-1), & t \in (1, \infty). \end{cases} \tag{1.1.97}$$

相应于方程

$$x'(t) = \begin{cases} x(0), & t \in [0, 1], \\ x(t-1), & t \in (1, \infty), \end{cases} \tag{1.1.98}$$

(1.1.98) 也可写为

$$x'(t) = x(t - h(t)), \tag{1.1.99}$$

这里

$$h(t) = \begin{cases} t, & t \in [0, 1], \\ 1, & t \in (1, \infty). \end{cases} \tag{1.1.100}$$

显然, h 是连续的, 对所有的 $t \in R_+, 0 \leqslant h(t) \leqslant 1, t - h(t)$ 在 ψ 上不减. 泛函 f 在 ψ 上复合 $-PC$ 拟有界且连续. 不难看出, f 关于 ψ 上是局部 Lipschitz 的.

现在, 初始方程定义为 $\phi(s) = 1, s \in [-1, -\rho); \phi(s) = 0, s \in [-\rho, 0]$, 这里 $0 \leqslant \rho < 1$ 是某个常数. 考虑初始时刻 $t_0 = \rho$. 方程的解 $x = x(t_0, \phi)$ 说明, 对所有 $t \geqslant 0, x(t) = 0$, 特别 $x(1) = 0$. 现在, 使 $0 < \delta < 1 - \rho$, 考虑 $t_0^* = \rho + \delta$. 如果解

$y = y(t_0^*, \phi)$, 那么得到在区间 $[\rho + \delta, 1]$ 上, $y(t) = t - (\rho + \delta)$, 特别, 对 $t = 1$ 有 $y(1) = 1 - (\rho + \delta)$. 当 $\delta \to 0^+$, 趋近于 $1 - \rho$, 不满足 $x(1) = 0$, 因此, (1.1.98) 的解并不连续依赖于 t_0.

关于方程 (1.1.98), 需注意的是它是阶段法可以应用于任意区间 $[\rho, \infty)$(这里 $\rho > 0$) 的方程的典型例子. 尽管 (1.1.98) 可以将方程演绎到常微分方程, 但是常微分方程的解的连续性不能直接应用到脉冲时滞微分方程上.

相当简单的方程 (1.1.98) 表明尽管方程 (1.1.90) 和 (1.1.91) 中 f 有很强的光滑性假设, 但是解的关于初始时刻 (或者更一般的初始数据) 的连续依赖性并不能由方程 (1.1.90) 和 (1.1.91) 得到.

1.2 具任意时刻脉冲的脉冲泛函微分系统的基本理论

令 R 表示实数集, R_+ 表示正实数集合, R^n 表示带有 Euclid 模 $\|\cdot\|$ 的 Euclid 线性空间. 对 $a, b \in R$ 满足 $a < b$, 且对 $S \subset R^n$, 定义

$$PC([a,b], S) = \{\psi : [a,b] \to S | \psi(t^+) = \psi(t), \forall t \in [a,b), \psi(t^-) \text{ 在 } S \text{ 中存在,}$$

$$\forall t \in (a,b], \text{ 除去至多有限个点处, 对所有 } t \in (a,b), \psi(t^-) = \psi(t)\},$$

$$PC([a,b), S) = \{\psi : [a,b) \to S | \psi(t^+) = \psi(t), \forall t \in [a,b), \psi(t^-) \text{ 在 } S \text{ 中存在,}$$

$$\forall t \in (a,b), \text{ 除去至多有限个点处, 对所有 } t \in (a,b], \psi(t^-) = \psi(t)\},$$

$$PC([a,\infty), S) = \{\psi : [a,\infty) \to S | \forall c > a, \psi|_{[a,c]} \in PC([a,c], S)\}.$$

这里, 用缩写记号 $x(t^+) = \lim\limits_{s \to t^+} x(s)$ 和 $x(t^-) = \lim\limits_{s \to t^-} x(s)$ 表示右极限和左极限. 这些函数描述了在定义域右连续, 除了存在左极限的简单跳跃不连续点外左连续的函数, 这个左极限用 $\psi(t^-)$ 表示, 它是有限值且包含在 S 中. 给定一个常数 $r > 0$ 代表系统中时滞的上界, 赋予线性空间 $PC([-r, 0], R^n)$ 范数 $\|\cdot\|_r$ 定义为 $\|\psi\|_r = \sup\limits_{-r \leqslant s \leqslant 0} \|\psi(s)\|$. 如果 $x \in PC([t_0 - r, \infty), R^n)$, 这里 $t_0 \in R_+$, 那么对每一个 $t \geqslant t_0$, 定义 $x_t \in PC([-r, 0], R^n)$, 对 $-r \leqslant s \leqslant 0$ 有 $x_t(s) = x(t+s)$, 而且定义 $x_{t-} \in PC([-r, 0], R^n)$ 对 $-r \leqslant s < 0$ 有 $x_{t-}(s) = x(t+s)$, 对 $s = 0$ 有 $x_{t-}(s) = x(t^-)$, 知 x_{t-} 不同于 $\lim\limits_{s \to s^-} x_s$. 事实上, 这个极限关于范数 $\|\cdot\|_r$ 不存在. 令 $J \subset R_+$ 是具有 $[a,b)$ 形式的区间, 这里 $0 \leqslant a < b \leqslant \infty$ 且 $D \subset R^n$ 是一个开集. 给定函数 $f, I : J \times PC([-r, 0], D) \to R^n$, 考虑系统

$$x'(t) = f(t, x_t), \quad t \neq \tau_k(x(t^-)), \tag{1.2.1a}$$

$$\Delta x(t) = I(t, x_{t-}), \quad t = \tau_k(x(t^-)), \tag{1.2.1b}$$

这里 $\Delta x(t) = x(t) - x(t^-)$. 假设函数 $\tau_k \in C(D, R_+)$ 满足对每一个 $x \in R^n, 0 = \tau_0(t) < \tau_1(t) < \tau_2(t) < \cdots, \lim\limits_{k\to\infty} \tau_k(x) = \infty$.

给定 (1.2.1) 的初始条件为

$$x_{t_0} = \phi, \qquad\qquad (1.2.2)$$

这里 $t_0 \in R_+, \phi \in PC([-r, 0], R^n)$.

定义 1.2.1 称函数 $f : J \times PC([-r, 0], D) \to R^n$ 是复合 $-PC$, 如果对每一个 $t_0 \in J, 0 < \alpha \leqslant \infty$, 这里 $[t_0, t_0 + \alpha) \subset J, x \in PC([t_0 - r, t_0 + \alpha), D)$, 都有 $g(t) = f(t, x_t)$ 的复合函数是空间 $PC([t_0, t_0 + \alpha), R^n)$ 的元素.

定义 1.2.2 称函数 $f : J \times PC([-r, 0], D) \to R^n$ 是拟有界的, 如果对每一个 $t_0 \in J, \alpha > 0$, 这里 $[t_0, t_0 + \alpha) \subset J$, 对每一个紧集 $F \subset D$, 存在某个 $M > 0$, 使得 $\|f(t, \psi)\| \leqslant M$ 对所有 $(t, \psi) \in [t_0, t_0 + \alpha] \times PC([-r, 0], F)$ 成立.

定义 1.2.3 称函数 $f : J \times PC([-r, 0], D) \to R^n$ 在 ψ 上是连续的, 如果对每一个固定点 $t \in J, f(t, \psi)$ 是 ψ 的连续函数.

定义 1.2.4 称函数 $f : J \times PC([-r, 0], D) \to R^n$ 关于 ψ 上是局部 Lipschitz 的, 如果对每一个 $t_0 \in J, \alpha > 0$, 这里 $[t_0, t_0 + \alpha) \subset J$, 对每一个紧集 $F \subset D$, 存在某个 $L > 0$, 对每一个 $t \in [t_0, t_0 + \alpha), \psi_1, \psi_2 \in PC([-r, 0], F)$, 有 $\|f(t, \psi_1) - f(t, \psi_2)\| \leqslant L\|\psi_1 - \psi_2\|_r$.

如果 f 在 ψ 中是局部 Lipschitz 的, 那么显然在 ψ 中也是连续的. 另外, 如果 f 是复合 $-PC$ 的, 那么也是拟有界的.

下面定义 (1.2.1) 的解. 用记号 $A \backslash B$ 表示两个集合 A 和 B 的不同 ($A \backslash B = \{t | t \in A$ 且 $t \notin B\}$).

定义 1.2.5 定义函数 $x \in PC([t_0 - r, t_0 + \alpha], D) \to R^n$, 这里 $\alpha > 0$ 和 $[t_0, t_0 + \alpha) \subset J$ 是 (1.2.1) 的一个解, 如果

(i) 集合 $T = \{t \in (t_0, t_0 + \alpha] | t = \tau_k(x(t^-))$ 对某个 $k\}$ 的脉冲时刻是有限的 (可能是空的);

(ii) x 在每一个 $t \in (t_0, t_0 + \alpha] \backslash T$ 连续;

(iii) 除 $(t_0, t_0 + \alpha)$ 上至多有限个点外, x 的导数存在;

(iv) 对所有 $t \in [t_0, t_0 + \alpha) \backslash T$ 满足时滞微分方程 (1.2.1a);

(v) 对所有 $t \in T, x$ 满足时滞微分方程 (1.2.1b).

另外, x 满足初始条件 (1.2.2), 那么称它是 (1.2.1) 和 (1.2.2)(初值问题) 的一个解, 记作 $x = x(t_0, \phi)$.

定义 1.2.6 设 $0 < \beta \leqslant \infty, [t_0, t_0 + \beta) \subset J$, 称函数 $x \in PC([t_0 - r, t_0 + \beta), D)$ 是 (1.2.1) 和 (1.2.2) 的一个解. 如果对每一个 $0 < \alpha < \beta, x$ 对 $[t_0 - r, t_0 + \alpha]$ 的限制是 (1.2.1) 和 (1.2.2) 的一个解, 且如果 $\beta < \infty$, 除 $(t_0, t_0 + \beta)$ 上的有限个点 t 外, x

的导数存在、处处连续且集合 $T = \{t \in (t_0, t_0 + \beta) | t = \tau_k(x(t^-))$ 对某个 $k\}$ 是有限的.

注意到, 脉冲泛函微分系统的解没有连续导数的点不局限于脉冲时刻, 但要求任何一个有限区间上至多有有限个这样的点.

(1.2.1) 和 (1.2.2) 的一个解 $x = (x_0, \phi)$ 在 $[t_0 - r, t_0 + \alpha]$ 上存在, 在点 $T = \{t_k\}_{k=1}^m$ 处经历脉冲, 这里 $t_0 < t_1 < t_2 < \cdots < t_m \leqslant t_0 + \alpha$ 可描述为

$$x(t, t_0, \phi) = \begin{cases} x(t, t_0, \phi), & t \in [t_0 - r, t_1), \\ x(t, t_k, x_{t_k}), & t \in [t_k, t_{k+1}), k = 1, 2, \cdots, m - 1, \\ x(t, t_m, x_{t_m}), & t \in [t_m, t_0 + \alpha], \end{cases} \qquad (1.2.3)$$

这里 $x(t_k) = x(t_k^-) + I(t_k, x_{t_k^-})$. 如果解在 $[t_0 - r, \infty)$ 上存在, 那么在有限个点 $T = \{t_k\}_{k=1}^m$ 处经历脉冲, 这里 $t_0 < t_1 < t_2 < \cdots < t_k < \cdots, \lim\limits_{k \to \infty} t_k = \infty$. 当然在这种情况下可描述解为

$$x(t, t_0, \phi) = \begin{cases} x(t, t_0, \phi), & t \in [t_0 - r, t_1), \\ x(t, t_k, x_{t_k}), & t \in [t_k, t_{k+1}), k = 1, 2, \cdots \end{cases} \qquad (1.2.4)$$

对每一个 $k, x(t, t_k, x_{t_k})$, 区间 $[t_k, t_{k+1})$ 上的 t 代表 (1.2.1a) 的一个解, t_k 代表初始时间, x_{t_k} 代表初始函数. 引理 1.2.1 是系统 (1.2.1)~(1.2.2) 的一种等价可积形式.

引理 1.2.1 假设 f 是复合 $-PC$. 那么函数 $x \in PC([t_0 - r, t_0 + \alpha], D), \alpha > 0, [t_0, t_0 + \alpha] \subset J$ 在点 $T = \{t_k\}_{k=1}^m, t_0 < t_1 < t_2 < \cdots < t_m \leqslant t_0 + \alpha$ 处有脉冲现象, x 是 (1.2.1)~(1.2.2) 的一个解当且仅当

$$x(t) = \begin{cases} \phi(t - t_0), & t \in [t_0 - r, t_0], \\ \phi(0) + \displaystyle\int_{t_0}^t f(s, x_s)\mathrm{d}s, & t \in (t_0, t_1), \\ x(t_k^-) + I(t_k, x_{t_k^-}) + \displaystyle\int_{t_k}^t f(s, x_s)\mathrm{d}s, & t \in [t_k, t_{k+1}), k = 1, 2, \cdots, m - 1, \\ x(t_m^-) + I(t_m, x_{t_m^-}) + \displaystyle\int_{t_m}^t f(s, x_s)\mathrm{d}s, & t \in [t_m, t_0 + \alpha], \end{cases} \qquad (1.2.5)$$

或等价形式

$$x(t) = \begin{cases} \phi(t - t_0), & t \in [t_0 - r, t_0], \\ \phi(0) + \displaystyle\int_{t_0}^t f(s, x_s)\mathrm{d}s + \sum_{\{k: t_k \in (t_0, t]\}} I(t_k, x_{t_k^-}), & t \in (t_0, t_0 + \alpha]. \end{cases} \qquad (1.2.6)$$

如果 x 定义在 $[t_0 - r, t_0 + \beta)(0 < \beta \leqslant \infty)$ 形式的区间上, 这里 $[t_0, t_0 + \beta) \subset J$, 那么引理 1.2.1 也给出了 (1.2.1)~(1.2.2) 解的等价可积形式.

　　不带时滞的脉冲微分方程的解有可能出现在有限时间内有无穷多脉冲, 最简单的情况是脉冲时刻形成一列递增的趋于某个正的有限值的序列. 然而, 超出这个时刻, 如何理解这个解还不清楚.

　　这种类型的解缺少一个好的物理解释, 很少可以定性或定量地说明. 一般都将注意力约束在任意有限区间上经历有限脉冲的这些解上.

　　从某些局部存在性结果开始. 更特别地, 这些结果建立了分段连续函数空间上时滞微分方程解的局部存在性. 下面给出应用于 (1.2.1a) 的定理, 然后扩展脉冲发生在变时刻 (1.2.1) 中的这些结果.

　　定理 1.2.1　设 f 在 ψ 上复合 $-PC$、拟有界且连续. 那么对每一个 $(t_0, \phi) \in J \times PC([-r, 0], D)$, 在 $[t_0 - r, t_0 + \beta](\beta > 0)$ 上存在 (1.2.1a) 和 (1.2.2) 的一个解 $x = x(t_0, \phi)$.

　　定理的证明可参见文献 [3]. 现在希望得到脉冲时微分方程 (1.2.1) 的局部存在性结果. 这里需要注意, 由定理 1.2.1 得到的解 $x = x(t_0, \phi)$, $[t_0 - r, t_0 + \beta]$ 一定是 (1.2.1) 和 (1.2.2) 的一个解, 且对所有的 $t \in (t_0, t_0 + \beta)$ 和 k 有 $t \neq \tau_k(x(t^-))$. 如果只是对局部存在性有兴趣, 那么除定理 1.2.1 的假设, 所要做的是保证对可以选择的足够小的 $\beta > 0$, 使在任意 $t \in (t_0, t_0 + \beta]$ 时刻, 解的曲线都不会与任何脉冲超曲面相交. 定理 1.2.2 将会在这个方向上给出结果, 且它是由不带时滞的脉冲微分方程的相似想法发展而来的.

　　定理 1.2.2　设 f 在 ψ 上复合 $-PC$、拟有界的和连续的, 且对 $k = 1, 2, \cdots, \tau_k \in C^1(D, R_+)$, 假设对某个 $(t^*, x^*) \in J \times D$ 有 $t^* = \tau_k(x^*)$, 那么存在一个 $\delta > 0$, 这里 $[t^*, t^* + \delta] \in J$, 使得

$$\nabla \tau_k(x(t)) \cdot f(t, x_t) \neq 1. \tag{1.2.7}$$

对所有 $t \in [t^*, t^* + \delta]$, 所有函数 $x \in PC([t^* - r, t^* + \delta], D)$ 在 $(t^*, t^* + \delta]$ 上连续, 对 $s \in [t^*, t^* + \delta]$ 满足 $x(t^*) = x^*, \|x(s) - x^*\| < \delta$. 那么对每一个 $(t_0, \phi) \in J * PC([-r, 0], D)$, 在 $[t_0 - r, t_0 + \beta](\beta > 0)$ 上存在 (1.2.1) 和 (1.2.2) 的一个解 $x = x(t_0, \phi)$.

　　证明　由 f 的假设保证了在某个区间 $[t_0 - r, t_0 + \beta](\beta > 0)$ 上 (1.2.1a) 和 (1.2.2) 的解 $x = x(t_0, \phi)$ 的局部存在性. 除非在 $[t_0, t_0 + \beta]$ 上, 解不会与任何脉冲超曲面相交, 否则会影响 (1.2.1) 和 (1.2.2) 的局部解. 如果对任何 k 有 $t_0 \neq \tau_k(\phi(0))$, 那么初始问题的解必严格位于某两个超平面之间. 显然, 在与它的第一个超曲面相交之前会有一个小的存在区间, 所以 (1.2.1) 和 (1.2.2) 的解的局部存在性很容易得到.

　　更有趣的情况出现在对某个 $k, t_0 \neq \tau_k(\phi(0))$ 时, (1.2.1a) 和 (1.2.2) 的解保证 t_0 足够小的时刻内不会与任何超曲面 $t = \tau_j(x(t))$ 相交, $j \neq k$. 然而, 必须确定该解在初始时刻之后不会继续沿着超平面 $t = \tau_k(x(t))$ 前进. 定义

$$g(t) = t - \tau_k(x(t)), \tag{1.2.8}$$

其中 $t \in [t_0, t_0 + \beta]$. 那么,

$$g(t_0) = 0, \quad g'(t) = 1 - \nabla \tau_k(x(t)) \cdot x'(t) = 1 - \nabla \tau_k(x(t)) \cdot f(t, x_t). \tag{1.2.9}$$

假设 τ_k 是连续不同的, f 是复合 $-PC$ 的, 那么, (1.2.9) 右边至少在 t_0 足够小的范围内是连续的. 令 $t^* = t_0, x^* = \phi(0)$, 应用 (1.2.7) 知, 对足够小的 $\delta > 0$, $g'(t)$ 在区间 $(t_0, t_0 + \delta)$ 上严格正或严格负. 这表明 g 在 $(t_0, t_0 + \delta)$ 上严格递增或严格递减. 因此在这个区间上不能等于 0. 另外, (1.2.1a) 和 (1.2.2) 的解对除 t_0 外在 t_0 的足够小的区间内不会与超曲面 $t = \tau_k(x(t))$ 相交, 这就保证了它也是 (1.2.1) 和 (1.2.2) 的一个局部解.

推论 1.2.1 设 f 在 ψ 上是复合 $-PC$ 的、拟有界且连续, 对 $k = 1, 2, \cdots, \tau_k \in C^1(D, R_+)$. 假设对每一个 $t^* \in J$, 存在某个 $\delta > 0$, $[t^*, t^* + \delta] \in J$, 使得

$$\nabla \tau_k(\psi(0)) \cdot f(t, \psi) \neq 1, \tag{1.2.10}$$

对所有的 $(t, \psi) \in (t^*, t^* + \delta) \times PC([-r, 0], D)$, 那么, 对所有 $k = 1, 2, \cdots, (t_0, \phi) \in J \times PC([-r, 0], D)$, (1.2.1) 和 (1.2.2) 存在局部解.

证明 由不等式 (1.2.10) 可推知 (1.2.7), 由定理 1.2.2 可知 (1.2.1) 和 (1.2.2) 的局部解存在.

下面的定理将建立 (1.2.1) 解的最大存在区间的某些结果.

定义 1.2.7 设 x 和 y 是在区间 J_1 和 J_2 上 (1.2.1) 的解. 若 J_2 包含 J_1, 两区间有相同的闭的左端点, 且对 $t \in J_1$ 有 $x(t) = y(t)$, 则称 y 是 x 向右的一个延展, 或简单地称 y 为 x 为的一个延展. 称在 J_1 上的 (1.2.1) 的解是可延展的, 如果存在 x 某个延展 y; 否则, x 称为饱和解, J_1 称为 x 的最大存在区间.

在定义 1.2.7 中, 如果 J_1 形如 $[t_0 - r, t_0 + \beta_1)$, 那么, J_2 或描述为 $[t_0 - r, t_0 + \beta_2]$, $\beta_2 \geqslant \beta_1$, 或描述为 $[t_0 - r, t_0 + \beta_2)$, $\beta_1 < \beta_2 \leqslant \infty$. 相似地, 如果 J_1 形如 $[t_0 - r, t_0 + \beta_1]$, 那么, J_2 或者为 $[t_0 - r, t_0 + \beta_2]$, $\beta_2 > \beta_1$, 或者为 $[t_0 - r, t_0 + \beta_2)$, $\beta_1 < \beta_2 \leqslant \infty$. 总是关注于解的向前延拓, 这是因为这对真正的物理系统是很自然的.

如果 x 是 (1.2.1) 的解在某个区间上的延拓, 那么, 它是否可延拓到最大存在区间上. 也就是说, 是否存在 x 的一个延拓 y 是不可延拓的? 这依赖于 (1.2.1) 的解的定义. (1.2.1) 的解按定义 1.2.5 和定义 1.2.6 时答案是否定的, (1.2.1) 的解不可以延拓到最大区间上. 主要原因是从解的概念中已经排除了在 $[t_0 - r, t_0 + \beta)(0 < \beta < \infty)$ 的有限区间上有无穷多个脉冲点的函数.

要考虑的是以下两个问题: 在什么条件下 (1.2.1) 的解可以延拓到最大区间上? 在什么情形下 (1.2.1) 的解是不可延拓的, 特别地, 在它定义域的右端点满足什么? 定理 1.2.3 首先回答了第一个问题.

同样地, 因为只考虑如定义 1.2.5 或定义 1.2.6 所定义的 (1.2.1) 的解. 那么需建立当一个解形成和经历脉冲时, 发生脉冲效应的时刻不会趋于一个有限极限值的条件. 这种意义下, 随着 (1.2.1) 的解的形成, 该解会连续地相交于脉冲超曲面 $t = \tau_k(x)$, $t = \tau_{k+1}(x)$, $t = \tau_{k+2}(x)$, $\cdots$ (在 $t_1 = \tau_k(x(t_1^-))$, $t_2 = \tau_k(x(t_2^-))$, $t_3 = \tau_k(x(t_3^-))$, $\cdots$ 方向上), 而脉冲时刻 $t_1 < t_2 < t_3 < \cdots$ 可能是有界的. 为了避免这种情况, 可简单地要求 $\lim\limits_{k \to \infty} \tau(x) = \infty$. 那么, 在任何时间的有限区间上, 只会有有限个脉冲超曲面与这样的解相交. 下一个问题是建立避免出现在一个脉冲面上出现多个脉冲的情况, 也就是说, 将确保一个解在前进中只能遇到 (在左极限方面) 一个给定的脉冲超曲面至多一次. 在定理 1.2.3 中给出了保证在一个解的前进中至多与一个超曲面相交一次的条件.

引理 1.2.2　设 X 中有一个序关系 $\prec$, 如果 X 的每一个非空全序子集 S 在 X 上有上界, 即存在某个 $z \in X$, 依赖于 S, 使对所有的 $y \in S$, $y \prec z$. 那么 X 有一个极大元 z_0, 即若 $x \in X$ 满足 $z_0 \leqslant x$, 则一定有 $z_0 = x$.

定理 1.2.3　设 f 在 ψ 上复合 $-PC$、拟有界且连续, $k = 1, 2, \cdots, \tau_k \in C^1(D, R_+)$, 极限 $\lim\limits_{k \to \infty} \tau_k(x) = \infty$ 在 x 中一致, 且设

$$\nabla \tau_k(\psi(0)) \cdot f(t, \psi) < 1, \tag{1.2.11}$$

对所有的 $(t, \psi) \in J \times PC([-r, 0], D)$, $k = 1, 2, \cdots$, 最后, 设

$$\psi(0) + I(\tau_k(\psi(0)), \psi) \in D, \quad \tau_k(\psi(0)) + I(\tau_k(\psi(0)), \psi) \leqslant 1\tau_k(\psi(0)), \tag{1.2.12}$$

对所有 $\psi \in PC([-r, 0], D), \psi(0^-) = \psi(0)$, $k = 1, 2, \cdots$, 则 (1.2.1) 的每一个局部解可以延展成一个饱和解, 且 (1.2.1) 的每一个解 x 与每一个脉冲超曲面至多相交一次 (在 $t = \tau_k(x(t^-))$ 方向上).

证明　设 x 是 (1.2.1) 的一个可延展解, 其定义域是 $[t_0 - r, t_0 + \beta)$ 或 $[t_0 - r, t_0 + \beta](0 < \beta_1 < \infty)$, 令 X 是 x 的所有延展解组成的集合. 对 X 的每一对元素 y, z, 定义部分序关系 $\prec$: $y \prec z$, 如果 $z = y$ 或 z 是 y 的一个延拓. 下面应用 Zorn 引理.

设 S 是 X 的非空全序子集, 说明 S 在 X 中有一个上界. 关于每一个解 $y \in S$, 存在唯一的一个 $\beta(y)$, 满足 $\beta_1 \leqslant \beta(y) \leqslant \infty$, 这里 $t_0 + \beta(y)$ 代表 y 所定义区间的右端点. 也就是说, 如果 $\beta(y) < \infty$, 则 y 或定义在 $[t_0 - r, t_0 + \beta(y))$ 上或定义在 $[t_0 - r, t_0 + \beta(y)]$ 上. 因为 $x \in S$, 当然有 $\beta(x) = \beta_1$. 现在定义

$$\beta_2 = \sup\{\beta(y) | y \in S\}. \tag{1.2.13}$$

那么, $\beta_1 \leqslant \beta_2 \leqslant \infty$, 且每一个 $y \in S$ 的存在区间一定是 $[t_0 - r, \beta_2)$ 的子集. 如果 $\beta_2 < \infty$ 且存在 $y \in S$, 其存在区间就是 $[t_0 - r, t_0 + \beta_2]$, 则 y 就是 S 的一个上界. 我们不考虑这种情况.

对 $t \in [t_0 - r, t_0 + \beta_2)$, 定义函数

$$z(t) = y(t), \quad \text{这里 } y \text{ 是 } S \text{ 中任一解}, \quad t < t_0 + \beta(y). \tag{1.2.14}$$

由 β_2 的定义知, 任何 $t \in [t_0 - r, t_0 + \beta_2)$, 总存在一个解 $y \in S$, 使得 $t_0 + \beta(y) > t$, 因此 y 在点 t 有定义, 而且, 因为集合 S 是全序集, 所有在 t 点有定义的解 $y \in S$ 在 t 点有同样的函数值. 也就是说, 函数 z 有意义.

因为对 $y \in S$, $t \in [t_0 - r, t_0 + \beta(y))$, 有 $y(t) \in D$ 且 $y(t^+) = y(t)$, 所以, 对所有的 $t \in [t_0 - r, t_0 + \beta(2))$, 有 $z(t) \in D$ 且 $z(t^+) = z(t)$. 因此 $z : [t_0 - r, t_0 + \beta(2)) \to D$ 处处右连续. 又因为对每一个 $y \in S$, $t \in (t_0 - r, t_0 + \beta(y))$, $y(t^-)$ 在 D 中存在, 则对所有 $t \in (t_0 - r, t_0 + \beta(2))$, $z(t^-)$ 在 D 中存在. 同样, 除至多有限个点外, 对 $t \in (t_0 - r, t_0]$, 都有上有 $z(t^-) = z(t)$.

对任意 $0 < \alpha < \beta_2$, 存在某个 $y \in S$, 其存在区间为 $[t_0 - r, t_0 + \beta(y))$, 或 $[t_0 - r, t_0 + \beta]$. 因此, y 在 $[t_0 - r, t_0 + \alpha]$ 显然是 (1.2.1) 的一个解, 即 y 在 $[t_0 - r, t_0 + \alpha]$ 上的限制是 $PC([t_0 - r, t_0 + \alpha], D)$ 的一个元素, 但它恰是 z 在 $[t_0 - r, t_0 + \alpha]$ 上的限制. 因此, 如果 $\beta_2 = \infty$, 那么 $z \in PC([t_0 - r, \infty), D)$. 由定义 1.2.6, 函数 z 是 (1.2.1) 的一个解.

另一方面, 如果 $\beta_2 < \infty$, 定义 $T = \{t \in (t_0, t_0 + \beta_2) | t = \tau_k(z(t^-))$ 对某一个 $k\}$, 那么对所有 $t \in (t_0, t_0 + \beta_2) \setminus T$ 有 $z(t^-) = z(t)$. 如果集合 T 是有限的, 那么 $z \in PC([t_0 - r, t_0 + \beta_2), D)$. 因为 f 是复合 $-PC$ 的, 那么 $f(t, z_t)$ 在 $(t_0, t_0 + \beta_2)$ 上只有有限个不连续点, 除了这些点或 T 上的点且函数 z 必有连续可导. 这是因为如果在某个 $t \in (t_0, t_0 + \beta_2) \setminus T$ 复合函数 $f(t, z_t)$ 连续, 则任意 $y \in S$, 只要 $t_0 + \beta(y) > t$ 都有 $f(t, y_t)$ 连续. 由解 y 的可积形式 (1.2.6), 显然有 y 可导因而 z 的导数存在且在点 t 处连续. 由定义 1.2.6, z 是 (1.2.1) 的一个解.

因为在 ω 中一致地有 $\lim\limits_{k \to \infty} \tau_k(\omega) = \infty$, 则存在一个正整数 N, 使 $\tau_k(\omega) \geqslant t_0 + \beta_2$, 其中 $\omega \in D, k \geqslant N$. 注意已经用 ω 代替定理假设中的 x 以避免与开始给出的解中的 x 混淆.

现在剩下一种情况, 即当 $\beta_2 < \infty$ 时, 集合 T 是无限的. 下面说明定理的条件以保证这种情况不会发生. 若出现这种情况, T 必须与一列递增的脉冲时刻 $T = \{t_k\}_{k=1}^{\infty}, t_0 < t_1 < t_2 < \cdots < t_k < \cdots < t_0 + \beta_2, \lim\limits_{k \to \infty} t_k = t_0 + \beta_2$ 相一致. 对每一个 $k = 1, 2, \cdots$, 令 j_k 表示 z 在 t_k 时刻到达的唯一超曲面的指标. 也就是说, 对 $k = 1, 2, \cdots$, 有 $t_k = \tau_{j_k}(z(t_k^-))$, 则对所有 k, 有 $j_k < N$, 这意味着 z 只能与有限个超曲面相交. 因此, z 必至少到达一个超曲面多于一次. 也就是说, 对某个正整数 k 和 m, 有 $j_k = j_{k+m}, t_k = \tau_{j_k}(z(t_k^-)), t_{k+m} = \tau_{j_k}(z(t_{k+m}^-))$. 因此, 令 $y \in S$ 是 $t_0 + \beta(y) > t_{k+m}$ 的任意解. 然而, 可以说明对解 y 到达同一超曲面两次或更多次事实上是不可能的. 用同样的方法可证, 对 (1.2.1) 的每一个解与给定的超曲面至

多相交一次.

对 $k = 0, 1, 2, \cdots, m$, 定义

$$h_{k+i}(t) = t - \tau_{j_{k+i}}(y(t)), \tag{1.2.15}$$

其中 $t \in [t_0 - r, t_{k+m}]$, 那么除在右连续和左极限的一些可能时刻, 这些函数在 $[t_k, t_{k+m}]$ 上连续. 注意对所有 i, 有 $h_{k+i}(t_{k+i}^-) = 0$. 设对 $0 \leqslant i \leqslant m - 1$, 有 $j_{k+i} \geqslant j_{k+i+1}$. 那么对所有 $\omega \in D$, 有 $\tau_{j_{k+i}}(\omega) \geqslant \tau_{j_{k+i+1}}(\omega)$, 因此

$$
\begin{aligned}
h_{k+i+1}(t_{k+i}) &= t_{k+i} - \tau_{j_{k+i+1}}(y(t_{k+i})) \geqslant t_{k+i} - \tau_{j_{k+i}}(y(t_{k+i})) \\
&= t_{k+i} - \tau_{j_{k+i}}(y(t_{k+i}^-)) + I(t_{k+i}, y_{t_{k+i}^-}) \\
&= t_{k+i} - \tau_{j_{k+i}}(y(t_{k+i}^-)) + I(\tau_{j_{k+i}}(y(t_{k+i}^-)), y_{t_{k+i}^-}) \\
&\geqslant t_{k+i} - \tau_{j_{k+i}}(y(t_{k+i}^-)) = h_{k+i}(t_{k+i}^-) \\
&= 0. \tag{1.2.16}
\end{aligned}
$$

另一方面, 如果在区间 (t_{k+i}, t_{k+i+1}) 上关于 t 取 h_{k+i+1} 的导数, 有

$$h'_{k+i+1}(t) = 1 - \nabla \tau_{j_{k+i+1}}(y(t)) \cdot f(t, y_t) \tag{1.2.17}$$

对所有 $t \in (t_{k+i}, t_{k+i+1})$, 至少在右导数方面是正确的 (除去有限个点外, 对一般的导数也成立). 由不等式 (1.2.11), 得到 $h'_{k+i+1}(t) > 0$, 因此 $h_{k+i+1}(t)$ 在此区间上严格递增. 特别 $h_{k+i+1}(t_{k+i}) < h_{k+i+1}(t_{k+i+1}^-)$. 由 (1.2.16) 可知 $h_{k+i+1}(t_{k+i+1}-) > 0$ 与 $h_{k+i+1}(t_{k+i+1}^-) = 0$ 矛盾. 故对所有的 i 有 $j_{k+i} < j_{k+i+1}$. 也就是说, $j_k < j_{k+1} < j_{k+2} < \cdots < j_{k+m}$. 与假设 $j_k = j_{k+m}$ 矛盾. 因此, y 和 z 不能与同一脉冲超曲面相交两次.

综上所述, z 是 (1.2.1) 的一个解且是集合 S 的一个上界. 由 Zorn 引理, X 中一定有一个极大元 z_0, 该极大元 z_0 就是饱和解. 证毕

推论 1.2.2　设 f 在 ψ 中复合 $-PC$、拟有界且连续, 对 $k = 1, 2, \cdots, \tau_k \in C^1(D, R_+)$, 在 x 上一致有 $\lim\limits_{k \to \infty} \tau_k(x) = \infty$, 且设

$$\nabla \tau_k(\psi(0)) \cdot f(t, \psi) < 1, \tag{1.2.18}$$

对 $(t, \psi) \in J \times PC([-r, 0], D), k = 1, 2, \cdots, \psi(0) + sI(\tau_k(\psi(0)), \psi) \in D$,

$$\nabla \tau_k(\psi(0)) + sI(\tau_k(\psi(0)), \psi) \cdot I(\tau_k(\psi(0)), \psi) \leqslant 0 \tag{1.2.19}$$

对所有 $\psi \in PC([-r, 0], D), \psi(0^-) = \psi(0), 0 \leqslant s \leqslant 1, k = 1, 2, \cdots$. 则对 (1.2.1) 的每一个可延拓解 x, 存在 x 的一个延拓 y 是饱和的, 且 (1.2.1) 的任何一个解 x 与每一个脉冲超曲面 $(t = \tau_k(x(t^-)))$ 至多相交一次.

证明 对固定的 $\psi \in PC([-r,0], D), \psi(0^-) = \psi(0)$, 且对任意固定正整数 k, 定义

$$g(s) = \tau_k(\psi(0) + sI(\tau_k(\psi(0)), \psi)), \tag{1.2.20}$$

对 $s \in [0,1]$ 成立. 关于 s 对 g 求导有

$$g'(s) = \nabla\tau_k(\psi(0) + sI(\tau_k(\psi(0)), \psi)) \cdot I(\tau_k(\psi(0)), \psi). \tag{1.2.21}$$

由 (1.2.18) 知, 对 $0 \leqslant s \leqslant 1$, 有 $g'(s) \leqslant 0$. 因此, g 在 $[0,1]$ 上不增, 特别地, $g(1) \leqslant g(0)$. 也就是说, 不等式 (1.2.12) 成立. 所以推论 1.2.2 得证. 证毕.

注意到, 如果集合 D 是凸的, 那么当验证推论 1.2.2 中的条件 $\psi(0) + sI(\tau_k(\psi(0)), \psi) \in D$ 对 $0 \leqslant s \leqslant 1$ 成立时, 只需验证 $s = 1$ 时的特殊情况 $\psi(0) + I(\tau_k(\psi(0)), \psi) \in D$ 即可.

当脉冲出现在固定时刻时, 一般可保证解可连续延拓到存在性的最大区间. 事实上, 因为函数 $\tau_k(x)$ 是常值, 那么不等式 (1.2.11) 和 (1.2.12) 成立. 如果 f 在 ψ 是复合 $-PC$、拟有界且连续时, 系统定义在闭区间上的解是可连续开拓的. 这个定理在文献 [3] 中已给出.

定理 1.2.4 假定定理 1.2.3 的所有条件都成立, 且令 x 是 (1.2.1) 的任意解. 如果 x 是定义在一个形如 $[t_0 - r, t_0 + \alpha]$ 上, 其中 $\alpha > 0$ 且 $[t_0, t_0 + \alpha] \subset J$, 那么 x 是可连续延展的; 如果 x 是定义在一个形如 $[t_0 - r, t_0 + \beta]$ 上是饱和解, 其中 $0 < \beta < \infty$ 且 $[t_0, t_0 + \beta] \subset J$, 那么对每一个紧集 $F \subset D$, 存在一个数列 $\{s_k\}_{k=1}^{\infty}$, 其中 $t_0 < s_1 < s_2 < \cdots < s_k < \cdots < t_0 + \beta, \lim_{k\to\infty} s_k = t_0 + \beta$ 满足 $x(s_k) \notin F$.

定理 1.2.4 的第一部分说明 (1.2.1) 的一个饱和解的最大存在区间是右开的, 第二部分说明一个饱和解 x 或者定义在整个 $t \in J$, 或者定义在 J 的一个有界真子区间上, 且在后一种情形下, 或者当 $t \to t_0 + \beta$ 时饱和解无界 ($\limsup_{t \to t_0+\beta} \|x(t)\| = \infty$), 或者当 $t \to t_0 + \beta$ 时饱和解呈现接近 D 的边界的任意值. 特别地, 若 $J = R_+$ 且 $D = R^n$, 定理 1.2.4 实质上是说有界解可连续延拓到 $t = \infty$.

现在给出 Grownwall 不等式 [27] 的一个推广.

引理 1.2.3 (Grownwall 不等式) 如果 $g, h \in PC([a,b], R_+), c \in R_+$, 且

$$g(t) \leqslant c + \int_a^t g(s)h(s)\mathrm{d}s \tag{1.2.22}$$

对所有 $t \in [a,b]$ 成立, 那么

$$g(t) \leqslant c\exp\left(\int_a^t h(s)\mathrm{d}s\right) \tag{1.2.23}$$

对所有 $t \in [a,b]$ 成立.

引理 1.2.4　假定 $x \in PC([t_0 - r, t_0 + \alpha], D)$, 且令 $g(t) = \|x_t\|_r$ 对所有 $t \in [t_0, t_0 + \alpha]$ 成立, 那么 $g \in PC([t_0, t_0 + \alpha], R_+)$, 且 g 所有可能的间断点是 t^* 或 $t^* + r$, 这里 t^* 表示 x 的一个间断点.

证明　先证明所有 $t_1 \in [t_0, t_0 + \alpha)$, 若 $x(t)$ 在 t_1 右连续, 则 $g(t_1^+) = g(t_1)$ 成立. 令 $t_1 \in [t_0, t_0 + \alpha)$ 且注意到 $g(t_1) = \sup_{t \in [t_1 - r, t_1]} \|x(t)\|$. 令 $\varepsilon > 0$. 既然假定 x 在 t_1 与 $t_1 - r$ 右连续 (在 $[t_0 - r, t_0 + \alpha]$ 上所有点), 那么存在一个 $0 < \delta < t_0 + \alpha - t_1$ 满足对 $t \in [t_1, t_1 + \delta]$, 有

$$\|x(t) - x(t_1)\| \leqslant \varepsilon/2 \text{ 且 } \|x(t - r) - x(t_1 - r)\| \leqslant \varepsilon/2.$$

令 $t_2 \in (t_1, t_1 + \delta)$. 如果 $t \in [t_1, t_2]$, 那么

$$\|x(t)\| \leqslant \|x(t_1)\| + \varepsilon/2 \leqslant g(t_1) + \varepsilon/2.$$

这样, $\|x(t)\| \leqslant g(t_1) + \varepsilon/2$ 对所有 $t \in [t_1 - r, t_2]$ 成立. 既然 $[t_2 - r, t_2] \subset [t_1 - r, t_2]$, 那么 $g(t_2) \leqslant g(t_1) + \varepsilon/2$. 相似地, 如果 $t \in [t_1 - r, t_2 - r]$, 那么

$$\begin{aligned}
\|x(t)\| &= \|x(t) - x(t_1 - r) + x(t_1 - r) - x(t_2 - r) + x(t_2 - r)\| \\
&\leqslant \|x(t) - x(t_1 - r)\| + \|x(t_1 - r) - x(t_2 - r)\| + \|x(t_2 - r)\| \\
&\leqslant \varepsilon/2 + \varepsilon/2 + g(t_2) = \varepsilon + g(t_2),
\end{aligned}$$

所以 $\|x(t)\| \leqslant g(t_2) + \varepsilon$ 对所有 $t \in [t_1 - r, t_2]$ 都成立. 由于 $[t_1 - r, t_1] \subset [t_1 - r, t_2]$, 可知

$$g(t_1) \leqslant g(t_2) + \varepsilon, \quad |g(t_1) - g(t_2)| \leqslant \varepsilon,$$

可证明 $g(t_1^+) = g(t_1)$.

注意到, 要证明 $g(t_1^+) = g(t_1)$, 只要求 x 在 t_1 与 $t_1 - r$ 右连续. 通过相似的讨论, 可证明 $g(t_1^-) = g(t_1)$ 对所有 $t_1 \in [t_0, t_0 + \alpha)$ 成立, 因为 x 在 t_1 与 $t_1 - r$ 左连续. 这样, 函数 g 的所有间断点只可能出现在时刻 t^* 与 $t^* + r$, 这里 t^* 是函数 x 的一个间断点. 证毕.

定理 1.2.5　假定 $J = R_+, D = R^n$, 且定理 1.2.3 的条件成立. 设存在函数 $h_1, h_2 \in PC(R_+, R_+)$ 满足 $\|f(t, \psi)\| \leqslant h_1(t) + h_2(t)\|\psi\|_r$ 对所有 $(t_0, \psi) \in R_+ \times PC([-r, 0], R^n)$ 成立. 那么, 对每一个 $(t_0, \phi) \in R_+ \times PC([-r, 0], R^n)$, 存在 (1.2.1) 和 (1.2.2) 的一个局部解 $x = x(t_0, \phi)$ 且任意这样的解可连续延拓到 $[t_0 - r, \infty)$.

证明　令 $(t_0, \psi) \in R_+ \times PC([-r, 0], R^n)$, 且令 $x = x(t_0, \phi)$ 是 (1.2.1) 和 (1.2.2) 的一个局部解 (其存在性由推论 1.2.1 保证). 如果 x 是可连续延展的, 那么按照定理 1.2.3 和定理 1.2.4 可知, 有饱和存在区间 $[t_0 - r, t_0 + \beta)$. 下面证明 $\beta = +\infty$.

反证法. 假设 $\beta < \infty$. 令 $\{t_k\}_{k=1}^m$ 表示相应解 x 的脉冲时刻. 根据定理 1.2.4, 当 $t \to t_0 + \beta$ 时解变得无界. 令 $M_i = \sup\{h_i(t) | t \in [t_0, t_0 + \beta]\}, i = 1, 2$. 注意到 M_1 与 M_2 是有限数. 令

$$B_1 = \beta M_1, \quad B_2 = \beta M_2, \quad B_3 = \|\phi\|_r, \quad B_4 = \|\phi(0)\| + \sum_{k=1}^m \|I(t_k, x_{t_k^-})\|.$$

现在, 由 (1.2.6) 得到, 对于 $t \in [t_0, t_0 + \beta)$, 有

$$
\begin{aligned}
\|x(t)\| &\leqslant \|\phi(0)\| + \left\| \sum_{\{k:t_k \in (t_0,t]\}} I(t_k, x_{t_k^-}) \right\| + \left\| \int_{t_0}^t f(s, x_s) \mathrm{d}s \right\| \\
&\leqslant \|\phi(0)\| + \sum_{\{k:t_k \in (t_0,t]\}} \|I(t_k, x_{t_k^-})\| + \int_{t_0}^t \|f(s, x_s)\mathrm{d}s\| \\
&\leqslant B_4 + \int_{t_0}^t (h_1(s) + h_2(s))\|x_s\|_r \mathrm{d}s \\
&\leqslant B_4 + B_1 + \int_{t_0}^t h_2(s)\|x_s\|_r \mathrm{d}s,
\end{aligned}
\tag{1.2.24}
$$

这意味着

$$\|x_t\|_r \leqslant B_4 + B_1 + B_3 + \int_{t_0}^t h_2(s)\|x_s\|_r \mathrm{d}s \tag{1.2.25}$$

对所有 $t \in [t_0, t_0 + \beta)$ 都成立. 定义 $g(t) = \|x_t\|_r \, t \in [t_0, t_0 + \beta)$. 令 $0 < \beta_1 < \beta$, 那么限制到 $[t_0, t_0 + \beta_1]$, 由引理 1.2.4 知 $g \in PC([t_0, t_0 + \alpha], R_+)$. 因此, 由 Grownwall 不等式得到

$$g(t) \leqslant (B_4 + B_1 + B_3) \exp\left(\int_{t_0}^t h_2(s)\mathrm{d}s \right). \tag{1.2.26}$$

如果令 $B = (B_4 + B_1 + B_3)\exp(B_2)$, 那么 $g(t) \leqslant B$ 对所有 $t \in [t_0, t_0 + \beta_1]$ 都成立, 从而 $\|x(t)\| \leqslant B$ 对所有 $t \in [t_0 - r, t_0 + \beta_1]$ 都成立. 令 β_1 趋于 β_1, 则 $\|x(t)\| \leqslant B$ 对所有 $t \in [t_0 - r, t_0 + \beta)$ 都成立. 这与 $x(t)$ 的无界性矛盾, 从而 $\beta = +\infty$. 证毕.

最后, 考虑 (1.2.1) 和 (1.2.2) 解的唯一性问题.

定义 1.2.8 (1.2.1) 和 (1.2.2) 的一个解 $x = x(t_0, \phi)$ 是唯一的, 如果任意给定一个 (1.2.1) 和 (1.2.2) 的其他解 $y = y(t_0, \phi)$, 在其共同存在区间上有 $x(t) = y(t)$.

注意到, (1.2.1) 和 (1.2.2) 的两个不同解 $x = x(t_0, \phi)$ 与 $y = y(t_0, \overline{\phi})$ 有各自不同的初值函数 ϕ 和 $\overline{\phi}$, 因为 $\phi(0) \neq \overline{\phi}(0)$, 也可能相交甚至可能在某些 $t > t_0$ 时刻重合. 这可能是时滞微分方程 (1.2.1a) 的一个解, 甚至带有一个足够光滑函数. Winston 和 Yorke[5] 给出了一个相当有意义的例子. 这是时滞微分方程不同于普通微分方程的一个特性. 另一方面, 解的重合可能由脉冲引起, 这决定于函数 I.

　　作为普通微分方程, 要想保证解的唯一性, 需附加假定其在 f 的光滑条件. 在文献 [3] 中可看出, 如果 f 在 ψ 上是复合 $-PC$ 且满足局部 Lipschitz 条件, 则具有固定脉冲时刻的脉冲时滞微分方程的解满足唯一性. 实质上, 同样的证明可应用于的带依赖于状态的脉冲微分系统 (1.2.1). 直接给出下面定理.

　　定理 1.2.6　设 f 满足复合 $-PC$ 且对 ψ 满足局部 Lipschitz 条件, 则 (1.2.1) 和 (1.2.2) 在 $[t_0, t_0 + \beta)$ 上至多存在一个解, 这里 $0 < \beta \leqslant +\infty$, $[t_0, t_0 + \beta) \subseteq J$.

附　　注

　　定理 1.1.6~ 定理 1.1.10 来自于文献 [26], 定理 1.1.17~ 定理 1.1.18 来自于文献 [18], 定理 1.1.23~ 定理 1.1.24 来自于文献 [21], 定理 1.2.2~ 定理 1.2.6 来自于文献 [22].

参 考 文 献

[1] Bainov D D, Kostadinov S I. Abstract Impulsive Differential Equations. Japan: Descartes Press Co. Koriyama, 1996.

[2] Bainov D D, Simeonov P S. Impulsive Differential Equations. Singapore:World Scientific, 1995.

[3] Ballinger G, Liu X. Existence and uniqueness results for impulsive delay differential equations. Dyn. Continuous Discrete Impulsive Systems, 1999, 5: 579~591.

[4] Diekmann O , Van Gils S A, Verduyn Lunel S M & Walther H -O. Delay Equations. New York: Springer-Verlag, 1994.

[5] 定光桂. 巴拿赫空间引论. 北京: 科学出版社, 1984.

[6] Frigon M, Granas A. Résultats de type Leray-Schauder pour des contractions sur des espaces de Fréchet. Ann. Sci. Math. Québec, 1998, 22(2): 161~168.

[7] Fu X, Yan B. The global solutions of impulsive functional differential equations in Banach spaces. Nonlinear Studies, 2000, 1: 1~17.

[8] Fu X, Yan B. The global solutions of impulsive retarded functional differential equations. International Journal of Applied Mathematics, 2000, 3: 389~363.

[9] 傅希林, 闫宝强, 刘衍胜. 脉冲微分系统引论. 北京: 科学出版社, 2004.

[10] Granas A, Dugundji J. Fixed Point Theory. New York: Springer-Verlag, 2003.

[11] Guo D. Boundary value problems for impulsive integro-differential equations on unbounded domains in a Banach space. Appl. Math. Comput., 1999, 99: 1~15.

[12] Guo D. Second order impulsive integro-differential equations on unbounded domains in Banach spaces. Nonlinear Anal., 1999, 35: 413~423.

[13] 郭大钧. 非线性分析中的半序方法. 济南: 山东科技出版社, 1997.

[14] 郭大钧, 孙经先, 刘兆理. 非线性常微分方程泛函方法. 济南: 山东科技出版社, 1995.

[15] Hale J K. Theory of Functional Differential Equations. New York: Springer-Verlag, 1977.

[16] Hale J K, Lunel S M V. Introduction to Functional Differential Equations. New York: Springer-Verlag, 1993.

[17] Hale J K, Kato J. Phase space for retarded equations with infinite delay. Funkcial. Ekvac., 1978, 21(1): 11~41.

[18] Hernandez E, Pierri M & Goncalves G. Existence results for an impulsive abstract partial differential equation with state-dependent delay. Computers and Mathematics with Applications, 2006, 52: 411~420

[19] Hino Y, Murakami S & Naito T. Functional differential equations with infinite delay // Lecture Notes in Mathematics. Volume 1473. Berlin:Springer-Verlag, 1991.

[20] Lakshmikantham V, Bainov D D & Simeonov P S. Theory of Impulsive Differential Equations. Singapore:World Scientific, 1989.

[21] Liu X, Ballinger G. Continuous dependence on initial values for impulsive delay differential equations. Applied Mathematics Letters, 2004, 17: 483~490.

[22] Liu X, Ballinger G. Existence and continuability of solutions for differential equations with delays and state-dependent impulses. Nonlinear Analysis, 2002, 51: 633~647.

[23] Kostadinov S I. On a theorem of equations with impulses. Sci. Proc. Plovdiv Univ., 1985: 23.

[24] Martin R H. Nonlinear Operators and Differential Equations in Banach Spaces. FL:Robert E. Krieger Publ., 1987.

[25] Mil'man V D, Myshkis A D. On the stability of motion in nonlinear mechanics. Sib. Math. J., 1960: 233~237.

[26] Ouahab A. Local and global existence and uniqueness results for impulsive functional differential equations with multiple delay. J. Math. Anal. Appl., 2006, 323: 456~472.

[27] Samoolenko A M, Perestyuk N A. Differential Equations with Impulse Effect. Moscow Visca Skola, 1987.

[28] Smart D R. Fixed Point Theorems. Cambridge: Cambridge Univ. Press, 1974.

[29] Winston E, Yorke J A. Linear delay differential equations whose solutions become identically zero. Acad. RWepub. Pop. Roum., 1969, 14: 885~887.

[30] 闫宝强, 傅希林. 具有无限时滞脉冲泛函微分方程解的存在性. 中国学术期刊文摘, 1999.

[31] Yan B, Fu X. Monotone iterative technique for impulsive delay differential equations. Pro. Indian Acad. Sci. (Math.Sci.), 2001, 111: 75~87.

第2章 非线性脉冲微分系统的几何理论

关于脉冲微分系统几何理论的研究尚处于起步阶段 [3~7]. 脉冲可以对微分系统的吸引子 (包括奇点吸引子、极限环吸引子和混沌吸引子) 产生重要影响, 导致其轨线相图的拓扑结构发生本质变化. 譬如不含脉冲的一维纯量自治微分系统 $x' = f(t,x)$, 当系统右端恒正或恒负时, 该系统必无周期解, 但若具有脉冲的作用, 就可能产生周期解. 从几何理论的角度来看, 就是脉冲导致其相图拓扑结构发生了本质变化. 文献 [6] 首次研究了具有固定时刻脉冲的一维自治系统闭轨的存在性, 这属于脉冲微分系统几何理论的初始研究成果. 本章阐述脉冲微分系统几何理论的基本结果. 2.1 节研究具固定时刻脉冲的自治系统闭轨的存在性; 2.2 节考虑具实参数的脉冲自治系统的奇点与分支; 2.3 节研究脉冲自治系统的横截异宿轨道与混沌; 2.4 节得到了具任意时刻脉冲的脉冲自治系统极限环存在的充要条件.

2.1 具固定时刻脉冲的微分自治系统的闭轨

本节的目的是研究具有固定时刻脉冲的一维自治系统周期解的存在性. 首先给出这类脉冲系统周期解的概念, 然后建立了周期解存在的若干判别准则. 值得注意的是, 这些判别准则都是充要条件.

脉冲导致解的不连续性, 对其研究需另辟蹊径, 我们采用一种新的方法 —— 含有脉冲的积分函数方法, 即通过建立一个变限积分函数 (特点是被积函数与系统有关, 积分限与脉冲有关), 将周期解的存在性问题化为这类含有脉冲的积分函数的零点问题.

考虑脉冲自治系统

$$(\text{I}) \quad \begin{cases} x' = f(x), & t \neq t_i, \\ \Delta x|_{t=t_i} = I_i(x), & i = 1, 2, \cdots, \\ x(t_0 + 0) = x_0 + I_0(x_0), \end{cases}$$

这里 $\Delta x|_{t=t_i} = x(t_i + 0) - x(t_i), 0 < t_1 < t_2 < \cdots < t_i < \cdots$ 且 $\lim\limits_{i \to +\infty} t_i = +\infty$. 本节总设系统 (I) 的解是整体存在唯一的. 系统 (I) 的基本理论可参阅文献 [9].

定义 2.1.1 设 $x(t, x_0)$ 为系统 (I) 的解.

(i) 若存在 $T > 0$, 使得对任意 $t \geqslant 0$ 有 $x((t+T) \pm 0, x_0) = x(t \pm 0, x_0)$, 则称 $x(t, x_0)$ 为系统 (I) 的一个周期解.

(ii) 若 $x(t, x_0)$ 为系统 (I) 的一个平凡解, 称其轨道 $\{x(t \pm 0, x_0) : t \geqslant 0\}$ 为系统 (I) 的一个周期闭轨, 简称闭轨.

(iii) 称集合

$$\{y : 存在 s_k > 0, \lim_{k \to +\infty} s_k = +\infty 且 \lim_{k \to +\infty} x(s_k + 0, x_0) = y 或 \lim_{k \to +\infty} x(s_k - 0, x_0) = vy\}$$

为 $x(t, x_0)$ 的极限点集合, 记为 $\omega(x_0)$.

(iv) 称系统 (I) 的某一闭轨为吸引的, 若存在区间 (a, b), 使得对任意的 $x_0 \in (a, b)$, 系统 (I) 的解 $x(t, x_0)$ 的极限点集合为该闭轨. 否则称为不吸引的. 在吸引的情况下, 若 $(a, b) = R^+(R^-)$, 则称该闭轨在 $R^+(R^-)$ 上为全局吸引的.

注 2.1.1 由于本节考虑的仅是一维脉冲微分系统, 从而闭轨是 x 轴上的一个闭区间.

本节仅仅考虑 $t_i = i\tau, I_i(x) = I(x), i = 1, 2, \cdots, \tau > 0$ 的情况, 即

$$(II) \quad \begin{cases} x' = f(x), & t \neq i\tau, \\ \Delta x|_{t=t_i} = I(x), & t_i = i\tau, i = 1, 2, \cdots, \\ x(0 + 0) = x_0 + I(x_0). \end{cases}$$

本节总假设条件 (H1), (H2) 成立:

(H1) $f(0) = 0, f(x) \neq 0, x \in R - \{0\}, f \in C(R)$;

(H2) $I(0) = 0, h(x) = x + I(x), h \in C(R)$ 是 R 上的递减函数且 $xh(x) < 0$.

由于总假设系统 (II) 的解整体存在唯一, 容易证明, 对任意 $x \neq 0$, 存在唯一的 $y \in R$ 满足

$$yh(x) > 0, \quad \int_{h(x)}^{y} \frac{1}{f(x)} \mathrm{d}s = \tau. \tag{2.1.1}$$

因此可以将这个对应关系定义为 $y = F(x), x \neq 0$. 同时令

$$G(x) = F \circ F(x) - x, \quad x \neq 0. \tag{2.1.2}$$

利用 $F(x), G(x)$ 的性质可建立本节的主要结果.

首先, 给出系统 (II) 周期解的有关性质.

引理 2.1.1 若 $x(t, x_0)(x_0 > 0)$ 是系统 (II) 的周期解, 则必有 $T = m_0\tau$ $(m_0 \in N)$ 是 $x(t, x_0)$ 的一个周期.

证明 记 $x(t) = x(t, x_0)$, 若 $x(t) \equiv \text{const}$, 那么引理 2.1.1 的结论显然成立. 而当 $x(t)$ 是系统 (II) 的正常数周期解时, 由一阶自治常微方程的性质知, $I(x(i\tau))(i \geqslant 0)$ 不全为零. 否则 $x(t)$ 为 $x' = f(x(t))$ 在 $[0, +\infty)$ 上的一个非平凡周期解, 显然这是不可能的.

从而当 $x(t) = \mathrm{const}$, 令 $T > 0$ 为其周期, 选取 $k_0 \geqslant 0$, 使得 $I(x(k_0\tau)) \neq 0$, 那么由周期解的定义知

$$x[(k_0\tau + T) \pm 0] = x(k_0\tau \pm 0),$$

则有

$$x[(k_0\tau + T) + 0] = x(k_0\tau) + I(x(k_0\tau))$$
$$= x(k_0\tau + T) + I[x(k_0\tau + T)],$$

且

$$I[x(k_0\tau + T)] = I[x(k_0\tau)] \neq 0.$$

上式说明, $k_0\tau + T$ 仍是系统 (II) 的脉冲时刻, 即存在 $n_0 > k_0$, 使得 $k_0\tau + T = n_0\tau$, 从而 $T = m_0\tau (m_0 = n_0 - k_0)$.

引理 2.1.2　系统 (II) 的解是以 2τ 为最小正周期的解的充要条件是 $F \circ F(x)$ 有不动点, 或 $G(x)$ 有零点.

证明　充分性. 设 $x_0 = F \circ F(x_0)(x_0 \neq 0)$, 则由 $F(x)$ 的定义知

$$\int_{h(F(x_0))}^{x_0} \frac{1}{f(s)} \mathrm{d}s = \tau,$$

又 $x(t, x_0)$ 为系统 (II) 的解, 故

$$\int_{h(x_0)}^{x(\tau)} \frac{1}{f(s)} \mathrm{d}s = \tau, \quad \int_{h(x(\tau))}^{x(2\tau)} \frac{1}{f(s)} \mathrm{d}s = \tau, \tag{2.1.3}$$

即

$$x(\tau) = F(x_0), \quad x(2\tau) = F(x(\tau)) = F \circ F(x_0) = x_0.$$

同理可证对任意的 $k \geqslant 0, x(2k\tau) = x_0, x[(2k+1)\tau] = x(\tau)$. 由常微分方程的基本理论可证明 $x(t + 2\tau) = x(t), t \geqslant 0$.

必要性. 设系统 (II) 的解 $x(t) = x(t, x_0)$ 是以 2τ 为最小正周期的解, 由 (2.1.3) 可知

$$x_0 = x(0) = x(2\tau) = F(x(\tau)) = F \circ F(x_0),$$

即 x_0 为 $F \circ F(x)$ 的不动点.

引理 2.1.3　$F \circ F(x)$ 是 x 的单增函数, 即

$$F \circ F(x_1) \geqslant F \circ F(x_2), \quad \forall x_1 \geqslant x_2, \ x_1, x_2 \neq 0.$$

证明　只需证明 $F(x)$ 是 x 的单减函数. 任取 $x_1, x_2 \in R$ 且 $x_1, x_2 \neq 0, x_1 > x_2$.

若 $x_1 > 0 > x_2$, 由 $h(x)$ 的定义及条件知, $h(x_1) < 0 < h(x_2)$. 因为 $F(x)h(x) > 0$, 则 $F(x_1) < 0 < F(x_2)$.

若 $x_1 > x_2 > 0$, 则 $h(x_1) \leqslant h(x_2) < 0$. 由 $F(x)$ 的定义知

$$\int_{h(x_1)}^{F(x_1)} \frac{1}{f(s)} \mathrm{d}s = \int_{h(x_2)}^{F(x_2)} \frac{1}{f(s)} \mathrm{d}s = \tau,$$

即

$$\int_{F(x_2)}^{F(x_1)} \frac{1}{f(s)} \mathrm{d}s = \int_{h(x_2)}^{h(x_2)} \frac{1}{f(s)} \mathrm{d}s. \tag{2.1.4}$$

注意到 $F(x_k)h(x_k) > 0$, 从而由 $f(x)$ 的条件知, $f(x)$ 在区间 $[F(x_1), F(x_2)]$ (或 $[F(x_2), F(x_1)]$) 和 $[h(x_1), h(x_2)]$ 上是同号的, 则由 (2.1.4) 知 $F(x_1) \leqslant F(x_2)$.

引理 2.1.4 (II) 的任何周期解均是以 2τ 为最小正周期的.

证明 下面分三步完成定理的证明:

(i) 任何周期解不以 τ 为周期. 设 $x(t) = x(t, x_0)$ 为 (II) 的解, 则 $\int_{h(x_0)}^{x(\tau)} \frac{1}{f(s)} \mathrm{d}s = \tau$. 由 $h(x)$ 的条件知 $x_0 h(x_0) < 0$, 从而 $x(\tau)x_0 < 0$, 即 $x(\tau) \neq x_0$.

(ii) 任何周期解的周期必是 $2m_0\tau, m_0$ 为正整数. 设 $x(t) = x(t, x_0)$ 为 (II) 的周期解, 由引理 2.1.1 知, 其周期解 $T = n_0\tau$. 下证 $n_0 = 2m_0$. 由 (i) 的证明可以看出 $x[(k+1)\tau] \cdot x(k\tau) < 0$, 从而 $x[(2k+1)\tau] \cdot x(0) < 0$. 由于 $x(n_0\tau) = x(0)$, 若 $n_0 = 2m_0 + 1$, 则 $x[(2m_0 + 1)\tau] \cdot x(0) < 0$, 从而 $x^2(0) < 0$, 矛盾.

(iii) 任何周期解必以 2τ 为周期. 由 (i), (ii) 的证明, 可设解 $x(t)$ 的周期为 $2m_0\tau$, 记

$$x_k = x(k\tau), \quad x_k^+ = h(x_k), \tag{2.1.5}$$

则由 $F(x)$ 及 $G(x)$ 的定义知

$$x_2 = F \circ F(x_0) \Rightarrow x_2 - x_0 = F \circ F(x_0) - x_0 = G(x_0),$$

$$\cdots\cdots\cdots\cdots$$

$$x_{2m_0} = F \circ F(x_{2m_0-2}) \Rightarrow x_{2m_0} - x_{2m_0-2} = G(x_{2m_0-2}). \tag{2.1.6}$$

由于 $x_{2m_0} = x_0$, 将 (2.1.6) 依次相加得 $0 = \sum_{i=0}^{m_0-1} G(x_{2i})$.

下证 $G(x_{2k}) = 0 (0 \leqslant k \leqslant m_0 - 1)$. 若不然, 必存在 $0 \leqslant i \leqslant m_0 - 1$, 使得 $G(x_{2i}) \cdot G(x_{2i+2}) < 0$. 事实上, 若对任意 $0 \leqslant k \leqslant m_0 - 1, G(x_{2k}) \neq 0$, 则上述论断成立. 若存在 $k_0, 0 < k_0 \leqslant m_0 - 1$, 使得 $G(x_{2k_0}) = 0$, 则对任意的 $k_0 \leqslant k \leqslant m_0 - 1$,

$$x_{2k} = x_{2k_0} \Rightarrow G(x_{2k}) = 0.$$

从而, 将 $\sum_{i=0}^{m_0-1} G(x_{2i}) = 0$ 中的 m_0 以 k_0 代替并不影响下面的讨论.

因为 $x_{2i} \cdot x_{2i+2} > 0$, 结合 $G(x)$ 的连续性知, 存在 η 介于 x_{2i} 与 x_{2i+2}, 使得 $G(\eta) = 0$, 即 $\eta = F \circ F(\eta)$. 注意到 $x_{2i+2} = F \circ F(x_{2i})$, 利用引理 2.1.3 知

$$(x_{2i} - \eta)(x_{2i+2-\eta}) = (x_{2i} - \eta)[F \circ F(x_{2i}) - F \circ F(\eta)] \geqslant 0.$$

由于 $x_{2i}, x_{2i+2} \neq \eta$ (否则与 $G(x_{2i})G(x_{2i+2}) < 0$ 矛盾), 从而, 要么 $x_{2i}, x_{2i+2} > \eta$, 要么 $x_{2i}, x_{2i+2} < \eta$, 矛盾.

由引理 2.1.1~ 引理 2.1.4 可得到本节的主要结果.

定理 2.1.1　　(i) (II) 存在周期解的充要条件是 $G(x)$ 有零点.

(ii) (II) 的任何周期解均以 2τ 为最小正周期.

定理 2.1.2　　(II) 的解 $x(t, K_0)$ 所确定的轨道是吸引闭轨的充要条件是

$$\lim_{x \to K_0} \text{sgn}[G(x)(x - K_0)] = -1, \tag{2.1.7}$$

其中 $\text{sgn}(x)$ 为符号函数.

证明　　充分性. 若 (2.1.7) 成立, 则存在 $\delta > 0$ 满足 $G(x)(x - K_0) < 0, x \in (K_0 - \delta, K_0) \cup (K_0, K_0 + \delta)$, 从而 $G(K_0) = 0$. 由定理 2.1.1 知 $x(t, x_0)$ 为 (II) 的一个闭轨. 下证其轨道是吸引的.

任取 $x_0 \in \cup^{\circ}(K_0, \delta)$, 考虑 (1.2) 的解 $x(t) = x(t, x_0)$. 由 (2.1.3), (2.1.5) 可知 $x_{2k+2} = F \circ F(x_{2k})(k \geqslant 0)$. 不妨设 $x_0 \geqslant K_0$, 则有

$$x_2 - x_0 = F \circ F(x_0) - x_0 = G(x_0) < 0 \Rightarrow x_2 < x_0.$$

再利用引理 2.1.3 知 $x_2 > K_0$, 从而 $K_0 < x_2 < x_0$. 同理可证 $K_0 < x_{2k+2} < x_{2k}(k \geqslant 0)$. 这样 $\{x_{2k}\}$ 为递减有下界数列. 在 $x_{2k+2} = F \circ F(x_{2k})$ 中, 令 $k \to +\infty$, 知

$$x^* = \lim_{k \to +\infty} x_{2k+2} = F \circ F(x^*) \Rightarrow G(x^*) = 0.$$

由 $G(x)$ 在 $[K_0, K_0+\delta]$ 上零点的唯一性知 $x^* = K_0$. 同理可证 $x_* = \lim_{k \to +\infty} x_{2k+1} = F(K_0) = K_0$.

下证对任意的 $x_0 \in (K_0 - \delta, K_0 + \delta), \omega(x_0) = \omega(K_0)$.

(i) 先证 $\omega(x_0) \subset \omega(K_0)$. 对任意的 $y \in \omega(x_0)$, 由 $\omega(x_0)$ 的定义知, 存在 $s_n \to +\infty$, 使得

$$y = \lim_{n \to +\infty} x(s_n + 0) \quad 或 \quad y = \lim_{n \to +\infty} x(s_n - 0).$$

不失一般性, 设 $y = \lim\limits_{n \to +\infty} x(s_n + 0)$, 并选取 s_n 的一子列适合 $s_n = 2k_n\tau + t_n$ 或 $s_n = 2k_n\tau + \tau + t_n (0 \leqslant t_n < \tau)$. 仍不失一般性, 设 $s_n = 2k_n\tau + t_n$, 注意到

$$\int_{x(2k_n\tau+0)}^{x(s_n+0)} \frac{1}{f(s)} \mathrm{d}s = t_n \Rightarrow \int_{h(x_{2k_n})}^{x(s_n+0)} \frac{1}{f(s)} \mathrm{d}s = t_n.$$

在上式中, 令 $n \to +\infty$, 知

$$\int_{h(K_0)}^{y} \frac{1}{f(s)} \mathrm{d}s = t^*, \quad t^* = \lim\limits_{n \to +\infty} t_n.$$

若 $t^* = 0$ 或 τ, 易知 $y = h(K_0)$ 或 $y = F(K_0) \in \omega(K_0)$. 若 $t^* \in (0, \tau)$, 由于

$$\int_{h(K_0)}^{x(t^*, K_0)} \frac{1}{f(s)} \mathrm{d}s = t^*,$$

则 $y = x(t^*, K_0) \in \omega(x_0)$.

(ii) 再证 $\omega(K_0) \subset \omega(x_0)$. 对任意的 $y \in \omega(K_0)$, 若 $y = K_0$ 或 $y = h(K_0)$, 注意到 $x_{2k} \to K_0, h(x_{2k}) \to h(K_0)$, 则此时必有 $y \in \omega(x_0)$. 若 $y = x(t_0, K_0)(t_0 \in (0, \tau) \cup (\tau, 2\tau))$. 不妨设 $t_0 \in (0, \tau)$, 取 $s_n = 2k\tau + t_0$, 则容易证明 $x(s_n, x_0) \to y(n \to +\infty)$, 即 $y \in \omega(x_0)$.

必要性. 由定理 2.1.1 知, 显然应有 $G(K_0) = 0$. 容易看出, $G(x)$ 在 K_0 某个邻域上的零点仅有 K_0, 否则, 利用定理 2.1.1 及 $\omega(K_0)$ 的吸引性可推出矛盾. 下证存在 K_0 的邻域 $\cup^\circ(K_0)$, 使得

$$G(x)(x - K_0) < 0, \quad x \in \cup^\circ(K_0). \tag{2.1.8}$$

若 (2.1.8) 不成立, 由于 $G(x)$ 在 $\cup^\circ(K_0)$ 上无零点, 不妨设 $G(x) > 0, x \in (K_0, K_0 + \delta)(\delta > 0)$. 令

$$\bar{\delta} =: \sup\{\delta : G(x) > 0, x \in (K_0, K_0 + \delta)\}.$$

若 $\bar{\delta} < +\infty$, 则 $G(K_0 + \bar{\delta}) = 0$ 对任意的 $x_0 \in (K_0, K_0 + \bar{\delta})$ 成立. 由 (2.1.5) 中 x_k 的定义知, $x_{2k+2} = F \circ F(x_{2k})(k \geqslant 0)$. 因为 $G(x) > 0, x \in (K_0, K_0 + \bar{\delta})$, 则

$$x_2 - x_0 = G(x_0) > 0 \Rightarrow x_2 > x_0.$$

再由引理 2.1.3 及 $G(K_0 + \bar{\delta}) = 0$ 知, $x_2 < K_0 + \bar{\delta}$. 重复上述证明过程可知

$$K_0 + \bar{\delta} > x_{2k+2} > x_{2k} > x_0. \tag{2.1.9}$$

若 $\bar{\delta} = +\infty$, 同理可证 (2.1.9) 成立, 这显然与 $\omega(K_0)$ 是吸引的矛盾.

类似可得下面关于闭轨在 R^+ 或 R^- 上全局吸引的结论.

定理 2.1.3　设 $K_0 > 0$, 则 (II) 的轨道在 R^+ 上全局吸引的充要条件是

$$G(x)(x - K_0) < 0, \quad x \in (0, +\infty).$$

定理 2.1.4　(i) 若 $x(t, K_0)$ 是 (II) 的吸引闭轨, 则 $x(t, h(K_0))$ 也是 (II) 的吸引闭轨.

(ii) 若 $x(t, K_0)$ 是 (II) 的在 R^+(或 R^-) 上的全局吸引闭轨, 则 $x(t, h(K_0))$ 也是 (II) 的在 R^+(或 R^-) 上的全局吸引闭轨.

2.2　具实参数的脉冲微分自治系统的奇点与分支

本节考虑带有实参数的具有固定时刻脉冲的一维自治系统的奇点. 对这类系统的奇点进行分类, 得到了其仅有的四种类型.

考虑如下具有实参数 λ, μ 的脉冲微分自治系统

$$\begin{cases} x' = f(x, \lambda), & t \neq t_k, x \in R, \\ \Delta x_k = I_k(x_k, \mu), & t = t_k, k = 1, 2, \cdots, \end{cases} \tag{I_P}$$

这里 $f(\cdot, \lambda), I_k(\cdot, \mu)$ 是定义域上的连续函数, 并使 (I_P) 的 Cauchy 问题的解整体存在唯一, $0 < t_1 < t_2 < \cdots < t_k < \cdots (1 \leqslant k)$ 和 $\lim\limits_{k \to \infty} t_k = \infty, \Delta x_k = (t_k+0) - x(t_k) = x(t_k^+) - x(t_k)(1 \leqslant k)$. 记 $P = (\lambda, \mu) \in R^2, P_0 = (\lambda_0, \mu_0) \in R^2$; $U(P_0)$ 表示 P_0 在 R^2 上的某一邻域; $x_{P_0}(t, x_0)$ 是 (I_{P_0}) 满足 $x_{P_0}(0) = x_0$ 的解.

定义 2.2.1　若 $x \equiv k \in R$ 是 (I_{P_0}) 的解, 则称 k 是 (I_{P_0}) 的一个奇点.

注 2.2.1　(i) (I_{P_0}) 有奇点 $k \in R$ 的充要条件是

$$f(k, \lambda) = 0, \quad I_k(k, \mu) = 0, \quad k = 1, 2, \cdots. \tag{2.2.1}$$

(ii) 令 $\bar{f}(x, \lambda) = f(x + k, \lambda), \bar{I}_k(x, \mu) = f(x + k, \mu)$, 则 (I_{P_0}) 的奇点 k 可以化为另一个脉冲微分系统的奇点 0.

本节只讨论 (I_P) 在奇点处解的性态, 由注 2.2.1, 提出如下基本要求:

(H1) $f \in [R^+, R], I_R \in C[R^+, R], R^+ = [0, +\infty]$ 且

$$f(0, \lambda) \equiv 0, \quad I_k(0, \mu) \equiv 0, \quad P \in U(P_0), \tag{2.2.2}$$

进而对 (I_{P_0}) 的奇点进行如下分类:

定义 2.2.2　(i) 若存在 $\delta_0 > 0$, 使得对任意的 $x_0 \in (0, \delta_0), \lim\limits_{t \to \infty} x_{P_0}(t, x_0) = 0$, 则称 $x = 0$ 是 (I_{P_0}) 的第一类奇点.

(ii) 若存在 $\delta_0 > 0$ 及 $\varepsilon_0 > 0$, 使得对任意的 $x_0 \in (0, \delta_0)$, 有 $\lim\limits_{t \to \infty} x_{P_0}(t, x_0) \geqslant \varepsilon_0$, 则称 $x = 0$ 是 (I_{P_0}) 的第二类奇点.

(iii) 若存在 $\delta_0 > 0$, 使得对任意的 $x_0 \in (0, \delta_0)$, $x_{P_0}(t, x_0)$ 都是 (I_{P_0}) 的周期解, 则称 $x = 0$ 是 (I_{P_0}) 的第三类奇点.

(iv) 若对任意的 $\delta > 0$, 从 $(0, \delta)$ 出发的解, 既有非周期解又有周期解, 则称 $x = 0$ 是 (I_{P_0}) 的第四类奇点 (周期解的定义参见文献 [6]).

注 2.2.2 (i) 将在下面证明 (I_{P_0}) 的奇点仅有上述四种类型.

(ii) 第一类奇点的性质类似于常微中的吸引性奇点, 而第三类奇点的性质类似于常微分方程中的中心式奇点.

下面考虑奇点类型的判别. 首先讨论如下特殊情形

$$\begin{cases} x' = f(x, \lambda), & t \neq kT, \\ \Delta x_k = I_k(x_k, \mu), & t = kT, k \geqslant 1 \end{cases} \tag{II_P}$$

的奇点类型的判别. 对任意的 $x \in R^+ \backslash \{0\}$, 记

$$F(x, \lambda) = \int_c^x \frac{1}{f(s, \lambda)} \mathrm{d}s, \quad c > 0 是固定常数, \tag{2.2.3}$$

$$G(x, P) = T + F[x + I(x, \mu), \lambda] - f(x, \lambda), \tag{2.2.4}$$

$$G_k(x, P) = T + F[x + I_k(x, \mu), \lambda] - f(x, \lambda). \tag{2.2.5}$$

引理 2.2.1 (II_{P_0}) 在 R^+ 上存在周期解的充要条件是 $G(x, P_0)$ 有零根.

引理 2.2.2 $x = 0$ 是 (II_{P_0}) 的第一类 (第二类) 奇点的充要条件是 $G(x, P_0) > 0(G(x, P_0) < 0)$, 当 $x \in (0, \delta)(\delta > 0)$.

2.1 节已证明了上面的结果. 由上面的结果很容易得到如下引理.

引理 2.2.3 (II_{P_0}) 的奇点 $x = 0$ 必是定义 2.2.2 中四种类型之一.

下面讨论较一般形式 (I_P) 的奇点类型的判别. 为此提出如下的条件与记号:

(H2) 存在 $\delta > 0$ 及 $U(P_0)$, 使得对任意的 $P \in U(P_0)$, $f(x, \lambda) < 0; x + I_k(x, \mu) > 0, \forall x \in (0, \delta)(\delta > 0), \forall k \geqslant 1$.

(H3) $x + I_k(x, \mu)$ 对固定的 μ 关于 x 单调不减 $(k \geqslant 1)$.

(H4) 对固定的 μ, $\lim\limits_{k \to \infty} I_k(x, \mu) = I(x, \mu)$ 关于 $x \in (0, \delta)$ 一致成立,

$$\lim_{k \to \infty} T_k = T > 0, \quad T_k = t_{k+1} - t_k, \quad k \geqslant 1.$$

定义 2.2.3 若 (I_P) 中的 t_k 及 I_k 满足 (H4), 则称 (II_P) 是 (I_P) 极限脉冲微分自治系统.

以下总假设 (H1) ∼(H4) 成立.

引理 2.2.4　对固定的 $P \in R^2$, 对任意的 $(\varepsilon_0 \in (0, \delta))$, $G_k(x, P)$ 在 $[\varepsilon_0, \delta)$ 上一致收敛于 $G(x, P)$.

一般形式的脉冲微分自治系统与其相应的极限脉冲微分自治系统、奇点的类型及在奇点附近解的性态有一定的联系. 下面给出 (I_p) 的奇点类型的判别.

定理 2.2.1　若 $x = 0$ 是 (II_{P_0}) 的第一类奇点, 则 $x = 0$ 必是 (I_{P_0}) 的第一类奇点.

证明　利用引理 2.2.2 及 2.2.4, 选取固定的 $\varepsilon_0, \delta_0 > 0$ 及自然数 N, 使得

$$G_k(x, P_0) > 0, \quad x \in [\varepsilon_0, \delta_0], \quad k \geqslant N. \tag{2.2.6}$$

记 $x(t; t_N, x_N^+)$ 为 (I_{P_0}) 的满足 $x(t_N) = x(x_N^+)$ 的右行解,

$$x_k = x(t_k; t_N, x_N^+), \quad x_k^+ = x(t_k + 0; t_N, x_N^+), \quad k > N.$$

(1) 下证: 对任意的 $x_N \in (0, \varepsilon_0)$,

$$\lim_{t \to \infty} x(t; t_N, x_N^+) = 0. \tag{2.2.7}$$

由于 $x(t; t_N, x_N^+) < x_k^+ = x_k + I_k(x_k, \mu))(t_k < t \leqslant t_{k+1}, k \geqslant N)$, 从而只需证 $\lim\limits_{k \to \infty} x_k = 0$. 令

$$\varepsilon_k = \inf\{\alpha > 0 \mid G_k(x, P_0) \geqslant, x \in [\alpha, \delta_0]\}, \quad k \geqslant N. \tag{2.2.8}$$

虽然有 $\varepsilon_k < \varepsilon_0 (k \geqslant N)$. 利用引理 2.2.2, 引理 2.2.4 及反证法易证

$$\lim_{k \to \infty} \varepsilon_k = 0. \tag{2.2.9}$$

令

$$A = \{x_k \mid G_k(x_k) \geqslant 0, R \geqslant N\},$$
$$B = \{x_k \mid G_k(x_k) \geqslant 0, k \geqslant N\}, \tag{2.2.10}$$

则 $\{x_k \mid k \geqslant N\} = A \cup B, x_k \in B \Rightarrow x_k \in (0, \varepsilon_k)$,

$$当 x_k \in A 时 \Rightarrow x_{k+1} \leqslant x_k,$$
$$当 x_k \in B 时 \Rightarrow x_{k+1} > x_k. \tag{2.2.11}$$

利用 (2.2.11) 式及等式

$$F(x_{k+1}) - f(x_k) = G_k(x_k),$$

$$F(x_{k+1}) - F(x_N) = \sum_{k=N}^{k} = G_n(x_n) = \int_{x_N}^{x_{k+1}} \frac{1}{f(s,\lambda)} \mathrm{d}s,$$

其中 $F(x) = F(x,\lambda), G_k(x) = G_k(x,P), G(x) = G(x,P)$. 易证, 当 A, B 有一个是有限集时, (2.2.7) 式均成立.

不妨设 A, B 均为无限集, 由 (2.2.11) 知 $\{x_k\}_{k \geqslant N}$ 是分段单调的. 从而必存在 $\{R_n\}_{n=1}^{\infty}(k_1 \geqslant N)$, 使得

$$x_{k_n} \in A, \quad x_{k_n - 1} \in B, \quad \limsup_{k \to \infty} x_k = \limsup_{n \to \infty} x_{k_n}. \tag{2.2.12}$$

由于 $x_{k_n} < x_{k_n - 1}^{+} = x_{k_n - 1} + I_{k_n - 1}(x_{k_n - 1}, \mu), x_{k_n - 1} < \varepsilon_{k_n - 1}$, 利用 (2.2.9) 及 (H1) 知

$$\limsup_{k \to \infty} x_k \leqslant \lim_{n \to \infty} [\varepsilon_{k_n - 1} + I_{k_n - 1}(\varepsilon_{k_n + 1}, \mu)] = 0 \Rightarrow \lim_{k \to \infty} x_k = 0,$$

即 (2.2.7) 式成立.

(2) 由于上述的 ε_0 及 N 是固定的, 由 (H1) $\sim$(H3) 容易证明, 存在 $\delta > 0$, 对任意的 $x_0 \in (0, \delta) \subset (0, \bar\delta), x_N = x(t_N, x_0) \in (0, \varepsilon_0)$. 再结合 (1) 的结论知, $x = 0$ 必为 (I_{P_0}) 的第一类奇点.

定理 2.2.2 若 $x = 0$ 是 (II_{P_0}) 的第二类奇点且

$$G(0 + 0, P_0) < 0 (允许为 -\infty), \tag{2.2.13}$$

则 $x = 0$ 必是 (I_{P_0}) 的第二类奇点.

证明 利用引理 2.2.2、引理 2.2.4 及条件 (H1) $\sim$(H4) 可知, 存在固定的 N, 使得

$$G_k(x, P_0) < 0, \quad \forall x \in (0, \delta_0), \quad k \geqslant N. \tag{2.2.14}$$

利用上式及定理 2.2.1 中类似证明方法可知, 对任意的 $x_N \in (0, \delta_0)$, 有 $\liminf\limits_{k \to \infty} x_k \geqslant \delta_0$. 由于 $x(t; t_N, x_N^+) \geqslant x_k(t_{k-1} < t \leqslant t_k, k > N)$, 从而 $\liminf\limits_{k \to \infty} x(t; t_N, x_N^+) \geqslant \delta_0$. 再利用定理 2.2.1 证明过程中的 (2), 必存在 $\delta > 0$, 使对任意的 $x_0 \in (0, \delta)$, $\liminf\limits_{k \to \infty} x(t; x_0) \geqslant \delta_0$. 从而 $x = 0$ 为 (I_{P_0}) 的第二类奇点.

注 2.2.3 若 $x = 0$ 是 (II_{P_0}) 的第二类奇点, 由引理 2.2.2 知, 必有 $G(0 + 0, P_0) \leqslant 0$. 但若 $G(0 + 0, P_0) \leqslant 0, x = 0$ 可以不是 (I_{P_0}) 的第二类奇点.

同常微自治系统类似, (I_{P_0}) 的第二类奇点类型也会随参数的变化而变化, 从而给出下列概念:

定义 2.2.4 若当 P 在 P_0 点附近产生微小变化时, (I_{P_0}) 与 (I_P) 的奇点类型不同, 则称 P_0 是 (I_P) 的一个分支.

下面借助 §2.1 提出的新方法 —— 具有脉冲限的积分函数法, 分别对每种类型的奇点建立产生分支的判别准则. 值得提出的是, 这些准则大多数是充分必要条件.

首先给出 (II_P) 分支产生的判别准则.

定理 2.2.3   若 $x = 0$ 是 (II_{P_0}) 的第一类 (第二类) 奇点, 则 P_0 是 (II_{P_0}) 分支点的充要条件是: 对任何 $U(P_0)$, 存在 $P \in U(P_0)$ 及 $\delta_P > 0(\delta_P < \delta)$, 使得对任意的 $x \in (0, \delta_P)$, 有

(i) $G(x, P_0)G(x, P) < 0$, 或

(ii) $G(x, P) \equiv 0$, 或

(iii) $G(x, P) \not\equiv 0$, 但有无穷多零根.

证明   利用引理 2.2.1~ 引理 2.2.3, 可以证明结论成立.

定理 2.2.4   若 $x = 0$ 是 (II_{P_0}) 的第三类奇点, 则 P_0 是 (II_{P_0}) 分支点的充要条件是: 任何 $U(P_0)$, 存在 $P \in U(P_0)$, 对任意的 $\delta > 0$, 有 $G(x, P) \not\equiv 0(\forall x \in (0, \delta))$.

定理 2.2.5   若 $x = 0$ 是 (II_{P_0}) 的四类奇点, 则 P_0 是 (II_{P_0}) 分支点的充要条件是: 对任何 $U(P_0)$, 存在 $P \in U(P_0)$, 及对任意的 $\delta_P > 0$, 使得 $G(x, P) \not\equiv 0, x \in (0, \delta_P)$ 或 $G(x, P) = 0, x \in (0, \delta_P)$.

定理 2.2.6   若定理 2.2.1 中的条件成立, 且对任意的 $U(P_0)$, 存在 $P \in U(P_0)$ 及 $\delta_P > 0$, 使得 $G(x, P) > 0, x \in (0, \delta_P)$, 则 P_0 必是 (I_P) 的分支点.

定理 2.2.7   若 $G(x, P_0) > 0, x \in (0, \delta_0)$ 且对任意的 $U(P_0)$, 存在 $P \in U(P_0)$ 及 $\delta_P > 0$, 使得 $G(x, P) < -\alpha(< 0), x \in (0, \delta_P)$, 则 P_0 必是 (I_P) 的分支点.

上述两定理的证明均可利用定理 2.2.1 及定理 2.2.2 推出.

2.3   脉冲微分自治系统的横截异宿轨道与混沌

同宿轨道和异宿轨道无论是在离散动力系统还是连续动力系统的分析中都十分重要. 本节讨论脉冲自治系统的横截异宿轨道与混沌. 根据 Marotto 给出的排斥回归子的定义, 类似给出排斥异宿子的概念.

定义 2.3.1   称 x_1, x_2 是映射 F 的排斥异宿子, 如果以下三个条件成立:

(1) x_1, x_2 都是映射 F 的不稳定的平衡点, 即对于每一个不动点, 都存在局部不稳定流形 $W_{\text{loc}}^u(x_i), i = 1, 2$;

(2) 存在均大于 1 的自然数 $M_1 > 1, M_2 > 1$ 及 $y_1 \in W_{\text{loc}}^u(x_1), y_2 \in W_{\text{loc}}^u(x_2)$, 满足:

$$F^{M_1}(y_1) = x_2, \quad F^{M_2}(y_2) = x_1;$$

(3) $\det[F^{M_i}(y_i)] \neq 0, i = 1, 2$.

定理 2.3.1 若离散映射 $F : R^m \to R^m$ 具有一对排斥异宿子, 那么以下性质成立:

(1) 存在自然数 N 满足对任意整数 $p \geqslant N, F$ 具有周期为 p 的周期点;

(2) 存在两个不包含 F 周期点的不可数集合 $S_i, i = 1, 2, S_1 \cap S_2 = \varnothing$ 满足:

(a) $F(S_i) \subset S_i, i = 1, 2$;

(b) 对任意的 $x \neq y \in S_i$,

$$\lim_{k \to \infty} \sup \|F^k(x) - F^k(y)\| > 0;$$

(c) 对任意的 $x \in S_i, y$ 是 F 的任意一个周期点,

$$\lim_{k \to \infty} \sup \|F^k(x) - F^k(y)\| > 0;$$

(3) 存在 S_i 的子集 $S_i^0, i = 1, 2$ 满足对任意 $x, y \in S_i^0$,

$$\lim_{k \to \infty} \inf \|F^k(x) - F^k(y)\| = 0.$$

证明 定理证明的关键在于对给定的自然数, 对于任何一个 $p \geqslant N$, 总可以在任何一个排斥不动点的不稳定流形中寻找一个集合, 并且在这个集合上构造一个不变映射, 从而保证在这个集合中存在映射 F 的周期为 p 的周期点.

因为

$$F^{M_1}(y_1) = x_2, \quad \det[F^{M_1}(y_1)] \neq 0,$$

则一定存在 x_2 的一个邻域

$$B_1(x_2) \subset W_{\text{loc}}^u(x_2)$$

和 y_1 的一个邻域

$$B_2(y_1) \subset W_{\text{loc}}^u(x_1),$$

存在映射

$$f^{-M_1} : B_1(x_2) \to B_2(y_1),$$

f^{-M_1} 在 $B_1(x_2)$ 上是连续的而且是 $1 - 1$ 的.

类似地, 存在 x_1 的邻域 $B_3(x_1)$ 和 y_2 的邻域 $B_4(y_2)$ 满足:

$$f^{-M_2} : B_3(x_1) \to B_4(y_2),$$

f^{-M_2} 在 $B_3(x_1)$ 上是连续的而且是 $1-1$ 的.

因为 $B_2(y_1) \subset W_{\text{loc}}^u(x_1)$, 根据不稳定流形的定义, 可以找到一个自然数 $\mu^* > 0$, 当 $\mu \geqslant \mu^*$, 有

$$F^{-\mu}(B_2(y_1)) \subset B_3(x_1).$$

既然 $f^{-M_2} : B_3(x_1) \to B_4(y_2)$, 令

$$A \stackrel{\text{def}}{=\!=} F^{-M_2}[F^{-\mu}(B_2(y_1))] \subset B_4(y_2) \subset W_{\text{loc}}^u(x_2).$$

同理可得自然数 $\nu^* > 0$. 当 $\nu \geqslant \nu^*$ 时,

$$F^{-\nu}(A) \subset B_1(x_2).$$

定义映射

$$R_{\mu,\nu} = F^{-\nu} F^{-M_2} F^{-\mu} F^{-M_1} : B_1(x_2) \to B_1(x_2).$$

根据映射的构造过程, 容易验证, 映射 $R_{\mu,\nu}$ 在 $B_1(x_2)$ 上是连续且 1–1 的. 根据 Brouwer 不动点原理, 存在 $p \in F^{-\nu}(A) \subset B_1(x_2)$ 满足:

$$R_{\mu,\nu}(p) = p,$$

即

$$F^\nu(p) = F^\nu[R_{\mu,\nu}(p)] = F^{-M_2} F^{-\mu} F^{-M_1}(p),$$

也就是

$$F^{M_1+M_2+\mu+\nu}(p) = p.$$

当 $B_1(x_2)$ 充分小的时候, $F^{-\nu}(A) \cap F^{-\nu+1}(A) = \varnothing$, 于是

$$p \in F^{-\nu}(A), \quad p = F^{M_1+M_2+\mu+\nu}(p) \notin F^{-\nu+1}(A).$$

所以 p 是周期为 $M_1+M_2+\mu+\nu$ 的周期点, 于是可以把 N 取成 $M_1+M_2+\mu^*+\nu^*$. 其他性质可以类似于 Marotto 定理的证明. 同样, 也可以考虑并证明 T 在邻域 $B_3(x_1)$ 上的映射及相应的周期点. 定理 2.3.1 得证.

在以后的讨论中, 称由排斥异宿子产生的混沌为推广的 Marotto 混沌.

如果离散系统存在横截同宿点, 那么其有限次迭代与符号动力系统中的双边移位算子是拓扑共轭, 从而可以知道映射在不变集上具有混沌动力学行为. Marotto 意义下的混沌映射与符号动力系统中的有限性移位算子是拓扑共轭的, 文献 [13] 讨论了 Marotto 混沌映射与横截同宿轨道之间的关系. 下面进一步推广 Marotto 定理, 讨论 Marotto 混沌映射和横截异宿轨道的关系.

下面利用一个推广 Marotto 意义下混沌的离散映射 $F : R^m \to R^m$, 构造一个新的 $2m$ 维的映射

$$\begin{cases} x_{n+1} = F(x_n) + aG(x_n, y_n), \\ y_{n+1} = bx_n + cT(x_n, y_n), \end{cases} \tag{2.3.1}$$

其中 a, b, c 均为常数, $y \in R^m$, $G : R^m \times R^m \to R^m$, $T : R^m \times R^m \to R^m$ 是充分光滑的函数而且均不依赖于 a 和 c. 考虑在怎样的条件下, 这个映射还是具有复杂的动力学行为. 下面提到的横截异宿轨道是指一个不动点的局部不稳定流形和另一个不动点的稳定流形横截相交. 横截异宿轨道的定义可以参考横截同宿轨道 [11]. 首先给出一个引理:

引理 2.3.1 假设 $a = b = c$, F 有一对排斥异宿子. 则存在 $r > 0$ 满足系统 (2.3.1) 的 r 次迭代具有横截异宿轨道.

证明 因为 $a = b = c$, 则系统 (2.3.1) 可以写成

$$T : (x, y) \to (F(x), 0).$$

不动点 $(x_1, 0)$ 和 $(x_2, 0)$ 的稳定流形分别是曲面 $x = x_1$ 和 $x = x_2$, 它们都和平面 $y = 0$ 是垂直的. 所以 $W^s(x_1, 0)$ 和 $W^s(x_2, 0)$ 都和平面 $y = 0$ 横截相交.

由于映射 F 是推广意义下的 Marotto 意义下混沌的, 故存在

$$y_1 \in W^u_{\text{loc}}(x_1), \quad y_2 \in W^u_{\text{loc}}(x_2)$$

和整数

$$M_1 > 1, \quad M_2 > 1$$

满足

$$F^{M_1}(y_1) = x_2, \quad F^{M_2}(y_2) = x_1,$$

而且

$$\det[F^{M_i}(y_i)] \neq 0, \quad i = 1, 2.$$

令 $r = \max(M_1, M_2)$, 不失一般性, 假设 $M_1 \geqslant M_2$, 则

$$r = M_1, \quad F^r(y_1) = x_2, \quad F^r(y_2) = x_1,$$

而且

$$\det[F^r(y_1)] = \det[F^{M_1}(y_1)] \neq 0,$$

$$\det[F^r(y_2)] = \det[F^{M_2}(y_2)] \det[F^{r-M_2}(x_1)] \neq 0.$$

于是有

$$F^r(V_1) \subset \{(x, y) \in R^m \times R^m | y = 0\}$$

与 $W^s(x_2, 0)$ 横截相交,

$$F^r(V_2) \subset \{(x, y) \in R^m \times R^m | y = 0\}$$

与 $W^s(x_1,0)$ 横截相交. 也就是说, 一个不动点局部不稳定流形上的一个片断与另一个不动点的稳定流形是横截相交的. 而

$$W^s(x_1,0), W^u_{\text{loc}}(x_1,0) \text{ 和 } W^s(x_2,0), W^u_{\text{loc}}(x_2,0)$$

仍然是映射 F^r 相应的稳定和局部不稳定流形, 而且

$$(F^r)^t(y_1) \to x_2, \quad (F^r)^t(y_2) \to x_1, \quad t \longrightarrow +\infty,$$

$$(F^r)^t(y_1) \to x_1, \quad (F^r)^t(y_2) \to x_2, \quad t \longrightarrow +\infty.$$

于是引理 2.3.1 得证.

根据双曲流形的可微依赖性 [8], 可得如下定理:

定理 2.3.2　若映射 F 是推广 Marotto 意义下混沌的, 存在充分小的正数 a', b', c' 满足 $|a| < a', |b| < b', |c| < c'$, 存在 $r > 0$, 系统 (2.3.1) 的 r 次迭代具有横截异宿轨道.

定理 2.3.3　假设 $a = c = 0$, 映射 F 是推广 Marotto 意义下混沌的, 那么一定存在 $r' > 0$, 系统 (2.3.1) 的 r' 次迭代具有横截异宿轨道.

证明　对任意 b, 令

$$\begin{cases} z_n = \beta x_n, \\ y_n = y_n, \end{cases}$$

则系统 2.3.1 变成

$$\begin{cases} z_{n+1} = \beta I \circ F(\beta^{-1} I z_n) = H(z_n), \\ y_{n+1} = \dfrac{b}{\beta} z_n. \end{cases} \tag{2.3.2}$$

易见, 映射 H 仍然是推广 Marotto 意义下混沌的. 于是根据定理 2.3.2, 存在充分小的 $b' > 0$ 以及充分大的 $r' > 0$, 当 $\left|\dfrac{b}{\beta}\right| < b'$ 时, 系统 (2.3.2) 的 r' 次迭代具有横截异宿轨道. 只要取 $\beta > \dfrac{|b|}{b'}$ 即可, 而且上述变换显然是可逆的线性变换, 所以系统 (2.3.1) 的 r' 次迭代具有横截异宿轨道, 定理 2.3.3 得证.

上述定理的一个应用, 将在下面讨论一类脉冲微分系统的混沌理论时给出.

根据上面的结论, 可以给出一类脉冲微分系统产生混沌动力行为的条件. 这里所说的脉冲微分系统的基本定义可以参见文献 [1, 9].

定义 2.3.2　考虑如下常微分方程的初值问题

$$\begin{cases} \dfrac{\mathrm{d}x}{\mathrm{d}t} = f(t, x), \\ x(t_0 + 0) = x_0, \end{cases} \tag{2.3.3}$$

其中 $f(t,x):[0,+\infty)\times D\to R^m$. 如果存在 $\beta>0$, 对任何 $t_0\in[0,+\infty)$ 与 $x_0\in D$, 使系统 (2.3.3) 在 $(t_0,t_0+\beta)$ 上都有唯一解

$$\vec{\varphi}(\cdot;t_0,x_0):(t_0,t_0+\beta)\to R^m,$$

而且 $\vec{\varphi}$ 关于初值 x_0 是连续依赖的, 则称初值问题 (2.3.3) 是可解的. 特别地, 当 f 不显含时间 t 时, 称 (2.3.3) 是自治可解的.

定义 2.3.3 若初值问题可解, 考虑如下系统

$$\begin{cases} \dfrac{\mathrm{d}x}{\mathrm{d}t}=f(t,x), & t\neq\tau_k, k=0,1,2,\cdots, \\ \Delta x(t)=I_k(t,x(t)), & t=\tau_k, k=0,1,2,\cdots, \\ x(0+0)=x^*, \end{cases} \tag{2.3.4}$$

其中

$$f(t,x):[0,+\infty)\times D\to R^m,$$
$$I_k(t,x):[0,+\infty)\times D\to R^m, \quad k=0,1,2,\cdots.$$

脉冲时间序列

$$\{\tau_k\}_{k=0}^{\infty}\to\infty, \quad (\{\tau_k\}_{k=0}^{\infty}\subset[0,+\infty))$$

是一列严格单调递增的序列, 而且

$$\sup\{\tau_{k+1}-\tau_k\}<\beta, \quad \Delta x(t)=x(t+0)-x(t),$$

则称 (2.3.4) 是可解的脉冲微分系统. 当 $\tau_{k+1}-\tau_k\equiv T$ 时, 系统 (2.3.4) 成为周期脉冲输入系统.

当常微分系统被加入特定的脉冲信号后, 可能会产生混沌动力学行为.

假设 (2.3.4) 自治可解, 且是周期为 T 的脉冲输入系统, 脉冲周期输入系统具有如下形式

$$I_k=H(y_k+\varepsilon x)-x, \quad t=\tau_k, \quad k=0,1,2,\cdots, \tag{2.3.5}$$

其中 $\{y_k\}$ 满足 $y_{k+1}=G(y_k), k=0,1,2,\cdots,\varepsilon$ 是一个实数. Poincaré 栅栏为

$$\{(t,x)|x\in D, t=kT, k=0,1,2,\cdots\}.$$

记系统的积分曲线和 Poincaré 栅栏的交点坐标为 $(t,x_k), k=0,1,2,\cdots$. 下面要确立 x_k 和 x_{k+1} 的关系.

根据脉冲微分系统的定义, 有

$$\Delta x=x(\tau_k+)-x(\tau_k)=H(y_k+\varepsilon x(\tau_k))-x(\tau_k),$$

所以 $x(\tau_k+) = H(y_k + \varepsilon x(\tau_k))$. 当 $\tau_k = kT$, 根据自治系统解的定义可知

$$
\begin{aligned}
x_{k+1} = x((k+1)T) &= \vec{\varphi}((k+1)T; x(kT+), kT) = \vec{\varphi}(T; x(kT+), 0) \\
&\overset{\text{def}}{=} \Psi_T(x(kT+)) = \Psi_T(H(y_k + \varepsilon x(kT))) = \Psi_T(H(y_k + \varepsilon x_k)) \\
&\overset{\text{def}}{=} K(y_k + \varepsilon x_k).
\end{aligned}
$$

于是

$$
\begin{cases}
x_{k+1} = H(y_k + \varepsilon x_k), \\
y_{k+1} = G(y_k).
\end{cases}
\tag{2.3.6}
$$

根据微分方程解的理论, Ψ_T 是一个同胚; 如果假设 H 是同胚, 那么 K 也是同胚. 当 $|\varepsilon| < \varepsilon_1 (\varepsilon_1$ 是充分小的整数), 对 (2.3.6) 的第一式在 y_k 处进行展开

$$
x_{k+1} = K(y_k) + \varepsilon DK(y_k)x_k + \varepsilon O(\|x_k\|^2).
\tag{2.3.7}
$$

因为 K 是同胚,

$$
y_k = G(y_{k-1}) = G(K^{-1}(x_k) - \varepsilon x_{k-1}).
\tag{2.3.8}
$$

由 (2.3.7) 和 (2.3.8) 得到

$$
x_{k+1} = K(G(K^{-1}(x_k) - \varepsilon x_{k-1})) + \varepsilon DK(y_k)x_k + \varepsilon^2 O(\|x_k\|^2).
\tag{2.3.9}
$$

当 $|\varepsilon| < \varepsilon_3 = \min(\varepsilon_1, \varepsilon_2)$(其中 ε_2 是使 KG 可以在 $K^{-1}(x_k)$ 展开的充分小的正数), 将 (2.3.9) 在 $K^{-1}(x_k)$ 展开后, 有

$$
\begin{aligned}
x_{k+1} = {}&KGK^{-1}(x_k) - \varepsilon D(KG)(K^{-1}(x_k))x_{k-1} + \varepsilon DK[G(K^{-1}(x_k) - \varepsilon x_{k-1})]x_k \\
&+ \varepsilon^2 O(\|x_k\|^2) + \varepsilon^2 O(\|x_{k-1}\|^2).
\end{aligned}
$$

令 $z_k = x_{k-1}$, 则 Poincaré 映射可以写成

$$
\begin{cases}
x_{k+1} = KGK^{-1}(x_k) + \varepsilon N(x_k, z_k), \\
z_{k+1} = x_k.
\end{cases}
\tag{2.3.10}
$$

当 $\varepsilon = 0, \{x_k\}, \{y_k\}$ 具有相同的动力学行为, 因为它们是拓扑共轭的. 假设 $\{y_k\}$ 是推广 Marotto 意义下的混沌, 那么 $\{x_k\}$ 也是推广 Marotto 意义下的混沌. 由定义 (2.3.3), 系统 (2.3.10) 的足够大次迭代具有横截异宿轨道. 于是, 根据流形的可微依赖性, 一定存在 ε_4, 使得 $|\varepsilon| < \varepsilon_4$, 使得系统 (2.3.10) 一个不动点的局部不稳定流形上闭的片断与另一个不动点的稳定流形横截相交. 从而当 $\varepsilon^* = \min(\varepsilon_3, \varepsilon_4)$, 系统 (2.3.10) 具有横截异宿轨道. 于是可以给出如下定理:

定理 2.3.4　假设系统 (2.3.4) 是自治可解的, 且是周期为 T 的脉冲输入系统. 脉冲输入函数有如下形式

$$
I_k(x) = H(y_k + \varepsilon x) - x, \quad t = \tau_k, \quad k = 0, 1, 2 \cdots,
\tag{2.3.11}
$$

其中 $\{y_k\}$ 满足 $y_{k+1} = G(y_k), k = 0, 1, 2 \cdots$. 如果以下条件成立：

(1) $H : D \to D$ 是一个 C^2 的同胚；

(2) 映射 $G : y \to y \subset D$ 是一个推广意义下的 C^2 混沌映射, y 是紧的.

则存在 $\varepsilon^* > 0$, 当 $0 < |\varepsilon| < \varepsilon^*$, 因为横截异宿轨道的存在而使系统 (2.3.4) 是混沌的; 当 $\varepsilon = 0$ 时, 系统 (2.3.4) 是推广 Marotto 意义下混沌的.

上述定理说明, 当系统 (2.3.4) 的状态 x 在作为脉冲函数的输入时, 即使有微小的偏差, 也可以保证输入脉冲后的系统所产生的混沌动力学行为与脉冲生成函数中输入的混沌信号是拓扑共轭的.

2.4 具任意时刻脉冲的微分自治系统的极限环

2.1 节研究了具固定时刻脉冲的自治系统周期解存在性, 并给出了充要条件. 本节研究具依赖状态脉冲的微分系统的极限环. 首先给出这类系统极限环的定义, 然后考虑其极限环的存在性, 借助积分限含有脉冲的积分函数得到了极限环存在的充要条件.

令 $R = (-\infty, +\infty), R^+ = (0, \infty)$. 考虑如下具有依赖状态的脉冲微分系统

$$
(\mathrm{I}) \quad \begin{cases} x' = f(x), & t \neq \tau_k(x), t > 0, & (2.4.1) \\ \Delta x(t) = I_k(x), & t = \tau_k(x), k = 1, 2, \cdots, \\ x(0) = x_0, & & (2.4.2) \end{cases}
$$

其中 $x : R^+ \to R, f \in C[R, R]$, 当 $t_k = \tau_k(x(t_k))$ 时, $\Delta_k x(t) = x(t_k^+) - x(t_k); \tau_k(x)$ 有界, 且 $\tau_1(x) < \tau_1(x) < \cdots < \tau_k(x) < \cdots, k = 1, 2, \cdots$; 当 $k \to \infty$ 时, $\tau_k \to \infty$ 关于 $x \in R$ 一致成立.

假设 $f(x)$ 和 $I_k(x)(k \geqslant 1)$ 满足适当的条件, 使得对任意 $x_0 \in R$, 系统 (I) 的解在 $[0, +\infty)$ 上存在且唯一, 进一步假设：

(i) $\tau_k'(x)f(x) \leqslant \alpha(0 \geqslant \alpha \leqslant 1), \forall x \in R$;

(ii) $x_1 + I_k(x_1) \neq x_2 + I_k(x_2), x_1 \neq x_2 \in R(k \geqslant 1)$.

记 $x(t, x_0)$ 是系统 (I) 满足 $x(0) = x_0$ 的解, 并在 t_k 时刻与脉冲面 $S_k : t = \tau_k(x)$ 相撞, 记 $x_k = x(t_k, x_0), x_k^+ = x(t_k + 0, x_0), x(t) = x(t, x_0)$.

定义 2.4.1 称 $x(t)$ 是 (I) 的周期轨道, 如果存在 $T_0 > 0$, 使得

$$
x[(t_0 + T_0) \pm 0] = x(t_0 \pm 0), \quad \forall t \geqslant t_1,
$$

其中 $x(t_0 \pm 0)$ 是 $x(t)$ 在 $t = t_0$ 的左右极限值.

定义 2.4.2 设 $\bar{x}(t, \bar{x}_0)$ 是 (I) 的周期轨道, 称

(i) $\bar{x}(t, \bar{x}_0)$ 是 $x(t, x_0)$ 的极限轨道, 如果对任意的 $t > \bar{t}_1$, 存在 $\{t^j\}, t^j \to \infty (j \to \infty)$, $\lim\limits_{j \to \infty} x(t^j \pm 0, x_0) = \bar{x}(t \pm 0, \bar{x}_0)$.

(ii) $\bar{x}(t, \bar{x}_0)$ 是系统 (I) 的稳定极限环, 如果存在开区间 (M_1, M_2), 使得对任意的 $x_0 \in (M_1, M_2), \bar{x}(t, \bar{x}_0)$ 是 $x(t, x_0)$ 的极限轨道.

(iii) $\bar{x}(t, \bar{x}_0)$ 是系统 (I) 的右稳定 (左稳定) 极限环, 如果存在区间 $[\bar{x}_0, M_2)(M_1, \bar{x}_0])$, 使得对任意的 $x_0 \in [\bar{x}_0, M_2)(M_1, \bar{x}_0]), \bar{x}(t, \bar{x}_0)$ 是 $x(t, x_0)$ 的极限轨道.

(iv) $\bar{x}(t, \bar{x}_0)$ 是不稳定的极限环, 如果存 $\delta > 0$, 对任意的 $x_0 \in \cup^0(\bar{x}_0, \delta)$, 有 $\bar{x}(t, \bar{x}_0)$ 不是 $x(t, x_0)$ 的极限轨道.

在给出系统 (I) 的定性结果之前, 先作如下限定:

(H1) $\tau'_k(x) f(x) \leqslant \alpha (0 \leqslant \alpha \leqslant 1), k \geqslant 1, x \in R^+$.

(H2) $I_k(x) \equiv I(x), \tau_k(x) = kT + \tau(x)(k = 1, 2, \cdots)$, 其中 $T > 0, T + \tau(x) > 0(x \in R^+), I \in C[[0, \infty), R], \tau \in C'[[0, \infty), R]$.

(H3) $f(0) = 0, f(x) < 0, x \in R^+$.

(H4) $I(0) = 0, x + I(x)$ 是 R^+ 上的单调递增函数.

(H5) $\tau(x + I(x)) - \tau(x)$ 是 R^+ 上的单调不增函数.

注 2.4.1　尽管限定 $f[0, \infty) \to (-\infty, 0)$, 但是对于更一般的情况 $xf(x) > 0$ 或者 $xf(x) < 0(x \neq 0)$ 并且 $f(0) = 0$, 也可以经过与本节类似的讨论, 得到相似的结果.

定义 2.4.3　对任意 $x \in R^+$, 令

$$F(x) = \int_c^x \frac{1}{f(x)} \mathrm{d}s (c > 0 \text{ 为固定常数}), \tag{2.4.3}$$

$$G(x) = T + F(x + I(x)) - F(x) = T + \int_x^{x+I(x)} \frac{1}{f(x)} \mathrm{d}s. \tag{2.4.4}$$

易知在条件 (H3), (H4) 下, $F(x), G(x)$ 在 R^+ 上有定义. 记

$$H_0 = \{K | H(K, x) \text{ 在 } R^+ \text{上有零点}\}, \tag{2.4.5}$$

$$G_0 = \{\bar{K} | G(\bar{K}) = 0\}, \tag{2.4.6}$$

$$\Omega = G_0 \cap H_0, \tag{2.4.7}$$

$$\Omega_+ = \{\bar{K} \in \Omega | \lim_{x \to \bar{K}+0} \mathrm{sgn}[G(x)] = 1]\}, \tag{2.4.8}$$

$$\Omega_- = \{\bar{K} \in \Omega | \lim_{x \to \bar{K}-0} \mathrm{sgn}[G(x)] = -1]\}, \tag{2.4.9}$$

$$\Omega_t = \Omega_+ \cap \Omega_-. \tag{2.4.10}$$

注 2.4.2 对任意的 $K \in H_0$, 由 $f(x)$ 的正性可知 $H(K,x)$ 的零点 x_0 是唯一的. 在下面的讨论中, 假设 (H1) ~(H5) 总成立.

引理 2.4.1 若 $x(t,x_0)$ 是系统 (I) 的周期为 $T_0 > 0$ 的闭轨, 则 $T_0/T \in N$.

证明 由定义 2.4.1 知, 对任意的 $t \geqslant t_1$, 有

$$x[(t+T_0) \pm 0, x_0] = x(t \pm 0, x_0), \quad \text{或} \ x[(t+T_0) \pm 0] = x(t \pm 0).$$

令 $t = t_1 = T + \tau(x_1)$, 因为

$$x[(t_1+T_0) - 0] = x(t_1+T_0) = x(t_1 - 0) = x(t_1) = x_1,$$

$$x[(t_1+T_0) + 0] = x(t_1+0) = x_1^+,$$

且

$$x_1^+ = x_1 + I(x_1),$$

所以

$$x[(t_1+T_0) + 0] = x(t_1+T_0) + I[x(t_1+T_0)]. \tag{2.4.11}$$

从而知点 $(t_1+T_0, x(t_1+T_0))$ 在某个脉冲面 $S_k : t = \tau(x(k > 1))$ 上, 即

$$t_1 + T_0 = \tau_k(x(t_1+T_0)) = \tau_k(x_1) + kT + \tau(x_1),$$

则

$$T_0 = kT + \tau(x_1) - t_1 = kT + \tau(x_1) - T - \tau(x_1) = (k-1)T.$$

引理 2.4.2 对任意的 $x, y \in R^+$,

$$x > y \Leftrightarrow F(x) - F(y) < \tau(x) - \tau(y).$$

证明 因为 $F(x) - F(y) = \int_y^x (1/f(s)) \mathrm{d}s$, 注意到 (H1), 有

$$(\Rightarrow) F(x) - F(y) = \int_y^x (1/f(s)) \mathrm{d}s < \int_y^x \tau'(s) \mathrm{d}s = \tau(x) - \tau(y)(x > y).$$

$(\Leftarrow)$ 假定 $x \leqslant y, F(x) - F(y) = \int_x^y -(1/f(s)) \mathrm{d}s \geqslant \int_x^y -\tau'(s) \mathrm{d}s = \tau(x) - \tau(y)$, 矛盾.

引理 2.4.3 (i) $H_0 = (0, \bar{H})$, 其中 $\bar{H} = \sup H_0(\bar{H}$ 可以取无穷);

(ii) 对任意 $\{K_n\} \subset G_0$, 且 $K_n - \bar{K} \in \Omega(n \to \infty)$, 存在 $N_0 > 0, K_n \in \Omega(n \geqslant N_0)$.

证明 (i) 假设 $K < \bar{H}$, 由 $\bar{H}$ 的定义, 存在 $\bar{K} \in H_0, K < \bar{K}$. 设 x_0 是 $H(\bar{K}, x)$ 在 R^+ 上的零点. 因为 $H(K,K) = T - \tau(K) < 0$, 由引理 2.4.2 及 $K < \bar{K}$

知, $H(K, \bar{x}_0) = H(K, \bar{x}_0) - H(\bar{K}, \bar{x}_0) = F(K) - F(\bar{K} - [\tau(K) - \tau(\bar{K})]) > 0$. 这样 $K \in H_0$. 由 $H(K, x)$ 的连续性易知 $\bar{H} \in H_0$, 从而 $H_0 = (0, \bar{H})$.

(ii) 只需证对充分大的 n 有 $K_n \in H_0$. 事实上, H_0 是开集, 且 $K_n \to \bar{K} \in H_0, n \to \infty$, (ii) 的结论成立.

引理 2.4.4　设 $x(t, x_0)$ 是系统 (I) 的最小正周期是 $T_0 > 0$ 的闭轨, 则 $T_0 = T$.

证明　由引理 2.4.1 的结果知, 存在 $m \in N$, 使得 $T_0 = mt$. 下面证明 $m = 1$. 事实上, 因为 $x_{m+1} = x_1$ 及

$$F(x_{k+1}) - F(x_k^+) = T + \tau(x_{k+1}) - \tau(x_k), \quad k \geqslant 1, \tag{2.4.12}$$

或

$$F(x_{k+1}) - F(x_k) = G(x_k) + \tau(x_{k+1}) - \tau(x_k), \quad k \geqslant 1, \tag{2.4.13}$$

对 (2.4.14) 从 $k = 1$ 加到 $k = m$, 得

$$\tau(x_1) - \tau(x_{m+1}) + F(x_{m+1}) - F(x_1) = \sum_{k=1}^{m} G(x_k), \tag{2.4.14}$$

那么 $\sum_{k=1}^{m} G(x_k) = 0$. 若存在 $k : 1 \leqslant k \leqslant m$, 使得 $G(x_k) \neq 0$, 则一定存在 $1 \leqslant i \leqslant m$, 使得 $G(x_i) \cdot G(x_{i+1}) < 0$. 所以必定存在 $K : x_i < K < x_{i+1}$ 或 $x_{i+1} < K < x_i$, 使得 $G(K) = 0$. 不失一般性, 假定

$$K \in (x_i, x_{i+1}), \quad G(x)(x - K) > 0, \quad x \in (x_i, x_{i+1}), \quad x \neq K.$$

注意到 (2.4.12) 及 $G(K) = T + F(K + I(K)) - F(K) = 0$, 有

$$\begin{aligned} F(x_{i+1})) - F(K) &= F(x_i) + G(x_i) + \tau(x_{i+1}) - \tau(x_i) - F(K) \\ &= F(x_i^+) - F(K^+) + \tau(x_{i+1}) - \tau(x_i), \quad K^+ = K + I(K). \end{aligned} \tag{2.4.15}$$

又因为 $x_i < K$, 再由 (H4) 得 $x_i + I(x_1) < K + I(K) = K^+$. 由引理 2.4.2 和 (H5), 有

$$F(x_i^+) - F(K^+) > \tau(x_i^+) - \tau(K^+) > \tau(x_i) - \tau(K). \tag{2.4.16}$$

由 (2.4.15), (2.4.16) 得

$$F(x_{i+1}) - F(K) > \tau(x_{i+1}) - \tau(K) \Rightarrow x_{i+1} > K,$$

由引理 2.4.2 可知, 这是一个矛盾. 所以 $G(x_k) = 0, 1 \leqslant k \leqslant m$, 或 $G(x_1) = 0$. 再由 (2.4.14) 得 $x_k = x_1, k > 1$. 由常微分方程的唯一性理论知, $x(t, x_0)$ 是系统 (I) 的周期为 $T_0 = T$ 的轨道.

在上述结果的基础上, 给出如下系统 (I) 周期轨道存在的充要条件.

定理 2.4.1 系统 (I) 有一个周期轨道当且仅当 $\Omega \neq \varnothing$.

证明 ($\Leftarrow$) 设 $\Omega \neq \varnothing$ 且 $\bar{K} \in \Omega$, 记 $\bar{x}_0$ 为 $H(\bar{K}, x)$ 的零点. 则以 $\bar{x}_0$ 为初值的系统 (I) 的解 $\bar{x}(t, \bar{x}_0)$ 是一个周期轨道.

事实上, 据 $\bar{t}_k, \bar{x}_k$ 的定义, 有 $F(\bar{x}_1) - F(\bar{x}_0) = \bar{t}_1 = T + \tau(\bar{x}_1)$. 再由 $H(\bar{K}, \bar{x}_0)$ 去减, 可得 $F(\bar{x}_1) - F(\bar{K}) = \tau(\bar{x}_1) - \tau(\bar{K}) \Rightarrow \bar{x}_1 = \bar{K}$ (由引理 2.4.2). 余下的证明同引理 2.4.4.

($\Rightarrow$) 设 $\bar{x}(t, \bar{x}_0)$ 是系统 (I) 的周期轨道, 由引理 2.4.4 可得 $\bar{x}_1 = \bar{x}_2$, 因此 $F(\bar{x}_2) - F(\bar{x}_1^+) = T + \tau(\bar{x}_2) - \tau(\bar{x}_1) = T$, 这表明 $\bar{K} = \bar{x}_1$ 是 $G(x)$ 的零点. 因为 $F(\bar{x}_1) - F(\bar{x}_0) = T + \tau(\bar{x}_1) = T + \tau(\bar{x}_1)$, 或 $F(\bar{K}) - F(\bar{x}_0) = T + \tau(\bar{K})$, 这说明 $\bar{K} \in H_0$. 所以 $\bar{K} \in G_0 \bigcap H_0 = \Omega$.

下面给出系统 (I) 极限环存在性的主要结果.

定理 2.4.2 假设 (H1) $\sim$(H5) 成立, 则有

(i) 系统 (I) 有右稳定 (左稳定) 极限环当且仅当 $\Omega_+ \neq \varnothing (\Omega_- \neq \varnothing)$;

(ii) 系统 (I) 有稳定的极限环当且仅当 $\Omega_l \neq \varnothing$;

(iii) 系统 (I) 有不稳定的极限环当且仅当 $\Omega \backslash (\Omega_+ \bigcup \Omega_-) \neq \varnothing$.

证明 只给出 (i) 的证明, 用相同的方法可以证明 (ii) 和 (iii), 证明分为两部分.

第一部分. 系统 (I) 有左稳定极限环当且仅当 $\Omega_- \neq \varnothing$.

($\Leftarrow$) 假定 $\Omega_- \neq \omega$, 那么存在 $K_1 < \bar{K}$, 使得 $G(x) < 0, x \in (K_1, \bar{K})$, 并有 $G(\bar{K}) = 0$. 因为 $K_1 < \bar{K} \in \Omega_- \subset \Omega \subset H_0$, 所以由引理 2.4.3(i) 知 $K_1 \subset H_0$. 记 $M_1, \bar{x}_0$ 分别是 $H(K_1, x), H(\bar{K}, x)$ 的零点. 由引理 2.4.2 容易证明 $M_1 < \bar{x}_0$. 对任意的 $x_0 \in (M_1, \bar{x}_0]$, 有

(1) $x_k = x(t_k, x_0) \in (K_1, \bar{K}]$, 且 $\{x_k\}$ 单调不减;

(2) $\lim\limits_{k \to \infty} x_k = \bar{K}$.

对于 (1), 因为 $F(x_1) - F(x_0) = T + \tau(x_1), F(x_0) \geqslant F(\bar{x}_0)$, 注意到 $H(\bar{K}, \bar{x}_0) = 0$, 有 $F(x_1) - F(\bar{K}) \geqslant \tau(x_1) - \tau(\bar{K})$, 由引理 2.4.2, 这意味着 $x_1 \leqslant \bar{K}$.

因为

$$
\begin{aligned}
F(x_1) - F(K_1) &= F(x_0) + T + \tau(x_1) - [F(M_1) + T + \tau(K_1)] \quad (\text{因为 } H(K_1, M_1) = 0) \\
&= F(x_0) - F(M_1) + \tau(x_1) - \tau(K_1) \\
&< \tau(x_1) - \tau(K_1) \quad (F(x) \text{ 在 } R^+ \text{ 上单调不减且 } x_0 > M_1).
\end{aligned}
$$

由引理 2.4.2, 这意味着 $x_1 > K_1$. 由 K_1 的定义及 $x_1 \in (K_1, \bar{K}]$ 知

$$
F(x_2) - F(x_1^+) = t_2 - t_1 = T + \tau(x_2) - \tau(x_1),
$$

$$G(\bar{x}_1) = T + F(x_1^+) - F(x_1) \leqslant 0.$$

由引理 2.4.2 有

$$F(x_2) - F(x_1) = G(x_1) + \tau(x_2) - \tau(x_1) \leqslant \tau(x_2) - \tau(x_1) \Rightarrow x_1 \leqslant x_2.$$

因为

$$G(\bar{K}) = T + F(\bar{K} + I(\bar{K})) - F(\bar{K}) = 0,$$

同引理 2.4.4 的证明类似有 $x_2 \leqslant \bar{K}$.

从上述讨论中知 $K_1 < x_1 \leqslant x_2 \leqslant \bar{K}$, 并且容易证明 $x_k \in (K_1, \bar{K}]$ 且 $\{x_k\}(k \geqslant 1)$ 是单调不减的.

对于 (2), 由 (1) 的证明知, 存在 $K' \in (K_1, \bar{K}]$, 使得 $x_k \to K', K \to \infty$. 令 (2.4.15) 中的 $m \to \infty$, 注意到 (2.4.14) 的左端是收敛的, 由 $G(x)$ 的连续性, $G(x) \neq 0, x \in (K_1, \bar{K})$, 再注意 $\sum_{k=1}^{m} G(x_k)$ 的收敛性条件, 易得 $K' = \bar{K}$.

下面证明 $\bar{x}(t, \bar{x}_0)$ 是系统 (I) 在区间 $(M_1, \bar{x}_0]$ 上的稳定极限环. 实际上, 对任意的 $x_0 \in (M_1, \bar{x}_0]$,

(1) 若 $t_0 = T + \tau(\bar{K})$, 可选取序列 $\{t_k\}$, 使得 $\lim_{k \to \infty} x(t_k \pm 0) = \bar{x}(t_0 \pm 0)$.

(2) 若 $t_0 \in (T + \tau(\bar{K}), 2T + \tau(\bar{K}))$, 可以选取 $t^{(k)} = (k-1)T + t_0$. 因为 $\tau(x_k) \to \tau(\bar{K}), k \to \infty$, 那么存在 $N > 0$, 使得 $t^{(k)} \in (kT + \tau(x_k), (k+1)T + \tau(x_k)), k \geqslant N$. 这样 $F[x(t^{(k)})] - F(x_k^+) = t^{(k)} - t_k = t_0 - T - \tau(x_k)$.

令 $k \to \infty$, 有

$$\lim_{k \to \infty} F[x(t^{(k)})] - F(\bar{K} + I(\bar{K})) = t_0 - T - \tau(\bar{K}). \tag{2.4.17}$$

因为

$$F(\bar{x}(t_0)) - F(\bar{K} + I(\bar{K})) = t_0 - T - \tau(\bar{K}), \tag{2.4.18}$$

那么根据 $F(x)$ 的性质, 由 (2.4.17), (2.4.18) 得 $\lim_{k \to \infty} x(t^{(k)}) = \bar{x}(t_0)$.

⇒ 假定 $\bar{x}(t, \bar{x}_0)$ 是系统 (I) 以 $\bar{x}_0$ 为初值的左稳定极限环. 由定理 2.4.1 知, 存在 $\bar{K} \in G_0$, 使 $H(\bar{K}, \bar{x}_0)$. 下证必有 $\bar{K} \in \Omega$. 事实上, 若不然, 则可出现下列两种情形:

情形 1. 存在 $\{K_n\}$, 使得

$$K_n < \bar{K}, \quad G(K_n) = 0, \quad n \geqslant 1; \quad K_n \to \bar{K}, \quad n \to \infty. \tag{2.4.19}$$

由引理 2.4.3 及定理 2.4.1, 系统 (I) 以 $x_{n_0}(H(K_n, x_{n_0}))$ 为初值的解 $x_n(t, x_{n_0})$ 是周期轨道. 而显然 $\bar{x}(t, \bar{x}_0)$ 不是 $x_n(t, x_{n_0})$ 的极限轨道, 矛盾.

情形 2. 存在左邻域 $\cup_-^0(\bar{K})$, 使得在 $(K_1, \bar{K}) = \cup_-^0(\bar{K})$ 上 $G(x) > 0$. 令系统 (I) 的满足 $x_0 < (\bar{x})_0$ 的解 $x(t, x_0)$. 因为

$$F(\bar{K}) - F(\bar{x}_0) = T + \tau(\bar{K}), \quad F(x_1) - F(x_0) = T + \tau(x_1),$$

那么

$$F(x_1) - F(\bar{K}) = \tau(x_1) - \tau(\bar{K}) + F(x_0) - F(\bar{x}_0) > \tau(x_1) - \tau(\bar{K}),$$

从而有 $x_1 < \bar{K}$. 下面证明 $x_k < \bar{K}, k \geqslant 1$. 实际上, 若存在 $k_1 > 0$, 使得 $x_{k_1} \geqslant \bar{K}$, $k \geqslant 1$. 那么

$$
\begin{aligned}
F(x_{k_1}) - F(\bar{K}) &\leqslant \tau(x_{k_1}) - \tau(\bar{K}) \quad \text{(由引理 2.4.2) 且 } F(\bar{K} + I(\bar{K})) - F(x_{k_1-1}^+) \\
&= G(\bar{K}) + F(\bar{K}) - F(x_{k_1}) + \tau(x_{k_1}) - \tau(x_{k_1-1}) \\
&= F(\bar{K}) - F(x_{k_1}) + \tau(x_{k_1}) - \tau(x_{k_1-1}) \geqslant \tau(\bar{K}) - \tau(x_{k_1-1}).
\end{aligned}
$$

注意到 (H5), 容易得到 $x_{k_1-1} \geqslant \bar{K}$, 同前面讨论, 有 $x_1 \geqslant \bar{K}$, 矛盾.

下证 $\bar{x}(t, \bar{x}_0)$ 不是满足 $x_0 < \bar{x}_0$ 的任意的极限环, 若不然, 一定有 $x_k \to \bar{K}, k \to \infty$. 那么由前述结论必存在 $N > 0$, 有 $x_k \in (K_1, \bar{K}), k \geqslant N$. 不失一般性, 假设 $x_k \in (K_1, \bar{K}), k \geqslant 1$. 这意味着 $G(x_k) > 0$. 注意到 (2.4.13), 容易得到 $x_{k+1} < x_k, k \geqslant 1$, 这与 $x_k \in (K, \bar{K})$ 且 $x_k \to \bar{K}, k \to \infty$. 矛盾. 第一部分得证.

第二部分. 系统 (I) 有稳定极限环 $\Leftrightarrow \Omega_+ \neq \varnothing$.

($\Leftarrow$) 假定 $\bar{K} \in \Omega_+$, 那么由引理 2.4.3, 存在 $\bar{x}_0, K_2 > 0$, 使得 $H(\bar{K}, \bar{x}_0) = 0, G(\bar{k}) = 0, G(x) > 0, x \in (\bar{K}, K_2), K_2 \in H_0$. 同第一部分的证明, 有 $\bar{x}(t, \bar{x}_0)$ 是右稳定极限环.

($\Rightarrow$) 假定 $\bar{x}(t, \bar{x}_0)$ 是系统 (I) 的右稳定极限环. 令 K 满足 $H(\bar{K}, \bar{x}_0) = 0$, 下证 $\bar{K} \in \Omega_+$, 否则, 有如下两种情形成立:

情形 1. 存在序列 $\{K_n\}(n \geqslant 1)$, 使得

$$K_n > \bar{K}, \quad G(K_n) = 0, \quad n \geqslant 1; \quad K_n \to \bar{K}, \quad n \to \infty. \tag{2.4.20}$$

由引理 2.4.3(ii) 知, 存在 $N_0 > 0$, 使得当 $n > N_0$ 时, $K_n \in \Omega$. 由定理 2.4.1, 系统 (I) 的以 x_{n_0} 为初值且满足 $H(K_n, x_{n_0}) = 0$ 的解 $x_n(t, x_{n_0})$ 是系统 (I) 的周期轨道. 同前面讨论可以得到矛盾.

情形 2. 存在 $\bar{K}$ 右邻域的 $\cup_+^0(\bar{K})$, 使得在 $\cup_+^0(\bar{K})$ 上有 $G(x) < 0$. 同前面讨论可以得到矛盾.

注 2.4.3 若改变 $f(x)$ 在 R^+ 上的符号, 可以在类似于 (H3) 和 (H4) 的条件下得到与定理 2.4.1, 定理 2.4.2 相同的结果.

注 2.4.4 由定理 2.4.1 和定理 2.4.2 可得

(i) 系统 (I) 的周期轨道数目恰好等于集合 Ω 的数目.

(ii) 系统 (I) 的右稳定 (左稳定) 极限环数目恰好等于 $\Omega_+(\Omega_-)$ 的数目.

(iii) 系统 (I) 的稳定极限环数目恰好等于 Ω_l 的数目.

(iv) 系统 (I) 的不稳定极限环数目恰好等于 $\Omega \backslash (\Omega_+ \bigcup \Omega_-)$ 的数目.

注 2.4.5 当 $\tau(x) \equiv$const 时, 限制条件 (H5) 自动满足, 这恰好是系统 (I) 具有固定脉冲时刻的情形.

然而, 条件 (H5) 在某种意义上说稍微强点儿, 可以给出没有条件 (H5) 的极限环存在结果.

记 $J_i(i \geqslant 1)$ 是 $\tau(x + I(x)) - \tau(x)$ 的单调不增开区间, 并记 $J = \bigcup_{i=1} J_i$.

定理 2.4.3 假设 (H1) ~(H4) 成立, 那么

(i) $\Omega_- \cap J \neq \varnothing (\Omega_+ \cap J \neq \varnothing)$ 推出系统 (I) 有一个左稳定 (右稳定) 极限环.

(ii) $\Omega \cap J \neq \varnothing$ 推出系统 (I) 有一个稳定极限环.

定理的证明与定理 2.4.2 类似, 从略.

例 2.4.1 在系统 (I) 中, 令 $f(x) = -x^2, x + I(x) = \lambda x, \tau(x) = \alpha \arctan 1/x$, 并且 $\lambda > 1, \alpha > 0, T > 0$ 满足 $(\lambda - 1)/(\sqrt{\lambda} T) < 1$ 和 $\alpha \arctan(\lambda T)/(\lambda - 1) < T/(\lambda - 1)$, 令 $\bar{K} = (\lambda - 1)/T$. 容易证明如下事实成立:

(i) 系统 (I) 的每一个解在 $(0, \infty)$ 上存在, 并且与脉冲面 $\tau_k(x) = kT + \tau(x)$ 恰好相撞一次.

(ii) (H1) ~(H4) 成立.

(iii) 对于任意的 $x \neq \bar{K}, x \in R^+$, 有 $G(\bar{K}) = 0, g(x)(x - \bar{K}) > 0$.

(iv) $H(\bar{K}, x) = F(\bar{K}) - F(x) - T - \tau(\bar{K})$ 在 R^+ 上有一个零点.

(v) $\tau(x + I(x)) - \tau(x)$ 在 $(0, 1/\sqrt{\lambda})$ 上是单调递减的, 并且 $\bar{K} < 1/\sqrt{\lambda}$.

所以由定理 2.4.1 和定理 2.4.3 知, 系统 (I) 有一个周期轨道是稳定极限环. 显然, 系统 (I) 的周期轨道或极限环是唯一的.

附 注

2.1 节的内容选自文献 [4, 6], 2.2 节的内容选自文献 [3, 15], 2.3 节的内容选自文献 [12], 2.4 节的内容选自文献 [16]. 和本章有关的内容还可以参看本章后面所列的参考文献.

参 考 文 献

[1] Bainov D D, Simeonov P S. Systems With Impulse Effect: Stability, Theory and Applications. Chichester: Ellishorwood, 1998.

[2] Xilin Fu, Xinzhi Liu. Uniform boundedness and stability criteria in terms of two measures for impulsive integro-differential equations. Appl. Math.Comp., 1999, 102:

237~256.

[3] 傅希林, 綦建刚. 脉冲微分自治系统的奇点与分支 (I). 中国学术期刊文摘 (科技快报), 1999, 5(9): 1151~1152.

[4] Xilin Fu, Jiangang Qi, Yansheng Liu. The existence of periodic orbits for nonlinear impulsive differential systems. Communications in Nonlinear Science and Numerical Simulation, 1999, 4(1): 50~53.

[5] Xilin Fu, Jiangang Qi, Yansheng Liu. General comparison principle for impulsive variable time differential equations with applications. Nonlinear Analysis, 2000, 42: 1421~1429.

[6] 傅希林, 綦建刚, 刘衍胜. 脉冲自治系统周期解存在及吸引的充要条件. 数学年刊, 2002, 23A(4): 505~512.

[7] 傅希林, 闫宝强, 刘衍胜. 脉冲微分系统引论. 北京: 科学出版社, 2005.

[8] Hirsch M, Pugh C and Shub M. Invariant Manifolds. Lecture Notes in Mathematics. No. 583. New York: Springer-Verlag, 1977.

[9] Lakshimikantham V, Bainov D D, Simeonov P S. Impulsive Differential Equations, Asymptotic Properties of the Solutions. Singapore: World Scientific, 1995.

[10] Lakshimikantham V, Xinzhi Liu. Stability criteria for impulsive differendtial equations in terms of two measures. J. Math. Anal. Appl., 1989, 137: 591~604.

[11] Lenci S, Rega G. Periodic solutions and bifurcations in an impact inverted pendulum under impulsive excitation. Chaos, Solitons and Fractals, 2000, 11: 2453~2472.

[12] 李霞. 推广的 Marotto 混沌和一类脉冲神经网络的理论和应用. 复旦大学硕士学位论文, 2004.

[13] 林伟. 复杂系统中的若干理论问题及其应用. 复旦大学博士学位论文, 2002.

[14] Xinzhi Liu. Further extensions of the direct method and stability of impulsive systems. Nonliear World, 1994, 1: 341~354.

[15] 綦建刚, 傅希林. 脉冲微分自治系统的奇点与分支 (II). 中国学术期刊文摘 (科技快报), 1999, 6(7): 862~864.

[16] Jiangang Qi, Xilin Fu. Existence of limit cycles of impulsive differential equations with impulses at variable times. Nonlinear Analysis, 2001, 44: 345~353.

[17] S Smale. Differentiable dynamical systern. Bull. Amer. Math. Soc., 1967, 73: 747~817.

[18] X Zhang, X Liao, C Li. Impulsive control, complete and lag synchronization of unified chaotic system with continuous periodic switch. Chaos, Solitons and Fractals, 2005, 26: 845~854.

第3章　非线性脉冲微分系统的稳定性理论

近年来, 由于具有有界滞量、p 时滞以及无穷延滞的脉冲泛函微分系统的基本理论相继建立, 随之相应的稳定性理论研究也有了重要突破. 同时关于具有依赖状态脉冲的微分系统稳定性的研究也出现了一些新结果. 本章主要阐述这两方面的新进展. 3.1 节利用锥值 Lyapunov 函数方法研究了具有界滞量的脉冲泛函微分系统的稳定性; 3.2 节研究了具 p 时滞的脉冲泛函微分系统的稳定性, 所用的方法主要是 Lyapunov 函数方法和 Razumikhin 技巧; 3.3 节利用部分变元 Lyapunov 函数方法考虑了具无穷延滞的脉冲泛函微分系统的稳定性; 3.4 节通过构造某种新的集合, 给出了具依赖状态脉冲的脉冲微分系统的稳定性结果, 其特点是解的曲线可以碰撞脉冲面不只一次.

3.1　具有界滞量的脉冲泛函微分系统的稳定性

在用向量 Lyapunov 函数法研究脉冲泛函微分系统时, 其比较结果通常要求比较系统的右端函数具有拟单调非减性. 但是实际上具有某种稳定性的比较系统往往不满足拟单调条件, 因而具有一定的局限性. 为了克服这一困难, 文献 [28] 提出用适当的锥来代替向量 Lyapunov 函数方法中所用的标准锥 R_+^n. 基于这种思想, 本节用锥值 Lyapunov 函数方法研究具有界滞量的脉冲泛函微分系统, 给出了若干关于两个测度的稳定性定理.

考虑以下脉冲泛函微分系统

$$\begin{cases} x'(t) = f(t, x_t), & t \neq \tau_k, \\ x(t) = x(t^-) + I_k(x(t^-)), & t = \tau_k, \\ x_{t_0} = \psi_0, & t_0 \in R_+, \end{cases} \tag{3.1.1}$$

其中

$$f : R_+ \times C_H \longrightarrow R^n, \quad I_k : R^n \longrightarrow R^n, \quad x_t(\theta) = x(t+\theta), \quad \theta \in [-r, 0],$$
$$\psi_0 \in C = C[[-r, 0], R^n], \quad C_H = \{\varphi \in C : \|\varphi\| < H\},$$
$$\|\varphi\| = \max\{|\varphi(\theta)| : -r \leqslant \theta \leqslant 0\}, \quad |x| = \max\{|x_i| : 1 \leqslant i \leqslant n\}, \quad x \in R^n,$$
$$0 < \tau_1 < \tau_2 < \cdots, \quad \lim_{k \to +\infty} \tau_k = +\infty, \quad \diamondsuit\, G_k = \{t : t_{k-1} \leqslant t < t_k\}.$$

定义 3.1.1　称 R^n 的真子集 Z 是一个锥, 若满足: (i) $\lambda Z \subset Z, \lambda \geqslant 0$, (ii)

$Z + Z \subset Z$, (iii) $Z = \overline{Z}$, (iv)$Z^0 \neq \varnothing$, (v) $Z \cap (-Z) = \{0\}$, 其中 $\overline{Z}$ 和 Z^0 分别表示 Z 的闭包和内部.

在锥 Z 中引入序列关系: 设 $x, y \in Z, x \leqslant_z y \Leftrightarrow y - x \in Z; x <_z y \Leftrightarrow y - x \in Z^0$. 对任意函数 $u, v: R_+ \to R^N, u \leqslant v \Leftrightarrow u(t) \leqslant v(t), t \in R_+$.

若 $Z^* = \{\varphi \in R^n : \varphi(x) \geqslant 0, x \in Z\}$ 满足定义 3.1.1, 则称为 Z 的伴随锥.

$x \in \partial Z \Leftrightarrow$ 对某个 $\varphi \in Z_0^*$, 使得 $\varphi(x) = 0$, 其中 $Z_0^* = Z^* - \{0\}, \partial Z$ 表示 Z 的边界, $\varphi(x) = \displaystyle\sum_{i=1}^{n} \varphi_i x_i$.

定义 3.1.2 称一个函数 $F : R^n \to R^n$ 是关于锥 $Z \subseteq R^n$ 拟单调不减的, 若存在一个 $\varphi \in Z_0^*$, 使得 $x \leqslant y$ 及 $\varphi(y - x) = 0$ 时, 有 $\varphi(F(y) - F(x)) \geqslant 0$.

若 $Z = R_+^n$, 则可得 $x \leqslant y$ 且 $x_i = y_i$, 对某个 $i : 1 \leqslant i \leqslant N$ 时, 有 $F_i(y) - F_i(x) \geqslant 0$, 即向量函数的一般拟单调性定义.

现定义如下函数类

$$K = \{a \in C[R_+, R_+] : a(0) = 0 \text{且 } a(\omega) \text{ 关于 } \omega \text{ 递增}\},$$
$$CK = \{a \in C[R_+^2, R_+] : \text{对每个 } t \in R_+, a(t, \omega) \in K\},$$
$$\Gamma = \{h \in C[R_+ \times R^n, R_+] : \inf_{(t,x)} h(t, x) = 0, (t, x) \in R_+ \times R^n\},$$
$$\Gamma_0 = \{h \in C[R_+ \times R^n, R_+] : \text{对每个 } t \in R_+, \inf_x h(t, x) = 0\},$$
$$\Sigma = \{Q \in C^1[Z, R_+] : Q(0) = 0 \text{且在 } Z \text{ 上 } Q(\omega) \text{ 严格单增}\},$$
$$\Omega = \{H \in C[R_+, R_+] : H(0) = 0, H(s) > 0, s > 0\}.$$

考虑如下比较系统

$$\begin{cases} \omega'(t) = g(t, \omega), & t \neq \tau_k, \\ \omega(t) = \omega(t^-) + J_k(\omega(t^-)) = B_k(\omega(t^-)), & t = \tau_k, \\ \omega(t_0) = \omega_0, & t_0 \in R_+, \end{cases} \quad (3.1.2)$$

其中 $g \in C[G_k \times Z, R^n], B_k(s) < s, k = 1, 2, \cdots$. 总假定 $f(t, \psi), g(t, \omega), I_k, J_k$ 满足适当的条件以保证系统 (3.1.1), (3.1.2) 的解的整体存在性和唯一性. 系统 (3.1.1) 的过 $(t_0, \psi_0) \in R_+ \times C_H$ 定义在 $[t_0 - r, +\infty)$ 上的解记为 $x(t; t_0, \psi_0)$, 或简记为 $x(t)$. 系统 (3.1.2) 的过 $(t_0, \omega_0) \in R_+ \times Z$ 定义在 $[t_0 - r, +\infty)$ 上的解为 $\omega(t) = \omega(t; t_0, \omega_0)$, 或简记为 $\omega(t)$.

下面给出系统 (3.1.1) 关于两个测度稳定性的定义. 设 $h^0, h \in \Gamma, \psi \in C$, 令 $h_0(t, \psi) = \max\{h^0(t + \theta, \psi(\theta))\}$, 其中 $-r \leqslant \theta \leqslant 0$.

定义 3.1.3 脉冲泛函微分系统 (3.1.1) 被称为

(i) (h_0, h) 稳定的, 若对任意的 $\varepsilon > 0, t_0 \in R_+$, 存在 $\delta = \delta(t_0, \varepsilon) > 0$, 使当 $h_0(t_0, \psi_0) < \delta$ 时有 $h(t, x(t)) < \varepsilon, t \geqslant t_0$.

(ii) (h_0, h) 一致稳定的, 若在 (i) 中 δ 与 t_0 无关.

(iii) (h_0, h) 吸引的, 若对任意的 $\varepsilon > 0, t_0 > 0$, 存在 $\delta = \delta(t_0) > 0, T = T(t_0, \varepsilon) > 0$, 使当 $h_0(t_0, \psi_0) < \delta$ 时有 $h(t, x(t)) < \varepsilon, t \geqslant t_0 + T$.

(iv) (h_0, h) 一致吸引的, 若在 (iii) 中 δ 和 T 都与 t_0 无关.

(v) (h_0, h) 等度渐近稳定的, 若 (i) 和 (iii) 同时成立.

(vi) (h_0, h) 一致等度渐近稳定的, 若 (ii) 和 (iv) 同时成立.

两个测度稳定性定义的给出为各种具体的稳定性定义提供了一种统一的表示法, 即当 h_0, h 取不同具体测度时, (h_0, h) 稳定性表示不同的稳定性定义 [32].

定义 3.1.4　$h^0, h \in \Gamma$, 称

(i) h^0 比 h 好: 存在 $\rho > 0$, $\varphi \in CK$, 使 $h^0(t, x) < \rho$ 时, 有 $h(t, x) \leqslant \varphi(t, h^0(t, x))$.

(ii) h^0 比 h 一致好: (i) 中 $\varphi \in K$.

定义 3.1.5　假设 $Q_0, Q \in \Sigma$, 称比较系统 (3.1.2) 是 (Q_0, Q) 稳定的, 若对任意的 $\varepsilon > 0, t_0 \in R_+$, 存在 $\delta = \delta(t_0, \varepsilon) > 0$, 使当 $Q_0(\omega_0) < \delta$ 时, $Q(t, \omega(t)) < \varepsilon, t \geqslant t_0$. 其中 $\omega(t) = \omega(t; t_0, \omega_0)$ 是 (3.1.2) 的任意解. 其他定义类似可得.

定义 3.1.6　$V_0 : R_+ \times R^n \to Z$ 称为系统 (3.1.1) 的锥值 Lyapunov 函数类, 若

(i) $V \in V_0$ 在 $G_k \times R^n$ 上连续, $\lim\limits_{(t,y) \to (\tau_k^-, x)} V(t, y)$ 存在, $k \in N$.

(ii) $V(t, x) \in V_0$ 关于 x 在 Z 上满足局部 Lipschitz 条件.

V 沿系统 (3.1.1) 解的导数定义为

$$D^+ V(t, x(t)) = \lim_{h \to 0^+} \sup \frac{1}{h}[V(t + h, x(t) + hf(t, x_t)) - V(t, x(t))],$$

其中 $x(t) = x(t; t_0, \psi_0)$ 为系统 (3.1.1) 的解.

下面先给出两个引理, 并由引理得出一个比较结果.

引理 3.1.1　设

(i) $g \in C[R_+ \times Z, R_+^N], g(t, \omega)$ 在 Z 上拟单调不减且 $r(t; t_0, u_0)$ 是 $\begin{cases} \omega'(t) = g(t, \omega), \\ \omega(t_0) = \omega_0 \end{cases}$ 在 Z 上的最大解;

(ii) $V \in C[[-r, +\infty) \times S_\rho, Z], V(t, x)$ 在 Z 上关于 x 满足局部 Lipschitz 条件, 对 $\begin{cases} x'(t) = f(t, x_t) \\ x_{t_0} = \psi_0 \end{cases}$ 的任一解 $x(t) = x(t; t_0, \psi_0)$ 满足

$$D^- V(t, x(t)) \leqslant_z g(t, V(t, x(t))), \quad t \geqslant t_0.$$

则当 $\sup\limits_{-r \leqslant s \leqslant 0} V(t_0, \psi_0(s)) \leqslant_z \omega_0$ 时, 有

$$V(t, x(t)) \leqslant_z r(t; t_0, \omega_0), \quad t \geqslant t_0.$$

证明 令 $x(t) = x(t; t_0, \psi_0)$ 是 (ii) 中系统的解, 满足 $\sup\limits_{-r \leqslant s \leqslant 0} V(t_0, \psi_0(s)) \leqslant_z \omega_0$.

令 $m(t) = V(t, x(t))$, 对充分小的 $h < 0$, 由 $V(t, x(t))$ 在 Z 上关于 x 局部 Lipschitz 条件, 则得

$$m(t+h) - m(t) \leqslant_z L\|x(t+h) - x(t) - hf(t, x_t)\| + V(t+h, x+hf(t, x_t)) - V(t, x(t)),$$

当 $h \to 0$ 时, 有 $D^- m(t) \leqslant_z D^- V(t, x(t))$, 即 $D^- m(t) \leqslant_z g(t, m(t))$.

对任意的 $\varepsilon > 0$ 充分小, 考虑方程

$$\begin{cases} \omega'(t) = g(t, \omega) + \varepsilon\eta, & \eta \in Z, \\ \omega(t_0) = \omega_0, & t_0 \in R_+, \end{cases}$$

其解为 $\omega(t, \varepsilon) = \omega(t; t_0, \omega_0, \varepsilon)$, 在共同最大存在区间上有 $\lim\limits_{\varepsilon \to 0} \omega(t, \varepsilon) = r(t; t_0, \omega_0)$.

要证结论成立, 只需证

$$m(t) <_z \omega(t, \varepsilon), \quad t \geqslant t_0. \tag{3.1.3}$$

否则, 存在 $t_1 > t_0$, 使 $\omega(t_1, \varepsilon) - m(t_1) \in \partial Z$, 且 $\omega(t, \varepsilon) - m(t) \in Z^0, t \in [t_0, t_1]$. 因为 $g(t, \omega)$ 对 $t \in R_+$ 在 Z 上关于 ω 拟单调不减, 所以存在 $\varphi \in Z_0^*$, 使得

$$\varphi(\omega(t_1, \varepsilon) - m(t_1)) = 0 \quad 且 \quad \varphi(g(t_1, \omega(t_1, \varepsilon)) - g(t_1, m(t_1))) \geqslant 0.$$

令 $\varpi(t) = \varphi(\omega(t, \varepsilon) - m(t)), t \in [t_0, t_1]$. 显然有

$$\varpi(t) > 0, \quad t \in [t_0, t_1) \quad 且 \quad \varpi(t_1) = 0.$$

因此, $D^- \varpi(t_1) < 0$, 但

$$\begin{aligned} D^- \varpi(t_1) &= \varphi(D^- \omega(t_1, \varepsilon) - D^- m(t_1)) \\ &> \varphi(g(t_1, \omega(t_1, \varepsilon)) + \varepsilon\eta - g(t_1, m(t_1))) \\ &> \varphi(g(t_1, \omega(t_1, \varepsilon)) - g(t_1, m(t_1))) \\ &\geqslant 0, \end{aligned}$$

矛盾. 所以 (3.1.3) 式成立, 即定理结论成立.

引理 3.1.2 设以下条件成立:

(i) $g \in [G_k \times Z, R_+^n], k \in N, g(t, \omega)$ 在 Z 上拟单调不减, 且系统 (3.1.2) 在 Z 上的最大解为 $r(t) = r(t; t_0, \omega_0)$.

(ii) $B_k : Z \to Z, B_k(\omega) = \omega + J_k(\omega), k = 1, 2, \cdots$ 在 Z 上单增.

(iii) 对 $k \in N \cup \{0\}, v \in Z$, 极限 $\lim\limits_{\substack{(t, \omega) \to (\tau_k, v) \\ t < \tau_k}} g(t, \omega)$ 存在.

(iv) $V \in V_0$, 满足对系统 (3.1.1) 的任一解 $x(t) = x(t; t_0, \psi_0)$, 有

$$D^- V(t, x(t)) \leqslant_z g(t, V(t, x(t))), \quad t \neq \tau_k, k = 1, 2, \cdots,$$

$$V(\tau_k, x(\tau_k^-)) + I(x(\tau_k^-)) \leqslant_z B_k(V(\tau_k^-, x(\tau_k^-))), \quad t \geqslant t_0,$$

则当 $\sup\limits_{-r \leqslant s \leqslant 0} V(t_0, \psi_0(s)) \leqslant_z \omega_0$ 时, 有 $V(t, x(t)) \leqslant_z r(t; t_0, \omega_0)$, $t \geqslant t_0$.

证明　当 $t \in [t_0, \tau_1)$ 时, 由引理 3.1.1 可得

$$V(t, x(t; t_0, \psi_0)) \leqslant_z r_1(t; t_0, \omega_0),$$

其中 $r_1(t; t_0, \omega_0)$ 是系统 (3.1.2) 在 $[t_0, \tau_1)$ 上过 (t_0, ω_0) 的最大解.

对 $t = \tau_1$, 由条件 (iii), (iv) 有

$$\begin{aligned} V(\tau_1, x(\tau_1; t_0, \psi_0)) &\leqslant_z B_1(V(\tau_1^-, x(\tau_1^-; t_0, \psi_0))) \\ &\leqslant_z B_1(r_1(\tau_1^-; t_0, \omega_0)) \\ &= r_1(\tau_1; t_0, \omega_0) \doteq r_1. \end{aligned}$$

再由引理 3.1.1, 当 $t \in [\tau_1, \tau_2)$ 时, 有

$$V(t, x(t; t_0, \psi_0)) \leqslant_z r_2(t; \tau_1, r_1),$$

其中 $r_2(t; \tau_1, r_1)$ 是 $[\tau_1, \tau_2)$ 上过 (τ_1, r_1) 的系统 (3.1.2) 的最大解. 按上述过程一直做下去, 则可得

$$V(t, x(t; t_0, \psi_0)) \leqslant_z r_k(t; \tau_{k-1}, \tau_{k-1}),$$

其中 $r_k(t; \tau_{k-1}, \tau_{k-1})$ 是系统 (3.1.2) 在 $[\tau_{k-1}, \tau_k)$ 上的过 (τ_{k-1}, τ_{k-1}) 的最大解. 取

$$\omega^*(t) = \begin{cases} \omega_0, & t = t_0, \\ r_1(t; t_0, \omega_0), & t \in [t_0, \tau_1), \\ r_2(t; \tau_1, r_1), & t \in [\tau_1, \tau_2), \\ \qquad \cdots\cdots\cdots\cdots \\ r_k(t; \tau_{k-1}, \tau_{k-1}), & t \in [\tau_{k-1}, \tau_k), k = 3, 4, \cdots. \end{cases}$$

显然 $\omega^*(t)$ 是系统 (3.1.2) 的解, 且有 $V(t, x(t)) \leqslant_z \omega^*(t)$, 又因为 $r(t; t_0, \omega_0)$ 是系统 (3.1.2) 在 Z 上的最大解. 所以有

$$V(t, x(t)) \leqslant_z r(t; t_0, \omega_0), \quad t \geqslant t_0.$$

定理 3.1.1　设

(i) $h^0, h \in \Gamma$, 当 $h^0(t,x) < \rho_0$ 时, 有 $h(t,x) \leqslant \varphi(h^0(t,x))$, $\varphi \in K, \rho_0 > 0$.

(ii) $Q_0, Q \in \Sigma$, 存在 $\lambda > 0$, 当 $Q_0(\omega) < \lambda$ 时, 有 $Q(\omega) \leqslant u(Q_0(\omega))$, $u \in K$.

(iii) $V \in V_0$, 存在 $\rho > 0$, 使 $\varphi(\rho_0) < \rho$. 当 $h(t,x) < \rho$ 时, 有 $b(h(t,x)) \leqslant Q[V(t,x)]$; 当 $h^0(t,x) < \rho_0$ 时有 $Q_0[V(t,x)] \leqslant a(h^0(t,x))$, $a, b \in K$.

(iv) 对系统 (3.1.1) 的任意解 $x(t)$, 当 $h(t,x(t)) < \rho$ 时, 有

$$D^- V(t,x(t)) \leqslant_z g(t, V(t,x(t))), \quad t \neq \tau_k, k = 1, 2, \cdots,$$

$$V(\tau_k, x(\tau_k^-) + I_k(x(\tau_k^-))) \leqslant_z B_k(V(\tau_k^-, x(\tau_k^-))), \quad k = 1, 2, \cdots,$$

其中 $g \in C[G_k \times Z, R_+^n]$, $g(t,0) \equiv 0$, 且 $g(t,\omega)$ 对所有 $t \in R_+$ 在 Z 上关于 ω 拟单调不减;

(v) 存在 $\rho_1 < \rho$, 当 $h(t^-, x) < \rho_1$ 时, 有 $h(t, x + I_k(x)) < \rho$, $k = 1, 2, \cdots$.

则由比较系统 (3.1.2) 的 (Q_0, Q) 一致稳定可得到系统 (3.1.1) 的 (h_0, h) 一致稳定.

证明　由条件 (ii), 存在 $\lambda > 0, u \in K$, 使得

$$Q_0(\omega) < \lambda, \quad Q(\omega) \leqslant u(Q_0(\omega)). \tag{3.1.4}$$

对任意的 $\varepsilon : 0 < \varepsilon < \min\{\rho, \rho_1, \lambda\}$, 对任意的 $t_0 \in R_+$. 若比较系统是 (Q_0, Q) 一致稳定的, 则对 $b(\varepsilon) > 0$, 存在 $\delta_1 = \delta_1(\varepsilon) > 0$, 满足 $\delta_1 < \min\{\lambda, u^{-1}(b(\varepsilon))\}$, 使得 $Q_0(\omega_0) < \delta_1$ 时有

$$Q(\omega(t)) < b(\varepsilon), \quad t \geqslant t_0, \tag{3.1.5}$$

其中 $\omega(t) = \omega(t; t_0, \omega_0)$ 是系统 (3.1.2) 在 Z 上的任意解. 再由条件 (i), 存在 $\varphi \in K$, 使 $h^0(t,x) < \rho_0$, 时有

$$h(t,x) \leqslant \varphi(h^0(t,x)), \quad \rho_0 > 0. \tag{3.1.6}$$

选取 $\omega_0 = \sup\limits_{-r \leqslant s \leqslant 0} V(t_0, \psi_0(s))$ 及 $\delta < \min\{\rho_0, \lambda_0\}$, 其中 $a(\lambda_0) < \lambda$, 使得 $a(\delta) < \delta_1$, 令 $h_0(t_0, \psi_0) < \delta$, 则

$$h^0(t_0 + s, \psi_0(s)) \leqslant h_0(t_0, \psi_0)\delta, \quad s \in [-r, 0],$$

$$h(t_0 + s, x(t_0 + s)) \leqslant \varphi(\delta) < \varphi(\rho_0) < \rho.$$

由条件 (iii) 得

$$\begin{aligned} b(h(t_0 + s, x(t_0 + s))) &\leqslant Q[V(t_0 + s, x(t_0 + s))] \leqslant u(Q_0[V(t_0 + s, x(t_0 + s))]) \\ &\leqslant u(a(h^0(t_0 + s, x(t_0 + s)))) \leqslant u(a(h_0(t_0, \psi_0))) \\ &\leqslant u(a(\delta)) \leqslant u(\delta_1) < b(\varepsilon), \quad -r \leqslant s \leqslant 0. \end{aligned} \tag{3.1.7}$$

所以
$$h(t, x(t)) < \varepsilon, \quad t \in [t_0 - r, t_0].$$

下面证明: 当 $Q[V(t)] \leqslant u(a(t_0, \delta)) < b(\varepsilon), t_0 \leqslant t \leqslant t'(t'$ 可以是 $\infty)$ 时, 有 $h(t, x(t)) < \rho, t \in [t_0, t']$. 事实上, 由 $h(t, x(t)) < \varepsilon, t \in [t_0 - r, t_0]$, 若存在 $t^* \in [t_0, t']$, 使 $h(t^*, x(t^*)) \geqslant \rho$, 则由 (v) 知, 必有 $t^0 \in (t_0, t^*)$, 使 $\rho_1 < h(t^0, x(t^0)) < \rho$, 再由 (iii), $Q[V(t^0)] \geqslant b(h(t^0, x(t^0))) \geqslant b(\rho_1) \geqslant b(\varepsilon)$, 矛盾.

现要证
$$Q[V(t, x(t))] \leqslant b(\varepsilon), \quad t \geqslant t_0. \tag{3.1.8}$$

否则, 由引理 3.1.2 条件 (iv) 和 B_k 的性质可知, 存在 $t_1 > t_0$, 使
$$Q[V(t_1, x(t_1))] = b(\varepsilon) \quad \text{且} \quad Q[V(t, x(t))] < b(\varepsilon), \quad t \in [t_0 - r, t_1).$$

因为 $h(t, x(t)) < \rho, t \in [t_0 - r, t_1]$, 所以由条件 (iv) 及引理 3.1.2 可得
$$V(t, x(t; t_0, \psi_0)) \leqslant_z r(t; t_0, \omega_0), \quad t \geqslant t_0, \quad t \in [t_0 - r, t_1],$$

其中 $r(t; t_0, \omega_0)$ 是系统 (3.1.2) 在 Z 上的最大解. 再由 Q 的性质可得
$$Q[V(t, x(t))] \leqslant Q[r(t; t_0, \omega_0)], \quad t \in [t_0 - r, t_1].$$

因此有
$$b(\varepsilon) = Q[V(t_1, x(t_1))] \leqslant Q[r(t_1; t_0, \omega_0)], \tag{3.1.9}$$

由 $h_0(t_0, \psi_0) < \delta$ 可推知
$$\begin{aligned}
Q_0(\omega_0) &= Q_0\big[\sup_{-r \leqslant s \leqslant 0} V(t_0, \psi_0(s))\big] \leqslant a\big(\sup_{-r \leqslant s \leqslant 0} h^0(t_0 + s, \psi_0(s))\big) \\
&\leqslant a(h_0(t_0, \psi_0)) \leqslant a(\delta) \\
&< \delta_1.
\end{aligned}$$

那么由系统 (3.1.2) 是 (Q_0, Q) 一致稳定的, 有 $Q(r(t; t_0, \omega_0)) < b(\varepsilon), t \geqslant t_0$, 即有 $Q[r(t_1; t_0, \omega_0)] < b(\varepsilon)$, 这与 (3.1.9) 矛盾. 所以, (3.1.8) 式成立.

再根据条件 (iii) 得到
$$b(h(t, x(t))) \leqslant Q[V(t, x(t))] < b(\varepsilon), \quad t \geqslant t_0,$$

即 $h(t, x(t)) < \varepsilon, t \geqslant t_0$. 因此系统 (3.1.1) 是 (h_0, h) 一致稳定的.

注 3.1.1　所得到的是一致稳定结果, 这里对条件要求比较严格. 若仅考虑非一致的稳定性定理, 只要求 $a \in CK$ 即可.

注 3.1.2 当 Z, Q_0, Q 取不同的具体形式时, 可以得到不同的稳定性结果: (a) 若 $Q_0(\omega) = Q(\omega) = \varphi_0(\omega)$, 某个 $\varphi_0 \in Z_0^*, h(t,x) = h_0(t,x) = |x|$, 则对上述定理稍加变动, 即可得 φ_0 稳定性定理.

(b) 若 $Z = R_+^N, Q(\omega) = Q_0(\omega) = \sum_{i=1}^{n} \omega_i, h(t,x) = h_0(t,x) = |x|$, 则得到向量 Lyapunov 方法的脉冲泛函微分系统稳定性结果.

定理 3.1.2 设

(i) $h^0, h \in \Gamma$, 当 $h^0(t,x) < \rho_0$ 时, 有 $h(t,x) \leqslant \varphi(h^0(t,x)), \rho_0 > 0, \varphi \in K$.

(ii) $Q_0, Q \in \Sigma$, 当 $Q_0(\omega) < \lambda$ 时, 有 $Q(\omega) \leqslant u(Q_0(\omega))$, 某个 $\lambda > 0, u \in K$.

(iii) $V \in V_0$, 存在 $\rho > 0$, 使 $\varphi(\rho_0) < \rho$. 当 $h(t,x) < \rho$ 时, 有 $b(h(t,x)) \leqslant Q[V(t,x)]$; 当 $h^0(t,x) < \rho_0$ 时, 有 $Q_0[V(t,x)] \leqslant a(t, h^0(t,x)), b \in K, a \in CK$ 且关于 t 单增.

(iv) 对 (3.1.1) 的任意解 $x(t)$, 当 $h(t,x) < \rho, Q[V(t+s, x(t+s))] \leqslant Q[V(t, x(t))], -r \leqslant s \leqslant 0$ 时, 有 $D^+ Q[V(t, x(t))] \leqslant 0$.

(v) 对任意的 $k \in Z^+$, 当 $h(t,x) < \rho$ 时, 有 $Q[V(\tau_k, x + I_k(x))] \leqslant Q[V(\tau_k^-, x)]$.

(vi) 存在 $\rho_1 < \rho$, 当 $h(t,x) < \rho_1$ 时, 有 $h(t, x + I_k(x)) < \rho, \quad k \in Z^+$.

则系统 (3.1.1) 是 (h_0, h) 稳定的.

证明 对任意的 $\varepsilon: 0 < \varepsilon < \min\{\rho, \rho_1, \lambda\}$, 及对任意的 $t_0 \in R^+$, 选取 $\delta(t_0, \varepsilon) < \min\{\rho_0, \lambda_0\}$, 其中 $a(t_0, \lambda_0) \leqslant \lambda$, 并满足 $\max\{u(a(t_0, \delta)), b(\varphi(\delta))\} < b(\varepsilon)$.

令 $t_0 \in [\tau_{m-1}, \tau_m), m$ 是某个正整数, 且有 $h_0(t_0, \psi_0) < \delta$ 时, 则有

$$h^0(t_0 + s, \psi_0(s)) \leqslant h_0(t_0, \psi_0) < \delta < \rho_0, \quad s \in [-r, 0].$$

要证: 当 $h_0(t_0, \psi_0) < \delta$ 时, 有

$$h(t, x(t)) < \varepsilon, \quad t \geqslant t_0. \tag{3.1.10}$$

为方便起见, 记 $V(t) = V(t, x(t)), x(t) = x(t; t_0, \psi_0)$ 是 (3.1.1) 的解. 下证

$$Q[V(t)] \leqslant u(a(t_0, \delta)), \quad t \in [t_0, \tau_m). \tag{3.1.11}$$

显然, 当 $h_0(t_0, \psi_0) < \delta$ 时, 由 (i) 有

$$h(t, x(t)) \leqslant \varphi(h^0(t, x(t)) \leqslant \varphi(h_0(t_0, \psi_0)) \leqslant \varphi(\delta) < \varepsilon, \quad t_0 - r \leqslant t \leqslant t_0.$$

所以由 (ii), (iii) 得

$$Q[V(t)] \leqslant u(Q_0[V(t)]) \leqslant u(a(t, h^0(t, x(t)))) \leqslant u(a(t_0, \delta)), \quad t \in [t_0 - r, t_0].$$

反证. 若 (3.1.11) 式不成立, 则存在 $t_1 \in (t_0, \tau_m)$, 使得 $Q[V(t_1)] > u(a(t_0, \delta))$. 再由 $Q(\omega), V(t)$ 在 $t \in [t_0, \tau_m]$ 上的连续性, 必存在 $t_2 \in [t_0, t_1)$, 满足

$$Q[V(t_2)] = u(a(t_0, \delta)) \geqslant Q[V(t_2 + s)], \quad D^+ Q[V(t_2)] > 0, \quad s \in [-r, 0].$$

但是此时 $h(t_0, x(t_0)) < \varepsilon < \rho$, 所以由条件 (iv) 得 $D^+ Q[V(t_2)] \leqslant 0$, 矛盾. 所以, (3.1.11) 式成立. 类似定理 3.1.1 的证明可知, 当 $t \geqslant t_0$ 并且 $Q[V(t)] \leqslant b(\varepsilon)$ 时, 有 $h(t, x) < \rho$. 那么由条件 (v), 有

$$Q[V(\tau_m)] \leqslant Q[V(\tau_m^-)] \leqslant u(a(t_0, \delta)).$$

从而有

$$Q[V(t)] \leqslant u(a(t_0, \delta)), \quad t_0 \leqslant t \leqslant \tau_m.$$

再证

$$Q[V(t)] \leqslant u(a(t_0, \delta)), \quad \tau_m \leqslant t < \tau_{m+1}. \tag{3.1.12}$$

否则, 类似定理 3.1.1 的证明, 必存在 $t_3 \in (\tau_m, \tau_{m+1})$, 使

$$Q[V(t_3)] = u(a(t_0, \delta)), Q[V(t_3)] > Q[V(t_3 + s)], \quad s \in [-r, 0) \quad 且 \ D^+ Q[V(t_3)] > 0.$$

由上述证明可知 $h(t_3, x(t_3)) < \rho$, 根据条件 (iv) 有 $D^+ Q[V(t_3)] \leqslant 0$, 得矛盾. 所以 (3.1.12) 式成立.

由 (v) 得

$$Q[V(\tau_{m+1})] \leqslant Q[V(\tau_{m+1}^-)] \leqslant u(a(t_0, \delta)).$$

类似可证

$$Q[V(t)] \leqslant u(a(t_0, \delta)), \quad t \geqslant t_0.$$

再利用条件 (iii) 得

$$b(h(t, x)) \leqslant Q[V(t)] < b(\varepsilon), \quad t \geqslant t_0.$$

所以

$$h(t, x) < \varepsilon, \quad t \geqslant t_0.$$

即系统 (3.1.1) 是 (h_0, h) 稳定的.

定理 3.1.3　若在定理 3.1.2 的条件中, 除将 (iii) 中 $a \in CK$ 改为 $a \in K$ 外, 其他条件仍成立, 则可得系统 (3.1.1) 是 (h_0, h) 一致稳定的.

证明　若 $a \in K$, 则类似定理 3.1.2, 选取适当 $\delta = \delta(\varepsilon), \lambda_0 > 0$, 使 $a(\lambda_0) < \lambda$, 其中 δ 与 λ_0 均与 t_0 无关, 并满足 $\max\{u(a(\delta)), b(\varphi(\delta))\} \leqslant b(\varepsilon)$. 以下定理证明类似定理 3.1.2, 则可得系统 (3.1.1) 是 (h_0, h) 一致稳定的.

例 3.1.1 考虑脉冲泛函微分系统

$$
\begin{cases}
x_1'(t) = -\left[x_1(t) - \dfrac{x_1(t-r)}{2}\right]x_2^2(t)\mathrm{e}^{-t}\varphi(t,x_1,x_2), & t \neq \tau_k, \\[2mm]
x_2'(t) = \dfrac{\beta}{2}x_1^2(t)x_2(t)\varphi(t,x_1,x_2) + \dfrac{x_2(t)}{2}\mathrm{e}^{-t}, & t \neq \tau_k, \\[2mm]
x_1(t) = \dfrac{1}{2}x_1(t^-), & t = \tau_k, \\[2mm]
x_2(t) = \dfrac{1}{2}x_2(t^-), & t = \tau_k,
\end{cases}
\tag{3.1.13}
$$

其中 $\varphi(t,x_1,x_2) \geqslant 0$ 是连续函数, $\beta > 0, t > 0, x = (x_1,x_2)^{\mathrm{T}}$. 选取

$$
V = (v_1,v_2)^{\mathrm{T}}, \quad v_1 = x_1^2, \quad v_2 = \mathrm{e}^{-t}x_2^2.
$$

若有

$$
V(t+s,x(t+s)) \leqslant V(t,x(t)), \quad s \in [-r,0],
$$

则可推出

$$
v_1(t+s,x(t+s)) \leqslant v_1(t,x(t)),
$$

所以 $|x_1(t+s)| \leqslant |x_1(t)|$. 因为

$$
\begin{aligned}
D^+v_1 &= 2x_1x_1' = -2\left[x_1^2 - \frac{x_1(t)x_1(t-r)}{2}\right]x_2^2(t)\mathrm{e}^{-t}\varphi(t,x_1,x_2) \\
&= -2x_1^2(t)x_2^2(t)\mathrm{e}^{-t}\varphi(t,x_1,x_2) + x_1(t)x_1(t-r)x_2^2(t)\mathrm{e}^{-t}\varphi(t,x_1,x_2) \\
&\leqslant -2x_1^2(t)x_2^2(t)\mathrm{e}^{-t}\varphi(t,x_1,x_2) + x_1^2(t)x_2^2(t)\mathrm{e}^{-t}\varphi(t,x_1,x_2) \\
&= -x_1^2(t)x_2^2(t)\mathrm{e}^{-t}\varphi(t,x_1,x_2) \leqslant 0,
\end{aligned}
\tag{3.1.14}
$$

$$
\begin{aligned}
D^+v_2 &= -\mathrm{e}^{-t}x_2^2(t) + \mathrm{e}^{-t}[\beta x_1^2(t)x_2^2(t)\varphi(t,x_1,x_2)] + \mathrm{e}^{-2t}x_2^2(t) \\
&\leqslant \beta x_1^2(t)x_2^2(t)\mathrm{e}^{-t}\varphi(t,x_1,x_2) \\
&= -\beta D^+v_1.
\end{aligned}
\tag{3.1.15}
$$

可见, 无法利用向量 Lyapunov 函数法得到系统 (3.1.13) 的稳定性.

下面利用锥值 Lyapunov 函数方法. 令 $Q(\omega) = \omega_1$, $Q_0(\omega) = \omega_2 + (1+\beta)\omega_1$, $\omega = (\omega_1,\omega_2)^{\mathrm{T}}$, $h = x_1^2(t)$, $h_0 = x_{1t}^2 + x_{2t}^2$, $h^0 = \max\limits_{-r \leqslant s \leqslant 0}[x_1^2(t+s) + x_2^2(t+s)]$. 选取锥

$$
Z = \{d_1(1,\beta)^{\mathrm{T}} + d_2(0,1)^{\mathrm{T}}, \ d_i \geqslant 0, i = 1,2\}.
$$

那么, 在 Z 上, 当 $Q[V(t+s)] \leqslant Q[V(t)]$ 时有 $v_1(t+s) \leqslant_z v_1(t)$, 即 $x_1^2(t) - x_1^2(t+s) \in Z$, 则可得 $|x_1(t)| \geqslant |x_1(t+s)|$. 根据 (3.1.14) 可知 $0 - D^+v_1 \geqslant 0$, 再由 (3.1.15) 知

$0 - D^+ v_2 \geqslant 0 - (-\beta D^+ v_1) = \beta D^+ v_1$. 取 $d_1 = -D^+ v_1 \geqslant 0, d_2 = -D^+ v_2 - \beta D^+ v_1 \geqslant 0$.
则有 $0 - D^+ V \in Z$, 即 $D^+ V \leqslant_z 0$, 即有 $D^+ Q[V] \leqslant 0$. 选取 $u(s) = s, \varphi(s) = s, b(s) = s$. 则当 $h(t, x) < \rho$ 时有

$$Q[V(t, x)] = v_1(t, x) \geqslant b(h(t, x)).$$

当 $h^0(t, x) < \rho_0 < \rho$ 时有

$$Q_0[V(t, x)] = \mathrm{e}^{-t} x_2^2(t) + (1 + \beta) x_1^2 \leqslant (1 + \beta)(x_1^2 + x_2^2) \leqslant (1 + \beta) h^0(t, x),$$

当 $h(t, x) < \rho$ 时有

$$Q[V(\tau_k)] = v_1(\tau_k, x + I_k(x)) = x_1^2(\tau_k) = \frac{1}{4} x_1^2(\tau_k^-) = v_1(\tau_k^-, x(\tau_k^-)) = Q[V(\tau_k^-)],$$

且存在 $\rho_1 < \rho$, 当 $h(\tau_k^-, x(\tau_k^-)) < \rho_1$ 时有

$$h(\tau_k, x(\tau_k^-) + I_k(x(\tau_k^-))) = x_1^2(\tau_k) = \frac{1}{4} x_1^2(\tau_k^-) \leqslant h(\tau_k^-, x(\tau_k^-)) < \rho_1 < \rho.$$

因此满足定理 3.1.3 的所有条件, 即系统 (3.1.13) 是 (h_0, h) 一致稳定的.

3.2　具 p 时滞的脉冲泛函微分系统的稳定性

考虑脉冲泛函微分系统

$$\begin{cases} x'(t) = f(t, \tilde{x}_t), & t \geqslant t_0, \quad t \neq \tau_k, \\ x(t) = x(t^-) + I_k(x(t^-)), & t = \tau_k, \quad k = 1, 2, \cdots, \\ \tilde{x}_{t_0} = \varphi, \end{cases} \tag{3.2.1}$$

其中 x' 表示 x 在 t 处的右导数,

$$\tilde{x}_t(\theta) = x(p(t, \theta)), \quad r > 0,$$

$$\tilde{x}_{t_0}(\theta) = x(p(t_0, \theta)) = \varphi(\theta), \quad \theta \in [-r, 0].$$

$p(t, \theta)$ 称为 p 函数, 若满足下列条件:
(i) $p(t, \theta)$ 是定义在 $[t_0, +\infty) \times [-r, 0]$ 上的实值连续函数;
(ii) 对固定的 t, $p(t, \theta)$ 关于 θ 严格单增;
(iii) $p(t, 0) = t, t \in [t_0, +\infty)$;
(iv) $p(t, 0) - p(t, -r) \geqslant \lambda > 0, t \in [t_0, +\infty)$, λ 为某一常数;
(v) $p(t, -r)$ 关于 t 非减.

对于系统 (3.2.1), 有如下假设:

(H1) 对所有 $k \in N = \{1, 2, \cdots\}$, $I_k(x) \in C(R^n, R^n)$, 且 $0 < \tau_1 < \tau_2 < \cdots < \tau_k < \cdots$, $\lim\limits_{k \to +\infty} \tau_k = +\infty$;

(H2) $\varphi \in PC[-r, 0] \doteq PC$, 定义 $\|\varphi\| = \max\{|\varphi(s)| : -r \leqslant s \leqslant 0\}$, 其中 $|\cdot|$ 为 R^n 中的范数;

(H3) $f : R_+ \times PC \to R^n$, f 在 $[\tau_{k-1}, \tau_k) \times PC$ 上连续, 对于 $\varphi \in PC$, $k \in N$, $\lim\limits_{(t,\varphi) \to (\tau_k^-, \varphi)} f(t, \varphi) = f(\tau_k^-, \varphi)$ 存在, 且 f 在 PC 的任意一紧集上关于 φ 满足局部 Lipschitz 条件;

(H4) $f(t, 0) \equiv 0$, $I_k(0) \equiv 0$, $k \in N$, 保证系统 (3.2.1) 的零解存在.

另外, 总假定 f, I_k 满足一定条件以保证系统 (3.2.1) 的解整体存在唯一. 系统 (3.2.1) 过 (t_0, φ) 的解记为 $x(t) = x(t, t_0, \varphi)$, $t \geqslant p(t_0, -r)$.

定义 3.2.1 对给定的 $(t_0, \varphi) \in R_+ \times PC$, $T > t_0$, 称 $x(t) = x(t, t_0, \varphi)$ 是系统 (3.2.1) 过 (t_0, φ) 在 $[p(t_0, -r), T)$ 上的一个解, 若满足

(i) $x'(t) = f(t, \tilde{x}_t)$, $t \in [t_0, T)$, 其中 x' 表示 x 在 t 处的右导数;

(ii) $x(s) = \varphi(q(t_0, s))$, $p(t_0, -r) \leqslant s \leqslant t_0$, 其中 $q(t_0, s) = p^{-1}(t_0, s)$ 是函数 $s = p(t_0, \theta)$ 的反函数;

(iii) 对任意 $\tau_k \in [t_0, T), k \in N$, $x(\tau_k) = x(\tau_k^-) + I_k(x(\tau_k^-))$.

定义 3.2.2 设函数 $V : R_+ \times R^n \to R_+$, 若 $V(t, x)$ 满足

(i) 对所有 $k \in N$, V 在 $[\tau_{k-1}, \tau_k) \times R^n$ 上连续, $\lim\limits_{(t,y) \to (\tau_k^-, x)} V(t, y) = V(\tau_k^-, x)$ 存在;

(ii) $V(t, x)$ 关于 x 满足局部 Lipschitz 条件.

则称 $V \in v_0$.

设 $V \in v_0$, 对任意 $(t, x) \in [\tau_{k-1}, \tau_k) \times R^n$, 定义 V 沿系统 (3.2.1) 的解 $x(t)$ 的 Dini 导数

$$D^+ V(t, x(t)) = \limsup_{h \to 0^+} \frac{1}{h} [V(t + h, x(t) + h f(t, \tilde{x}_t)) - V(t, x(t))].$$

为方便起见, 引入下列记号:

$K = \{a \in C[R_+, R_+] : a(0) = 0 \text{ 且 } a(s) \text{ 关于 } s \text{ 严格单增}\}$,

$CK = \{a \in C[R_+^2, R_+] : \text{对每个 } t \in R_+, a(t, \cdot) \in K\}$,

$\Gamma = \{h \in C[R_+ \times R^n, R_+] : \inf\limits_{(t,x)} h(t, x) = 0, (t, x) \in R_+ \times R^n\}$,

$PC[a, b] = \{\varphi : [a, b] \to R^n, \varphi(t) \text{ 至多有有限个第一类间断点 } \tau_k, \text{ 且 } \varphi(\tau_k^+) = \varphi(\tau_k)\}$,

$\Omega = \{\omega(t, u) : \omega \in C([\tau_{k-1}, \tau_k) \times R_+, R_+), k \in N, \text{ 对 } \forall x \in R_+, k \in N,$

$$\lim_{(t,u) \to (\tau_k^-, x)} \omega(t, u) = \omega(\tau_k^-, x) 存在\},$$

$$\Omega_1 = \{\varphi \in C[R_+, R_+] : \varphi(s) \geqslant s, \ s > 0\},$$

$$\Omega_2 = \{H \in C[R_+, R_+] : H(0) = 0, \ H(s) > 0, \ s > 0\},$$

$$\Omega_3 = \{\psi \in C[R_+, R_+] : \psi(s) > s, \ s > 0\},$$

$$S(h, \rho) = \{(t, x) : h(t, x) < \rho\}.$$

在给出两个测度的稳定性定义之前, 先给出两个测度的关系.

定义 3.2.3　设 $h^0, h \in \Gamma$, 称

(i) h^0 比 h 好, 若存在 $\delta > 0$, 存在 $\varphi \in CK$, 使当 $h^0(t, x) < \delta$ 时有 $h(t, x) \leqslant \varphi(t, h^0(t, x))$;

(ii) h^0 比 h 一致好, 若 (i) 中 $\varphi \in K$.

定义 3.2.4　设 $V : R_+ \times R^n \to R_+$ 且 $V \in v_0$, 称 $V(t, x)$ 为

(i) h 定正, 若存在 $\rho > 0$ 及函数 $b \in K$, 使当 $h(t, x) < \rho$ 时有

$$b(h(t, x)) \leqslant V(t, x);$$

(ii) h^0 渐小, 若存在 $\delta > 0$ 及函数 $a \in K$, 使当 $h^0(t, x) < \delta$ 时有

$$V(t, x) \leqslant a(h^0(t, x));$$

(iii) h^0 弱渐小, 若 (ii) 中 $a \in CK$.

下面给出系统 (3.2.1) 关于两个测度的稳定性定义. 设 $h^0 \in \Gamma$, $\varphi \in PC$, 定义

$$h_0(t, \varphi) = \max_{-r \leqslant \theta \leqslant 0} h^0(p(t, \theta), \varphi(\theta)).$$

定义 3.2.5　设 $h^0, h \in \Gamma, x(t) = x(t, t_0, \varphi)$ 是系统 (3.2.1) 的任意解, 系统 (3.2.1) 称为

(i) (h_0, h) 稳定的, 若对任意的 $\varepsilon > 0$, $t_0 \in R_+$, 存在 $\delta = \delta(t_0, \varepsilon) > 0$, 使当 $h_0(t_0, \varphi) < \delta$ 时有 $h(t, x(t)) < \varepsilon$, $t \geqslant t_0$;

(ii) (h_0, h) 一致稳定的, 若 (i) 中 δ 与 t_0 无关;

(iii) (h_0, h) 吸引的, 若对任意的 $t_0 \in R_+$, 存在 $\delta = \delta(t_0) > 0$, 对任意的 $\varepsilon > 0$, 存在 $T = T(t_0, \varepsilon) > 0$, 使当 $h_0(t_0, \varphi) < \delta$ 时有 $h(t, x(t)) < \varepsilon$, $t \geqslant t_0 + T$;

(iv) (h_0, h) 一致吸引的, 若 (iii) 中 δ 和 T 都与 t_0 无关;

(v) (h_0, h) 渐近稳定的, 若 (i) 和 (iii) 同时成立;

(vi) (h_0, h) 一致渐近稳定的, 若 (ii) 和 (iv) 同时成立.

注 3.2.1　当 $h_0(t, \varphi) = \|\varphi\|$, $h^0(t, x) = h(t, x) = |x|$ 时, 定义 3.2.5 可转化为系统 (3.2.1) 的通常意义下的稳定性定义.

注 3.2.2 适当选取上述定义中的 h^0, h_0, h, 可以得到其他相应的稳定性定义, 从而将多种稳定性统一起来, 如轨道稳定性、部分稳定性、不变集的稳定性等.

接下来, 利用 Lyapunov 函数方法结合 Razumikhin 技巧给出 p 滞后型脉冲泛函微分系统关于两个测度的稳定性、一致稳定性、一致渐近稳定性定理. 首先给出一个引理, 并由引理得到一个比较结果.

引理 3.2.1 假设

(i) $V : [p(t_0, -r), +\infty) \times R^n \to R_+$, $V \in v_0$, $w \in \Omega$, 对于系统 (3.2.1) 的任意解 $x(t) = x(t, t_0, \varphi)$, 当 $V(s, x(s)) \leqslant V(t, x(t))$, $p(t, -r) \leqslant s \leqslant t$, $t \geqslant t_0$ 时有

$$D^+V(t, x(t)) \leqslant w(t, V(t, x(t))), \quad t \neq \tau_k;$$

(ii) 对每一个 $k \in N$, 存在函数 $\psi_k \in \Omega_1$, 且 ψ_k 非减, 使得

$$V(\tau_k, x + I_k(x)) \leqslant \psi_k(V(\tau_k^-, x));$$

(iii) 设 $r(t) = r(t, t_0, u_0)$ 是如下比较系统

$$\begin{cases} u'(t) = w(t, u), \quad t \geqslant t_0, \ t \neq \tau_k, \\ u(\tau_k) = \psi_k(u(\tau_k^-)), \quad k \in N, \\ u(t_0) = u_0 \geqslant 0 \end{cases}$$

在 $[t_0, +\infty)$ 上的最大解. 则当 $\max\limits_{p(t_0, -r) \leqslant s \leqslant t_0} V(s, x(s)) \leqslant u_0$ 时有

$$V(t, x(t)) \leqslant r(t, t_0, u_0), \quad t \geqslant t_0.$$

证明 设 $x(t) = x(t, t_0, \varphi)$ 是系统 (3.2.1) 的任意解. 为方便起见, 不妨设 $0 \leqslant t_0 < \tau_1$.

首先证明

$$V(t, x(t)) \leqslant r_1(t, t_0, u_0), \quad t \in [t_0, \tau_1), \tag{3.2.2}$$

其中 $r_1(t, t_0, u_0)$ 是比较系统在 $[t_0, \tau_1)$ 上过 (t_0, u_0) 的最大解.

若结论不成立, 则存在 $t^* \in (t_0, \tau_1)$, 使得

$$V(t^*, x(t^*)) = r_1(t^*), \quad V(t, x(t)) \leqslant r(t), \quad t \in [t_0, t^*),$$

且

$$D^+V(t^*, x(t^*)) > \dot{r}_1(t^*). \tag{3.2.3}$$

由 $w \geqslant 0$ 知 $r_1(t)$ 单调不减, 由 t^* 的取法, 当 $s \in [t_0, t^*]$ 时, 有

$$V(s, x(s)) \leqslant r_1(s) \leqslant r_1(t^*) = V(t^*, x(t^*)). \tag{3.2.4}$$

若 $p(t^*, -r) < t_0$, 则当 $s \in [p(t^*, -r), t_0)$ 时, 有

$$V(s, x(s)) \leqslant u_0 \leqslant r_1(t^*) = V(t^*, x(t^*)).$$

结合 (3.2.4) 式得

$$V(s, x(s)) \leqslant V(t^*, x(t^*)), \quad s \in [p(t^*, -r), t^*].$$

由条件 (i) 得

$$D^+ V(t^*, x(t^*)) \leqslant w(t^*, V(t^*, x(t^*))) = w(t^*, r_1(t^*)) = \dot{r}_1(t^*),$$

这与 (3.2.3) 矛盾, 故 (3.2.2) 成立.

由条件 (ii) 有

$$V(\tau_1, x(\tau_1^-) + I_k(x(\tau_1^-))) \leqslant \psi_1(V(\tau_1^-, x(\tau_1^-))) \leqslant \psi_1(r_1(\tau_1^-, t_0, u_0))$$
$$= r_1(\tau_1, t_0, u_0) \doteq r_1,$$

$$V(t, x(t)) \leqslant r_1(t) \leqslant r_1(\tau_1^-) \leqslant \psi_1(r_1(\tau_1^-)) = r_1, \quad t \in [t_0, \tau_1).$$

若 $p(\tau_1, -r) < t_0$, 则当 $t \in [p(\tau_1, -r), t_0)$ 时有

$$V(t, x(t)) \leqslant u_0 \leqslant r_1.$$

故有

$$\max_{p(\tau_1, -r) \leqslant t \leqslant \tau_1} V(t, x(t)) \leqslant r_1.$$

类似 (3.2.2) 的证明, 有

$$V(t, x(t)) \leqslant r_2(t, \tau_1, r_1), \quad t \in [\tau_1, \tau_2),$$

其中 $r_2(t, \tau_1, r_1)$ 是比较系统在 $[\tau_1, \tau_2)$ 上过 (τ_1, r_1) 的最大解.

以此类推, 可得

$$V(t, x(t)) \leqslant r_k(t, \tau_{k-1}, r_{k-1}), \quad t \in [\tau_{k-1}, \tau_k),$$

其中 $r_k(t, \tau_{k-1}, r_{k-1})$ 是比较系统在 $[\tau_{k-1}, \tau_k)$ 上过 (τ_{k-1}, r_{k-1}) 的最大解. 令

$$r(t, t_0, u_0) = \begin{cases} r_1(t, t_0, u_0), & t \in [t_0, \tau_1), \\ r_2(t, \tau_1, r_1), & t \in [\tau_1, \tau_2), \\ \quad \cdots\cdots\cdots\cdots \\ r_k(t, \tau_{k-1}, r_{k-1}), & t \in [\tau_{k-1}, \tau_k), \\ \quad \cdots\cdots\cdots\cdots \end{cases}$$

显然 $r(t, t_0, u_0)$ 是比较系统的最大解, 且有

$$V(t, x(t)) \leqslant r(t, t_0, u_0), \quad t \geqslant t_0.$$

证毕.

注 3.2.3 文献 [27] 已给出类似本引理不带脉冲的有关结果, 本引理是文献 [27] 中引理 3.1 的推广.

由引理 3.2.1 可得如下一个比较结果.

定理 3.2.1 设

(i) $h^0, h \in \Gamma, h^0$ 比 h 一致好;

(ii) $V \in v_0, V$ 是 h 定正, h^0 渐小的;

(iii) 对系统 (3.2.1) 的任意解 $x(t) = x(t, t_0, \varphi)$, 当 $V(s, x(s)) \leqslant V(t, x(t))$, $p(t, -r) \leqslant s \leqslant t$, $t \geqslant t_0$ 时, 有

$$D^+ V(t, x(t)) \leqslant w(t, V(t, x(t))), \quad t \neq \tau_k, \quad (t, x(t)) \in S(h, \rho),$$

其中 w 的定义同引理 3.2.1;

(iv) $V(\tau_k, x + I_k(x)) \leqslant \psi_k(V(\tau_k^-, x)), \quad (\tau_k^-, x), (\tau_k, x + I_k(x)) \in S(h, \rho), \quad k \in N$, 其中 ψ_k 的定义同引理 3.2.1;

(v) 存在 $0 < \rho_0 < \rho$, 使当 $(t^-, x) \in S(h, \rho_0)$ 时有 $(t, x + I_k(x)) \in S(h, \rho), \quad k \in N$. 则由比较系统的零解的稳定性或一致稳定性可推出系统 (3.2.1) 相应的 (h_0, h) 稳定性.

证明 设比较系统的零解一致稳定, 下证系统 (3.2.1) 是 (h_0, h) 一致稳定的. 由 $V(t, x)$ 是 h 定正的, 存在 $0 < \sigma < \rho$, $b \in K$, 使得

$$b(h(t, x)) \leqslant V(t, x), \quad (t, x) \in S(h, \sigma). \tag{3.2.5}$$

由 $V(t, x)$ 是 h^0 渐小的, 存在 $\lambda > 0$, $a \in K$, 使得

$$V(t, x) \leqslant a(h^0(t, x)), \quad (t, x) \in S(h^0, \lambda). \tag{3.2.6}$$

设对任意的 $0 < \varepsilon < \min\{\sigma, \rho_0\}$, 对任意的 $\forall t_0 \in R_+$, 由比较系统的零解一致稳定: 对 $b(\varepsilon) > 0$, 存在 $\delta_1 = \delta_1(\varepsilon) < b(\varepsilon)$, 使当 $0 \leqslant u_0 \leqslant \delta_1$ 时, 有

$$u(t, t_0, u_0) < b(\varepsilon), \quad t \geqslant t_0, \tag{3.2.7}$$

其中 $u(t, t_0, u_0)$ 是比较系统的任意解.

由条件 (i), 存在 $\varphi_0 \in K$, $\delta_0 > 0$, 使得

$$h(t, x) \leqslant \varphi_0(h^0(t, x)), \quad (t, x) \in S(h^0, \delta_0).$$

取

$$u_0 = \max_{p(t_0,-r) \leqslant s \leqslant t_0} V(s, x(s)), \quad 0 < \delta < \min\{\delta_0, \lambda, \varphi_0^{-1}(\sigma)\},$$

使 $a(\delta) < \delta_1$. 设 $h_0(t_0, \varphi) < \delta$, 则

$$h^0(p(t_0, s), \varphi(s)) \leqslant h_0(t_0, \varphi) < \delta, \quad s \in [-r, 0],$$

且

$$h(p(t_0, s), x(p(t_0, s))) \leqslant \varphi_0(\delta) < \sigma, \quad s \in [-r, 0].$$

(注意当 $s \in [-r, 0]$ 时有 $x(p(t_0, s)) = \varphi(s)$). 由 (3.2.6) 有

$$V(s, x(s)) \leqslant a(h^0(s, x(s))) \leqslant a(h_0(t_0, \varphi)) < a(\delta) < \delta_1, \quad p(t_0, -r) \leqslant s \leqslant t_0,$$

故有 $u_0 < \delta_1$. 由 (3.2.5), (3.2.7) 得

$$b(h(t, x(t))) \leqslant V(t, x(t)) \leqslant u_0 < b(\varepsilon), \quad p(t_0, -r) \leqslant t \leqslant t_0.$$

因此

$$h(t, x(t)) < \varepsilon, \quad t \in [p(t_0, -r), t_0].$$

下证对系统 (3.2.1) 的任意解 $x(t) = x(t, t_0, \varphi)$, 当 $h_0(t_0, \varphi) < \delta$ 时, 有

$$h(t, x(t)) < \varepsilon, \quad t \geqslant t_0.$$

否则, 存在系统 (3.2.1) 的某个满足 $h_0(t_0, \varphi) < \delta$ 的解 $x(t) = x(t, t_0, \varphi)$, 存在 $t^* > t_0$: $\tau_k \leqslant t^* < \tau_{k+1}$(某个 k), 使得

$$h(t^*, x(t^*)) \geqslant \varepsilon, \quad h(t, x(t)) < \varepsilon, \quad t \in [t_0, \tau_k).$$

由于 $0 < \varepsilon < \rho_0$, 由条件 (v) 知

$$h(\tau_k, x(\tau_k)) = h(\tau_k, x(\tau_k^-) + I_k(x(\tau_k^-))) < \rho.$$

这样存在 $t^0 : \tau_k \leqslant t^0 \leqslant t^*$, 使得

$$\varepsilon \leqslant h(t^0, x(t^0)) < \rho.$$

由条件 (iii), (iv) 及引理 3.2.1 得

$$V(t, x(t)) \leqslant r(t, t_0, u_0), \quad t \in [t_0, t^0],$$

其中 $r(t, t_0, u_0)$ 是比较系统的最大解.

由 (3.2.5), (3.2.7) 得

$$b(\varepsilon) \leqslant b(h(t^0, x(t^0))) \leqslant V(t^0, x(t^0)) < b(\varepsilon),$$

矛盾, 故系统 (3.2.1) 是 (h_0, h) 一致稳定的.

若设比较系统的零解稳定, 则在上述证明中取 $\delta_1 = \delta_1(t_0, \varepsilon)$ 与 t_0 有关, 类似可得系统 (3.2.1)(h_0, h) 稳定. 证毕.

推论 3.2.1 在定理 3.2.1 中, 若令

(1) $w(t, u) \equiv 0$, $\psi_k(u) = d_k u$, $d_k \geqslant 1$, $k \in N$, 若 $d = \prod\limits_{k=1}^{\infty} d_k$ 收敛, 则系统 (3.2.1) 是 (h_0, h) 一致稳定的. 特别地, 取 $d_k = 1$, $k \in N$, 结论显然成立.

(2) $w(t, u) = \lambda'(t)u$, $\lambda \in C^1(R_+, R_-)$, $R_- = (-\infty, 0]$, $\psi_k(u) = d_k u$, $d_k \geqslant 1$, $k \in N$, 若 $\lambda'(t) \geqslant 0$, $d = \prod\limits_{k=1}^{\infty} d_k$ 收敛, 则系统 (3.2.1) 是 (h_0, h) 稳定的.

定理 3.2.2 假设

(i) $h^0, h \in \Gamma$, $h(t, x) \leqslant \varphi_0(h^0(t, x))$, $(t, x) \in S(h^0, \delta_0)$, $\delta_0 > 0$, $\varphi_0 \in K$;

(ii) $V : [p(t_0, -r), +\infty) \times R^n \to R_+$, $V \in v_0$, 满足

$$b(h(t, x)) \leqslant V(t, x), \quad (t, x) \in S(h, \rho),$$
$$V(t, x) \leqslant a(h^0(t, x)), \quad (t, x) \in S(h^0, \delta_0),$$

其中 $a, b \in K$, $\varphi_0(\delta_0) < \rho$;

(iii) 对系统 (3.2.1) 的任意解 $x(t) = x(t, t_0, \varphi)$, 当

$$(t, x(t)) \in S(h, \rho), \quad V(s, x(s)) < P(V(t, x(t))), \quad p(t, -r) \leqslant s \leqslant t, \ t \geqslant t_0$$

时, 有

$$D^- V(t, x(t)) \leqslant 0, \quad t \neq \tau_k,$$

其中 $P \in C[R_+, R_+]$, $P(s) > s$, $s > 0$;

(iv) $V(\tau_k, x + I_k(x)) \leqslant V(\tau_k^-, x)$, $(\tau_k^-, x), (\tau_k, x + I_k(x)) \in S(h, \rho)$, $k \in N$;

(v) 存在 $0 < \rho_0 < \rho$, 当 $h(t^-, x) < \rho_0$ 时, 有 $h(t, x + I_k(x)) < \rho$, $t = \tau_k$, $k \in N$.
则系统 (3.2.1) 是 (h_0, h) 一致稳定的.

证明 设对任意的 $\varepsilon : 0 < \varepsilon < \rho_0$, 取 $\delta = \delta(\varepsilon) < \delta_0$, 使 $a(\delta) < b(\varepsilon)$, $\varphi_0(\delta) < \varepsilon$. 对任意的 $t_0 \in R_+$, 不妨设 $t_0 \in [\tau_{m-1}, \tau_m)$, m 为某个正整数, 则当 $h_0(t_0, \varphi) < \delta$ 时有

$$h^0(p(t_0, s), \varphi(s)) \leqslant h_0(t_0, \varphi) < \delta < \delta_0, \quad s \in [-r, 0]. \tag{3.2.8}$$

下证当 $h_0(t_0, \varphi) < \delta$ 时有

$$h(t, x(t)) < \varepsilon, \quad t \geqslant t_0,$$

其中 $x(t) = x(t, t_0, \varphi)$ 是系统 (3.2.1) 的任意解. 否则, 存在系统 (3.2.1) 的满足 $h_0(t_0, \varphi) < \delta$ 的某个解 $x(t) = x(t, t_0, \varphi)$, 存在 $t_1 > t_0$, 使

$$h(t_1, x(t_1)) \geqslant \varepsilon, \quad h(t, x(t)) < \varepsilon, \quad t_0 \leqslant t < t_1. \tag{3.2.9}$$

记 $V(t) = V(t, x(t))$, 首先由条件 (ii) 及 (3.2.8) 得

$$V(t) \leqslant a(h^0(t, x(t))) < a(\delta) < b(\varepsilon), \quad p(t_0, -r) \leqslant t \leqslant t_0.$$

下证

$$V(t) < b(\varepsilon), \quad t_0 \leqslant t \leqslant t_1. \tag{3.2.10}$$

反证, 否则考虑下面两种情况:

(A) 存在 $t^* \in (t_0, t_1]$, 使 $t_0 < t^* < \tau_m$, 满足 $V(t^*) \geqslant b(\varepsilon)$, 这样由 $V(t)$ 在 $[t_0, \tau_m)$ 上的连续性, 存在 $\tilde{t} \in (t_0, t^*]$, 使

$$V(\tilde{t}) = b(\varepsilon), \quad V(t) < b(\varepsilon), \quad t \in [t_0, \tilde{t}) \; 且 D^- V(\tilde{t}) > 0.$$

但由 $\tilde{t}$ 的选择有

$$V(s) < V(\tilde{t}) < P(V(\tilde{t})), \quad p(\tilde{t}, -r) \leqslant s \leqslant \tilde{t},$$

且 $h(\tilde{t}, x(\tilde{t})) < \varepsilon < \rho$. 由条件 (iii) 得 $D^- V(\tilde{t}) \leqslant 0$, 矛盾.

(B) 存在 $t^* \in (t_0, t_1]$, 使 $\tau_{m+k} \leqslant t^* < \tau_{m+k+1}$ (某个 $k \in N$), 使得

$$V(t^*) \geqslant b(\varepsilon), \quad V(t) < b(\varepsilon), \quad t_0 \leqslant t < \tau_{m+k}.$$

由条件 (iv) 知

$$V(\tau_{m+k}) \leqslant V(\tau_{m+k}^-) < b(\varepsilon),$$

故 $t^* \neq \tau_{m+k}$, 从而存在 $\tilde{t} \in (\tau_{m+k}, t^*]$, 使

$$V(\tilde{t}) = b(\varepsilon), \quad V(t) < V(\tilde{t}), \quad t_0 \leqslant t < \tilde{t}.$$

类似 (A) 的证明同样得矛盾, 故 (3.2.10) 成立.

另一方面, 由于 $h(t_1^-, x) < \varepsilon < \rho_0$, 由条件 (v) 得 $h(t_1, x(t_1)) < \rho$, 即 $(t_1, x(t_1)) \in S(h, \rho)$, 故有

$$V(t_1, x(t_1)) \geqslant b(h(t_1, x(t_1))) \geqslant b(\varepsilon),$$

矛盾, 故系统 (3.2.1)(h_0, h) 一致稳定. 证毕.

定理 3.2.3　若将定理 3.2.2 中的条件 (iv) 改为

(iv*) $V(\tau_k, x + I_k(x)) \leqslant (1 + b_k)V(\tau_k^-, x)$, 　$(\tau_k^-, x), (\tau_k, x + I_k(x)) \in S(h, \rho)$, 　$k \in N$,

其中 $b_k \geqslant 0$, $\displaystyle\sum_{k=1}^{\infty} b_k < \infty$; 其他条件不变, 则仍得系统 (3.2.1) 是 (h_0, h) 一致稳定的.

证明　记 $M = \displaystyle\prod_{k=1}^{\infty}(1 + b_k)$, 由 $\displaystyle\sum_{k=1}^{\infty} b_k < \infty$ 知 $1 \leqslant M < \infty$. 设对任意的 $\varepsilon \in (0, \rho_0)$, 取 $\delta = \delta(\varepsilon) < \delta_0$, 使 $Ma(\delta) < b(\varepsilon)$, $\varphi_0(\delta) < \varepsilon$. 对任意的 $t_0 \in R_+$, 仍设 $t_0 \in [\tau_{m-1}, \tau_m)$, 则当 $h_0(t_0, \varphi) < \delta$ 时有 (3.2.8) 成立.

要证当 $h_0(t_0, \varphi) < \delta$ 时有 $h(t, x(t)) < \varepsilon$, $t \geqslant t_0$. 反证, 否则有 (3.2.9) 成立. 记 $V(t) = V(t, x(t))$, 下证

$$V(t) < Ma(\delta), \quad t \in [t_0, t_1].$$

考虑两种情况:

(A) 若 $t_1 \in (t_0, \tau_m)$, 则 $V(t)$ 在 $[t_0, t_1]$ 上连续. 若上式不成立, 则存在 $\tilde{t} \in (t_0, t_1]$, 使

$$V(\tilde{t}) = Ma(\delta), \quad V(t) < Ma(\delta), \quad t \in [t_0, \tilde{t}), \quad 且\ D^-V(\tilde{t}) > 0.$$

类似定理 3.2.2(A) 的证明可得矛盾.

(B) 若 $t_1 \in [\tau_{m+k}, \tau_{m+k+1})$(某个 $k \in N$). 先证 $V(t) < a(\delta)$, $t \in [t_0, \tau_m)$. 类似 (A) 易得结论.

再由 (iv*) 得

$$V(\tau_m) \leqslant (1 + b_m)V(\tau_m^-) < (1 + b_m)a(\delta),$$

即

$$V(t) < (1 + b_m)a(\delta), \quad t \in [t_0, \tau_m].$$

同理可证

$$V(t) < (1 + b_{m+k}) \cdots (1 + b_m)a(\delta), \quad t \in [t_0, \tau_{m+k+1}).$$

故有

$$V(t) < (1 + b_{m+k}) \cdots (1 + b_m)a(\delta) < Ma(\delta) < b(\varepsilon), \quad t \in [t_0, t_1].$$

另一方面

$$V(t_1) \geqslant b(h(t_1, x(t_1))) \geqslant b(\varepsilon),$$

矛盾, 故系统 (3.2.1) 是 (h_0, h) 一致稳定的. 证毕.

注 3.2.4　若将定理 3.2.2 和定理 3.2.3 的条件 (ii) 中的 $a \in K$ 改为 $a \in CK$, 且 $a(t, \cdot)$ 关于 t 非减, 则可得系统 (3.2.1) 是 (h_0, h) 稳定的.

证明类似定理 3.2.2 和定理 3.2.3 可得.

下面给出关于系统 (3.2.1)(h_0, h) 一致渐近稳定的结果.

定理 3.2.4　若将定理 3.2.2 中的条件 (i) 和 (iii) 分别改为

(i*) $h^0, h \in \Gamma$, $h(t, x) = \varphi_0(h^0(t, x))$, $(t, x) \in S(h^0, \delta_0)$, $\delta_0 > 0$, $\varphi_0 \in K$;

(iii*) 对系统 (3.2.1) 的任意解 $x(t) = x(t, t_0, \varphi)$, 当

$$(t, x(t)) \in S(h, \rho), \quad V(s, x(s)) < P(V(t, x(t))),$$
$$\max\{p(t, -r), t - q(V(t, x(t)))\} \leqslant s \leqslant t$$

时, 有

$$D^- V(t, x(t)) \leqslant -H(h^0(t, x(t))), \quad t \neq \tau_k,$$

其中 P 的定义同定理 3.2.2, $H \in \Omega_2$, $q \in \Omega_2$, 且 $q(s)$ 非增; 其他条件不变, 则可得系统 (3.2.1) 是 (h_0, h) 一致渐近稳定的.

这里只证下面更为一般的定理.

定理 3.2.5　设

(i) $h^0, h \in \Gamma$, $h(t, x) = \varphi_0(h^0(t, x))$, $(t, x) \in S(h^0, \delta_0)$, $\delta_0 > 0$, $\varphi_0 \in K$;

(ii) $V : [p(t_0, -r), +\infty) \times R^n \to R_+$, $V \in v_0$, 满足

$$b(h(t, x)) \leqslant V(t, x), \quad (t, x) \in S(h, \rho),$$
$$V(t, x) \leqslant a(h^0(t, x)), \quad (t, x) \in S(h^0, \delta_0),$$

其中 $a, b \in K$, $\varphi_0(\delta_0) < \rho$;

(iii) $V(\tau_k, x + I_k(x)) \leqslant (1 + b_k) V(\tau_k^-, x)$, $(\tau_k^-, x), (\tau_k, x + I_k(x)) \in S(h, \rho)$, $k \in N$, 其中 $b_k \geqslant 0, \sum_{k=1}^{\infty} b_k < \infty$;

(iv) 对系统 (3.2.1) 的任意解 $x(t) = x(t, t_0, \varphi)$, 当

$$(t, x(t)) \in S(h, \rho), \quad V(s, x(s)) < P(V(t, x(t))),$$
$$\max\{p(t, -r), t - q(V(t, x(t)))\} \leqslant s \leqslant t$$

时, 有

$$D^- V(t, x(t)) \leqslant -H(h^0(t, x(t))), \quad t \neq \tau_k,$$

其中 $P \in C[R_+, R_+]$, $P(s) > Ms$, $s > 0$, $M = \prod_{k=1}^{\infty}(1 + b_k)$, $H \in \Omega_2$, $q \in \Omega_2$, 且 $q(s)$ 非增;

(v) 存在 $0 < \rho_0 < \rho$, 当 $h(t^-, x) < \rho_0$ 时, 有 $h(t, x + I_k(x)) < \rho$, $t = \tau_k$, $k \in N$. 则系统 (3.2.1) 是 (h_0, h) 一致渐近稳定的.

证明 由定理 3.2.3 易知, 系统是 (h_0, h) 一致稳定的. 故对 $\varepsilon = \rho_0$, 存在 $\delta = \delta(\rho_0) > 0$, 使 $Ma(\delta) = b(\rho_0)$, 对任意的 $t_0 \in R_+$, 当 $h_0(t_0, \varphi) < \delta$ 时, 有

$$h(t, x(t)) < \rho_0, \quad \text{且} \ V(t, x(t)) \leqslant Ma(\delta), \quad t \geqslant t_0,$$

其中 $x(t) = x(t, t_0, \varphi)$ 是系统 (3.2.1) 的任意解. 对任意的 $\varepsilon : 0 < \varepsilon < \rho_0$, 令

$$\xi = \inf\{P(s) - Ms : M^{-1}b(\varepsilon) \leqslant s \leqslant Ma(\delta)\}.$$

设 N 是使 $Ma(\delta) < b(\varepsilon) + N\xi$ 成立的最小正整数. 令

$$l = \inf\{H(s) : a^{-1}(M^{-1}b(\varepsilon)) \leqslant s \leqslant \varphi_0^{-1}(\rho_0)\},$$
$$h = \max\left\{\frac{Ma(\delta)(1 + \bar{M}) + 1}{l}, \ q(M^{-1}b(\varepsilon))\right\},$$

其中 $\bar{M} = \sum_{k=1}^{+\infty} b_k$. 令 $t_i = t_0 + 2ih$, $i = 0, 1, \cdots, N$, 记 $V(t) = V(t, x(t))$.

下证

$$V(t) < b(\varepsilon) + (N - i)\xi, \quad t \geqslant t_i, \quad i = 0, 1, \cdots, N. \tag{3.2.11}$$

由于 $V(t) \leqslant Ma(\delta) \leqslant b(\varepsilon) + N\xi$, $t \geqslant t_0$, 故 (3.2.11) 对 $i = 0$ 显然成立. 假设 (3.2.11) 对某个 $i : 0 \leqslant i < N$ 成立, 下证

$$V(t) < b(\varepsilon) + (N - i - 1)\xi, \quad t \geqslant t_{i+1}. \tag{3.2.12}$$

先证存在 $\bar{t} \in [t_i + h, t_{i+1}] = I_i$, 使

$$V(\bar{t}) < M^{-1}[b(\varepsilon) + (N - i - 1)\xi]. \tag{3.2.13}$$

否则, 对任意的 $t \in I_i$, 有

$$V(t) \geqslant M^{-1}[b(\varepsilon) + (N - i - 1)\xi].$$

这样

$$M^{-1}b(\varepsilon) \leqslant V(t) \leqslant Ma(\delta), \quad \forall \, t \in I_i. \tag{3.2.14}$$

从而, 当 $\max\{p(t, -r), \ t - q(V(t))\} \leqslant s \leqslant t$ 时, 有

$$P(V(t)) \geqslant MV(t) + \xi \geqslant b(\varepsilon) + (N - i)\xi > V(s).$$

由条件 (i), (ii) 及式 (3.2.14) 得

$$a^{-1}(M^{-1}b(\varepsilon)) \leqslant h^0(t, x(t)) \leqslant \varphi_0^{-1}(\rho_0).$$

故由条件 (iv), 对任意的 $t \in I_i$, 有

$$D^- V(t) \leqslant -H(h^0(t, x(t))) < -l.$$

对上式从 $t_i + h$ 到 t 积分得

$$V(t) \leqslant V(t_i + h) - l(t - t_i - h) + \sum_{t_i + h \leqslant \tau_k < t} [V(\tau_k) - V(\tau_k^-)]$$

$$\leqslant Ma(\delta) - l(t - t_i - h) + \sum_{k=1}^{\infty} b_k V(\tau_k^-)$$

$$\leqslant Ma(\delta)(1 + \bar{M}) - l(t - t_i - h).$$

取 $t = t_{i+1}$, 则

$$V(t_{i+1}) \leqslant Ma(\delta)(1 + \bar{M}) - l\frac{Ma(\delta)(1 + \bar{M}) + 1}{l} = -1 < 0,$$

矛盾, 故 (3.2.13) 成立.

　　令 $q = \min\{k : \tau_k > \bar{t}\}$. 下证

$$V(t) < M^{-1}[b(\varepsilon) + (N - i - 1)\xi], \quad \bar{t} \leqslant t < \tau_q. \tag{3.2.15}$$

反证, 若不然, 则存在 $\tilde{t} \in (\bar{t}, \tau_q)$, 使

$$V(\tilde{t}) \geqslant M^{-1}[b(\varepsilon) + (N - i - 1)\xi] > V(\bar{t}),$$

因此, 存在 $t^* \in (\bar{t}, \tilde{t})$, 使得 $D^- V(t^*) > 0$, 并满足

$$V(t^*) \geqslant M^{-1}[b(\varepsilon) + (N - i - 1)\xi], \quad V(t) \leqslant V(t^*), \quad t \in [\bar{t}, t^*].$$

则当 $\max\{p(t^*, -r), \ t^* - q(V(t^*))\} \leqslant s \leqslant t^*$ 时, 由 $M^{-1}b(\varepsilon) \leqslant V(t^*) \leqslant Ma(\delta)$ 得

$$P(V(t^*)) \geqslant MV(t^*) + \xi \geqslant b(\varepsilon) + (N - i)\xi > V(s).$$

故由条件 (iv) 得 $D^- V(t^*) \leqslant 0$, 矛盾, 从而 (3.2.15) 成立.

　　由 (3.2.15) 及条件 (iii) 得

$$V(\tau_q) \leqslant (1 + b_q)V(\tau_q^-) < (1 + b_q)M^{-1}[b(\varepsilon) + (N - i - 1)\xi].$$

类似可证

$$V(t) < M^{-1}(1+b_q)\cdots(1+b_{q+j})[b(\varepsilon) + (N-i-1)\xi], \quad \tau_{q+j} \leqslant t < \tau_{q+j+1},$$

$$V(\tau_{q+j+1}) < M^{-1}(1+b_q)\cdots(1+b_{q+j+1})[b(\varepsilon) + (N-i-1)\xi], \quad j = 0, 1, \cdots,$$

故有 $V(t) < b(\varepsilon) + (N-i-1)\xi$, $t \geqslant \bar{t}$, 从而 (3.2.12) 成立. 由归纳法, (3.2.11) 对所有 $i = 0, 1, \cdots, N$ 成立.

对式 (3.2.11) 取 $i = N$ 得

$$V(t) < b(\varepsilon), \quad t \geqslant t_N = t_0 + 2Nh.$$

取 $T = 2Nh$, 结合条件 (ii) 得

$$h(t, x(t)) < \varepsilon, \quad t \geqslant t_0 + T.$$

从而系统 (3.2.1) 是 (h_0, h) 一致渐近稳定的. 证毕.

推论 3.2.2　若定理 3.2.5 的条件 (iii) 改为 $D^-V(t, x(t)) \leqslant -H(h(t, x(t)))$. 则结论仍成立.

证明　只需取 $l = \inf\{H(s): \varphi_0(a^{-1}(M^{-1}b(\varepsilon))) \leqslant s \leqslant \rho_0\}$ 即可. 证毕.

在定理 3.2.5 的条件 (i) 中要求 h^0, h 的关系等号成立的条件太强, 为减弱这一条件, 可作如下改进:

推论 3.2.3　若将定理 3.2.5 中条件 (iii) 的导数条件改为

$$D^-V(t, x(t)) \leqslant -H(V(t, x(t))), \quad t \neq \tau_k,$$

而条件 (i) 减弱为

(i*) $h^0, h \in \Gamma$, $h(t, x) \leqslant \varphi_0(h^0(t, x))$, $(t, x) \in S(h^0, \delta_0)$.

则仍得系统 (3.2.1) 是 (h_0, h) 一致渐近稳定的.

证明　只需取 $l = \inf\{H(s): M^{-1}b(\varepsilon) \leqslant s \leqslant Ma(\delta)\}$ 即可. 证毕.

定理 3.2.6　假设

(i) $h^0, h \in \Gamma$, $h(t, x) \leqslant \varphi_0(h^0(t, x))$, $(t, x) \in S(h^0, \delta_0)$, $\delta_0 > 0$, $\varphi_0 \in K$;

(ii) $V: [p(t_0, -r), +\infty) \times R^n \to R_+$, $V \in v_0$, 满足

$$b(h(t, x)) \leqslant V(t, x), \quad (t, x) \in S(h, \rho),$$
$$V(t, x) \leqslant a(h^0(t, x)), \quad (t, x) \in S(h^0, \delta_0),$$

其中 $a, b \in K$, $\varphi_0(\delta_0) < \rho$;

(iii) $V(\tau_k, x + I_k(x)) \leqslant \psi(V(\tau_k^-, x))$, $(\tau_k^-, x), (\tau_k, x + I_k(x)) \in S(h, \rho)$, $k \in N$, 其中 $\psi \in \Omega_3$, $\psi(0) = 0$, 且 $\psi(s)$ 单调不减;

(iv) 存在 $\lambda > 0, \mu > 0$, 使得 $3\lambda \leqslant \tau_k - \tau_{k-1} \leqslant \mu$, $k \in N$, 且对系统 (3.2.1) 的任意解 $x(t)$, 当

$$(t, x(t)) \in S(h, \rho), \quad V(s, x(s)) \leqslant \psi(V(t, x(t))), \quad \max\{p(t, -r), \ t - \lambda\} \leqslant s \leqslant t$$

时, 有

$$D^- V(t, x(t)) \leqslant -g(t) H(V(t, x(t))), \quad t \neq \tau_k,$$

其中 $g : [t_0, \infty) \to R_+$ 是局部可积的, $H \in \Omega_2$ 且 $H(s)$ 非减;

(v) 存在 $B > 0$, 对任意的 $\sigma > 0$, 满足

$$\inf_{t \geqslant t_0} \int_t^{t+\lambda} g(s)\mathrm{d}s \geqslant B, \quad \int_\sigma^{\psi(\sigma)} \frac{du}{H(u)} < B;$$

(vi) 存在 $0 < \rho_0 < \rho$, 当 $h(t^-, x) < \rho_0$ 时, 有 $h(t, x + I_k(x)) < \rho$, $t = \tau_k$, $k \in N$. 则系统 (3.2.1) 是 (h_0, h) 一致渐近稳定的.

证明　对任意的 $\varepsilon \in (0, \rho_0)$, 取 $0 < \delta = \delta(\varepsilon) < \delta_0$, 使 $\psi(a(\delta)) < b(\varepsilon)$, $\varphi_0(\delta) < \varepsilon$. 对任意的 $t_0 \in R_+$, 不妨设 $t_0 \in [\tau_{m-1}, \tau_m)$, m 为某个正整数, 则当 $h_0(t_0, \varphi) < \delta$ 时, 有

$$h^0(p(t_0, s), \varphi(s)) \leqslant h_0(t_0, \varphi) < \delta < \delta_0, \quad s \in [-r, 0]. \tag{3.2.16}$$

下证当 $h_0(t_0, \varphi) < \delta$ 时有

$$h(t, x(t)) < \varepsilon, \quad t \geqslant t_0,$$

其中 $x(t) = x(t, t_0, \varphi)$ 是系统 (3.2.1) 过 (t_0, φ) 的任意解.

反证. 若结论不成立, 则存在系统 (3.2.1) 满足 $h_0(t_0, \varphi) < \delta$ 的某个解 $x(t) = x(t, t_0, \varphi)$, 存在 $t_1 > t_0$, 使得

$$h(t_1, x(t_1)) \geqslant \varepsilon, \quad h(t, x(t)) < \varepsilon, \quad t_0 \leqslant t < t_1.$$

记 $V(t) = V(t, x(t))$. 首先由条件 (ii) 及 (3.2.16) 得

$$V(t) \leqslant a(h^0(t, x(t))) < a(\delta) < \psi(a(\delta)) < b(\varepsilon), \quad p(t_0, -r) \leqslant t \leqslant t_0.$$

下证

$$V(t) \leqslant \psi(a(\delta)), \quad t_0 \leqslant t \leqslant t_1.$$

分两种情况考虑:

(1) 若 $t_1 \in (t_0, \tau_m)$, 则 $V(t)$ 在 $[t_0, t_1]$ 上连续. 若上式不成立, 则存在 $\tilde{t} \in (t_0, t_1]$, 使得

$$V(\tilde{t}) > \psi(a(\delta)), \quad V(t) < V(\tilde{t}), \quad t \in [t_0, \tilde{t}), \quad \text{且 } D^- V(\tilde{t}) > 0.$$

但由 $\tilde{t}$ 的选择有

$$V(s) \leqslant V(\tilde{t}) < \psi(V(\tilde{t})), \quad p(\tilde{t}, -r) \leqslant s \leqslant \tilde{t},$$

且 $h(\tilde{t}, x(\tilde{t})) < \varepsilon < \rho$. 故由条件 (iv) 得 $D^- V(\tilde{t}) \leqslant -g(\tilde{t}) H(V(\tilde{t})) < 0$, 矛盾.

(2) 若 $t_1 \in [\tau_{m+k}, \tau_{m+k+1})$ (某个 $k \in N$). 先证

$$V(t) < a(\delta), \quad t \in [t_0, \tau_m). \tag{3.2.17}$$

类似 (1) 的证明可得 (3.2.17) 成立. 再由条件 (iii) 得

$$V(\tau_m) \leqslant \psi(V(\tau_m^-)) < \psi(a(\delta)).$$

类似可得

$$V(t) \leqslant \psi(a(\delta)), \quad \tau_m \leqslant t < \tau_{m+1}. \tag{3.2.18}$$

下证式 (3.2.18) 对 $t = \tau_{m+1}$ 成立. 首先证明存在 $r_1 \in [\tau_m, \tau_{m+1})$, 使得

$$\psi(V(r_1)) < \psi(a(\delta)). \tag{3.2.19}$$

若不然, 有

$$\psi(V(t)) \geqslant \psi(a(\delta)), \quad t \in [\tau_m, \tau_{m+1}). \tag{3.2.20}$$

由式 (3.2.17), (3.2.18) 及 (3.2.20) 得

$$V(s) \leqslant \psi(a(\delta)) \leqslant \psi(V(t)), \quad p(t, -r) \leqslant s \leqslant t, \quad \tau_m \leqslant t < \tau_{m+1}.$$

从而由条件 (iv) 得

$$D^- V(t) \leqslant -g(t) H(V(t)), \quad \tau_m \leqslant t < \tau_{m+1}.$$

故有

$$\int_{V(\tau_{m+1}^-)}^{V(\tau_m)} \frac{\mathrm{d}u}{H(u)} \geqslant \int_{\tau_m}^{\tau_{m+1}} g(s) \mathrm{d}s \geqslant \int_{\tau_m}^{\tau_m + \lambda} g(s) \mathrm{d}s \geqslant B.$$

另一方面, 由 (3.2.18), (3.2.20) 式得

$$V(\tau_m) \leqslant \psi(a(\delta)) \leqslant \psi(V(\tau_{m+1}^-)).$$

这样由条件 (v) 得

142

第 3 章 非线性脉冲微分系统的稳定性理论

$$\int_{V(\tau_{m+1}^-)}^{V(\tau_m)} \frac{\mathrm{d}u}{H(u)} \leqslant \int_{V(\tau_{m+1}^-)}^{\psi(V(\tau_{m+1}^-))} \frac{\mathrm{d}u}{H(u)} < B,$$

矛盾, 故 (3.2.19) 式成立.

再证

$$\psi(V(t)) \leqslant \psi(a(\delta)), \quad r_1 \leqslant t < \tau_{m+1}. \tag{3.2.21}$$

否则, 假设存在 $\bar{t} \in (r_1, \tau_{m+1})$, 使得

$$\psi(V(\bar{t})) > \psi(a(\delta)) > \psi(V(r_1)),$$

即 $V(\bar{t}) > a(\delta) > V(r_1)$. 由 $V(t)$ 在 $[r_1, \bar{t}]$ 上的连续性, 存在 $t^* \in (r_1, \bar{t})$, 使得

$$V(t^*) = a(\delta), \quad D^- V(t^*) > 0, \quad V(t) < V(t^*), \quad t \in [r_1, t^*).$$

结合 (3.2.17), (3.2.18) 式得

$$V(s) \leqslant \psi(a(\delta)) = \psi(V(t^*)), \quad p(t^*, -r) \leqslant s \leqslant t^*.$$

这样由条件 (iv) 可知 $D^- V(t^*) \leqslant 0$, 矛盾, 故 (3.2.21) 成立. 又由条件 (iii) 得

$$V(\tau_{m+1}) \leqslant \psi(V(\tau_{m+1}^-)) \leqslant \psi(a(\delta)).$$

从而 (3.2.18) 式对 $t = \tau_{m+1}$ 也成立.

类似可得

$$V(t) \leqslant \psi(a(\delta)), \quad \tau_{m+1} \leqslant t \leqslant \tau_{m+2}.$$

以此类推, 可得

$$V(t) \leqslant \psi(a(\delta)), \quad \tau_{m+i} \leqslant t \leqslant \tau_{m+i+1}, \quad i = 0, 1, \cdots, k.$$

从而上式不成立. 特别地, 有

$$V(t_1) \leqslant \psi(a(\delta)) < b(\varepsilon).$$

但另一方面, 由条件 (ii) 知

$$V(t_1) \geqslant b(h(t_1, x(t_1))) \geqslant b(\varepsilon),$$

矛盾, 故系统 (3.2.1) 是 (h_0, h) 一致稳定的.

下面证明系统 (3.2.1) 是 (h_0, h) 一致吸引的.

由 (h_0, h) 一致稳定: 对 $\varepsilon = \rho_0$, 存在 $\delta = \delta(\rho_0) > 0$, 使 $\psi(a(\delta)) = b(\rho_0)$, 对任意的 $t_0 \in R_+$, 当 $h_0(t_0, \varphi) < \delta$ 时, 有

$$h(t, x(t)) < \rho_0, \quad V(t) < \psi(a(\delta)), \quad t \geqslant p(t_0, -r),$$

其中 $x(t) = x(t, t_0, \varphi)$ 是系统 (3.2.1) 的任意解.

对任意的 $\varepsilon \in (0, \rho_0)$, 令 $d = \inf\{\psi(s) - s : b(\varepsilon) \leqslant s \leqslant \psi(a(\delta))\}$. 设 N 是使 $\psi(a(\delta)) < b(\varepsilon) + Nd$ 成立的最小正整数.

下面证明对所有 $i = 0, 1, \cdots, N$, 存在 $t_i \in [\tau_{m+i}, \tau_{m+i} + \lambda]$, 使得

$$V(t) < b(\varepsilon) + (N - i)d, \quad t \geqslant t_i, \quad i = 0, 1, \cdots, N. \tag{3.2.22}$$

显然 (3.2.22) 式对 $i = 0$ 成立. 假设 (3.2.22) 式对某个 $i : 0 \leqslant i < N$ 成立.

下证 (3.2.22) 式对 $i + 1$ 成立, 即证存在 $t_{i+1} \in [\tau_{m+i+1}, \tau_{m+i+1} + \lambda]$, 使得

$$V(t) < b(\varepsilon) + (N - i - 1)d, \quad t \geqslant t_{i+1}.$$

为证上式, 先证存在 $t_{i+1} \in [\tau_{m+i+1}, \tau_{m+i+1} + \lambda]$ 满足

$$V(t_{i+1}) < b(\varepsilon) + (N - i - 1)d. \tag{3.2.23}$$

若不然, 则有

$$V(t) \geqslant b(\varepsilon) + (N - i - 1)d, \quad t \in [\tau_{m+i+1}, \tau_{m+i+1} + \lambda].$$

这样, 当

$$\max\{p(t, -r), t - \lambda\} \leqslant s \leqslant t, \quad t \in [\tau_{m+i+1}, \tau_{m+i+1} + \lambda]$$

时, 有

$$V(s) < b(\varepsilon) + (N - i)d \leqslant V(t) + d < \psi(V(t)).$$

由条件 (iv) 得

$$D^- V(t) \leqslant -g(t)H(V(t)), \quad t \in [\tau_{m+i+1}, \tau_{m+i+1} + \lambda].$$

两边积分, 利用条件 (v) 得

$$\int_{V(\tau_{m+i+1}+\lambda)}^{V(\tau_{m+i+1})} \frac{\mathrm{d}u}{H(u)} \geqslant \int_{\tau_{m+i+1}}^{\tau_{m+i+1}+\lambda} g(s)\mathrm{d}s \geqslant B.$$

另一方面, 由于

$$V(\tau_{m+i+1}) < b(\varepsilon) + (N - i)d \leqslant V(\tau_{m+i+1} + \lambda) + d < \psi(V(\tau_{m+i+1} + \lambda)),$$

再由条件 (v) 得

$$\int_{V(\tau_{m+i+1}+\lambda)}^{V(\tau_{m+i+1})} \frac{\mathrm{d}u}{H(u)} \leqslant \int_{V(\tau_{m+i+1}+\lambda)}^{\psi(V(\tau_{m+i+1}+\lambda))} \frac{\mathrm{d}u}{H(u)} < B,$$

矛盾, 故 (3.2.23) 成立.

再证

$$V(t) < b(\varepsilon) + (N - i - 1)d, \quad t_{i+1} \leqslant t < \tau_{m+i+2}. \tag{3.2.24}$$

若上式不成立, 则存在 $\tilde{t} \in (t_{i+1}, \tau_{m+i+2})$, 使得

$$V(\tilde{t}) \geqslant b(\varepsilon) + (N - i - 1)d > V(t_{i+1}).$$

类似前面的讨论, 存在 $t^* \in (t_{i+1}, \tilde{t}]$, 使得

$$V(t^*) = b(\varepsilon) + (N - i - 1)d, \quad D^- V(t^*) > 0.$$

从而

$$V(s) < b(\varepsilon) + (N - i)d = V(t^*) + d < \psi(V(t^*)), \quad \max\{p(t^*, -r),\ t^* - \lambda\} \leqslant s \leqslant t^*.$$

由条件 (iv) 得 $D^- V(t^*) \leqslant 0$, 矛盾, 故 (3.2.24) 式成立.

下面证明存在 $t_{i+1}^* \in [t_{i+1} + \lambda, \tau_{m+i+2})$, 使得

$$\psi(V(t_{i+1}^*)) < b(\varepsilon) + (N - i - 1)d. \tag{3.2.25}$$

否则有

$$\psi(V(t)) \geqslant b(\varepsilon) + (N - i - 1)d, \quad t \in [t_{i+1} + \lambda, \tau_{m+i+2}).$$

结合 (3.2.24) 式有

$$V(s) < \psi(V(t)), \quad \max\{p(t, -r),\ t - \lambda\} \leqslant s \leqslant t, \quad t \in [t_{i+1} + \lambda, \tau_{m+i+2}).$$

由条件 (iv) 得

$$D^- V(t) \leqslant -g(t)H(V(t)), \quad t \in [t_{i+1} + \lambda, \tau_{m+i+2}).$$

两边积分, 注意到由条件 (v) 有

$$\int_{V(\tau_{m+i+2}^-)}^{V(t_{i+1}+\lambda)} \frac{\mathrm{d}u}{H(u)} \geqslant \int_{t_{i+1}+\lambda}^{\tau_{m+i+2}} g(s)\mathrm{d}s \geqslant \int_{t_{i+1}+\lambda}^{t_{i+1}+2\lambda} g(s)\mathrm{d}s \geqslant B.$$

另一方面, 由于

$$V(t_{i+1} + \lambda) < b(\varepsilon) + (N - i - 1)d \leqslant \psi(V(\tau_{m+i+2}^-)),$$

再由条件 (v) 得

$$\int_{V(\tau_{m+i+2}^-)}^{V(t_{i+1}+\lambda)} \frac{\mathrm{d}u}{H(u)} \leqslant \int_{V(\tau_{m+i+2}^-)}^{\psi(V(\tau_{m+i+2}^-))} \frac{\mathrm{d}u}{H(u)} < B,$$

矛盾, 故 (3.2.25) 成立.

再证

$$\psi(V(t)) < b(\varepsilon) + (N-i-1)d, \quad t_{i+1}^* \leqslant t < \tau_{m+i+2}. \tag{3.2.26}$$

若不然, 则存在 $\bar{t} \in (t_{i+1}^*, \tau_{m+i+2})$, 使得

$$\psi(V(\bar{t})) \geqslant b(\varepsilon) + (N-i-1)d > \psi(V(t_{i+1}^*)).$$

这样存在 $\hat{t} \in (t_{i+1}^*, \bar{t}]$ 及 $\check{t} \in (\hat{t}, \bar{t}]$, 满足

$$\psi(V(\hat{t})) = b(\varepsilon) + (N-i-1)d, \quad D^- V(\check{t}) > 0, \quad V(\hat{t}) < V(\check{t}).$$

注意到 $\check{t} - \lambda > t_{i+1}^* - \lambda \geqslant t_{i+1}$, 由 (3.2.24) 得

$$V(s) < b(\varepsilon) + (N-i-1)d = \psi(V(\hat{t})) \leqslant \psi(V(\check{t})), \quad \max\{p(\check{t}, -r), \check{t} - \lambda\} \leqslant s \leqslant \check{t}.$$

故由条件 (iv) 得 $D^- V(\check{t}) \leqslant 0$, 矛盾, 故 (3.2.26) 式成立.

又由条件 (iii) 知

$$V(\tau_{m+i+2}) \leqslant \psi(V(\tau_{m+i+2}^-)) < b(\varepsilon) + (N-i-1)d.$$

因而 (3.2.24) 式对 $t = \tau_{m+i+2}$ 也成立.

类似可知

$$V(t) < b(\varepsilon) + (N-i-1)d, \quad \tau_{m+i+2} \leqslant t \leqslant \tau_{m+i+3}.$$

以此类推可得

$$V(t) < b(\varepsilon) + (N-i-1)d, \quad \tau_{m+i+j} \leqslant t \leqslant \tau_{m+i+j+1}, \quad j = 2, 3, \cdots.$$

从而 (3.2.22) 式对 $i+1$ 成立. 由归纳法, (3.2.22) 对所有 $i = 0, 1, \cdots, N$ 成立.

特别地, 取 $i = N$ 得 $V(t) < b(\varepsilon)$, $t \geqslant t_{m+N}$, 即

$$V(t) < b(\varepsilon), \quad t \geqslant \tau_{m+N+1}.$$

取 $T = T(\varepsilon) = (N+2)\mu$, 由 $\tau_k - \tau_{k-1} \leqslant \mu$ 有

$$t_0 + T = t_0 + (N+2)\mu \geqslant \tau_{m-1} + (N+2)\mu \geqslant \tau_m + (N+1)\mu \geqslant \cdots \geqslant \tau_{m+N+1}.$$

从而

$$b(h(t,x(t))) \leqslant V(t,x(t)) < b(\varepsilon), \quad t \geqslant t_0 + T,$$

即

$$h(t,x(t)) < \varepsilon, \quad t \geqslant t_0 + T.$$

从而系统 (3.2.1) 是 (h_0,h) 一致渐近稳定的. 证毕.

从定理 3.2.6 的证明过程可以看出, 若将条件 (iv) 稍加改动, 可得如下 (h_0,h) 一致稳定结果.

推论 3.2.4　若将定理 3.2.6 的条件 (iv) 改为

(iv*) 存在 $\lambda > 0$, 使得 $\tau_k - \tau_{k-1} \geqslant \lambda$, $k \in N$, 且对系统 (3.2.1) 的任意解 $x(t)$, 当

$$(t,x(t)) \in S(h,\rho), \quad V(s,x(s)) \leqslant \psi(V(t,x(t))), \quad p(t,-r) \leqslant s \leqslant t$$

时, 有

$$D^-V(t,x(t)) \leqslant -g(t)H(V(t,x(t))), \quad t \neq \tau_k,$$

其中 g, H 的定义同定理 3.2.6 中条件 (iv). 则系统 (3.2.1) 是 (h_0,h) 一致稳定的.

下面的定理是关于系统 (3.2.1)(h_0,h) 一致渐近稳定的结果.

定理 3.2.7　假定系统 (3.2.1) 是 (h_0,h) 一致稳定的, $V : p(t_0,-r) \times R^n \to R_+$, $V \in v_0$, 且有下列条件成立:

(i) $h^0, h \in \Gamma$, $h(t,x) \leqslant \varphi_0(h^0(t,x))$, $(t,x) \in S(h^0,\delta_0)$, $\delta_0 > 0$, $\varphi_0 \in K$;

(ii) $b(h(t,x)) \leqslant V(t,x) \leqslant a(h^0(t,x))$, $(t,x) \in S(h,\rho)$, 其中 $a,b \in K$, $\varphi_0(\delta_0) < \rho$;

(iii) 设 $x(t) = x(t,t_0,\varphi)$ 是系统 (3.2.1) 的任意解, 存在 $T^* > 0$, 对任意的 $R > 0$, 存在 $\lambda = \lambda(R) > 0$ 及 $g \in C[R,R_+]$, 使当

$$h(t,x(t)) < R, \quad P(V(t,x(t))) > V(s,x(s)), \quad \max\{p(t,-r),\ t-\lambda\} \leqslant s \leqslant t$$

时, 有

$$D^-V(t,x(t)) \leqslant -F(t,h^0(t,x(t))) + g(t), \quad t > T^*,\ t \neq \tau_k,\ k \in N,$$

其中 $P \in C[R_+,R_+], P(s) > s, s > 0$, 且当 $h^0(t,x(t)) \geqslant \sigma > 0$ 时, 有 $F(t,h^0(t,x(t))) \geqslant \psi(t,\sigma) \geqslant 0$, 这里 $\psi(t,\sigma)$ 是可测的;

(iv) 对任意的 $\sigma > 0$, $\lim\limits_{q \to \infty} \inf\limits_{t \geqslant 0} \int_t^{t+q} \psi(t,\sigma)\mathrm{d}t = \infty$, $\int_0^\infty g(t)\mathrm{d}t = M < \infty$;

(v) $V(\tau_k, x + I_k(x)) \leqslant V(\tau_k^-, x)$, $(\tau_k^-, x), (\tau_k, x + I_k(x)) \in S(h,\rho)$, $k \in N$;

(vi) 存在 $0 < \rho_0 < \rho$, 使当 $h(t^-,x) < \rho_0$ 时, 有 $h(t,x) < \rho$, $t = \tau_k$, $k \in N$.

则系统 (3.2.1) 是 (h_0,h) 一致渐近稳定的.

证明 由系统 (3.2.1) 是 (h_0, h) 一致稳定的: 对 $\varepsilon = \rho_0$, 存在 $\delta = \delta(\rho_0) > 0$, 使 $a(\delta) = b(\rho_0)$, 对任意的 $t_0 \in R_+$, 当 $h_0(t_0, \varphi) < \delta$ 时, 有

$$h(t, x(t)) < \rho_0, \quad \text{且} \ V(t) < a(\delta), \quad t \geqslant t_0, \tag{3.2.27}$$

其中 $x(t) = x(t, t_0, \varphi)$ 是系统 (3.2.1) 的任意解, $V(t) = V(t, x(t))$.

对任意的 $\varepsilon \in (0, \rho_0)$, 取 $0 < 2\eta < \min\{b(\varepsilon), \inf\limits_{\frac{1}{2}b(\varepsilon) \leqslant s \leqslant a(\delta)} \{P(s) - s\}\}$. 设 N 是使 $b(\varepsilon) + N\eta > a(\delta)$ 成立的最小正整数. 由 $\int_0^\infty g(t)\mathrm{d}t < \infty$ 知, 存在 $T_1 : t_0 + T_1 > T^*$, 使得

$$\int_{t_0 + T_1}^t g(s)\mathrm{d}s < \eta, \quad \forall \, t \geqslant t_0 + T_1.$$

由条件 (iv), 对 $\sigma = a^{-1}\left(\dfrac{1}{2}b(\varepsilon)\right) > 0$, 存在 $T_2 > 0$, 使得

$$\int_t^{t+T_2} \psi(t, \sigma)\mathrm{d}t > a(\delta) + M, \quad \forall t \geqslant 0.$$

取 $R = \rho_0$, 存在 $\lambda = \lambda(\rho_0) > 0$. 令 $t_i = t_0 + i(T_2 + \lambda) + T_1$.

下面证明

$$V(t) < b(\varepsilon) + (N - i)\eta, \quad \forall \, t \geqslant t_i, \quad i = 0, 1, \cdots, N. \tag{3.2.28}$$

当 $i = 0$ 时, 由于 $V(t) < a(\delta) < b(\varepsilon) + N\eta$, (3.2.28) 式显然成立.

假设对某个 $i : 0 \leqslant i < N$, (3.2.28) 式成立, 下证

$$V(t) < b(\varepsilon) + (N - i - 1)\eta, \quad \forall \, t \geqslant t_{i+1}.$$

先证存在 $\bar{t} \in [t_i + \lambda, t_{i+1}] = I_i$, 使得

$$V(\bar{t}) < b(\varepsilon) + (N - i - 2)\eta. \tag{3.2.29}$$

否则, 对任意的 $t \in I_i$, 有

$$V(t) \geqslant b(\varepsilon) + (N - i - 2)\eta. \tag{3.2.30}$$

由 (3.2.27), (3.2.30) 式及 $i < N$, $\eta < \dfrac{1}{2}b(\varepsilon)$ 易得 $\dfrac{1}{2}b(\varepsilon) < V(t) < a(\delta)$, $t \in I_i$. 故当 $\max\{p(t, -r), \ t - \lambda\} \leqslant s \leqslant t$, $t \in I_i$ 时, 有

$$P(V(t)) > V(t) + 2\eta \geqslant b(\varepsilon) + (N - i)\eta > V(s).$$

由条件 (iii) 得

$$D^- V(t) \leqslant -F(t, h^0(t, x(t))) + g(t), \quad t \neq \tau_k, \ k \in N.$$

又由条件 (ii) 知

$$a(h^0(t, x(t))) \geqslant V(t) > \frac{1}{2} b(\varepsilon).$$

故有

$$h^0(t, x(t)) > a^{-1}\left(\frac{1}{2} b(\varepsilon)\right) \doteq \sigma > 0.$$

由 F 的假设得

$$F(t, h(t, x(t))) \geqslant \psi(t, \sigma) \geqslant 0,$$

所以

$$D^- V(t) \leqslant -\psi(t, \sigma) + g(t), \quad \forall \, t \in I_i.$$

从 $t_i + \lambda$ 到 t_{i+1} 积分得

$$V(t_{i+1}) \leqslant V(t_i + \lambda) - \int_{t_i+\lambda}^{t_i+T_2+\lambda} \psi(s, \sigma) \mathrm{d}s$$

$$+ \int_{t_i+\lambda}^{t_i+T_2+\lambda} g(s) \mathrm{d}s + \sum_{t_i+\lambda < \tau_k < t_{i+1}} [V(\tau_k) - V(\tau_k^-)]$$

$$< a(\delta) + M - \int_{t_i+\lambda}^{t_i+T_2+\lambda} \psi(s, \sigma) \mathrm{d}s < 0,$$

矛盾, 故 (3.2.29) 式成立.

再证

$$V(t) < b(\varepsilon) + (N - i - 1)\eta, \quad t \geqslant \bar{t}. \tag{3.2.31}$$

若 (3.2.31) 不成立, 则由条件 (v) 知, 必存在 $t^* > \tilde{t} > \bar{t}$, 使得

$$V(\tilde{t}) = b(\varepsilon) + (N - i - 2)\eta, \quad V(t^*) = b(\varepsilon) + (N - i - 1)\eta,$$

$$V(\tilde{t}) \leqslant V(t) \leqslant V(t^*), \quad t \in [\tilde{t}, t^*].$$

则当 $\max\{p(t, -r), \ t - \lambda\} \leqslant s \leqslant t, \ t \in [\tilde{t}, t^*]$ 时, 有

$$P(V(t)) > V(t) + 2\eta \geqslant V(\tilde{t}) + 2\eta = b(\varepsilon) + (N - i)\eta > V(s).$$

由条件 (iii) 得

$$D^- V(t) \leqslant -F(t, h^0(t, x(t))) + g(t) \leqslant g(t).$$

从 $\tilde{t}$ 到 t^* 积分得

$$V(t^*) \leqslant V(\tilde{t}) + \int_{\tilde{t}}^{t^*} g(s)\mathrm{d}s + \sum_{\tilde{t} \leqslant \tau_j \leqslant t^*} [V(\tau_j) - V(\tau_j^-)]$$
$$< b(\varepsilon) + (N - i - 2)\eta + \eta = V(t^*),$$

矛盾, 故 (3.2.31) 式成立.

由归纳法, (3.2.28) 式对 $i = 0, 1, \cdots, N$ 成立. 取 $i = N$, 得

$$b(h(t, x(t))) \leqslant V(t) < b(\varepsilon), \quad t \geqslant t_N.$$

即

$$h(t, x(t)) < \varepsilon, \quad \forall\, t \geqslant t_N \doteq t_0 + T,$$

其中 $T = N(T_2 + \lambda) + T_1$ 与 t_0 无关. 从而得系统 (3.2.1) 是 (h_0, h) 一致渐近稳定的. 证毕.

推论 3.2.5 若将定理 3.2.7 中的条件 (iii), (iv) 分别改为下述条件:

(iii*) 存在 $T^* > 0$, 对任意的 $\sigma^* \geqslant 0, R > 0$, 存在 $\lambda = \lambda(R) > 0$, 使当

$$h(t, x(t)) < R, \quad P(V(t)) > V(s), \quad \max\{p(t, -r),\, t - \lambda\} \leqslant s \leqslant t$$

时, 有

$$D^-V(t) \leqslant -\gamma(t)[c(h^0(t, x(t))) - \sigma^*], \quad t > T^*, \quad t \neq \tau_k, \quad k \in N,$$

其中 $c \in K, P$ 的定义同定理 3.2.7;

(iv*) $\displaystyle \lim_{T \to \infty} \inf_{t \geqslant 0} \int_t^{t+T} \gamma(s)\mathrm{d}s = \infty.$

则系统 (3.2.1) 仍为 (h_0, h) 一致渐近稳定的.

证明 取 $\sigma^* = \dfrac{1}{2}c(\sigma)$, 对任意的 $\sigma > 0$, 则有

$$\gamma(t)[c(\sigma) - \sigma^*] = \frac{1}{2}\gamma(t)c(\sigma) \doteq \bar{\psi}(t, \sigma), \quad \forall\, t \geqslant T^*.$$

这样定理 3.2.7 条件 (iii) 中的导数条件可写为

$$D^-V(t) \leqslant -\gamma(t)[c(h^0(t, x(t))) - \sigma^*] \doteq -F(t, h^0(t, x(t))),$$

其中, 当 $h^0(t, x(t)) \geqslant \sigma > 0$ 时, 有 $F(t, h^0(t, x(t))) \geqslant \bar{\psi}(t, \sigma)$. 由条件 (iv*) 知定理 3.2.7 的条件 (iv) 显然成立, 这样定理 3.2.7 的条件全部满足, 故结论成立. 证毕.

例 3.2.1　考虑无界滞量脉冲泛函微分系统

$$
\begin{cases}
x'(t) = -c(t)x^3(t) + d(t)x^2(t)x(t - r(t)), & t \neq \tau_k, \\
x(\tau_k) = x(\tau_k^-) + I_k(x(\tau_k^-)), & k \in N,
\end{cases}
\tag{3.2.32}
$$

其中 $c(t), d(t), r(t)$ 均为 $[0, \infty)$ 上的连续函数, $c(t) \geqslant c > 0,\ |d(t)| \leqslant d, r(t) \geqslant \lambda > 0$($\lambda$ 为某一常数), $\lim\limits_{t \to \infty} r(t) = +\infty$, 且 $t - r(t)$ 关于 t 非减.

取 $p(t, \theta) = t + \dfrac{r(t)}{r}\theta,\ \theta \in [-r, 0]$, 则 $p(t, \theta)$ 为 p 函数, 从而系统 (3.2.32) 可化为系统 (3.2.1) 的形式.

现假定 $|x + I_k(x)|^2 \leqslant (1 + b_k)x^2$, 其中 $b_k \geqslant 0$, $\sum\limits_{k=1}^{\infty} b_k < \infty$, $M = \prod\limits_{k=1}^{\infty}(1 + b_k)$, $c > d\sqrt{M}$. 取 $q > 1$, 使 $c - qd\sqrt{M} > 0$.

令

$$
h(t, x) = h^0(t, x) = |x|, \quad h_0(t, \varphi) = \max_{-r \leqslant s \leqslant 0} |\varphi(s)|, \quad \forall\, \varphi \in PC[-r, 0].
$$

取

$$
V(t, x(t)) = V(x(t)) = \frac{1}{2}x^2, \quad P(s) = q^2 M s,
$$

则

$$
P(s) > Ms, \quad s > 0, \quad a(s) = b(s) = \frac{1}{2}s^2, \quad \varphi_0(s) = s.
$$

上述取定的函数显然满足定理 3.2.5 的条件 (i), (ii), (v). 又因为

$$
V(x + I_k(x)) = \frac{1}{2}(x + I_k(x))^2 \leqslant \frac{1}{2}(1 + b_k)x^2 = (1 + b_k)V(x),
$$

故条件 (iv) 满足.

对系统 (3.2.32) 的任意解 $x(t)$, 当

$$
V(x(t + s)) < P(V(x(t))), \quad -r(t) \leqslant s \leqslant 0
$$

时, 有

$$
|x(t + s)| \leqslant q\sqrt{M}|x(t)|.
$$

因此

$$
V'(x(t)) \leqslant -cx^4(t) + d|x^3(t)x(t - r(t))| \leqslant -(c - qd\sqrt{M})x^4(t).
$$

即定理 3.2.5 的条件 (iii) 满足. 从而由定理 3.2.5 知系统 (3.2.32) 是 (h_0, h) 一致渐近稳定的. 证毕.

3.3 具无穷延滞的脉冲泛函微分系统的稳定性

近年来, 关于有界滞量的脉冲泛函微分系统的稳定性研究已有了一些结果, 但对于无穷延滞的脉冲泛函微分系统稳定性的研究还很少. 因此, 这方面还有大量的工作要做. 具无穷延滞的系统与具有界滞量的系统在研究时有着本质的不同, 其主要问题在于区间 $(-\infty, t_0]$ 非紧, 且空间 $C[[-\infty, t_0], R^n]$ 中的有界闭集在解映射下的像也可能是非紧的. 具无穷延滞的脉冲泛函微分系统在空间 $PC[(-\infty, 0], R^n]$ 上也存在这一问题. 因此对具无穷延滞的脉冲泛函微分方程解的稳定性的研究具有重要意义. 在具体研究过程中, 构造适当的 V 函数是比较困难的, 而构造只包含部分变元的函数则相对简单. 根据这种思想, 本节主要利用部分 Lyapunov 函数方法和 Razumikhin 技巧来研究具有无穷延滞脉冲泛函系统的稳定性. 另外, 本节还利用两族部分 Lyapunov 函数给出了全局一致渐近稳定的定理. 最后给出一个例子验证结果的实用性.

主要考虑如下系统

$$\begin{cases} x'(t) = F(t, x_t), & t \neq \tau_k, \\ x(t) = x(t^-) + I_k(x(t^-)), & t = \tau_k, \\ x_{t_0} = \psi_0, & t_0 \geqslant t^\star, \end{cases} \tag{3.3.1}$$

其中 $x_t(s) = x(t+s), t \geqslant t^\star \geqslant a \geqslant -\infty, a$ 可以是 $-\infty, s \in [a, 0], R = (-\infty, \infty), R_+ = [0, \infty)$. 对 $x \in R^n, |\cdot|$ 表示 x 的 Euclid 空间中的模. $x'(t)$ 表示 x 在 t 处的右导数, $t^\star < \tau_k < \tau_{k+1}$, 且满足 $k \to \infty$ 时, $\tau_k \to \infty$,

$$I_k : R^n \to R^n, \quad x(\tau_k^-) = \lim_{t \to \tau_k - 0} x(t).$$

令 $I \subset R$ 是任意区间, 定义

$$PC(I, R^n) = \{x : I \to R^n, x \text{ 在除了点 } t = \tau_k \in I \text{ 外连续},$$

$$\text{且 } x(\tau_k) \text{ 和 } x(\tau_k^+) = \lim_{t \to \tau_k + 0} x(t) \text{ 存在并且 } x(\tau_k^+) = x(\tau_k)\}.$$

对任意 $t \geqslant t^\star, PC([a, t], R^n)$ 记作 $PC(t)$. 定义

$$PCB_H(t) = \{x \in PC(t) : |x| \leqslant H \text{ 是有界的}\}.$$

对任意 $\psi_0 \in PCB_H(t)$, 定义 ψ_0 的模 $\|\psi_0\| = \|\psi_0\|^{[a,t]} = \sup_{a \leqslant s \leqslant t} |\psi_0|$. 对给定 $t_0 \geqslant t^\star, \psi_0 \in PCB_H(t_0)$, 则系统 (3.3.1) 初值条件为 $x(t) = \psi_0(t), a \leqslant t \leqslant t_0$.

总假定 F 满足适当的条件, 以保证解的存在性和唯一性, 且考虑稳定性时, 设

$F(t,0) \equiv 0$, 且 $F(t,\psi_0)$ 对 $[a,\infty) \times PC(t)$ 上有定义, $I_k(0) = 0$, 则系统 (3.3.1) 有零解.

定义 3.3.1　若函数 $x(t)$ 满足: $x(t): [a,b) \to R^n$(对某个 $b: t^* < b \leqslant \infty$) 在 $t \in [a,b) - \{\tau_k, k = 1, 2, \cdots\}$ 上连续, $x(\tau_k^+)$ 和 $x(\tau_k^-)$ 存在, $x(\tau_k^+) = x(\tau_k^-)$ 且满足 (3.3.1), 则称其为系统 (3.3.1) 对初值的一个解.

定义 3.3.2　系统 (3.3.1) 的解 $x(t)$ 是一致有界的: 对任意的 $B_1 > 0$, $t_0 \geqslant t^*$, 存在 $B_2 > 0$, 使得当 $\|\psi_0\|^{[a,t_0]} \leqslant B_1$ 时, 有 $|x(t;t_0,\psi_0)| < B_2, t \geqslant t_0$.

定义 3.3.3　称系统 (3.3.1) 的解 $x(t) \equiv 0$ 是

(i) 稳定的: 对任意的 $t_0 \geqslant t^*$, $\varepsilon > 0$, 存在 $\delta = \delta(t_0, \varepsilon) > 0$, 使得当 $\psi_0 \in PCB_\delta(t_0)$ 时, 有 $|x(t;t_0,\psi_0)| < \varepsilon, t \geqslant t_0$.

(ii) 一致稳定的: 若 (i) 中的 δ 与 t_0 无关.

(iii) 渐近稳定的: 若系统 (3.3.1) 的解是稳定的, 并且对任意的 $t_0 \geqslant t^*$, 存在 $\eta = \eta(t_0) > 0$, 使得当 $\psi_0 \in PCB_\eta(t_0)$ 时, 可推出 $x(t;t_0,\psi_0) \to 0, t \to \infty$.

(iv) 一致渐近稳定的: 若系统 (3.3.1) 的解是一致稳定的, 并且存在 $\eta > 0$, 对任意的 $\varepsilon > 0$, 存在 $T = T(\varepsilon) > 0$, 使得当 $t_0 \geqslant t^*, \psi_0 \in PCB_\eta(t_0)$ 时, 有 $|x(t;t_0,\psi_0)| \leqslant \varepsilon, t \geqslant t_0 + T$.

(v) 全局一致渐近稳定的: 若系统 (3.3.1) 的零解一致稳定, 系统 (3.3.1) 的解一致有界, 且对任意的 $H > 0$, $\varepsilon > 0$, 对任意的 $t_0 \geqslant t^*$, 存在 $T = T(\varepsilon, H) > 0$, 使 $\|\psi_0\|^{[a,t_0]} < H$ 时, 有 $|x(t;t_0,\psi_0)| \leqslant \varepsilon, t \geqslant t_0 + T(\varepsilon, H)$.

将 $x = (x_1, x_2, \cdots, x_n)^{\mathrm{T}}$ 分成 m 个向量 $(1 \leqslant m \leqslant n)$:

$$(x_1^{(1)}, x_2^{(1)}, \cdots, x_{n_1}^{(1)})^{\mathrm{T}}, \cdots, (x_1^{(m)}, x_2^{(m)}, \cdots, x_{n_m}^{(m)})^{\mathrm{T}},$$

使得 $n_1 + n_2 + \cdots + n_m = n$, 且

$$\{x_1^{(1)}, \cdots, x_{n_1}^{(1)}, x_1^{(2)}, \cdots, x_{n_2}^{(2)}, \cdots, x_1^{(m)}, \cdots, x_{n_m}^{(m)}\} = \{x_1, \cdots, x_n\}.$$

为方便起见, 记

$$J = \{1, 2, \cdots, m\}; \quad x^{(j)} = (x_1^{(j)}, x_2^{(j)}, \cdots, x_{n_j}^{(j)})^{\mathrm{T}}, \quad j \in J,$$

及

$$x = (x^{(1)}, x^{(2)}, \cdots, x^{(m)})^{\mathrm{T}}.$$

令

$$|x^{(j)}| = \max\{|x_k^{(j)}| : 1 \leqslant k \leqslant n_j\}, \quad j \in J.$$

从而

$$|x| = \max\{|x^{(j)}| : j \in J\}.$$

定义 3.3.4 函数 $V : R_+ \times R^{n_j} \to R_+$(对某个 $j \in J$) 称为系统 (3.3.1) 的部分 Lyapunov 函数, 若

(i) V 在 $[\tau_{k-1}, \tau_k) \times R^{n_j}$ 上连续, $\lim\limits_{(t, y^{(j)}) \to (\tau_k^-, y^{(j)})} V(t, y^{(j)})$ 存在, $k \in N$;

(ii) $V(t, y^{(j)})$ 关于 $x^{(j)}$ 满足局部 Lipschitz 条件.

V 沿系统 (3.3.1) 的解的导数定义为

$$D^+V(t, x^{(j)}) = \lim_{h \to 0^+} \sup \frac{1}{h}[V(t+h, x^{(j)}(t+h)) - V(t, x^{(j)}(t))],$$

其中 $x(t) = (x^{(1)}(t), x^{(2)}(t), \cdots, x^{(m)}(t))^{\mathrm{T}}$ 为系统 (3.3.1) 的解.

定理 3.3.1 假设存在部分 Lyapunov 函数 $V_j(t, y^{(j)}), (j \in J)$ 及 $q \in PC(R_+, R_+)$, 且 $q(s)$ 不增, $q(s) > 0 (s > 0)$, 满足

(i) $u_j(|x^{(j)}|) \leqslant V_j(t, x^{(j)}) \leqslant v_j(|x^{(j)}|), u_j, v_j \in K, j \in J$;

(ii) 对某个 $\beta_0 > 0$, 任意的 α 满足 $0 < \alpha \leqslant \beta_0$ 及任意 $\lambda > 0$, 存在 $\eta = \eta(\alpha, \beta_0, \lambda) > 0$, 使得当 $V_i(t, x^{(i)}(t)) = \max\{V_j(t, x^{(j)}(t)) : j \in J\}$, 并且满足

$$V_i(t, x^{(i)}(t)) \geqslant \alpha, \quad \sup V_i(s, x^{(i)}(s)) \leqslant \beta_0$$

及

$$V_i(s, x^{(i)}(s)) \leqslant V_i(t, x^{(i)}(t)) + \eta, \quad \max\{a, t - q(V_i(t, x^{(i)}(t)))\} \leqslant s \leqslant t$$

时, 有

$$D^+V_i(t, x^{(i)}(t)) \leqslant -\omega_i(|x^{(i)}|) + \lambda, \quad t \neq \tau_k,$$

其中 $\omega_j \in C(R_+, R_+), \omega_j(s) > 0, s > 0, j \in J$; 对任意 $x(t) = x(t; t_0, \psi_0)$ 是系统 (3.3.1) 的任一解;

(iii) 存在 $\psi_k(s) \in PC(R_+, R_+)$, 对 $k \in N$, 有 $\psi_k(s) \geqslant s(s \geqslant 0)$, 且 $\dfrac{\psi_k(s)}{s}$ 在 $s > 0$ 时不减, 此时有 $V_j(t, x^{(j)}(t)) \leqslant \psi_k(V_j(t^-, x^{(j)}(t^-))), t = \tau_k$; 同时存在 $M \geqslant 1$, $a > 0$, 使得

$$\sum_{k=1}^{\infty} \frac{\psi_k(a) - a}{a} < \infty,$$

并有

$$\frac{\psi_k(\psi_{k-1}(\cdots(\psi_1(a)\cdots)))}{a} \leqslant M.$$

则系统 (3.3.1) 的零解是一致稳定的.

证明 设 $x(t) = (x^{(1)}(t), x^{(2)}(t), \cdots, x^{(m)}(t))^{\mathrm{T}}$ 是系统 (3.3.1) 的解. 记

$$V_j(t) = V_j(t, x^{(j)}(t)), \quad D^+V_j(t) = D^+V_j(t, x^{(j)}(t)), \quad j \in J.$$

定义 $V(t) = \max\{V_j(t) : j \in J\}$, 则显然 $V(t)$ 在 $\bigcup\limits_{k=1}^{\infty} [\tau_{k-1}, \tau_k)$ 上连续.

对任意 $\varepsilon : 0 < \varepsilon < H$, 设 $u_j(\varepsilon) < \beta_0, j \in J$. 令 $\varepsilon^\star = \min\left\{ \dfrac{u_j(\varepsilon)}{M} : j \in J \right\}$. 此时 $\varepsilon^\star > 0$, 存在 $\delta > 0$, 使得 $v_j(\delta) < \varepsilon^\star, j \in J$. 对 $t_0 \in [\tau_{m-1}, \tau_m), \psi_0 \in PCB_\delta(t_0)$. 令

$$x(t) = x(t; t_0, \psi_0), \quad V(t) = V(t, x(t; t_0, \psi_0)).$$

由条件 (i) 得

$$V_j(t) \leqslant v_j(|x^{(j)}(t)|) < v_j(\delta) < \varepsilon^\star, \quad t \in [a, t_0], \quad j \in J.$$

所以

$$V(t) \leqslant \varepsilon^\star, \quad t \in [a, t_0].$$

先证

$$V(t) < \varepsilon^\star, \quad t \in [t_0, \tau_m). \tag{3.3.2}$$

否则, 存在 $i \in J$ 及 $t_1 \in (t_0, \tau_m)$, 使得

$$V_i(t_1) = \max\{V_j(t_1) : j \in J\}, \quad V_i(t) < V_i(t_1) = \varepsilon^\star, \quad t \in [a, t_1), \quad D^+ V_i(t_1) > 0.$$

那么由

$$v_i(|x^{(i)}(t_1)|) \geqslant V_i(t_1) = \varepsilon^\star > v_i(\delta),$$

可知 $|x^{(i)}(t_1)| > \delta$; 再由

$$u_i(|x^{(i)}(t_1)|) \leqslant V_i(t_1) = \varepsilon^\star \leqslant u_i(\varepsilon),$$

可推出 $|x^{(i)}(t_1)| < \varepsilon$.

现取 $\lambda > 0$, 使 $0 < \lambda < \inf\{\omega(s) : \delta \leqslant s \leqslant \varepsilon\}$, 其中 $\omega(s) = \min\{\omega_j(s) : j \in J\}$. 再令 $\alpha = \min\{v_j(\delta) : j \in J\}$, 易见 $\alpha \leqslant v_j(\delta) < \varepsilon^\star < u_j(\varepsilon) \leqslant \beta_0$, 则

$$\alpha \leqslant v_j(\delta) \leqslant V_i(t_1), \quad \sup V_i(s) \leqslant V_i(t_1) < \beta_0,$$

及

$$V_i(s) \leqslant V_i(t_1) + \eta, \quad \forall \eta > 0, \quad \max\{a, t_1 - q(V_i(t_1))\} \leqslant s \leqslant t_1.$$

因而, 由 (ii) 得

$$D^+ V_i(t_1) \leqslant -\omega_i(|x^{(i)}(t_1)|) + \lambda \leqslant -\omega(|x^{(i)}(t_1)|) + \lambda \leqslant 0.$$

矛盾, 所以 (3.3.2) 式成立.

由 (iii) 及 $\psi_k(s)$ 对 s 是单增的, 得

$$V(\tau_m) \leqslant \psi_m(V(\tau_m^-)) \leqslant \psi_m(\varepsilon^\star).$$

再证

$$V(t) \leqslant \psi_m(\varepsilon^\star), \quad t \in [\tau_m, \tau_{m+1}). \tag{3.3.3}$$

否则, 存在 $i \in J, t_2 \in (\tau_m, \tau_{m+1})$, 使

$$V_i(t_2) = \max\{V_j(t_2) : j \in J\}, \quad \psi_m(\varepsilon^\star) < V_i(t_2) < u_j(\varepsilon),$$

$$D^+V_i(t_2) > 0, \quad V_i(t) \leqslant V_i(t_2), \quad t \in [a, t_2].$$

类似上述证明, 可得 $D^+V_i(t_2) \leqslant 0$. 矛盾. 所以有

$$V(t) \leqslant \psi_m(\varepsilon^\star), \quad t \in [\tau_m, \tau_{m+1}).$$

再由 (iii) 知

$$V(\tau_{m+1}) \leqslant \psi_{m+1}(V(\tau_{m+1}^-)) \leqslant \psi_{m+1}(\psi_m(\varepsilon^\star)).$$

同样可证

$$V(t) \leqslant \psi_{m+i}(\psi_{m+i-1}(\cdots(\psi_m(\varepsilon^\star)\cdots))), \quad t \in [t_0, \tau_{m+i+1}).$$

令 $i \to \infty$, 则有 $V(t) \leqslant M\varepsilon^\star, t \geqslant t_0$. 所以

$$u_j(|x^{(j)}(t)|) \leqslant V_j(t) \leqslant V(t) \leqslant M\varepsilon^\star < u_j(\varepsilon), \quad t \geqslant t_0, \quad j \in J,$$

即

$$|x^{(j)}(t)| < \varepsilon, \quad t \geqslant t_0, \quad j \in J.$$

因而

$$|x(t)| < \varepsilon, \quad t \geqslant t_0.$$

所以系统 (3.3.1) 的零解是一致稳定的.

定理 3.3.2 在定理 3.3.1 中将条件 (ii) 改为以下条件:

(ii)* 对某个 $\beta_0 > 0$, 任意的 α 满足 $0 < M\alpha \leqslant \beta_0$ 及任意 $\lambda > 0$, 存在 $\eta = \eta(\alpha, \beta_0, \lambda) > 0$, 使得当 $V_i(t, x^{(i)}(t)) = \max\{V_j(t, x^{(j)}(t)) : j \in J\}$, 并且满足

$$V_i(t, x^{(i)}(t)) \geqslant \alpha, \quad \sup V_i(s, x^{(i)}(s)) \leqslant \beta_0$$

及

$$V_i(s, x^{(i)}(s)) \leqslant MV_i(t, x^{(i)}(t)) + \eta, \quad \max\{a, t - q(V_i(t, x^{(i)}(t)))\} \leqslant s \leqslant t$$

时, 就有

$$D^+V_i(t, x^{(i)}(t)) \leqslant -\omega_i(|x^{(i)}(t)|) + \lambda, \quad t \neq \tau_k,$$

其中 $\omega_j \in C(R^+, R^+), \omega_j(s) > 0, s > 0, j \in J, x(t) = x(t; t_0, \psi_0)$ 是系统 (3.3.1) 的任一解, 则系统 (3.3.1) 的零解是一致渐近稳定的.

证明　由定理 3.3.1 可知, 系统 (3.3.1) 的零解是一致稳定的.

设 $\varepsilon_1 < H$, 使得 $u_j(\varepsilon_1) < \beta_0, j \in J$. 对 $\varepsilon = \varepsilon_1$, 存在 $\delta = \delta(\varepsilon_1)$, 令 $\eta = \delta$, 于是由 $t_0 \in R_+, \|\psi_0\| < \eta, t \geqslant t_0 - a$, 可得

$$V(t) \leqslant M\varepsilon_1^\star < \beta_0 \quad \text{及} \quad |x(t)| < \varepsilon_1,$$

其中 $\varepsilon_1^\star = \min \left\{ \dfrac{u_j(\varepsilon)}{M} : j \in J \right\}.$

下面对于任给的 $\varepsilon > 0, (\varepsilon < \varepsilon_1)$, 将证明存在 $T = T(\varepsilon) > 0$, 使得当 $\psi_0 \in PCB_\delta(t_0)$ 时, 有

$$|x(t)| \leqslant \varepsilon, \quad t \geqslant t_0 + T.$$

令

$$u(s) = \min\{u_j(s) : j \in J\}, \quad v(s) = \max\{v_j(s) : j \in J\} \quad \text{及} \omega(s) = \min\{\omega_j(s) : j \in J\},$$

选取

$$\lambda = \frac{1}{2} \inf \left\{ \omega(s) : v^{-1}\left(\frac{u(\varepsilon)}{M}\right) \leqslant s \leqslant \varepsilon_1 \right\} \quad \text{及} \quad \alpha = \frac{u(\varepsilon)}{M}.$$

令

$$G(a) = \sum_{k=1}^{\infty} \left[\frac{\psi_k(a)}{a} - 1 \right], \quad a > 0, \quad h = \max \left\{ \frac{\beta_0[1 + G(\beta_0)]}{\lambda}, \ q(M^{-1}u(\varepsilon)) \right\}.$$

由条件 (ii) * 可知, 存在 $\eta > 0$, 设 $N = N(\varepsilon)$ 是满足 $v(\delta) \leqslant M^{-1}[u(\varepsilon) + (N-i)\eta]$ 的最小正整数. 取 $t_i = t_0 + 2ih, i = 0, 1, 2, \cdots, N$. 下面证明

$$V(t) \leqslant u(\varepsilon) + (N-i)\eta, \quad t \geqslant t_i, \quad i = 0, 1, 2, \cdots, N, \tag{3.3.4}$$

显然 (3.3.4) 对 $i = 0$ 成立. 现在假设对某个 $i : 0 \leqslant i < N$ 成立. 要证

$$V(t) \leqslant u(\varepsilon) + (N-i-1)\eta, \quad t \geqslant t_{i+1}. \tag{3.3.5}$$

为此先证: 存在 $\bar{t} \in [t_i + h, t_{i+1}]$, 使得

$$V(\bar{t}) \leqslant \frac{1}{M}[u(\varepsilon) + (N - i - 1)\eta]. \tag{3.3.6}$$

否则, 对所有 $t \in [t_i + h, t_{i+1}]$, 有

$$V(t) > \frac{1}{M}[u(\varepsilon) + (N - i - 1)\eta]. \tag{3.3.7}$$

另一方面

$$V(t) \leqslant u(\varepsilon) + (N - i - 1)\eta. \tag{3.3.8}$$

由 $V_j(t)$ 在 $\bigcup_{k=1}^{\infty}[\tau_{k-1}, \tau_k)$ 上的连续性, 假定存在开区间 $I_1, I_2, \cdots$, 使 $I_i \cap I_j = \varnothing$, 且 $\bigcup_j I_j = [t_i + h, t_{i+1}]$, 而在每个 I_i 上, 对某个 $j_i \in J$, 有 $V(t) = V_{j_i}(t)$. 从而由 (3.3.7) 式和 (3.3.8) 式可知, 在 I_i 上有

$$V_{j_i}(t) = V(t) \geqslant \frac{u(\varepsilon)}{M} = \alpha, \quad V_{j_i}(t + s) \leqslant V(t + s) \leqslant \beta_0$$

及

$$V_{j_i}(t + s) \leqslant V(t + s) \leqslant u(\varepsilon) + (N - i)\eta \leqslant MV(t) + \eta,$$
$$\max\{a, t - q(V_{j_i}(t, x^{(j_i)}(t)))\} \leqslant s \leqslant 0.$$

则由条件 (ii)* 及 λ 的定义, 由

$$v(|x^{(j_i)}(t)|) \geqslant \frac{u(\varepsilon)}{M} \quad \text{及} \quad |x^{(j_i)}(t)| \leqslant |x(t)| \leqslant \varepsilon_1$$

可推出

$$v^{-1}\left(\frac{u(\varepsilon)}{M}\right) \leqslant |x^{(j_i)}(t)| \leqslant \varepsilon_1.$$

那么就有下式成立

$$D^+V_{j_i}(t) \leqslant -\omega_{j_i}(|x^{j_i}(t)|) + \lambda$$
$$\leqslant -\omega(|x^{j_i}(t)|) + \lambda$$
$$\leqslant -\lambda, \quad t \neq \tau_k.$$

所以在 $[t_i + h, t_{i+1}]$ 上除了一个 t 的至多可数个点的集合外, 将成立

$$D^+V(t) \leqslant -\lambda, \quad t \neq \tau_k, \quad t \in [t_i + h, t_{i+1}].$$

因而

$$V(t_{i+1}^-) \leqslant V(t_i + h) - \lambda(t_{i+1}^- - t_i - h) + \sum_{t_i+h \leqslant \tau_k < t_{i+1}} (V(\tau_k) - V(\tau_k^-))$$

$$< \beta_0 - \lambda h + \sum_{t_i+h \leqslant \tau_k < t_{i+1}} V(\tau_k^-) \left[\frac{\psi_k(V(\tau_k^-))}{V(\tau_k^-)} - 1 \right]$$

$$< \beta_0 - \lambda \frac{\beta_0[1 + G(\beta_0)]}{\lambda} + \beta_0 \sum_{t_i+h \leqslant \tau_k < t_{i+1}} \left[\frac{\psi_k(\beta_0)}{\beta_0} - 1 \right]$$

$$\leqslant \beta_0 - \beta_0[1 + G(\beta_0)] + \beta_0 G(\beta_0)$$

$$= 0.$$

矛盾. 所以存在 $\bar{t} \in [t_i + h, t_{i+1}]$, 使 (3.3.6) 成立.

设 $\bar{t} \in [\tau_{m-1}, \tau_m)$, 下证

$$V(t) \leqslant \frac{1}{M}[u(\varepsilon) + (N - i - 1)\eta], \quad t \in [\bar{t}, \tau_m). \tag{3.3.9}$$

否则, 存在 $i \in J$, $t_1 \in (\bar{t}, \tau_m)$, 使

$$V_i(t_1) = \max\{V_j(t_1) : j \in J\}, \quad V_i(t_1) > \frac{1}{M}[u(\varepsilon) + (N - i - 1)\eta],$$

且有

$$D^+ V_i(t_1) > 0.$$

但

$$V_i(t_1) > \frac{1}{M} u(\varepsilon) = \alpha, \quad V_i(t_1 + s) < \beta_0,$$

$$V_i(t_1 + s) \leqslant V(t_1 + s) \leqslant u(\varepsilon) + (N - i)\eta \leqslant M V_i(t_1 + s) + \eta,$$

$$\max\{a, t_1 - q(V_i(t, x^{(i)}(t_1)))\} \leqslant s \leqslant 0,$$

$$v^{-1}\left(\frac{u(\varepsilon)}{M}\right) \leqslant |x^{(i)}(t_1)| \leqslant \varepsilon_1.$$

由 (ii) ⋆ 得

$$D^+ V_i(t_1) \leqslant -\omega_i(|x^{(i)}(t_1)|) + \lambda \leqslant -\lambda \leqslant 0.$$

矛盾, 则 (3.3.9) 式成立.

再由条件 (iii) 知

$$V(\tau_m) \leqslant \psi_m(V(\tau_m^-, x^{(i)}(\tau_m^-))) \leqslant \psi_m\left(\frac{1}{M}[u(\varepsilon) + (N - i - 1)\eta]\right).$$

类似 (3.3.9) 式证明可得

$$V(t) \leqslant \psi_m\left(\frac{1}{M}[u(\varepsilon) + (N-i-1)\eta]\right) \quad t \in [\tau_m, \tau_{m+1}).$$

同样由归纳法得到

$$V(t) \leqslant \psi_{k+m}\left(\psi_{k+m-1}\left(\cdots\left(\psi_m\left(\frac{1}{M}[u(\varepsilon) + (N-i-1)\eta]\right)\cdots\right)\right)\right), \quad t \in [\tau_{m+k}, \tau_{m+k+1}).$$

令 $k \to \infty$, 得

$$V(t) \leqslant M\frac{1}{M}[u(\varepsilon) + (N-i-1)\eta] = u(\varepsilon) + (N-i-1)\eta, \quad t \geqslant \bar{t}.$$

因此

$$V(t) \leqslant u(\varepsilon) + (N-i-1)\eta, \quad t \geqslant t_{k+1}.$$

即 (3.3.5) 式成立. 由数学归纳法知, (3.3.4) 式成立.

特别, 当取 $i = N$ 时, 有

$$V(t) \leqslant u(\varepsilon), \quad t \geqslant t_0. \tag{3.3.10}$$

由条件 (i) 和 (3.3.10) 式可推知

$$u_j(|x^{(j)}(t)|) \leqslant V_j(t) \leqslant V(t) \leqslant u(\varepsilon), \quad j \in J, \quad t > t_N.$$

于是

$$|x^{(j)}(t)| < \varepsilon, \quad j \in J, \quad t \geqslant t_N = t_0 + T = t_0 + 2Nh,$$

即得

$$|x(t)| < \varepsilon, \quad t \geqslant t_0 + T.$$

则系统 (3.3.1) 的零解是一致渐近稳定的.

定理 3.3.3　假设 $V_j, u_j, v_j, \omega_j (j \in J)$ 同上, 且定理 3.3.1 中的条件 (i), (iii) 成立, 并且有下面条件成立:

(ii) ** 当 $V_i(t, x^{(i)}(t)) = \max\{V_j(t, x^{(j)}(t)) : j \in J\}$ 时, 有

$$D^+ V_i(t, x^{(i)}(t)) \leqslant G_i[V_i(t, x^{(i)}(t)),$$
$$\sup_{\max\{a, t-q(V_i(t, x^{(i)}(t)))\} \leqslant s \leqslant 0} V_i(t+s, x^{(i)}(t+s))], \quad t \neq \tau_k,$$

其中 $G_j : R_+ \times R_+ \to R$ 连续且 $G_j(y, My) \leqslant -\omega_j(y), y > 0, j \in J; x(t) = x(t; t_0, \psi_0)$ 是系统 (3.3.1) 的任一解. 则系统 (3.3.1) 的零解是一致渐近稳定的.

用类似于定理 3.3.2 的方法可以证明定理 3.3.3. 证明从略.

例 3.3.1　考虑脉冲泛函微分系统

$$
\begin{cases}
x_1'(t) = a_1(t)x_1^3(t) + b_1(t)x_1^2(t)x_2(t) + x_1^2(t)\displaystyle\int_{-\infty}^{t} g_1(t, s-t, x_1(s))\mathrm{d}s, & t \neq \tau_k, \\[3mm]
x_2'(t) = a_2(t)x_1^3(t) + b_2(t)x_2^3(t) + x_2^2(t)\displaystyle\int_{-\infty}^{t} g_2(t, s-t, x_2(s))\mathrm{d}s, & t \neq \tau_k, \\[3mm]
x_1(t) = J_k(x_1(t^-)), & t = \tau_k, \\[2mm]
x_2(t) = J_k(x_2(t^-)), & t = \tau_k,
\end{cases}
\tag{3.3.11}
$$

其中 $a_i, b_i, i = 1, 2$ 均为 R 上连续函数, $g_i(t, u, v)$ 在 $R \times (-\infty, 0] \times R$ 上连续,

$$
|J_k(x)| \leqslant |1 + c_k||x|, \quad k = 1, 2, \cdots, \quad \sum_{k=1}^{\infty} |c_k| < \infty.
$$

假设 $|g_i(t, u, v)| \leqslant m_i(u)|v|, t \geqslant 0$, 且存在 $A > 0$, 使

$$
M \int_{-\infty}^{0} m_i(u)\mathrm{d}u < A \leqslant -a_i(t),
$$

其中

$$
M = \prod_{k=1}^{\infty} (1 + 2|c_k| + c_k^2).
$$

可推知系统 (3.3.11) 是一致渐近稳定的.

事实上, 可以选取一个常数 $L > 0$ 及一个连续函数 $q: (0, +\infty) \to (0, +\infty)$, q 不增, 使得

$$
a_i(t) + b_i(t) + \sqrt{M} \int_{-\infty}^{0} m_i(u)\mathrm{d}u \leqslant -L, \quad 2\int_{-\infty}^{-q(s)} m_i(u)\mathrm{d}u \leqslant L\sqrt{s}.
$$

令 $V_i(t, x^{(i)}) = x_i^2, u_i = v_i = x_i^2$, 则定理 3.3.1 中条件 (i) 成立.

不失一般性, 可令 $\|x\|^{[-\infty, t]} \leqslant 1$. 当

$$
V_1(t, x^{(1)}(t) = \max\{V_1(t, x^{(1)}(t)), V_2(t, x^{(2)}(t))\}
$$

时, 有 $x_1^2(t) \geqslant x_2^2(t)$, 得 $|x_1(t)| \geqslant |x_1(t)|$. 由此可推出

$$
D^+V_1(t) \leqslant 2a_1(t)x_1^4(t) + 2b_1(t)|x_1^3(t)||x_2(t)| + 2|x_1^3(t)| \int_{-\infty}^{t} m_1(s-t)|x_1(s)|\mathrm{d}s
$$

$$
\leqslant [2a_1(t) + 2b_1(t)]x_1^4(t) + 2|x_1^3(t)| \int_{-\infty}^{t-q(x_1^2(t))} m_1(s-t)|x_1(s)|\mathrm{d}s
$$

$$+2|x_1^3(t)| \int_{t-q(x_1^2(t))}^t m_1(s-t)|x_1(s)|\mathrm{d}s$$

$$\leqslant -Lx_1^4(t) - 2\sqrt{M}x_1^4(t) \int_{-\infty}^0 m_1(u)\mathrm{d}u$$

$$+2|x_1^3(t)| \sup_{\max\{t-q(x_1^2(t)),-\infty\}\leqslant s\leqslant t} |x_1(s)| \int_{-\infty}^0 m_1(u)\mathrm{d}u$$

$$= -Lx_1^4(t) - 2|x_1^3(t)|(\sqrt{M}|x_1(t)| - \sup_s |x_1(s)|) \int_{-\infty}^0 m_1(u)\mathrm{d}u$$

$$= G_1(V_1, \sup_s V_1(s)),$$

其中

$$s: \max\{(t-q(x_1^2(t)), -\infty\} \leqslant s \leqslant t,$$

$$G_1(V, u) = -LV^2 - 2V^{\frac{3}{2}}(\sqrt{M}V - \sqrt{u}) \int_{-\infty}^0 m_1(u)\mathrm{d}u.$$

显然, G_1 连续且

$$G_1(V, MV) = -LV^2 = -\omega_1(V).$$

同样, 当

$$V_2(t, x^{(2)}(t)) = \max\{V_1(t, x^{(1)}(t)), V_2(t, x^{(2)}(t))\}$$

时, 有 $x_2^2(t) \geqslant x_1^2(t)$, 即 $|x_2(t)| \geqslant |x_1(t)|$. 可得

$$D^+V_2(t) \leqslant -Lx_2^2(t) - 2|x_2^3(t)|(\sqrt{M}|x_2(t)| - \sup_s |x_2(s)|) \int_{-\infty}^0 m_2(u)\mathrm{d}u$$

$$= G_2(V_2, \sup_s V_2(s)),$$

其中

$$s: \max\{t-q(x_2^2(t)), -\infty\} \leqslant s \leqslant t,$$

$$G_2(V, u) = -LV^2 - 2V^{\frac{3}{2}}(\sqrt{MV} - \sqrt{u}) \int_{-\infty}^0 m_2(u)\mathrm{d}u.$$

显然, G_2 连续且

$$G_2(V, MV) = -LV^2 = -\omega_2(V).$$

所以满足定理 3.3.3 的条件 (ii) **, 有

$$\begin{aligned}
V_i(\tau_k, x^{(i)}(\tau_k)) &= [J_k(x^{(i)}(\tau_k^-))]^2 \\
&\leqslant (|1 + c_k||x^{(i)}(\tau_k^-)|)^2 \\
&\leqslant (1 + 2|c_k| + c_k^2)|x^{(i)}(\tau_k^-)|^2 \\
&= (1 + b_k)V_i(\tau_k^-, x^{(i)}(\tau_k^-)).
\end{aligned}$$

令 $\psi_k(s) = (1 + b_k)s$, 显然满足定理 3.3.1 中的条件 (iii). 因此, 由定理 3.3.1 可得系统 (3.3.11) 是一致渐近稳定的.

3.4　具任意时刻脉冲的微分系统的稳定性

考虑如下 state-dependent 型脉冲微分系统

$$\begin{cases} x' = f(t, x), & t \neq \tau_k(x), \\ \Delta x = I_k(t, x), & t = \tau_k(x), \\ x(t_0^+) = x_0, & t_0 \geqslant 0, \ k = 1, 2, 3, \cdots, \end{cases} \tag{3.4.1}$$

其中 (i) $\tau_k \in C[R^n, R_+]$, $\tau_k(x) < \tau_{k+1}(x)$, $k = 1, 2, 3, \cdots$, 且对任意的 $x \in R^n$, $\lim\limits_{k \to \infty} \tau_k(x) = +\infty$ 一致成立.

(ii) $f: R_+ \times R^n \to R^n$, $I_k \in C[R_+ \times R^n, R^n]$, τ_k 满足一定条件以保证系统 (3.4.1) 的解在 $[t_0, \infty)$ 上存在, 具体内容可参看文献 [1, 26].

令 $t_0 \in R_+$, $x_0 \in R^n$, 记系统 (3.4.1) 过 (t_0, x_0) 的解为 $x(t) = x(t, t_0, x_0)$, $t \geqslant t_0$. 一般而言, 系统 (3.4.1) 的解 $x(t) = x(t, t_0, x_0)$ 为具第一类间断点, 且在间断点处为左连续的分段连续函数, 若设 k_i 为积分曲线 $(t, x(t))$ 在时刻 t_i 所碰撞的脉冲曲面序列号, 则有如下关系成立:

$$x(t_i^-) = x(t_i) \quad \text{且} \quad \Delta x(t_i) = x(t_i^+) - x(t_i^-) = I_{k_i}(t_i, x(t_i)).$$

为方便起见, 假设对任意的 $k = 1, 2, 3, \cdots$, 有 $t_0 \neq \tau_k(x_0)$, 且 $\tau_0(x) \equiv 0$, $x \in R^n$. 下面引进一系列集合和函数类:

$\bar{R}_+ = [0, +\infty)$, $R_+ = (0, +\infty)$;

$S_k = \{(t, x) \in R_+ \times R^n : t = \tau_k(x)\}$, $k = 1, 2, 3, \cdots$;

$G_k = \{(t, x) \in R_+ \times R^n : \tau_{k-1}(x) < t \leqslant \tau_k(x)\}$, $G = \bigcup\limits_{k=1}^{\infty} G_k$;

$G_k^0 = \{(t, x) \in R_+ \times R^n : \tau_{k-1}(x) < t < \tau_k(x)\}$, $G^0 = \bigcup\limits_{k=1}^{\infty} G_k^0$;

$\Gamma_0 = \{h \in C[R_+ \times R^n, \bar{R}_+] :$ 对任意的 $t \in R_+$,
　　　　当 $x \neq 0$ 时 $h(t, x) > 0$ 且 $h(t, 0) = 0\}$;

$\Gamma = \{h \in C[R_+ \times R^n, R_+] : \inf\limits_{(t, x)} h(t, x) = 0\}$;

$\Sigma = \{Q \in C[R^N, R_+] : Q(u)$ 关于 u 严格单增$\}$;

$K_1 = \{a \in C[R_+, R] : a(0) = 0\}$;

$K_0 = \{a \in C[R_+, R_+] :$ 对任意的 $u > 0$, $a(u) > 0$ 且 $a(0) = 0\}$;

$K = \{a \in C[R_+, R_+] : a(u) \text{ 关于 } u \text{ 严格单增且 } a(0) = 0\};$

$CK = \{a \in C[R_+ \times R_+, R_+] : \text{对任意的 } t \in R_+,\ a(t, \cdot) \in K\};$

$\nu_0 = \{V : R_+ \times R^n \to R_+^N,\text{ 在集合 } G_k \text{ 上连续, 关于 } x \text{ 满足局部 Lipschitz 条件,}$
$\quad \text{且对 } (t_k, x) \in S_k\ (k = 1, 2, 3, \cdots),\text{ 极限 } \lim\limits_{\substack{(t,y) \to (t_k, x) \\ (t,y) \in G_{k+1}}} V(t, y) = V(t_k^+, x) \text{ 存在}\};$

$\nu^0 = \{V : R_+ \times R^n \to R_+,\text{ 在集合 } G_k \text{ 上连续, 关于 } x \text{ 满足局部 Lipschitz 条件,}$
$\quad \text{且对 } (t_k, x) \in S_k\ (k = 1, 2, 3, \cdots),\text{ 极限 } \lim\limits_{\substack{(t,y) \to (t_k, x) \\ (t,y) \in G_{k+1}}} V(t, y) = V(t_k^+, x) \text{ 存在}\};$

$S(h, \rho) = \{(t, x) \in R_+ \times R^n : h(t, x) < \rho\}$, 其中 $\rho > 0$ 为一常数.

为克服脉冲时刻不固定所引起的困难, 构造如下新的集合:

$N_{k, \rho} = \{t \in R_+ : \text{存在 } x \in R^n \text{ 使得 } (t, x) \in S_k \cap S(h, \rho),\}$, 其中 $\rho > 0$ 为一常数;

$d_{k, \rho} = d(N_{k-1, \rho}, N_{k, \rho}) = \inf\limits_{\substack{\bar{t} \in N_{k, \rho} \\ t \in N_{k-1, \rho}}} |\bar{t} - t|;$

$d_{k, \rho}^* = d^*(N_{k-1, \rho}, N_{k, \rho}) = \sup\limits_{\substack{\bar{t} \in N_{k, \rho} \\ t \in N_{k-1, \rho}}} |\bar{t} - t|.$

下面给出系统 (3.4.1) 关于两个测度的稳定性定义.

定义 3.4.1 设 $h_0, h \in \Gamma, x(t) = x(t, t_0, x_0)$ 是系统 (3.4.1) 的任意解, 系统 (3.4.1) 称为

(i) (h_0, h) 稳定: 若对任意的 $\varepsilon > 0$, $t_0 \in R_+$, 存在 $\delta = \delta(t_0, \varepsilon) > 0$, 使当 $h_0(t_0, x_0) < \delta$ 时, 有 $h(t, x(t)) < \varepsilon$, $t \geqslant t_0$;

(ii) (h_0, h) 一致稳定: 若 (i) 中 δ 与 t_0 无关;

(iii) (h_0, h) 吸引: 若对任意的 $t_0 \in R_+$, 存在 $\delta = \delta(t_0) > 0$, 对任意的 $\varepsilon > 0$, 存在 $T = T(t_0, \varepsilon) > 0$, 使当 $h_0(t_0, x_0) < \delta$ 时, 有 $h(t, x(t)) < \varepsilon$, $t \geqslant t_0 + T$;

(iv) (h_0, h) 一致吸引: 若 (iii) 中 δ 和 T 都与 t_0 无关;

(v) (h_0, h) 渐近稳定: 若 (i) 和 (iii) 同时成立;

(vi) (h_0, h) 一致渐近稳定: 若 (ii) 和 (iv) 同时成立;

(vii) (h_0, h) 不稳定: 若 (i) 不成立.

注 3.4.1 当 $h_0(t, x) = h(t, x) = |x|$ 时, 定义 3.4.1 可转化为系统 (3.4.1) 一般意义下的稳定性定义. 适当选取上述定义中的 h_0, h 可以得到其他相应的稳定性定义, 从而将多种稳定性统一起来, 如轨道稳定性、部分稳定性、不变集的稳定性等.

定义 3.4.2 令 $h_0, h \in \Gamma$, 称

(i) h_0 比 h 好: 若存在 $\delta > 0$, $\phi \in CK$, 使当 $h_0(t, x) < \delta$ 时, 有

$$h(t, x) \leqslant \phi(t, h_0(t, x));$$

(ii) h_0 比 h 一致好: 若 (i) 中 ϕ 与 t 无关, 即 $\phi \in K$.

定义 3.4.3　令 $V \in \nu^0$, $h_0, h \in \Gamma$. 称 $V(t,x)$ 为

(i) h 定正: 若存在 $\rho > 0$ 及函数 $b \in K$, 使当 $h(t,x) < \rho$ 时, 有

$$b(h(t,x)) \leqslant V(t,x);$$

(ii) h_0 弱渐小: 若存在 $\delta > 0$ 及函数 $a \in CK$, 使当 $h_0(t,x) < \delta$ 时, 有

$$V(t,x) \leqslant a(t, h_0(t,x));$$

(iii) h_0 渐小: 若 (ii) 中 a 与 t 无关, 即 $a \in K$.

定义 3.4.4　设 $V \in \nu_0$ 或 $V \in \nu^0$, 对任意 $(t,x) \in G^0$, 定义 $V(t,x)$ 沿系统 (3.4.1) 连续部分的右上 Dini 导数为

$$D^+ V(t,x) = \limsup_{\delta \to 0^+} \frac{1}{\delta} [V(t+\delta, x+\delta f(t,x)) - V(t,x)], \tag{3.4.2}$$

对任意 $(t,x) \in S_k$, $k = 1, 2, 3, \cdots$, 定义 $V(t,x)$ 沿系统 (3.4.1) 离散部分的差分为

$$\Delta V(t,x) = V(t, x + I(t,x)) - V(t,x). \tag{3.4.3}$$

注意到, $V(t,x)$ 在集合 G_k 上关于 x 局部 Lipschitz 的, 故对任意 $(t,x) \in G^0$,

$$\limsup_{\delta \to 0^+} \frac{1}{\delta} [V(t+\delta, x+\delta f(t,x)) - V(t,x)] = \limsup_{\delta \to 0^+} \frac{1}{\delta} [V(t+\delta, x(t+\delta)) - V(t,x)],$$

其中, $x(t) = x(t, t_0, x_0)$ 为系统 (3.4.1) 的任一解.

本节首先利用向量 Lyapunov 函数与微分不等式, 通过与常微分系统作比较建立一个比较原理, 之后将其应用于稳定性的研究中, 得到了一个比较结果, 最后给出例子以说明定理的应用性.

注 3.4.2　本节考虑解曲线可与同一脉冲面相撞有限次的情况, 而文献 [24, 29] 中的比较原理均是在解曲线与同一脉冲面碰撞仅一次的限制条件下得到的.

下面先给出一个已知的结果[27].

引理 3.4.1　令 $m \in C[R_+, R^N]$ 且

$$D^+ m(t) \leqslant g(t, m(t)), \quad t \geqslant t_0,$$

其中, $g \in C[R_+ \times R^N, R^N]$, $g(t,u)$ 关于 u 拟单调非减. 令 $r_0(t) = r_0(t, t_0, u_0)$ 为系统

$$\begin{cases} u' = g(t, u), \\ u(t_0) = u_0 \end{cases} \tag{3.4.4}$$

在区间 $[t_0, \infty)$ 上存在的最大解. 则当 $m(t_0) \leqslant u_0$ 时, 有

$$m(t) \leqslant r_0(t), \quad t \geqslant t_0.$$

在给出常微分系统的比较引理之后, 将给出变时刻脉冲微分系统 (3.4.1) 的比较原理.

定理 3.4.1 假设

(i) $g \in C[R_+ \times R^N, R^N]$, $g(t, u)$ 关于 u 拟单调非减, $r_0(t) = r_0(t, t_0, u_0)$ 是系统 (1.3.1) 在区间 $[t_0, \infty)$ 上的最大解;

(ii) $V \in \nu_0$ 且

$$D^+ V(t, x) \leqslant g(t, V(t, x)), \quad (t, x) \in G^0,$$
$$V(t, x + I_k(t, x)) \leqslant V(t, x), \quad (t, x) \in S_k, \quad k = 1, 2, 3, \cdots. \tag{3.4.5}$$

则 $V(t_0, x_0) \leqslant u_0$ 意味着

$$V(t, x(t, t_0, x_0)) \leqslant r_0(t, t_0, u_0), \quad t \geqslant t_0,$$

其中 $x(t, t_0, x_0)$ 是系统 (3.4.1) 满足 $x(t_0^+) = x_0$ 的任意解.

证明 设 $x(t) = x(t, t_0, x_0)$ 是系统 (3.4.1) 的任一解且 $\tau_k(x_0) < t_0 < \tau_{k+1}(x_0)$ 对某一 k 成立. 令 $\{t_i\}$ 为积分曲线 $(t, x(t))$ 撞击脉冲面 $\{S_{k_i}\}$ 的时刻, 即 $t_i = \tau_{k_i}(x(t_i))$, 且不妨设 $t_i < t_{i+1}$, 又解曲线可以与同一脉冲面相撞有限次, 故 $k_i = k_j$, $i \neq j$ 的情况可能出现.

令 $m(t) = V(t, x(t, t_0, x_0))$. 首先对于 $t \in [t_0, t_1]$, 没有脉冲影响, 由条件 (ii) 可得

$$D^+ m(t) \leqslant g(t, m(t)), \tag{3.4.6}$$

从而利用引理 3.4.1 得到 $m(t) \leqslant r_0(t)$, $t \in [t_0, t_1]$. 故由条件 (ii) 及 $(t_1, x(t_1)) \in S_{k_1}$ 得

$$m(t_1^+) = V(t_1^+, x(t_1^+)) = V(t_1, x(t_1) + I_{k_1}(t_1, x(t_1)))$$
$$\leqslant V(t_1, x(t_1)) \leqslant r_0(t_1) \doteq u_1, \tag{3.4.7}$$

对于 $t \in (t_1, t_2]$, 利用条件 (ii) 和引理 3.4.1 有

$$m(t) \leqslant r_1(t, t_1, u_1),$$

其中 $r_1(t, t_1, u_1)$ 是系统 (3.4.1) 满足 $r_1(t_1) = u_1$ 在 $[t_1, t_2]$ 上的最大解. 因此

$$m(t_2^+) = V(t_2^+, x(t_2^+)) = V(t_2, x(t_2) + I_{k_2}(t_2, x(t_2)))$$
$$\leqslant V(t_2, x(t_2)) \leqslant r_1(t_2, t_1, u_1) \doteq u_2.$$

依次类推, 对 $i = 1, 2, \cdots,$

$$m(t) \leqslant r_i(t, t_i, u_i), \quad t \in (t_i, t_{i+1}],$$

其中 $r_i(t, t_i, u_i)$ 为系统 (3.4.4) 满足 $r_i(t_{i+1}, t_i, u_i) = u_{i+1}$ 在区间 $[t_i, t_{i+1}]$ 上的最大解. 若定义

$$r(t) = \begin{cases} r_0(t), & t \in (t_0, t_1], \\ r_1(t, t_1, u_1), & t \in (t_1, t_2], \\ \quad\cdots\cdots\cdots\cdots \\ r_i(t, t_i, u_i), & t \in (t_i, t_{i+1}], \\ \quad\cdots\cdots\cdots\cdots \end{cases}$$

容易看出 $r(t)$ 为系统 (3.4.4) 的解, 且

$$m(t) \leqslant r(t), \quad t \geqslant t_0.$$

而 $r_0(t, t_0, u_0)$ 是系统 (3.4.4) 的最大解, 故

$$m(t) \leqslant r_0(t, t_0, u_0), \quad t \geqslant t_0.$$

注 3.4.3　在定理中没有假设解曲线与脉冲面只相撞一次, 只限制 Lyapunov 函数在脉冲面上沿系统轨线减小 (此条件在文献 [24, 29] 中均有要求), 从而通过与常微分系统 (3.4.4) 做比较得到了比较原理. 因常微分系统相比脉冲微分系统而言更容易研究, 故定理 3.4.1 有更广泛的应用价值.

相应于定义 3.4.1, 下面给出比较系统 (3.4.4) 的稳定性概念.

定义 3.4.5　令 $Q_0, Q \in \Sigma$. 称比较系统 (3.4.4) 是 (Q_0, Q) 稳定的, 若对任意的 $\varepsilon > 0$, $t_0 \in R_+$, 存在 $\delta = \delta(t_0, \varepsilon) > 0$, 使当 $Q_0(u_0) < \delta$ 时, 有 $Q(u(t)) < \varepsilon$, $t \geqslant t_0$, 其中 $u(t) = u(t, t_0, u_0)$ 是系统 (3.4.4) 的任意解. 其他 (Q_0, Q) 稳定性概念可类似定义 3.4.1 给出, 在此省略.

下面利用比较原理 3.4.1 得出 state-dependent 型脉冲微分系统的稳定性判定准则.

定理 3.4.2　假设

(i) 定理 3.4.1 中的 (i) 成立;

(ii) $Q_0, Q \in \Sigma$, $h_0, h \in \Gamma$ 且存在 $\rho_0 > 0$, $\phi \in K$, 使得

$$h(t, x(t)) \leqslant \phi(h_0(t, x)), \quad (t, x) \in S(h_0, \rho_0);$$

(iii) $V \in \nu_0$ 且

$$D^+ V(t, x) \leqslant g(t, V(t, x)), \quad (t, x) \in G^0 \cap S(h, \rho),$$
$$V(t, x + I_k(t, x)) \leqslant V(t, x), \quad (t, x) \in S_k \cap S(h, \rho), \quad k = 1, 2, 3 \cdots,$$

其中 $0 < \phi(\rho_0) < \rho$;

(iv) 存在函数 a, $b \in K$, 使得

$$b(h(t,x)) \leqslant Q(V(t,x)), \quad (t,x) \in S(h,\rho),$$
$$Q_0(V(t,x)) \leqslant a(h_0(t,x)), \quad (t,x) \in S(h_0,\rho_0);$$

(v) $(t,x) \in S_k \cap S(h,\rho)$ 意味着 $(t, x + I_k(t,x)) \in S(h,\rho)$.

则由向量常微分系统 (3.4.4) 的 (Q_0, Q) 稳定性质可推出 state-dependent 型脉冲微分系统 (3.4.1) 相应的 (h_0, h) 稳定性质.

证明 下面仅以证明 (h_0, h) 稳定为例, 而其他的 (h_0, h) 稳定性类似可证.

对任一给定的 $0 < \varepsilon < \rho$, $t_0 \in R_+$. 假设系统 (3.4.4) 是 (Q_0, Q) 稳定的, 则对于 $b(\varepsilon) > 0$, $t_0 \in R_+$, 存在 $\delta_1 = \delta_1(t_0, \varepsilon)$, 使得 $Q_0(u_0) < \delta_1$ 意味着

$$Q(u(t, t_0, u_0)) < b(\varepsilon), \quad t \geqslant t_0, \tag{3.4.8}$$

其中 $u(t) = u(t, t_0, u_0)$ 是系统 (3.4.4) 过 (t_0, u_0) 在区间 $[t_0, \infty)$ 上存在的解.

选取 $\delta \in (0, \rho_0)$ 满足 $a(\delta) < \delta_1$, $\phi(\delta) < \varepsilon$. 若 $h_0(t_0, x_0) < \delta$, 则由条件 (ii) 得

$$h(t_0, x_0) \leqslant \phi(h_0(t_0, x_0)) \leqslant \phi(\delta) < \varepsilon.$$

下证当 $h_0(t_0, x_0) < \delta$ 时有 $h(t, x(t, t_0, x_0)) < \varepsilon$, $t \geqslant t_0$, 其中 $x(t, t_0, x_0)$ 是系统 (3.4.1) 的任意解. 若否, 则存在系统 (3.4.1) 的一个解 $x(t) = x(t, t_0, x_0)$ 和点 $t^* > t_0$, 使得 $h(t^{*+}, x(t^{*+}, t_0, x_0)) \geqslant \varepsilon$, $h(t, x(t, t_0, x_0)) < \varepsilon$, $t_0 \leqslant t < t^*$. 令 $\{t_i\}_{i=1}^{\infty}$ 为积分曲线 $(t, x(t, t_0, x_0))$ 依次撞击脉冲面 $\{S_{k_i}\}_{i=1}^{\infty}$ 的时刻, 即 $t_i = \tau_{k_i}(x(t_i))$ 且 $t_i < t_{i+1}$. 因此 $t^* \in [t_i, t_{i+1})$ 对某一 i 成立.

若 $t^* \in (t_i, t_{i+1})$, 则 $h(t^*, x(t^*)) = \varepsilon$, 因此

$$h(t, x(t)) \leqslant \varepsilon < \rho, \quad t \in [t_0, t^*]. \tag{3.4.9}$$

若 $t^* = t_i$, 则由 $h(t, x(t)) < \varepsilon$, $t \in [t_0, t^*)$ 可知 $h(t^*, x(t^*)) \leqslant \varepsilon$, 由条件 (v) 可得 $\varepsilon \leqslant h(t^{*+}, x(t^{*+})) < \rho$, 因此存在 $t^0 \in (t_i, t_{i+1})$, 使得

$$h(t^0, x(t^0)) \geqslant \varepsilon \quad \text{且} \quad h(t, x(t)) < \rho, \quad t \in [t_0, t^0]. \tag{3.4.10}$$

在 (3.4.9) 中, 若用 t^0 表示 t^*, 则 (3.4.10) 式对上述两种情况均成立.

对于 $V(t, x(t))$, $t \in [t_0, t^0]$, 由条件 (ii) 知

$$D^+ V(t, x(t)) \leqslant g(t, V(t, x(t))), \quad (t, x(t)) \in G^0,$$
$$V(t, x + I_k(t, x)) \leqslant V(t, x), \quad (t, x) \in S_k,$$

因此, 可由定理 3.4.1 得 $V(t, x(t)) \leqslant r_0(t, t_0, u_0)$, $t \in [t_0, t^0]$, 其中 $u_0 = V(t_0, x_0)$, 而 $r_0(t, t_0, u_0)$ 是系统 (3.4.1) 的最大解. 再由

$$Q_0(u_0) = Q_0(V(t_0, x_0)) \leqslant a(h_0(t_0, x_0)) < a(\delta) < \delta_1$$

及 (3.4.8) 式可得

$$Q(V(t^0, x(t^0))) \leqslant Q(r_0(t^0, t_0, u_0)) < b(\varepsilon);$$

另一方面, 由条件 (iv) 及 (3.4.10) 知

$$Q(V(t^0, x(t^0))) \geqslant b(h(t^0, x(t^0))) \geqslant b(\varepsilon),$$

矛盾. 因此系统 (3.4.1) 是 (h_0, h) 稳定的.

注 3.4.4　若定理 3.4.2 中, $N = 1$, $g(t, u) \equiv 0$, $Q_0 = Q = |u|$, 则成为文献 [26] 中的定理 3.7.1, 但其限制解曲线与同一脉冲面相撞仅一次, 而此处允许相撞有限多次.

例 3.4.1　考虑如下 state-dependent 型非线性脉冲微分系统

$$\begin{cases} x_1' = \mathrm{e}^{-t} x_1 + x_2 \sin t - (x_1^3 + x_1 x_2^2) \mathrm{e}^t, & t \neq \tau_k(x), \\ x_2' = x_1 \sin t + \mathrm{e}^{-t} x_2 - (x_1^2 x_2 + x_2^3) \mathrm{e}^t, & t \neq \tau_k(x), \\ \Delta x_1 = (e_k - 1) x_1 + f_k x_2, & t = \tau_k(x), \\ \Delta x_2 = f_k x_1 + (e_k - 1) x_2, & t = \tau_k(x), \\ x_1(t_0^+) = x_{10}, \quad x_2(t_0^+) = x_{20}, \end{cases} \quad (3.4.11)$$

其中 $0 < \tau_1(x) < \tau_2(x) < \cdots < \tau_k(x) < \cdots$, $\lim\limits_{k \to \infty} \tau_k(x) = +\infty$, e_k, f_k 为实常数满足 $|e_k + f_k| \leqslant 1$, $|e_k - f_k| \leqslant 1$.

令 $x = (x_1, x_2)$, 选取

$$V_1 = \frac{1}{2}(x_1 + x_2)^2, \quad V_2 = \frac{1}{2}(x_1 - x_2)^2,$$

$$Q_0 = Q = |w_1| + |w_2|, \quad h_0 = h = x_1^2 + x_2^2,$$

则

$$Q_0(V) = Q(V) = x_1^2 + x_2^2 = h_0 = h,$$

且有

$$V_1' = (x_1 + x_2)^2 (\mathrm{e}^{-t} + \sin t) - \mathrm{e}^t (x_1^2 + x_2^2)(x_1 + x_2)^2 \leqslant 2(\mathrm{e}^{-t} + \sin t) V_1, \quad t \neq \tau_k(x),$$

$$V_2' = (x_1 - x_2)^2 (\mathrm{e}^{-t} - \sin t) - \mathrm{e}^t (x_1^2 + x_2^2)(x_1 - x_2)^2 \leqslant 2(\mathrm{e}^{-t} - \sin t) V_2, \quad t \neq \tau_k(x),$$

$$V_1^+ = \frac{1}{2}(x_1^+ + x_2^+)^2 = \frac{1}{2}[(e_k + f_k)(x_1 + x_2)]^2 \leqslant V_1, \quad t = \tau_k(x),$$

$$V_2^+ = \frac{1}{2}(x_1^+ - x_2^+)^2 = \frac{1}{2}[(e_k - f_k)(x_1 - x_2)]^2 \leqslant V_2, \quad t = \tau_k(x).$$

取比较系统为

$$\begin{cases} u_1' = g_1(t, u_1, u_2) = 2(\mathrm{e}^{-t} + \sin t)u_1, \\[2mm] u_2' = g_2(t, u_1, u_2) = 2(\mathrm{e}^{-t} - \sin t)u_2, \\[2mm] u_1(t_0) = \dfrac{1}{2}(x_{10} + x_{20})^2 = u_{10}, \\[2mm] u_2(t_0) = \dfrac{1}{2}(x_{10} - x_{20})^2 = u_{20}. \end{cases} \tag{3.4.12}$$

计算 (3.4.12) 的解为

$$u_1(t) = u_{10} \exp\{2(\mathrm{e}^{-t_0} - \mathrm{e}^{-t} + \cos t_0 - \cos t)\},$$
$$u_2(t) = u_{20} \exp\{2(\mathrm{e}^{-t_0} - \mathrm{e}^{-t} - \cos t_0 + \cos t)\}.$$

易看出系统 (3.4.12) 是 (Q_0, Q) 稳定的, 因此由定理 3.4.2 知, 系统 (3.4.11) 是 (h_0, h) 稳定的.

文献 [26] 中给出了几个关于 state-dependent 型脉冲微分系统稳定性判定的直接结果, 但它们都要求 Lyapunov 函数沿系统轨线在脉冲面上单减且其导数沿轨线在脉冲面间为常负或负定. 而实际上, 由于脉冲的影响, 对 Lyapunov 函数的要求可以放宽. 在本节稳定性定理中, Lyapunov 函数在脉冲面之间沿系统轨线可以增加也可以减少, 甚至可以在这两个脉冲面间增加而在另两个脉冲面间减少, 之后亦给出了一个关于不稳定性的判定结果. 最后, 给出例子以说明脉冲对系统的影响及验证定理的实用性.

注 3.4.5 本节总假设系统 (3.4.1) 的任一解 $x(t) = x(t, t_0, x_0)$, $\tau_{k-1}(x_0) < t_0 < \tau_k(x_0)$ 依次撞击每一个脉冲面 S_i, $i \geqslant k$ 仅一次, 关于此的具体内容可参看文献 [26, 29]. 下面给出一个保证此现象的定理, 即文献 [29] 中的定理 2.1.

引理 3.4.2 设

(i) 对任意的 $k = 1, 2, \cdots$, $\tau_k(x)$ 有界;

(ii) 对任意的 (t_0, x_0), 相应于脉冲系统 (3.4.1) 不含脉冲的常微分系统有解在区间 $[t_0, \infty)$ 上存在;

(iii) $\dfrac{\partial \tau_k(x)}{\partial x} f(t, x) < 1$;

(iv) $\dfrac{\partial \tau_k[x + sI_k(x)]}{\partial x} I_k(x) < 0$, $0 \leqslant s \leqslant 1$, 且 $\tau_{k+1}[x + I_k(x)] > \tau_k(x)$.

则系统 (3.4.1) 有解在区间 $[t_0, \infty)$ 上存在, 且其撞击每一个脉冲面 $S_k: t = \tau_k(x)$ 仅一次.

定理 3.4.3 假设

(i) $h_0 \in \Gamma_0, h \in \Gamma$, 且 h_0 比 h 好;

(ii) $V \in \nu^0$, $V(t,x)$ 为 h 正定, h_0 弱渐小且

$$D^+V(t,x) \leqslant -P(t)C(V(t,x)), \quad (t,x) \in G^0 \cap S(h,\rho),$$
$$\Delta V \leqslant \psi_k(V(t,x)), \quad (t,x) \in S_k \cap S(h,\rho),$$

其中 $C \in K$, $\psi_k \in K_1$, $P \in C[R_+, R_+]$;

(iii) 存在常数 $\alpha > 0$ 使得对任意的 $z \in (0,\alpha)$, $t \in R_+$, 有

$$-\int_t^{t+d_{k,\rho}} P(s)\mathrm{d}s + \int_z^{z+\psi_k(z)} \frac{\mathrm{d}s}{C(s)} \leqslant 0, \quad k = 1,2,\cdots;$$

(iv) 存在常数 $\rho_0 : 0 < \rho_0 < \rho$, 使得 $(t,x) \in S_k \cap S(h,\rho_0)$ 意味着

$$(t, x + I_k(t,x)) \in S(h,\rho).$$

则系统 (3.4.1) 是 (h_0,h) 稳定的.

证明　因 $V(t,x)$ 是 h 正定, h_0 弱渐小, 故存在 $\lambda_0 \in (0,\rho]$, $\delta_0 > 0$, $b \in K$, $a \in CK$, 使得

$$b(h(t,x)) \leqslant V(t,x), \quad (t,x) \in S(h,\lambda_0), \tag{3.4.13}$$

$$V(t,x) \leqslant a(t, h_0(t,x)), \quad (t,x) \in S(h_0,\delta_0). \tag{3.4.14}$$

又 h_0 比 h 好, 故存在 $\delta_1 > 0$, $\phi \in CK$, 使得

$$h(t,x) \leqslant \phi(t, h_0(t,x)), \quad (t,x) \in S(h_0,\delta_1). \tag{3.4.15}$$

对任一给定的 $0 < \varepsilon < \rho^* = \min(\rho_0, \lambda_0)$, $t_0 \in R_+$, 假设 $\tau_{k-1}(0) < t_0 < \tau_k(0)$ 对某一 $\bar{k}$ 成立. 令 $\eta = \min(\varepsilon, b(\varepsilon), \alpha)$, 因 $\psi_{\bar{k}}(s)$ 在 $s = 0$ 处连续, 故存在常数 $\beta = \beta(t_0, \eta) : 0 < \beta < \eta$, 使得当 $s \in [0,\beta)$ 时, 有

$$s + \psi_{\bar{k}}(s) < \eta. \tag{3.4.16}$$

由于 $a, \phi \in CK$, 因此存在 $\delta_2 = \delta_2(t_0, \varepsilon) > 0$ 满足

$$a(t_0, \delta_2) < \beta \quad \text{且} \quad \phi(t_0, \delta_2) < \beta. \tag{3.4.17}$$

又 $h_0 \in \Gamma_0$, $\tau_{\bar{k}-1}(0) < t_0 < \tau_{\bar{k}}(0)$, 因此存在 $\delta_3 = \delta_3(t_0, \varepsilon) > 0$, 使得 $(t_0, x_0) \in S(h_0, \delta_3)$ 意味着

$$(t_0, x_0) \in G^0_{\bar{k}}. \tag{3.4.18}$$

选取 $\delta = \min(\delta_0, \delta_1, \delta_2, \delta_3)$, 令 $(t_0, x_0) \in R_+ \times R^n$ 满足 $h_0(t_0, x_0) < \delta$, 并假设 $x(t) = x(t, t_0, x_0)$ 为系统 (3.4.1) 的任一解. 由式 (3.4.17) 和 (3.4.18) 可得, 当

$h_0(t_0, x_0) < \delta$ 时, 有

$$h(t_0, x_0) \leqslant \phi(t_0, h_0(t_0, x_0)) \leqslant \phi(t_0, \delta) < \beta < \eta \leqslant \varepsilon.$$

下证

$$h(t, x(t)) < \varepsilon, \quad t \geqslant t_0. \tag{3.4.19}$$

不然, 则存在系统 (3.4.1) 的一个满足 $h_0(t_0, x_0) < \delta$ 的解 $x(t) = x(t, t_0, x_0)$ 及点 $t^* > t_0$, 使得

$$h(t^{*+}, x(t^{*+}, t_0, x_0)) \geqslant \varepsilon, \quad h(t, x(t, t_0, x_0)) < \varepsilon, \quad t_0 \leqslant t < t^*.$$

因系统 (3.4.1) 的任一解撞击每一个脉冲面仅一次, 可设 $\{t_j\}_{j=1}^{\infty}$ 为积分曲线 $(t, x(t, t_0, x_0))$ 依次撞击脉冲面 $\{S_{k_j}\}_{j=1}^{\infty}$ 的时刻, 又 $(t_0, x_0) \in G_{\bar{k}}^0$, 故此处 $k_j = \bar{k} + j - 1$, 即 $t_j = \tau_{\bar{k}+j-1}(x(t_j))$. 因此 $t^* \in [t_{i-1}, t_i)$ 对某一 i 成立.

若 $t^* \in (t_{i-1}, t_i)$, 则 $h(t^*, x(t^*)) = \varepsilon$, 因此有

$$h(t, x(t)) \leqslant \varepsilon < \rho, \quad t \in [t_0, t^*]. \tag{3.4.20}$$

若 $t^* = t_{i-1}$, $i \geqslant 2$, 则由 $h(t, x(t)) < \varepsilon$, $t \in [t_0, t^*)$ 可得 $h(t^*, x(t^*)) \leqslant \varepsilon$, 再利用条件 (iv) 得 $\varepsilon \leqslant h(t^{*+}, x(t^{*+})) < \rho$, 因此存在 $t^0 \in (t_{i-1}, t_i)$ 满足

$$h(t^0, x(t^0)) \geqslant \varepsilon \quad \text{且} \quad h(t, x(t)) < \rho, \ t \in [t_0, t^0]. \tag{3.4.21}$$

在式 (3.4.20) 中, 若用 t^0 表示 t^*, 则式 (3.4.21) 对上述两种情况均成立.

令 $m(t) = V(t, x(t))$, $t \in [t_0, t^0]$, 由条件 (ii) 得

$$D^+ m(t) \leqslant -P(t)C(m(t)), \quad t \neq t_j, \quad j = 1, 2, \cdots, i-1,$$
$$m(t_j^+) \leqslant m(t_j) + \psi_{k_j}(m(t_j)), \quad j = 1, 2, \cdots, i-1. \tag{3.4.22}$$

易知 $m(t)$ 在每个区间 $(t_{j-1}, t_j]$ 上是非增的, 故有

$$m(t_1) \leqslant m(t_0) \leqslant a(t_0, \delta) < \beta < \eta. \tag{3.4.23}$$

再由式 (3.4.16) 和 (3.4.22) 可得

$$m(t_1^+) < \eta \leqslant b(\varepsilon), \quad m(t) < \eta \leqslant b(\varepsilon), \quad t_1 < t \leqslant t_2. \tag{3.4.24}$$

利用 (3.4.22) 和 (3.4.24) 得

$$\int_{m(t_1^+)}^{m(t_2)} \frac{\mathrm{d}s}{C(s)} \leqslant -\int_{t_1}^{t_2} P(s)\mathrm{d}s, \tag{3.4.25}$$

$$\int_{m(t_2)}^{m(t_2^+)} \frac{\mathrm{d}s}{C(s)} \leqslant \int_{m(t_2)}^{m(t_2)+\psi_{k_2}(m(t_2))} \frac{\mathrm{d}s}{C(s)}, \tag{3.4.26}$$

再由条件 (iii) 知

$$\begin{aligned}
\int_{m(t_1^+)}^{m(t_2^+)} \frac{\mathrm{d}s}{C(s)} &\leqslant -\int_{t_1}^{t_2} P(s)\mathrm{d}s + \int_{m(t_2)}^{m(t_2)+\psi_{k_2}(m(t_2))} \frac{\mathrm{d}s}{C(s)} \\
&\leqslant -\int_{t_1}^{t_1+d_{k_2,\rho}} P(s)\mathrm{d}s + \int_{m(t_2)}^{m(t_2)+\psi_{k_2}(m(t_2))} \frac{\mathrm{d}s}{C(s)} \leqslant 0.
\end{aligned} \tag{3.4.27}$$

因 $s > 0$ 时 $C(s) > 0$, 故由 (3.4.27) 式得

$$m(t_2^+) \leqslant m(t_1^+) < \eta.$$

假设

$$m(t_j) \leqslant m(t_{j-1}^+) \leqslant \cdots \leqslant m(t_1^+) < \eta. \tag{3.4.28}$$

利用与上面类似的分析可得

$$\begin{aligned}
\int_{m(t_{j-1}^+)}^{m(t_j^+)} \frac{\mathrm{d}s}{C(s)} &\leqslant -\int_{t_{j-1}}^{t_j} P(s)\mathrm{d}s + \int_{m(t_j)}^{m(t_j)+\psi_{k_j}(m(t_j))} \frac{\mathrm{d}s}{C(s)} \\
&\leqslant -\int_{t_{j-1}}^{t_{j-1}+d_{k_j,\rho}} P(s)\mathrm{d}s + \int_{m(t_j)}^{m(t_j)+\psi_{k_j}(m(t_j))} \frac{\mathrm{d}s}{C(s)} \leqslant 0.
\end{aligned} \tag{3.4.29}$$

因此得到

$$m(t_j^+) \leqslant m(t_{j-1}^+).$$

故由归纳法得

$$m(t_{i-1}^+) \leqslant m(t_{i-2}^+) \leqslant \cdots \leqslant m(t_1^+) < \eta \leqslant b(\varepsilon). \tag{3.4.30}$$

因此得到下面的矛盾

$$b(\varepsilon) \leqslant b(h(t^0, x(t^0))) \leqslant m(t^0) \leqslant m(t_{i-1}^+) < b(\varepsilon),$$

从而 (3.4.19) 成立, 因此系统 (3.4.1) 是 (h_0, h) 稳定的.

定理 3.4.4　假设

(i) $h_0 \in \Gamma_0$, $h \in \Gamma$ 并且 h_0 比 h 好;

(ii) $V \in \nu^0$, $V(t, x)$ 是 h 正定, h_0 弱渐小, 并且

$$D^+V(t, x) \leqslant P(t)C(V(t, x)), \quad (t, x) \in G^0 \cap S(h, \rho),$$
$$V(t, x + I_k(t, x)) \leqslant \psi_k(V(t, x)), \quad (t, x) \in S_k \cap S(h, \rho),$$

其中 $C \in K,\ \psi_k \in K_0,\ P \in C[R_+, R_+]$;

(iii) 存在常数 $\alpha > 0$ 使得对任意的 $z \in (0, \alpha),\ t \in R_+$, 有

$$\int_t^{t+d_{k+1,\rho}^*} P(s)\mathrm{d}s + \int_z^{\psi_k(z)} \frac{\mathrm{d}s}{C(s)} \leqslant -r_k, \quad k = 1, 2, \cdots,$$

其中 $r_k \geqslant 0$ 满足 $\displaystyle\sum_{k=1}^{\infty} r_k = \infty$;

(iv) 存在常数 $\rho_0:\ 0 < \rho_0 < \rho$, 使得 $(t, x) \in S_k \cap S(h, \rho_0)$ 意味着

$$(t, x + I_k(t, x)) \in S(h, \rho).$$

则系统 (3.4.1) 是 (h_0, h) 渐近稳定的.

证明 先证明系统 (3.4.1) 的 (h_0, h) 稳定性. 因 $V(t, x)$ 是 h 正定, h_0 弱渐小, 故存在 $\lambda_0 \in (0, \rho],\ \delta_0 > 0,\ b \in K,\ a \in CK$, 使得

$$b(h(t, x)) \leqslant V(t, x), \quad (t, x) \in S(h, \lambda_0), \tag{3.4.31}$$

$$V(t, x) \leqslant a(t, h_0(t, x)), \quad (t, x) \in S(h_0, \delta_0). \tag{3.4.32}$$

又 h_0 比 h 好, 故存在 $\delta_1 > 0,\ \phi \in CK$, 使得

$$h(t, x) \leqslant \phi(t, h_0(t, x)), \quad (t, x) \in S(h_0, \delta_1). \tag{3.4.33}$$

对任一给定的 $0 < \varepsilon < \rho^* = \min(\rho_0, \lambda_0),\ t_0 \in R_+$, 假设 $\tau_{k-1}(0) < t_0 < \tau_k(0)$ 对某一 $\bar{k}$ 成立. 令 $\eta = \min(\varepsilon,\ b(\varepsilon),\ \alpha)$. 因为当 $s > 0$ 时, 有 $\psi_{\bar{k}-1}(s) > 0$, 所以存在常数

$$\beta = \beta(t_0, \eta) : 0 < \beta < \min(\eta, \psi_{\bar{k}-1}(\eta)).$$

由于 $a,\ \phi$ 是 CK 类函数, 从而存在 $\delta_2 = \delta_2(t_0, \varepsilon) > 0$ 满足

$$a(t_0, \delta_2) < \beta \quad \text{且} \quad \phi(t_0, \delta_2) < \beta. \tag{3.4.34}$$

又因为 $h_0 \in \Gamma_0$ 并且 $\tau_{\bar{k}-1}(0) < t_0 < \tau_{\bar{k}}(0)$, 所以存在 $\delta_3 = \delta_3(t_0, \varepsilon) > 0$, 使得 $(t_0, x_0) \in S(h_0, \delta_3)$ 意味着

$$(t_0, x_0) \in G_{\bar{k}}^0. \tag{3.4.35}$$

选取 $\delta = \min(\delta_0,\ \delta_1,\ \delta_2,\ \delta_3)$, 令 $(t_0, x_0) \in R_+ \times R^n$ 满足 $h_0(t_0, x_0) < \delta$, 并且设 $x(t) = x(t, t_0, x_0)$ 是系统 (3.4.1) 的任一解. 根据 (3.4.33) 和 (3.4.34) 容易得出, 当 $h_0(t_0, x_0) < \delta$ 时, 有

$$h(t_0, x_0) \leqslant \phi(t_0, h_0(t_0, x_0)) \leqslant \phi(t_0, \delta) < \beta < \eta \leqslant \varepsilon.$$

下证

$$h(t, x(t)) < \varepsilon, \quad t \geqslant t_0. \tag{3.4.36}$$

若不然, 则存在系统 (3.4.1) 满足 $h_0(t_0, x_0) < \delta$ 的一个解 $x(t) = x(t, t_0, x_0)$ 和点 $t^* > t_0$, 使得

$$h(t^{*+}, x(t^{*+}, t_0, x_0)) \geqslant \varepsilon \quad 且 \quad h(t, x(t, t_0, x_0)) < \varepsilon, \quad t_0 \leqslant t < t^*.$$

因系统 (3.4.1) 的任一解撞击每一个脉冲面仅一次, 可设 $\{t_j\}_{j=1}^\infty$ 为积分曲线 $(t, x(t, t_0, x_0))$ 依次撞击脉冲面 $\{S_{k_j}\}_{j=1}^\infty$ 的时刻, 又因为 $(t_0, x_0) \in G_{\bar{k}}^0$, 故此处 $k_j = \bar{k}+j-1$, 即 $t_j = \tau_{\bar{k}+j-1}(x(t_j))$. 因此 $t^* \in [t_{i-1}, t_i)$ 对某一 i 成立.

若 $t^* \in (t_{i-1}, t_i)$, 则 $h(t^*, x(t^*)) = \varepsilon$, 因此有

$$h(t, x(t)) \leqslant \varepsilon < \rho, \quad t \in [t_0, t^*]. \tag{3.4.37}$$

若 $t^* = t_{i-1}$, $i \geqslant 2$, 则由 $h(t, x(t)) < \varepsilon$, $t \in [t_0, t^*)$ 可得 $h(t^*, x(t^*)) \leqslant \varepsilon$, 再利用条件 (iv) 得 $\varepsilon \leqslant h(t^{*+}, x(t^{*+})) < \rho$, 因此存在 $t^0 \in (t_{i-1}, t_i)$ 满足

$$h(t^0, x(t^0)) \geqslant \varepsilon \quad 且 \quad h(t, x(t)) < \rho, \quad t \in [t_0, t^0]. \tag{3.4.38}$$

在式 (3.4.37) 中, 若用 t^0 表示 t^*, 则式 (3.4.38) 对上述两种情况均成立.

令 $m(t) = V(t, x(t))$, $t \in [t_0, t^0]$, 根据 (3.4.32), (3.4.34) 有

$$m(t_0) \leqslant a(t_0, h_0(t_0, x_0)) < a(t_0, \delta) < \beta \leqslant \eta. \tag{3.4.39}$$

再由条件 (ii) 可得

$$\begin{aligned}
D^+ m(t) &\leqslant P(t) C(m(t)), \quad t \neq t_j, \quad j = 1, 2, \cdots, i-1, \\
m(t_j^+) &\leqslant \psi_{k_j}(m(t_j)), \quad j = 1, 2, \cdots, i-1.
\end{aligned} \tag{3.4.40}$$

首先证明, 当 $t \in [t_0, t_1]$ 时, 有 $m(t) < \eta$. 若不然, 则存在点 $\hat{t} \in (t_0, t_1]$ 满足

$$m(\hat{t}) \geqslant \eta \quad 并且 \quad m(t) < \eta, \quad t \in [t_0, \hat{t}).$$

根据 $\beta < \psi_{\bar{k}-1}(\eta)$, (3.4.39), (3.4.40) 得出

$$\begin{aligned}
\int_{\psi_{\bar{k}-1}(\eta)}^{\eta} \frac{\mathrm{d}s}{C(s)} &< \int_{\beta}^{\eta} \frac{\mathrm{d}s}{C(s)} < \int_{m(t_0)}^{\eta} \frac{\mathrm{d}s}{C(s)} \\
&\leqslant \int_{m(t_0)}^{m(\hat{t})} \frac{\mathrm{d}s}{C(s)} \leqslant \int_{t_0}^{\hat{t}} P(s)\mathrm{d}s \leqslant \int_{t_0}^{t_0+d_{\bar{k},\rho}^*} P(s)\mathrm{d}s,
\end{aligned}$$

于是有

$$\int_{t_0}^{t_0+d_{\bar{k},\rho}^*} P(s)\mathrm{d}s + \int_{\eta}^{\psi_{\bar{k}-1}(\eta)} \frac{\mathrm{d}s}{C(s)} > 0,$$

很明显此与条件 (iii) 矛盾. 因此 $m(t) < \eta$, $t \in [t_0, t_1]$.

假设

$$m(t) < \eta, \quad t \in [t_0, t_j]. \tag{3.4.41}$$

则当 $t \in (t_j, t_{j+1}]$ 时, 根据 (3.4.40) 式得

$$\int_{m(t_j^+)}^{m(t)} \frac{\mathrm{d}s}{C(s)} \leqslant \int_{t_j}^{t} P(s)\mathrm{d}s \leqslant \int_{t_j}^{t_{j+1}} P(s)\mathrm{d}s \leqslant \int_{t_j}^{t_j+d_{k_{j+1},\rho}^*} P(s)\mathrm{d}s, \tag{3.4.42}$$

$$\int_{m(t_j)}^{m(t_j^+)} \frac{\mathrm{d}s}{C(s)} \leqslant \int_{m(t_j)}^{\psi_{k_j}(m(t_j))} \frac{\mathrm{d}s}{C(s)}, \tag{3.4.43}$$

再结合条件 (iii) 和 (3.4.41) 式可知, 当 $t \in (t_j, t_{j+1}]$ 时, 有

$$\int_{m(t_j)}^{m(t)} \frac{\mathrm{d}s}{C(s)} \leqslant \int_{m(t_j^+)}^{m(t)} \frac{\mathrm{d}s}{C(s)} + \int_{m(t_j)}^{m(t_j^+)} \frac{\mathrm{d}s}{C(s)}$$

$$\leqslant \int_{t_j}^{t_j+d_{k_{j+1},\rho}^*} P(s)\mathrm{d}s + \int_{m(t_j)}^{\psi_{k_j}(m(t_j))} \frac{\mathrm{d}s}{C(s)} \leqslant 0. \tag{3.4.44}$$

又因为当 $s > 0$ 时, $C(s) > 0$, 从而根据 (3.4.44) 有

$$m(t) \leqslant m(t_j) < \eta, \quad t \in (t_j, t_{j+1}]. \tag{3.4.45}$$

利用数学归纳法可得出

$$m(t) < \eta, \quad t_0 \leqslant t \leqslant t^0.$$

再根据 (3.4.31) 式可得出

$$b(\varepsilon) \leqslant b(h(t^0, x(t^0))) \leqslant m(t^0) < \eta \leqslant b(\varepsilon),$$

矛盾. 因此 (3.4.45) 成立. 从而系统 (3.4.1) 是 (h_0, h) 稳定的.

下面证明系统的 (h_0, h) 吸引性. 根据 (h_0, h) 稳定, 若令

$$\varepsilon = \rho^* = \min(\rho_0, \lambda_0, b^{-1}(\alpha)),$$

则存在 $\delta^* = \delta^*(t_0, \rho^*)$, 使得 $h_0(t_0, x_0) < \delta^*$ 意味着

$$h(t, x(t)) < \rho^*, \quad t \geqslant t_0, \tag{3.4.46}$$

其中 $x(t) = x(t, t_0, x_0)$ 是系统 (3.4.1) 满足 $h_0(t_0, x_0) < \delta^*$ 的任一解. 假设 $\{t_j\}_{j=1}^{\infty}$ 是此积分曲线 $(t, x(t, t_0, x_0))$ 依次撞击脉冲面 $\{S_{k_j}\}_{j=1}^{\infty}$ 的时刻, 即 $t_j = \tau_{k_j}(x(t_j))$ 并且 $k_{j+1} - k_j = 1$, $j \geq 1$. 令 $m(t) = V(t, x(t, t_0, x_0))$, 根据 (3.4.44) 和 (3.4.45) 的分析可知 $m(t_{j+1}) \leq m(t_j)$. 因此极限 $\lim_{j \to \infty} m(t_j) = \theta \geq 0$ 存在. 下证

$$\theta = 0.$$

反证, 若不然, 则存在 $\gamma > 0$ 和整数 $M > 0$, 使得对任意的 $j \geq M$, 有

$$m(t_j) \geq \gamma.$$

因此, 根据 $C \in K$ 有

$$C(\gamma) \leq C(m(t_{j+1})) \leq C(m(t_j)), \quad j \geq M.$$

更进一步, 类似 (3.4.44) 的分析, 并结合条件 (iii) 可得

$$r_{k_j} \leq \int_{m(t_{j+1})}^{m(t_j)} \frac{\mathrm{d}s}{C(s)} \leq \frac{m(t_j) - m(t_{j+1})}{C(\gamma)},$$
$$m(t_{j+1}) \leq m(t_j) - r_{k_j} C(\gamma),$$
$$m(t_{M+n}) \leq m(t_M) - C(\gamma) \sum_{j=M}^{M+n-1} r_{k_j}. \tag{3.4.47}$$

对 n 取极限得到矛盾

$$\lim_{n \to \infty} m(t_{M+n}) = -\infty.$$

从而 $\lim_{j \to \infty} m(t_j) = 0$. 因此对任意的 $\varepsilon \in (0, \rho^*)$, 存在整数 $L > 0$, 使得

$$m(t_j) < b(\varepsilon), \quad j \geq L.$$

取 $T = t_L - t_0$, 则由 $m(t_j)$ 的非增性及 (3.4.31), (3.4.45) 可知, 当 $t \geq t_0 + T$ 时, 有

$$b(h(t, x(t))) \leq m(t) \leq m(t_L) < b(\varepsilon),$$

因此

$$h(t, x(t)) < \varepsilon, \quad t \geq t_0 + T.$$

从而系统 (3.4.1) 是 (h_0, h) 吸引的.

　　将上述两部分综合便知系统 (3.4.1) 是 (h_0, h) 渐近稳定的, 定理证毕.

　　定理 3.4.5　假设

(i) h_0, $h \in \Gamma$ 并且 h_0 比 h 一致好;

(ii) 存在常数 $\rho > 0$, 使得 $\sigma^* = \sup\limits_{k \in N} d^*_{k.\rho} < \infty$, 其中 N 为自然数集;

(iii) $V \in \nu^0$, $V(t,x)$ 满足 h 正定, h_0 渐小, h 渐小, 并且

$$D^+V(t,x) \leqslant P(t)C(V(t,x)), \quad (t,x) \in G^0 \cap S(h,\rho),$$
$$V(t,x+I_k(t,x)) \leqslant \psi_k(V(t,x)), \quad (t,x) \in S_k \cap S(h,\rho),$$

其中 $C \in K$, $P \in C[R_+, R_+]$, $\psi_k \in C[R_+, R_+]$, 进一步, 存在函数 $\psi \in K_0$, 使得对任意的 $k = 1, 2, \cdots$, 有

$$\psi(s) \leqslant \psi_k(s), \quad s \in R_+;$$

(iv) 存在常数 $\alpha > 0$, 使得对任意的 $z \in (0, \alpha)$, $t \in R_+$, 有

$$\int_t^{t+d^*_{k+1,\rho}} P(s)\mathrm{d}s + \int_z^{\psi_k(z)} \frac{\mathrm{d}s}{C(s)} \leqslant -r_k, \quad k = 1, 2, \cdots,$$

其中 $r_k \geqslant 0$, 并且对任意的 $\gamma > 0$, $A > 0$, 存在正整数 L, 使得

$$\sum_{k=q+1}^{q+L} r_k C(\gamma) > A$$

对 $q \geqslant 0$ 一致的成立;

(v) 存在 $\rho_0 : 0 < \rho_0 < \rho$, 使得 $(t,x) \in S_k \cap S(h, \rho_0)$ 意味着

$$(t, x + I_k(t,x)) \in S(h, \rho).$$

则系统 (3.4.1) 是 (h_0, h) 一致渐近稳定的.

证明 因为 $V(t,x)$ 是 h_0 渐小的, 且 h_0 比 h 一致好,

$$V(t,x) \leqslant a(h_0(t,x)), \quad (t,x) \in S(h_0, \delta_0), \tag{3.4.48}$$

其中 $a \in K$ 并且 δ_0 与 t 无关. 再由条件 (H2) 知

$$h(t,x) \leqslant \phi(h_0(t,x)), \quad (t,x) \in S(h_0, \delta_1), \tag{3.4.49}$$

其中 $\phi \in K$ 并且 δ_1 与 t 无关.

任意给定 $0 < \varepsilon < \rho^* = \min(\rho_0, \lambda_0)$, $t_0 \in R_+$. 令 $\eta = \min(\varepsilon, b(\varepsilon), \alpha)$, 因为当 $s > 0$ 时, $\psi(s) > 0$, 所以存在

$$\beta = \beta(\eta) : 0 < \beta < \min(\eta, \psi(\eta)).$$

再根据 a 和 ϕ 是 K 类函数, 从而存在与 t_0 无关的 $\delta_2 = \delta_2(\varepsilon) > 0$, 使得

$$a(\delta_2) < \beta \quad 且 \quad \phi(\delta_2) < \beta. \tag{3.4.50}$$

选取 $\delta = \min(\delta_0, \delta_1, \delta_2)$, 很明显 δ 的选取与 t_0 无关. 令 $(t_0, x_0) \in R_+ \times R^n$ 满足 $h_0(t_0, x_0) < \delta$, 并假设 $x(t) = x(t, t_0, x_0)$ 是系统 (3.4.1) 的任一解. 当 $h_0(t_0, x_0) < \delta$ 时, 有

$$h(t_0, x_0) \leqslant \phi(h_0(t_0, x_0)) \leqslant \phi(\delta) < \beta < \eta \leqslant \varepsilon.$$

下证

$$h(t, x(t)) < \varepsilon, \quad t \geqslant t_0. \tag{3.4.51}$$

用反证法, 若不然, 则存在系统 (3.4.1) 满足 $h_0(t_0, x_0) < \delta$ 的一个解 $x(t) = x(t, t_0, x_0)$ 及点 $t^* > t_0$, 使得

$$h(t^{*+}, x(t^{*+}, t_0, x_0)) \geqslant \varepsilon \quad 且 \quad h(t, x(t, t_0, x_0)) < \varepsilon, \quad t_0 \leqslant t < t^*.$$

因系统 (3.4.1) 的任一解撞击每一个脉冲面仅一次, 可设 $\{t_j\}_{j=1}^{\infty}$ 为积分曲线 $(t, x(t, t_0, x_0))$ 依次撞击脉冲面 $\{S_{k_j}\}_{j=1}^{\infty}$ 的时刻, 即 $t_j = \tau_{k_j}(x(t_j))$ 并且 $k_{j+1} - k_j = 1$, $j \geqslant 1$. 因此 $t^* \in [t_{i-1}, t_i)$ 对某一 i 成立. 类似定理 3.4.4 中 (3.4.37) 和 (3.4.38) 的证明可知, 存在点 $t^0 \in (t_{i-1}, t_i)$ 满足

$$h(t^0, x(t^0)) \geqslant \varepsilon \quad 且 \quad h(t, x(t)) < \rho, \quad t \in [t_0, t^0].$$

令 $m(t) = V(t, x(t))$, $t \in [t_0, t^0]$, 很显然有

$$m(t_0) \leqslant a(h_0(t_0, x_0)) < a(\delta) < \beta \leqslant \eta. \tag{3.4.52}$$

再由条件 (iii) 得

$$\begin{aligned} D^+ m(t) &\leqslant P(t)C(m(t)), \quad t \neq t_j, \quad j = 1, 2, \cdots, i-1, \\ m(t_j^+) &\leqslant \psi_{k_j}(m(t_j)), \quad j = 1, 2, \cdots, i-1. \end{aligned} \tag{3.4.53}$$

首先证明当 $t \in [t_0, t_1]$ 时有 $m(t) < \eta$. 若不然, 则存在 $\hat{t} \in (t_0, t_1]$, 使得

$$m(\hat{t}) \geqslant \eta \quad 且 \quad m(t) < \eta, \quad t \in [t_0, \hat{t}).$$

根据 $\beta < \psi(\eta) \leqslant \psi_{k_1-1}(\eta)$, (3.4.45), (3.4.53) 和条件 (ii) 得出

$$\int_{\psi_{k_1-1}(\eta)}^{\eta} \frac{\mathrm{d}s}{C(s)} < \int_{\beta}^{\eta} \frac{\mathrm{d}s}{C(s)} < \int_{m(t_0)}^{\eta} \frac{\mathrm{d}s}{C(s)} \leqslant \int_{m(t_0)}^{m(\hat{t})} \frac{\mathrm{d}s}{C(s)}$$

$$\leqslant \int_{t_0}^{\hat{t}} P(s)\mathrm{d}s \leqslant \int_{t_0}^{t_1} P(s)\mathrm{d}s \leqslant \int_{t_0}^{t_0+d_{k_1,\rho}^*} P(s)\mathrm{d}s,$$

于是有

$$\int_{t_0}^{t_0+d_{k_1,\rho}^*} P(s)\mathrm{d}s + \int_{\eta}^{\psi_{k_1-1}(\eta)} \frac{\mathrm{d}s}{C(s)} > 0,$$

很明显此与条件 (iv) 相矛盾. 因此 $m(t) < \eta$, $t \in [t_0, t_1]$.

下面的证明过程可类似定理 3.4.4 给出, 详细的过程此处省略. 从而系统 (3.4.1) 是 (h_0, h) 一致稳定的. 紧接着证明系统 (3.4.1) 是 (h_0, h) 一致吸引的. 因为 $V(t, x)$ 是 h 渐小的, 所以存在 $d \in K$, $\lambda_1 > 0$, 使得

$$V(t, x) \leqslant d(h(t, x)), \quad (t, x) \in S(h, \lambda_1).$$

根据系统 (3.4.1) 的 (h_0, h) 一致稳定性知, 对于 $\hat{\rho} = \min(\rho_0, \lambda_0, \lambda_1, b^{-1}(\alpha))$, 存在 $\hat{\delta} = \hat{\delta}(\hat{\rho}) > 0$, 使得当 $h_0(t_0, x_0) < \hat{\delta}$ 时, 有 $h(t, x(t)) < \hat{\rho}$, $t \geqslant t_0$, 其中 $x(t) = x(t, t_0, x_0)$ 是系统 (3.4.1) 满足 $h_0(t_0, x_0) < \hat{\delta}$ 的任一解. 将 (h_0, h) 一致稳定证明过程中 $V(t, x)$ 的 h_0 渐小性换为 h 渐小的, 利用类似的分析可知, 系统 (3.4.1) 也是 (h, h) 一致稳定的.

对任意给定的 $\varepsilon \in (0, \hat{\rho})$, 由系统 (3.4.1) 的 (h, h) 一致稳定性知, 存在 $\delta = \delta(\varepsilon)$, 使得当 $h(t_0, x_0) < \delta$ 时, 有

$$h(t, x(t)) < \varepsilon, \quad t \geqslant t_0, \tag{3.4.54}$$

其中 $x(t) = x(t, t_0, x_0)$ 是系统 (3.4.1) 满足 $h(t_0, x_0) < \delta$ 的任一解.

利用条件 (iv) 可得, 对于 $b(\delta)$, $d(\hat{\rho})$, 存在整数 $L > 0$, 使得

$$\sum_{k=q+1}^{q+L} r_k C(b(\delta)) > d(\hat{\rho}) \tag{3.4.55}$$

对 $q \geqslant 0$ 一致成立.

令 $t_0 \in R_+$, 设 $x(t) = x(t, t_0, x_0)$ 是系统 (3.4.1) 满足 $h_0(t_0, x_0) < \hat{\delta}$ 的任一解, 并且设 $\{t_j\}_{j=1}^{\infty}$ 是积分曲线 $(t, x(t, t_0, x_0))$ 依次撞击脉冲面 $\{S_{k_j}\}_{j=1}^{\infty}$ 的时刻, 即 $t_j = \tau_{k_j}(x(t_j))$ 且 $k_{j+1} - k_j = 1$, $j \geqslant 1$. 选取 $T = (L+1)\sigma^*$, 显然 T 的选取与 t_0 无关. 由 (3.4.54) 式可知, 要证系统 (3.4.1) 的 (h_0, h) 一致吸引, 只需证存在 $t^* \in [t_0, t_0 + T]$, 有 $h(t^*, x(t^*)) < \delta$ 即可.

反证, 若不然, 则对任意的 $t \in [t_0, t_0 + T]$, 有 $h(t, x(t)) \geqslant \delta$, 从而有

$$m(t) \geqslant b(h(t, x(t))) \geqslant b(\delta), \quad t \in [t_0, t_0 + T].$$

类似 (3.4.47) 式的分析并根据条件 (iv) 可知, 对任意的 t_j, $t_{j+1} \in [t_0, t_0 + T]$, 有

$$m(t_{j+1}) \leqslant m(t_j) - r_{k_j} C(b(\delta)). \tag{3.4.56}$$

根据 T 的选取知 $t_{L+1} \in [t_0, t_0 + T]$, 再由 (3.4.55), (3.4.56) 及 $k_{j+1} - k_j = 1$, $j \geqslant 1$ 得到如下矛盾

$$m(t_{L+1}) \leqslant m(t_1) - C(b(\delta)) \sum_{j=1}^{L} r_{k_j} \leqslant d(\hat{\rho}) - C(b(\delta)) \sum_{j=1}^{L} r_{k_j} < 0.$$

因此存在 $t^* \in [t_0, t_0 + T]$, 使得 $h(t^*, x(t^*)) < \delta$, 从而有

$$h(t, x(t)) < \varepsilon, \quad t \geqslant t_0 + T.$$

从而系统 (3.4.1) 是 (h_0, h) 一致吸引的.

将上述两部分综合便知系统 (3.4.1) 是 (h_0, h) 一致渐近稳定的. 定理证毕.

定理 3.4.6　假设

(i) $h_0 \in \Gamma_0$, $h \in \Gamma$, 且 h_0 比 h 好;

(ii) $V \in \nu^0$, $V(t, x)$ 满足 h 正定, h_0 弱渐小, 并且

$$D^+ V(t, x) \leqslant h_k P(t) C_k(V(t, x)), \quad (t, x) \in G_k^0 \cap S(h, \rho),$$
$$V(t, x + I_k(t, x)) \leqslant \psi_k(V(t, x)), \quad (t, x) \in S_k \cap S(h, \rho),$$

其中

$$C_k \in K, \quad \psi_k \in K_0, \quad P \in C[R_+, R_+], \quad h_k \in \{-1, 1\},$$

更进一步当 $h_k = 1$ 且 $h_{k+1} = -1$ 时, 有

$$\psi_k(s) \leqslant s; \tag{3.4.57}$$

(iii) 存在常数 $\alpha > 0$, 使得对任意的 $z \in (0, \alpha)$, $t \in R_+$, 有

$$-\int_t^{t+d_{k,\rho}} P(s)\mathrm{d}s + \int_z^{\psi_k(z)} \frac{\mathrm{d}s}{C_k(s)} \leqslant 0, \quad 若 \quad h_k = -1, \tag{3.4.58}$$

$$\int_t^{t+d_{k,\rho}^*} P(s)\mathrm{d}s + \int_z^{\psi_{k-1}(z)} \frac{\mathrm{d}s}{C_k(s)} \leqslant 0, \quad 若 \quad h_k = 1; \tag{3.4.59}$$

(iv) 存在 $\rho_0 : 0 < \rho_0 < \rho$, 使得 $(t, x) \in S_k \cap S(h, \rho_0)$ 意味着

$$(t, x + I_k(t, x)) \in S(h, \rho).$$

则系统 (3.4.1) 是 (h_0, h) 稳定的.

证明　因为 $V(t, x)$ 是 h 正定, h_0 弱渐小, 并且 h_0 比 h 好, 所以 (3.4.13), (3.4.14), (3.4.15) 或 (3.4.31), (3.4.32), (3.4.33) 均成立.

任意给定 $0 < \varepsilon < \rho^* = \min(\rho_0, \lambda_0)$, $t_0 \in R_+$, 不妨设 $\tau_{\bar{k}-1}(0) < t_0 < \tau_{\bar{k}}(0)$ 对某一 $\bar{k}$ 成立. 令 $\eta = \min(\varepsilon, b(\varepsilon), \alpha)$. 因为 $\psi_{\bar{k}-1}$, $\psi_{\bar{k}} \in K_0$, 所以存在

$$\beta = \beta(t_0, \eta) : 0 < \beta \leqslant \min(\eta, \psi_{\bar{k}-1}(\eta))$$

满足当 $s \in [0, \beta)$ 时, 有

$$\psi_{\bar{k}}(s) < \eta. \tag{3.4.60}$$

再根据 a 和 ϕ 是 CK 类函数知, 存在 $\delta_2 = \delta_2(t_0, \varepsilon) > 0$, 使得

$$a(t_0, \delta_2) < \beta \quad 且 \quad \phi(t_0, \delta_2) < \beta. \tag{3.4.61}$$

因为 $h_0 \in \Gamma_0$ 并且 $\tau_{\bar{k}-1}(0) < t_0 < \tau_{\bar{k}}(0)$, 所以存在 $\delta_3 = \delta_3(t_0, \varepsilon) > 0$ 满足 $(t_0, x_0) \in S(h_0, \delta_3)$, 意味着

$$(t_0, x_0) \in G_{\bar{k}}^0. \tag{3.4.62}$$

选取 $\delta = \min(\delta_0, \delta_1, \delta_2, \delta_3)$, 令 $(t_0, x_0) \in R_+ \times R^n$ 满足 $h_0(t_0, x_0) < \delta$, 并且设 $x(t) = x(t, t_0, x_0)$ 是系统 (3.4.1) 的任一解. 根据 (3.4.33) 和 (3.4.61) 易知, 当 $h_0(t_0, x_0) < \delta$ 时, 有

$$h(t_0, x_0) \leqslant \phi(t_0, h_0(t_0, x_0)) \leqslant \phi(t_0, \delta) < \beta \leqslant \eta \leqslant \varepsilon.$$

下证

$$h(t, x(t)) < \varepsilon, \quad t \geqslant t_0. \tag{3.4.63}$$

用反证法, 若不然, 则存在系统 (3.4.1) 满足 $h_0(t_0, x_0) < \delta$ 的一个解 $x(t) = x(t, t_0, x_0)$ 和点 $t^* > t_0$, 使得

$$h(t^{*+}, x(t^{*+}, t_0, x_0)) \geqslant \varepsilon \quad 且 \quad h(t, x(t, t_0, x_0)) < \varepsilon, \quad t_0 \leqslant t < t^*.$$

因为系统 (3.4.1) 的任一解撞击每个脉冲面仅一次, 因此设 $\{t_j\}_{j=1}^\infty$ 为积分曲线 $(t, x(t, t_0, x_0))$ 依次碰撞脉冲面 $\{S_{k_j}\}_{j=1}^\infty$ 的时刻, 又因为 $(t_0, x_0) \in G_{\bar{k}}^0$, 故此处 $k_j = \bar{k} + j - 1$, 即 $t_j = \tau_{\bar{k}+j-1}(x(t_j))$. 因此 $t^* \in [t_{i-1}, t_i)$ 对某一 i 成立.

类似定理 3.4.3 中 (3.4.20), (3.4.21) 的分析或定理 3.4.4 中 (3.4.37), (3.4.38) 的分析可知, 存在 $t^0 \in (t_{i-1}, t_i)$ 满足

$$h(t^0, x(t^0)) \geqslant \varepsilon \quad 且 \quad h(t, x(t)) < \rho, \quad t \in [t_0, t^0]. \tag{3.4.64}$$

令 $m(t) = V(t, x(t))$, $t \in [t_0, t^0]$, 很明显有

$$m(t_0) \leqslant a(t_0, h_0(t_0, x_0)) < a(t_0, \delta) < \beta \leqslant \eta. \tag{3.4.65}$$

再根据条件 (ii) 可得

$$D^+ m(t) \leqslant h_{k_j} P(t) C_{k_j}(m(t)), \quad t \neq t_j, \quad j = 1, 2, \cdots, i-1,$$
$$m(t_j^+) \leqslant \psi_{k_j}(m(t_j)), \quad j = 1, 2, \cdots, i-1. \tag{3.4.66}$$

首先证明当 $t \in [t_0, t_1]$ 时, 有

$$m(t) < \eta. \tag{3.4.67}$$

分两种情况:

情况 1.   当 $h_{k_1} = h_{\bar{k}} = -1$ 时, 有 $D^+ m(t) \leqslant 0$, $t \in [t_0, t_1)$, 很明显可知

$$m(t) \leqslant m(t_0) < \beta \leqslant \eta, \quad t \in [t_0, t_1), \quad \text{且 } m(t_1) = \lim_{t \to t_1} m(t) \leqslant m(t_0) < \beta.$$

再根据 (3.4.60) 式知

$$m(t_1^+) \leqslant \psi_{\bar{k}}(m(t_1)) < \eta.$$

情况 2.   当 $h_{k_1} = h_{\bar{k}} = 1$ 时, 若 (3.4.67) 不成立, 则存在 $\hat{t} \in (t_0, t_1]$, 使得

$$m(\hat{t}) \geqslant \eta \quad \text{且 } m(t) < \eta, \quad t \in [t_0, \hat{t}).$$

根据 $\beta < \psi_{\bar{k}-1}(\eta)$, (3.4.65), (3.4.66) 可得

$$\int_{\psi_{\bar{k}-1}(\eta)}^{\eta} \frac{\mathrm{d}s}{C_{\bar{k}}(s)} < \int_{\beta}^{\eta} \frac{\mathrm{d}s}{C_{\bar{k}}(s)} < \int_{m(t_0)}^{\eta} \frac{\mathrm{d}s}{C_{\bar{k}}(s)}$$

$$\leqslant \int_{m(t_0)}^{m(\hat{t})} \frac{\mathrm{d}s}{C_{\bar{k}}(s)} \leqslant \int_{t_0}^{\hat{t}} P(s)\mathrm{d}s \leqslant \int_{t_0}^{t_0 + d_{\bar{k},\rho}^*} P(s)\mathrm{d}s,$$

从而有

$$\int_{t_0}^{t_0 + d_{\bar{k},\rho}^*} P(s)\mathrm{d}s + \int_{\eta}^{\psi_{\bar{k}-1}(\eta)} \frac{\mathrm{d}s}{C_{\bar{k}}(s)} > 0,$$

此与条件 (3.4.59) 相矛盾. 因此 $m(t) < \eta$, $t \in [t_0, t_1]$.

其次, 假设当 $t \in [t_0, t_j]$ 时 $m(t) < \eta$ 成立. 则当 $t \in (t_j, t_{j+1}]$ 时, 亦需分两种情况:

情况 1.   当 $h_{k_{j+1}} = 1$ 时, 由 (3.4.66) 式可得

$$\int_{m(t_j^+)}^{m(t)} \frac{\mathrm{d}s}{C_{k_{j+1}}(s)} \leqslant \int_{t_j}^{t} P(s)\mathrm{d}s \leqslant \int_{t_j}^{t_{j+1}} P(s)\mathrm{d}s \leqslant \int_{t_j}^{t_j + d_{k_{j+1},\rho}^*} P(s)\mathrm{d}s, \tag{3.4.68}$$

$$\int_{m(t_j)}^{m(t_j^+)} \frac{\mathrm{d}s}{C_{k_{j+1}}(s)} \leqslant \int_{m(t_j)}^{\psi_{k_j}(m(t_j))} \frac{\mathrm{d}s}{C_{k_{j+1}}(s)}, \tag{3.4.69}$$

结合 (3.4.59) 可推出, 当 $t \in (t_j, t_{j+1}]$ 时, 有

$$\int_{m(t_j)}^{m(t)} \frac{\mathrm{d}s}{C_{k_{j+1}}(s)} \leqslant \int_{m(t_j^+)}^{m(t)} \frac{\mathrm{d}s}{C_{k_{j+1}}(s)} + \int_{m(t_j)}^{m(t_j^+)} \frac{\mathrm{d}s}{C_{k_{j+1}}(s)}$$

$$\leqslant \int_{t_j}^{t_j + d_{k_{j+1},\rho}^*} P(s)\mathrm{d}s + \int_{m(t_j)}^{\psi_{k_j}(m(t_j))} \frac{\mathrm{d}s}{C_{k_{j+1}}(s)} \leqslant 0. \tag{3.4.70}$$

又因为 $s > 0$ 时 $C_{k_{j+1}}(s) > 0$, 所以根据 (3.4.70) 可知

$$m(t) \leqslant m(t_j) < \eta, \quad t \in (t_j, t_{j+1}]. \tag{3.4.71}$$

情况 2. 当 $h_{k_{j+1}} = -1$ 时, 则 $D^+ m(t) \leqslant 0$, $t \in (t_j, t_{j+1})$. 需分两种子情况:

情况 2.1. 若 $h_{k_j} = 1$, 则由条件 (3.4.57) 知 $\psi_{k_j}(m(t_j)) \leqslant m(t_j)$, 从而 $m(t_j^+) \leqslant m(t_j)$. 因此

$$m(t) \leqslant m(t_j^+) \leqslant m(t_j) < \eta, \quad t \in (t_j, t_{j+1}].$$

情况 2.2. 若 $h_{k_j} = -1$, 则类似 (3.4.29) 的分析知

$$\int_{m(t_{j-1}^+)}^{m(t_j^+)} \frac{\mathrm{d}s}{C_{k_j}(s)} \leqslant - \int_{t_{j-1}}^{t_j} P(s)\mathrm{d}s + \int_{m(t_j)}^{\psi_{k_j}(m(t_j))} \frac{\mathrm{d}s}{C_{k_j}(s)}$$

$$\leqslant - \int_{t_{j-1}}^{t_{j-1}+d_{k_j,\rho}} P(s)\mathrm{d}s + \int_{m(t_j)}^{\psi_{k_j}(m(t_j))} \frac{\mathrm{d}s}{C_{k_j}(s)} \leqslant 0. \quad (3.4.72)$$

从而得出 $m(t_j^+) \leqslant m(t_{j-1}^+)$. 因此

$$m(t) \leqslant m(t_j^+) \leqslant m(t_{j-1}^+) < \eta, \quad t \in (t_j, t_{j+1}].$$

综上可知

$$m(t) < \eta, \quad t \in (t_j, t_{j+1}].$$

利用数学归纳法可得 $m(t) < \eta$, $t_0 \leqslant t \leqslant t^0$. 再由 (3.4.31) 式可得如下矛盾

$$b(\varepsilon) \leqslant b(h(t^0, x(t^0))) \leqslant m(t^0) < \eta \leqslant b(\varepsilon).$$

因此 (3.4.63) 成立, 从而系统 (3.4.1) 是 (h_0, h) 稳定的, 定理得证.

注 3.4.6 由上述稳定性定理的条件可知, Lyapunov 函数沿系统轨线的变化情况可以不同. 定理 3.4.3 指出, Lyapunov 函数沿着系统轨线的连续部分减少, 而在脉冲面上可以沿轨线适当增加; 定理 3.4.4 说明, Lyapunov 函数可以沿着系统轨线的连续部分适当增加, 但是在脉冲面上需要减少; 定理 3.4.6 则说明, Lyapunov 函数可以在不同的脉冲面之间有不同的变化情况. 还需指出的是, 若将系统 (3.4.1) 限定为固定时刻脉冲微分系统, 则定理 3.4.3 即为文献 [26] 中定理 3.5.3, 并且定理 3.4.4 的稳定性部分与文献 [26] 中定理 3.5.4 的稳定性部分相一致.

例 3.4.2 考虑如下 state-dependent 型脉冲微分系统

$$\begin{cases} x_1' = \dfrac{1}{4}x_1, & t \neq \tau_k(x), \\[2mm] x_2' = \dfrac{1}{4}x_2, & t \neq \tau_k(x), \\[2mm] \Delta x_1 = -\dfrac{9}{10}x_1, & t = \tau_k(x), \\[2mm] \Delta x_2 = -\dfrac{9}{10}x_2, & t = \tau_k(x), \\[2mm] x_1(t_0^+) = x_{10} > 0, & t_0 > 0, \\[2mm] x_2(t_0^+) = x_{20} > 0, & t_0 > 0, \end{cases} \quad (3.4.73)$$

其中

$$x = (x_1, x_2), \quad \tau_k(x) = \arctan(x_1 + x_2) + \frac{(2k-1)\pi}{2}, \quad k = 1, 2, \cdots.$$

因此

$$\sigma^* = \sup_{k \in N} d^*_{k.\infty} = 2\pi < \infty, \quad \tau_k(x) < \tau_{k+1}(x), \quad \text{并且} \lim_{k \to \infty} \tau_k(x) = +\infty.$$

通过计算可知, 与 (3.4.73) 相应的不带脉冲的常微分系统的解为

$$x_1(t) = x_{10} e^{\frac{1}{4}(t-t_0)}, \qquad x_2(t) = x_{20} e^{\frac{1}{4}(t-t_0)}. \tag{3.4.74}$$

再根据当 $t = \tau_k(x(t))$ 时有 $x(t^+) = \dfrac{1}{10} x(t)$, 可以推断出系统 (3.4.73) 的解是正的. 因此在下面的证明过程中始终假设 $(x_1, x_2) > 0$.

首先证明系统 (3.4.73) 的任一解撞击每一个脉冲面 S_k 仅一次.

(1)

$$\frac{\partial \tau_k(x)}{\partial x} f(t, x) = \frac{1}{1 + (x_1 + x_2)^2} \left(\frac{1}{4} x_1 + \frac{1}{4} x_2 \right)$$

$$= \frac{x_1 + x_2}{4 + 4(x_1 + x_2)^2} \leqslant \frac{\frac{1}{4} + (x_1 + x_2)^2}{4 + 4(x_1 + x_2)^2}$$

$$< 1.$$

(2) 对于 $0 \leqslant s \leqslant 1$, 利用 $(x_1, x_2) > 0$ 可推出

$$\frac{\partial \tau_k[x + sI_k(x)]}{\partial x} I_k(x) = -\frac{9}{10} \cdot \frac{1 - \frac{9s}{10}}{1 + \left[\left(1 - \frac{9s}{10} \right) (x_1 + x_2) \right]^2} (x_1 + x_2) < 0.$$

(3) 很明显, 对任意的 $x \in R^2$, 有 $\tau_{k+1}[x + I_k(x)] > \tau_k(x)$.

到此为止, 根据引理 3.4.2, 可以断定系统 (3.4.73) 的任一解撞击每一个脉冲面 S_k 仅一次. 接下来选取

$$V(x) = \frac{1}{2}(x_1^2 + x_2^2), \quad h_0 = h = (x_1^2 + x_2^2)^{\frac{1}{2}}.$$

容易看出 h_0 比 h 一致好, $V \in \nu^0$, $V(x)$ 满足 h 正定, h_0 渐小, h 渐小, 并且

$$D^+ V(x) = x_1 x_1' + x_2 x_2' = \frac{1}{2} V(x), \quad (t, x) \in G^0,$$

$$V(x + I_k(x)) = 10^{-2} V(x), \quad (t, x) \in S_k.$$

选取

$$C(s) = s, \quad s > 0, \quad P(t) = \frac{1}{2}, \quad \psi_k(s) = \psi(s) = 10^{-2} s, \quad s > 0.$$

则定理 3.4.5 的条件 (iii) 满足.

对任意的 $\alpha > 0$, 当 $z \in (0, \alpha)$, $t \in R_+$ 时,

$$\int_t^{t+\sigma^*} P(s)\mathrm{d}s + \int_z^{\psi_k(z)} \frac{\mathrm{d}s}{C(s)} = \int_t^{t+2\pi} \frac{1}{2}\mathrm{d}s + \int_z^{10^{-2}z} \frac{\mathrm{d}s}{s}$$
$$= \pi - 2\ln 10 < 0, \quad k = 1, 2, \cdots.$$

令 $r_k = 2\ln 10 - \pi$, 则对任意的 γ, $A > 0$, 选取 $L > \dfrac{A}{(2\ln 10 - \pi)C(\gamma)}$, 即可使得定理 3.4.5 的条件 (iv) 满足. 进一步, 定理 3.4.5 的条件 (v) 是显然的. 因此, 根据定理 3.4.5 可知, 系统 (3.4.73) 是 (h_0, h) 一致渐近稳定的.

注 3.4.7 从上例可以看出脉冲对系统的影响. 由 (3.4.74) 式可知, 不含脉冲的常微分系统是不稳定的, 但在脉冲的影响下, 系统 (3.4.73) 则成为 (h_0, h) 一致渐近稳定的.

注 3.4.8 在上例中, 很明显, 系统有平凡解 $x = 0$, 再根据 h_0, h 的选取可知, 系统 (3.4.73) 的 (h_0, h) 一致渐近稳定也就是常规意义下的零解的一致渐近稳定.

附　注

3.1~3.3 节的内容都是新的, 3.4 节的内容选自文献 [35]. 和本章有关的内容还可以参看本章后面所列的参考文献.

参 考 文 献

[1] Bainov D D, Stamova I M. Stability of sets for impulsive differential-difference equations with variable impulsive perturbations. Com. Appl. Anal., 1998, 5: 69~81.

[2] Zhang Chen, Xilin Fu. The variational Lyapunov function and strict stability theory for differential systems. Nonlinear Analysis, 2006, 64 (9): 1931~1938.

[3] Zhang Chen, Xilin Fu. New Razumikhin-type theorems on the stability for impulsive functional differential systems. Nonlinear Analysis, 2007, 66: 2040~2052.

[4] Weijie Feng, Xilin Fu. Eventual stability in terms of two measures of nonlinear differential systems. Vietnam Journal of Mahtematics, 2000, 28(2): 143~151.

[5] Xilin Fu. Lagrange stability in terms of two measures for impulsive inegro-differential systems, Dynamics Systems and Applications, 1995, 2: 175~181.

[6] Xilin Fu, Zhang Chen. On the stability of comparison impulsive differential systems. Nonlinear Studies, 2003, 10(3): 247~257.

[7] Xilin Fu, Zhang Chen. New discrete analogue of neural networks with nonlinear amplification function and its periodic dynamic analysis. Dynamical Systems, Differential Equations and Applications, 2007: 391~398.

[8]   Xilin Fu, Weijie Feng. Variational Lyapunov method and stability theory. India J.pure appl.Math., 2001, 32(11): 1709~1723.

[9]   Xilin Fu, Huixue Lao. Generalized second derivative method and stability criteria for impulsive differential systems. Dynamics of Continuous, Discrete and Impulsive Systems, 2005, 12(2): 247~262.

[10] Xilin Fu, Xiaodi Li. W-stability theorems of nonlinear impulsive functional differential systems. Journal of Computational and Applied Mathematics, 2007.

[11] Xilin Fu, Xiaodi Li. Oscillation of higher order impulsive differential equations of mixed type with constant argument at fixed time. Mathematical and Computer Modelling, 2008.

[12] Xilin Fu, Xinzhi Liu. Uniform boundedness and stability criteria in terms of two measures for impulsive integro-differential equations. Applied Mathematics and Computation, 1999, 102(2-3): 237~255.

[13] Xilin Fu, Jianguang Qi, Yansheng Liu. General comparision principle for impulsive variable time differential equations with application. Nonlinear Analysis, 2000, 42: 1421~1429.

[14] 傅希林, 王克宁, 劳会学. 脉冲摄动微分系统的有界性. 数学物理学报, 2004, 24A(2): 135~143.

[15] Xilin Fu, Lin Wang. Stability for impulsive differential systems with variable impulses. Dynamics of Continuous, Discrete and Impulsive Systems. Series A: Mathematical Analysis, 2006, 4: 1~4.

[16] Xilin Fu, Baoqiang Yan. The global solutions of impulsive retarded functional differential equations. International Journal of Applied Mathematics, 2000, 2(3): 389~398.

[17] Xinlin Fu, Baoqiang Yan. The global solutions of impulsive retarded functional differential equations in Banach spaces. Nonlinear Studies, 2000, 1(1): 1~17.

[18] Xilin Fu, Liqin Zhang. Criteria on boundedness in terms of two measures for Volterra type discrete systems. Nolinear Analysis, 1997, 30(5): 2673~2681.

[19] Xilin Fu, Liqin Zhang. On boundedness of solutions of impulsive integro-differential systems with fixed moments of impulsive effects. Acta Math Ematica Scientia, 1997, 17(2): 219~229.

[20] Xilin Fu, Liqin Zhang. Razumikhin-type theorems on boundeness in terms of two measures for functional-differential systems. Dynam. Syst. Appl., 1997, 6(4): 589~598.

[21] Xilin Fu, Liqin Zhang. On boundedness and stability in terms of two measures for discrete systems of volterra type. Communications in Applied Analysis, 2002, 6(1): 61~71.

[22] Xilin Fu, Yanyan Zhang. Eventual stability in terms of two measures for the impulsive hybrid systems. Indian J. Pure Appl. Math., 2003, 34(12): 1741~1750.

[23] Kaul S. Vector Lyapunov functions in impulsive variable-time differential systems. Non. Anal., 1997, 30: 2695~2698.

[24] Kaul S , Lakshmikantham V, Leela S. Extermal solutions, comparison principle and stability criteria for impulsive differential equations with variable times. Non. Anal., 1994, 22: 1263~1270.

[25] Lakshmikantham V. Vector Lyapunov functions. Proc.Twelfth Conf. on Circuit and Systems Theory, Allerton, IL, 1974: 71~77.

[26] Lakshmikantham V , Bainov D D, Simeonov P S. Theory of Impusive Differential Equations. Singapore:World Scientific, 1989.

[27] Lakshmikantham V, Leela S. Differential and Integral Inequalities. New York:Academic Press, 1969.

[28] Lakshmikantham V, Leela S. Cone-valued Lyapunov functions. Nonlinear Analysis, 1977, 1: 215~222.

[29] Lakshmikantham V, Leela S, Kaul S. Comparison principle for impulsive differential equations with variable times and stability theory. Non. Anal., 1994, 22: 499~503.

[30] Huixue Lao, Xilin Fu. Uniform stability properties for nonlinear differential systems. Vietnam Journal of Mahtematics, 2002, 30(2): 131~148.

[31] Kaien Liu and Xilin Fu. Stability of functional differential equations with impulses. Journal of Mathematical Analysis and Applications, 2007, 328: 830~841.

[32] Xinzhi Liu, Xilin Fu. Stability criteria in terms of two measures for discrete systems, Advances in difference equations, II. Comput.Math.Appl., 1998, 36(10~12): 327~337.

[33] Zhiguo Luo, Jianhuan Shen. New Razumikhin type theorems for impulsive functional differential equations. Appl. Math. Comp., 2002, 125: 375~386.

[34] Jianguang Qi, Xilin Fu. Comparision principle for impulsive differential systems with variable times. Indian J. Pure Appl. Math., 2001, 32(9): 1395~1404.

[35] Lin Wang, Xilin Fu. A new comparison principle for Impulsive differential systems with variable Impulsive perturbations and stability theory. Journal of Computational and Applied Mathematics, 2007, 54: 730~736.

[36] Liqin Zhang, Zhuoying Lv. Stability of trivial solution of impulsive integro-differential systems. Dynamics of Continuous, Discrete and Impulsive Systems. Series A: Mathematical Analysis, 2006, 4: 48~50.

第4章 非线性脉冲微分系统的边值问题

脉冲泛函微分系统近年来受到很大关注 [1,4,8,14,15,17,49]. 最近, 文献 [4, 14, 15, 19, 46, 48, 50, 51, 59, 62] 研究了一些特殊的脉冲泛函问题, 也有些文献讨论了一般的脉冲微分系统 [20,21], 所用方法主要是单调迭代技巧和上下解方法, 文献 [18] 就详细介绍了这种方法. 本章主要考虑脉冲泛函微分系统的边值问题, 有以下四部分内容. 4.1 节考虑了非 Lipschitz 条件下脉冲泛函微分系统周期边值问题; 4.2 节研究了一阶脉冲泛函微分系统周期边值问题的多个正解; 4.3 节考虑了二阶脉冲泛函微分系统周期边值问题的多个正解; 4.4 节给出了 Banach 空间中非线性奇异脉冲微分系统边值问题的正解的存在性. 4.1 节所用方法为单调迭代技巧和上、下解方法, 4.2~4.4 节用的是锥上的拓扑度方法.

4.1 非 Lipschitz 脉冲泛函微分系统的周期边值问题

通常, 对微分方程而言, 当所含的非线性项满足 Lipschitz 条件时容易得到存在性结果. 最常见的保证常微分系统的解存在唯一的条件是著名的 Picard-Lipschitz 定理. 因此, 在处理脉冲泛函微分系统时, 一般假设系统中的泛函是由算子给出的, 并且假设算子满足 Lipschitz 条件. 下面给出比较一般的结论, 其中泛函不满足 Lipschitz 条件, 并给出例子说明其应用.

本节考虑问题

$$
\begin{cases}
u'(t) = f(t, u(t), [\psi_k u_k](t)), & t \in \text{int}(J_k), \quad k = 1, 2, \cdots, p+1, \\
u(t_k^+) = I_k([\phi_k u_k](t_k)), & k = 1, \cdots, p, \\
u(0) = u(T),
\end{cases}
\tag{4.1.1}
$$

其中

$$
J = [0, T], \quad 0 = t_0 < t_1 < \cdots < t_p < t_{p+1} = T, \quad J_k = [t_{k-1}, t_k],
$$
$$
k = 1, \cdots, p+1, \quad u : [0, T] \to R, \quad u \in C(J).
$$

定义函数 $u_k : J_k \to R$:

$$
u_k(t) = u(t), \quad t \in (t_{k-1}, t_k], \quad u_k(t_{k-1}) = u(t_{k-1}^+),
$$

且 $u_k \in C(J_k)$; $\psi_k : C(J_k) \to C(J_k)$ 连续, $k = 1, \cdots, p+1$, $\phi_k : C(J_k) \to C(J_k)$, $I_k : R \to R$ 连续, $k = 1, 2, \cdots, p$, 且 $f : J \times R \times R \to R$ 在 $J' \times R \times R$ 上连续, 其中 $J' = J \setminus \{t_1, \cdots, t_p\}$. 对 $k \in N$, $1 \leqslant k \leqslant p$, $x, y \in R$, 有 $\lim_{t \to t_k^-} f(t, x, y) = f(t_k, x, y)$, $\lim_{t \to t_k^+} f(t, x, y)$ 存在.

值得注意的是 t_k 时刻的脉冲依赖于 $u(t), t \in (t_{k-1}, t_k]$, 即脉冲依赖于泛函.

定义 4.1.1 如果函数 $u \in PC^1(J)$ 满足 (4.1.1) 中所有条件, 则称其为 (4.1.1) 的解.

令

$$PC(J) = \{u : J \to R : u 在 J \setminus \{t_1, \cdots, t_p\} 上连续; u(t_k^+), u(t_k^-) 存在,$$
$$且 u(t_k^-) = u(t_k), k = 1, \cdots, p\},$$

$$PC^1(J) = \{u \in PC(J) : u 在 J \setminus \{t_1, \cdots, t_p\} 上连续可微; 且 u'(t_k^+), u'(t_k^-) 均存在,$$
$$k = 1, \cdots, p\},$$

则 $PC(J)$ 和 $PC^1(J)$ 分别在范数 $\|u\|_{PC(J)} = \sup\{|u(t)| : t \in J\}$ 和 $\|u\|_{PC^1(J)} = \|u\|_{PC(J)} + \|u'\|_{PC(J)}$ 下构成 Banach 空间.

注 4.1.1 若在 $C(J_k)$ 中取上确界范数, 则 $PC(J)$ 与 $\prod_{k=1}^{p+1} C(J_k)$ 是等价的 Banach 空间.

下面先给出极大值原理, 然后再研究与 (4.1.1) 相关的拟线性问题解的存在唯一性. 这样就可以对 (4.1.1) 应用单调迭代技巧, 得到其介于上、下解之间的最小解和最大解.

4.1.1 极大值原理

定理 4.1.1 设 $u \in PC^1(J)$, $M > 0$, $N \geqslant 0$, 满足

$$\begin{cases} u'(t) + Mu(t) + N[\psi_k(\max\{u_k, 0\})](t) \geqslant 0, & t \in (t_{k-1}, t_k), k = 1, 2, \cdots, p+1, \\ u(t_k^+) \geqslant 0, & k = 1, \cdots, p, \\ u(0) \geqslant u(T), \end{cases}$$

(4.1.2)

若对所有的 $k = 1, \cdots, p+1$, $a, b \in J_k$, $a < b$, 有

$$N \int_a^b [\psi_k(\max\{w, 0\})](s) e^{M(s-t_{k-1})} ds \leqslant \max_{s \in [t_{k-1}, b]} \{w(s) e^{M(s-t_{k-1})}\}, \qquad (4.1.3)$$

其中 $w \in C(J_k)$ 且 $\max_{s \in [t_{k-1}, b]} \{w(s)\} \geqslant 0$. 则在 J 上 $u \geqslant 0$.

证明　先证明连续函数

$$u_k(t) = \begin{cases} u(t), & t \in (t_{k-1}, t_k], \\ u(t_{k-1}^+), & t = t_{k-1} \end{cases}$$

在 J_k 上满足 $u_k \geqslant 0$, $k = 2, \cdots, p+1$. 令 $v_k(t) = u_k(t)e^{M(t-t_{k-1})}$, $t \in J_k$, 则 v_k 与 u_k 在 J_k 上符号一致. 并且

$$v_k'(t) = u_k'(t)e^{M(t-t_{k-1})} + Mu_k(t)e^{M(t-t_{k-1})}$$

$$\geqslant -N[\psi_k(\max\{u_k, 0\})](t)e^{M(t-t_{k-1})}], \quad t \in J_k,$$

$$v_k(t_{k-1}) = u(t_{k-1}^+) \geqslant 0, \quad k = 2, \cdots, p+1. \tag{4.1.4}$$

下证在 J_k 上 $v_k \geqslant 0 (k \in \{2, \cdots, p+1\})$. 假设存在 $t_0 \in (t_{k-1}, t_k]$, 使 $v_k(t_0) = \min_{[t_{k-1}, t_k]} v_k < 0$, 则可设 $\xi \in [t_{k-1}, t_0)$, 满足

$$v_k(\xi) = \max_{s \in [t_{k-1}, t_0]} v_k(s) \geqslant 0.$$

从 ξ 到 t_0 对 (4.1.4) 进行积分, 再利用 (4.1.3) 得

$$-v_k(\xi) > v_k(t_0) - v_k(\xi) \geqslant -N \int_\xi^{t_0} [\psi_k(\max\{u_k, 0\})](s)e^{M(s-t_{k-1})}ds$$

$$\geqslant - \max_{s \in [t_{k-1}, t_0]} \{u_k(s)e^{M(s-t_{k-1})}\} = - \max_{s \in [t_{k-1}, t_0]} v_k(s) = -v_k(\xi),$$

矛盾. 所以在 J_k 上 $v_k \geqslant 0$, 即 $u_k \geqslant 0$, $k = 2, \cdots, p+1$. 由此可知 $u(T) \geqslant 0$. 进而 $u(0) \geqslant u(T) \geqslant 0$. 当 $k = 1$ 时, 重复上述推导可知结论亦成立. 因此, 在 J 上 $u \geqslant 0$.

推论 4.1.1　设 $M > 0, N \geqslant 0, \theta_k(k = 1, \cdots, p+1)$ 是连续函数, 且 θ_k : $[t_{k-1}, t_k] \to [t_{k-1}, t_k], \theta_k(t) \leqslant t, t \in J_k, u \in PC^1(J)$ 满足

$$\begin{cases} u'(t) + Mu(t) + N\max\{u_k, 0\}(\theta_k(t)) \geqslant 0, & t \in (t_{k-1}, t_k), \ k = 1, \cdots, p+1, \\ u(t_k^+) \geqslant 0, & k = 1, \cdots, p, \\ u(0) \geqslant u(T), \end{cases}$$

且

$$N \int_{t_{k-1}}^{t_k} e^{M(s-\theta_k(s))}ds \leqslant 1, \quad k = 1, \cdots, p+1. \tag{4.1.5}$$

则在 J 上 $u \geqslant 0$.

证明　设 $[\psi_k w](t) = w(\theta_k(t)), t \in J_k, k = 1, \cdots, p+1$. 若 (4.1.3) 成立, 则根据定理 4.1.1 容易得证结论成立. 下证 (4.1.3) 成立. 设 $k \in \{1, 2, \cdots, p+1\}, a, b \in J_k$,

且 $a < b, w \in C(J_k), \max_{[t_{k-1},b]} w \geqslant 0$, 则利用 $\theta_k(t) \leqslant t, t \in J_k$ 可得

$$N \int_a^b (\max\{w,0\})](\theta_k(s)) \mathrm{e}^{M(s-t_{k-1})} \mathrm{d}s$$

$$= N \int_a^b \max\{w(\theta_k(s)) \mathrm{e}^{M(\theta_k(s)-t_{k-1})} \mathrm{e}^{-M(\theta_k(s)-t_{k-1})}, 0\} \mathrm{e}^{M(s-t_{k-1})} \mathrm{d}s$$

$$\leqslant \max_{s \in [t_{k-1},b]} \{w(s) \mathrm{e}^{M(s-t_{k-1})}\} N \int_{t_{k-1}}^{t_k} \mathrm{e}^{M(s-\theta_k(s))} \mathrm{d}s$$

$$\leqslant \max_{s \in [t_{k-1},b]} \{w(s) \mathrm{e}^{M(s-t_{k-1})}\}.$$

故 (4.1.3) 成立.

估计 (4.1.5) 提供了适应于一类特殊时滞泛函的明确条件, 并且对于脉冲时滞系统的情况, 改进了文献 [4] 中给出的估计.

记 $\sigma = \max\{t_k - t_{k-1}, \ k = 1, \cdots, p+1\}$.

推论 4.1.2 设 $M > 0, N \geqslant 0, u \in PC^1(J)$ 满足 (4.1.2), 且

$$[\psi_k w](t) \leqslant \max_{[t_{k-1},t]} w, \quad t \in J_k, \ w \in C(J_k), \ k = 1, 2, \cdots, p+1, \tag{4.1.6}$$

$$\frac{N}{M}(\mathrm{e}^{M\sigma} - 1) \leqslant 1. \tag{4.1.7}$$

则在 J 上 $u \geqslant 0$.

证明 只需证明 (4.1.3) 成立即可. 对于 $a < b \in J_k, w \in C(J_k)$ 且 $\max_{[t_{k-1},b]} w \geqslant 0, \ k = 1, \cdots, p+1$, 由 (4.1.6) 和 (4.1.7) 易得

$$N \int_a^b [\psi_k(\max\{w,0\})](s) \mathrm{e}^{M(s-t_{k-1})} \mathrm{d}s$$

$$\leqslant N \int_a^b \max_{r \in [t_{k-1},s]} (\max\{w(r),0\}) \mathrm{e}^{M(s-t_{k-1})} \mathrm{d}s$$

$$\leqslant N \max_{r \in [t_{k-1},b]} \{w(r) \mathrm{e}^{M(r-t_{k-1})}\} \int_a^b (\max_{r \in [t_{k-1},s]} \mathrm{e}^{-M(r-t_{k-1})}) \mathrm{e}^{M(s-t_{k-1})} \mathrm{d}s$$

$$\leqslant N \max_{r \in [t_{k-1},b]} \{w(r) \mathrm{e}^{M(r-t_{k-1})}\} \int_{t_{k-1}}^{t_k} \mathrm{e}^{M(s-t_{k-1})} \mathrm{d}s$$

$$= \frac{N}{M}(\mathrm{e}^{M(t_k-t_{k-1})} - 1) \max_{s \in [t_{k-1},b]} \{w(s) \mathrm{e}^{M(s-t_{k-1})}\}$$

$$\leqslant \frac{N}{M}(\mathrm{e}^{M\sigma} - 1) \max_{s \in [t_{k-1}, b]}\{w(s)\mathrm{e}^{M(s-t_{k-1})}\}$$

$$\leqslant \max_{s \in [t_{k-1}, b]}\{w(s)\mathrm{e}^{M(s-t_{k-1})}\}.$$

推论 4.1.3   设 $M > 0, N \geqslant 0, u \in PC^1(J)$ 满足 (4.1.2),且

$$[\psi_k w](t) \leqslant \int_{t_{k-1}}^{t} w(s)\mathrm{d}s, \quad t \in J_k, \ w \in C(J_k), \ k = 1, \cdots, p+1,$$

$$\frac{N}{M^2}(\mathrm{e}^{M\sigma} - M\sigma - 1) \leqslant 1. \tag{4.1.8}$$

则在 J 上 $u \geqslant 0$.

证明   设 $k \in \{1, \cdots, p+1\}$, $a < b \in J_k$, $w \in C(J_k)$ 且 $\max_{[t_{k-1}, b]} w \geqslant 0$. 根据假设有

$$N \int_a^b [\psi_k(\max\{w, 0\})](s)\mathrm{e}^{M(s-t_{k-1})}\mathrm{d}s$$

$$\leqslant N \int_a^b \int_{t_{k-1}}^s \max\{w(r), 0\}\mathrm{d}r \mathrm{e}^{M(s-t_{k-1})}\mathrm{d}s$$

$$\leqslant N \max_{r \in [t_{k-1}, b]}\{w(r)\mathrm{e}^{M(r-t_{k-1})}\} \int_a^b \int_{t_{k-1}}^s \mathrm{e}^{-M(r-t_{k-1})}\mathrm{d}r \mathrm{e}^{M(s-t_{k-1})}\mathrm{d}s$$

$$\leqslant \frac{N}{M} \max_{r \in [t_{k-1}, b]}\{w(r)\mathrm{e}^{M(r-t_{k-1})}\} \int_{t_{k-1}}^{t_k} (\mathrm{e}^{M(s-t_{k-1})} - 1)\mathrm{d}s$$

$$= \frac{N}{M} \max_{r \in [t_{k-1}, b]}\{w(r)\mathrm{e}^{M(r-t_{k-1})}\} \frac{\mathrm{e}^{M(t_k-t_{k-1})} - M(t_k - t_{k-1}) - 1}{M}$$

$$\leqslant \max_{s \in [t_{k-1}, b]}\{w(s)\mathrm{e}^{M(s-t_{k-1})}\} \frac{N}{M^2}(\mathrm{e}^{M\sigma} - M\sigma - 1)$$

$$\leqslant \max_{s \in [t_{k-1}, b]}\{w(s)\mathrm{e}^{M(s-t_{k-1})}\}.$$

则 (4.1.3) 成立,进而可知结论成立.

例 4.1.1   设 $r_k > 0$, $[\psi_k x](t) = r_k - \sqrt{r_k^2 - (x(t))^2}$, $x \in C(J_k)$, $-r_k \leqslant x(t) \leqslant r_k$, $t \in J_k$, $k = 1, 2, \cdots, p+1$,且 $N\sigma \leqslant 1$.

设 $a < b \in J_k, w \in C(J_k), w \in [-r_k, r_k]$ 且 $\max_{[t_{k-1}, b]} w \geqslant 0$. 下面分析表达式

$$r_k - \sqrt{r_k^2 - (\max\{w(s), 0\})^2}, \quad s \in [a, b].$$

若 $s \in [a,b]$ 时 $w(s) < 0$, 则

$$r_k - \sqrt{r_k^2 - (\max\{w(s),0\})^2} = r_k - \sqrt{r_k^2} = 0.$$

若 $s \in [a,b]$ 时有 $r_k \geqslant w(s) \geqslant 0$, 则

$$0 \leqslant r_k - w(s) \leqslant r_k + w(s),$$

即有

$$(r_k - w(s))^2 \leqslant r_k^2 - w(s)^2,$$

故

$$r_k - \sqrt{r_k^2 - (\max\{w(s),0\})^2} = r_k - \sqrt{r_k^2 - (w(s))^2} \leqslant w(s).$$

从而

$$[\psi_k(\max\{w,0\})](s)\mathrm{e}^{M(s-t_{k-1})}$$

$$= (r_k - \sqrt{r_k^2 - (\max\{w(s),0\})^2})\mathrm{e}^{M(s-t_{k-1})}$$

$$\leqslant \begin{cases} w(s)\mathrm{e}^{M(s-t_{k-1})}, & w(s) \geqslant 0, \\ 0, & w(s) < 0, \end{cases}$$

$$\leqslant \max_{s \in [t_{k-1},b]} \{w(s)\mathrm{e}^{M(s-t_{k-1})}\}.$$

由于 $s \in [a,b]$, 因此

$$N \int_a^b [\psi_k(\max\{w,0\})](s)\mathrm{e}^{M(s-t_{k-1})}\mathrm{d}s$$

$$\leqslant N \int_a^b \max_{s \in [t_{k-1},b]} \{w(s)\mathrm{e}^{M(s-t_{k-1})}\}\mathrm{d}s$$

$$\leqslant N(t_k - t_{k-1}) \max_{s \in [t_{k-1},b]} \{w(s)\mathrm{e}^{M(s-t_{k-1})}\}$$

$$\leqslant N\sigma \max_{s \in [t_{k-1},b]} \{w(s)\mathrm{e}^{M(s-t_{k-1})}\}$$

$$\leqslant \max_{s \in [t_{k-1},b]} \{w(s)\mathrm{e}^{M(s-t_{k-1})}\}.$$

显然, ψ_k 在 $[-r_k, r_k]$ 上不满足 Lipschitz 条件. 因此我们得到了一个较广泛的极大值原理, 可应用于泛函不满足 Lipschitz 条件的情况.

例 4.1.2　　设 $M_k \in R, [\psi_k x](t) = x(t) + e^{M_k} - e^{M_k - x(t)}, x \in C(J_k), t \in J_k, k = 1, 2, \cdots, p+1$. 且对所有的 k, 有 $N(e^{M_k}+1)(t_k - t_{k-1}) \leqslant 1$. 下面说明 ψ_k 满足定理 4.1.1 中的条件 (4.1.3). 考虑 $a < b \in J_k, w \in C(J_k)$ 且 $\max_{[t_{k-1},b]} w \geqslant 0$. 注意到

$$z + e^{M_k} - e^{M_k - z} \leqslant (e^{M_k}+1)z, \quad z \geqslant 0,$$

对于 $s \in [a, b]$, 有

$$[\psi_k(\max\{w, 0\})](s)e^{M(s-t_{k-1})}$$

$$= \begin{cases} (w(s) + e^{M_k} - e^{M_k - w(s)})e^{M(s-t_{k-1})}, & w(s) \geqslant 0, \\ 0, & w(s) < 0 \end{cases}$$

$$\leqslant \begin{cases} (e^{M_k}+1)w(s)e^{M(s-t_{k-1})}, & w(s) \geqslant 0, \\ 0, & w(s) < 0 \end{cases}$$

$$\leqslant (e^{M_k}+1) \max_{s \in [t_{k-1},b]} \{w(s)e^{M(s-t_{k-1})}\}.$$

因此

$$N \int_a^b [\psi_k(\max\{w, 0\})](s)e^{M(s-t_{k-1})}\mathrm{d}s$$

$$\leqslant N(e^{M_k}+1)(t_k - t_{k-1}) \max_{s \in [t_{k-1},b]} \{w(s)e^{M(s-t_{k-1})}\}$$

$$\leqslant \max_{s \in [t_{k-1},b]} \{w(s)e^{M(s-t_{k-1})}\}.$$

显然, ψ_k 在 $[-r_k, r_k]$ 上不满足 Lipschitz 条件.

注 4.1.2　　若对 $\forall w \in C(J_k)$ 且 $w \geqslant 0$, 有 $[\psi_k w](t) \leqslant 0$, 则定理 4.1.1 中的条件 (4.1.3) 一般是成立的.

4.1.2　(4.1.1) 的拟线性问题

设 $M > 0, N \geqslant 0, b \in PC(J)$. 考虑问题

$$\begin{cases} u'(t) + Mu(t) + N[\psi_k u_k](t) = b(t), & t \in (t_{k-1}, t_k), k = 1, 2, \cdots, p+1, \\ u(t_k^+) = c_k, & k = 1, \cdots, p, \\ u(0) = u(T). \end{cases} \quad (4.1.9)$$

定义 4.1.2　　如果函数 $u \in PC^1(J)$ 满足 (4.1.9) 中所有条件, 则称其为 (4.1.9) 的解.

定义 4.1.3 称函数 $\alpha \in PC^1(J)$ 为问题 (4.1.9) 的下解, 如果

$$
\begin{cases}
\alpha'(t) + M\alpha(t) + N[\psi_k \alpha_k](t) \leqslant b(t), \quad t \in (t_{k-1}, t_k), k = 1, 2, \cdots, p+1, \\
\alpha(t_k^+) \leqslant c_k, \quad k = 1, \cdots, p, \\
\alpha(0) \leqslant \alpha(T).
\end{cases}
$$

类似地, 称 $\beta \in PC^1(J)$ 为问题 (4.1.9) 的上解, 如果 β 满足上述相反的不等式.

对于函数 $y_1, y_2 \in PC(J)$, 称 $y_1 \leqslant y_2$, 如果 $y_1(t) \leqslant y_2(t), t \in J$, 即在 $J_k(k = 1, \cdots, p+1)$ 上 $(y_1)_k \leqslant (y_2)_k$. 在此条件下, 记 $[y_1, y_2] := \{u \in PC(J) : y_1 \leqslant u \leqslant y_2\}$.

设 $\alpha, \beta \in PC(J), \alpha \leqslant \beta, w \in C(J_k)$. 定义算子 $q_k : C(J_k) \to C(J_k), k = 1, \cdots, p+1$ 为

$$
[q_k w](t) = \max\{\alpha_k(t), \min\{w(t), \beta_k(t)\}\} =
\begin{cases}
\alpha_k(t), & w(t) < \alpha_k(t), \\
w(t), & \alpha_k(t) \leqslant w(t) \leqslant \beta_k(t), \\
\beta_k(t), & w(t) > \beta_k(t),
\end{cases}
$$

其中 $\alpha_k(t) = \alpha(t), t \in (t_{k-1}, t_k], \alpha_k(t_{k-1}) = \alpha(t_{k-1}^+)$. 同理定义 β_k 的情况.

定理 4.1.2 若 $\alpha, \beta \in PC^1(J)$ 分别为 (4.1.9) 的下解和上解且 $\alpha \leqslant \beta$, 并对所有的 $k = 1, \cdots, p+1, \psi_k$ 满足 (4.1.3) 且

$$\psi_k \text{映有界集到有界集}, \tag{4.1.10}$$

在 J_k 上

$$\psi_k(\max\{w - \alpha_k, 0\}) \geqslant \psi_k(q_k(w)) - \psi_k(\alpha_k), \quad w \in C(J_k), \tag{4.1.11}$$

$$\psi_k(\max\{\beta_k - w, 0\}) \geqslant \psi_k(\beta_k) - \psi_k(q_k(w)), \quad w \in C(J_k), \tag{4.1.12}$$

$$\psi_k(\max\{f - g, 0\}) \geqslant \psi_k(f) - \psi_k(g), \quad f, g \in C(J_k), \quad f, g \in [\alpha_k, \beta_k], \tag{4.1.13}$$

则 (4.1.9) 在 $[\alpha, \beta]$ 上恰有一解.

证明 首先证明 (4.1.9) 在 $[\alpha, \beta]$ 上至多有一解. 假设 $u_1, u_2 \in [\alpha, \beta]$ 为 (4.1.9) 的解, 令 $m_1 = u_1 - u_2, m_2 = u_2 - u_1 \in PC^1(J)$. 则由 (4.1.13), 对 $t \in (t_{k-1}, t_k), k = 1, \cdots, p+1$, 有

$$m_1'(t) + Mm_1(t) + N[\psi_k(\max\{(m_1)_k, 0\})](t)$$

$$= u_1'(t) + Mu_1(t) - u_2'(t) - Mu_2(t) + N[\psi_k(\max\{(u_1)_k - (u_2)_k, 0\})](t)$$

$$= b(t) - N[\psi_k(u_1)_k](t) - b(t) + N[\psi_k(u_2)_k](t) + N[\psi_k(\max\{(u_1)_k, (u_2)_k, 0\})](t)$$

$$\geqslant 0,$$

且

$$m_1(0) = u_1(0) - u_2(0) = u_1(T) - u_2(T) = m_1(T).$$

另一方面, 对 $k = 1, \cdots, p$,

$$m_1(t_k^+) = u_1(t_k^+) - u_2(t_k^+) = c_k - c_k = 0.$$

因此, 类似可得

$$m_2'(t) + Mm_2(t) + N[\psi_k(\max\{m_2, 0\})](t) \geqslant 0, \quad t \in (t_{k-1}, t_k), k = 1, \cdots, p+1,$$

$$m_2(0) = m_2(T), \quad m_2(t_k^+) = 0, \quad k = 1, \cdots, p.$$

由定理 4.1.1 知, 在 J 上 $u_1 = u_2$. 注意到对于 $f, g \in C(J_k)$, 假设 (4.1.13) 成立, 因此可得 (4.1.9) 在 $[\alpha, \beta]$ 上至多有一个解.

为了得到在 $[\alpha, \beta]$ 上 (4.1.9) 的解的存在性, 考虑辅助问题

$$\begin{cases} u'(t) + Mu(t) + N[\psi_k q_k u_k](t) = b(t), \quad t \in (t_{k-1}, t_k), k = 1, \cdots, p+1, \\ u(t_k^+) = c_k, \quad k = 1, \cdots, p, \\ u(0) = u(T). \end{cases} \qquad (4.1.14)$$

下面证明 (4.1.14) 存在解, 且所有解均属于 $[\alpha, \beta]$. 这样, 由于 $q_k u_k = u_k, k = 1, \cdots, p+1$, 若 (4.1.14) 有解 $u \in [\alpha, \beta]$, 则 u 即为 (4.1.9) 的解.

先证 (4.1.14) 的每个解 u 均在 $[\alpha, \beta]$ 上. 令

$$m_1 = u - \alpha \in PC^1(J), \quad m_2 = \beta - u \in PC^1(J),$$

由 (4.1.11) 及 (4.1.12), 对于 $k = 1, 2, \cdots, p+1$, $t \in (t_{k-1}, t_k)$ 有

$$\begin{aligned} & m_1'(t) + Mm_1(t) + N[\psi_k(\max\{(m_1)_k, 0\})](t) \\ = & u'(t) + Mu(t) - \alpha'(t) - M\alpha(t) + N[\psi_k(\max\{u_k - \alpha_k, 0\})](t) \\ \geqslant & b(t) - N[\psi_k q_k u_k](t) - b(t) + N[\psi_k \alpha_k](t) + N[\psi_k(\max\{u_k - \alpha_k, 0\})](t) \\ \geqslant & 0, \end{aligned}$$

且

$$m_2'(t) + Mm_2(t) + N[\psi_k(\max\{(m_2)_k, 0\})](t) \geqslant 0,$$

$$m_1(0) = u(0) - \alpha(0) \geqslant u(T) - \alpha(T) = m_1(T),$$

$$m_2(0) = \beta(0) - u(0) \geqslant \beta(T) - u(T) = m_2(T).$$

另外, 对 $k = 1, 2, \cdots, p$,

$$m_1(t_k^+) = u(t_k^+) - \alpha(t_k^+) \geqslant c_k - c_k = 0,$$

$$m_2(t_k^+) = \beta(t_k^+) - u(t_k^+) \geqslant c_k - c_k = 0.$$

利用定理 4.1.1 可得 $m_1 \geqslant 0, m_2 \geqslant 0$, 即 $\alpha \leqslant u \leqslant \beta$.

再证问题 (4.1.14) 的解的存在性. 考虑算子 $T_k : C(J_k) \to C(J_k), k = 1, \cdots, p + 1$, 其定义为

$$[T_k w](t) = c_{k-1} \mathrm{e}^{-M(t-t_{k-1})} + \int_{t_{k-1}}^t \{b(s) - N[\psi_k q_k u_k](s)\} \mathrm{e}^{M(s-t)} \mathrm{d}s, \qquad (4.1.15)$$

其中 $t \in J_k$. 因为 ψ_k, q_k 均连续, 可证算子 T_k 连续且对所有的 k, T_k 全连续. 事实上, 设 $k \in \{1, 2, \cdots, p+1\}, S \subseteq C(J_k)$ 为有界集 ($\|u\| \leqslant r_1, \forall u \in S$). 由于 ψ_k 映有界集到有界集, 则对任意 $w \in S, t \in J_k$, 有

$$|(T_k w)(t)| \leqslant |c_{k-1}| \mathrm{e}^{-M(t-t_{k-1})} + \int_{t_{k-1}}^t (|b(s)| + N|[\psi_k q_k u_k](s)|) \mathrm{e}^{M(s-t)} \mathrm{d}s$$

$$\leqslant |c_{k-1}| + (\|b\| + NR_k) \int_{t_{k-1}}^t \mathrm{e}^{M(s-t)} \mathrm{d}s$$

$$= |c_{k-1}| + (\|b\| + NR_k) \frac{1 - \mathrm{e}^{-M(t-t_{k-1})}}{M}$$

$$\leqslant |c_{k-1}| + (\|b\| + NR_k) \frac{1 - \mathrm{e}^{-M(t_k-t_{k-1})}}{M} = \delta_k.$$

故

$$\|q_k \omega\| \leqslant \max\{\|\alpha_k\|, \|\beta_k\|\} \Rightarrow \|\psi_k q_k \omega\| \leqslant R_k,$$

又由于 (4.1.15) 中定义的 $T_k \omega$ 满足

$$u'(t) + Mu(t) = b(t) - N[\psi_k q_k \omega](t), \quad t \in (t_{k-1}, t_k),$$

于是有

$$|(T_k \omega)'(t)| = |b(t) - N[\psi_k q_k \omega](t) - M(T_k \omega)(t)|$$

$$\leqslant \|b\| + N\|\psi_k q_k \omega\| + M\delta_k \leqslant \|b\| + NR_k + M\delta_k, \quad t \in J_k.$$

因此 T_k 全连续. 另一方面, 若存在 $u \in C(J_k), \lambda \in (0,1)$ 满足 $u = \lambda T_k u$. 那么 $\|u\| = \|\lambda T_k u\| \leqslant \|T_k u\| \leqslant \delta_k$. 根据 Schaefer 定理可知, T_k 存在不动点 $u_k \in C(J_k) \cap C^1(J_k)$. 再令 $c_0 = u_{p+1}(T)$, 可得 $u_1(t), t \in [0, t_1]$. 这样, 关于 $T_2, \cdots, T_{p+1}$ 各自存在对应的 $u_2, \cdots, u_{p+1}$. 由此,

$$u \in PC^1(J)(u(t) = u_k(t), \quad t \in (t_{k-1}, t_k], \ k = 2, \cdots, p+1; \quad u(t) = u_1(t), \ t \in [0, t_1])$$

是 (4.1.14) 的一个解. 因为 (4.1.14) 的每个解属于 $[\alpha, \beta]$, 所以 u 是 (4.1.9) 在 $[\alpha, \beta]$ 的一个解 (实际上, u 是 (4.1.9) 在该区间上的唯一解).

注 4.1.3　如果在 J_k 上,

$$\psi_k(\max\{\omega - \alpha_k, 0\}) \geqslant \psi_k(\omega) - \psi_k(\alpha_k), \quad \omega \in C(J_k),$$

$$\psi_k(\max\{\beta_k - \omega, 0\}) \geqslant \psi_k(\beta_k) - \psi_k(\omega), \quad \omega \in C(J_k)$$

成立, 则 (4.1.9) 的每个解均在 $[\alpha, \beta]$ 上, 因此也是 (4.1.14) 的解.

　　命题 4.1.1　对于每个 $k = 1, 2, \cdots, p + 1$, 在 J_k 上, 下面两个式子成立:

$$\max\{\omega - \alpha_k, 0\} \geqslant q_k(\omega) - \alpha_k, \quad \omega \in C(J_k),$$

$$\max\{\beta_k - \omega, 0\} \geqslant \beta_k - q_k(\omega), \quad \omega \in C(J_k).$$

　　证明　对任意 $\omega \in C(J_k)$, $t \in J_k$, 有

$$\begin{aligned}
&\max\{\omega - \alpha_k, 0\}(t) \\
&= \begin{cases} 0, & \omega(t) \leqslant \alpha_k(t), \\ \omega - \alpha_k, & \omega(t) > \alpha_k(t) \end{cases} \\
&\geqslant \begin{cases} \alpha_k(t) - \alpha_k(t), & \omega(t) \leqslant \alpha_k(t), \\ q_k(\omega)(t) - \alpha_k(t), & \omega(t) > \alpha_k(t) \end{cases} \\
&= (q_k(\omega) - \alpha_k)(t).
\end{aligned}$$

类似地, 可以证明第二个论断.

　　命题 4.1.2　如果 ψ_k 不减且在 J_k 上满足

$$\psi_k(f - g) \geqslant \psi_k f - \psi_k g, \quad f, g \in C(J_k), \quad f, g \in [\alpha_k, \beta_k],$$

则 (4.1.11)~(4.1.13) 成立.

　　证明　对 $f, g \in C(J_k), f, g \in [\alpha_k, \beta_k]$, 在 J_k 上有

$$\psi_k(\max\{f - g, 0\}) \geqslant \psi_k(f - g) \geqslant \psi_k(f) - \psi_k(g).$$

设 $\omega \in C(J_k)$, 则由命题 4.1.1 及假设知, 在 J_k 上有

$$\psi_k(\max\{\omega - \alpha_k, 0\}) \geqslant \psi_k(q_k(\omega) - \alpha_k) \geqslant \psi_k(q_k(\omega)) - \psi_k(\alpha_k),$$

$$\psi_k(\max\{\beta_k - \omega, 0\}) \geqslant \psi_k(\beta_k - q_k(\omega)) \geqslant \psi_k(\beta_k) - \psi_k(q_k(\omega)).$$

因此, (4.1.11)~(4.1.13) 成立.

　　例 4.1.3　命题 4.1.2 的假设中的函数 ψ_k 不一定满足 Lipschitz 条件. 比如, 取 $\psi_k(f) = \sqrt{|f|}, f \in C(J_k)$.

若 $0 \leqslant f \leqslant g$, 则在 J_k 上有

$$\psi_k(f) = \sqrt{|f|} = \sqrt{f} \leqslant \sqrt{g} = \sqrt{|g|} = \psi_k(g).$$

因此对于非负函数 ψ_k 来说, ψ_k 是非减的.

注 4.1.4 定理 4.1.2 中的条件 (4.1.10)~(4.1.13) 和命题 4.1.2 中的条件在函数 ψ_k 中涉及时滞时也是成立的, 如

$$[\psi_k\omega](t) = \omega(\theta_k(t)), \quad t \in J_k,$$

其中 $\theta_k : J_k \to J_k$ 连续且对 $\forall t \in J_k$, $\theta_k(t) \leqslant t$. 另外, 还有极大值函数

$$[\psi_k\omega](t) = \max_{[t_{k-1},t]} \omega, \quad t \in J_k$$

和变动上限积分函数

$$[\psi_k\omega](t) = \int_{t_{k-1}}^t \omega(s)\mathrm{d}s, \quad t \in J_k.$$

这可由以下推论看出.

推论 4.1.4 设 $\alpha \leqslant \beta \in PC^1(J)$ 分别是下列问题的下解和上解:

$$\begin{cases} u'(t) + Mu(t) + Nu(\theta_k(t)) = b(t), \quad t \in (t_{k-1}, t_k), k = 1, \cdots, p+1, \\ u(t_k^+) = c_k, \quad k = 1, \cdots, p, \\ u(0) = u(T), \end{cases} \quad (4.1.16)$$

其中 $M > 0, N \geqslant 0$, $b \in PC(J)$, $\theta_k : J_k \to J_k$ 连续, 且 $\theta_k(t) \leqslant t$, $t \in J_k$. 又设 (4.1.5) 成立, 则 (4.1.16) 在 $[\alpha, \beta]$ 上恰有一解.

证明 定义泛函 $[\psi_k\omega](t) = \max_{[t_{k-1},t]} \omega(\theta_k(t))$, $t \in J_k$, 易证定理 4.1.2 中的假设 (4.1.10)~(4.1.13) 成立. 事实上, 由 ψ_k 连续, 故 (4.1.10) 成立. 又由命题 4.1.2 知 (4.1.11)~(4.1.13) 成立, 因为 ψ_k 不减, 对于 $f, g \in C(J_k), s \in J_k$, 有

$$[\psi_k(f-g)](s) = f(\theta_k(s)) - g(\theta_k(s)) = [\psi_k(f)](s) - [\psi_k(g)](s).$$

最后, 由 (4.1.5) 知 (4.1.3) 成立.

推论 4.1.5 若 $\alpha \leqslant \beta \in PC^1(J)$ 分别是下列问题的下解和上解

$$\begin{cases} u'(t) + Mu(t) + N \max_{[t_{k-1},t]} u_k = b(t), \quad t \in (t_{k-1}, t_k), k = 1, \cdots, p+1, \\ u(t_k^+) = c_k, \quad k = 1, \cdots, p, \\ u(0) = u(T), \end{cases} \quad (4.1.17)$$

其中 $M > 0, N \geqslant 0, b \in PC(J)$, 且 (4.1.7) 成立, 则在 $[\alpha, \beta]$ 上问题 (4.1.17) 恰有一解.

证明　由于 $[\psi_k \omega](t) = \max_{[t_{k-1}, t]} \omega, \omega \in C(J_k), t \in J_k$, 故条件 (4.1.3) 和 (4.1.10) 满足. 又从命题 4.1.2 可知 (4.1.11)~(4.1.13) 成立, 因为 ψ_k 对 $k = 1, \cdots, p+1$ 不减, 且对于 $f, g \in C(J_k), s \in J_k$, 有

$$[\psi_k(f - g)](s) = \max_{r \in [t_{k-1}, s]} (f - g)(r) \geqslant \max_{r \in [t_{k-1}, s]} f(r) - \max_{r \in [t_{k-1}, s]} g(r)$$
$$= [\psi_k(f)](s) - [\psi_k(g)](s).$$

由定理 4.1.2, 即得结论成立.

推论 4.1.6　若 $\alpha \leqslant \beta \in PC^1(J)$ 分别是下列问题的下解和上解

$$\begin{cases} u'(t) + Mu(t) + N \displaystyle\int_{t_{k-1}}^t u_k(s)\mathrm{d}s = b(t), & t \in (t_{k-1}, t_k), k = 1, \cdots, p+1, \\ u(t_k^+) = c_k, & k = 1, \cdots, p, \\ u(0) = u(T), \end{cases} \tag{4.1.18}$$

其中, $M > 0, N \geqslant 0, b \in PC(J)$, 且 (4.1.8) 成立, 则在 $[\alpha, \beta]$ 上问题 (4.1.18) 有唯一解.

证明　取 $[\psi_k \omega](t) = \displaystyle\int_{t_{k-1}}^t w(s)\mathrm{d}s, w \in C(J_k), t \in J_k$, 因为 $\psi_k(k = 1, \cdots, p+1)$ 不减, 且对于 $f, g \in C(J_k), s \in J_k$ 有

$$[\psi_k(f - g)](s) = \int_{t_{k-1}}^s (f - g)(r)\mathrm{d}r = \int_{t_{k-1}}^s f(r)\mathrm{d}r - \int_{t_{k-1}}^s g(r)\mathrm{d}r$$
$$= [\psi_k(f)](s) - [\psi_k(g)](s).$$

显然, (4.1.3) 及 (4.1.10)~(4.1.13) 成立.

注 4.1.5　若在定理 4.1.1 的条件 (4.1.2) 中用 u_k 替代 $\max\{u_k, 0\}$, (4.1.3) 中用 ω 替代 $\max\{\omega, 0\}$, 并进一步假设对 $k = 1, 2, \cdots, p+1$, 在 J_k 上

$$\psi_k(f - g) \geqslant \psi_k f - \psi_k g, \quad f, g \in C(J_k), \tag{4.1.19}$$

$$|[\psi_k \omega](s)| \leqslant R|\omega(s)|, \quad \forall \omega \in C(J_k), \quad \forall s \in J_k, \quad \exists R > 0 \tag{4.1.20}$$

由此可得问题 (4.1.9) 有唯一解. 而且, 唯一解属于 $[\alpha, \beta]$, 这里 α, β 是已经确定的下解和上解. 为了得到解的存在性, 类似于定理 4.1.2 的证明过程, 可对算子 $\tilde{T}_k$ 应用 Schaefer 不动点定理, 其中

$$[\tilde{T}_k \omega](t) = c_{k-1}\mathrm{e}^{-M(t-t_{k-1})} + \int_{t_{k-1}}^t \{b(s) - N[\psi_k \omega](s)\}\mathrm{e}^{M(s-t)}\mathrm{d}s,$$

$$\omega \in C(J_k), \quad t \in J_k, \quad k = 1, \cdots, p+1.$$

$C(J_k)$ 中的范数取为 $\|\omega\|_\rho = \sup\limits_{t \in J_k} |\omega(t)| \mathrm{e}^{-\rho(t-t_{k-1})}$，其中 $\rho > 0$ 且满足

$$NR \frac{1 - \mathrm{e}^{-(M+\rho)(t_k-t_{k-1})}}{M+\rho} < 1, \quad \forall k = 1, 2, \cdots, p+1.$$

4.1.3 单调迭代方法

下面的定理和推论给出了 (4.1.1) 的解的存在性.

定义 4.1.4　称函数 $\alpha \in PC^1(J)$ 是 (4.1.1) 的下解, 如果

$$\begin{cases} \alpha'(t) \leqslant f(t, \alpha(t), [\psi_k \alpha_k](t)), \quad t \in \mathrm{int}(J_k), \ k = 1, 2, \cdots, p+1, \\ \alpha(t_k^+) \leqslant I_k([\phi_k \alpha_k](t_k)), \quad k = 1, 2, \cdots, p+1, \\ \alpha(0) \leqslant \alpha(T). \end{cases} \tag{4.1.21}$$

类似可定义上解 $\beta \in PC^1(J)$, 若上面的不等号方向相反.

定理 4.1.3　设 $\alpha, \beta \in PC^1(J)$ 分别为 (4.1.1) 的下解和上解, 且 $\alpha \leqslant \beta$, 并假设存在 $M > 0, N \geqslant 0$, 使得对 $k = 1, 2, \cdots, p+1$,

$$f(t, x(t), [\psi_k x](t)) - f(t, y(t), [\psi_k y](t))$$
$$\geqslant -M(x(t) - y(t)) - N([\psi_k x](t) - [\psi_k y](t)), \tag{4.1.22}$$

其中 $t \in J_k, x, y \in C(J_k)$, 在 J_k 上有 $\alpha_k \leqslant y \leqslant x \leqslant \beta_k$ 且 ψ_k 满足 (4.1.3) 和 (4.1.10)~(4.1.13). 进一步假设

$$I_k([\phi_k x](t_k)) \geqslant I_k([\phi_k y](t_k)), \quad x \geqslant y \in C(J_k), \quad k = 1, \cdots, p. \tag{4.1.23}$$

则存在两个单调序列 $\{\alpha_n\}$ 和 $\{\beta_n\}$ 满足 $\{\alpha_n\} \uparrow \rho, \{\beta_n\} \downarrow \gamma$ 一致成立, 其中 $\alpha_0 = \alpha, \beta_0 = \beta$; ρ, γ 为 (4.1.1) 在 $[\alpha, \beta]$ 上的最小解和最大解.

证明　对固定的 $\eta \in [\alpha, \beta]$, 考虑问题

$$\begin{cases} u'(t) + Mu(t) + N[\psi_k u_k] = b_\eta(t), \quad t \in (t_{k-1}, t_k), k = 1, \cdots, p+1, \\ u(t_k^+) = I_k([\phi_k \eta_k](t_k)), \quad k = 1, \cdots, p, \\ u(0) = u(T), \end{cases} \tag{4.1.24}$$

其中 $b_\eta(t) = f(t, \eta(t), [\psi_k \eta_k](t) + M\eta(t) + N[\psi_k \eta_k](t), t \in (t_{k-1}, t_k), k = 1, \cdots, p+1.$ 由定理 4.1.2, (4.1.24) 存在唯一的解 $u_\eta \in [\alpha, \beta]$. 因为 α, β 分别是 (4.1.24) 的下解和上解, 结合 (4.1.22) 知, 对于 $k = 1, \cdots, p+1$, $t \in (t_{k-1}, t_k)$, 有

$$\alpha'(t) + M\alpha(t) + N[\psi_k \alpha_k]$$
$$\leqslant f(t, \alpha(t), [\psi_k \alpha_k](t)) + M\alpha(t) + N[\psi_k \alpha_k](t)$$
$$\leqslant f(t, \eta(t), [\psi_k \eta_k](t)) + M\eta(t) + N[\psi_k \eta_k](t) = b_\eta(t).$$

类似有

$$\beta'(t) + M\beta(t) + N[\psi_k\beta_k] \geqslant b_\eta(t).$$

另外, 对于 $k = 1, \cdots, p,$

$$\alpha(t_k^+) \leqslant I_k([\phi_k\alpha_k](t_k)) \leqslant I_k([\phi_k\eta_k](t_k)),$$

$$\beta(t_k^+) \geqslant I_k([\phi_k\beta_k](t_k)) \geqslant I_k([\phi_k\eta_k](t_k)).$$

定义

$$A : [\alpha, \beta] \to [\alpha, \beta], \quad A\eta = u_\eta.$$

下证 A 在 $[\alpha, \beta]$ 上单调不减. 取 $\eta_1, \eta_2 \in PC(J)$, 满足

$$\alpha \leqslant \eta_1 \leqslant \eta_2 \leqslant \beta,$$

令 $m = A\eta_2 - A\eta_1$, 由 (4.1.13) 和 (4.1.22) 知

$$\begin{aligned}
&m'(t) + Mm(t) + N[\psi_k(\max\{m_k, 0\})](t)\\
=&(A\eta_2)'(t) + MA\eta_2(t) - (A\eta_1)'(t) - MA\eta_1(t)\\
&+N\psi_k[\max\{(A\eta_2)_k - (A\eta_1)_k, 0\}](t)\\
=&f(t, \eta_2(t), [\psi_k(\eta_2)_k](t)) + M\eta_2(t) + N[\psi_k(\eta_2)_k](t) - N[\psi_k(A\eta_2)_k](t)\\
&-f(t, \eta_1(t), [\psi_k(\eta_1)_k](t) - M\eta_1(t) - N[\psi_k(\eta_1)_k](t) + N[\psi_k(A\eta_1)_k](t)\\
&+N\psi_k[\max\{(A\eta_2)_k - (A\eta_1)_k, 0\}](t) \geqslant 0, \quad t \in (t_{k-1}, t_k), k = 1, \cdots, p+1,\\
&m(t_k^+) = I_k([\phi_k(\eta_2)_k](t_k)) - I_k([\phi_k(\eta_1)_k](t_k)) \geqslant 0, \quad k = 1, \cdots, p,
\end{aligned}$$

且 $m(0) = m(T)$. 利用定理 4.1.1 可得 $A\eta_1 \leqslant A\eta_2$.

定义序列 $\{\alpha_n\}, \{\beta_n\}$ 如下

$$\alpha_0 = \alpha, \quad \beta_0 = \beta, \quad \alpha_{n+1} = A\alpha_n, \quad \beta_{n+1} = A\beta_n, \quad n \geqslant 1,$$

则 $\{\alpha_n\}$ 不减, $\{\beta_n\}$ 不增, 并且

$$\alpha = \alpha_0 \leqslant \alpha_1 \leqslant \cdots \leqslant \alpha_n \leqslant \beta_n \leqslant \cdots \leqslant \beta_1 \leqslant \beta_0 = \beta,$$

通过常规推导可得 $\{\alpha_n\} \uparrow \rho, \{\beta_n\} \downarrow \gamma$ 在 J_k 上一致成立, 这里 $\rho, \gamma \in [\alpha, \beta]$ 是 (4.1.1) 在 $[\alpha, \beta]$ 上的最小解和最大解, 即 (4.1.1) 的每一个解 u 均在 $[\alpha, \beta]$ 中, 并且在 J 上有 $\rho \leqslant u \leqslant \gamma$.

注 4.1.6　考虑注 4.1.5, 对条件 (4.1.3) 作类似的改变, 并用 (4.1.19)~(4.1.20) 替代 (4.1.10)~(4.1.13), 可得到类似的结论.

定理 4.1.3 允许多种函数类, 包括带时滞的、最大值函数以及变动上限积分函数等, 这些可见于下面的推论.

推论 4.1.7 设 $\alpha, \beta \in PC^1(J)(\alpha \leqslant \beta)$ 分别是下列系统的下解和上解

$$
\begin{cases}
u'(t) = f(t, u(t), u(\theta_k(t))), & t \in (t_{k-1}, t_k), k = 1, \cdots, p+1, \\
u(t_k^+) = I_k([\phi_k u_k](t_k), & k = 1, \cdots, p, \\
u(0) = u(T),
\end{cases}
\tag{4.1.25}
$$

其中 $f : [0, T] \times R^2 \to R, \theta_k : J_k \to J_k$ 连续, $\theta_k(t) \leqslant t, t \in J_k$. 又设存在 $M > 0, N \geqslant 0$, 使对所有的 $k = 1, \cdots, p+1$, 有

$$
f(t, x(t), x(\theta_k(t))) - f(t, y(t), y(\theta_k(t)))
$$
$$
\geqslant -M(x(t) - y(t)) - N(x(\theta_k(t)) - y(\theta_k(t))),
\tag{4.1.26}
$$

其中 $t \in J_k, x, y \in C(J_k)$, 且在 J_k 上 $\alpha_k \leqslant y \leqslant x \leqslant \beta_k$, 若 (4.1.5) 及 (4.1.23) 也成立, 则存在单调序列 $\{\alpha_n\}$ 和 $\{\beta_n\}$(其中 $\alpha_0 = \alpha, \beta_0 = \beta$) 一致收敛于 (4.1.25) 在 $[\alpha, \beta]$ 上的最小解和最大解.

推论 4.1.8 设 $\alpha, \beta \in PC^1(J)(\alpha \leqslant \beta)$ 分别是下列系统的下解和上解

$$
\begin{cases}
u'(t) = f(t, u(t), \max_{s \in [t_{k-1}, t]} u_k(s)), & t \in (t_{k-1}, t_k), k = 1, \cdots, p+1, \\
u(t_k^+) = I_k([\phi_k u_k](t_k), & k = 1, \cdots, p, \\
u(0) = u(T),
\end{cases}
\tag{4.1.27}
$$

其中 $f : [0, T] \times R^2 \to R$. 设存在 $M > 0, N \geqslant 0$ 使对所有的 $k = 1, 2, \cdots, p+1$, 有

$$
f(t, x(t), \max_{[t_{k-1}, t]} x) - f(t, y(t), \max_{[t_{k-1}, t]} y)
$$
$$
\geqslant -M(x(t) - y(t)) - N(\max_{[t_{k-1}, t]} x - \max_{[t_{k-1}, t]} y),
\tag{4.1.28}
$$

其中 $t \in J_k, x, y \in C(J_k)$, 且在 J_k 上 $\alpha_k \leqslant y \leqslant x \leqslant \beta_k$, 又设 (4.1.7) 及 (4.1.23) 成立, 则存在单调序列 $\{\alpha_n\}$ 和 $\{\beta_n\}$(其中 $\alpha_0 = \alpha, \beta_0 = \beta$) 一致收敛于 (4.1.27) 在 $[\alpha, \beta]$ 上的最小解和最大解.

推论 4.1.9 设 $\alpha, \beta \in PC^1(J)(\alpha \leqslant \beta)$ 分别是下列系统的下解和上解

$$
\begin{cases}
u'(t) = f\left(t, u(t), \int_{k-1}^t u_k(s)\mathrm{d}s\right), & t \in (t_{k-1}, t_k), k = 1, \cdots, p+1, \\
u(t_k^+) = I_k([\phi_k u_k](t_k)), & k = 1, \cdots, p, \\
u(0) = u(T),
\end{cases}
\tag{4.1.29}
$$

其中 $f : [0,T] \times R^2 \to R$. 设存在 $M > 0, N \geqslant 0$, 使对所有的 $k = 1, 2, \cdots, p+1$, 有

$$
f\left(t, x(t), \int_{k-1}^{t} x(s)\mathrm{d}s\right) - f\left(t, y(t), \int_{k-1}^{t} y(s)\mathrm{d}s\right)
$$
$$
\geqslant -M(x(t) - y(t)) - N\left(\int_{k-1}^{t} x(s)\mathrm{d}s - \int_{k-1}^{t} y(s)\mathrm{d}s\right), \tag{4.1.30}
$$

其中 $t \in J_k, x, y \in C(J_k)$, 且在 J_k 上 $\alpha_k \leqslant y \leqslant x \leqslant \beta_k$, 若 (4.1.8) 及 (4.1.23) 也成立, 则存在单调序列 $\{\alpha_n\}$ 和 $\{\beta_n\}$(其中 $\alpha_0 = \alpha, \beta_0 = \beta$) 一致收敛于 (4.1.29) 在 $[\alpha, \beta]$ 上的最小解和最大解.

4.2　一阶脉冲泛函微分系统的周期边值问题

4.2.1　引言和预备知识

对于一阶与二阶泛函微分系统周期边值问题 (PBVP), 近年来, 许多文章讨论了其可解性 [2,3,15,16,22,44,50,51]. 有些文章甚至考虑了含脉冲的情况 [2,3,15,22,44]. 例如, 文献 [15] 研究了如下问题

$$
\begin{cases}
x'(t) = f(t, x(t), x_t), & t \neq t_k, \ t \in [0,T], \\
\Delta x\big|_{t=t_k} = I_k(x(t_k)), & k = 1, 2, \cdots, p, \\
x(t) = x(0), & t \in [-\tau, 0), \\
x(0) = x(T).
\end{cases}
$$

文献 [2, 22, 44] 讨论了如下系统的可解性

$$
\begin{cases}
x'(t) = f(t, x(t), x(w(t))), & t \neq t_k, \ t \in [0,T], \\
\Delta x\big|_{t=t_k} = I_k(x(t_k)), & k = 1, 2, \cdots, p, \\
x(0) = x(T).
\end{cases}
$$

上述文献均采用上下解方法和单调迭代技巧, 在具有一对上下解的情况下获得了至少一个解的存在性.

众所周知, 拓扑度被广泛地应用于研究二阶微分系统边值问题. 但到目前为止, 除了文献 [3] 外, 还没有文献应用此理论研究一阶脉冲泛函微分系统周期边值问题. 文献 [3] 利用叠合度研究了问题

$$
\begin{cases}
x'(t) = f(t, x_t), & t \neq t_k, \ t \in [0,T], \\
\Delta x\big|_{t=t_k} = I_k(x(t_k)), & k = 1, 2, \cdots, p, \\
x(0) = x(T),
\end{cases}
$$

也获得了一个解的存在性, 值得注意的是作者令 $x(t) = x(t+1)$, $t \in [-\tau, 0]$.

本节的目的是利用不动点指数理论研究下列问题

$$\begin{cases} x'(t) = f(t, x(t), x_t), & \text{a.e.} t \in (0, T), \ t \neq t_i, \\ \Delta x\big|_{t=t_i} = I_i(x(t_i - 0)), & i = 1, 2, \cdots, k, \\ x(t) = \phi(t), & t \in [-\tau, 0), \\ x(0) = x(T) \end{cases} \qquad (4.2.1)$$

多个正解的存在性, 其中

$$J = [0, \ T], \quad \Delta x\big|_{t=t_i} = x(t_i + 0) - x(t_i - 0),$$

$$0 = t_0 < t_1 < t_2 < \cdots < t_k < t_{k+1} = T, \quad I_i \in C[R, R^+], \quad R^+ = [0, +\infty),$$

且 $f : J \times R \times D \to R$ 满足后面的假设,

$$D = \{\psi \mid \ \psi : [-\tau, 0] \to R, \ \psi(t) \text{在除有限个点 } \bar{t} \text{ 处连续,}$$
$$\text{在} t = \bar{t} \text{ 处左连续且右极限存在}\}, \quad \phi \in D.$$

首先做一些预备工作. 对定义在 $[-\tau, T]$ 上的任意函数 y 及任意 $t \in J$, 定义 y_t 为

$$y_t(\theta) = y(t + \theta), \quad \theta \in [-\tau, 0].$$

令

$$PC(J) = \{x \mid \ x : [-\tau, T] \to R, \ x(t) \text{在} t \neq t_i \text{处连续}, \text{ 在} t = t_i \text{处左连续且右极限存在},$$
$$i = 1, 2, \cdots, k \ ; x(t) = \phi(t), \ t \in [-\tau, 0)\}.$$

在 $PC(J)$ 上定义两种运算. 对 $x, y \in PC(J)$, $\lambda \in R$, 令

$$x + y = \begin{cases} x(t) + y(t), & t \in J, \\ \phi(t), & t \in [-\tau, 0), \end{cases}$$

及

$$\lambda x = \begin{cases} \lambda x(t), & t \in J, \\ \phi(t), & t \in [-\tau, 0), \end{cases}$$

其中 $\phi(t)$ 如 PBVP(4.2.1) 中所述.

容易看出, $PC(J)$ 在范数 $\|x\| = \sup\limits_{t \in J}\{|x(t)|\}$ $(\forall x \in PC(J))$ 下成为 Banach 空间. 在 D 中定义范数

$$\|\psi\| = \sup\limits_{\theta \in [-\tau, 0]} \{|\psi(\theta)|\}, \quad \forall \psi \in D.$$

值得注意的是, D 只是一个赋范线性空间, 而不是 Banach 空间.

定义 4.2.1　称 $f: J \times R \times D \to R$ 满足 L^1-Carathéodory 条件, 如果 f 满足

(i) 对于所有的 $(x, y) \in R \times D$, $t \to f(t, x, y)$ 是可测的;

(ii) 对于 a.e. $t \in J$, $(x, y) \to f(t, x, y)$ 是连续的;

(iii) 对于每个 $q > 0$, 都存在 $h_q \in L^1(J, R^+)$, 使得对于 a.e. $t \in J$, 有

$$|f(t, x, y)| \leqslant h_q(t), \quad |x| \leqslant q, \quad \|y\| \leqslant q.$$

以下假设 f 是一个 L^1-Carathéodory 函数.

定义 4.2.2　称函数 $x \in PC(J)$ 为 PBVP(4.2.1) 的解, 如果 x 满足 (4.2.1).

为了后面的应用, 下面列出一个关于不动点指数的结论 (见文献 [12] 中的引理 2.3.1 及引理 2.3.3).

引理 4.2.1　设 Q 是实 Banach 空间 E 中的一个锥, Ω 是 E 的有界开集, $\theta \in \Omega, A: Q \cap \overline{\Omega} \to Q$ 全连续.

(i) 如果对 $\forall x \in Q \cap \partial\Omega, \mu \in [0, 1]$, 有 $x \neq \mu A x$, 则

$$i(A, Q \cap \Omega, Q) = 1;$$

(ii) 如果 $\inf_{x \in Q \cap \partial\Omega} \|Ax\| > 0$ 且对 $\forall x \in Q \cap \partial\Omega$, $\mu \in (0, 1]$, 有 $Ax \neq \mu x$, 则

$$i(A, Q \cap \Omega, Q) = 0.$$

4.2.2　主要结果

首先列出下列假设:

(H1) 存在 $M > 0$, 满足

$$Mx + f(t, x, y) \geqslant 0, \quad \text{a.e.} t \in J, \quad x \in R^+, \quad y \in D, \quad x \leqslant \|y\| \leqslant xe^{MT} + \|\phi\|.$$

(H2) 存在 $J_0 \subset J, \mathrm{mes} J_0 = 0$, 使 $\overline{\lim_{\substack{x \leqslant \|y\| \leqslant xe^{MT} + \|\phi\| \\ x \to +\infty}} \dfrac{f(t, x, y)}{x}} < 0$ 关于 $t \in J \backslash J_0$ 一致成立, 且 $\lim_{x \to +\infty} \dfrac{I_i(x)}{x} = 0, i = 1, 2, \cdots, k$.

(H3) 下列两条件之一成立:

(i) 存在 $R > 0$, 使

$$f(t, x, y) > M(1 - e^{-MT})R, \quad \text{a.e.} t \in J, x \in [e^{-MT}R, \ R],$$

$$y \in D, \quad e^{-MT}R \leqslant \|y\| \leqslant \|\phi\| + R.$$

(ii) 存在正整数 j 且 $1 \leqslant j \leqslant k$, 及 $R > 0$, 满足

$$I_j(x) > lx, \quad \forall x \in [e^{-MT}R, \ R],$$

其中 $l = \mathrm{e}^{MT}(\mathrm{e}^{MT} - 1)$.

(H4) 存在 $J_1 \subset J$, $\mathrm{mes}J_1 = 0$, 使 $\overline{\lim\limits_{\substack{x \leqslant \|y\| \leqslant x\mathrm{e}^{MT}+\|\phi\| \\ x \to 0+}}} \dfrac{f(t,x,y)}{x} < 0$ 关于 $t \in J \setminus J_1$ 一

致成立, 且 $\lim\limits_{x \to 0+} \dfrac{I_i(x)}{x} = 0$, $i = 1, 2, \cdots, k$.

注 4.2.1   条件 (H1) 类似于半正条件 [27].

为了研究 PBVP(4.2.1), 先考虑下列线性 PBVP:

$$\begin{cases} x'(t) + Mx(t) = \sigma(t), & \mathrm{a.e.} t \in (0,T),\ t \neq t_i, \\ \Delta x\big|_{t=t_i} = I_i(x(t_i)), & i = 1, 2, \cdots, k, \\ x(t) = \phi(t), & t \in [-\tau, 0), \\ x(0) = x(T), \end{cases} \tag{4.2.2}$$

其中 M 如 (H1) 所述, $\sigma \in L^1(J, R^+)$. 令

$$G(t,s) = \begin{cases} \dfrac{\mathrm{e}^{-M(t-s)}}{1 - \mathrm{e}^{-MT}}, & 0 \leqslant s < t \leqslant T, \\ \dfrac{\mathrm{e}^{-M(T+t-s)}}{1 - \mathrm{e}^{-MT}}, & 0 \leqslant t \leqslant s \leqslant T. \end{cases}$$

则有

$$\frac{\mathrm{e}^{-MT}}{1 - \mathrm{e}^{-MT}} \leqslant G(t,s) \leqslant \frac{1}{1 - \mathrm{e}^{-MT}}, \quad \forall t, s \in J. \tag{4.2.3}$$

引理 4.2.2 [47]   对于所有 $\sigma \in L^1(J, R^+)$, $x \in PC(J)$ 为 PBVP(4.2.2) 的解当且仅当 x 为积分方程

$$x(t) = \int_0^T G(t,s)\sigma(s)\mathrm{d}s + \sum_{i=1}^{k} G(t,t_i)I_i(x(t_i)), \quad t \in J \tag{4.2.4}$$

的解, 其中 $G(t,s)$ 还满足

$$\int_0^T G(t,s)\mathrm{d}s = \frac{1}{M}. \tag{4.2.5}$$

设 $z \in PC(J)$, 考虑下列线性 PBVP:

$$\begin{cases} x'(t) + Mx(t) = Mz(t) + f(t, z(t), z_t), & \mathrm{a.e.} t \in (0,T),\ t \neq t_i, \\ \Delta x\big|_{t=t_i} = I_i(x(t_i)), & i = 1, 2, \cdots, k, \\ x(t) = \phi(t), & t \in [-\tau, 0), \\ x(0) = x(T). \end{cases}$$

据引理 4.2.2 知

$$x(t) = \int_0^T G(t,s)[Mz(s) + f(s, z(s), z_s)]\mathrm{d}s + \sum_{i=1}^{k} G(t,t_i)I_i(x(t_i)), \quad t \in J. \tag{4.2.6}$$

在 $PC(J)$ 中定义算子 A:

$$(Ax)(t) = \begin{cases} \displaystyle\int_0^T G(t,s)[Mx(s) + f(s,x(s),x_s)]\mathrm{d}s + \sum_{i=1}^k G(t,t_i)I_i(x(t_i)), & \forall t \in J, \\ \phi(t), \quad t \in [-\tau, 0), \end{cases}$$

$$(4.2.7)$$

容易看出 $A: PC(J) \to PC(J)$. 而且, 由 (4.2.4),(4.2.6) 及 (4.2.7) 得, $x \in PC(J)$ 是 PBVP(4.2.1) 的解当且仅当 x 为算子 A 的不动点. 因此只需考虑算子 A 的不动点的存在性.

令

$$Q \overset{\triangle}{=} \{x \in PC(J): \ x(t) \geqslant \mathrm{e}^{-MT}\|x\|, \ \forall t \in J\}. \tag{4.2.8}$$

显然, Q 为 Banach 空间 $PC(J)$ 中的一个锥. 利用 (4.2.3), 容易看出

$$G(t,s) \geqslant \mathrm{e}^{-MT}G(\tau,s), \quad \forall t,s,\tau \in J. \tag{4.2.9}$$

进一步, 可以得到下列引理.

引理 4.2.3　对 $\forall x \in Q$, 有

$$x(t) \leqslant \|x_t\| \leqslant \|\phi\| + \|x\| \leqslant \|\phi\| + \mathrm{e}^{MT}x(t). \tag{4.2.10}$$

证明　由于 $x \in Q$, 故 $x(t) \geqslant \mathrm{e}^{-MT}\|x\|$, $t \in J$. 另外根据 $PC(J)$ 及 x_t 的定义得 $x(t) \leqslant \|x_t\| \leqslant \|\phi\| + \|x\|$, $t \in J$. 所以

$$x(t) \leqslant \|x_t\| \leqslant \|\phi\| + \|x\| \leqslant \|\phi\| + \mathrm{e}^{MT}x(t). \qquad \Box$$

由 (4.2.7)~(4.2.10) 及 (H1) 易知下列引理成立.

引理 4.2.4　设 (H1) 成立, 则 $A(Q) \subset Q$.

引理 4.2.5　设 (H1) 成立, 则对 $\forall r > 0$, $A: \overline{Q_r} \to Q$ 全连续, 其中 $Q_r = \{x \in Q: \ \|x\| < r\}$.

证明　首先由引理 4.2.4 有 $A: \overline{Q_r} \to Q$.

其次证明 $A: \overline{Q_r} \to Q$ 是有界的. 事实上, 令 $q = \|\phi\| + r$, 由 (4.2.10) 及定义 4.2.1 知, 存在函数 $h_q \in L^1(J)$ 及 $M_i > 0$, $i = 1, 2, \cdots, k$, 使当 $x \in \overline{Q_r}$ 时, 对 a.e.$t \in J$ 有

$$|f(t, x(t), x_t)| \leqslant h_q(t), \quad |I_i(x)| \leqslant M_i. \tag{4.2.11}$$

由此再结合 (4.2.3) 及 (4.2.7) 式得 $A: \overline{Q_r} \to Q$ 是有界的.

再次, 易知 $A(\overline{Q_r})(t)$ 在每个 (t_{i-1}, t_i) $(i = 1, 2, \cdots, k)$ 上等度连续. 其证明可由 (4.2.7), (4.2.11), $G(t,s)$ 的连续性直接得出.

故由著名的 Ascoli-Arzela 定理知 $A : \overline{Q_r} \to Q$ 相对紧.

最后证明 $A : \overline{Q_r} \to Q$ 连续. 设 $x_n, x \in \overline{Q_r}$, $\|x_n - x\| \to 0, n \to +\infty$. 则由 (H1), (4.2.7) 及 Lebesgue 控制收敛定理得

$$\lim_{n \to +\infty} (Ax_n)(t) = (Ax)(t), \quad t \in J.$$

由上面的推导可知, $\{(Ax_n)(t)\}$ 在 J 上一致有界且在 $(t_{i-1}, t_i]$ 上等度连续. 类似地, 可得 $\{Ax_n\}$ 相对紧. 下面说明 $\lim_{n \to +\infty} \|Ax_n - Ax\| = 0$.

若不成立, 则存在 $\varepsilon_0 > 0$ 和 $\{x_{n_i}\} \subset \{x_n\}$ 满足

$$\|Ax_{n_i} - Ax\| \geqslant \varepsilon_0, \quad i = 1, 2, \cdots.$$

由于 $\{Ax_n\}$ 相对紧, 故存在 $\{Ax_{n_i}\}$ 的子列收敛于某 $z \in PC(J)$. 不失一般性, 仍设 $\lim_{i \to \infty} Ax_{n_i} = z$, 即 $\lim_{i \to \infty} \|Ax_{n_i} - z\| = 0$. 这样 $z = Ax$, 矛盾. 故 A 在 $\overline{Q_r}$ 上连续.

下面给出当 f 在 ∞ 处关于 x 次线性时的主要结果.

定理 4.2.1 设 (H1)$\sim$(H4) 成立, 则 PBVP(4.2.1) 至少存在一个非负解和两个正解.

证明 首先证明存在正数 $c > R$, 使得

$$i(A, Q_c, Q) = 1. \tag{4.2.12}$$

事实上, 由 (H2) 知, 存在 $\varepsilon \in (0, M)$ 及 $L > 0$, 满足

$$\frac{f(t, x, y)}{x} < -\varepsilon, \quad t \in J \setminus J_0, \quad x \geqslant L, \quad y \in D, \quad x \leqslant \|y\| \leqslant x e^{MT} + \|\phi\|, \tag{4.2.13}$$

且

$$\frac{I_i(x)}{x} < \frac{(1 - e^{-MT})\varepsilon}{(k+1)M}, \quad x \geqslant L. \tag{4.2.14}$$

注意到 f 是一个 L^1-Carathéodory 函数. 故结合 (4.2.13) 可知, 存在 $L_1 \in L^1(J, R^+)$, 满足

$$f(t, x, y) \leqslant -\varepsilon x + L_1(t), \quad \text{a.e.} t \in J, \ x \in R^+, y \in D,$$

$$x \leqslant \|y\| \leqslant x e^{MT} + \|\phi\|. \tag{4.2.15}$$

取

$$c \triangle q \max\left\{ R + 1, \ L e^{MT} + 1, \ \frac{M(k+1)}{\varepsilon(1 - e^{-MT})} \int_0^T L_1(s) \mathrm{d}s + 1 \right\}.$$

由 (4.2.8) 得, 对于 $\forall\, x \in \partial Q_c$, 有

$$x(t) \geqslant \mathrm{e}^{-MT} \|x\| > L\mathrm{e}^{MT}\mathrm{e}^{-MT} = L, \quad \forall t \in J.$$

因此, 利用 (4.2.5), (4.2.7), (4.2.10), (4.2.14) 及 (4.2.15), 有

$$
\begin{aligned}
(Ax)(t) &= \int_0^T G(t,s)[Mx(s) + f(s, x(s), x_s)]\mathrm{d}s + \sum_{i=1}^k G(t, t_i) I_i(x(t_i)) \\
&\leqslant \int_0^T G(t,s)[(M - \varepsilon)x(s) + L_1(s)]\mathrm{d}s + \sum_{i=1}^k \frac{1}{1 - \mathrm{e}^{-MT}} I_i(x(t_i)) \\
&\leqslant (M - \varepsilon)c \int_0^T G(t,s)\mathrm{d}s + \int_0^T G(t,s)L_1(s)\mathrm{d}s + \sum_{i=1}^k \frac{1}{(k+1)M} x(t_i) \\
&= \frac{1}{M}(M - \varepsilon)c + \frac{1}{1 - \mathrm{e}^{-MT}} \int_0^T L_1(s)\mathrm{d}s + \frac{k\varepsilon}{(k+1)M}c \\
&= \left(1 - \frac{\varepsilon}{(k+1)M}\right)c + \frac{1}{1 - \mathrm{e}^{-MT}} \int_0^T L_1(s)\mathrm{d}s \\
&< c = \|x\|, \quad \forall t \in J, \ x \in \partial Q_c. \tag{4.2.16}
\end{aligned}
$$

根据引理 4.2.5 知 $A : \overline{Q_c} \to Q$ 全连续. 而由 (4.2.16) 易知, 对于 $\forall x \in \partial Q_c$, $\mu \in [0, 1]$, 有 $x \neq \mu Ax$. 利用引理 4.2.1 即得 (4.2.12) 成立.

其次说明

$$i(A, Q_R, Q) = 0. \tag{4.2.17}$$

注意到对所有 $x \in \partial Q_R$, 由 (4.2.8) 知

$$\mathrm{e}^{-MT} R \leqslant x(t) \leqslant R, \quad R\mathrm{e}^{-MT} \leqslant \|x_t\| \leqslant \|\phi\| + R, \quad t \in J.$$

先设 (H3) 中的 (i) 成立. 由 (4.2.5), (4.2.7) 及 (4.2.10), 对 $\forall x \in \partial Q_R$, 有

$$
\begin{aligned}
(Ax)(t) &= \int_0^T G(t,s)[Mx(s) + f(s, x(s), x_s)]\mathrm{d}s + \sum_{i=1}^k G(t, t_i) I_i(x(t_i)) \\
&> \int_0^T G(t,s)[M\mathrm{e}^{-MT}R + M(1 - \mathrm{e}^{-MT})R]\mathrm{d}s = R = \|x\|, \quad \forall t \in J. \\
& \tag{4.2.18}
\end{aligned}
$$

若 (H3) 中的 (ii) 成立, 由 (H1) 及 (4.2.7) 知

$$
\begin{aligned}
(Ax)(t) &= \int_0^T G(t,s)[Mx(s) + f(s, x(s), x_s)]\mathrm{d}s + \sum_{i=1}^k G(t, t_i) I_i(x(t_i)) \\
&\geqslant G(t, t_j) I_j(x(t_j)) > l \frac{\mathrm{e}^{-MT}}{1 - \mathrm{e}^{-MT}} x(t_j) \\
&\geqslant l\mathrm{e}^{-MT} \frac{\mathrm{e}^{-MT}}{1 - \mathrm{e}^{-MT}} R = R = \|x\|, \quad \forall t \in J.
\end{aligned}
$$

结合 (4.2.18), 当 (H3) 成立时, 有

$$\inf_{x \in \partial Q_R} \|Ax\| > 0; \quad Ax \neq \mu x, \quad \forall x \in \partial Q_R, \quad \mu \in (0,1].$$

由引理 4.2.1 立即可知 (4.2.17) 成立.

最后证明存在正常数 $d < R$, 使得

$$i(A, Q_d, Q) = 1. \tag{4.2.19}$$

由 (H4) 知, 存在 $\varepsilon' \in (0, M)$ 及 $d \in (0, R)$, 使得

$$f(t, x, y) < -\varepsilon' x, \quad \forall t \in J \setminus J_1, \ x \in [0, d], y \in D, \quad x \leqslant \|y\| \leqslant x\mathrm{e}^{MT} + \|\phi\|,$$

且

$$\frac{I_i(x)}{x} < \frac{(1 - \mathrm{e}^{-MT})\varepsilon'}{(k+1)M}, \quad x \in [0, d].$$

类似于 (4.2.13) 和 (4.2.14), 可得

$$(Ax)(t) = \int_0^T G(t, s)[Mx(s) + f(s, x(s), x_s)]\mathrm{d}s + \sum_{i=1}^k G(t, t_i) I_i(x(t_i))$$

$$\leqslant \int_0^T G(t, s)(M - \varepsilon')x(s)\mathrm{d}s + \sum_{i=1}^k \frac{1}{1 - \mathrm{e}^{-MT}} I_i(x(t_i))$$

$$\leqslant (M - \varepsilon')d \int_0^T G(t, s)\mathrm{d}s + \sum_{i=1}^k \frac{\varepsilon'}{(k+1)M} x(t_i)$$

$$= \frac{1}{M}(M - \varepsilon')d + \frac{k\varepsilon'}{(k+1)M}d$$

$$= \left(1 - \frac{\varepsilon'}{(k+1)M}\right)d$$

$$< d = \|x\|, \quad \forall t \in J, \ x \in \partial Q_d.$$

于是, 对 $\forall x \in \partial Q_d$, $\mu \in [0, 1]$, 有 $x \neq \mu Ax$. 再利用引理 4.2.1 即得 (4.2.19) 成立.

根据不动点指数的可加性及 (4.2.12), (4.2.17) 和 (4.2.19), 容易得出

$$i(A, Q_c \setminus \overline{Q_R}, Q) = i(A, Q_c, Q) - i(A, Q_R, Q) = 1 - 0 = 1, \tag{4.2.20}$$

且

$$i(A, Q_R \setminus \overline{Q_d}, Q) = i(A, Q_R, Q) - i(A, Q_d, Q) = 0 - 1 = -1. \tag{4.2.21}$$

利用 (4.2.19)~(4.2.21) 及不动点指数的可解性知, 算子 A 至少存在三个不动点 $x_1 \in Q_d$, $x_2 \in Q_R \setminus \overline{Q_d}$ 和 $x_3 \in Q_c \setminus \overline{Q_R}$, 即 PBVP(4.2.1) 至少存在一个非负解 x_1 及两个正解 x_2 和 x_3.

推论 4.2.1   设 (H1), (H2) 和 (H3) 中其一满足及 (H4) 成立, 则 PBVP(4.2.1) 至少存在一个正解.

当 f 在 ∞ 处关于 x 超线性时, 则有下面的结果.

定理 4.2.2   设 (H1) 成立. 进一步假设

(H5) 下列两条件之一成立:

(i) 存在 $J_2 \subset J$, $\mathrm{mes}J_2 = 0$ 及 $g_1 \in L^1(J, R^+)$, 使

$$\lim_{\substack{x \leqslant \|y\| \leqslant xe^{MT} + \|\phi\| \\ x \to +\infty}} \frac{f(t, x, y)}{x} \geqslant g_1(t)$$

关于 $t \in J \setminus J_2$ 一致成立, 且 $\displaystyle\int_0^T g_1(t)\mathrm{d}t > (e^{MT} - 1)^2$.

(ii) 存在整数 j 且 $1 \leqslant j \leqslant k$, 满足

$$\lim_{x \to +\infty} \frac{I_j(x)}{x} > l,$$

其中 l 同 (H3) 中所述.

(H6) 存在 $R > 0$, $h \in L^1(J)$, 及 $\varepsilon_i \in R^+$, 满足

$$f(t, x, y) \leqslant h(t), \quad I_i(x) \leqslant \varepsilon_i, \quad t \in J,$$
$$x \in [Re^{-MT}, R], \quad x \leqslant \|y\| \leqslant xe^{MT} + \|\phi\|, \quad i = 1, 2, \cdots, k$$

且

$$\max_{t \in J} \int_0^T G(t, s)h(s)\mathrm{d}s + \sum_{i=1}^k \frac{\varepsilon_i}{1 - e^{-MT}} < 0,$$

(H7) 下列两条件之一成立:

(i) 存在 $J_3 \subset J$, $\mathrm{mes}J_3 = 0$ 及 $g_2 \in L^1(J, R^+)$, 使得

$$\lim_{\substack{x \leqslant \|y\| \leqslant xe^{MT} + \|\phi\| \\ x \to 0+}} \frac{f(t, x, y)}{x} \geqslant g_2(t)$$

关于 $t \in J \setminus J_3$ 一致成立, 且 $\displaystyle\int_0^T g_2(t)\mathrm{d}t > (e^{MT} - 1)^2$.

(ii) 存在整数 j 且 $1 \leqslant j \leqslant k$, 满足

$$\lim_{x \to 0+} \frac{I_j(x)}{x} > l,$$

其中 l 同 (H3) 中所述. 则 PBVP(4.2.1) 至少存在两个正解.

证明　首先证明存在常数 $c > R$, 使得

$$i(A, Q_c, Q) = 0. \tag{4.2.22}$$

事实上, 设 (H5) 中 (i) 成立, 则存在 $\varepsilon \in (0, M)$ 和 $\bar{c} > 0$, 使得

$$0 < \varepsilon < \frac{M}{\mathrm{e}^{MT} - 1}\Big[\int_0^T g_1(t)dt - \big(\mathrm{e}^{MT} - 1\big)^2\Big], \tag{4.2.23}$$

$$f(t, x, y) \geqslant (g_1(t) - \varepsilon)x, \qquad t \in J \setminus J_2, \quad x \geqslant \bar{c}, \quad x \leqslant \|y\| \leqslant x\mathrm{e}^{MT} + \|\phi\|. \tag{4.2.24}$$

取 $c = \max\{R + 1, \bar{c}\mathrm{e}^{MT}\}$. 则对 $\forall x \in \partial Q_c$, 由 (4.2.8) 知 $x(t) \geqslant \mathrm{e}^{-MT}\|x\| \geqslant \bar{c}, \ t \in J$. 再结合 (4.2.3), (4.2.5), (4.2.7), 及 (4.2.23)~(4.2.24), 有

$$\begin{aligned}
(Ax)(t) &= \int_0^T G(t, s)[Mx(s) + f(s, x(s), x_s)]\mathrm{d}s + \sum_{i=1}^k G(t, t_i)I_i(x(t_i)) \\
&\geqslant \int_0^T G(t, s)[Mx(s) + (g_1(s) - \varepsilon)x(s)]\mathrm{d}s \\
&\geqslant \|x\|\mathrm{e}^{-MT}\left(1 + \int_0^T G(t, s)g_1(s)\mathrm{d}s - \frac{\varepsilon}{M}\right) \\
&\geqslant c\mathrm{e}^{-MT}\left(1 + \frac{1}{\mathrm{e}^{MT} - 1}\int_0^T g_1(s)\mathrm{d}s - \frac{\varepsilon}{M}\right) \\
&> c = \|x\|, \quad \forall t \in J.
\end{aligned} \tag{4.2.25}$$

若设 (H5) 中 (ii) 成立, 则存在 $\varepsilon' > 0$ 及 $c' > 0$, 使得

$$\frac{I_j(x)}{x} > l + \varepsilon', \quad \forall x \geqslant c'.$$

在此情况下, 取 $c = \max\{R + 1, c'\mathrm{e}^{MT}\}$, 类似于上述讨论, 对 $\forall x \in \partial Q_c$, 有

$$\begin{aligned}
(Ax)(t) &\geqslant G(t, t_j)I_j(x(t_j)) > l\frac{\mathrm{e}^{-MT}}{1 - \mathrm{e}^{-MT}}x(t_j) \\
&\geqslant l\mathrm{e}^{-MT}\frac{\mathrm{e}^{-MT}}{1 - \mathrm{e}^{-MT}}R = R = \|x\|, \quad \forall t \in J.
\end{aligned}$$

结合 (4.2.25) 知, 当 (H5) 成立时, 总有

$$\inf_{x \in \partial Q_R}\|Ax\| > 0; \quad Ax \neq \mu x, \quad \forall x \in \partial Q_c, \quad \mu \in (0, 1].$$

根据引理 4.2.1 知 (4.2.22) 成立.

下面证明

$$i(A, Q_R, Q) = 1. \tag{4.2.26}$$

事实上, 对 $\forall x \in \partial Q_R$, 由 (4.2.8) 知 $R \geqslant x(t) \geqslant \mathrm{e}^{-MT}\|x\| \geqslant R\mathrm{e}^{-MT}$, $t \in J$. 再利用 (4.2.3), (4.2.5), (4.2.7) 及条件 (H6), 有

$$
\begin{aligned}
(Ax)(t) &= \int_0^T G(t,s)[Mx(s) + f(s, x(s), x_s)]\mathrm{d}s + \sum_{i=1}^k G(t, t_i) I_i(x(t_i)) \\
&\leqslant \int_0^T G(t,s)[MR + h(s)]\mathrm{d}s + \sum_{i=1}^k \frac{\varepsilon_i}{1 - \mathrm{e}^{-MT}} \\
&\leqslant R + \max_{t \in J} \int_0^T G(t,s)h(s)\mathrm{d}s + \sum_{i=1}^k \frac{\varepsilon_i}{1 - \mathrm{e}^{-MT}} \\
&< R = \|x\|, \quad \forall t \in J.
\end{aligned}
$$

由此可知, 对 $\forall x \in \partial Q_d$, $\mu \in [0, 1]$, 有 $x \neq \mu Ax$. 利用引理 4.2.1 知 (4.2.26) 成立.

最后, 设 (H7) 中 (i) 成立. 则存在 $\varepsilon > 0$ 及 $r > 0$, 满足 (4.2.23), 使得

$$f(t, x, y) \geqslant (g_2(t) - \varepsilon)x, \quad t \in J \setminus J_3, \quad x \in [0, r], \quad x \leqslant \|y\| \leqslant x\mathrm{e}^{MT} + \|\phi\|.$$

则对 $\forall x \in \partial Q_r$, 类似于 (4.2.25), 得

$$(Ax)(t) > r = \|x\|, \quad \forall t \in J. \tag{4.2.27}$$

如果 (H7) 中 (ii) 成立. 则存在 $\bar{\varepsilon} > 0$ 及 $r > 0$, 使得

$$\frac{I_j(x)}{x} > \mathrm{e}^{MT}\left(\mathrm{e}^{MT} - 1\right) + \bar{\varepsilon}, \quad \forall x \in (0, r].$$

注意到对 $\forall x \in \partial Q_r$, 有

$$
\begin{aligned}
(Ax)(t) &\geqslant G(t, t_j) I_j(x(t_j)) \geqslant \frac{1}{\mathrm{e}^{MT} - 1}\left[\mathrm{e}^{MT}\left(\mathrm{e}^{MT} - 1\right) + \bar{\varepsilon}\right] x(t_j) \\
&\geqslant \frac{1}{\mathrm{e}^{MT} - 1}\left[\mathrm{e}^{MT}\left(\mathrm{e}^{MT} - 1\right) + \bar{\varepsilon}\right]\mathrm{e}^{-MT}\|x\| > r = \|x\|, \quad \forall t \in J,
\end{aligned}
$$

在此情况下 (4.2.27) 亦成立. 利用引理 4.2.1 知

$$i(A, Q_r, Q) = 0. \tag{4.2.28}$$

由不动点指数的可加性, (4.2.22), (4.2.26) 及 (4.2.28), 得

$$i(A, Q_c \setminus \overline{Q_R}, Q) = i(A, Q_c, Q) - i(A, Q_R, Q) = 0 - 1 = -1, \tag{4.2.29}$$

且

$$i(A, Q_R \setminus \overline{Q_r}, Q) = i(A, Q_R, Q) - i(A, Q_r, Q) = 1 - 0 = 1. \tag{4.2.30}$$

因此, 根据不动点指数的可解性及 (4.2.29)~(4.2.30) 知, 算子 A 至少存在两个不动点 $x_1 \in Q_R \setminus \overline{Q_r}$ 和 $x_2 \in Q_c \setminus \overline{Q_R}$, 即 PBVP(4.2.1) 至少存在两个正解 x_1 及 x_2.

推论 4.2.2 设 (H1), (H5) 和 (H6) 中其一满足及 (H7) 成立, 则 PBVP(4.2.1) 至少存在一个正解.

注 4.2.2 若将定理 4.2.2 中 (H5) 的 (i) 换为

(H5) (i′) 存在 $J_2 \subset J$, mes$J_2 = 0$, 使得

$$\varliminf_{\substack{x \leqslant \|y\| \leqslant x\mathrm{e}^{MT} + \|\phi\| \\ x \to +\infty}} \frac{f(t, x, y)}{x} > M\left(\mathrm{e}^{MT} - 1\right)$$

关于 $t \in J \setminus J_2$ 一致成立.

将 (H7) 中的 (i) 换为

(H7) (i′) 存在 $J_3 \subset J$, mes$J_3 = 0$, 使得

$$\varliminf_{\substack{x \leqslant \|y\| \leqslant x\mathrm{e}^{MT} + \|\phi\| \\ x \to 0+}} \frac{f(t, x, y)}{x} > M\left(\mathrm{e}^{MT} - 1\right)$$

关于 $t \in J \setminus J_3$ 一致成立. 则从定理 4.2.2 的证明过程不难看出结论同样成立.

循环利用与定理 4.2.1 和定理 4.2.2 类似的证明过程, 再根据引理 4.2.1, 可得到 PBVP (4.2.1) 无穷多个正解的存在性.

定理 4.2.3 设 (H1) 成立. 再设存在 r_n, R_n:

$$0 < r_1 < R_1 < r_2 < R_2 < \cdots < r_n < R_n < \cdots,$$
$$r_n\mathrm{e}^{MT} < R_n < r_{n+1}\mathrm{e}^{-MT}, \quad n = 1, 2, 3, \cdots,$$

满足:

(H8) 下列两条之一成立:

(i) $f(t, x, y) > M(1 - \mathrm{e}^{-MT})r_n, t \in J$, $x \in [r_n\mathrm{e}^{-MT}, r_n]$, $y \in D, \mathrm{e}^{-MT}r_n \leqslant \|y\| \leqslant \|\phi\| + r_n$.

(ii) 存在整数 $j_n, 1 \leqslant j_n \leqslant k$, 满足

$$I_{j_n}(x) > lx, \quad \forall x \in \left[r_n\mathrm{e}^{-MT}, \; r_n\right],$$

其中 $l = \mathrm{e}^{MT}\left(\mathrm{e}^{MT} - 1\right)$.

(H9) 存在 $h_n \in L^1(J)$, 及 $\varepsilon_{in} \in R^+$, 满足

$$f(t, x, y) \leqslant h_n(t), \quad I_i(x) \leqslant \varepsilon_{in}, \quad t \in J, \; x \in [R_n\mathrm{e}^{-MT}, \; R_n],$$
$$x \leqslant \|y\| \leqslant x\mathrm{e}^{MT} + \|\phi\|, \quad i = 1, 2, \cdots, k$$

且.

$$\max_{t\in J}\int_0^T G(t,s)h_n(s)\mathrm{d}s + \sum_{i=1}^{k}\frac{\varepsilon_{in}}{1-\mathrm{e}^{-MT}} < 0.$$

则 PBVP(4.2.1) 存在无穷多个正解.

注 4.2.3   条件 (H3), (H5) 及 (H9) 表明脉冲起到了重要作用, 尤其是在超线性情况下. 因为即使 $f(t,x,y)$ 关于 x 不是超线性的, 脉冲的超线性同样保证了结论成立.

例 4.2.1   考虑下列 PBVP:

$$\begin{cases} x'(t) = -x + t^2\ln(1+x^2)\int_{t-1}^{t}\sqrt{|x(s)|}\mathrm{d}s, & \text{a.e. } t\in(0,1); \\ \Delta x\big|_{t=\frac12} = I_1\left(x\left(\frac12\right)\right), \\ x(t) = -2 + \cos t, & t\in[-1,0), \\ x(0) = x(1), \end{cases} \qquad (4.2.31)$$

其中

$$I_1(x) = 18x^2\mathrm{e}^{-x}, \quad x\in R^+. \qquad (4.2.32)$$

则 PBVP(4.2.31) 至少存在两个正解.

证   PBVP(4.2.31) 可视为 PBVP (4.2.1) 的形式, 其中

$$f(t,x,y) = -x + t^2\ln(1+x^2)\int_{-1}^{0}\sqrt{|y(s)|}\mathrm{d}s,$$

$$T = 1, \quad \tau = 1, \quad \phi(t) = -2 + \cos t.$$

下面证明 (H1)~(H4) 成立. 首先, 取 $M = 1$, 则 (H1) 满足. 其次, 注意到

$$\int_{-1}^{0}\sqrt{|y(s)|}\mathrm{d}s \leqslant \sqrt{\|y\|} \leqslant \sqrt{x\mathrm{e}^{MT}+\|\phi\|} \leqslant \sqrt{\mathrm{e}x+3}, \qquad x\leqslant\|y\|\leqslant x\mathrm{e}^{MT}+\|\phi\|.$$

再结合 (4.2.32) 易知 (H2) 及 (H4) 成立.

最后, 取 $R = \mathrm{e}$, 则 $\left[\mathrm{e}^{-MT}R, R\right] = [1,\mathrm{e}]$, $l = \mathrm{e}(\mathrm{e}-1) < 2\mathrm{e}$. 考虑到当 $x\in[1,\mathrm{e}]$ 时, $x\mathrm{e}^{-x}$ 在 $x = \mathrm{e}$ 处取得最小值. 于是

$$I_1(x) = 18x^2\mathrm{e}^{-x} \geqslant 18\mathrm{e}\mathrm{e}^{-\mathrm{e}}x = \frac{18\mathrm{e}x}{\mathrm{e}^{\mathrm{e}}} > 2\mathrm{e}x > lx, \quad \forall x\in[1,\mathrm{e}].$$

此意味着 (H3) 中 (ii) 成立. 因此, 根据定理 4.2.1, PBVP(4.2.31) 至少存在两个正解.

例 4.2.2 考虑下列 PBVP:

$$
\begin{cases}
x'(t) = \dfrac{1+t}{600}(\sqrt{x}+x^2) + \dfrac{1}{300}\left|\displaystyle\int_{t-1}^{t} x(s)\mathrm{d}s\right| - \dfrac{x}{10}, & \text{a.e. } t \in (0, 2\pi), \\[2mm]
\Delta x\big|_{t=1} = \dfrac{1}{100}x(1), \\[2mm]
\Delta x\big|_{t=2} = \dfrac{1}{50}x(2), \\[2mm]
x(t) = \sin t, \quad t \in [-1, 0), \\[2mm]
x(0) = x(2\pi),
\end{cases}
\tag{4.2.33}
$$

则 PBVP(4.2.33) 至少有两个正解.

证 PBVP(4.2.33) 可视为 PBVP (4.2.1) 的形式, 其中

$$
f(t,x,y) = \frac{1+t}{600}(\sqrt{x}+x^2) + \frac{1}{300}\left|\int_{-1}^{0} y(s)\mathrm{d}s\right| - \frac{x}{10},
$$

$$
I_1(x) = \frac{1}{100}x, \quad I_2(x) = \frac{1}{50}x, \quad \phi(t) = \sin t, \quad \tau = 1, \quad T = 2\pi.
$$

下面证明 (H1) 及 (H5)~(H7) 成立. 首先, 取 $M = \dfrac{1}{2\pi}$, 则 (H1) 满足. 其次, 容易看出 $\displaystyle\lim_{x\to 0+}\frac{f(t,x,y)}{x} = +\infty$ 及 $\displaystyle\lim_{x\to+\infty}\frac{f(t,x,y)}{x} = +\infty$ 关于 $t \in [0,\ 2\pi]$ 均一致成立, 即 (H5) 和 (H7) 满足. 下证存在适当的 R, $h(t)$ 及 ε_1, ε_2 满足 (H6). 取 $R = \mathrm{e}$. 则 $[\mathrm{e}^{-MT}R, R] = [1, \mathrm{e}]$. 注意到

$$
f(t,x,y) = \frac{1+t}{600}(\sqrt{x}+x^2) + \frac{1}{300}\left|\int_{-1}^{0} y(s)\mathrm{d}s\right| - \frac{x}{10}
$$

$$
\leqslant \frac{1}{75}(\sqrt{x}+x^2) + \frac{1}{300}\left|\int_{-1}^{0} y(s)\mathrm{d}s\right| - \frac{x}{10}, \quad \forall t \in [0, 2\pi],\ x \in [1, \mathrm{e}].
$$

令 $g(x) = \dfrac{1}{75}(\sqrt{x}+x^2) - \dfrac{x}{10}$. 由于

$$
g'(x) = \frac{1}{150}\left(\frac{1}{\sqrt{x}} + 4x\right) - \frac{1}{10} \leqslant \frac{1}{150}(1+4\mathrm{e}) - \frac{1}{10} < 0, \quad \forall x \in [1, \mathrm{e}],
$$

故有

$$
g(x) \leqslant g(1) = \frac{4}{150} - \frac{1}{10} = -\frac{11}{150}.
$$

注意到对于满足 $1 = \mathrm{e}^{-MT}R \leqslant \|y\| \leqslant R + \|\phi\| \leqslant \mathrm{e}^2 + 1$ 的 y, 有 $\dfrac{1}{300}\left|\displaystyle\int_{-1}^{0} y(s)\mathrm{d}s\right| <$

$\dfrac{1}{30}$. 因此, 当 $x \in [1, \mathrm{e}]$, $1 \leqslant \|y\| \leqslant \mathrm{e}^2 + 1$ 时, 有

$$f(t, x, y) = \frac{1+t}{600}(\sqrt{x} + x^2) + \frac{1}{300}\left|\int_{-1}^{0} y(s)\mathrm{d}s\right| - \frac{x}{10} \leqslant -\frac{11}{150} + \frac{1}{30} = -\frac{1}{25},$$

且当 $x \in [1, \mathrm{e}]$ 时, 有

$$I_1(x) \leqslant \frac{\mathrm{e}}{100}, \quad I_2(x) \leqslant \frac{\mathrm{e}}{50}.$$

若取

$$h(t) \equiv -\frac{1}{25}, \quad \varepsilon_1 = \frac{\mathrm{e}}{100}, \quad \varepsilon_2 = \frac{\mathrm{e}}{50},$$

则

$$\max_{t \in J} \int_0^{2\pi} G(t, s)h(s)\mathrm{d}s + \frac{\varepsilon_1 + \varepsilon_2}{1 - \mathrm{e}^{-1}} = -\frac{2\pi}{25} + \frac{3\mathrm{e}^2}{100(\mathrm{e} - 1)} < -\frac{2\pi}{25} + \frac{3\mathrm{e}^2}{100} < 0,$$

即 (H6) 成立. 于是, 根据定理 4.2.2 知结论成立.

4.3　二阶脉冲泛函微分系统周期边值问题的多个正解

本节的目的是在上一节建立的框架下, 利用不动点指数理论研究下面的二阶脉冲泛函微分系统周期边值问题

$$\begin{cases} -x''(t) = f(t, x(t), x_t), & \text{a.e.} t \in (0, T), \ t \neq t_i, \\ \Delta x\big|_{t=t_i} = I_i(x(t_i - 0)), \\ \Delta x'\big|_{t=t_i} = I_i^*(x(t_i - 0)), & i = 1, 2, \cdots, k, \\ x(t) = \phi(t), & t \in [-\tau, 0), \\ x(0) = x(T), \quad x'(0) = x'(T), \end{cases} \tag{4.3.1}$$

其中

$J = [0, \ T], \Delta x\big|_{t=t_i} = x(t_i + 0) - x(t_i - 0),$

$0 = t_0 < t_1 < t_2 < \cdots < t_k < t_{k+1} = T, t_k - t_1 < \dfrac{T}{2},$

$I_i \in C[R, R^+], I_i^* \in C[R, R^-], R^+ = [0, +\infty), R^- = (-\infty, 0], f : J \times R \times D \to R$

为一个给定的函数并满足后面的假设条件, D 如上一节所述, $\phi \in D$.

4.3.1 多个正解的存在性

首先列出下列假设:

(A1) 存在正数 M 满足

$$Mx + f(t,x,y) \geqslant 0,$$

对 a.e.$t \in J$, $x \in R^+, y \in D$ 且 $\|y\| \geqslant x$ 成立, 并且

$$-I_i^*(x) \geqslant \sqrt{M}I_i(x) \geqslant 0, \quad x \in R^+, \ i = 1, 2, \cdots, k.$$

为了研究 PBVP(4.3.1), 首先研究下面的线性 PBVP:

$$\begin{cases} -x''(t) + Mx(t) = \sigma(t), \quad \text{a.e.}t \in (0, T), \ t \neq t_i, \\ \Delta x\big|_{t=t_i} = I_i(x(t_i - 0)), \\ \Delta x'\big|_{t=t_i} = I_i^*(x(t_i - 0)), \quad i = 1, 2, \cdots, k, \\ x(t) = \phi(t), \quad t \in [-\tau, 0), \\ x(0) = x(T), \quad x'(0) = x'(T), \end{cases} \quad (4.3.2)$$

其中 M 如 (A1) 所述, $\sigma \in L^1(J, R^+)$. 令

$$G_1(t,s) = \left[2\sqrt{M}\left(\mathrm{e}^{\sqrt{M}T} - 1\right)\right]^{-1} \begin{cases} \mathrm{e}^{\sqrt{M}(T-t+s)} + \mathrm{e}^{\sqrt{M}(t-s)}, & 0 \leqslant s < t \leqslant T, \\ \mathrm{e}^{\sqrt{M}(T-s+t)} + \mathrm{e}^{\sqrt{M}(s-t)}, & 0 \leqslant t \leqslant s \leqslant T, \end{cases} \quad (4.3.3)$$

$$G_2(t,s) = \left[2\left(\mathrm{e}^{\sqrt{M}T} - 1\right)\right]^{-1} \begin{cases} \mathrm{e}^{\sqrt{M}(T-t+s)} - \mathrm{e}^{\sqrt{M}(t-s)}, & 0 \leqslant s < t \leqslant T, \\ -\mathrm{e}^{\sqrt{M}(T-s+t)} + \mathrm{e}^{\sqrt{M}(s-t)}, & 0 \leqslant t \leqslant s \leqslant T. \end{cases} \quad (4.3.4)$$

经过计算可得

$$l_1 =: \frac{\mathrm{e}^{\frac{1}{2}\sqrt{M}T}}{\sqrt{M}\left(\mathrm{e}^{\sqrt{M}T} - 1\right)} \leqslant G_1(t,s) \leqslant \frac{\left(1 + \mathrm{e}^{\sqrt{M}T}\right)}{2\sqrt{M}\left(\mathrm{e}^{\sqrt{M}T} - 1\right)} := l_2,$$

$$\left|G_2(t,s)\right| \leqslant \frac{1}{2}, \quad \forall t, s \in J, \quad (4.3.5)$$

并且

$$\int_0^T G_1(t,s)\mathrm{d}s = \frac{1}{M}. \quad (4.3.6)$$

引理 4.3.1[23] 对任意 $\sigma \in L^1(J, R^+)$, $x \in PC(J)$ 是 PBVP(4.3.2) 的一个解当且仅当 x 是下面的脉冲积分方程的解

$$x(t) = \int_0^T G_1(t,s)\sigma(s)\mathrm{d}s + \sum_{i=1}^k \left[-G_1(t,t_i)I_i^*(x(t_i)) + G_2(t,t_i)I_i(x(t_i)) \right], \quad t \in J, \quad (4.3.7)$$

其中 G_1 和 G_2 如 (4.3.3) 和 (4.3.4) 所述.

对 $z \in PC(J)$, 考虑下面的线性 PBVP:

$$\begin{cases} -x''(t) + Mx(t) = Mz(t) + f(t, z(t), z_t), & t \in (0, T), t \neq t_i, \\ \Delta x|_{t=t_i} = I_i(x(t_i - 0)), \\ \Delta x'|_{t=t_i} = I_i^*(x(t_i - 0)), & i = 1, 2, \cdots, k, \\ x(t) = \phi(t), & t \in [-\tau, 0), \\ x(0) = x(T), & x'(0) = x'(T), \end{cases}$$

由引理 4.3.1, 有

$$x(t) = \int_0^T G_1(t, s)[Mz(s) + f(s, z(s), z_s)]\mathrm{d}s$$
$$+ \sum_{i=1}^k \Big[-G_1(t, t_i)I_i^*(x(t_i)) + G_2(t, t_i)I_i(x(t_i)) \Big], \quad t \in J. \qquad (4.3.8)$$

因此可以在 $PC(J)$ 上定义算子 A 如下

$$(Ax)(t) = \begin{cases} \displaystyle\int_0^T G_1(t, s)[Mx(s) + f(s, x(s), x_s)]\mathrm{d}s \\ \quad + \sum_{i=1}^k \Big[-G_1(t, t_i)I_i^*(x(t_i)) + G_2(t, t_i)I_i(x(t_i)) \Big], \quad \forall t \in J, \\ \phi(t), \quad t \in [-\tau, 0). \end{cases} \qquad (4.3.9)$$

容易看出 $A : PC(J) \to PC(J)$. 进一步, 从 (4.3.7)～(4.3.9) 式可得, $x \in PC(J)$ 是 PBVP(4.3.1) 的一个解当且仅当 x 是算子 A 的一个不动点. 因此只需考虑算子 A 的不动点的存在性.

令

$$\delta =: \min \left\{ T - t_k, \ \frac{1}{2}\left(\frac{T}{2} - (t_k - t_1) \right) \right\},$$
$$\alpha =: \min \left\{ \frac{l_1}{l_2}, \ \frac{\mathrm{e}^{\sqrt{M}(T - (t_k - t_1 + \delta))} - \mathrm{e}^{\sqrt{M}(t_k - t_1 + \delta)}}{\mathrm{e}^{\sqrt{M}T} - 1} \right\}, \qquad (4.3.10)$$

其中 l_1 和 l_2 如 (4.3.5) 所述.

再令

$$Q \overset{\triangle}{=} \{x \in PC(J) : \text{当 } t \in J \text{ 时}, x(t) \geqslant 0;$$
$$\text{当 } t \in (t_k, \ t_k + \delta) \text{ 时}, x(t) \geqslant \alpha \|x\| \}. \qquad (4.3.11)$$

显然, Q 是 Banach 空间 $PC(J)$ 的一个锥.

由 $PC(J)$ 和 x_t 的定义, 可得下面的引理.

引理 4.3.2 对任意 $x \in Q$, 有

$$x(t) \leqslant \|x_t\| \leqslant \|\phi\| + \|x\|, t \in J; \quad \|x_t\| \leqslant \|\phi\| + \frac{1}{\alpha}x(t), \quad t \in (t_k,\ t_k + \delta).$$

引理 4.3.3 设条件 (A1) 满足, 则 $A(Q) \subset Q$.

证明 由条件 (A1) 可知, 对 $x \in R^+$ 和 $i = 1, 2, \cdots, k$, 有 $-I_i^*(x) \geqslant \sqrt{M}I_i(x) \geqslant 0$. 因此, 对任意 $x \in Q$, 有

$$(Ax)(t) = \int_0^T G_1(t,s)[Mx(s) + f(s, x(s), x_s)]\mathrm{d}s$$

$$+ \sum_{i=1}^k \Big[-G_1(t,t_i)I_i^*(x(t_i)) + G_2(t,t_i)I_i(x(t_i)) \Big]$$

$$\geqslant \sum_{i=1}^k \Big[\sqrt{M}G_1(t,t_i) + G_2(t,t_i) \Big] I_i(x(t_i)) \geqslant 0, \quad t \in J.$$

另一方面, 利用 (4.3.3) 和 (4.3.5) 容易看出

$$G_1(t,s) \geqslant \frac{\mathrm{e}^{\frac{1}{2}\sqrt{M}T}}{1 + \mathrm{e}^{\sqrt{M}T}}G_1(\tau,s) \geqslant \alpha G_1(\tau,s), \quad \forall t, s, \tau \in J. \tag{4.3.12}$$

注意到 $t_k - t_1 + \delta < \dfrac{T}{2}$, 并结合 (4.3.4) 和 (4.3.5), 有

$$G_2(t,t_i) \geqslant G_2(t_k + \delta, t_i) \geqslant G_2(t_k + \delta, t_1) = \frac{\mathrm{e}^{\sqrt{M}(T-(t_k-t_1+\delta))} - \mathrm{e}^{\sqrt{M}(t_k-t_1+\delta)}}{2\Big(\mathrm{e}^{\sqrt{M}T} - 1\Big)}$$

$$\geqslant \frac{\mathrm{e}^{\sqrt{M}(T-(t_k-t_1+\delta))} - \mathrm{e}^{\sqrt{M}(t_k-t_1+\delta)}}{\mathrm{e}^{\sqrt{M}T} - 1}\Big|G_2(\tau,t_i)\Big|$$

$$\geqslant \alpha G_2(\tau,t_i), \quad \forall t \in (t_k, t_k+\delta),\ \tau \in J,\ i = 1, 2, \cdots, k. \tag{4.3.13}$$

再由 (A1), (4.3.9), (4.3.12) 和 (4.3.13), 可得

$$(Ax)(t) = \int_0^T G_1(t,s)[Mx(s) + f(s, x(s), x_s)]\mathrm{d}s$$

$$+ \sum_{i=1}^k \Big[-G_1(t,t_i)I_i^*(x(t_i)) + G_2(t,t_i)I_i(x(t_i)) \Big]$$

$$\geqslant \alpha \int_0^T G_1(\tau,s)[Mx(s)+f(s,x(s),x_s)]\mathrm{d}s$$

$$+\alpha \sum_{i=1}^k \Big[-G_1(\tau,t_i)I_i^*(x(t_i))+G_2(\tau,t_i)I_i(x(t_i)) \Big]$$

$$=\alpha(Ax)(\tau), \quad \forall t \in (t_k, t_k+\delta), \ \tau \in J, \ x \in Q.$$

因此

$$(Ax)(t) \geqslant \alpha \|Ax\|, \quad \forall t \in (t_k, t_k+\delta), \quad x \in Q,$$

此意味着 $A(Q) \subset Q$.

引理 4.3.4　对任意 $r>0$, $A: \overline{Q_r} \to Q$ 全连续, 其中 $Q_r = \{x \in Q : \|x\| < r\}$.

证明和引理 4.2.5 的证明类似, 从略.

下面给出当 f 在 ∞ 处为次线性情形下的主要结果.

定理 4.3.1　假设 (A1) 成立, 此外假设下列条件满足:

(A2) 存在 $J_0 \subset J$, 使得 $\mathrm{mes}J_0 = 0$, $\overline{\lim\limits_{\substack{\|y\| \geqslant x \\ x \to +\infty}}} \dfrac{f(t,x,y)}{x} < 0$ 关于 $t \in J \setminus J_0$ 一致成

立, 并且 $\lim\limits_{x \to +\infty} \dfrac{I_i^*(x)}{x} = 0$, $i = 1,2,\cdots,k$.

(A3) 存在正数 R 满足

$$f(t,x,y) > \Big[\frac{1}{l_1\delta} - \alpha M \Big] R,$$

对 a.e. $t \in (t_k, t_k+\delta)$, $x \in [\alpha R, R]$, $y \in D$ 且 $\alpha R \leqslant \|y\| \leqslant R + \|\phi\|$ 成立.

(A4) 存在 $J_1 \subset J$, 使得 $\mathrm{mes}J_1 = 0$, $\overline{\lim\limits_{\substack{\|y\| \geqslant x \\ x \to 0+}}} \dfrac{f(t,x,y)}{x} < 0$ 关于 $t \in J \setminus J_1$ 一致成

立, 并且 $\lim\limits_{x \to 0+} \dfrac{I_i^*(x)}{x} = 0$, $i = 1,2,\cdots,k$.

则 PBVP(4.3.1) 至少有两个正解和一个非负解.

证明　首先证明存在正数 $c > R$ 满足

$$i(A, Q_c, Q) = 1. \tag{4.3.14}$$

由 (A1) 和 (A2) 可知, 存在 $\varepsilon \in (0, M)$ 和 $L > 0$, 使得

$$\frac{f(t,x,y)}{x} < -\varepsilon, \tag{4.3.15}$$

对 $t \in J \setminus J_0$, $x \geqslant L, y \in D$, $\|y\| \geqslant x$ 成立, 并且

$$\frac{I_i(x)}{x} < \frac{\varepsilon}{(k+1)M}, \quad \frac{|I_i^*(x)|}{x} < \frac{\varepsilon}{2(k+1)Ml_2}, \quad \text{对 } x \geqslant L \text{成立}. \tag{4.3.16}$$

注意到 f 是 L^1-Carathéodory 函数. 因此由 (4.3.15) 和 (4.3.16), 存在 $L_1 \in L^1(J, R^+)$ 和两个正数 c_1, c_2 满足

$$f(t, x, y) \leqslant -\varepsilon x + L_1(t), \quad \text{a.e.} t \in J, \; x \in R^+, y \in D, \|y\| \geqslant x \tag{4.3.17}$$

和

$$|I_i^*(x)| \leqslant \frac{\varepsilon x}{2(k+1)Ml_2} + c_1, \quad |I_i(x)| \leqslant \frac{\varepsilon x}{(k+1)M} + c_2. \tag{4.3.18}$$

选取

$$c \triangleq \max\left\{ R+1, \; \frac{M(k+1)}{\varepsilon}\left[l_2 \int_0^T L_1(s)\mathrm{d}s + k(c_1l_2 + c_2) \right] + 1 \right\}.$$

因此, 由 (4.3.6), (4.3.9), (4.3.17), (4.3.18) 和引理 4.3.2 可知

$$
\begin{aligned}
(Ax)(t) &= \int_0^T G_1(t,s)[Mx(s) + f(s, x(s), x_s)]\mathrm{d}s \\
&\quad + \sum_{i=1}^k \left[-G_1(t, t_i)I_i^*(x(t_i)) + G_2(t, t_i)I_i(x(t_i)) \right] \\
&\leqslant \int_0^T G_1(t,s)[(M-\varepsilon)x(s) + L_1(s)]\mathrm{d}s + \sum_{i=1}^k \left[l_2|I_i^*(x(t_i))| + \frac{1}{2}I_i(x(t_i)) \right] \\
&\leqslant (M-\varepsilon)c\int_0^T G_1(t,s)\mathrm{d}s + \int_0^T G_1(t,s)L_1(s)\mathrm{d}s \\
&\quad + \sum_{i=1}^k \left[l_2 \frac{\varepsilon x(t_i)}{2(k+1)Ml_2} + c_1l_2 + \frac{\varepsilon x(t_i)}{2(k+1)M} + c_2 \right] \\
&\leqslant \frac{1}{M}(M-\varepsilon)c + l_2\int_0^T L_1(s)\mathrm{d}s + \frac{ck\varepsilon}{(k+1)M} + k(c_1l_2 + c_2) \\
&= \left(1 - \frac{\varepsilon}{(k+1)M}\right)c + l_2\int_0^T L_1(s)\mathrm{d}s + k(c_1l_2 + c_2) \\
&< c = \|x\|, \quad \forall t \in J, \; x \in \partial Q_c. \tag{4.3.19}
\end{aligned}
$$

利用引理 4.3.4 知 $A : \overline{Q_c} \to Q$ 全连续. 故从 (4.3.19) 容易看出, 对 $\forall x \in \partial Q_c$ 和 $\mu \in [0, 1]$ 有 $x \neq \mu Ax$. 应用引理 4.2.1, 可得 (4.3.14) 成立.

其次证明

$$i(A, Q_R, Q) = 0. \tag{4.3.20}$$

为此, 注意到对任意 $x \in \partial Q_R$, 利用引理 4.3.2 和 (4.3.11) 知, 对 $t \in (t_k, t_k + \delta)$, $\alpha R \leqslant x(t) \leqslant R$ 和 $\alpha R \leqslant \|x_t\| \leqslant \|\phi\| + R$ 成立. 首先假设 (A3) 满足, 结合 (4.3.5),

(4.3.9) 和 (4.3.11) 可以保证对任意 $x \in \partial Q_R$, 有

$$(Ax)(t) = \int_0^T G_1(t,s)[Mx(s) + f(s, x(s), x_s)]\mathrm{d}s$$

$$+ \sum_{i=1}^k \Big[- G_1(t, t_i)I_i^*(x(t_i)) + G_2(t, t_i)I_i(x(t_i)) \Big]$$

$$> \int_{t_k}^{t_k+\delta} G_1(t,s)\left[\alpha MR + \left(\frac{1}{\delta l_1} - \alpha M\right)R\right]\mathrm{d}s$$

$$\geqslant \delta l_1 \left[\alpha MR + \left(\frac{1}{\delta l_1} - \alpha M\right)R\right]$$

$$= R = \|x\|, \quad \forall t \in (t_k,\ t_k + \delta).$$

由此立即可得 $Ax \neq \mu x$ 对任意 $x \in \partial Q_R$ 和 $\mu \in (0,1]$ 成立. 利用引理 4.2.1 的 (ii) 可得 (4.3.20) 成立.

最后证明存在正数 $d < R$ 满足

$$i(A, Q_d, Q) = 1. \tag{4.3.21}$$

由 (A4) 可知, 存在 $\varepsilon' \in (0, M)$ 和 $d \in (0, R)$ 满足

$$f(t, x, y) < -\varepsilon' x, \quad \forall t \in J \setminus J_1,\ x \in [0, d], y \in D,\ \|y\| \geqslant x$$

和

$$\frac{I_i(x)}{x} < \frac{\varepsilon'}{(k+1)M}, \quad \frac{|I_i^*(x)|}{x} < \frac{\varepsilon'}{2l_2(k+1)M}, \quad x \in (0, d],$$

上面两式分别类似于 (4.3.17) 和 (4.3.18). 并且类似地还有

$$(Ax)(t) = \int_0^T G_1(t,s)[Mx(s) + f(s, x(s), x_s)]\mathrm{d}s$$

$$+ \sum_{i=1}^k \Big[- G_1(t, t_i)I_i^*(x(t_i)) + G_2(t, t_i)I_i(x(t_i)) \Big]$$

$$\leqslant \int_0^T G_1(t,s)(M - \varepsilon')x(s)\mathrm{d}s + \sum_{i=1}^k \left[\frac{l_2\varepsilon'}{2l_2(k+1)M}x(t_i) + \frac{\varepsilon'}{2(k+1)M}x(t_i)\right]$$

$$\leqslant (M - \varepsilon')d \int_0^T G_1(t,s)\mathrm{d}s + \sum_{i=1}^k \frac{\varepsilon'}{(k+1)M}x(t_i)$$

$$= \frac{1}{M}(M - \varepsilon')d + \frac{k\varepsilon'}{(k+1)M}d$$

$$= \left(1 - \frac{\varepsilon'}{(k+1)M}\right)d$$

$$< d = \|x\|, \quad \forall t \in J, \ x \in \partial Q_d.$$

由此可得 $x \neq \mu A x$ 对 $\forall x \in \partial Q_d$ 和 $\mu \in [0,1]$ 成立. 再次应用引理 4.2.1, 可知 (4.3.21) 成立.

根据不动点指数的可加性和 (4.3.14), (4.3.20), (4.3.21), 容易看出

$$i(A, Q_c \setminus \overline{Q_R}, Q) = i(A, Q_c, Q) - i(A, Q_R, Q) = 1 - 0 = 1 \tag{4.3.22}$$

和

$$i(A, Q_R \setminus \overline{Q_d}, Q) = i(A, Q_R, Q) - i(A, Q_d, Q) = 0 - 1 = -1, \tag{4.3.23}$$

再由不动点指数的可解性和 (4.3.21)$\sim$(4.3.23) 知, 算子 A 至少有三个不动点 $x_1 \in Q_d$, $x_2 \in Q_R \setminus \overline{Q_d}$, 和 $x_3 \in Q_c \setminus \overline{Q_R}$, 表明 PBVP(4.3.1) 至少有一个非负解 x_1 和两个正解 x_2, x_3.

推论 4.3.1 假设 (A1) 和 (A3) 满足, 并设 (A2) 和 (A4) 中的一个成立, 则 PBVP(4.3.1) 至少有一个正解.

当 f 在 ∞ 处超线性时, 有下面的结论.

定理 4.3.2 设 (A1) 成立, 并假设下列条件满足:

(A5) 存在 $J_2 \subset (t_k, t_k + \delta)$ 和 $g_1 \in L^1([t_k, t_k + \delta], R^+)$ 满足

$$\mathrm{mes}J_2 = 0, \quad \lim_{\substack{\|y\| \geqslant x \\ x \to +\infty}} \frac{f(t, x, y)}{x} \geqslant g_1(t)$$

关于 $t \in (t_k, t_k + \delta) \setminus J_2$ 一致成立, 并且

$$\int_{t_k}^{t_k + \delta} g_1(t) \mathrm{d}t > \frac{1}{\alpha l_1} - M\delta.$$

(A6) 存在 $R > 0$, $h \in L^1(J)$ 和 $\varepsilon_i \in R^+$ 满足

$$f(t, x, y) \leqslant h(t) = \begin{cases} h_1(t), & t \in J \setminus (t_k, t_k + \delta), \ x \in [0, \ R], \ x \leqslant \|y\| \leqslant R + \|\phi\|, \\ h_2(t), & t \in (t_k, t_k + \delta), \ x \in [\alpha R, \ R], \ x \leqslant \|y\| \leqslant R + \|\phi\|, \end{cases}$$

$$I_i(x) \leqslant \varepsilon_i, \quad -I_i^*(x) \leqslant \varepsilon_i^*, \quad x \in [0, \ R], \quad i = 1, 2, \cdots, k$$

和

$$\max_{t \in J} \int_0^T G_1(t, s) h(s) \mathrm{d}s + \sum_{i=1}^k \left(\frac{\varepsilon_i}{2} + l_2 \varepsilon_i^*\right) < 0.$$

(A7) 存在 $J_3 \subset (t_k, t_k + \delta)$ 和 $g_2 \in L^1([t_k, t_k + \delta], R^+)$ 满足

$$\text{mes} J_3 = 0, \quad \lim_{\substack{\|y\| \geqslant x \\ x \to 0+}} \frac{f(t, x, y)}{x} \geqslant g_2(t)$$

关于 $t \in (t_k, t_k + \delta) \setminus J_3$ 一致成立, 并且

$$\int_{t_k}^{t_k + \delta} g_2(t) \mathrm{d}t > \frac{1}{\alpha l_1} - M\delta.$$

则 PBVP(4.3.1) 至少有两个正解.

证明   首先证明存在正数 $c > R$ 满足

$$i(A, Q_c, Q) = 0. \tag{4.3.24}$$

事实上, 由 (A5) 可知, 存在 $\varepsilon \in (0, M)$ 满足

$$\alpha l_1 \Big[M\delta + \int_{t_k}^{t_k + \delta} \big(g_1(t) - \varepsilon \big) \mathrm{d}t \Big] > 1 \tag{4.3.25}$$

和 $\bar{c} > 0$, 使得

$$f(t, x, y) \geqslant (g_1(t) - \varepsilon) x, \quad \forall t \in (t_k, t_k + \delta) \setminus J_2, \ x \geqslant \bar{c}, \ \|y\| \geqslant x. \tag{4.3.26}$$

选取 $c = \max\Big\{ R + 1, \dfrac{\bar{c}}{\alpha} \Big\}$, 则对任意 $x \in \partial Q_c$, 由 (4.3.11) 可知, $x(t) \geqslant \alpha \|x\| \geqslant \bar{c}$ 对 $t \in (t_k, t_k + \delta)$ 成立. 结合 (4.3.5), (4.3.9), (4.3.12)~(4.3.13) 和 (4.3.25)~(4.3.26), 可得

$$\begin{aligned}
(Ax)(t) &= \int_0^T G_1(t, s)[Mx(s) + f(s, x(s), x_s)]\mathrm{d}s \\
&\quad + \sum_{i=1}^k \Big[-G_1(t, t_i)I_i^*(x(t_i)) + G_2(t, t_i)I_i(x(t_i)) \Big] \\
&\geqslant \int_{t_k}^{t_k + \delta} G_1(t, s)[Mx(s) + (g_1(s) - \varepsilon)x(s)]\mathrm{d}s \\
&\geqslant \alpha l_1 \|x\| \Big[M\delta + \int_{t_k}^{t_k + \delta} \big(g_1(s) - \varepsilon \big)\mathrm{d}s \Big] \\
&\geqslant c\alpha l_1 \Big[M\delta + \int_{t_k}^{t_k + \delta} \big(g_1(s) - \varepsilon \big)\mathrm{d}s \Big] \\
&> c = \|x\|, \quad \forall t \in (t_k, t_k + \delta),
\end{aligned} \tag{4.3.27}$$

表明 $\inf\limits_{x \in \partial Q_c} \|Ax\| > 0$ 和 $Ax \neq \mu x$ 对任意 $x \in \partial Q_c$ 和 $\mu \in (0, 1]$ 成立. 利用引理 4.2.1 即得 (4.3.24) 成立.

下面证明

$$i(A, Q_R, Q) = 1. \tag{4.3.28}$$

事实上, $x \in \partial Q_R$ 意味着对 $t \in J$, $x(t) \leqslant R$. 结合 (4.3.5), (4.3.6), (4.3.9) 和 (A6) 可得

$$
\begin{aligned}
(Ax)(t) = {} & \int_0^T G_1(t, s)[Mx(s) + f(s, x(s), x_s)]\mathrm{d}s \\
& + \sum_{i=1}^k \Big[- G_1(t, t_i) I_i^*(x(t_i)) + G_2(t, t_i) I_i(x(t_i)) \Big] \\
\leqslant {} & \int_0^T G_1(t, s)[MR + h(s)]\mathrm{d}s + \sum_{i=1}^k \Big[l_2 \varepsilon_i^* + \frac{\varepsilon_i}{2} \Big] \\
\leqslant {} & R + \max_{t \in J} \int_0^T G_1(t, s) h(s)\mathrm{d}s + \sum_{i=1}^k \Big[l_2 \varepsilon_i^* + \frac{\varepsilon_i}{2} \Big] \\
< {} & R = \|x\|, \quad \forall t \in J.
\end{aligned}
$$

由此可得, 对任意 $x \in \partial Q_R$ 和 $\mu \in [0, 1]$, $x \neq \mu Ax$ 成立. 再次应用引理 4.2.1, 可推出 (4.3.28) 成立.

最后假设条件 (A7) 满足, 则存在 $\varepsilon > 0$ 和 $r > 0$, 使得 (4.3.25) 成立, 并且满足

$$f(t, x, y) \geqslant (g_2(t) - \varepsilon)x, \quad \forall t \in (t_k, t_k + \delta) \setminus J_3, \ x \in [0, r], \ \|y\| \geqslant x.$$

则对任意 $x \in \partial Q_r$, 类似于 (4.3.27), 可得

$$(Ax)(t) > r = \|x\|, \quad \forall t \in (t_k, t_k + \delta).$$

结合引理 4.2.1, 即有

$$i(A, Q_r, Q) = 0. \tag{4.3.29}$$

再次利用不动点指数的可加性和 (4.3.24), (4.3.28) 和 (4.3.29), 可以得出

$$i(A, Q_c \setminus \overline{Q_R}, Q) = i(A, Q_c, Q) - i(A, Q_R, Q) = 0 - 1 = -1 \tag{4.3.30}$$

和

$$i(A, Q_R \setminus \overline{Q_r}, Q) = i(A, Q_R, Q) - i(A, Q_r, Q) = 1 - 0 = 1. \tag{4.3.31}$$

因此, 利用不动点指数的可解性和 (4.3.30)~(4.3.31) 知, 算子 A 至少有两个不动点 $x_1 \in Q_R \setminus \overline{Q_r}$ 和 $x_2 \in Q_c \setminus \overline{Q_R}$, 即 PBVP(4.3.1) 至少有两个正解 x_1 和 x_2.

推论 4.3.2 设 (A1) 和 (A6) 满足, 并设 (A5) 和 (A7) 中的一个成立, 则 PBVP(4.3.1) 至少有一个正解.

注 4.3.1 从定理 4.3.2 的证明不难看出, 若条件 (A5) 被替代为

(A5)′ 存在 $J_2 \subset (t_k, t_k + \delta)$, 使得

$$\mathrm{mes} J_2 = 0, \quad \lim_{\substack{\|v\| \geqslant x \\ x \to +\infty}} \frac{f(t, x, y)}{x} > \frac{1}{\alpha l_1 \delta} - M$$

关于 $t \in (t_k, t_k + \delta) \setminus J_2$ 一致成立; (A7) 被替代为

(A7)′ 存在 $J_3 \subset (t_k, t_k + \delta)$, 使得

$$\mathrm{mes} J_3 = 0, \quad \lim_{\substack{\|v\| \geqslant x \\ x \to 0+}} \frac{f(t, x, y)}{x} > \frac{1}{\alpha l_1 \delta} - M$$

关于 $t \in (t_k, t_k + \delta) \setminus J_3$ 一致成立. 则定理 4.3.2 的结论仍成立.

4.3.2　例子

例 4.3.1　考虑下面的 PBVP:

$$\begin{cases} -x''(t) = -x + \dfrac{t^2 \ln(1 + 25^{10000} x^2)}{1 + \displaystyle\int_{t-1}^{t} \sqrt{|x(s)|} \mathrm{d}s}, & \text{a.e. } t \in (0, 1), \\[4mm] \Delta x \big|_{t=\frac{1}{2}} = I_1 \left(x \left(\dfrac{1}{2} \right) \right), \\[3mm] \Delta x' \big|_{t=\frac{1}{2}} = I_1^* \left(x \left(\dfrac{1}{2} \right) \right), \\[3mm] x(t) = -2 + \cos t, & t \in [-1, 0), \\[2mm] x(0) = x(1), \quad x'(0) = x'(1), \end{cases} \qquad (4.3.32)$$

其中

$$I_1(x) = \sin x^2, \quad I_1^*(x) = -2 \arcsin x^2, \quad x \in R^+.$$

则 PBVP(4.3.32) 至少有两个正解.

证明　PBVP(4.3.32) 可以看成 (4.3.1) 的形式, 其中

$$f(t, x, y) = -x + \frac{t^2 \ln(1 + 25^{10000} x^2)}{1 + \displaystyle\int_{t-1}^{t} \sqrt{|x(s)|} \mathrm{d}s},$$

且 $T = 1$, $\tau = 1$, $\phi(t) = -2 + \cos t$.

下面证明 (A1)~(A4) 成立. 首先选取 $M = 1$, 则容易看出 (A1), (A2) 和 (A4) 成立. 其次, 由 (4.3.5) 和 (4.3.10) 可得

$$\delta = \frac{1}{4}, \quad \alpha = \frac{1}{\mathrm{e}^{\frac{1}{4}} + \mathrm{e}^{-\frac{1}{4}}}, \quad \phi(t) = -2 + \cos t.$$

经过计算, 有

$$0.48 < \alpha < 0.49, \quad 0.95 < l_1 < 0.96, \quad \frac{1}{l_1\delta} - \alpha M < 3.74, \quad \|\phi\| = 3.$$

选取 $R = 100$, 则

$$f(t, x, y) = -x + \frac{t^2 \ln(1 + 25^{10000}x^2)}{1 + \displaystyle\int_{t-1}^{t} \sqrt{|x(s)|}\mathrm{d}s}$$

$$\geqslant -100 + \frac{\dfrac{3}{4}\ln(1 + 25^{10000}x^2)}{1 + 48}$$

$$\geqslant \left[\frac{1}{l_1\delta} - \alpha M\right]R, \quad t \in \left(\frac{1}{2}, \frac{3}{4}\right), \ x \in [48, 100], \ 48 \leqslant \|y\| \leqslant 100 + 3,$$

表明 (A3) 满足.

因此, 由定理 4.3.1, PBVP(4.3.32) 至少有两个正解.

例 4.3.2　考虑下面的 PBVP:

$$\begin{cases} -x''(t) = at(\sqrt{x} + x^2) + b\displaystyle\int_{t-1}^{t} x(s)\mathrm{d}s - \frac{x}{40}, & \text{a.e. } t \in (0, 2\pi), \\ \Delta x\big|_{t=1} = I_1(x), \quad \Delta x'\big|_{t=1} = I_1^*(x), \\ \Delta x\big|_{t=2} = I_2(x), \quad \Delta x'\big|_{t=2} = I_2^*(x), \\ x(t) = \sin t, \quad t \in [-1, 0), \\ x(0) = x(2\pi), \quad x'(0) = x'(2\pi), \end{cases} \tag{4.3.33}$$

其中

$$I_1(x) = \eta_1 x, \quad I_1^*(x) = -\eta_1^* x, \quad I_2(x) = \eta_2 x, \quad I_2^* x = -\eta_2^* x.$$

则当正常数 a, b, η_i 和 η_i^* $(i = 1, 2)$ 充分小时, PBVP(4.3.33) 至少有两个正解.

证明　PBVP(4.3.33) 可以看成 (4.3.1) 的形式, 其中

$$f(t, x, y) = at(\sqrt{x} + x^2) + b\int_{t-1}^{t} x(s)\mathrm{d}s - \frac{x}{40}, \quad \phi(t) = \sin t, \quad \tau = 1, \quad T = 2\pi.$$

下面证明 (A1) 和 (A5)~(A7) 成立. 首先选取 $M = \dfrac{1}{4\pi^2}$, 则 (A1) 满足. 其次, 注意到

$$\delta = \min\left\{2\pi - 2, \ \frac{1}{2}(\pi - 1)\right\} = \frac{1}{2}(\pi - 1).$$

容易看出

$$\lim_{\substack{\|y\| \geqslant x \\ x \to +0}} \frac{f(t, x, y)}{x} = +\infty \text{ 和 } \lim_{\substack{\|y\| \geqslant x \\ x \to +\infty}} \frac{f(t, x, y)}{x} = +\infty$$

都关于 $t \in [2, 2+\delta]$ 一致成立, 表明 (A5) 和 (A7) 满足.

现在证明当正常数 a, b, η_i 和 η_i^* $(i = 1, 2)$ 充分小时, 存在合适的 R, $h(t)$ 和 ε_i, ε_i^* 满足 (A6).

选取 $R = 1$, 则 $h_1(t)$ 和 $h_2(t)$ 可定义为

$$h_1(t) = 2at + 2b, \quad t \in [0, 2\pi] \setminus (2, 2+\delta); \quad h_2(t) = 2at + 2b - \frac{\alpha}{40}, \quad t \in (2, 2+\delta).$$

如果正数 a 和 b 满足

$$2a(4+\delta) + 2b < \frac{\alpha}{40}, \tag{4.3.34}$$

则

$$\int_0^{2\pi} G_1(t, s)h(s)\mathrm{d}s = \int_{J \setminus (2, 2+\delta)} G_1(t, s)h(s)\mathrm{d}s + \int_2^{2+\delta} G_1(t, s)h(s)\mathrm{d}s$$

$$\leqslant l_2 \int_{J \setminus (2, 2+\delta)} h(s)\mathrm{d}s + l_1 \int_2^{2+\delta} h(s)\mathrm{d}s$$

$$\leqslant l_2 \left[\int_0^2 (2as+2b)\mathrm{d}s + \int_{2+\delta}^{2\pi} (2as+2b)\mathrm{d}s \right] + l_1 \int_2^{2+\delta} \left(2as+2b - \frac{\alpha}{40} \right)\mathrm{d}s$$

$$\leqslant l_2(4\pi^2 a + 4\pi b) + l_1 \left[a\delta(2+\delta) + 2b\delta - \frac{\alpha\delta}{40} \right].$$

选取 a, b, η_i 和 η_i^* $(i = 1, 2)$ 充分小, 满足 (4.3.34) 和

$$l_2(4\pi^2 a + 4\pi b) + l_1 \left[a\delta(4+\delta) + 2b\delta - \frac{\alpha\delta}{40} \right] + \sum_{i=1}^2 \left(\frac{\eta_i}{2} + l_2\eta_i^* \right) < 0.$$

则令 $\varepsilon_i = \eta_i$, $\varepsilon_i^* = \eta_i^*$ $(i = 1, 2)$, 由此容易看出 (A6) 满足. 因此, 利用定理 4.3.2 可得结论成立.

4.4　Banach 空间中二阶脉冲奇异微分系统的边值问题

近年来, 虽然对脉冲微分系统的一般理论的研究成果非常多, 但对其抽象空间中奇异脉冲边值问题的正解的存在性方面的研究成果还比较少. 文献 [24, 25] 考虑了 Banach 空间中脉冲奇异微分系统正解的存在性, 尽管含有脉冲但是非线性项 $f(t, x)$ 关于 $x = \theta$ 无奇异性, 文献 [56] 只是在纯量空间中考虑的, 文献 [28] 虽然在抽象空间中考虑了非线性项 $f(t, x)$ 关于 $x = \theta$ 有奇异性的情况, 但没有考虑含脉冲的情形. 因此, 这方面的研究比较缺乏, 尤其是非线性项 $f(t, x)$ 关于 $x = \theta$ 有奇异的情况, 目前尚未见到, 本节考虑了此类情况.

本节通过构造一个特殊的算子, 利用锥拉伸和锥压缩不动点理论, 研究了 Banach 空间中一类带有奇异性的二阶脉冲微分系统边值问题, 得到了正解及多重正解的存在性, 并给出了例子说明其应用.

4.4.1 预备知识

设 $(E, \|\cdot\|)$ 是实 Banach 空间, 令 $J = [0,1]$,

$$PC[J, E] = \{x \mid x : J \to E, x(t) 在 t \neq t_k 处连续,$$
$$在 t = t_k 处左连续且右极限存在, k = 1, 2, \cdots, m\}.$$

容易看出, $PC[J, E]$ 在范数 $\|x\| = \sup_{t \in J} \|x(t)\|$ 下成为 Banach 空间. 设 P 为 E 中的一个正规锥, 不妨设正规常数为 1, 并用 P^* 表示锥 P 的对偶锥.

考虑二阶奇异脉冲微分系统的边值问题

$$\begin{cases} x''(t) + f(t, x(t)) = \theta, & t \in (0,1), t \neq t_k, \\ \Delta x = x(t_k + 0) - x(t_k - 0) = I_k(x(t_k)), & t = t_k, k = 1, 2, \cdots, m, \\ x(0) = x'(1) = \theta \end{cases} \tag{4.4.1}$$

正解的存在性, 其中 θ 为 E 中零元, $f \in C[(0,1) \times P \backslash \{\theta\}, P], I_k \in C[P, P], k = 1, 2, \cdots, m$.

以下谈到 x 是问题 (4.4.1) 的解是指 $x \in PC[J, E] \cap C^2[J', E]$, 其中

$$J' = (0,1) \backslash \{t_1, t_2, \cdots, t_m\},$$

并且满足边值问题 (4.4.1). 若还满足当 $t \in (0,1)$ 时, $x(t) > \theta$, 则称 x 为正解.

设 $x(t) : (0,1) \to E$ 连续, 如果极限 $\lim\limits_{\varepsilon \to 0+} \int_\varepsilon^1 x(t) \mathrm{d}t$ 存在, 则称抽象广义积分 $\int_0^1 x(t) \mathrm{d}t$ 收敛, 类似可定义其他各种广义积分的敛散性.

用 $\alpha, \alpha_C, \alpha_{PC}$ 分别表示空间 $E, C[J, E]$ 和空间 $PC[J, E]$ 的 Kuratowskii 非紧性测度, 有关非紧性测度的定义及性质参见文献 [9, 10].

为了后面的应用, 列出下列引理.

引理 4.4.1[13] 设 $S \subset C[J, E]$ 有界, 且 S 在 J 上等度连续, 则 $\alpha_C(S) = \sup\limits_{t \in J} \alpha(S(t))$, 其中 $S(t) = \{x(t) : x \in S\}, t \in J$.

引理 4.4.2[13] 设 $D \subset PC[J, E]$ 有界, 且在每个 $J_k(k = 0, 1, \cdots, m, t_0 = 0, t_{m+1} = 1)$ 上等度连续, 则 $\alpha_{PC}(D) = \sup\limits_{t \in J} \alpha(D(t))$.

引理 4.4.3[13] 设 $V = \{x_n\} \subset L[I, E]$ 且存在 $g \in L[I, R^+]$, 使对一切 $x_n \in V$, $\|x_n(t)\| \leqslant g(t), \mathrm{a.e.} t \in I$, 则

$$\alpha\left(\left\{\int_a^t x_n(s)\mathrm{d}s : n \in N\right\}\right) \leqslant 2 \int_a^t \alpha(V(s))\mathrm{d}s, \quad t \in I,$$

这里 $I = [a, b]$.

引理 4.4.4[13]　设 P 为 E 中一个锥, $P_{r,s} = \{x \in P : r \leqslant \|x\| \leqslant s\}, s > r > 0$, 并设 $A : P_{r,s} \to P$ 为严格集压缩算子并满足下面两条之一:

(i) 当 $x \in P, \|x\| = r$ 时, $Ax \not\leqslant x$ 且当 $x \in P, \|x\| = s$ 时, $Ax \not\geqslant x$;

(ii) 当 $x \in P, \|x\| = r$ 时, $Ax \not\geqslant x$ 且当 $x \in P, \|x\| = s$ 时, $Ax \not\leqslant x$.

则 A 在 $P_{r,s}$ 中至少具有一个不动点.

4.4.2　正解的存在性

为方便起见, 先给出下列条件:

(S1) $f \in C[(0,1) \times P\backslash\{\theta\}, P]$, 且有 $\|f(t,x)\| \leqslant g(t)\|h(x)\|, t \in (0,1), x \in P\backslash\{\theta\}$, 这里 $h \in C[P\backslash\{\theta\}, P], g : (0,1) \to (0,\infty)$ 满足

$$\int_0^1 sg(s)\mathrm{d}s < +\infty \quad \text{及} \quad \int_0^1 sg(s)h[sr_1, R_1]\mathrm{d}s < +\infty, \quad R_1 > r_1 > 0,$$

其中

$$h[r_1, R_1] = \sup_{x \in \overline{P}_{R_1}\backslash P_{r_1}} \|h(x)\| < \infty, \quad R_1 > r_1 > 0.$$

(S2) 存在 $L \geqslant 0$, 使对任意 $t \in (0,1)$ 和有界集 $D \subset \overline{P}_{R_1}\backslash P_{r_1}$(任意 $R_1 > r_1 > 0$) 有 $\alpha(f(t,D)) \leqslant L\alpha(D)$, 且存在 $L_k \geqslant 0$, 使 $\alpha(I_k(D)) \leqslant L_k\alpha(D)$, 其中 $k = 1, 2, \cdots, m$ 且 $2L\left(1 + \sum_{k=1}^m L_k\right) < 1$.

(S3) 对任意 $R_1 > r_1 > 0, [a,b] \subset (0,1), f(t,x)$ 在 $[a,b] \times \overline{P}_{R_1}\backslash P_{r_1}$ 关于 t 一致连续.

(S4) 存在 $\varphi^* \in P^*, \varphi \in L(0,1)$, 使 $\liminf\limits_{\substack{\|x\| \to 0 \\ x \in P}} \varphi^*(f(t,x)) \geqslant \varphi(t)$ 关于 $t \in (0,1)$ 一致成立, 且 $0 < \int_0^1 s\varphi(s)\mathrm{d}s < +\infty$, 其中 P^* 为锥 P 的对偶锥.

(S5) 存在 $\psi^* \in P^*, \|\psi^*\| = 1$ 和 $[a,b] \subset (0,1)$, 使 $\liminf\limits_{\substack{\|x\| \to \infty \\ x \in P}} \dfrac{\psi^*(f(t,x))}{\|x\|} = \infty$ 关于 $t \in [a,b]$ 一致成立.

现考虑问题 (4.4.1) 的近似问题

$$\begin{cases} x''(t) + f\left(t, x(t) + \dfrac{e}{n}\right) = \theta, \quad t \in (0,1), t \neq t_k, \\ \Delta x = x(t_k + 0) - x(t_k - 0) = I_k(x(t_k)), \quad t = t_k, k = 1, 2, \cdots, m, \\ x(0) = x'(1) = \theta, \end{cases} \quad (4.4.2)$$

其中 $e \in P, \|e\| = 1$.

令 $G(t,s) =: \min\{t,s\}, \forall t, s \in J$. 利用 E 中的锥 P 构造 $C[J,E]$ 和 $PC[J,E]$ 中的锥:

$$K =: \{x \in C[J, P] : \forall t, s \in J, x(t) \geqslant tx(s)\},$$
$$Q =: \{x \in PC[J, P] : \forall t \in J, x(t) \geqslant \theta\}.$$

若 $x \in PC[J, P]$ 是下面方程

$$x(t) = \int_0^1 G(t, s) f\left(s, x(s) + \frac{e}{n}\right) \mathrm{d}s + \sum_{0 < t_k < t} I_k(x(t_k)) \tag{4.4.3}$$

的解, 则易证 $x(t)$ 也是边值问题 (4.4.2) 的解.

下面考虑积分方程 (4.4.3), 令 $y(t) = x(t) - \sum_{0 < t_k < t} I_k(x(t_k))$, $t \in (0, 1)$, 则

$$x(t) = \begin{cases} y(t), & t \in (0, t_1], \\ y(t) + I_1(x(t_1)), & t \in (t_1, t_2], \\ y(t) + I_1(x(t_1)) + I_2(x(t_2)), & t \in (t_2, t_3], \\ \qquad \cdots\cdots\cdots \\ y(t) + \sum_{k=1}^m I_k(x(t_k)), & t \in (t_m, 1). \end{cases}$$

对 $\forall y \in K$, 定义

$$(Ty)(t) =: \begin{cases} y(t), & t \in (0, t_1], \\ y(t) + I_1((Ty)(t_1)), & t \in (t_1, t_2], \\ y(t) + I_1((Ty)(t_1)) + I_2((Ty)(t_2)), & t \in (t_2, t_3], \\ \qquad \cdots\cdots\cdots \\ y(t) + \sum_{k=1}^m I_k((Ty)(t_k)), & t \in (t_m, 1). \end{cases} \tag{4.4.4}$$

则 (4.4.3) 转化为

$$y(t) = \int_0^1 G(t, s) f\left(s, (Ty)(s) + \frac{e}{n}\right) \mathrm{d}s.$$

引理 4.4.5 假设 $I_k \in C[P, P], k = 1, 2, \cdots, m$, 则 $T : K \to Q$ 连续有界.

证明 显然, T 的定义是合理的, 且对 $\forall t \in J, y \in K$, 有 $(Ty)(t) \geqslant y(t) \geqslant \theta$. 下证连续性. 假设 $\{y_n\} \subseteq P, y_0 \in P$, 使得 $\lim\limits_{n \to \infty} \|y_n - y_0\|_C = 0$. 显然

$$\sup_{t \in [0, t_1]} \|(Ty_n)(t) - (Ty_0)(t)\| = \sup_{t \in [0, t_1]} \|y_n(t) - y_0(t)\| \leqslant \|y_n - y_0\|_C.$$

由 I_1 的连续性知

$$\lim_{n \to \infty} \|I_1((Ty_n)(t_1)) - I_1((Ty_0)(t_1))\| = 0.$$

故

$$\sup_{t\in(t_1,t_2]}\|(Ty_n)(t)-(Ty_0)(t)\|$$

$$\leqslant \sup_{t\in(t_1,t_2]}\|y_n(t)-y_0(t)\|+\|I_1((Ty_n)(t_1))-I_1((Ty_0)(t_1))\|$$

$$\to 0,\quad n\to\infty.$$

同样由 I_2 的连续性知

$$\lim_{n\to\infty}(\|I_1((Ty_n)(t_1))-I_1((Ty_0)(t_1))\|+\|I_2((Ty_n)(t_2))-I_2((Ty_0)(t_2))\|)=0.$$

所以

$$\sup_{t\in(t_2,t_3]}\|(Ty_n)(t)-(Ty_0)(t)\|$$

$$\leqslant \sup_{t\in(t_2,t_3]}\|y_n(t)-y_0(t)\|+\|I_1((Ty_n)(t_1))-I_1((Ty_0)(t_1))\|$$

$$+\|I_2((Ty_n)(t_2))-I_2((Ty_0)(t_2))\|\to 0,\quad n\to\infty.$$

类似可得

$$\sup_{t\in(t_k,t_{k+1}]}\|(Ty_n)(t)-(Ty_0)(t)\|$$

$$\leqslant \sup_{t\in(t_k,t_{k+1}]}\|y_n(t)-y_0(t)\|+\sum_{l=1}^{k}\|I_l((Ty_n)(t_l))-I_l((Ty_0)(t_l))\|$$

$$\to 0,\quad n\to\infty,k=1,2,\cdots,m.$$

因而 $\|Ty_n-Ty_0\|_{PC}\to 0, n\to\infty.$ 故 $T:K\to Q$ 连续.

假设 $\Omega\subseteq K$ 有界, 则存在常数 $M>0$, 使得 $\forall y\in\Omega,\|y\|_C\leqslant M.$ 由 (4.4.4) 知

$$\sup_{y\in\Omega}\sup_{t\in(0,t_1]}\|(Ty)(t)\|=\sup_{y\in\Omega}\sup_{t\in(0,t_1]}\|y(t)\|\leqslant\sup_{y\in\Omega}\|y\|\leqslant M,$$

故 $T(\Omega)\,|_{(0,t_1]}$ 有界. 因为 I_1 连续, 则 $I_1((T\Omega)(t_1))$ 也有界, 所以

$$\sup_{y\in\Omega}\sup_{t\in(t_1,t_2]}\|(Ty)(t)\|\leqslant\sup_{y\in\Omega}\sup_{t\in(t_1,t_2]}\|y(t)\|+\sup_{y\in\Omega}\|I_1((Ty)(t_1))\|<+\infty.$$

同样由 I_2 的连续性可得, $I_2((T\Omega)(t_2))$ 有界. 类似可推出

$$\sup_{y\in\Omega}\sup_{t\in(t_k,t_{k+1}]}\|(Ty)(t)\|<+\infty,\quad k=1,2,\cdots,m.$$

故 $T(\Omega)$ 有界.

对有界集 $\Omega \subseteq K$, 由于存在 $R > 0$ 满足 $\sup\limits_{x \in \Omega} \|x\|_C \leqslant R$, 定义

$$T_R =: \sup_{x \in \Omega} \|Tx\|_{PC},$$

则易知 $T_R \geqslant R$. 令

$$(A_n y)(t) =: \int_0^1 G(t,s) f\left(s, (Ty)(s) + \frac{e}{n}\right) \mathrm{d}s, \quad \forall y \in K, \tag{4.4.5}$$

其中 $(Ty)(t)$ 由 (4.4.4) 定义.

下面讨论算子 A_n 的性质.

引理 4.4.6 假设 (S1)~(S3) 满足, 则 $A_n : K \to K$ 是严格集压缩算子.

证明 首先说明对 $\forall y \in K, A_n y \in K$. 显然 $(A_n y)(t) \geqslant \theta, t \in J$. 另由 (S1) 知

$$\left\| f\left(s, (Ty)(s) + \frac{e}{n}\right) \right\| \leqslant g(s) h\left[\frac{1}{n}, \|Ty\|_{PC} + 1\right] \leqslant g(s) h\left[\frac{s}{n}, \|Ty\|_{PC} + 1\right], \quad s \in J.$$

结合 (4.4.5) 得

$$\begin{aligned}
\|(A_n y)(t)\| &\leqslant \int_0^1 G(t,s) \left\| f\left(s, (Ty)(s) + \frac{e}{n}\right) \right\| \mathrm{d}s \\
&\leqslant \int_0^1 s g(s) h\left[\frac{s}{n}, \|Ty\|_{PC} + 1\right] \mathrm{d}s < \infty.
\end{aligned}$$

故对 $\forall t, t' \in J$ 有

$$\begin{aligned}
&\|(A_n y)(t') - (A_n y)(t)\| \\
&= \left\| \int_0^1 G(t',s) f\left(s, (Ty)(s) + \frac{e}{n}\right) \mathrm{d}s - \int_0^1 G(t,s) f\left(s, (Ty)(s) + \frac{e}{n}\right) \mathrm{d}s \right\| \\
&\leqslant \int_0^1 | G(t',s) - G(t,s) | \left\| f\left(s, (Ty)(s) + \frac{e}{n}\right) \right\| \mathrm{d}s \\
&\leqslant \int_0^1 | G(t',s) - G(t,s) | g(s) h\left[\frac{s}{n}, \|Ty\|_{PC} + 1\right] \mathrm{d}s \to 0, \quad t \to t'.
\end{aligned}$$

所以 $A_n y \in C[J, P]$.

又对 $\forall t, u, s \in J$, 由于

$$G(t,s) = \min\{t,s\} \geqslant \min\{ut,s\} \geqslant t\min\{u,s\} = tG(u,s).$$

因此

$$\begin{aligned}
(A_n y)(t) &= \int_0^1 G(t,s) f\left(s, (Ty)(s) + \frac{e}{n}\right) \mathrm{d}s \\
&\geqslant t \int_0^1 G(u,s) f\left(s, (Ty)(s) + \frac{e}{n}\right) \mathrm{d}s = t(A_n y)(u).
\end{aligned}$$

故 $A_n(K) \subseteq K$.

现证 $A_n : K \to K$ 连续. 假设 $\{y_k\} \subseteq K, y_0 \in K$, 使 $\lim\limits_{k\to\infty} \|y_k - y_0\|_C = 0$, 下证 $\lim\limits_{k\to\infty} \|A_n y_k - A_n y_0\|_C = 0$. 由 $\lim\limits_{k\to\infty} \|y_k - y_0\|_C = 0$ 易知 $\{y_0, y_1, \cdots, y_k, \cdots\}$ 有界. 由引理 4.4.5 知 T 连续有界, 故 $\lim\limits_{k\to\infty} \|T y_k - T y_0\|_{PC} = 0$ 且 $\{T y_k\}$ 有界, 即存在 $M' > 0$, 使 $\|T y_k\|_{PC} \leqslant M'$. 由于对 $\forall k \in N, s \in J$, 有

$$\left\| f\left(s, (T y_k)(s) + \frac{e}{n}\right) \right\| \leqslant g(s) h\left[\frac{s}{n}, M' + 1\right]. \tag{4.4.6}$$

利用 (S1) 和 (S2) 知

$$\lim\limits_{k\to\infty} (A_n y_k)(t) = (A_n y)(t), \quad \forall t \in J.$$

另从 (4.4.6) 可证 $\{(A_n y_k)(t)\}_{k \geqslant 1}$ 在 J 上等度连续. 事实上, 对 $\forall k$ 及 $\forall t, t' \in J$ 有

$$\begin{aligned}
&\|(A_n y_k)(t') - (A_n y_k)(t)\| \\
&= \left\| \int_0^1 G(t', s) f\left(s, (T y_k)(s) + \frac{e}{n}\right) \mathrm{d}s - \int_0^1 G(t, s) f\left(s, (T y_k)(s) + \frac{e}{n}\right) \mathrm{d}s \right\| \\
&\leqslant \int_0^1 |G(t', s) - G(t, s)| \left\| f\left(s, (T y_k)(s) + \frac{e}{n}\right) \right\| \mathrm{d}s \\
&\leqslant \int_0^1 |G(t', s) - G(t, s)| g(s) h\left[\frac{s}{n}, M' + 1\right] \mathrm{d}s \to 0, \quad t \to t'.
\end{aligned}$$

因此应有 $\lim\limits_{k\to\infty} \|A_n y_k - A_n y_0\|_C = 0$. 因为若不成立, 则存在 $\varepsilon_0 > 0$ 和 $\{y_{k_i}\} \subset \{y_k\}$, 满足 $\|A_n y_{k_i} - A_n y_0\|_C \geqslant \varepsilon_0, i = 1, 2, \cdots$. 由于 $\{A_n y_k\}$ 相对紧, 故存在 $\{A_n y_{k_i}\}$ 的子列在 K 中收敛于某 $y \in K$. 不失一般性, 仍设 $\lim\limits_{i\to+\infty} A_n y_{k_i} = y$, 即 $\lim\limits_{i\to+\infty} \|A_n y_{k_i} - y\|_C = 0$, 这样 $y = A_n y_0$, 矛盾, 故 A_n 连续.

下证 $A_n : K \to K$ 为严格集压缩算子. 设 $\Omega \subseteq K$ 有界, 由引理 4.4.5, 存在 $M'' \geqslant 0$, 使对 $\forall y \in \Omega$ 有 $\|T y\|_{PC} \leqslant M''$, 因而

$$\|A_n y\|_C \leqslant \int_0^1 s g(s) h\left[\frac{s}{n}, M'' + 1\right] \mathrm{d}s < +\infty.$$

故 $A_n(\Omega)$ 有界.

由 (S1) 和 (S2) 易证 $\{A_n y : y \in \Omega\}$ 在 J 上等度连续. 因此, 根据引理 4.4.1 知

$$\alpha_C(A_n(\Omega)) = \sup_{t \in J} \alpha(A_n(\Omega)(t)), \tag{4.4.7}$$

其中

$$A_n(\Omega)(t) = \{A_n(x)(t) : x \in \Omega\}, \quad t \in J.$$

令

$$D_\delta =: \left\{ \int_\delta^{1-\delta} G(t,s) f\left(s, (Ty)(s) + \frac{e}{n}\right) \mathrm{d}s, y \in \Omega \right\}, \quad \delta \in \left(0, \frac{1}{2}\right).$$

由 (S1) 和 (S2) 知, 对 $\forall y \in \Omega, \forall t \in J$ 有

$$\left\| \int_\delta^{1-\delta} G(t,s) f\left(s, (Ty)(s) + \frac{e}{n}\right) \mathrm{d}s - \int_0^1 G(t,s) f\left(s, (Ty)(s) + \frac{e}{n}\right) \mathrm{d}s \right\|$$

$$\leqslant c_1 \left(\int_0^\delta s g(s) \mathrm{d}s + \int_{1-\delta}^1 s g(s) \mathrm{d}s \right), \tag{4.4.8}$$

其中 $c_1 = h\left[\dfrac{1}{n}, M'' + 1\right]$. 因此, 从 (S1), (4.4.7) 和 (4.4.8) 式知, D_δ 与 $A_n(\Omega)$ 的 Hausdorff 距离

$$d_H(D_\delta, A_n(\Omega)) \to 0, \quad \delta \to 0+,$$

故有

$$\alpha(A_n(\Omega)) = \lim_{\delta \to 0+} \alpha(D_\delta). \tag{4.4.9}$$

下面再估计 $\alpha(D_\delta)$. 因为

$$\int_\delta^{1-\delta} G(t,s) f\left(s, (Ty)(s) + \frac{e}{n}\right) \mathrm{d}s \in (1-2\delta)\, \overline{\mathrm{co}} \left\{ G(t,s) f\left(s, (Ty)(s) + \frac{e}{n}\right) : s \in [\delta, 1-\delta] \right\},$$

所以由 (S2) 和 (S3) 得到

$$\alpha(D_\delta) = \alpha\left(\left\{ \int_\delta^{1-\delta} G(t,s) f\left(s, (Ty)(s) + \frac{e}{n}\right) \mathrm{d}s : y \in \Omega \right\}\right)$$

$$\leqslant (1-2\delta)\alpha\left(\overline{\mathrm{co}}\left\{ G(t,s) f\left(s, (Ty)(s) + \frac{e}{n}\right) : s \in [\delta, 1-\delta], y \in \Omega \right\}\right)$$

$$\leqslant \alpha\left(\left\{ G(t,s) f\left(s, (Ty)(s) + \frac{e}{n}\right) : s \in [\delta, 1-\delta], y \in \Omega \right\}\right)$$

$$\leqslant \alpha\left(\left\{ f\left(s, (Ty)(s) + \frac{e}{n}\right) : s \in [\delta, 1-\delta], y \in \Omega \right\}\right)$$

$$\leqslant L \max_{t \in [\delta, 1-\delta]} \alpha((T\Omega)(I_\delta)) \leqslant 2L\alpha_{PC}(T\Omega) \leqslant 2L\left(1 + \sum_{k=1}^m L_k\right)\alpha_C(\Omega),$$

其中 $I_\delta = [\delta, 1-\delta]$. 这样结合 (4.4.9) 式, 令 $\delta \to 0+$, 可得

$$\alpha(A_n(\Omega)) \leqslant 2L\left(1 + \sum_{k=1}^m L_k\right)\alpha_C(\Omega).$$

再利用 (S2) 即知 $A_n : K \to K$ 为严格集压缩算子.

下面讨论 A_n 的不动点的存在性及问题 (4.4.1) 正解的存在性.

定理 4.4.1　设条件 (S1)~(S5) 满足, 且存在 $R > 0$, 使得

$$\int_0^1 sg(s)h[sR, T_R + 1]\mathrm{d}s < R, \tag{4.4.10}$$

其中 h 如 (S1) 所述, 则 A_n 在 K 中至少有两个非平凡不动点.

证明　只需说明 A_n 在锥 K 中满足引理 4.4.4 即可. 首先, 对 (4.4.10) 中的 R 有

$$A_n x \not\geqslant x, \quad \forall x \in \partial K_R. \tag{4.4.11}$$

事实上, 若存在 $x_0 \in \partial K_R$, 使 $A_n x_0 \geqslant x_0$. 由 T 的定义知, 对 $\forall y \in K$ 有

$$t\|y\|_C \leqslant y(t) \leqslant (Ty)(t) \leqslant \|Ty\|_{PC}, \quad t \in J.$$

再利用 (4.4.5) 得

$$\theta \leqslant x_0(t) \leqslant \int_0^1 G(t,s)\left\| f\left(s, (Tx_0)(s) + \frac{e}{n}\right)\right\| \mathrm{d}s \leqslant \int_0^1 sg(s)h[sR, T_R + 1]\mathrm{d}s < R,$$

矛盾, 故 (4.4.11) 成立.

其次, 由 (S4) 易知, 对 $\forall t \in (0,1)$ 有

$$\int_0^1 G(t,s)\varphi(s)\mathrm{d}s \leqslant \int_0^1 s\varphi(s)\mathrm{d}s, \quad \text{且} \int_0^1 G(t,s)\varphi(s)\mathrm{d}s > 0.$$

否则 $\varphi(s) = 0, \mathrm{a.e.}\ s \in J$, 与 (S4) 中的 $0 < \int_0^1 s\varphi(s)\mathrm{d}s < +\infty$ 矛盾. 取 $\varepsilon' > 0$ 充分小使

$$r' =: \int_0^1 \int_0^1 G(t,s)(\varphi(s) - \varepsilon')\mathrm{d}s\mathrm{d}t > 0. \tag{4.4.12}$$

由 (S4) 可知, 存在 $r'' \in (0, R)$, 使当 $x \in K$ 且 $\|x\|_C \leqslant r''$ 时, 对 $\forall t \in (0,1)$ 有

$$\varphi^*(f(t, (Tx)(t))) \geqslant \varphi(t) - \varepsilon'. \tag{4.4.13}$$

取 $0 < r \leqslant T_r < l =: \min\{r', r''\}$, 则当 $n > \dfrac{1}{l - T_r}$ 时, 有

$$A_n x \not\leqslant x, \quad \forall x \in \partial K_r. \tag{4.4.14}$$

事实上, 若存在 $x^* \in \partial K_r$ 满足 $A_n x^* \leqslant x^*$, 即

$$x^*(t) \geqslant A_n x^*(t) = \int_0^1 G(t,s)f\left(s, (Tx^*)(s) + \frac{e}{n}\right)\mathrm{d}s.$$

由 (4.4.13) 式知, 对 $\forall t \in (0,1)$ 有

$$\varphi^*(x^*(t)) \geqslant \int_0^1 G(t,s)\varphi^*\left(f\left(s,(Tx^*)(s)+\frac{e}{n}\right)\right)\mathrm{d}s \geqslant \int_0^1 G(t,s)(\varphi(s)-\varepsilon')\mathrm{d}s.$$

结合 (4.4.12) 得

$$\int_0^1 \varphi^*(x^*(t))\mathrm{d}t \geqslant \int_0^1\int_0^1 G(t,s)(\varphi(s)-\varepsilon')\mathrm{d}s\mathrm{d}t = r' > r. \tag{4.4.15}$$

而对 $\forall t \in J$, 由于 $|\varphi^*(x^*(t))| \leqslant \|x^*(t)\| \leqslant \|x^*\|_C = r$, 与 (4.4.15) 式矛盾. 故当 n 充分大时 (4.4.14) 成立.

最后, 取 $R' > \left(\max\limits_{t\in J} a \int_a^b G(t,s)\mathrm{d}s\right)^{-1}$. 由 (S5) 知, 存在 $M > R$, 使当 $\|x\| > M$ 时, 有

$$\psi^*(f(t,x)) \geqslant R'\|x\|.$$

再令

$$\bar{R} =: \max\left\{\frac{M+1}{a}, \frac{R'+1}{aR'\displaystyle\int_a^b G(t,s)\mathrm{d}s - 1}\right\},$$

则有

$$A_n x \nleqslant x, \quad \forall x \in \partial K_{\bar{R}}. \tag{4.4.16}$$

事实上, 若存在 $\bar{x} \in \partial K_{\bar{R}}$, 满足 $A_n\bar{x} \leqslant \bar{x}$, 由 T 的定义易知

$$\left\|(T\bar{x})(s)+\frac{e}{n}\right\| \geqslant \left\|\bar{x}(s)+\frac{e}{n}\right\| \geqslant \|\bar{x}(s)\| \geqslant s\|\bar{x}\| \geqslant s\frac{M+1}{a} > M, \quad s \in [a,b].$$

所以, 当 $t \in [a,b]$ 时有

$$\bar{R} \geqslant \psi^*(\bar{x}(t)) \geqslant \psi^*((A_n\bar{x})(t))$$
$$= \int_0^1 G(t,s)\psi^*\left(f\left(s,(T\bar{x})(s)+\frac{e}{n}\right)\right)\mathrm{d}s \geqslant \int_a^b G(t,s)\psi^*\left(f\left(s,(T\bar{x})(s)+\frac{e}{n}\right)\right)\mathrm{d}s$$
$$\geqslant R'\int_a^b G(t,s)\left\|(T\bar{x})(s)+\frac{e}{n}\right\|\mathrm{d}s \geqslant aR'\int_a^b G(t,s)(\|\bar{x}\|_C - 1)\mathrm{d}s$$
$$\geqslant aR'\bar{R}\int_a^b G(t,s)\mathrm{d}s - R' > \bar{R},$$

矛盾, 故 (4.4.16) 式成立. 这样由引理 4.4.4 可知, 当 n 充分大时, A_n 在 $K_R\backslash\overline{K}_r$ 与 $K_{\bar{R}}\backslash\overline{K}_R$ 中分别有不动点.

定理 4.4.2 若定理 4.4.1 的条件全部满足, 则问题 (4.4.1) 至少存在两个正解.

证明　不妨设 $n \geqslant n_0$ 时，$\{x_{1n}\}$ 和 $\{x_{2n}\}$ 是由定理 4.4.1 得到的两个序列，则

$$A_n x_{1n} = x_{1n}, \quad A_n x_{2n} = x_{2n}, \quad x_{1n} \in K_R \backslash \overline{K}_r, \quad x_{2n} \in K_{\overline{R}} \backslash \overline{K}_R, \quad n \geqslant n_0.$$

令 $D = \{x_{1n} : n \geqslant n_0\}$. 显然 D 一致有界. 下面说明 D 为等度连续的函数族. 事实上, 由于

$$x_{1n}(t) = A_n x_{1n}(t) = \int_0^1 G(t,s) f\left(s, (Tx_{1n})(s) + \frac{e}{n}\right) \mathrm{d}s$$

$$= \int_0^t s f\left(s, (Tx_{1n})(s) + \frac{e}{n}\right) \mathrm{d}s + t \int_t^1 f\left(s, (Tx_{1n})(s) + \frac{e}{n}\right) \mathrm{d}s. \quad (4.4.17)$$

只需证当 $t \to 0+$ 时, $\{x_{1n}(t)\}$ 关于 $n \geqslant n_0$ 一致收敛于 0 和 D 在 $(0,1]$ 的任意闭子区间上等度连续即可. 先考虑 $t \to 0+$ 时的情况. 由 (S1) 知

$$c =: \int_0^1 sg(s)h[sr, T_R + 1]\mathrm{d}s < +\infty.$$

根据积分的绝对连续性知, 对 $\forall \varepsilon > 0$, 存在 $\delta_1 > 0$, 使当 $t_1, t_2 \in J, |t_1 - t_2| < \delta_1$ 时, 有

$$\left| \int_{t_1}^{t_2} sg(s)h[sr, T_R + 1]\mathrm{d}s \right| < \varepsilon. \quad (4.4.18)$$

因为对 $n \geqslant n_0, x_{1n}(0) = \theta$, 由 (4.4.17) 式知

$$\|x_{1n}(t)\| \leqslant \int_0^t sg(s)h[sr, T_R + 1]\mathrm{d}s + t \int_t^1 g(s)h[sr, T_R + 1]\mathrm{d}s.$$

因此只需说明

$$\lim_{t \to 0+} \int_0^t sg(s)h[sr, T_R + 1]\mathrm{d}s = 0, \quad (4.4.19)$$

$$\lim_{t \to 0+} t \int_t^1 g(s)h[sr, T_R + 1]\mathrm{d}s = 0 \quad (4.4.20)$$

即可. 首先由 (4.4.18) 式知 (4.4.19) 显然成立.

其次对 (4.4.18) 式中的 ε 和 δ_1, 取 $\delta =: \min\left\{\delta_1, \dfrac{\varepsilon \delta_1}{c}\right\}$, 则当 $t \in (0, \delta)$ 时, 利用 (4.4.18) 可得

$$t \int_t^1 g(s)h[sr, T_R + 1]\mathrm{d}s = t \int_t^{\delta_1} g(s)h[sr, T_R + 1]\mathrm{d}s + \int_{\delta_1}^1 \frac{t}{s} sg(s)h[sr, T_R + 1]\mathrm{d}s$$

$$\leqslant \int_t^{\delta_1} sg(s)h[sr, T_R + 1]\mathrm{d}s + \frac{t}{\delta_1} \int_{\delta_1}^1 sg(s)h[sr, T_R + 1]\mathrm{d}s$$

$$\leqslant \varepsilon + \frac{t}{\delta_1} \int_0^1 sg(s)h[sr, T_R + 1]\mathrm{d}s \leqslant 2\varepsilon,$$

由此即知 (4.4.20) 式成立.

下面再说明对 $\forall [\delta, 1] \subset (0, 1) \left(\delta \in \left(0, \frac{1}{2} \right) \right)$, D 在 $[\delta, 1]$ 上等度连续. 由 (4.4.17) 式知, 当 $n \geqslant n_0, t_1, t_2 \in [\delta, 1], t_2 > t_1$ 时有

$$x_{1n}(t_2) - x_{1n}(t_1) = \int_{t_1}^{t_2} sf\left(s, (Tx_{1n})(s) + \frac{e}{n}\right) \mathrm{d}s + t_2 \int_{t_2}^{t_1} f\left(s, (Tx_{1n})(s) + \frac{e}{n}\right) \mathrm{d}s$$
$$+ (t_2 - t_1) \int_{t_1}^{1} f\left(s, (Tx_{1n})(s) + \frac{e}{n}\right) \mathrm{d}s.$$

故

$$\|x_{1n}(t_2) - x_{1n}(t_1)\| \leqslant \int_{t_1}^{t_2} sg(s)h[sr, T_R + 1]\mathrm{d}s + t_2 \int_{t_1}^{t_2} g(s)h[sr, T_R + 1]\mathrm{d}s$$
$$+ (t_2 - t_1) \int_{t_1}^{1} g(s)h[sr, T_R + 1]\mathrm{d}s$$
$$\leqslant \int_{t_1}^{t_2} sg(s)h[sr, T_R + 1]\mathrm{d}s + \frac{t_2}{t_1} \int_{t_1}^{t_2} sg(s)h[sr, T_R + 1]\mathrm{d}s$$
$$+ \frac{(t_2 - t_1)}{t_1} \int_{0}^{1} sg(s)h[sr, T_R + 1]\mathrm{d}s$$
$$\leqslant \left(1 + \frac{1}{\delta}\right) \int_{t_1}^{t_2} sg(s)h[sr, T_R + 1]\mathrm{d}s + \frac{c}{\delta}(t_2 - t_1). \quad (4.4.21)$$

结合 (S2), (4.4.19), (4.4.20) 及 (4.4.21) 知, D 在 J 上等度连续.

最后证明对 $\forall t \in (0, 1)$, $D(t) = \{x_{1n}(t) : n \geqslant n_0\}$ 是相对紧的. 事实上, 由 (4.4.17) 式, 引理 4.4.2, (S1) 和 (S4) 知

$$\alpha(D(t)) \leqslant \alpha\left(\left\{\int_0^1 G(t,s)f\left(s, (Tx_{1n})(s) + \frac{e}{n}\right) \mathrm{d}s : n \geqslant n_0\right\}\right)$$
$$\leqslant 2\int_0^1 G(t,s)\alpha\left(\left\{f\left(s, (Tx_{1n})(s) + \frac{e}{n}\right) : n \geqslant n_0\right\}\right) \mathrm{d}s$$
$$\leqslant 2L\int_0^1 G(t,s)\alpha((TD)(s))\mathrm{d}s \leqslant 2L\int_0^1 s\mathrm{d}s \cdot \alpha_{PC}(TD)$$
$$\leqslant 2L\left(1 + \sum_{k=1}^{m} L_k\right)\alpha_C(D).$$

利用引理 4.4.1 知 $\alpha_C(D) = \max_{t \in J} \alpha(D(t))$, 所以 $\alpha_C(D) = 0$, 即 $\{x_{1n} : n \geqslant n_0\}$ 有收敛子列 $\{x_{1n_i} : n_i \geqslant n_0\}$ 且 $\lim_{i \to \infty} x_{1n_i} = x_1$. 显然 $x_1 \in \overline{K}_R \backslash K_r$. 由 Lebesgue 控制收敛定理知

$$x_1(t) = \lim_{i \to \infty} \int_0^1 G(t,s)f\left(s, (Tx_{1n_i})(s) + \frac{e}{n_i}\right) \mathrm{d}s = \int_0^1 G(t,s)f(s, (Tx_1)(s))\mathrm{d}s.$$

由 (4.4.10) 易知 $\|x_1\|_C < R$. 同样对 $\{x_{2n} : n \geqslant n_0\}$ 的收敛子列取极限可得另一个解 x_2. 由于 $\|x_2\|_C \geqslant R, n \geqslant n_0$, 故 $\|x_2\|_C \geqslant R$. 同理, 由 (4.4.10) 知 $\|x_2\|_C > R$. 因此 $x_1 \neq x_2$. 这样 $(Tx_1)(t)$ 和 $(Tx_2)(t)$ 都是系统 (4.4.1) 的正解.

推论 4.4.1　若定理 4.4.2 的条件 (S4) 和 (S5) 中只有一个成立, 且其他条件均满足, 则问题 (4.4.1) 至少有一正解.

4.4.3　应用

例 4.4.1　考虑定理 4.4.2 在有限维奇异脉冲方程组中的应用, 如

$$
\begin{cases}
-x_n''(t) = \dfrac{1}{6\sqrt{t(1-t)}}\left(\dfrac{1}{\displaystyle\sum_{n=1}^{m}|x_n|} + x_{n+1} + x_{n+1}^2\right), & t \in (0,1), t \neq \dfrac{1}{3}, \\[2mm]
I_{1n}(x) = \dfrac{1}{2}x_n\left(\dfrac{1}{3}\right), & t = \dfrac{1}{3}, \\[2mm]
x_n(0) = x_n'(1) = 0, & n = 1,2,3,\cdots,m,
\end{cases} \tag{4.4.22}
$$

其中 $x_{m+n} = x_n$. 在 m 维欧氏空间 R^m 中考虑问题 (4.4.22), 对 $x = (x_1, x_2, \cdots, x_m)$, 令 $\|x\| = \displaystyle\sum_{n=1}^{m}|x_n|$, 易得它为 R^m 的范数. 将 (4.4.22) 看成问题 (4.4.1) 的形式, 相当于

$$
x(t) = (x_1(t), x_2(t), \cdots, x_m(t)), \qquad f(t,x) = (f_1, f_2, \cdots, f_m),
$$

其中

$$
f_n(t,x) = \frac{1}{6\sqrt{t(1-t)}}\left(\frac{1}{\displaystyle\sum_{n=1}^{m}|x_n|} + x_{n+1} + x_{n+1}^2\right),
$$

$$
I_1(x) = (I_{11}, I_{12}, \cdots, I_{1m}), \quad I_{1n} = \frac{1}{2}x_n\left(\frac{1}{3}\right).
$$

可以看出 $f(t,x)$ 在 $t = 0, 1$ 和 $x = 0$ 处有奇异性. 取

$$
g(t) = \frac{1}{6\sqrt{t(1-t)}}, \quad h_n(x) = \frac{1}{\displaystyle\sum_{n=1}^{m}|x_n|} + |x_{n+1}| + x_{n+1}^2,
$$

$$
h(x) = (h_1(x), h_2(x), \cdots, h_m(x), \cdots).
$$

注意到

$$
\int_0^1 \frac{1}{\sqrt{s(1-s)}}\,\mathrm{d}s = \pi, \quad \int_0^1 \frac{s}{\sqrt{s(1-s)}}\,\mathrm{d}s = \frac{\pi}{2} - 1, \quad \left(\sum_{n=1}^{m}x_n\right)^2 \leqslant 3\sum_{n=1}^{m}x_n^2.
$$

取 $R = 1$, 可知 (4.4.10) 式成立. 取

$$\psi^* = \varphi^* = (1, 1, \cdots, 1), \quad \varphi(t) = \frac{1}{6\sqrt{t(1-t)}},$$

不难验证, 定理 4.4.2 的条件全部满足, 则问题 (4.4.22) 至少存在两个正解 $x = (x_1, x_2, \cdots, x_m)$ 和 $y = (y_1, y_2, \cdots, y_m)$ 满足 $0 < \|x\| < 1 < \|y\| < \infty$.

例 4.4.2 考虑推论 4.4.1 在无穷维奇异脉冲方程组中的应用.

设 $E = l^\infty = \{x = (x_1, x_2, \cdots, x_n, \cdots) : \sup_n |x_n| < +\infty\}$, 对 $x \in E$, 令 $\|x\| = \sup_n |x_n|$, 则 $(E, \|.\|)$ 为 Banach 空间且 $P = \{x \in E : x_n \geqslant 0, n = 1, 2, \cdots\}$ 为 E 的正规锥, 正规常数为 1.

在 E 中考虑如下方程组

$$\begin{cases} -x_n''(t) = \dfrac{1}{\sqrt{t(1-t)}}\left(1 + \dfrac{1}{n}(tx_{2n} + \ln(1+x_n)) + \dfrac{\arcsin t}{\|x\|\ln(1+n)}\right), & t \in (0,1), t \neq \dfrac{1}{3}, \\ I_{1n}(x) = \dfrac{1}{5}x_n\left(\dfrac{1}{3}\right), & t = \dfrac{1}{3}, \\ x_n(0) = x_n'(1) = 0, & n = 1, 2, 3, \cdots. \end{cases} \quad (4.4.23)$$

将问题 (4.4.23) 看成问题 (4.4.1) 的形式, 相当于

$$x(t) = (x_1(t), x_2(t), \cdots), \quad f(t, x) = (f_1, f_2, \cdots),$$

$$f_n(t, x) = \frac{1}{\sqrt{t(1-t)}}\left(1 + \frac{1}{n}(tx_{2n} + \ln(1+x_n)) + \frac{\arcsin t}{\|x\|\ln(1+n)}\right),$$

$$I_1(x) = (I_{11}(x), I_{12}(x), \cdots, I_{1n}(x), \cdots), \quad I_{1n} = \frac{1}{5}x_n\left(\frac{1}{3}\right).$$

可以看出 $f(t, x)$ 在 $t = 0, 1$ 和 $x = 0$ 处有奇异性.

下面验证推论 4.4.1 的条件成立. 取

$$g(t) = \frac{1}{\sqrt{t(1-t)}}, \quad h_n(x) = 1 + \frac{1}{n}(tx_{2n} + \ln(1+x_n)) + \frac{\pi}{2\|x\|\ln(1+n)},$$

$$h(x) = (h_1(x), h_2(x), \cdots),$$

对 $\forall R_1 > r_1 > 0$, 容易算出

$$h[r_1, R_1] = \sup_{x \in \overline{P}_{R_1} \backslash P_{r_1}} \|h(x)\| \leqslant 1 + R_1 + \ln(1 + R_1) + \frac{\pi}{2r_1\ln(1+n)}.$$

由于

$$\int_0^1 \frac{1}{\sqrt{s(1-s)}}\mathrm{d}s = \pi, \quad \int_0^1 \frac{s}{\sqrt{s(1-s)}}\mathrm{d}s = \frac{\pi}{2} - 1,$$

故

$$\int_0^1 sg(s)h[sr_1, R_1]\mathrm{d}s \leqslant \left(\frac{\pi}{2} - 1\right)(1 + R_1 + \ln(1 + R_1)) + \frac{\pi^2}{2r_1\ln 2} < +\infty.$$

易知, 只要 R 充分大, 就有

$$\int_0^1 sg(s)h[sR, T_R + 1]\mathrm{d}s < R,$$

这样 (S1) 及 (4.4.10) 式成立. 另外,(S3) 显然成立.

对 $\forall t \in (0, 1)$, 给出一个有界点列 $\{x^{(n)}\} \subset \overline{P}_{R_1} \backslash P_{r_1}$ (其中 $R_1 > r_1 > 0$ 任意), 类似于文献 [13] 例 2.1.8 中的证明, 利用对角线法则, 可从 $\{f(t, x^{(n)})\}$ 中选出一个收敛子列.

这样 (S2) 成立 (取 $L = 0$). 而对任意有界集 $B \subset \overline{P}_{R_1} \backslash P_{r_1}$ 有 $\alpha(I_1(B)) \leqslant \frac{1}{5}\alpha(B)$, 显然 (S2) 成立. 至于 (S4), 取 $\varphi^* \in P^*$ 使 $\varphi^*(x) = x_1$, 则

$$\varphi^*(f(t, x)) = f_1(t, x) = \frac{1}{\sqrt{t(1-t)}}\left(1 + tx_2 + \ln(1 + x_1) + \frac{\arcsin t}{\|x\| \ln 2}\right) \geqslant \frac{1}{\sqrt{t(1-t)}},$$

关于 $\forall t \in (0, 1)$ 一致成立, 并且有

$$0 < \int_0^1 \frac{1}{\sqrt{s(1-s)}}\mathrm{d}s < +\infty.$$

综上说明, 定理推论 4.4.1 条件全部满足. 因此, 问题 (4.4.23) 至少有一个正解.

附　　注

4.1 节的内容选自文献 [52]. 4.2 节和 4.3 节的内容是新的. 4.4 节的内容选自文献 [54]. 和本章有关的内容还可以参看本章后面所列的参考文献.

参 考 文 献

[1] Cort á zar C, Elgueta M, Felmer P. On a semilinear elliptic problem in RN with a non-Lipschitzian nonlinearity. Adv. Differential Equations, 1996, 1: 199∼218.

[2] Ding W, Mi J and Han M. Periodic boundary value problems for the first order impulsive functional differential equations. Applied Mathematics and Computation, 2005, 165: 433∼446.

[3] Dong Y. Periodic boundary value problems for functional differential equations with impulses. Journal of Mathematical Analysis and Applications, 1997, 210: 170∼181.

[4] Franco D, Liz E, Nieto J J, Rogovchenko Y. A contribution to the study of functional differential equations with impulses. Math. Nachr., 2000, 218: 49∼60.

[5] Fu Xilin, Qi Jiangang, Liu Yansheng. The existence of periodic orbits for nonlinear impulsive differential system. Communications in Nonlinear Science and Numerical Simulation, 1999, 4(1): 50∼53.

[6] Fu Xilin, Qi Jiangang, Liu Yansheng. General comparison principle for impulsive variable time differential equations with application. Nonlinear Analysis, 2000, 42: 1421~1429.

[7] 傅希林, 闫宝强, 刘衍胜. 脉冲微分系统引论. 北京: 科学出版社, 2005.

[8] Grizzle J W, Abba G, Plestan F. Asymptotically stable walking for biped robots: analysis via systems with impulse effects. IEEE Trans. Automat. Control, 2001, 46: 51~64.

[9] 郭大钧. 非线性泛函分析. 济南: 山东科学技术出版社, 2001.

[10] 郭大钧, 孙经先. 抽象空间微分方程. 济南: 山东科学技术出版社, 1998.

[11] 郭大钧, 孙经先, 刘兆理. 非线性常微分方程泛函方法. 济南: 山东科学技术出版社, 1995.

[12] Guo D, Lakshmikantham V. Nonlinear Problems in Abstract Cones. New York: Academic Press, Inc., 1988.

[13] Guo D, Lakshmikantham V and Liu X. Nonlinear Integral Equations in Abstract Spaces. Dordrecht-Boston-London: Kluwer Academic Publishers, 1996.

[14] He X , Ge W, He Z. First-order impulsive functional differential equations with periodic boundary value conditions. Indian J. Pure Appl. Math., 2002, 33: 1257~1273.

[15] He Z, Yu J. Periodic boundary value problem for first-order impulsive functional differential equations. J. Comput. Appl. Math., 2002, 138: 205~217.

[16] Jiang D, Nieto J J and Zuo W. On monotone method for first and second order periodic boundary value problems and periodic solutions of functional differential equations. Journal of Mathematical Analysis and Applications, 2004, 289: 691~699.

[17] Kim G E, Kim T H. Mann and Ishikawa iterations with errors for non-Lipschitzian mappings in Banach spaces. Comput. Math. Appl., 2001, 42: 1565~1570.

[18] Ladde G S, Lakshmikantham V, Vatsala A S. Monotone Iterative Techniques for Nonlinear Differential Equations. Boston: Pitman, 1985.

[19] Ladeira L A C, Nicola S H J, T á boas P Z. Periodic solutions of an impulsive differential system with delay: an Lp approach// Differential Equations and Dynamical Systems, Lisbon, 2000// Fields Inst. Commun., Vol. 31. Amer. Math. Soc.. Providence. RI, 2002: 201~215.

[20] Lakshmikantham V, Bainov D D, Simeonov P S. Theory of Impulsive Differential Equations. Singapore: World Scientific, 1989.

[21] Li G, Kim J K. Nonlinear ergodic theorems for commutative semigroups of non-Lipschitzian mappings in Banach spaces. Houston J. Math., 2003, 29: 231~246.

[22] Li J and Shen J. Periodic boundary value problems for delay differential equations with impulses. J. Comput. Appl. Math., 2006, 193: 563~573.

[23] Liang R and Shen J. Periodic boundary value problem for second-order impulsive functional differential equations. Applied Mathematics and Computation, 2007, 193: 560~571.

[24] 刘衍胜. Banach 空间一类奇异脉冲微分方程边值问题多个正解的存在性. 系统科学与数

学, 2001, 3(3): 278~284.

[25] 刘衍胜, 郭林. Banach 空间中一类带奇异性的脉冲微分方程边值问题的正解. 数学物理学报, 2002, 23(2): 215~222.

[26] 刘衍胜. 奇异泛函微分方程边值问题的多重正解. 应用数学学报, 2003, 26(4): 605~611.

[27] Liu Yansheng. Twin solutions to singular semipositone problems. Journal of Mathematical Analysis and Applications, 2003, 286: 248~260.

[28] 刘衍胜. Banach 空间中非线性奇异微分方程边值问题的正解. 数学学报, 2004, 47: 131~140.

[29] Liu Yansheng. Multiple positive unbounded solutions for functional differential equations with infinite delay. Indian Journal of Pure and Applied Mathematics, 2004, 35(2): 207~223.

[30] Liu Yansheng. On multiple positive solutions of nonlinear singular boundary value problem for fourth order equations. Applied Mathematics Letters, 2004, 17(7): 747~757.

[31] Liu Yansheng. Multiple positive solutions to fourth-order singular boundary-value problems in abstract spaces. Electron. J. Diff. Eqns., 2004, 120: 1~13.

[32] 刘衍胜. 次线性条件下奇异三阶微分方程周期边值问题解的全局结构. 系统科学与数学, 2005, 25(2): 459~465.

[33] 刘衍胜. 奇异半正边值问题正解的存在性. 数学物理学报, 2005, 25(2): 307~314.

[34] Liu Yansheng. Initial value problemsfor second-order integro-differential equations on unbounded domains in a Banach space. Demonstratio Mathematica, 2005, 38(2): 349~364.

[35] Liu Yansheng, Yu Huimin. Existence and Uniqueness of Positive Solution for Singular Boundary Value Problem, Computers and Mathematics with Applications, 2005, 50: 133~143.

[36] Liu Yansheng. Global structure of solutions for a class of two-point boundary value problems involving singular and convex or concave nonlinearities. Journal of Mathematical Analysis and Applications, 2006, 322: 75~86.

[37] Liu Yansheng, Liu Xinzhi. On structure of positive solutions of singular boundary value problems for impulsive differential equations. Dynamics of Continuous, Discrete and Impulsive Systems, 2006, 13: 769~786.

[38] Liu Yansheng, Yan Baoqiang. Multiple positive solutions for a class of nonresonant singular boundary-value problems. Electron. J. Diff. Eqns., 2006, 42: 1~11.

[39] Liu Yansheng, Radu P. Positive solutions of nonlinear singular integral equations in ordered Banach spaces. Nonlinear Funct. Anal. Appl., 2006, 11: 447~457.

[40] Liu Yansheng. Multiple solutions of periodic boundary value problems for first order differential equations. Computers and Mathematics with Applications, 2007, 54: 1~8.

[41] Liu Yansheng, O'Regan D. Bifurcation techniques for Lidstone boundary value prob-

lems. Nonlinear Analysis(TMA), 2008, 68: 2801~2812.

[42]　Liu Yansheng. Periodic boundary value problems for first order functional differential equations with impulse. Journal of Computational and Applied Mathematics. in press.

[43]　Liu Yicheng, Wu Jun, Li Zhixiang. Multiple solutions of some impulsive three point boundary value problems. Impulsive Dynamical Systems and Applications, 2005, 3: 579~586.

[44]　Liu Y. Further results on periodic boundary value problems for nonlinear first order impulsive functional differential equations. Journal of Mathematical Analysis and Applications, 2007, 327: 435~452.

[45]　Lv Haiyan, Yu Huimin, Liu Yansheng. Positive solutions for singular boundary value problems of a coupled system of differential equations. Journal of Mathematical Analysis and Applications, 2005, 302: 14~29.

[46]　Liz E, Nieto J J. Periodic boundary value problems for a class of functional differential equations. J. Math. Anal. Appl., 1996, 200: 680~686.

[47]　Nieto J J. Basic theory for nonresonance impulsive periodic problems of first order. J. Math. Anal. Appl., 1997, 205: 423~433.

[48]　Nieto J J. Differential inequalities for functional perturbations of first-order ordinary differential equations. Appl. Math. Lett., 2002, 15: 173~179.

[49]　Nieto J J, Jiang Y, Yan J. Comparison results and monotone iterative technique for impulsive delay differential equations. Acta Sci. Math. (Szeged), 1999, 65: 121~130.

[50]　Nieto J J, Rodrí guez-Ló pez R. Existence and approximation of solutions for nonlinear functional differential equations with periodic boundary value conditions. Comput. Math. Appl., 2000, 40: 433~442.

[51]　Nieto J J, Rodrí guez-Ló pez R. Remarks on periodic boundary value problems for functional differential equations. J. Comput. Appl. Math., 2003, 158: 339~353.

[52]　Nieto J J, Rodrí guez-Ló pez R. Periodic boundary value problem for non-Lipschitzian impulsive functional differential equations. Jopurnal of Mathematical Analysis and Applications, 2006, 318: 593~610.

[53]　Sun Jingxian, Liu Yansheng. Multiple positive solutions of singular third-order periodic boundary value problem. Acta Mathematica Scientia, 2005, 25B: 81~88.

[54]　唐秋云, 杨缙, 刘衍胜. Banach 空间中非线性奇异脉冲微分方程边值问题的正解. 山东大学学报 (理学版), 2007, 42: 14~18.

[55]　Wu Jianhong. Globally stable periodic solutions of linear neutral volterra integrodifferential equations. J. Math. Anal. Appl., 1988, 130: 474~483.

[56]　Yan Baoqiang, Liu Yansheng. Multiple solutions of the singular impulsive boundary value problems on the half-line. Acta Mathematicae Applicatae Sinica, 2004, 20(3): 365~380.

[57]　Yu Huimin, Lv Haiyan, Liu Yansheng. Multiple positive solutions to third-order three-

point singular semipositone boundary value problem. Indian Proceedings(Math.Sci.), 2004, 14: 409~422.

[58]　Yu Huimin, Lv Haiyan, Liu Yansheng. Existence and uniqueness of positive solution for Sturm-Liouville singular boundary value problem. Indian Journal of Pure and Applied Mathematics, 2007, 38: 3~15.

[59]　Zhang F, Ma Z, Yan J. Periodic boundary value problems and monotone iterative methods for first-order impulsive differential equations with delay. Indian J. Pure Appl. Math., 2001, 32: 1695~1707.

[60]　Zhao Chenglong, Liu Yansheng. A necessary and sufficient condition for the existence of $C^{4n-1}[0,1]$ positive solutions of higher order singular sublinear boundary value problems. Indian Journal of Pure and Applied Mathematics, 2007, 38(3): 163~184.

[61]　Zhao Chenglong, Yuan Yanyan, Liu Yansheng. A necessary and sufficient condition for the existence of positive solutions of a class of singular boundary value problems to higher order differential equations. Electron. J. Diff. Eqns., 2006, 8: 1~19.

[62]　Zheng G, Zhang S. Existence of almost periodic solutions of neutral delay difference systems. Dyn. Continuous Discrete Impulsive Systems, 2002, 9: 523~540.

第5章　非线性脉冲偏微分系统的振动理论

现代科技诸领域中许多实际问题的数学模型都可归结为脉冲偏微分系统. 因此, 对其研究具有重要理论意义和应用价值. 目前, 对脉冲偏微分系统的研究尚处于初始阶段 [1,3,4,6~10], 还有大量待研究的崭新课题. 本章阐述近年关于脉冲偏微分系统振动理论研究的最新结果, 重点介绍具有时滞的脉冲偏微分系统振动性的研究成果. 5.1 节给出了抛物型脉冲偏微分系统的振动准则; 5.2 节得到了脉冲双曲型脉冲偏微分系统的振动准则; 5.3 节和 5.4 节分别考虑了抛物型与双曲型脉冲时滞偏微分系统的振动理论, 在 Dirichlet 边界条件和 Robin 边界条件下, 借助特征函数与脉冲时滞微分不等式得到解振动的若干充分条件.

5.1　抛物型脉冲偏微分系统的振动性

本节借助脉冲微分不等式及文献 [11] 的某些思想, 研究如下具强迫项的脉冲抛物方程的振动性

$$
\begin{cases}
u_t + p(t,x)u = a(t)\Delta u + f(t,x), & t \neq t_k, \\
u(t_k^+, x) - u(t_k^-, x) = I(t_k, x, u), & t = t_k, k = 1, 2, \cdots,
\end{cases}
\tag{5.1.1}
$$

其中 $u = u(t,x)$, $(t,x) \in G = R_+ \times \Omega$, 这里 Ω 是 R^n 中具有光滑边界 $\partial\Omega$ 的有界域,

$$
R_+ = [0, +\infty); \quad 0 < t_1 < t_2 < \cdots < t_k < \cdots \quad \text{且} \lim_{t \to \infty} t_k = +\infty;
$$

$$
\Delta u = \sum_{i=1}^n \frac{\partial^2 u}{\partial x_i^2}; \quad I : R_+ \times \overline{\Omega} \times R \to R; \quad p \in PC[R_+ \times \overline{\Omega}, R_+], \quad a \in PC[R_+, R_+],
$$

强迫项 $f \in PC[R_+ \times \overline{\Omega}, R]$, 这里 PC 表示具有如下性质的函数类: 仅以 $t = t_k (k = 1, 2, \cdots)$ 为间断点且为第一类间断点, 但在 $t = t_k$ 左连续, 同时考虑两类边界条件:

(B1) $\dfrac{\partial u}{\partial N} + \gamma(t,x)u = \psi(t,x)$, $(t,x) \in R_+ \times \partial\Omega$, $t \neq t_k$;

(B2) $u = \varphi(t,x)$, $(t,x) \in R_+ \times \partial\Omega$, $t \neq t_k$,

其中 $\gamma \in PC[R_+ \times \partial\Omega, R_+], \varphi, \psi \in PC[R_+ \times \partial\Omega, R], N$ 是 $\partial\Omega$ 的单位外法向量.

定义 5.1.1[6]　设 $u(t,x)$ 是边值问题 (5.1.1), (B1) 或边值问题 (5.1.1), (B2) 的一个非零解. 若存在数 $\tau \geqslant 0$, 使当在 $(t,x) \in [\tau, +\infty) \times \Omega$ 时 $u(t,x)$ 不变号, 则称 $u(t,x)$ 在区域 G 内是非振动的. 否则, 就说是振动的.

定理 5.1.1　设如下条件 (H) 成立:

(H) 对任何函数 $u \in PC[R_+ \times \overline{\Omega}, R_+]$ 有

$$I(t_k, x, -u(t_k, x)) = -I(t_k, x, u(t_k, x)), \quad k = 1, 2, \cdots,$$

且

$$\int_{\Omega} I(t_k, x, u(t_k, x)) \mathrm{d}x \leqslant \alpha_k \int_{\Omega} u(t_k, x) \mathrm{d}x, \quad k = 1, 2, \cdots.$$

若如下脉冲微分不等式:

$$\begin{cases} y'(t) + P(t)y(t) \leqslant F(t), & t \neq t_k, \\ y(t_k^+) \leqslant (1 + \alpha_k)y(t_k), & k = 1, 2, \cdots, \end{cases} \tag{5.1.2}$$

$$\begin{cases} y'(t) + P(t)y(t) \leqslant -F(t), & t \neq t_k, \\ y(t_k^+) \leqslant (1 + \alpha_k)y(t_k), & k = 1, 2, \cdots \end{cases} \tag{5.1.3}$$

都没有最终正解, 则问题 (5.1.1), (B1) 的每个非零解在区域 G 内是振动的, 其中

$$P(t) = \min_{x \in \overline{\Omega}} p(t, x), \quad \alpha_k > 0 \text{ 为常数,}$$

$$F(t) = a(t) \int_{\partial \Omega} \psi(t_k, x) \mathrm{d}S + \int_{\Omega} f(t_k, x) \mathrm{d}x,$$

这里 $\mathrm{d}S$ 是 $\partial \Omega$ 的 "面积" 元素.

证明　设 $u(t, x)$ 是问题 (5.1.1), (B1) 的一个非零解且在区域 $[\tau, +\infty) \times \Omega$ 内不变号. 若 $u(t, x) > 0, (t, x) \in [\tau, +\infty) \times \Omega$, 则当 $t \neq t_k$ 时, 方程 (5.1.1) 两边在 Ω 上关于 x 积分得

$$\frac{\mathrm{d}}{\mathrm{d}t} \int_{\Omega} u(t, x) \mathrm{d}x + \int_{\Omega} p(t, x)u(t, x) \mathrm{d}x = a(t) \int_{\Omega} \Delta u(t, x) \mathrm{d}x + \int_{\Omega} f(t, x) \mathrm{d}x, \quad t \neq t_k, t \geqslant \tau.$$

利用 Green 定理推知

$$\int_{\Omega} \Delta u(t, x) \mathrm{d}x = \int_{\partial \Omega} \frac{\partial u}{\partial N} \mathrm{d}S = \int_{\partial \Omega} [-\gamma(t, x)u + \psi(t, x)] \mathrm{d}x \leqslant \int_{\partial \Omega} \psi(t, x)] \mathrm{d}x, \quad t \neq t_k, t \geqslant \tau.$$

综合上两式得

$$\frac{\mathrm{d}}{\mathrm{d}t} \int_{\Omega} u(t, x) \mathrm{d}x + P(t) \int_{\Omega} u(t, x) \mathrm{d}x \leqslant a(t) \int_{\partial \Omega} \psi(t, x)] \mathrm{d}x + \int_{\Omega} f(t, x) \mathrm{d}x, \quad t \neq t_k, t \geqslant \tau. \tag{5.1.4}$$

当 $t = t_k$ 时, 由条件 (H) 推知

$$\int_{\Omega} u(t_k^+, x) \mathrm{d}x \leqslant (1 + \alpha_k) \int_{\Omega} u(t_k, x) \mathrm{d}x, \quad k = 1, 2, \cdots. \tag{5.1.5}$$

式 (5.1.4) 和式 (5.1.5) 意味着函数 $y(t) = \int_\Omega u(t_k, x) \mathrm{d}x$ 是脉冲微分不等式 (5.1.2) 的正解 (当 $t \geqslant \tau$ 时), 此与定理条件相矛盾. 若

$$u(t,x) < 0, \quad (t,x) \in [\tau, +\infty) \times \Omega,$$

则函数

$$u(t,x) = -u(t,x), \quad (t,x) \in [\tau, +\infty) \times \Omega$$

是如下边值问题

$$
\begin{cases}
u_t + p(t,x)u(t,x) = a(t)\Delta u - f(t,x), & t \neq t_k, (t,k) \in G, \\
\dfrac{\partial u}{\partial N} + \gamma(t,x)u = -\psi(t,x), & t \neq t_k, (t,x) \in R_+ \times \partial\Omega, \\
u(t_k^+, x) - u(t_k^-, x) = I(t,x,u), & t = t_k, k = 1, 2, \cdots
\end{cases}
$$

的正解. 于是又可推知当 $t \geqslant \tau$ 时函数 $\widetilde{y}(t) = \int_\Omega \widetilde{u}\mathrm{d}x$ 是脉冲微分不等式 (5.1.3) 的正解, 矛盾. 证毕.

引理 5.1.1[2] 设 $0 < t_1 < t_2 < \cdots < t_k < \cdots$ 且 $\lim\limits_{t \to \infty} t_k = +\infty; m \in PC^1[R_+, R], q \in PC[R_+, R], b_k, k = 1, 2, \cdots$ 为常数. 若 $m'(t) \leqslant q(t), t \neq t_k, t \geqslant t_0,$ 且 $m'(t_k^+) \leqslant (1 + b_k)m(t_k), \quad k = 1, 2, \cdots,$ 则

$$m(t) \leqslant \prod_{t_0 < t_k < t} (1 + b_k)m(t_0) + \int_{t_0}^t \prod_{s < t_k < t} (1 + b_k)q(s)\mathrm{d}s, \quad t \geqslant t_0.$$

利用引理 5.1.1 与定理 5.1.1 可推知问题 (5.1.1), (B1) 关于振动性的进一步结果.

定理 5.1.2 设 (H) 成立. 若 $\sum\limits_{k=1}^\infty \alpha_k < +\infty,$ 且对每个充分大的 τ 有

(i) $\liminf\limits_{t \to +\infty} \int_\tau^t \prod\limits_{s < t_k < t} (1 + \alpha_k)F(s)\mathrm{d}s = -\infty;$

(ii) $\limsup\limits_{t \to +\infty} \int_\tau^t \prod\limits_{s < t_k < t} (1 + \alpha_k)F(s)\mathrm{d}s = +\infty.$

则问题 (5.1.1), (B1) 的每个非零解在区域 G 内是振动的.

证明 设脉冲微分不等式 (5.1.2) 有最终正解 $y(t) > 0, t \geqslant \tau \geqslant 0.$ 则有 $y'(t) \leqslant F(t), t \neq t_k, t \geqslant \tau.$ 同时考虑到 $y(t_k^+) \leqslant (1 + \alpha_k)y(t_k), k = 1, 2, \cdots,$ 利用引理 5.1.1 得

$$y(t) \leqslant \prod_{\tau < t_k < t} (1 + \alpha_k)y(\tau) + \int_\tau^t \prod_{s < t_k < t} (1 + \alpha_k)F(s)\mathrm{d}s, \quad t \geqslant \tau.$$

令 $t \to +\infty$, 注意到 (i), 上式与 $y(t) > 0, t \geqslant \tau$ 矛盾. 于是不等式 (5.1.2) 有最终正解. 利用 (ii), 类似可证, 不等式 (5.1.3) 也没有最终正解. 因此, 根据定理 5.1.1 知, 问题 (5.1.1), (B1) 的每个非振动解在区域 G 内是振动的.

引理 5.1.2[12]　　Dirichlet 问题

$$\begin{cases} \Delta u + \lambda u = 0, & u \in \Omega, \lambda \text{是常数}, \\ u = 0, & u \in \partial\Omega \end{cases}$$

的最小的特征值 λ_0 及其相应的特征函数 $\Phi(x)$ 皆为正.

定理 5.1.3　　设 (H) 成立. 若脉冲微分不等式

$$\begin{cases} z'(t) + [\lambda_0 a(t) + P(t)]z(t) \leqslant Q(t), & t \neq t_k, \\ z(t_k^+) \leqslant (1 + \alpha_k)z(t_k), & k = 1, 2, \cdots \end{cases} \tag{5.1.6}$$

和

$$\begin{cases} z'(t) + [\lambda_0 a(t) + P(t)]z(t) \leqslant -Q(t), & t \neq t_k, \\ z(t_k^+) \leqslant (1 + \alpha_k)z(t_k), & k = 1, 2, \cdots \end{cases} \tag{5.1.7}$$

都没有最终正解, 则方程 (5.1.1), (B2) 的每个非零解在区域 G 内是振动的, 其中

$$Q(t) = -a(t)\int_{\partial\Omega}\varphi(t,x)\frac{\partial}{\partial N}\Phi(x)\mathrm{d}S + \int_{\Omega}f(t,x)\Phi(x)\mathrm{d}x, \quad t \neq t_k.$$

证明　　设 $u(t,x)$ 是问题 (5.1.1), (B2) 的一个非零解且在区域 $[\tau, +\infty) \times \Omega$ 内不变号. 若 $u(t,x) > 0, (t,x) \in [\tau, +\infty) \times \Omega$, 则当 $t \neq t_k$ 时, 方程 (5.1.1) 两边同乘以特征函数 $\Phi(x)$ 后在 Ω 上关于 x 积分得

$$\frac{\mathrm{d}}{\mathrm{d}t}\int_{\Omega}u(t,x)\Phi(x)\mathrm{d}x + \int_{\Omega}p(t,x)u(t,x)\Phi(x)\mathrm{d}x$$
$$= a(t)\int_{\Omega}\Delta u(t,x)\Phi(x)\mathrm{d}x + \int_{\Omega}f(t,x)\Phi(x)\mathrm{d}x, \quad t \neq t_k, t \geqslant \tau.$$

利用 Green 定理推知

$$\int_{\Omega}\Delta u(t,x)\Phi(x)\mathrm{d}x = \int_{\partial\Omega}\left[\Phi(x)\frac{\partial}{\partial N}u(t,x) - u(t,x)\frac{\partial}{\partial N}\Phi(x)\right]\mathrm{d}S + \int_{\Omega}u(t,x)\Delta\Phi(x)\mathrm{d}x$$
$$= -\int_{\partial\Omega}\varphi(t,x)\frac{\partial}{\partial N}\Phi(x)\mathrm{d}S - \lambda_0\int_{\Omega}u(t,x)\Phi(x)\mathrm{d}x, \quad t \neq t_k, t \geqslant \tau.$$

于是

$$\frac{\mathrm{d}}{\mathrm{d}t}\int_{\Omega}u(t,x)\Phi(x)\mathrm{d}x + \lambda_0 a(t)\int_{\Omega}u(t,x)\Phi(x)\mathrm{d}x + P(t)\int_{\Omega}u(t,x)\Phi(x)\mathrm{d}x$$
$$\leqslant -a(t)\int_{\partial\Omega}\varphi(t,x)\frac{\partial}{\partial N}\Phi(x)\mathrm{d}S + \int_{\Omega}f(t,x)\Phi(x)\mathrm{d}x, \quad t \neq t_k, t \geqslant \tau. \tag{5.1.8}$$

当 $t = t_k$ 时, 由条件 (H) 推知

$$\int_\Omega [u(t_k^+,x)-u(t_k,x)]\Phi(x)\mathrm{d}x = \int_\Omega I(t_k,x,u(t_k,x))\Phi(x)\mathrm{d}x$$

$$\leqslant \alpha_k \int_\Omega u(t_k,x)\Phi(x)\mathrm{d}x, \quad k=1,2,\cdots,$$

即

$$\int_\Omega u(t_k^+,x)\Phi(x)\mathrm{d}x \leqslant (1+\alpha_k)\int_\Omega u(t_k,x)\Phi(x)\mathrm{d}x, \quad k=1,2,\cdots. \tag{5.1.9}$$

式 (5.1.8) 和式 (5.1.9) 意味着函数 $z(t) = \displaystyle\int_\Omega u(t_k,x)\Phi(x)\mathrm{d}x$ 是脉冲微分不等式 (5.1.6) 的正解 (当 $t \geqslant \tau$ 时), 此与定理条件相矛盾.

若 $u(t,x) < 0, (t,x) \in [\tau,+\infty)\times\Omega$, 则函数 $\widetilde{u}(t,x) = -u(t,x), (t,x) \in [\tau,+\infty)\times\Omega$ 是如下边值问题

$$\begin{cases} u_t + p(t,x)u(t,x) = a(t)\Delta u - f(t,x), & t\neq t_k, (t,k)\in G, \\ u = -\varphi(t,x), & t\neq t_k, (t,x)\in R_+\times\partial\Omega, \\ u(t_k^+,x) - u(t_k^-,x) = I(t,x,u), & t=t_k, k=1,2,\cdots \end{cases}$$

的正解. 于是又可推知, 当 $t \geqslant \tau$ 时, 函数 $\widetilde{z}(t) = \displaystyle\int_\Omega \widetilde{u}(t,x)\Phi(x)\mathrm{d}x$ 是脉冲微分不等式 (5.1.7) 的正解, 矛盾. 证毕

关于系统 (5.1.1), (B2) 的振动性亦有如下进一步结果.

定理 5.1.4 设 (H) 成立. 若 $\displaystyle\sum_{k=1}^\infty \alpha_k < +\infty$, 且对每个充分大的 τ 有

(i) $\displaystyle\liminf_{t\to+\infty} \int_\tau^t \prod_{s<t_k<t}(1+\alpha_k)Q(s)\mathrm{d}s = -\infty$;

(ii) $\displaystyle\limsup_{t\to+\infty} \int_\tau^t \prod_{s<t_k<t}(1+\alpha_k)Q(s)\mathrm{d}s = +\infty$.

则系统 (5.1.1), (B2) 的每个非零解在区域 G 内是振动的.

利用引理 5.1.1 与定理 5.1.3 可证定理 5.1.4, 从略.

5.2 双曲型脉冲偏微分系统的振动性

考虑如下非线性脉冲双曲系统

$$\begin{cases} u_{tt} - \displaystyle\sum_{i=1}^n a_i(t)\frac{\partial^2 u}{\partial x_i^2} = F(t,x,u), & t\neq t_k, \\ \Delta u = I(t,x,u), & t=t_k, k=1,2,3,\cdots, \\ \Delta u_t = J(t,x,u), & t=t_k, k=1,2,3,\cdots, \end{cases} \tag{5.2.1}$$

其中

(i) $u = u(t, x)$ 当 $(t, x) \in G = R_+ \times \Omega$ 时, 其中 Ω 是 R^n 中的有界域且边界 $\partial\Omega$ 光滑, $R_+ = [0, +\infty)$;

(ii) $0 < t_1 < t_2 < \cdots < t_k < \cdots$ 且 $\lim\limits_{k \to \infty} t_k = +\infty$;

(iii) $\Delta u \mid_{t=t_k} = u(t_k^+, x) - u(t_k^-, x), \Delta u_t \mid_{t=t_k} = u_t(t_k^+, x) - u_t(t_k^-, x)$;

(iv) $a_i \in PC[R_+, R_-], i = 1, 2, \cdots, n$, 其中 PC 表示关于 t 只有第一类间断点 $t = t_k, k = 1, 2, \cdots$, 的分段连续的函数类, 且在 $t = t_k$ 处左连续; $F \in PC[R_+ \times \bar\Omega, R_+]$;

(v) $I, J : R_+ \times \bar\Omega \times R \to R$.

我们将考虑如下两类边界条件

$$\vec{a} \cdot \vec{\ell} + \gamma(t, x)u = g(t, x), \quad (t, x) \in R_+ \times \partial\Omega, \quad t \neq t_k \tag{5.2.2}$$

和

$$u = \phi(t, x), \quad (t, x) \in R_+ \times \partial\Omega, \quad t \neq t_k, \tag{5.2.3}$$

其中 $\gamma \in PC[R_+ \times \partial\Omega, R_+], g, \phi \in PC[R_+ \times \partial\Omega, R], N$ 是边界 $\partial\Omega$ 上的单位外法向量, 且

$$\vec{a} = \{a_1(t), a_2(t), \cdots, a_n(t)\},$$

$$\vec{\ell} = \left\{ \frac{\partial u}{\partial x_1} \cos(N, x_1), \frac{\partial u}{\partial x_2} \cos(N, x_2), \cdots, \frac{\partial u}{\partial x_n} \cos(N, x_n) \right\}.$$

问题 $(5.2.1), (5.2.2)$ 或问题 $(5.2.1), (5.2.3)$ 的解 $u(t, x)$ 及其导数 $u_t(t, x)$ 是分段连续函数, 且只有第一类间断点 $t = t_k, k = 1, 2, \cdots$. 不妨设它们是左连续的, 即在脉冲时刻如下关系成立

$$u(t_k^-, x) = u(t_k, x) \quad \text{且} \quad u(t_k^+, x) = u(t_k, x) + I(t_k, x, u(t_k, x)),$$

$$u_t(t_k^-, x) = u_t(t_k, x) \quad \text{且} \quad u_t(t_k^+, x) = u_t(t_k, x) + J(t_k, x, u(t_k, x)).$$

定义 5.2.1　称问题 $(5.2.1), (5.2.2)$ 或问题 $(5.2.1), (5.2.3)$ 的非零解 $u(t, x)$ 在区域 G 上是非振动的, 如果存在一个数 $\tau \geqslant 0$ 满足当 $(t, x) \in [\tau, +\infty) \times \Omega$ 时 $u(t, x)$ 为常号. 否则称为振动的.

现考虑问题 $(5.2.1), (5.2.2)$. 先给出如下假设:

(H1)　$F(t, x, u) \leqslant -p(t, x)f(u), F(t, x, -u) = -F(t, x, u), (t, u) \in R_+ \times R$, 其中 $p \in PC[R_+ \times \bar\Omega, R_+], f \in C(R, R)$ 且当 $u \in R_+$ 时有 $f(u)$ 是凸函数, $f(-u) = -f(u)$;

(H2) 对任意函数 $u \in PC[R_+ \times \bar{\Omega}, R_+]$ 和常数 $\alpha_k > 0, \beta_k > 0$, 都有

$$\int_{\Omega} I(t_k, x, u(t_k, x)) \mathrm{d}x \leqslant \alpha_k \int_{\Omega} u(t_k, x) \mathrm{d}x, \qquad k = 1, 2, \cdots,$$

$$\int_{\Omega} J(t_k, x, u(t_k, x)) \mathrm{d}x \leqslant \beta_k \int_{\Omega} u(t_k, x) \mathrm{d}x, \qquad k = 1, 2, \cdots,$$

且有

$$I(t_k, x, -u(t_k, x)) = -I(t_k, x, u(t_k, x)), \quad k = 1, 2, \cdots,$$

$$J(t_k, x, -u(t_k, x)) = -J(t_k, x, u(t_k, x)), \quad k = 1, 2, \cdots.$$

令

$$P(t) = \min_{x \in \bar{\Omega}} p(t, x), \quad |\Omega| = \int_{\Omega} \mathrm{d}x,$$

$$G(t) = \frac{1}{|\Omega|} \int_{\partial\Omega} g(t, x) \mathrm{d}s, \quad t \neq t_k,$$

其中 $\mathrm{d}s$ 是 $\partial\Omega$ 的面积微元. 还考虑如下脉冲微分不等式

$$\begin{cases} U''(t) + P(t)f(U(t)) \leqslant G(t), & t \neq t_k, \\ U(t_k^+) \leqslant (1 + \alpha_k)U(t_k), & k = 1, 2, \cdots, \\ U'(t_k^+) \leqslant (1 + \beta_k)U'(t_k), & k = 1, 2, \cdots, \end{cases} \tag{5.2.4}$$

$$\begin{cases} U''(t) + P(t)f(U(t)) \leqslant -G(t), & t \neq t_k, \\ U(t_k^+) \leqslant (1 + \alpha_k)U(t_k), & k = 1, 2, \cdots, \\ U'(t_k^+) \leqslant (1 + \beta_k)U'(t_k), & k = 1, 2, \cdots. \end{cases} \tag{5.2.5}$$

定理 5.2.1 假设条件 (H1) 和 (H2) 成立. 如果脉冲微分不等式 (5.2.4) 和 (5.2.5) 都没有最终正解, 那么问题 (5.2.1),(5.2.2) 的非零解在区域 G 上是振动的.

证明 假设结论不成立, 那么对某个 $\tau \geqslant 0$, 问题 (5.2.1),(5.2.4) 在区域 $[\tau, +\infty)$ $\times \Omega$ 上存在一个常号的非零解 $u(t, x)$. 当 $t \neq t_k$ 时, 对 (5.2.1) 在 Ω 上关于 x 积分得

$$\frac{\mathrm{d}^2}{\mathrm{d}t^2} \int_{\Omega} u(t, x) \mathrm{d}x - \int_{\Omega} \sum_{i=1}^{n} a_i(t) \frac{\partial^2 u}{\partial x_i^2} \mathrm{d}x = \int_{\Omega} F(t, x, u(t, x)) \mathrm{d}x, \qquad t \neq t_k, t \geqslant \tau. \tag{5.2.6}$$

由 Gauss 散度定理得

$$\int_{\Omega} \sum_{i=1}^{n} a_i(t) \frac{\partial^2 u}{\partial x_i^2} \mathrm{d}x = \int_{\partial\Omega} \vec{a} \cdot \vec{\ell} \mathrm{d}s$$

$$= \int_{\partial\Omega} [g(t, x) - \gamma(t, x)u] \mathrm{d}s$$

$$= \int_{\partial\Omega} g(t, x) \mathrm{d}s, \quad t \neq t_k, t \geqslant \tau. \tag{5.2.7}$$

利用 (H1) 和 Jensen 不等式可得

$$-\int_\Omega F(t,x,u(t,x))\mathrm{d}x \geqslant \int_\Omega p(t,x)f(u(t,x))\mathrm{d}x$$

$$\geqslant P(t)|\Omega|f\Big(\frac{1}{|\Omega|}\int_\Omega u(t,x)\mathrm{d}x\Big), \quad t\neq t_k, t\geqslant\tau. \tag{5.2.8}$$

结合 (5.2.6), (5.2.7) 和 (5.2.8) 有

$$\frac{\mathrm{d}^2}{\mathrm{d}t^2}\int_\Omega u(t,x)\mathrm{d}x + P(t)|\Omega|f\Big(\frac{1}{|\Omega|}\int_\Omega u(t,x)\mathrm{d}x\Big)$$

$$\leqslant \int_{\partial\Omega} g(t,x)\mathrm{d}s, \quad t\neq t_k, t\geqslant\tau. \tag{5.2.9}$$

当 $t=t_k$ 时, 由 (H2) 得

$$\int_\Omega [u(t_k^+,x)-u(t_k,x)]\mathrm{d}x = \int_\Omega I(t_k,x,u(t_k,x))\mathrm{d}x \leqslant \alpha_k\int_\Omega u(t_k,x)\mathrm{d}x, \quad k=1,2,\cdots$$

和

$$\int_\Omega [u_t(t_k^+,x)-u_t(t_k,x)]\mathrm{d}x = \int_\Omega J(t_k,x,u(t_k,x))\mathrm{d}x \leqslant \beta_k\int_\Omega u_t(t_k,x)\mathrm{d}x, \quad k=1,2,\cdots.$$

即

$$\int_\Omega u(t_k^+,x)\mathrm{d}x \leqslant (1+\alpha_k)\int_\Omega u(t_k,x)\mathrm{d}x, \quad k=1,2,\cdots \tag{5.2.10}$$

和

$$\int_\Omega u_t(t_k^+,x)\mathrm{d}x \leqslant (1+\beta_k)\int_\Omega u_t(t_k,x)\mathrm{d}x, \quad k=1,2,\cdots. \tag{5.2.11}$$

因此, 由 (5.2.9)~(5.2.11) 知, 函数

$$U(t) = \frac{1}{|\Omega|}\int_\Omega u(t,x)\mathrm{d}x \tag{5.2.12}$$

是不等式 (5.2.4) 的一个正解 $(t\geqslant\tau)$. 这与定理条件矛盾.

如果 $u(t,x)<0, (t,x)\in[\tau,+\infty)\times\Omega$, 那么函数

$$\tilde{u}(t,x) = -u(t,x), \quad (t,x)\in[\tau,+\infty)\times\Omega \tag{5.2.13}$$

就是如下脉冲双曲边值问题

$$\begin{cases} u_{tt}-\sum\limits_{i=1}^n a_i(t)\dfrac{\partial^2 u}{\partial x_i^2}=F(t,x,u), \quad t\neq t_k, \\ \vec{a}\cdot\vec{\ell}+\gamma(t,x)u=-g(t,x), \quad (t,x)\in R_+\times\partial\Omega, t\neq t_k, \\ \Delta u=I(t,x,u), \quad t=t_k, k=1,2,3,\cdots, \\ \Delta u_t=J(t,x,u), \quad t=t_k, k=1,2,3,\cdots \end{cases} \tag{5.2.14}$$

的一个正解, 并且满足

$$\frac{\mathrm{d}^2}{\mathrm{d}t^2}\int_{\Omega}\tilde{u}(t,x)\mathrm{d}x + P(t)|\Omega|f\left(\frac{1}{|\Omega|}\int_{\Omega}\tilde{u}(t,x)\mathrm{d}x\right) \leqslant \int_{\partial\Omega}g(t,x)\mathrm{d}s, \quad t \neq t_k, \quad t \geqslant \tau,$$

$$\int_{\Omega}\tilde{u}(t_k^+,x)\mathrm{d}x \leqslant (1+\alpha_k)\int_{\Omega}\tilde{u}(t_k,x)\mathrm{d}x, \quad k=1,2,\cdots,$$

$$\int_{\Omega}\tilde{u}_t(t_k^+,x)\mathrm{d}x \leqslant (1+\beta_k)\int_{\Omega}\tilde{u}_t(t_k,x)\mathrm{d}x, \quad k=1,2,\cdots.$$

因此函数

$$U(t) = \frac{1}{|\Omega|}\int_{\Omega}\tilde{u}(t,x)\mathrm{d}x$$

是不等式 (5.2.5) 的一个正解 $(t \geqslant \tau)$, 这也与定理的条件矛盾. 定理证毕.

下面给出使得脉冲微分不等式 (5.2.4) 和 (5.2.5) 都没有最终正解的充分条件.

定理 5.2.2 如果进一步假设

$$\sum_{k=1}^{\infty}\alpha_k < +\infty, \quad \sum_{k=1}^{\infty}\beta_k < +\infty, \tag{5.2.15}$$

$$\lim_{t\to+\infty}\inf \frac{\displaystyle\int_{\tau}^{t}\prod_{\eta<t_k<t}(1+\alpha_k)\int_{\tau}^{t}\prod_{s<t_k<\eta}(1+\beta_k)G(s)\mathrm{d}s\mathrm{d}\eta}{\displaystyle\int_{\tau}^{t}\prod_{\tau<t_k<\eta}(1+\beta_k)\prod_{\eta<t_k<t}(1+\alpha_k)\mathrm{d}\eta} = -\infty \tag{5.2.16}$$

和

$$\lim_{t\to+\infty}\sup \frac{\displaystyle\int_{\tau}^{t}\prod_{\eta<t_k<t}(1+\alpha_k)\int_{\tau}^{t}\prod_{s<t_k<\eta}(1+\beta_k)G(s)\mathrm{d}s\mathrm{d}\eta}{\displaystyle\int_{\tau}^{t}\prod_{\tau<t_k<\eta}(1+\beta_k)\prod_{\eta<t_k<t}(1+\alpha_k)\mathrm{d}\eta} = +\infty \tag{5.2.17}$$

对任意充分大的 τ 都成立, 那么脉冲微分不等式 (5.2.4) 和 (5.2.5) 都没有最终正解.

证明 假设 $U(t)$ 是不等式 (5.2.4) 的一个最终正解. 那么存在一个 $\tau \geqslant 0$, 使得 $U(t) > 0, t \geqslant \tau$. 因为当 $u > 0$ 时, $f(u) > 0$, 于是有

$$U''(t) \leqslant G(t), \quad t \neq t_k, \quad t \geqslant \tau. \tag{5.2.18}$$

由 (5.2.18) 和不等式 $U'(t_k^+) \leqslant (1+\beta_k)U'(t_k), k=1,2,\cdots$, 利用引理 5.1.1 得

$$U'(t) \leqslant \prod_{\tau<t_k<t}(1+\beta_k)U'(\tau) + \int_{\tau}^{t}\prod_{\eta<t_k<t}(1+\beta_k)G(s)\mathrm{d}s, \quad t \geqslant \tau. \tag{5.2.19}$$

现在考虑 (5.2.19) 和不等式 $U(t_k^+) \leqslant (1+\alpha_k)U(t_k), k = 1, 2, \cdots$. 再次利用引理 5.1.1 得

$$U(t) \leqslant \prod_{\tau < t_k < t} (1+\alpha_k)U(\tau) + \int_\tau^t \prod_{\eta < t_k < t} (1+\alpha_k) \Big[\prod_{\tau < t_k < \eta} (1+\beta_k)U'(\tau)$$

$$+ \int_\tau^\eta \prod_{s < t_k < \eta} (1+\beta_k)G(s)\mathrm{d}s \Big] \mathrm{d}\eta$$

$$= \prod_{\tau < t_k < t} (1+\alpha_k)U(\tau) + U'(\tau) \int_\tau^t \prod_{\tau < t_k < \eta} (1+\beta_k) \prod_{\eta < t_k < t} (1+\alpha_k)\mathrm{d}\eta$$

$$+ \int_\tau^t \prod_{\eta < t_k < t} (1+\alpha_k) \int_\tau^\eta \prod_{s < t_k < \eta} (1+\beta_k)G(s)\mathrm{d}s\mathrm{d}\eta, \quad t \geqslant \tau.$$

令 $t > \tau$, 则存在某个整数 m 使得 $t_m < t < t_{m+1}$. 因此

$$\int_\tau^t \prod_{\tau < t_k < \eta} (1+\beta_k) \prod_{\eta < t_k < t} (1+\alpha_k)\mathrm{d}\eta$$

$$\leqslant \int_\tau^{t_1} \prod_{k=1}^m (1+\alpha_k)\mathrm{d}\eta + \sum_{j=1}^{m-1} \int_{t_j}^{t_{j+1}} \prod_{k=1}^j (1+\beta_k)$$

$$\times \prod_{k=j+1}^m (1+\alpha_k)\mathrm{d}\eta + \int_{t_m}^{t_{m+1}} \prod_{k=1}^m (1+\beta_k)\mathrm{d}\eta$$

$$= \prod_{k=1}^m (1+\alpha_k)(t_1 - \tau) + \sum_{j=1}^{m-1} \Big[\prod_{k=1}^j (1+\beta_k) \prod_{k=j+1}^m (1+\alpha_k)(t_{j+1} - t_j) \Big]$$

$$+ \prod_{k=1}^m (1+\beta_k)(t_{m+1} - t_m) < +\infty. \tag{5.2.20}$$

进而有

$$\frac{U(t)}{\displaystyle\int_\tau^t \prod_{\tau < t_k < \eta} (1+\beta_k) \prod_{\eta < t_k < t} (1+\alpha_k)\mathrm{d}\eta}$$

$$\leqslant \frac{\displaystyle\prod_{\tau < t_k < t} (1+\alpha_k)U(\tau)}{\displaystyle\int_\tau^t \prod_{\tau < t_k < \eta} (1+\beta_k) \prod_{\eta < t_k < t} (1+\alpha_k)\mathrm{d}\eta} + U'(\tau)$$

$$\leqslant \frac{\prod\limits_{\eta<t_k<t}(1+\alpha_k)\prod\limits_{s<t_k<\eta}(1+\beta_k)G(s)\mathrm{d}s\mathrm{d}\eta}{\int_\tau^t\prod\limits_{\tau<t_k<\eta}(1+\beta_k)\prod\limits_{\eta<t_k<t}(1+\alpha_k)\mathrm{d}\eta}.$$

容易看出

$$\int_\tau^t\prod_{\tau<t_k<\eta}(1+\beta_k)\prod_{\eta<t_k<t}(1+\alpha_k)\mathrm{d}\eta\to+\infty,\quad t\to+\infty.$$

那么利用 (5.2.15) 和 (5.2.16) 有

$$\lim_{t\to+\infty}\inf\frac{U(t)}{\int_\tau^t\prod\limits_{\tau<t_k<\eta}(1+\beta_k)\prod\limits_{\eta<t_k<t}(1+\alpha_k)\mathrm{d}\eta}=-\infty. \tag{5.2.21}$$

另一方面, 因为 $U(t)>0, t\geqslant\tau$, 于是有

$$\lim_{t\to+\infty}\inf\frac{U(t)}{\int_\tau^t\prod\limits_{\tau<t_k<\eta}(1+\beta_k)\prod\limits_{\eta<t_k<t}(1+\alpha_k)\mathrm{d}\eta}\geqslant 0,$$

这与 (5.2.21) 矛盾. 因此不等式 (5.2.4) 没有最终正解.

由 (5.2.17) 可得

$$\lim_{t\to+\infty}\inf\frac{\prod\limits_{\eta<t_k<t}(1+\alpha_k)\prod\limits_{s<t_k<\eta}(1+\beta_k)[-G(s)]\mathrm{d}s\mathrm{d}\eta}{\int_\tau^t\prod\limits_{\tau<t_k<\eta}(1+\beta_k)\prod\limits_{\eta<t_k<t}(1+\alpha_k)\mathrm{d}\eta}$$

$$=-\lim_{t\to+\infty}\sup\frac{\prod\limits_{\eta<t_k<t}(1+\alpha_k)\prod\limits_{s<t_k<\eta}(1+\beta_k)G(s)\mathrm{d}s\mathrm{d}\eta}{\int_\tau^t\prod\limits_{\tau<t_k<\eta}(1+\beta_k)\prod\limits_{\eta<t_k<t}(1+\alpha_k)\mathrm{d}\eta}=-\infty,$$

类似讨论可得不等式 (5.2.5) 没有最终正解. 定理证毕.

定理 5.2.3 假设条件 (H1) 和 (H2) 成立. 如果脉冲微分不等式

$$\begin{cases} U''(t)+P(t)f(U(t))\leqslant 0, & t\neq t_k, \\ U(t_k^+)\leqslant(1+\alpha_k)U(t_k), & k=1,2,\cdots, \\ U'(t_k^+)\leqslant(1+\beta_k)U'(t_k), & k=1,2,\cdots \end{cases} \tag{5.2.22}$$

没有最终正解, 那么问题 (5.2.1) 满足边界条件

$$\vec{a}\cdot\vec{\ell}+\gamma(t,x)u=0,\quad (t,x)\in R_+\times\partial\Omega,\quad t\neq t_k \tag{5.2.23}$$

的非零解在区域 G 上是振动的.

在定理 5.2.1 中取 $g(t, x) = 0$, 就得到定理 5.2.3. 由定理 5.2.3 可以看出, 建立系统 (5.2.1) 满足边值条件 (5.2.23) 的振动准则这一问题可以转化为研究脉冲微分不等式 (5.2.22) 的解的性质.

定理 5.2.4　假设条件 (H1), (H2) 和 (5.2.15) 成立. 进一步假设

(i) $\dfrac{f(u)}{u} \geqslant \xi, u \in (0, +\infty)$ 对某一正数 ξ;

(ii) $I(t, x, u)|_{t=t_0},\quad (t, x, u) \in R_+ \times \overline{\Omega} \times R_+,\quad k = 1, 2, \cdots$;

(iii) 存在一函数 $q \in C^1[R_+, (0, +\infty)]$, 使得

$$\lim_{t \to +\infty} \sup \int_\tau^t \prod_{s < t_k < t} (1 + \beta_k) \Big[\xi q(s) P(s) - \frac{q'^2(s)}{4q(s)}\Big] \mathrm{d}s = +\infty$$

对足够大的 τ 都成立, 那么问题 (5.2.1), (5.2.23) 的非零解在区域 G 上是振动的.

证明　设对某个 $\tau \geqslant 0$, 问题 (5.2.1), (5.2.23) 在区域 $[\tau, +\infty) \times \Omega$ 上存在一个常号的非零解 $u(t, x)$. 如果当 $(t, x) \in [\tau, +\infty) \times \Omega$ 时, $u(t, x) > 0$, 那么由 (5.2.12) 定义的函数 $U(t)$ 是不等式 (5.2.22) 的一个正解, 这由定理 1 的证明容易得出. 由条件 (i) 可得

$$U''(t) \leqslant 0, \quad t \neq t_k, \quad t \geqslant \tau.$$

下证

$$U'(t) \geqslant 0, \quad t \geqslant \tau. \tag{5.2.24}$$

假设不成立, 则存在 $t^* \geqslant \tau$, 使得 $U'(t^*) < 0$. 由引理 5.1.1 知

$$U'(t) \leqslant \prod_{t^* < t_k < t} (1 + \beta_k) U'(t^*). \tag{5.2.25}$$

由 (5.2.25) 和不等式 $U'(t_k^+) \leqslant (1 + \alpha_k) U'(t_k), k = 1, 2, \cdots$. 利用引理 5.1.1 得

$$U(t) \leqslant \prod_{t^* < t_k < t} (1 + \alpha_k) U(t^*) + \int_{t^*}^t \prod_{s < t_k < t} (1 + \alpha_k)$$
$$\times \Big[\prod_{t^* < t_k < s} (1 + \beta_k) U'(t^*) \mathrm{d}s$$
$$= \prod_{t^* < t_k < t} (1 + \alpha_k) U(t^*) + U'(t^*) \int_{t^*}^t \prod_{t^* < t_k < s} (1 + \beta_k) \prod_{s < t_k < t} (1 + \alpha_k) \mathrm{d}s.$$

对上述不等式令 $t \to +\infty$, 结合 (5.2.15) 和

$$\int_{t^*}^t \prod_{t^* < t_k < s} (1 + \beta_k) \prod_{s < t_k < t} (1 + \alpha_k) \mathrm{d}s \to +\infty, \quad t \to +\infty,$$

可得

$$\limsup_{t \to +\infty} U(t) = -\infty,$$

矛盾. 因此 (5.2.24) 成立. 令

$$W(t) = \frac{q(t)U'(t)}{U(t)}, \quad t \geqslant \tau.$$

那么当 $t \geqslant \tau$ 时, $W(t) \geqslant 0$, 且

$$W'(t) = \frac{q(t)U'(t)}{U(t)} - \frac{q(t)U'^2(t)}{U^2(t)} + \frac{q(t)U''(t)}{U(t)}$$

$$= \frac{q(t)U''(t)}{U(t)} + \frac{q'^2(t)}{4q(t)} - \left[\frac{\sqrt{q(t)}U'(t)}{U(t)} - \frac{q'(t)}{2\sqrt{q(t)}} \right]^2, \quad t \neq t_k, t \geqslant \tau. \quad (5.2.26)$$

由条件 (i) 有

$$U''(t) \leqslant -\xi P(t)U(t), \quad t \neq t_k, \quad t \geqslant \tau. \quad (5.2.27)$$

再由 (5.2.26), (5.2.27) 可得

$$W'(t) \leqslant -\left[\xi q(t)P(t) - \frac{q'^2(t)}{4q(t)} \right], \quad t \neq t_k, \quad t \geqslant \tau. \quad (5.2.28)$$

当 $t = t_k$ 时, 由条件 (ii) 有

$$\int_{\Omega} [u(t_k^+, x) - u(t_k, x)] \mathrm{d}x = \int_{\Omega} I(t_k, x, u(t_k, x)) \mathrm{d}x \geqslant 0,$$

那么

$$U(t_k) = \frac{1}{|\Omega|} \int_{\Omega} u(t_k, x) \mathrm{d}x \leqslant \frac{1}{|\Omega|} \int_{\Omega} u(t_k^+, x) \mathrm{d}x = U(t_k^+). \quad (5.2.29)$$

因此, 由 (5.2.29) 有

$$W(t_k^+) = \frac{q(t_k^+)U'(t_k^+)}{U(t_k^+)} \leqslant \frac{(1 + \beta_k)q(t_k)U'(t_k)}{U(t_k)} = (1 + \beta_k)W(t_k), \quad k = 1, 2, \cdots.$$

$$(5.2.30)$$

考虑 (5.2.28) 和 (5.2.30), 由引理 5.1.1 可得

$$W(t) \leqslant \prod_{\tau < t_k < s} (1 + \beta_k)W(\tau) - \int_{\tau}^{t} \prod_{s < t_k < t} (1 + \beta_k) \left[\xi q(s)P(s) - \frac{q'^2(s)}{4q(s)} \right] \mathrm{d}s.$$

由 (5.2.15) 和条件 (iii) 可得矛盾.

如果当 $(t, x) \in [\tau, +\infty) \times \Omega$ 时, $u(t, x) < 0$, 容易看出 $-u(t, x)$ 是问题 (5.2.1), (5.2.23) 在区域 $[\tau, +\infty) \times \Omega$ 上的一个正解. 类似讨论可得矛盾. 定理证毕.

类似定理 5.2.4 可得到如下结果.

定理 5.2.5　如果定理 5.2.4 的条件都成立, 且 $a_i(t) \geqslant a_0 > 0, i = 1, 2, \cdots, n$, 那么问题 (5.2.1) 满足边界条件

$$u = 0, \quad (t, x) \in R_+ \times \partial\Omega, \quad t \neq t_k$$

的非零解在区域 G 上是振动的.

最后, 我们看下面一个例子.

例 5.2.1　令

$$a(t) = \begin{cases} 1, & t = 0, \\ 1 + \dfrac{1}{1 - \cos 2t}, & t > 0, \quad t \neq k\pi, \quad k = 1, 2, \cdots, \end{cases}$$

并考虑如下非线性脉冲双曲边值问题

$$\begin{cases} u_{tt} + t^3 u e^{x+u^2} = a(t) \dfrac{\partial^2 u}{\partial x_i^2}, & t \neq k\pi, (t, x) \in R_+ \times (0, \pi), \\ u(0, t) = u(\pi, t) = 0, & t \neq k\pi, t \geqslant 0, \\ \Delta u = \dfrac{u \sin x}{\sqrt{t^3}}, & t = k\pi, \\ \Delta u_t = \dfrac{u}{t^2} \cos \dfrac{x}{3}, & t = k\pi, \end{cases} \quad (5.2.31)$$

这里取 $n = 1, \Omega = (0, \pi), p(t, x) = t^3 e^x, f(u) = u e^{u^2}, p(t) = \min_{x \in [0, \pi]} g(t, x) = t^3$. 容易验证函数 $F(t, x, u) = -p(t, x) f(u)$ 满足条件 (H1). 令

$$I(t, x, u) = \frac{u \sin x}{\sqrt{t^3}}, \quad J(t, x, u) = \frac{u}{t^2} \cos \frac{x}{3}.$$

于是有

$$\int_0^\pi I(k\pi, x, u(k\pi, x)) \mathrm{d}x = \int_0^\pi \frac{u(k\pi, x)}{\sqrt{(k\pi)^3}} \sin x \mathrm{d}x$$

$$\leqslant \frac{1}{(k\pi)^{3/2}} \int_0^\pi u(k\pi, x)) \mathrm{d}x,$$

$$\int_0^\pi I(k\pi, x, u(k\pi, x)) \mathrm{d}x = \int_0^\pi \frac{u(k\pi, x)}{(k\pi)^2} \cos \frac{x}{3} \mathrm{d}x$$

$$\leqslant \frac{1}{(k\pi)^2} \int_0^\pi u(k\pi, x)) \mathrm{d}x.$$

因此函数 $I(t, x, u)$ 和 $J(t, x, u)$ 满足条件 (H2). 选取 $q(t) \equiv 1$, 容易看出

$$\liminf_{t \to +\infty} \int_\tau^t \prod_{s < k\pi < t} \left(1 + \frac{1}{k^2 \pi(2)} \right) s^3 \mathrm{d}s = +\infty$$

对充分大的 τ 成立. 注意到

$$I(t,x,u)\Big|_{t=k\pi} = \frac{u\sin x}{\sqrt{t^3}}\Big|_{t=k\pi} \geqslant 0, \quad (t,x,u) \in R_+ \times [0,\pi] \times R_+$$

且

$$\sum_{k=1}^{\infty} \frac{1}{(k\pi)^{\frac{3}{2}}} < +\infty, \quad \sum_{k=1}^{\infty} \frac{1}{(k\pi)^2} < +\infty,$$

因此满足定理 5.2.5 的条件. 从而问题 (5.2.31) 的每个非零解在区域 $R_+ \times (0,\pi)$ 上是振动的.

5.3 抛物型脉冲时滞偏微分系统的振动性

考虑如下具有时滞的脉冲抛抛物系统

$$\begin{cases} u_t = \sum_{i=1}^{n} a_i(t)\dfrac{\partial^2 u}{\partial x_i^2} - g(t,x)h(u(t-r,x)), & t \neq t_k, \\ \Delta u = I(t,x,u), & t = t_k, k = 1,2,3,\cdots, \end{cases} \tag{5.3.1}$$

其中

(i) $0 < t_1 < t_2 < \cdots < t_k < \cdots$ 且 $\lim\limits_{k\to\infty} t_k = +\infty$;

(ii) $\Delta u \big|_{t=t_k} = u(t_k^+, x) - u(t_k^-, x)$;

(iii) $u = u(t,x)$ 当 $(t,x) \in G = R_+ \times \Omega$, 时, 其中 Ω 是 R^n 中的有界域且边界 $\partial\Omega$ 光滑, $R_+ = [0,+\infty)$;

(iv) $r > 0$ 是一个常数;$a_i \in PC[R_+, R_-], i = 1,2,\cdots,n$, 其中 PC 表示关于 t 只有第一类间断点 $t = t_k, k = 1,2,\cdots$, 的分段连续的函数类, 且在 $t = t_k$ 处左连续;$g \in PC[R_+ \times \bar{\Omega}, R_+]$;$h \in C[R,R]$; 并且有

(v) $I : R_+ \times \bar{\Omega} \times R \to R$.

考虑如下两类边界条件:

$$u = \phi(t,x), \quad (t,x) \in R_+ \times \partial\Omega, \quad t \neq t_k \tag{5.3.2}$$

和

$$\vec{\xi} \cdot \vec{\eta} + \mu(t,x)u = \psi(t,x), \quad (t,x) \in R_+ \times \partial\Omega, \quad t \neq t_k, \tag{5.3.3}$$

其中 $\mu \in PC[R_+ \times \partial\Omega, R_+]$,$\phi, \varphi \in PC[R_+ \times \partial\Omega, R]$,$N$ 是边界 $\partial\Omega$ 上的单位外法向量, 且

$$\vec{\xi} = \{a_1(t), a_2(t), \cdots, a_n(t)\},$$

$$\vec{\eta} = \left\{ \frac{\partial u}{\partial x_1} \cos(N, x_1), \frac{\partial u}{\partial x_2} \cos(N, x_2), \cdots, \frac{\partial u}{\partial x_n} \cos(N, x_n) \right\}.$$

问题 (5.3.1), (5.3.2) 或问题 (5.3.1), (5.3.3) 的解是分段连续函数, 且只有第一类间断点 $t = t_k, k = 1, 2, \cdots$. 不妨设它们是左连续的, 即在脉冲时刻如下关系成立

$$u(t_k^-, x) = u(t_k, x) \quad \text{且} u(t_k^+, x) = u(t_k, x) + I(t_k, x, u(t_k, x)).$$

定义 5.3.1　称问题 (5.3.1), (5.3.2) 或问题 (5.3.1), (5.3.3) 的非零解 $u(t, x)$ 在区域 G 上是非振动的, 如果存在一个数 $\tau \geqslant 0$ 满足当 $(t, x) \in [\tau, +\infty) \times \Omega$ 时 $u(t, x)$ 为常号. 否则称为振动的.

接下来考虑问题 (5.3.1), (5.3.2).

引理 5.3.1　如果 $a_i(t) \geqslant a_0 > 0, i = 1, 2, \cdots, n$, 那么问题

$$\begin{cases} \sum_{i=1}^{n} a_i(t) \dfrac{\partial^2 u}{\partial x_i^2} + \lambda u = 0, & x \in \Omega, \\ u = 0, & x \in \partial\Omega \end{cases} \tag{5.3.4}$$

有一个最小正特征值 λ_0, 并且相应特征函数 $\Phi(x)$ 在 Ω 上为正的, 其中 λ 和 $a_0 > 0$ 是常数.

证明　选择自伴算子

$$L[u] = \sum_{i=1}^{n} a_i(t) \frac{\partial^2 u}{\partial x_i^2}.$$

于是 L 的 Rayleigh 商为

$$J(u) = \frac{\displaystyle\int_\Omega \sum_{i=1}^{n} a_i(t) \left(\frac{\partial u}{\partial x_i} \right)^2 \mathrm{d}x}{\displaystyle\int_\Omega u^2 \mathrm{d}x}, \qquad u \neq 0, \quad u \in H = W_0^{1,2}(\Omega).$$

定义

$$\lambda_0 = \inf_H J(u).$$

因为 $a_i(t) \geqslant a_0 > 0$, 所以

$$J(u) \geqslant \frac{a_0 \displaystyle\int_\Omega \sum_{i=1}^{n} \left(\frac{\partial u}{\partial x_i} \right)^2 \mathrm{d}x}{\displaystyle\int_\Omega u^2 \mathrm{d}x} \geqslant a_0 \sigma_0 > 0,$$

其中 σ_0 是如下 Dirichlet 问题的最小特征值

$$\begin{cases} \Delta u + \sigma u = 0, & x \in \Omega, \sigma \text{是常数}, \\ u = 0, & x \in \partial\Omega. \end{cases}$$

显然 σ_0 是正的. 因此

$$\lambda_0 \geqslant a_0\sigma_0 > 0.$$

于是根据文献 [6] 中的类似讨论可证得引理 5.3.1.

引理 5.3.2 设 $a_i(t) \geqslant a_0 > 0, i = 1, 2, \cdots, n$, 且如下假设成立:

(H1) $h(u)$ 在区间 $(0, +\infty)$ 上是正的凸函数;

(H2) 对任意函数 $u \in PC[R_+ \times \bar{\Omega}, R_+]$ 和常数 α_k 都有

$$\int_\Omega I(t_k, x, u(t_k, x))\mathrm{d}x \leqslant \alpha_k \int_\Omega u(t_k, x)\mathrm{d}x, \qquad k = 1, 2, \cdots.$$

如果 $u(t, x)$ 是问题 (5.3.1), (5.3.2) 在区域 $[\tau, +\infty) \times \Omega(\tau \geqslant 0)$ 上的一个正解, 那么如下具有时滞的脉冲微分不等式

$$\begin{cases} U'(t) + \lambda_0 U(t) + G(t)h(U(t-r)) \leqslant R(t), & t \neq t_k, \\ \Delta U(t_k) \leqslant \alpha_k U(t_k), & k = 1, 2, 3, \cdots \end{cases} \tag{5.3.5}$$

有最终正解

$$U(t) = \left[\int_\Omega \Phi(x)\mathrm{d}x \right]^{-1} \int_\Omega u(t, x)\Phi(x)\mathrm{d}x, \tag{5.3.6}$$

其中

$$G(t) = \min_{x \in \bar{\Omega}} g(t, x), \quad R(t) = \left[\int_\Omega \Phi(x)\mathrm{d}x \right]^{-1} \left[-\int_{\partial\Omega} \phi(t, x)\vec{\xi} \cdot \vec{\beta}\mathrm{d}S \right], \quad t \neq t_k,$$

$\mathrm{d}S$ 是 $\partial\Omega$ 的面积微元,

$$\vec{\beta} = \left\{ \frac{\partial\Phi}{\partial x_1}\cos(N, x_1), \frac{\partial\Phi}{\partial x_2}\cos(N, x_2), \cdots, \frac{\partial\Phi}{\partial x_n}\cos(N, x_n) \right\}.$$

证明 设 $u(t, x)$ 是问题 (5.3.1), (5.3.2) 在区域 $[\tau, +\infty) \times \Omega(\tau \geqslant 0)$ 上的一个正解. 那么当 $(t, x) \in [\tau^*, +\infty) \times \Omega(\tau^* = \tau + r)$ 时, $u(t-r, x) > 0$.

当 $t \neq t_k$ 时, 对 (5.3.1) 两边同乘以特征函数 $\Phi(x)$ 再在 Ω 上关于 x 积分, 得

$$\frac{\mathrm{d}}{\mathrm{d}t}\int_\Omega u(t, x)\Phi(x)\mathrm{d}x = \int_\Omega \sum_{i=1}^n a_i(t)\frac{\partial^2 u}{\partial x_i^2}\Phi(x)\mathrm{d}x$$

$$- \int_\Omega g(t, x)h(u(t-r, x))\Phi(x)\mathrm{d}x, \quad t \neq t_k, \quad t \geqslant \tau^*. \tag{5.3.7}$$

利用 (H1) 和 Jensen 不等式可得

$$\int_\Omega g(t,x)h(u(t-r,x))\Phi(x)\mathrm{d}x \geqslant G(t)\int_\Omega \Phi(x)\mathrm{d}x \cdot h\left(\frac{1}{\int_\Omega \Phi(x)\mathrm{d}x}\int_\Omega U(t-r,x)\Phi(x)\mathrm{d}x\right),$$

$$t \neq t_k, \quad t \geqslant \tau^*. \tag{5.3.8}$$

由 Gauss 散度定理和引理 5.3.2 得

$$\begin{aligned}
\int_\Omega \sum_{i=1}^{n} a_i(t)\frac{\partial^2 u}{\partial x_i^2}\Phi(x)\mathrm{d}x &= \int_\Omega\left[\Phi\sum_{i=1}^{n}a_i(t)\frac{\partial^2 u}{\partial x_i^2} + \sum_{i=1}^{n}a_i(t)\frac{\partial u}{\partial x_i}\frac{\partial\Phi}{\partial x_i}\right]\mathrm{d}x \\
&\quad - \int_\Omega\left[u\sum_{i=1}^{n}a_i(t)\frac{\partial^2\Phi}{\partial x_i^2} + \sum_{i=1}^{n}a_i(t)\frac{\partial u}{\partial x_i}\frac{\partial\Phi}{\partial x_i}\right]\mathrm{d}x \\
&\quad + \int_\Omega u\sum_{i=1}^{n}a_i(t)\frac{\partial^2\Phi}{\partial x_i^2}\mathrm{d}x \\
&= \int_{\partial\Omega}\Phi\sum_{i=1}^{n}a_i(t)\frac{\partial u}{\partial x_i}\cos(N,x_i)\mathrm{d}S \\
&\quad - \int_{\partial\Omega}u\sum_{i=1}^{n}a_i(t)\frac{\partial\Phi}{\partial x_i}\cos(N,x_i)\mathrm{d}S + \int_\Omega u\sum_{i=1}^{n}a_i(t)\frac{\partial^2\Phi}{\partial x_i^2}\mathrm{d}x \\
&= \int_{\partial\Omega}\Phi\vec{\xi}\cdot\vec{\eta}\mathrm{d}S - \int_{\partial\Omega}u\vec{\xi}\cdot\vec{\beta}\mathrm{d}S - \lambda_0\int_\Omega u\Phi\mathrm{d}S \\
&= -\int_{\partial\Omega}\Phi\vec{\xi}\cdot\vec{\beta}\mathrm{d}S - \lambda_0\int_\Omega u\Phi\mathrm{d}S, \quad t\neq t_k, t\geqslant\tau^*. \tag{5.3.9}
\end{aligned}$$

结合 (5.3.7)~(5.3.9), 有

$$\begin{aligned}
&\frac{\mathrm{d}}{\mathrm{d}t}\int_\Omega u(t,x)\Phi(x)\mathrm{d}x + \lambda_0\int_\Omega u(t,x)\Phi(x)\mathrm{d}x \\
&\quad + \int_\Omega\Phi(x)\mathrm{d}x\cdot G(t)\cdot h\left(\frac{1}{\int_\Omega\Phi(x)\mathrm{d}x}\int_\Omega u(t-r,x)\Phi(x)\mathrm{d}x\right) \\
&\leqslant -\int_{\partial\Omega}\Phi(t,x)\vec{\xi}\cdot\vec{\beta}\mathrm{d}S, \quad t\neq t_k, t\geqslant\tau^*. \tag{5.3.10}
\end{aligned}$$

当 $t = t_k$ 时, 由 (H2) 得

$$\begin{aligned}
\int_\Omega[u(t_k^+,x) - u(t_k,x)]\Phi(x)\mathrm{d}x &= \int_\Omega I(t_k,x,u(t_k,x))\Phi(x)\mathrm{d}x \\
&\leqslant \alpha_k\int_\Omega u(t_k,x)\Phi(x)\mathrm{d}x, \quad k=1,2,\cdots,
\end{aligned}$$

即

$$\int_{\Omega} u(t_k^+, x)\Phi(x)\mathrm{d}x \leqslant (1+\alpha_k)\int_{\Omega} u(t_k, x)\Phi(x)\mathrm{d}x, \quad k=1,2,\cdots. \tag{5.3.11}$$

由 (5.3.10) 和 (5.3.11) 可知, (5.3.6) 定义的函数 $U(t)$ 是不等式 (5.3.5) 的一个正解 $(t \geqslant \tau^*)$. 于是引理得证.

定理 5.3.1 假设条件 (H1) 和 (H2) 成立, 并且 $a_i(t) \geqslant a_0 > 0, i=1,2,\cdots,n$. 如果进一步作如下假设:

(H3) 当 $u \in (0, +\infty)$ 时,

$$h(-u) = -h(u), \quad I(t_k, x, -u(t_k, x)) = -I(t_k, x, u(t_k, x)), \quad k=1,2,\cdots,$$

并且不等式 (5.3.5) 和如下不等式

$$\begin{cases} U'(t) + \lambda_0 U(t) + G(t)h(U(t-r)) \leqslant -R(t), & t \neq t_k, \\ \Delta U(t_k) \leqslant \alpha_k U(t_k), & k=1,2,3,\cdots \end{cases} \tag{5.3.12}$$

都没有最终正解, 那么问题 (5.3.1), (5.3.2) 的非零解在区域 G 上是振动的.

证明 假设结论不成立, 那么对某个 $\tau \geqslant 0$, 问题 (5.3.1), (5.3.3) 在区域 $[\tau, +\infty) \times \Omega$ 上存在一个常号的非零解 $u(t, x)$. 不妨设当 $(t, x) \in [\tau, +\infty) \times \Omega$ 时 $u(t, x) > 0$. 由引理 5.3.2 知, (5.3.6) 定义的函数 $U(t)$ 是不等式 (5.3.5) 的一个最终正解, 这与定理的条件矛盾.

如果 $u(t, x) < 0, (t, x) \in [\tau, +\infty) \times \Omega$, 那么函数

$$u^*(t, x) = -u(t, x), \qquad (t, x) \in [\tau, +\infty) \times \Omega$$

就是如下具有时滞的脉冲抛抛物边值问题的一个正解

$$\begin{cases} u_t = \sum_{i=1}^{n} a_i(t)\dfrac{\partial^2 u}{\partial x_i^2} - g(t, x)h(u(t-r, x)), & t \neq t_k, (t, x) \in G, \\ u = -\phi(t, x), & t \neq t_k, (t, x) \in R_+ \times \partial\Omega, \\ \Delta u = I(t, x, u), & t = t_k, k=1,2,3,\cdots, \end{cases}$$

并且满足

$$\frac{\mathrm{d}}{\mathrm{d}t}\int_{\Omega} u^*(t, x)\Phi(x)\mathrm{d}x + \lambda_0 \int_{\Omega} u^*(t, x)\Phi(x)\mathrm{d}x$$

$$+ \int_{\Omega} \Phi(x)\mathrm{d}x \cdot G(t) \cdot h\left(\frac{1}{\displaystyle\int_{\Omega}\Phi(x)\mathrm{d}x}\int_{\Omega} u^*(t-r, x)\Phi(x)\mathrm{d}x\right)$$

$$\leqslant -\int_{\partial\Omega} [-\Phi(t, x)]\vec{\xi}\cdot\vec{\beta}\mathrm{d}S, \quad t \neq t_k, t \geqslant \tau^* = \tau + r,$$

$$\int_\Omega u^*(t_k^+, x)\Phi(x)\mathrm{d}x \leqslant (1 + \alpha_k) \int_\Omega u^*(t_k, x)\Phi(x)\mathrm{d}x, \quad k = 1, 2, \cdots.$$

因此函数

$$U^*(t) = \Big[\int_\Omega \Phi(x)\mathrm{d}x \Big]^{-1} \int_\Omega u^*(t, x)\Phi(x)\mathrm{d}x$$

是不等式 (5.3.12) 的一个正解 $(t \geqslant \tau^*)$, 这也与定理的条件矛盾. 定理证毕.

定理 5.3.2　假设条件 (H1)~(H3) 成立且 $a_i(t) \geqslant a_0 > 0, i = 1, 2, \cdots, n$. 如果如下具有时滞的脉冲微分不等式:

$$\begin{cases} U'(t) + \lambda_0 U(t) + G(t)h(U(t - r)) \leqslant 0, & t \neq t_k, \\ \Delta U(t_k) \leqslant \alpha_k U(t_k), & k = 1, 2, 3, \cdots \end{cases} \tag{5.3.13}$$

没有最终正解, 那么系统 (5.3.1) 满足如下边界条件

$$u = 0, \quad (t, x) \in R_+ \times \partial\Omega, \quad t \neq t_k \tag{5.3.14}$$

的每一个非零解在区域 G 上都是振动的.

令定理 (5.3.1) 中 $\phi(t, x) = 0$, 即得定理 (5.3.2). 根据定理 (5.3.2), 我们能够把建立具有齐次边界条件 (5.3.14) 的系统 (5.3.1) 的振动准则这一问题简化为研究具有时滞的齐次脉冲微分不等式解的性质.

引理 5.3.3　如果存在一个常数 $\delta > 0$, 使得

$$t_{k+1} - t_k \geqslant \delta, \quad k = 1, 2, \cdots,$$

那么存在一个常数 $\lambda \in N$, 使得在每个区间 $[t, t + r], t > 0$ 上的脉冲时刻的值都不大于 λ.

证明　容易看出, 在每个形如 $[t, t + r], t > 0$ 的区间上至多有 $1 + \left[\dfrac{r}{\delta}\right]$ 个脉冲时刻. 因此可取

$$\lambda \geqslant 1 + \left[\frac{r}{\delta}\right].$$

定理 5.3.3　假设条件 (H1)~(H3) 成立, 并且 $a_i(t) \geqslant a_0 > 0, i = 1, 2, \cdots, n$. 如果进一步作如下假设:

(i) $\dfrac{h(u)}{u} \geqslant A, u \in (0, +\infty)$, 对某一常数 $A > 0$;

(ii) 存在一常数 $\delta > 0$, 使得

$$t_{k+1} - t_k \geqslant \delta, \quad k = 1, 2, \cdots;$$

(iii) 存在一常数 $\alpha > 0$, 使得

$$0 < \alpha_k < \alpha, \quad k = 1, 2, \cdots;$$

(iv)

$$\limsup_{k \to +\infty} \int_{t_k}^{t_k+r} G(s)\mathrm{d}s > \frac{(1+\alpha)^{2\lambda}}{Ae^{\lambda_0 r}},$$

那么问题 (5.3.1), (5.3.14) 的非零解在区域 G 上是振动的.

证明 设 $u(t,x)$ 是问题 (5.3.1), (5.3.14) 的非零解, 且在区域 $[\tau, +\infty) \times \Omega$(对某一个 $\tau \geqslant 0$) 上是常号的. 如果当 $(t,x) \in [\tau, +\infty) \times \Omega$ 时 $u(t,x) > 0$, 那么由 (5.3.6) 定义的函数 $U(t)$ 当 $t \geqslant \tau + r$ 时是不等式 (5.3.13) 的一个正解, 并且

$$U(t-r) > 0, \quad h(U(t-r)) > 0, \quad t \geqslant \tau + r.$$

当 $t \neq t_k$ 时, 如果对 (5.3.13) 两边同乘以

$$e^{\lambda_0(t-T)}, \qquad t > T \geqslant \tau + r,$$

再令

$$y(t) = U(t)e^{\lambda_0(t-T)}, \qquad t > T, \tag{5.3.15}$$

可得

$$y'(t) + e^{\lambda_0(t-T)}G(t)h[y(t-\tau)e^{-\lambda_0(t-r-T)}] \leqslant 0, \qquad t \neq t_k, t > T. \tag{5.3.16}$$

由 (5.3.15) 和 (5.3.16) 知 $y(t)$ 非增.

当 $t = t_k$ 时,
$$\begin{aligned}
\Delta y(t_k) &= y(t_k^+) - y(t_k) \\
&= [U(t_k^+) - U(t_k^-)]e^{\lambda_0(t_k-T)} \\
&\leqslant \alpha_k U(t_k)e^{\lambda_0(t_k-T)} \\
&= \alpha_k y(t_k).
\end{aligned}$$

对 (5.3.16) 从 t_k 到 $t_k + r$ 积分, 再利用引理 5.3.3 得

$$y(t_k+r) - y(t_k^+) - \sum_{s=k}^{k+\lambda-1} \alpha_s y(t_s) + \int_{t_k}^{t_k+r} G(s)e^{\lambda_0(s-T)}h[y(s-r)e^{-\lambda_0(s-r-T)}]\mathrm{d}s \leqslant 0.$$

由 (i) 知

$$y(t_k+r) - y(t_k^+) - \sum_{s=k}^{k+\lambda-1} \alpha_s y(t_s) + A\int_{t_k}^{t_k+r} G(s)e^{\lambda_0 r}y(s-r)\mathrm{d}s \leqslant 0. \tag{5.3.17}$$

注意到

$$y(s-r) \geqslant \frac{y(s-r)}{(1+\alpha)^{\lambda}}. \tag{5.3.18}$$

由 (5.3.17) 和 (5.3.18) 可得

$$\frac{Ae^{\lambda_0 r}}{(1+\alpha)^\lambda} \int_{t_k}^{t_k+r} G(s)y(s-r)\mathrm{d}s \leqslant y(t_k^+) - y(t_k+r) + \sum_{s=k}^{k+\lambda-1} \alpha_s y(t_s)$$

$$\leqslant (1+\alpha_k)y(t_k) + \sum_{s=k+1}^{k+\lambda-1} \alpha_s y(t_s),$$

$$\frac{Ae^{\lambda_0 r}}{(1+\alpha)^\lambda} y(t_k) \int_{t_k}^{t_k+r} G(s)\mathrm{d}s \leqslant (1+\alpha)y(t_k) + \alpha \sum_{s=k+1}^{k+\lambda-1} y(t_s). \tag{5.3.19}$$

又因为

$$y(t_{k+1}) \leqslant y(t_k^+) \leqslant (1+\alpha_k)y(t_k) \leqslant (1+\alpha)y(t_k),$$

$$y(t_{k+2}) \leqslant y(t_{k+1}^+) \leqslant (1+\alpha_{k+1})y(t_{k+1})$$

$$\leqslant (1+\alpha)y(t_{k+1}) \leqslant (1+\alpha)^2 y(t_k),$$

$$\cdots\cdots\cdots\cdots$$

$$y(t_{k+\lambda-1}) \leqslant \cdots \leqslant (1+\alpha)^{\lambda-1}y(t_k).$$

所以

$$\sum_{s=k+1}^{k+\lambda-1} \alpha_s y(t_s) \leqslant y(t_k) \sum_{i=1}^{\lambda-1}(1+\alpha)^i$$

$$= y(t_k)(1+\alpha)\frac{(1+\alpha)^{\lambda-1}-1}{\alpha}. \tag{5.3.20}$$

由 (5.3.19) 和 (5.3.20) 知

$$\frac{Ae^{\lambda_0 r}}{(1+\alpha)^\lambda} y(t_k) \int_{t_k}^{t_k+r} G(s)\mathrm{d}s \leqslant (1+\alpha)y(t_k) + \alpha y(t_k)(1+\alpha)\frac{(1+\alpha)^{\lambda-1}-1}{\alpha}$$

$$= y(t_k)(1+\alpha)^\lambda,$$

即

$$\int_{t_k}^{t_k+r} G(s)\mathrm{d}s \leqslant \frac{(1+\alpha)^{2\lambda}}{Ae^{\lambda_0 r}}.$$

最后一个不等式与条件 (iv) 矛盾.

如果 $u(t,x) < 0, (t,x) \in [\tau, +\infty) \times \Omega$, 那么易得 $-u(t,x)$ 是问题 (5.3.1), (5.3.14) 在区域 $[\tau, +\infty) \times \Omega$ 上的一个正解. 因此与前面类似的讨论得矛盾, 定理得证.

定理 5.3.4　假设条件 (H1)~(H3) 成立, 并且 $a_i(t) \geqslant a_0 > 0, i = 1, 2, \cdots, n$. 如果进一步作如下假设:

(i) $\dfrac{h(u)}{u} \geqslant A, u \in (0, +\infty)$, 对某一常数 $A > 0$;

(ii) 存在一常数 $\ell > 0$, 使得

$$t_{k+1} - t_k \geqslant \ell > r, \quad k = 1, 2, \cdots;$$

(iii) $\alpha_k > -1, k = 1, 2, \cdots$;

(iv) $\limsup\limits_{k \to +\infty} \left(\dfrac{1}{(1 + \alpha_k)} \right) \displaystyle\int_{t_k}^{t_k + r} G(s) \mathrm{d}s > \dfrac{1}{A e^{\lambda_0 r}}$,

那么问题 (5.3.1), (5.3.14) 的非零解在区域 G 上是振动的.

证明 假设结论不成立, 那么对某个 $\tau \geqslant 0$, 问题 (5.3.1), (5.3.2) 在区域 $[\tau, +\infty) \times \Omega$ 上存在一个常号的非零解 $u(t, x)$. 不妨设当 $(t, x) \in [\tau, +\infty) \times \Omega$ 时 $u(t, x) > 0$. 那么 (5.3.6) 定义的函数 $U(t)$ 是不等式 (5.3.5) 当 $t \geqslant \tau + r$ 时的一个正解, 并且有

$$U(t - r) > 0, \quad h(U(t - r)) > 0, \quad t \geqslant \tau + r = t^*.$$

由 (5.3.13) 知, 当 $t \geqslant t^*$ 时 $U(t)$ 是个非增函数. 令 $t^* \in (t_{s_0-1}, t_{s_0})$ 和 $T \geqslant t^*$. 当 $t \neq t_k$ 时, 对 (5.3.13) 两边同乘以 $\mathrm{e}^{\lambda_0(t-T)}$ 且令 $y(t) = U(t)\mathrm{e}^{\lambda_0(t-T)}$, 类似定理 5.3.3 得证明可得 (5.3.16). 当 $t = t_k$ 时, 有

$$\Delta y(t_k) \leqslant \alpha_k y(t_k).$$

对 (5.3.16) 从 t_k 到 $t_k + r$ 积分, $k \geqslant s_0$, 注意到区间 $[t_k, t_k + r]$ 在条件 (ii) 下无跳跃点, 于是有

$$y(t_k + r) - y(t_k^+) + \int_{t_k}^{t_k + r} G(s)\mathrm{e}^{\lambda_0(s-T)} h[y(s-r)\mathrm{e}^{-\lambda_0(s-r-T)}]\mathrm{d}s \leqslant 0.$$

利用 (i) 和函数 $y(t)$ 的非增性有

$$A e^{\lambda_0 r} y(t_k) \int_{t_k}^{t_k + r} G(s)\mathrm{d}s \leqslant y(t_k^+) - y(t_k + r) \leqslant (1 + \alpha_k) y(t_k).$$

再由条件 (iii) 可得

$$\frac{1}{(1 + \alpha_k)} \int_{t_k}^{t_k + r} G(s)\mathrm{d}s \leqslant \frac{1}{A e^{\lambda_0 r}},$$

这与条件 (iv) 矛盾.

如果 $u(t, x) < 0, (t, x) \in [\tau, +\infty) \times \Omega$, 那么易得 $-u(t, x)$ 是问题 (5.3.1), (5.3.14) 在区域 $[\tau, +\infty) \times \Omega$ 上的一个正解. 因此与前面类似的讨论得矛盾, 定理得证.

下面我们再来考虑问题 (5.3.1), (5.3.3).

引理 5.3.4　假设条件 (H1) 和 (H2) 成立, 如果 $u(t,x)$ 是问题 (5.3.1), (5.3.3) 在区域 $[\tau, +\infty) \times \Omega(\tau \geqslant 0)$ 上的一个正解, 那么如下具有时滞的脉冲微分不等式

$$
\begin{cases}
V'(t) + G(t)h(V(t-r)) \leqslant F(t), & t \neq t_k, \\
\Delta V(t_k) \leqslant \alpha_k V(t_k), & k = 1, 2, 3, \cdots
\end{cases}
\tag{5.3.21}
$$

有如下最终正解

$$
V(t) = \frac{1}{|\Omega|} \int_\Omega u(t,x)\mathrm{d}x,
\tag{5.3.22}
$$

其中

$$
|\Omega| = \int_\Omega \mathrm{d}x, \quad F(t) = \frac{1}{|\Omega|} \int_{\partial\Omega} \psi(t,x)\mathrm{d}S, \quad t \neq t_k.
$$

证明　设 $u(t,x)$ 是问题 (5.3.1), (5.3.3) 在区域 $[\tau, +\infty) \times \Omega(\tau \geqslant 0)$ 上的一个正解. 那么当 $(t,x) \in [\tau^*, +\infty) \times \Omega(\tau^* = \tau + r)$ 时, $u(t-r,x) > 0$. 当 $t \neq t_k$ 时, 对 (5.3.1) 两边在 Ω 上关于 x 积分, 得

$$
\frac{\mathrm{d}}{\mathrm{d}t} \int_\Omega u(t,x)\mathrm{d}x = \int_\Omega \sum_{i=1}^n a_i(t)\frac{\partial^2 u}{\partial x_i^2}\mathrm{d}x - \int_\Omega g(t,x)h(u(t-r,x))\mathrm{d}x, \quad t \neq t_k, t \geqslant \tau^*.
\tag{5.3.23}
$$

由 Gauss 散度定理, 得

$$
\int_\Omega \sum_{i=1}^n a_i(t)\frac{\partial^2 u}{\partial x_i^2}\mathrm{d}x = \int_{\partial\Omega} \vec{\xi} \cdot \vec{\eta}\,\mathrm{d}S
$$

$$
= \int_{\partial\Omega} [\psi(t,x) - \mu(t,x)u]\mathrm{d}S
$$

$$
\leqslant \int_{\partial\Omega} \psi(t,x)\mathrm{d}S, \quad t \neq t_k, t \geqslant \tau^*.
\tag{5.3.24}
$$

利用 (H1) 和 Jensen 不等式可得

$$
\int_\Omega g(t,x)h(u(t-r,x))\mathrm{d}x \geqslant G(t) \cdot |\Omega| \cdot h\left(\frac{1}{|\Omega|} \int_\Omega u(t-r,x)\mathrm{d}x\right), \quad t \neq t_k,\ t \geqslant \tau^*.
\tag{5.3.25}
$$

结合 (5.3.23)~(5.3.25), 有

$$
\frac{\mathrm{d}}{\mathrm{d}t} \int_\Omega u(t,x)\mathrm{d}x + |\Omega|G(t)h\left(\frac{1}{|\Omega|} \int_\Omega u(t-r,x)\right)\mathrm{d}x \leqslant \int_{\partial\Omega} \psi(t,x)\mathrm{d}S, \quad t \neq t_k, t \geqslant \tau^*.
\tag{5.3.26}
$$

当 $t = t_k$ 时, 由 (H2) 得

$$
\int_\Omega [u(t_k^+,x) - u(t_k,x)]\mathrm{d}x = \int_\Omega I(t_k,x,u(t_k,x))\mathrm{d}x
$$

$$
\leqslant \alpha_k \int_\Omega u(t_k,x)\mathrm{d}x, \quad k = 1, 2, \cdots.
\tag{5.2.27}
$$

由 (5.3.26) 和 (5.3.27) 可知, (5.3.22) 定义的函数 $V(t)$ 是不等式 (5.3.21) 的一个正解 $(t \geqslant \tau^*)$. 于是引理得证.

定理 5.3.5 假设条件 (H1)~(H3) 成立. 如果不等式 (5.3.21) 和如下不等式

$$\begin{cases} V'(t) + G(t)h(V(t-r)) \leqslant -F(t), \quad t \neq t_k, \\ \Delta V(t_k) \leqslant \alpha_k V(t_k), \quad k = 1, 2, 3, \cdots \end{cases} \tag{5.3.28}$$

都没有最终正解, 那么问题 (5.3.1), (5.3.3) 的非零解在 G 上是振动的.

证明 假设结论不成立, 那么对某个 $\tau \geqslant 0$, 问题 (5.3.1), (5.3.3) 在区域 $[\tau, +\infty) \times \Omega$ 上存在一个常号的非零解 $u(t, x)$. 不妨设当 $(t, x) \in [\tau, +\infty) \times \Omega$ 时 $u(t, x) > 0$. 由引理 5.3.4 知, (5.3.22) 定义的函数 $V(t)$ 是不等式 (5.3.21) 的一个最终正解, 这与定理的条件矛盾.

如果 $u(t, x) < 0, (t, x) \in [\tau, +\infty) \times \Omega$, 那么函数

$$u^*(t, x) = -u(t, x), \qquad (t, x) \in [\tau, +\infty) \times \Omega$$

就是如下具有时滞的脉冲抛抛物边值问题的一个正解

$$\begin{cases} u_t = \sum_{i=1}^{n} a_i(t) \dfrac{\partial^2 u}{\partial x_i^2} - g(t, x)h(u(t-r, x)), \quad t \neq t_k, (t, x) \in G, \\ \vec{\xi} \cdot \vec{\eta} + \mu(t, x)u = -\psi(t, x), \quad (t, x) \in R_+ \times \partial\Omega, t \neq t_k, \\ \Delta u = I(t, x, u), \quad t = t_k, k = 1, 2, 3, \cdots, \end{cases}$$

并且满足

$$\dfrac{\mathrm{d}}{\mathrm{d}t} \int_{\Omega} u^*(t, x)\mathrm{d}x + |\Omega|G(t)h\Big(\dfrac{1}{|\Omega|} \int_{\Omega} u^*(t-r, x)\Big)\mathrm{d}x \leqslant \int_{\partial\Omega} [-\psi(t, x)]\mathrm{d}S, \quad t \neq t_k, t \geqslant \tau^*,$$

$$\int_{\Omega} [u^*(t_k^+, x) - u^*(t_k, x)]\mathrm{d}x \leqslant \alpha_k \int_{\Omega} u^*(t_k, x)\mathrm{d}x, \qquad k = 1, 2, \cdots.$$

因此函数

$$V^*(t) = \dfrac{1}{|\Omega|} \int_{\Omega} u^*(t, x)\mathrm{d}x$$

是不等式 (5.3.28) 的一个正解 $(t \geqslant \tau^*)$, 这也与定理的条件矛盾. 定理得证.

定理 5.3.6 假设条件 (H1)~(H3) 成立. 如果如下具有时滞的脉冲微分不等式:

$$\begin{cases} V'(t) + G(t)h(V(t-r)) \leqslant 0, \quad t \neq t_k, \\ \Delta V(t_k) \leqslant \alpha_k V(t_k), \quad k = 1, 2, 3, \cdots \end{cases} \tag{5.3.29}$$

没有最终正解, 那么系统 (5.3.1) 满足如下边界条件

$$\vec{\xi} \cdot \vec{\eta} + \mu(t,x)u = 0, \quad (t,x) \in R_+ \times \partial\Omega, \quad t \neq t_k \tag{5.3.30}$$

的每一个非零解在区域 G 上都是振动的.

令定理 5.3.5 中 $\psi(t,x) = 0$, 即得定理 5.3.6.

定理 5.3.7　假设条件 (H1)~(H3) 成立. 如果进一步作如下假设:

(i) $\dfrac{h(u)}{u} \geqslant A, u \in (0, +\infty)$, 对某一常数 $A > 0$;

(ii) 存在一常数 $\delta > 0$, 使得

$$t_{k+1} - t_k \geqslant \delta, \qquad k = 1, 2, \cdots, \qquad 且 \, r \geqslant \delta;$$

(iii)

$$\limsup_{k \to +\infty} \left(\frac{1}{(1+\alpha_k)} \right) \int_{t_k}^{t_k+\delta} G(s)\mathrm{d}s > \frac{1}{A},$$

那么问题 (5.3.1), (5.3.30) 的非零解在区域 G 上是振动的.

证明　假设结论不成立, 那么对某个 $\tau \geqslant 0$, 问题 (5.3.1), (5.3.30) 在区域 $[\tau, +\infty) \times \Omega$ 上存在一个常号的非零解 $u(t,x)$. 不妨设当 $(t,x) \in [\tau, +\infty) \times \Omega$ 时 $u(t,x) > 0$. 那么 (5.3.22) 定义的函数 $V(t)$ 是不等式 (5.3.29) 当 $t \geqslant \tau + r$ 时的一个正解, 并且有

$$V(t-r) > 0, \quad h(V(t-r)) > 0, \quad 当 t \geqslant \tau + r 时.$$

因为

$$V'(t) \leqslant -G(t)h(V(t-r)) \leqslant 0,$$

所以当 $t \geqslant \tau + r, t \neq t_k$ 时, $V(t)$ 在区间 $(t_k, t_{k+1}), k = 1, 2, \cdots$ 上非增. 对 (5.3.29) 从 t_k 到 $t_k + \delta$ 积分, 有

$$V(t_k + \delta) - V(t_k^+) + \int_{t_k^+}^{t_k+\delta} G(s)h[V(s-r)\mathrm{d}s \leqslant 0. \tag{5.3.31}$$

利用 (i) 和函数 $V(t)$ 的非增性, 由 (5.3.31) 得

$$V(t_k + \delta) - V(t_k^+) + AV(t_k + \delta - r) \int_{t_k^+}^{t_k+\delta} G(s)\mathrm{d}s \leqslant 0.$$

于是有

$$V(t_k + \delta) - V(t_k^+) + AV(t_k) \int_{t_k^+}^{t_k+\delta} G(s)\mathrm{d}s \leqslant 0. \tag{5.3.32}$$

对 (5.3.32) 利用 (5.3.29) 的跳跃条件有

$$V(t_k + \delta) + V(t_k^+)\left[\frac{A}{1+\alpha_k}\int_{t_k^+}^{t_k+\delta} G(s)\mathrm{d}s - 1\right] \leqslant 0,$$

这与条件 (iii) 矛盾.

如果 $u(t,x) < 0, (t,x) \in [\tau, +\infty) \times \Omega$, 那么易得 $-u(t,x)$ 是问题 (5.3.1), (5.3.30) 在区域 $[\tau, +\infty) \times \Omega$ 上的一个正解. 因此与前面类似的分析得矛盾, 定理得证.

接下来的结论的证明与定理 5.3.7 的证明类似.

定理 5.3.8　假设条件 (H1)~(H3) 成立. 如果进一步作如下假设:

(i) $\dfrac{h(u)}{u} \geqslant A, u \in (0, +\infty)$, 对某一常数 $A > 0$;

(ii) 存在一常数 $\delta > 0$ 使得

$$t_{k+1} - t_k \geqslant \delta, \qquad k = 1, 2, \cdots, \qquad 且 \delta > r;$$

(iii) $\limsup\limits_{k \to +\infty} \left(\dfrac{1}{(1+\alpha_k)}\right) \displaystyle\int_{t_k}^{t_k+r} G(s)\mathrm{d}s > \dfrac{1}{A}$,

那么问题 (5.3.1), (5.3.30) 的非零解在区域 G 上是振动的.

定理 5.3.9　假设条件 (H1)~(H3) 成立. 如果进一步作如下假设:

(i) $\dfrac{h(u)}{u} \geqslant A, u \in (0, +\infty)$, 对某一常数 $A > 0$;

(ii) 存在一常数 $\delta > 0$ 使得

$$t_{k+1} - t_k \geqslant \delta, \qquad k = 1, 2, \cdots, \qquad 且 \delta > r;$$

(iii) 存在一常数 $\alpha > 0$, 使得

$$0 < \alpha_k < \alpha, \qquad k = 1, 2, \cdots,$$

(iv) $\limsup\limits_{k \to +\infty} \displaystyle\int_{t-r}^{t} G(s)\mathrm{d}s > \dfrac{1+\alpha}{Ae}$,

那么问题 (5.3.1), (5.3.30) 的非零解在区域 G 上是振动的.

证明　假设结论不成立, 那么对某个 $\tau \geqslant 0$, 问题 (5.3.1), (5.3.30) 在区域 $[\tau, +\infty) \times \Omega$ 上存在一个常号的非零解 $u(t,x)$. 不妨设当 $(t,x) \in [\tau, +\infty) \times \Omega$ 时 $u(t,x) > 0$. 那么 (5.3.22) 定义的函数 $V(t)$ 是不等式 (5.3.29) 当 $t \geqslant \tau + r$ 时的一个正解, 并且有

$$V(t-r) > 0, \quad h(V(t-r)) > 0, \quad t \geqslant \tau + r.$$

容易看出, 当 $t \geqslant \tau + r, t \neq t_k$ 时, 函数 $V(t)$ 非增.

定义

$$y(t) = \frac{V(t-r)}{V(t)}, \qquad t \geqslant \tau + r. \tag{5.3.33}$$

考虑区间 $[\tau - r, t]$ 且 $t_k \in (t - r, t)$, 有

$$V(t-r) \geqslant V(t_k) \geqslant \frac{1}{1+\alpha_k} V(t_k^+) \geqslant \frac{1}{1+\alpha_k} V(t), \tag{5.3.34}$$

则有

$$y(t) = \frac{V(t-r)}{V(t)} \geqslant \frac{1}{1+\alpha_k} \geqslant \frac{1}{1+\alpha}. \tag{5.3.35}$$

下证函数 $y(t)$ 有上界. 令 t_k 是 $[t-2r, t-r]$ 上的跳跃点. 将 (5.3.29) 在 $\left[t - \dfrac{r}{2}, t\right]$ 上积分

$$V(t) - V\left(t - \frac{r}{2}\right) + \int_{t-\frac{r}{2}}^{t} G(s)h[V(s-r)\mathrm{d}s \leqslant 0. \tag{5.3.36}$$

由 (i) 和式 (5.3.36) 得

$$
\begin{aligned}
V\left(t - \frac{r}{2}\right) &\geqslant \int_{t-\frac{r}{2}}^{t} G(s)h[V(s-r)\mathrm{d}s \\
&\geqslant A \int_{t-\frac{r}{2}}^{t} G(s)V(s-r)\mathrm{d}s \\
&\geqslant A \int_{t-\frac{r}{2}}^{t_k+r^-} G(s)V(s-r)\mathrm{d}s + A \int_{t_k+r^+}^{t} G(s)V(s-r)\mathrm{d}s \\
&\geqslant \frac{AV(t-r)}{1+\alpha} \int_{t-\frac{r}{2}}^{t} G(s)\mathrm{d}s.
\end{aligned}
\tag{5.3.37}
$$

将 (5.3.30) 在 $\left[t - r, t - \dfrac{r}{2}\right]$ 上积分

$$V(t-r) \geqslant AV\left(t - \frac{3r}{2}\right) \int_{t-r}^{t-\frac{r}{2}} G(s)\mathrm{d}s. \tag{5.3.38}$$

于是有

$$V\left(t - \frac{r}{2}\right) \geqslant \frac{A^2}{1+\alpha} V\left(t - \frac{3r}{2}\right) \left(\int_{t-r}^{t-\frac{r}{2}} G(s)\mathrm{d}s\right)\left(\int_{t-\frac{r}{2}}^{t} G(s)\mathrm{d}s\right). \tag{5.3.39}$$

因此

$$\frac{V\left(t - \dfrac{3r}{2}\right)}{V\left(t - \dfrac{r}{2}\right)} \leqslant \frac{1+\alpha}{A^2 \left(\displaystyle\int_{t-r}^{t-\frac{r}{2}} G(s)\mathrm{d}s\right)\left(\displaystyle\int_{t-\frac{r}{2}}^{t} G(s)\mathrm{d}s\right)} \leqslant M, \tag{5.3.40}$$

故 $y(t)$ 有上界.

对充分大的 t, 由 (5.3.30) 可得

$$\int_{t-r}^{t} \frac{V'(s)}{V(s)} \mathrm{d}s + A \int_{t-r}^{t} G(s) \frac{V(s-r)}{V(s)} \mathrm{d}s \leqslant 0. \tag{5.3.41}$$

又因为

$$\begin{aligned} \int_{t-r}^{t} \frac{V'(s)}{V(s)} \mathrm{d}s &= \int_{t-r}^{t_k^-} \frac{V'(s)}{V(s)} \mathrm{d}s + \int_{t_k^+}^{t} \frac{V'(s)}{V(s)} \mathrm{d}s \\ &= \ln \frac{V(t_k)}{V(t-r)} \frac{V(t)}{V(t_k^+)} \\ &\geqslant \ln \frac{V(t)}{V(t-r)} \frac{1}{1+\alpha_k}. \end{aligned} \tag{5.3.42}$$

由式 (5.3.31) 和 (5.3.32) 可知

$$\ln \frac{V(t-r)}{V(t)}(1+\alpha_k) \geqslant A \int_{t-r}^{t} G(s) \frac{V(s-r)}{V(s)} \mathrm{d}s. \tag{5.3.43}$$

引入

$$y_0 = \liminf_{t \to +\infty} y(t), \tag{5.3.44}$$

那么 y_0 有限且是正的. 由 (5.3.33) 知

$$\ln[(1+\alpha)y(t)] \geqslant Ay_0 \int_{t-r}^{t} G(s) \mathrm{d}s,$$

因此

$$\liminf_{t \to +\infty} \int_{t-r}^{t} G(s) \mathrm{d}s \leqslant \frac{\ln[(1+\alpha)y_0]}{ay_0} \leqslant \frac{1+\alpha}{Ae},$$

这与条件 (iv) 矛盾.

如果 $u(t,x) < 0, (t,x) \in [\tau, +\infty) \times \Omega$, 那么易得 $-u(t,x)$ 是问题 (5.3.1), (5.3.30) 在区域 $[\tau, +\infty) \times \Omega$ 上的一个正解. 因此与前面类似的分析得矛盾, 定理得证.

最后, 来看一个例子.

例 5.3.1 令

$$a(t) = \begin{cases} a_0, & t = 0, \quad a_0 > 0, \\ a_0 + \dfrac{1}{1-\cos 8t}, & t > 0, \quad t \neq k\pi, \quad k = 1, 2, \cdots, \end{cases}$$

并考虑如下具有时滞的非线性脉冲抛物边值问题

$$
\begin{cases}
u_t = a(t)\dfrac{\partial^2 u}{\partial x_i^2} - 6\mathrm{e}^{2\sin x} u\left(t - \dfrac{\pi}{3}\right)\left[2 + \left(u^2\left(t - \dfrac{\pi}{3}, x\right)\right)\right], \\
\qquad t \neq k\pi, (t, x) \in R_+ \times (0, \pi), \\
u(0, t) = u(\pi, t) = 0, \quad t \neq k\pi, t \geqslant 0, \\
\Delta u = \dfrac{u}{\sqrt{t^3}}\cos\dfrac{x}{2}, \quad t = k\pi.
\end{cases}
\tag{5.3.45}
$$

这里取

$$
n = 1, \quad \Omega = (0, \pi), \quad g(t, x) = 6\mathrm{e}^{2\sin x},
$$
$$
h(u) = u(2 + u^4), \quad G(t) = \min_{x\in[0,\pi]} g(t, x) = 6.
$$

令

$$
I(t, x, u) = \frac{u}{\sqrt{t^3}}\cos\frac{x}{2},
$$

于是有

$$
\begin{aligned}
\int_0^\pi I(k\pi, x, u(k\pi, x))\mathrm{d}x &= \int_0^\pi \frac{u(k\pi, x)}{\sqrt{(k\pi)^3}}\cos\frac{x}{2}\mathrm{d}x \\
&\leqslant \frac{1}{(k\pi)^{3/2}}\int_0^\pi u(k\pi, x)\mathrm{d}x.
\end{aligned}
$$

因此满足条件 (H1)~(H3). 选取 $A = 2, \alpha = 1, \delta = \pi, r = \dfrac{\pi}{3}$, 容易看出

$$
\liminf_{t\to+\infty}\int_{t-r}^t G(s)\mathrm{d}s = \liminf_{t\to+\infty}\int_{t-\frac{\pi}{3}}^t 6\mathrm{d}s = 2\pi > \frac{1+\alpha}{A\rho} = \frac{1}{\rho}.
$$

因此满足定理 5.3.9 的条件. 从而问题 (5.3.38) 的每个非零解在区域 $R_+ \times (0, \pi)$ 上是振动的.

5.4　双曲型脉冲时滞偏微分系统的振动性

考虑如下的脉冲时滞双曲系统

$$
\begin{cases}
u_{tt} = a(t)\Delta u(t, x) + b(t)\Delta u(t - \sigma, x) - p(t, x)u(t, x) \\
\qquad - q(t, x)f[u(t - r, x)] + g(t, x), \quad t \neq t_k, \\
u(t_k^+, x) - u(t_k^-, x) = I(t_k, x, u), \quad k = 1, 2, 3, \cdots, \\
u_t(t_k^+, x) - u_t(t_k^-, x) = J(t_k, x, u_t), \quad k = 1, 2, 3, \cdots,
\end{cases}
\tag{5.4.1}
$$

满足

(1) Δ 是 R^n 中的 Laplace 算子; $u = u(t,x)$, $(t,x) \in G = R_+ \times \Omega$, 其中 Ω 是 R^n 中的有界域且具有光滑的边界 $\partial\Omega$, $R_+ = [0, +\infty)$;

(2) $0 < t_1 < t_2 < \cdots < t_k < \cdots$ 且 $\lim\limits_{t \to \infty} t_k = +\infty$;

(3) $a, b \in PC[R_+, R_+], p, q \in PC[R_+ \times \overline{\Omega}, R_+]$, 其中 PC 表示关于 t 分段连续的函数类, 且仅以 $t = t_k(k = 1, 2, 3, \cdots)$ 为第一类间断点并在 $t = t_k$ 左连续; 受迫项 $g \in PC[R_+ \times \overline{\Omega}, R]$;

(4) σ 和 r 都是正常数;

(5) $I, J : R_+ \times \overline{\Omega} \times R \to R$.

同时考虑两类边界条件

$$\frac{\partial u}{\partial N} + h(x)u = 0, \quad (t,x) \in R_+ \times \partial\Omega, \quad t \neq t_k \tag{B1}$$

和

$$u = 0, \quad (t,x) \in R_+ \times \partial\Omega, \quad t \neq t_k, \tag{B2}$$

其中 $h \in (\partial\Omega, (0, +\infty))$, N 是 $\partial\Omega$ 的单位外法向量.

问题 (5.4.1), (B1) 或问题 (5.4.2), (B2) 的解 $u(t,x)$ 及其偏导数 $u_t(t,x)$ 是仅以 $t = t_k, k = 1, 2, \cdots$ 为第一类间断点的分段连续函数. 假定它们都是左连续的, 也就是说在脉冲时刻有如下关系式

$$u(t_k^-, x) = u(t,x) \quad \text{且} \quad u(t_k^+, x) = u(t_k, x) + I(t_k, x, u(t_k, x)),$$

$$u_t(t_k^-, x) = u_t(t,x) \quad \text{且} \quad u_t(t_k^+, x) = u_t(t_k, x) + J(t_k, x, u_t(t_k, x)).$$

定义 5.4.1 问题 (5.4.1), (B1) 或 (5.4.2), (B2) 的解在区域 G 内称为是非振动的, 若存在一个数 $\tau \geqslant 0$, 使得 $u(t,x)$ 在 $(t,x) \in [\tau, +\infty) \times \Omega$ 是常号的; 否则, 称为振动的.

考虑如下的 Robin 特征值问题

$$\begin{cases} \Delta u + \lambda u = 0, & x \in \Omega, \\ \dfrac{\partial u}{\partial N} + h(x)u = 0, & x \in \partial\Omega. \end{cases} \tag{5.4.2}$$

引理 5.4.1[15] 若 $h \in C(\partial\Omega, (0, +\infty))$, 则 Robin 特征值问题 (5.4.2) 有一个最小正特征值 λ_0 并且相应的特征函数 $\Psi(x)$ 在 Ω 上是正的.

引理 5.4.2 设 $h \in C(\partial\Omega, (0, +\infty))$, 并且如下的假设成立:

(A1) $f(u)$ 是 R_+ 上的正的凸函数;

(A2) 对任意的函数 $u \in PC[R_+ \times \overline{\Omega}, R_+]$ 和常数 $\alpha_k > 0, \beta_k > 0$, 有

$$\int_\Omega I(t_k, x, u(t_k, x)) \mathrm{d}x \leqslant \alpha_k \int_\Omega u(t_k, x), \quad k = 1, 2, \cdots,$$

$$\int_\Omega J(t_k, x, u_t(t_k, x)) \mathrm{d}x \leqslant \beta_k \int_\Omega u_t(t_k, x), \quad k = 1, 2, \cdots.$$

若 $u(t, x)$ 是问题 (5.4.1), (B1) 在区域 $[\tau, +\infty) \times \Omega$ $(\tau \geqslant 0)$ 上的一个正解, 则脉冲时滞微分不等式

$$
\begin{cases}
U''(t) + [\lambda_0 a(t) + P(t)]U(t) + \lambda_0 b(t)U(t - \sigma) + Q(t)f[U(t - r)] \leqslant G(t), \\
\qquad\qquad\qquad\qquad t \neq t_k, \\
U(t_k^+) \leqslant (1 + \alpha_k)U(t_k), \quad t = 1, 2, \cdots, \\
U'(t_k^+) \leqslant (1 + \beta_k)U'(t_k), \quad t = 1, 2, \cdots
\end{cases}
\tag{5.4.3}
$$

有最终正解

$$U(t) = \frac{1}{\displaystyle\int_\Omega \Psi(x)\mathrm{d}x} \int_\Omega u(t, x)\eta(x)\mathrm{d}x, \tag{5.4.4}$$

其中

$$P(t) = \min_{x \in \bar\Omega}\{p(t, x)\}, \quad Q(t) = \min_{x \in \bar\Omega}\{q(t, x)\}, \quad G(t) = \frac{1}{\displaystyle\int_\Omega \Psi(x)\mathrm{d}x} \int_\Omega g(t, x)\Psi(x)\mathrm{d}x.$$

证明 设 $u(t, x)$ 是问题 (5.4.1), (B1) 在区域 $[\mu, +\infty) \times \Omega (\mu \geqslant 0)$ 上的一个正解. 对 $t \neq t_k$, 存在 $t^* \geqslant \mu$, 使得

$$u(t - \sigma, x) > 0 \quad \text{且} \quad u(t - r, x) > 0, \quad \text{其中}(t, x) \in [t^*, +\infty) \times \Omega.$$

在式 (5.4.1) 两边同乘以特征函数 $\Psi(x)$, 并对其在区域 Ω 上关于 x 积分, 有

$$
\begin{aligned}
\frac{\mathrm{d}^2}{\mathrm{d}t^2} \int_\Omega u(t, x)\Psi(x)\mathrm{d}x =\,& a(t) \int_\Omega \Delta u(t, x)\Psi(x)\mathrm{d}x + b(t) \int_\Omega \Delta u(t - \sigma, x)\Psi(x)\mathrm{d}x \\
& - \int_\Omega p(t, x)u(t, x)\Psi(x)\mathrm{d}x \\
& + \int_\Omega q(t, x)f[u(t - r, x)]\Psi(x)\mathrm{d}x \\
& + \int_\Omega g(t, x)\Psi(x), \quad t \neq t_k, \ t \geqslant t^*.
\end{aligned}
\tag{5.4.5}
$$

利用 Green 定理及引理 5.4.1 得

$$\int_\Omega \Delta u(t, x)\Psi(x)\mathrm{d}x = \int_{\partial\Omega} \left(\Psi \frac{\partial u}{\partial N} - u\frac{\partial \Psi}{\partial N}\right)\mathrm{d}S + \int_{\partial\Omega} u\Delta\Psi \mathrm{d}x$$

$$= \int_{\partial\Omega} [\Psi(-hu) - u(-h\Psi)]\mathrm{d}S + \int_{\Omega} u(-\lambda_0\Psi))\mathrm{d}x$$

$$= -\lambda_0 \int_{\Omega} u(t,x)\Psi(x)\mathrm{d}x, \quad t \neq t_k, \ t \geqslant t^*, \tag{5.4.6}$$

$$\int_{\Omega} \Delta u(t-\sigma,x)\Psi(x)\mathrm{d}x = -\lambda_0 \int_{\Omega} u(t-\sigma,x)\Psi(x)\mathrm{d}x, \quad t \geqslant t^*, \tag{5.4.7}$$

其中 $\mathrm{d}S$ 是 $\partial\Omega$ 的面积微元.

由 (A1) 和 Jensen 不等式推知

$$\int_{\Omega} q(t,x)f[u(t-r,x)]\Psi(x)\mathrm{d}x$$

$$\geqslant Q(t)\int_{\Omega}\Psi(x)\mathrm{d}x \cdot f\left(\frac{1}{\displaystyle\int_{\Omega}\Psi(x)\mathrm{d}x}\int_{\Omega} u(t-r,x)\Psi(x)\mathrm{d}x\right), \quad t \neq t_k, \ t \geqslant t^*. \tag{5.4.8}$$

综合 (5.4.5)~(5.4.8) 得

$$\frac{\mathrm{d}^2}{\mathrm{d}t^2}\int_{\Omega} u(t,x)\Psi(x)\mathrm{d}x + \lambda_0 a(t)\int_{\Omega} u(t,x)\Psi(x)\mathrm{d}x + \lambda_0 b(t)\int_{\Omega} u(t-\sigma,x)\Psi(x)\mathrm{d}x$$

$$+ P(t)\int_{\Omega} u(t,x)\Psi(x)\mathrm{d}x + \int_{\Omega}\Psi(x)\mathrm{d}x \cdot Q(t) \cdot f\left(\frac{1}{\displaystyle\int_{\Omega}\Psi(x)\mathrm{d}x}\int_{\Omega} u(t-\sigma,x)\eta(x)\mathrm{d}x\right)$$

$$\leqslant \int_{\Omega} g(t,x)\Psi(x), \quad t \neq t_k, \ t \geqslant t^*. \tag{5.4.9}$$

对 $t = t_k$ 利用 (A2) 得到

$$\int_{\Omega} [u(t_k^+,x) - u(t_k,x)]\Psi(x)\mathrm{d}x = \int_{\Omega} I(t_k,x,u(t_k,x))\Psi(x)\mathrm{d}x$$

$$\leqslant \alpha_k \int_{\Omega} u(t_k,x)\Psi(x)\mathrm{d}x, \quad k = 1,2,\cdots,$$

$$\int_{\Omega} [u_t(t_k^+,x) - u_t(t_k,x)]\Psi(x)\mathrm{d}x = \int_{\Omega} J(t_k,x,u_t(t_k,x))\Psi(x)\mathrm{d}x$$

$$\leqslant \beta_k \int_{\Omega} u_t(t_k,x)\Psi(x)\mathrm{d}x, \quad k = 1,2,\cdots,$$

即

$$\int_{\Omega} u(t_k^+,x)\Psi(x)\mathrm{d}x \leqslant (1+\alpha_k)\int_{\Omega} u(t_k,x)\Psi(x)\mathrm{d}x, \quad k = 1,2,\cdots, \tag{5.4.10}$$

$$\int_{\Omega} u_t(t_k^+,x)\Psi(x)\mathrm{d}x \leqslant (1+\beta_k)\int_{\Omega} u_t(t_k,x)\Psi(x)\mathrm{d}x, \quad k = 1,2,\cdots. \tag{5.4.11}$$

(5.4.9)~(5.4.11) 表明, 通过 (5.4.4) 定义的 $U(t)$ 是脉冲时滞微分不等式 (5.4.3) 的一个正解 $(t \geqslant t^*)$. 引理 (5.4.2) 证毕.

定理 5.4.1　设条件 (A1) 和 (A2) 成立, $h \in C(\partial\Omega, (0, +\infty))$. 若进一步假设

$$\begin{cases} f(-u) = -f(u), \quad \forall \, u \in (0, +\infty), \\ I(t_k, x, -u(t_k, x)) = -I(t_k, x, u(t_k, x)), \quad k = 1, 2, \cdots, \\ J(t_k, x, -u_t(t_k, x)) = -J(t_k, x, u_t(t_k, x)), \quad k = 1, 2, \cdots, \end{cases} \tag{A3}$$

并且脉冲时滞微分不等式 (5.4.3) 和脉冲时滞微分不等式

$$\begin{cases} U''(t) + [\lambda_0 a(t) + P(t)]U(t) + \lambda_0 b(t)U(t-\sigma) + Q(t)f[U(t-r)] \leqslant -G(t), \\ t \neq t_k, \\ U(t_k^+) \leqslant (1+\alpha_k)U(t_k), \quad t = 1, 2, \cdots, \\ U'(t_k^+) \leqslant (1+\beta_k)U'(t_k), \quad t = 1, 2, \cdots \end{cases} \tag{5.4.12}$$

都没有最终正解, 则问题 (5.4.1) 和 (B1) 的每一个非零解都在区域 G 内振动.

证明　利用反证法. 设 $u(t, x)$ 是问题 (5.4.1) 和 (B1) 的一个非零解, 并且存在某个 $\mu \geqslant 0$, 使得 $u(t, x)$ 在区域 $[\mu, +\infty) \times \Omega$ 上常号. 不妨设 $u(t, x) > 0$, $(t, x) \in [\mu, +\infty) \times \Omega$. 由引理 5.4.2 推知, 由 (5.4.4) 定义的 $U(t)$ 是不等式 (5.4.3) 的一个最终正解, 这与定理的条件矛盾. 若 $u(t, x) < 0$, 对 $(t, x) \in [\mu, +\infty) \times \Omega$, 那么

$$\widetilde{u}(t, x) = -u(t, x), \quad (t, x) \in [\mu, +\infty) \times \Omega$$

是下述脉冲时滞双曲边值问题

$$\begin{cases} u_{tt} = a(t)\Delta u(t, x) + b(t)\Delta u(t-\sigma, x) - p(t, x)u(t, x) \\ \qquad\quad - q(t, x)f[u(t-r, x)] - g(t, x), \quad t \neq t_k, (t, k) \in \Omega, \\ \dfrac{\partial u}{\partial N} + h(x)u = 0, \quad (t, x) \in R_+ \times \partial\Omega, \quad t \neq t_k, \\ u(t_k^+, x) - u(t_k, x) = I(t_k, x, u), \quad k = 1, 2, 3, \cdots, \\ u_t(t_k^+, x) - u_t(t_k, x) = J(t_k, x, u_t), \quad k = 1, 2, 3, \cdots \end{cases}$$

的一个正解且满足

$$\frac{\mathrm{d}^2}{\mathrm{d}t^2} \int_\Omega \widetilde{u}(t, x)\Psi(x)\mathrm{d}x + \lambda_0 a(t) \int_\Omega \widetilde{u}(t, x)\Psi(x)\mathrm{d}x + \lambda_0 b(t) \int_\Omega \widetilde{u}(t-\sigma, x)\Psi(x)\mathrm{d}x$$

$$+ P(t) \int_\Omega \widetilde{u}(t, x)\Psi(x)\mathrm{d}x + \int_\Omega \Psi(x)\mathrm{d}x \cdot Q(t)$$

$$\times f\left(\frac{1}{\displaystyle\int_\Omega \Psi(x)\mathrm{d}x} \int_\Omega \widetilde{u}(t-\sigma, x)\Psi(x)\mathrm{d}x\right) \leqslant \int_\Omega g(t, x)\Psi(x), \quad t \neq t_k, \ t \geqslant t^* \geqslant \mu,$$

$$\int_\Omega \widetilde{u}(t_k^+, x)\Psi(x)\mathrm{d}x \leqslant (1+\alpha_k) \int_\Omega \widetilde{u}(t_k, x)\Psi(x)\mathrm{d}x, \quad k = 1, 2, \cdots,$$

$$\int_\Omega \widetilde{u}_t(t_k^+, x)\Psi(x)\mathrm{d}x \leqslant (1+\beta_k) \int_\Omega \widetilde{u}_t(t_k, x)\Psi(x)\mathrm{d}x, \quad k = 1, 2, \cdots.$$

因此函数

$$\widetilde{U}(t) = \frac{1}{\displaystyle\int_\Omega \Psi(x)\mathrm{d}x} \int_\Omega \widetilde{u}(t,x)\Psi(x)\mathrm{d}x$$

是不等式 (5.4.12) 的一个正解 $(t \geqslant t^*)$, 这与定理的条件矛盾. 证毕.

在定理 5.4.1 中令 $g \equiv 0$, 我们可以得到下面的结果.

定理 5.4.2 设条件 (A1) $\sim$ (A3) 成立, $h \in C(\partial\Omega, (0, +\infty))$. 若脉冲时滞微分不等式

$$\begin{cases} U''(t) + [\lambda_0 a(t) + P(t)]U(t) + \lambda_0 b(t)U(t-\sigma) + P(t)f[U(t-r)] \leqslant 0, & t \neq t_k, \\ U(t_k^+) \leqslant (1+\alpha_k)U(t_k), & t = 1, 2, \cdots, \\ U'(t_k^+) \leqslant (1+\beta_k)U'(t_k), & t = 1, 2, \cdots \end{cases} \tag{5.4.13}$$

没有最终正解, 则满足如下脉冲时滞双曲系统

$$\begin{cases} u_{tt} = a(t)\Delta u(t,x) + b(t)\Delta u(t-\sigma, x) - p(t,x)u(t,x) - q(t,x)f[u(t-r,x)], \\ \qquad\qquad t \neq t_k, \\ u(t_k^+, x) - u(t_k^-, x) = I(t_k, x, u), & k = 1, 2, 3, \cdots, \\ u_t(t_k^+, x) - u_t(t_k^-, x) = J(t_k, x, u_t), & k = 1, 2, 3, \cdots \end{cases} \tag{5.4.1*}$$

与边界条件 (B1) 每一个非零解在区域 G 上都是振动的.

下面的事实将稍后用于引理 5.4.3 的证明. 考虑 Dirichlet 问题

$$\begin{cases} \Delta u + \lambda u = 0, & x \in \Omega, \\ u = 0, & x \in \partial\Omega, \end{cases}$$

这里 λ 是一个常数. 我们知道最小的特征值 λ^* 是正的, 并且相应的特征函数 $\Phi(x)$ 在 Ω 中是正的.

引理 5.4.3 设条件 (A1), (A2) 成立, 若 $u(t,x)$ 是问题 (5.4.1) 和 (B2) 在区域 $[\mu, +\infty) \times \Omega$ 上的一个正解 $(\mu \geqslant 0)$, 则微分时滞不等式

$$\begin{cases} V''(t) + [\lambda^* a(t) + P(t)]V(t) + \lambda^* b(t)V(t-\sigma) + Q(t)f[V(t-r)] \leqslant 0, \\ \qquad\qquad t \neq t_k, \\ V(t_k^+) \leqslant (1+\alpha_k)V(t_k), & t = 1, 2, \cdots, \\ V'(t_k^+) \leqslant (1+\beta_k)V'(t_k), & t = 1, 2, \cdots \end{cases} \tag{5.4.14}$$

有最终正解

$$V(t) = \frac{1}{\displaystyle\int_\Omega \Phi(x)\mathrm{d}x} \int_\Omega u(t,x)\Phi(x)\mathrm{d}x, \tag{5.4.15}$$

其中

$$H(t) = \frac{1}{\displaystyle\int_\Omega \Phi(x)\mathrm{d}x} \int_\Omega g(t,x)\Phi(x)\mathrm{d}x, \quad t \neq t_k.$$

证明　设 $u(t,x)$ 是问题 (5.4.1) 和 (B2) 在区域 $[\mu, +\infty) \times \Omega$ 的一个正解, 其中 $\mu \geqslant 0$. 对 $t \neq t_k$, 存在 $t^* \geqslant \mu$, 使得 $u(t-\sigma, x) > 0$ 和 $u(t-r, x) > 0$ 对 $(t,x) \in [t^*, +\infty) \times \Omega$ 成立. 式 (5.4.1) 两端同乘以特征函数 $\Phi(x)$ 并且两端关于 x 在区域 Ω 上积分, 得

$$\begin{aligned}
\frac{\mathrm{d}^2}{\mathrm{d}t^2} \int_\Omega u(t,x)\Phi(x)\mathrm{d}x &= a(t) \int_\Omega \Delta u(t,x)\Phi(x)\mathrm{d}x + b(t) \int_\Omega \Delta u(t-\sigma, x)\Phi(x)\mathrm{d}x \\
&\quad - \int_\Omega p(t,x)\Psi(x)\mathrm{d}x - \int_\Omega q(t,x)f[u(t-r,x)]\Phi(x)\mathrm{d}x \\
&\quad + \int_\Omega g(t,x)\Psi(x), \quad t \neq t_k,\ t \geqslant t^*.
\end{aligned} \tag{5.4.16}$$

利用 Green 定理, 得

$$\begin{aligned}
\int_\Omega \Delta u(t,x)\Phi(x)\mathrm{d}x &= \int_{\partial\Omega} \left(\Phi \frac{\partial u}{\partial N} - u\frac{\partial \Phi}{\partial N} \right) \mathrm{d}S + \int_\Omega u\Delta\Phi \mathrm{d}x \\
&= -\lambda^* \int_\Omega u(t,x)\Phi(x)\mathrm{d}x, \quad t \neq t_k,\ t \geqslant t^*,
\end{aligned} \tag{5.4.17}$$

$$\int_\Omega \Delta u(t-\sigma, x)\Phi(x)\mathrm{d}x = -\lambda^* \int_\Omega u(t-\sigma, x)\Phi(x)\mathrm{d}x, \ t \neq t_k, \quad t \geqslant t^*. \tag{5.4.18}$$

由 (A1) 和 Jensen 不等式推知

$$\begin{aligned}
&\int_\Omega q(t,x)f[u(t-r,x)]\Phi(x)\mathrm{d}x \\
&\geqslant Q(t) \int_\Omega \Phi(x)\mathrm{d}x \cdot f\left(\frac{1}{\displaystyle\int_\Omega \Phi(x)\mathrm{d}x} \int_\Omega u(t-r,x)\Phi(x)\mathrm{d}x \right), \quad t \neq t_k,\ t \geqslant t^*.
\end{aligned} \tag{5.4.19}$$

综合 (5.4.16)~(5.4.19) 得

$$\begin{aligned}
&\frac{\mathrm{d}^2}{\mathrm{d}t^2} \int_\Omega u(t,x)\Phi(x)\mathrm{d}x + \lambda^* a(t) \int_\Omega u(t,x)\Psi(x)\mathrm{d}x + \lambda^* b(t) \int_\Omega u(t-\sigma, x)\Phi(x)\mathrm{d}x \\
&+ P(t) \int_\Omega u(t,x)\Phi(x)\mathrm{d}x + \int_\Omega \Phi(x)\mathrm{d}x \cdot Q(t) \cdot f\left(\frac{1}{\displaystyle\int_\Omega \eta(x)\mathrm{d}x} \int_\Omega u(t-r,x)\Phi(x)\mathrm{d}x \right) \\
&\leqslant \int_\Omega g(t,x)\Phi(x), \quad t \neq t_k,\ t \geqslant t^*.
\end{aligned}$$

对 $t = t_k$, 利用 (A2) 得

$$\int_\Omega u(t_k^+, x)\Phi(x)\mathrm{d}x \leqslant (1 + \alpha_k)\int_\Omega u(t_k, x)\Phi(x)\mathrm{d}x, \quad k = 1, 2, \cdots,$$

$$\int_\Omega u_t(t_k^+, x)\Phi(x)\mathrm{d}x \leqslant (1 + \beta_k)\int_\Omega u_t(t_k, x)\Phi(x)\mathrm{d}x, \quad k = 1, 2, \cdots.$$

因此, 通过 (5.4.15) 定义的 $V(t)$ 是脉冲时滞微分不等式 (5.4.14) 的一个正解 $(t \geqslant t^*)$. 引理 5.4.3 证毕.

定理 5.4.3 设条件 (A1) $\sim$ (A3) 成立. 若假设脉冲时滞微分不等式 (5.4.14) 和脉冲时滞微分不等式

$$\begin{cases} V''(t) + [\lambda^* a(t) + P(t)]V(t) + \lambda^* b(t)V(t - \sigma) \\ \quad + Q(t)f[V(t - r)] \leqslant -H(t), \quad t \neq t_k, \\ V(t_k^+) \leqslant (1 + \alpha_k)V(t_k), \quad t = 1, 2, \cdots, \\ V'(t_k^+) \leqslant (1 + \beta_k)V'(t_k), \quad t = 1, 2, \cdots \end{cases} \tag{5.4.20}$$

都没有最终正解, 则问题 (5.4.1) 和 (B2) 的每一个非零解在区域 G 上是振动的.

证明类似于定理 5.4.1, 此处从略. 另外, 若令 $g \equiv 0$, 可得到如下定理:

定理 5.4.4 设条件 (A1) $\sim$ (A3) 成立. 若假设脉冲时滞微分不等式 (5.4.14) 和脉冲时滞微分不等式

$$\begin{cases} V''(t) + [\lambda^* a(t) + P(t)]V(t) + \lambda^* b(t)V(t - \sigma) + Q(t)f[V(t - r)] \leqslant 0, \\ \quad t \neq t_k, \\ V(t_k^+) \leqslant (1 + \alpha_k)V(t_k), \quad t = 1, 2, \cdots, \\ V'(t_k^+) \leqslant (1 + \beta_k)V'(t_k), \quad t = 1, 2, \cdots \end{cases} \tag{5.4.21}$$

都没有最终正解, 则问题 (5.4.1*) 和 (B2) 的每一个非零解在区域 G 上是振动的.

从上面的讨论可以看出, 建立满足某些边值条件的脉冲时滞双曲系统的振动准则, 可以归结为对二阶脉冲时滞微分不等式解的性质的研究, 接下来我们建立更多的脉冲时滞双曲系统的振动准则. 首先介绍如下引理.

引理 5.4.4[2] 设

$$m'(t) \leqslant n(t), \quad t \neq t_k, \quad t \geqslant t_0,$$

$$m'(t_k^+) \leqslant (1 + b_k)m(t_k), \quad k = 1, 2, 3, \cdots,$$

其中 $0 < t_1 < t_2 < \cdots < t_k < \cdots$ 且 $\lim\limits_{k \to +\infty} t_k = +\infty; m \in PC^1[R_+, R], n \in [R_+, R]$ 且 b_k 是常数. 则

$$m(t) \leqslant \prod_{t_0 < t_k < t}(1 + b_k)m(t_0) + \int_{t_0}^t \prod_{s < t_k < t}(1 + b_k)n(s)\mathrm{d}s, \quad t \geqslant t_0.$$

现证明下面的结果.

定理 5.4.5　设条件 (A1) ∼ (A3) 成立, $h \in C(\partial\Omega, (0, +\infty))$. 若进一步假定

$$\sum_{n=0}^{\infty} \alpha_k < +\infty, \quad \sum_{n=0}^{\infty} \beta_k < +\infty, \tag{5.4.22}$$

$$\liminf_{t\to+\infty} \frac{\displaystyle\int_{\tau}^{t} \prod_{\xi<t_k<t}(1+\alpha_k)\int_{\tau}^{\xi}\prod_{s<t_k<\xi}(1+\beta_k)G(s)\mathrm{d}s\mathrm{d}\xi}{\displaystyle\int_{\tau}^{t}\prod_{\tau<t_k<\xi}(1+\beta_k)\prod_{\xi<t_k<t}(1+\alpha_k)\mathrm{d}\xi} = -\infty, \tag{5.4.23}$$

$$\limsup_{t\to+\infty} \frac{\displaystyle\int_{\tau}^{t} \prod_{\xi<t_k<t}(1+\alpha_k)\int_{\tau}^{\xi}\prod_{s<t_k<\xi}(1+\beta_k)G(s)\mathrm{d}s\mathrm{d}\xi}{\displaystyle\int_{\tau}^{t}\prod_{\tau<t_k<\xi}(1+\beta_k)\prod_{\xi<t_k<t}(1+\alpha_k)\mathrm{d}\xi} = +\infty \tag{5.4.24}$$

对任意充分大的 τ 成立, 则问题 (5.4.1) 和 (B1) 的每一个非零解在区域 G 上是振动的.

证明　设 $u(t, x)$ 是问题 (5.4.1) 和 (B1) 的一个非零解, 并且存在某个 $\tilde{\tau} \geqslant 0$, 使得 $u(t, x)$ 在区域 $[\tilde{\tau}, +\infty) \times \Omega$ 上常号. 若 $u(t, x) > 0$, $(t, x) \in [\tilde{\tau}, +\infty) \times \Omega$, 则有

$$U(t - \sigma) > 0, \quad U(t - r) > 0, \quad t \geqslant \tau \geqslant \tilde{\tau},$$

且由 (5.4.4) 所定义的 $U(t)$ 是非齐次脉冲时滞不等式 (5.4.3) 的一个正解 $(t \geqslant \tau)$.

从式 (5.4.3) 得到

$$U''(t) \leqslant G(t), \quad t \neq t_k, \quad t \geqslant \tau. \tag{5.4.25}$$

考虑 (5.4.25) 式和不等式

$$U'(t_k^+) \leqslant (1+\beta_k)U'(t_k), \quad t = 1, 2, \cdots.$$

由引理 5.4.4 得

$$U'(t) \leqslant \prod_{\tau<t_k<t}(1+\beta_k)U'(t) + \int_{\tau}^{t}\prod_{s<t_k<t}(1+\beta_k)G(s)\mathrm{d}s, \quad t \geqslant \tau. \tag{5.4.26}$$

现考虑 (5.4.26) 和不等式

$$U(t_k^+) \leqslant (1+\alpha_k)U(t_k), \quad t = 1, 2, \cdots,$$

类似之前的讨论, 由引理 5.4.4 得

$$U(t) \leqslant \prod_{\tau<t_k<t}(1+\alpha_k)U(\tau)$$

$$+ \int_{\tau}^{t}\prod_{\xi<t_k<t}(1+\alpha_k)\Big[\prod_{\tau<t_k<\xi}(1+\beta_k)U'(\tau) + \int_{\tau}^{\xi}\prod_{s<t_k<\xi}(1+\beta_k)G(s)\mathrm{d}s\Big]\mathrm{d}\xi$$

$$\begin{aligned}
&= \prod_{\tau < t_k < t}(1+\alpha_k)U(\tau) + U'(\tau)\int_\tau^t \prod_{\tau<t_k<\xi}(1+\beta_k)\prod_{\xi<t_k<t}(1+\alpha_k)\mathrm{d}\xi \\
&\quad + \int_\tau^t \prod_{\xi<t_k<t}(1+\alpha_k)\int_\tau^\xi \prod_{s<t_k<\xi}(1+\beta_k)G(s)\mathrm{d}s\mathrm{d}\xi, \quad t \leqslant \tau.
\end{aligned} \tag{5.4.27}$$

设 $t > \tau$, 则存在某个整数 m, 使得 $t_m < t \leqslant t_{m+1}$, 因此

$$\begin{aligned}
\int_\tau^t \prod_{\tau<t_k<\xi}(1+\beta_k)\prod_{\xi<t_k<t}(1+\alpha_k)\mathrm{d}\xi &\leqslant \int_t^{t_1}\prod_{k=1}^m(1+\alpha_k)\mathrm{d}\xi \\
&\quad + \sum_{j=1}^{m-1}\int_{t_j}^{t_{j+1}}\prod_{k=1}^j(1+\beta_k)\prod_{k=j+1}^m(1+\alpha_k)\mathrm{d}\xi \\
&\quad + \int_{t_m}^{t_{m+1}}\prod_{k=1}^m(1+\alpha_k)\mathrm{d}\xi \\
&= \prod_{k=1}^m(1+\alpha_k)(t_1-\tau) + \sum_{j=1}^{m-1}\Big[\prod_{k=1}^j(1+\beta_k) \\
&\quad \times \prod_{k=j+1}^m(1+\alpha_k)(t_{j+1}-t_j)\Big] \\
&\quad + \prod_{k=1}^m(1+\alpha_k)(t_{m+1}-t_m) < +\infty. \quad (5.4.28)
\end{aligned}$$

不等式 (5.4.27) 两端同除以 (5.4.28), 得到

$$\begin{aligned}
&\frac{U(t)}{\displaystyle\int_\tau^t \prod_{\tau<t_k<\xi}(1+\beta_k)\prod_{\xi<t_k<t}(1+\alpha_k)\mathrm{d}\xi} \\
&\leqslant \frac{\displaystyle\prod_{\tau<t_k<t}(1+\alpha_k)U(\tau)}{\displaystyle\int_\tau^t \prod_{\tau<t_k<\xi}(1+\beta_k)\prod_{\xi<t_k<t}(1+\alpha_k)\mathrm{d}\xi} \\
&\quad + U'(t) + \frac{\displaystyle\int_\tau^t \prod_{\xi<t_k<t}(1+\alpha_k)\int_\tau^\xi \prod_{s<t_k<\xi}(1+\beta_k)G(s)\mathrm{d}s\mathrm{d}\xi}{\displaystyle\int_\tau^t \prod_{\tau<t_k<\xi}(1+\beta_k)\prod_{\xi<t_k<t}(1+\alpha_k)\mathrm{d}\xi}.
\end{aligned}$$

容易看到

$$\int_\tau^t \prod_{\tau<t_k<\xi}(1+\beta_k)\prod_{\xi<t_k<t}(1+\alpha_k)\mathrm{d}\xi \to \infty, \quad \text{当 } t \to +\infty,$$

然后, 利用 (5.4.22) 及 (5.4.23) 得

$$\liminf_{t \to +\infty} \frac{U(t)}{\displaystyle\int_\tau^t \prod_{\tau < t_k < \xi} (1 + \beta_k) \prod_{\xi < t_k < t} (1 + \alpha_k) \mathrm{d}\xi} = -\infty. \tag{5.4.29}$$

另一方面, 因为对任意的 $t \geqslant \tau$ 有 $U(t) > 0$, 得

$$\liminf_{t \to +\infty} \frac{U(t)}{\displaystyle\int_\tau^t \prod_{\tau < t_k < \xi} (1 + \beta_k) \prod_{\xi < t_k < t} (1 + \alpha_k) \mathrm{d}\xi} \geqslant 0,$$

这与式 (5.4.29) 矛盾.

若 $u(t, x) < 0$, $(t, x) \in [\tilde{\tau}, +\infty) \times \Omega$, 那么容易验证函数

$$\tilde{U}(t) = \frac{1}{\displaystyle\int_\Omega \Psi(x) \mathrm{d}x} \int_\Omega [-u(t, x)] \Psi(x) \mathrm{d}x$$

是非齐次不等式 (5.4.12) 当 $t \geqslant \tau \geqslant \tilde{\tau}$ 的一个正解. 从 (5.4.24) 推得

$$\liminf_{t \to +\infty} \frac{\displaystyle\int_\tau^t \prod_{\xi < t_k < t} (1 + \alpha_k) \int_\tau^\xi \prod_{s < t_k < \xi} (1 + \beta_k)[-G(s)] \mathrm{d}s \mathrm{d}\xi}{\displaystyle\int_\tau^t \prod_{\tau < t_k < \xi} (1 + \beta_k) \prod_{\xi < t_k < t} (1 + \alpha_k) \mathrm{d}\xi}$$

$$= -\limsup_{t \to +\infty} \frac{\displaystyle\int_\tau^t \prod_{\xi < t_k < t} (1 + \alpha_k) \int_\tau^\xi \prod_{s < t_k < \xi} (1 + \beta_k) G(s) \mathrm{d}s \mathrm{d}\xi}{\displaystyle\int_\tau^t \prod_{\tau < t_k < \xi} (1 + \beta_k) \prod_{\xi < t_k < t} (1 + \alpha_k) \mathrm{d}\xi} = -\infty.$$

这样由类似方法可推出矛盾. 证明完毕.

定理 5.4.6 设条件 (A1) ~ (A3) 成立且 (5.4.22) 成立. 若进一步假设

$$\liminf_{t \to +\infty} \frac{\displaystyle\int_\tau^t \prod_{\xi < t_k < t} (1 + \alpha_k) \int_\tau^\xi \prod_{s < t_k < \xi} (1 + \beta_k) H(s) \mathrm{d}s \mathrm{d}\xi}{\displaystyle\int_\tau^t \prod_{\tau < t_k < \xi} (1 + \beta_k) \prod_{\xi < t_k < t} (1 + \alpha_k) \mathrm{d}\xi} = -\infty$$

和

$$\limsup_{t \to +\infty} \frac{\displaystyle\int_\tau^t \prod_{\xi < t_k < t} (1 + \alpha_k) \int_\tau^\xi \prod_{s < t_k < \xi} (1 + \beta_k) H(s) \mathrm{d}s \mathrm{d}\xi}{\displaystyle\int_\tau^t \prod_{\tau < t_k < \xi} (1 + \beta_k) \prod_{\xi < t_k < t} (1 + \alpha_k) \mathrm{d}\xi} = +\infty$$

对每一充分大的 τ 成立, 那么问题 (5.4.1) 和 (B2) 的每一个非零解在区域 G 上是振动的.

与定理 5.4.5 的证明类似, 可证明定理 5.4.26.

定理 5.4.7 设条件 (A1) $\sim$ (A3) 成立且 (5.4.22) 成立, 其中 $h \in C(\partial\Omega, (0, +\infty))$. 若进一步假设

(1) $I(t, x, u)|_{t=t_k} \geqslant 0$, $(t, x, u) \in R_+ \times \overline{\Omega} \times R_+$, $k = 1, 2, \cdots$,

(2) $\limsup\limits_{t \to +\infty} \displaystyle\int_T^t \prod\limits_{s < t_k < t} (1 + \beta_k) \mathrm{d}s = +\infty$ 对每一个足够大的 T 成立,

则问题 (5.4.1*) 和 (B1) 的每一个非零解在区域 G 上是振动的.

证明 设 $u(t, x)$ 是问题 (5.4.1*) 和 (B1) 的一个在区域 G 上的非振动解, 假定 $u(t, x) > 0$, $(t, x) \in [\tilde{\tau}, +\infty)$. 则有

$$U(t - \sigma) > 0, \quad U(t - r) > 0, \quad \text{对} \, t \geqslant \tau \geqslant \tilde{\tau},$$

且由 (5.4.4) 定义的函数 $U(t)$ 是非齐次不等式 (5.4.3) 的一个正解 $(t \geqslant \tau)$.

注意到 $f(U(t - r)) > 0$ 对 $U(t - r) > 0$ 成立, 可知

$$U''(t) \leqslant 0, \quad t \neq t_k, \quad t \geqslant \tau. \tag{5.4.30}$$

要证

$$U'(t) \geqslant 0, \quad t \geqslant \tau. \tag{5.4.31}$$

若不然, 则存在一个数 $t^* > \tau$, 使得 $U'(t^*) < 0$, 由引理 5.4.4 得

$$U'(t) \leqslant \prod\limits_{t^* < t_k < t} (1 + \beta_k) U'(t^*). \tag{5.4.32}$$

由 (5.4.32) 和不等式 $U(t_k^+) \leqslant (1 + \alpha_k) U(t_k), k = 1, 2, \cdots$, 利用引理 5.4.4 得

$$U(t) \leqslant \prod\limits_{t^* < t_k < t} (1 + \alpha_k) U(t^*) + \int_{t^*}^t \prod\limits_{s < t_k < t} (1 + \alpha_k) \Big[\prod\limits_{t^* < t_k < s} (1 + \beta_k) U'(t^*) \Big] \mathrm{d}s$$

$$= \prod\limits_{t^* < t_k < t} (1 + \alpha_k) U(t^*) + U'(t^*) \int_{t^*}^t \prod\limits_{t^* < t_k < s} (1 + \beta_k) \prod\limits_{s < t_k < t} (1 + \alpha_k) \mathrm{d}s.$$

在上面的不等式中令 $t \to +\infty$, 利用式 (5.4.22) 和

$$\int_{t^*}^t \prod\limits_{t^* < t_k < s} (1 + \beta_k) \prod\limits_{s < t_k < t} (1 + \alpha_k) \mathrm{d}s \to +\infty, \quad \text{当} \, t \to +\infty,$$

得

$$\limsup\limits_{t \to +\infty} U(t) = -\infty,$$

得到矛盾. 因此 (5.4.31) 成立.

令

$$W(t) = \frac{U'(t)}{U(t-\sigma)}, \quad t \geqslant \tau.$$

则对 $t \geqslant \tau$, 有 $W(t) \geqslant 0$, 且

$$W'(t) = \frac{U''(t)}{U(t-\sigma)} - \frac{U'(t)U'(t-\sigma)}{U^2(t-\sigma)}, \quad t \geqslant \tau + \sigma, \quad t \neq t_k. \tag{5.4.33}$$

由 (5.4.30) 有

$$U'(t) \leqslant U'(t-\sigma), \quad t \geqslant \tau + \sigma, \quad t \neq t_k. \tag{5.4.34}$$

由 (5.4.13) 推知

$$U''(t) \leqslant -\lambda_0 b(t)U(t-\sigma), \quad t \geqslant \tau + \sigma, \quad t \neq t_k. \tag{5.4.35}$$

综合 (5.4.33)~(5.4.35) 有

$$W'(t) \leqslant -\lambda_0 b(t) - \left[\frac{U'(t)}{U(t-\sigma)}\right]^2 \leqslant -\lambda_0 b(t), \quad t \geqslant \tau + \sigma, \quad t \neq t_k. \tag{5.4.36}$$

对 $t = t_k$, 我们考虑两种情形:

(A) $t_i - \sigma \in (t_j, t_{j+1})$, 对某些 $i, j \in \{1, 2, \cdots, k, \cdots\}$.

容易看到

$$W(t_i^+) = \frac{U'(t_i^+)}{U(t_i^+ - \sigma)} \leqslant \frac{(1+\beta_i)U'(t_i)}{U(t_i - \sigma)} = (1+\beta_i)W(t_i).$$

(B) $t_i - \sigma = t_j$, 对某些 $i, j \in \{1, 2, \cdots, k, \cdots\}$.

利用定理预先假定的条件 (1), 得

$$\int_\Omega [U(t_j^+, x) - u(t_j, x)]\mathrm{d}x = \int_\Omega I(t_j, x, u(t_j, x))\mathrm{d}x \geqslant 0,$$

且有

$$U(t_j^+) = \frac{\int_\Omega u(t_j^+, x)\Psi(x)\mathrm{d}x}{\int_\Omega \Psi(x)\mathrm{d}x} \geqslant \frac{\int_\Omega u(t_j, x)\Psi(x)\mathrm{d}x}{\int_\Omega \Psi(x)\mathrm{d}x} = U(t_j). \tag{5.4.37}$$

由 (5.4.37) 得

$$W(t_i^+) = \frac{U'(t_i^+)}{U(t_j^+)} \leqslant \frac{U'(t_i^+)}{U(t_i)} \leqslant \frac{(1+\beta_i)U'(t_i)}{U(t_i - \sigma)} = (1+\beta_i)W(t_i).$$

结合情形 (A) 和 (B) 得

$$W(t_k^+) \leqslant (1 + \beta_k)W(t_k), \quad k = 1, 2, \cdots. \tag{5.4.38}$$

考虑 (5.4.36) 和 (5.4.38), 由引理 5.4.4 得

$$W(t) \leqslant \prod_{\tau+\sigma < t_k < t} (1 + \beta_k)W(\tau + \sigma) - \int_{\tau+\sigma}^t \prod_{s < t_k < t} (1 + \beta_k)\lambda_0 b(s)\mathrm{d}s.$$

注意到 (5.4.22) 和定理的条件 (2) 以及 $W(t) \geqslant 0(t \geqslant \tau)$, 得到矛盾.

若 $u(t, x) < 0, (t, x) \in [\tilde{\tau}, +\infty) \times \Omega$, 则 $\tilde{u}(t, x) \equiv -u(t, x)$ 是问题 (5.4.1*) 和 (B1) 的一个正解, 亦可得到矛盾. 定理 5.4.7 证毕.

利用定理 5.4.7 中类似的证明我们可以得到问题 (5.4.1*),(B1) 或 (5.4.1*),(B2) 的如下结果.

定理 5.4.8 假设条件 (A1) ∼ (A3) 及 (5.4.22) 成立. 若进一步假定定理 5.4.7 中的假设 (1) 成立并且

$$\limsup_{t \to +\infty} \int_T^t \prod_{s < t_k < t} (1 + \beta_k)b(s)\mathrm{d}s = +\infty$$

对每一个充分大的 T 成立, 则问题 (5.4.1*) 和 (B2) 的每一个非零解在区域 G 上是振动的.

定理 5.4.9 设条件 (A1) ∼ (A3) 及 (5.4.22) 成立, 其中 $h \in C(\partial\Omega, (0, +\infty))$. 若进一步假设

(1*) $(f(u)/u) \geqslant \varepsilon, u \in (0, +\infty)$ 对某个常数 $\varepsilon > 0$,

(2*) $I(t, x, u)|_{t=t_k} \geqslant 0, (t, x, u) \in R_+ \times \overline{\Omega} \times R_+, k = 1, 2, \cdots$,

(3*) $\limsup\limits_{t \to +\infty} \int_T^t \prod\limits_{s < t_k < t} (1 + \beta_k)\mathrm{d}s = +\infty$ 对每一个足够大的 T 成立.

则问题 (5.4.1*) 和 (B1) 的每一个非零解在区域 G 上是振动的.

定理 5.4.10 设条件 (A1) ∼ (A3) 及 (5.4.22) 成立, 若进一步假设定理 5.4.9 中条件 (1*) ∼ (3*) 成立, 那么问题 (5.4.1*) 和 (B2) 的每一个非零解在区域 G 上是振动的.

现考虑如下特殊情况

$$I(t_k, x, u(t_k, x)) = \alpha_k u(t_k, x), \quad k = 1, 2, \cdots,$$

并且

$$J(t_k, x, u(t_k, x)) = \beta_k u(t_k, x), \quad k = 1, 2, \cdots, \tag{5.4.39}$$

其中 $\alpha_k > 0, \beta_k > 0$.

定理 5.4.11　设 $h \in C(\partial\Omega, (0, +\infty))$ 并且

(A*)$f(u)$ 是 R_+ 上的一个正凸函数, $f(-u) = -f(u)$, $u \in (0, +\infty)$.

若我们进一步假定条件 (5.4.39) 成立, 并且

(1) 存在常数 $\alpha > 0$ 和 $\delta > 0$, 使得

$$\prod_{k=1}^{n}(1 + \alpha_k) \leqslant \alpha \quad \text{且} \quad \prod_{k=1}^{n}\frac{1 + \alpha_k}{1 + \beta_k} \geqslant \delta, \quad n = 1, 2, \cdots,$$

(2) $\limsup\limits_{t \to +\infty} \displaystyle\int_T^t \prod_{t_0 < t_k < s} \frac{1 + \beta_k}{1 + \alpha_k} \mathrm{d}s = +\infty, \quad \liminf\limits_{t \to +\infty} \displaystyle\int_T^t \frac{b(s)\mathrm{d}s}{\prod\limits_{s - \sigma < t_k < s}(1 + \beta_k)} = +\infty$

对每一个充分大的 T 成立, 则问题 (5.4.1*) 和 (B1) 的每一个非零解在区域 G 上是振动的.

证明　利用反证法. 设 $u(t, x)$ 是问题 (5.4.1*) 和 (B1) 的一个非零解, 则存在某个 $\tilde{\tau} \geqslant 0$, 使得 $u(t, x)$ 在区域 $[\tilde{\tau}, +\infty) \times \Omega$ 上常号. 若 $u(t, x) > 0$, 对 $(t, x) \in [\tilde{\tau}, +\infty) \times \Omega$. 则由 (5.4.4) 定义的 $U(t)$ 是下面的齐次不等式

$$\begin{cases} U''(t) + [\lambda_0 a(t) + P(t)]U(t) + \lambda_0 b(t)U(t - \sigma) \\ \quad + P(t)f[U(t - r)] \leqslant 0, \quad t \neq t_k, \\ U(t_k^+) = (1 + \alpha_k)U(t_k), \quad t = 1, 2, \cdots, \\ U'(t_k^+) = (1 + \beta_k)U'(t_k), \quad t = 1, 2, \cdots \end{cases} \tag{5.4.13*}$$

的一个正解, 其中 $t \geqslant \tau_1 \geqslant \tilde{\tau}$, 且

$$U(t - \sigma) > 0, \quad U(t - r) > 0, \quad t \geqslant \tau \geqslant \tau_1,$$

从 (5.4.13*) 和 (A*) 推出

$$U''(t) \leqslant -\lambda_0 b(t)U(t - \sigma), \quad t \geqslant \tau, \quad t \neq t_k. \tag{5.4.40}$$

考虑

$$\begin{cases} U''(t) \leqslant 0, \quad t \neq t_k, t \geqslant \tau, \\ U'(t_k^+) \leqslant (1 + \beta_k)U'(t_k), \quad k = 1, 2, \cdots. \end{cases}$$

由引理 5.4.4 得

$$U'(t) \leqslant \prod_{\tau < t_k < t}(1 + \beta_k)U'(\tau), \quad t \geqslant \tau. \tag{5.4.41}$$

需要证明

$$U'(t) \geqslant 0, \quad t \geqslant \tau. \tag{5.4.42}$$

若 (5.4.42) 不成立, 则存在一数 $t^* \geqslant \tau$, 使得 $U'(t^*) < 0$, 由引理 5.4.4 得

$$U'(t) \leqslant \prod_{t^* < t_k < t}(1 + \beta_k)U'(t^*), \quad t \geqslant t^*.$$

考虑最后一个不等式和等式

$$U(t_k^+) = (1 + \alpha_k)U(t_k), \quad k = 1, 2, \cdots.$$

由引理 5.4.4 得

$$
\begin{aligned}
U(t) &\leqslant \prod_{t^* < t_k < t} (1 + \alpha_k)U(t^*) + \int_{t^*}^t \prod_{s < t_k < t} (1 + \alpha_k)\Big[\prod_{t^* < t_k < s}(1 + \beta_k)U'(t^*)\Big]\mathrm{d}s \\
&= \prod_{t^* < t_k < t}(1 + \alpha_k)U(t^*) + \prod_{t^* < t_k < t}(1 + \alpha_k) \\
&\quad \times \int_{t^*}^t \frac{\displaystyle\prod_{s < t_k < t}(1 + \alpha_k)}{\displaystyle\prod_{t^* < t_k < t}(1 + \alpha_k)}\Big[\prod_{t^* < t_k < s}(1 + \beta_k)U'(t^*)\Big]\mathrm{d}s \\
&= \prod_{t^* < t_k < t}(1 + \alpha_k)\Big[U(t^*) + U'(t^*)\int_{t^*}^t \prod_{t^* < t_k < s}\frac{1 + \beta_k}{1 + \alpha_k}\mathrm{d}s\Big].
\end{aligned}
\tag{5.4.43}
$$

由假设 (1) 和 (2), 并注意到 $U(t) > 0 (t \geqslant \tau)$, 得到矛盾. 因此 (5.4.42) 式成立.

从 (5.4.42) 式和等式

$$U(t_k^+) = (1 + \alpha_k)U(t_k), \quad k = 1, 2, \cdots$$

得到

$$U(t - \rho) \geqslant \prod_{\tau < t_k < t - \sigma}(1 + \alpha_k)U(\tau). \tag{5.4.44}$$

从 (5.4.40) 式和 (5.4.42) 式, 推出

$$U''(t) \leqslant -\lambda_0 b(t)\prod_{\tau < t_k < t - \sigma}(1 + \alpha_k)U(\tau), \quad t \neq t_k.$$

现在考虑最后一个不等式和等式

$$U'(t_k^+) = (1 + \beta_k)U'(t_k), \quad k = 1, 2, \cdots.$$

如同之前的讨论, 由引理 5.4.4 得

$$U'(t) \leqslant \prod_{T < t_k < t}(1 + \beta_k)U'(T) - U(\tau)\int_T^t \prod_{s < t_k < t}(1 + \beta_k)\lambda_0 b(s)\prod_{\tau < t_k < t - \sigma}(1 + \alpha_k)\mathrm{d}s.$$

最后一个不等式和 (5.4.42) 式表明

$$0 \leqslant \prod_{T < t_k < t}(1 + \beta_k)U'(T) - \lambda_0 U(\tau)\prod_{\tau < t_k < t}(1 + \beta_k)$$

$$\times \int_T^t \frac{\displaystyle\prod_{\tau < t_k < s}(1 + \beta_k) \cdot b(s) \cdot \prod_{\tau < t_k < s - \sigma}(1 + \alpha_k)\mathrm{d}s}{\displaystyle\prod_{\tau < t_k < s - \sigma}(1 + \beta_k) \cdot \prod_{s - \sigma < t_k < s}(1 + \beta_k) \cdot \prod_{s < t_k < t}(1 + \beta_k)}$$

$$= \prod_{T < t_k < t}(1 + \beta_k)U'(T) - \lambda_0 U(\tau)\prod_{\tau < t_k < t}(1 + \beta_k)$$

$$\times \int_T^t b(s)\prod_{s - \sigma < t_k < s}(1 + \beta_k)^{-1}\prod_{\tau < t_k < s - \sigma}\frac{1 + \alpha_k}{1 + \beta_k}\mathrm{d}s.$$

于是

$$\int_T^t b(s)\prod_{s - \sigma < t_k < s}(1 + \beta_k)^{-1} \cdot \prod_{\tau < t_k < s - \sigma}\frac{1 + \alpha_k}{1 + \beta_k}\mathrm{d}s \leqslant \frac{U'(T)}{\lambda_0 U(\tau)\displaystyle\prod_{\tau < t_k < T}(1 + \beta_k)}.$$

从假设 (1) 可推出

$$\int_T^t \frac{b(s)\mathrm{d}s}{\displaystyle\prod_{s - \sigma < t_k < s}(1 + \beta_k)} \leqslant \frac{U'(T)}{\lambda_0 \delta U(\tau)\displaystyle\prod_{\tau < t_k < T}(1 + \beta_k)}.$$

这与假设 (3) 矛盾.

若 $u(t, x) < 0$, $(t, x) \in [\tilde{\tau}, +\infty) \times \Omega$, 则函数

$$\tilde{U}(t) = \frac{1}{\displaystyle\int_\Omega \Psi(x)\mathrm{d}x}\int_\Omega [-u(t, x)]\Psi(x)\mathrm{d}x$$

是不等式 (5.4.13*) 的一个正解 ($t \geqslant \tau_1$), 这样又推得矛盾. 证毕.

下面的定理可以用定理 5.4.11 证明中类似的方法来证明.

定理 5.4.12　设条件 (A*) 和 (5.4.39) 成立. 若进一步要求定理 5.4.11 中的条件 (1) 和 (2) 成立, 那么问题 (5.4.1*) 和 (B2) 的每一个非零解在区域 G 上是振动的.

定理 5.4.13　设条件 (A*) 和 (5.4.39) 成立, 并且定理 5.4.11 中的条件 (1) 和 (2) 成立, 其中 $h \in C(\partial\Omega, (0, +\infty))$, 若进一步假定:

(i*) $(f(u)/u) \geqslant A, u \in (0, +\infty)$, 对某些常数 $A > 0$ 成立,

(ii*) $\displaystyle\liminf_{t \to +\infty}\int_T^t \frac{P(s)\mathrm{d}s}{\displaystyle\prod_{s - \sigma < t_k < s}(1 + \beta_k)} = +\infty$, 对每个足够大的 T 成立,

那么问题 (5.4.1*) 和 (B1) 的每一个非零解在区域 G 上是振动的.

定理 5.4.14 设条件 (A*) 和 (5.4.39) 成立, 并且定理 5.4.11 中的条件 (1) 和 (2) 成立. 若进一步假定条件 (i*) 和 (ii*) 成立, 则那么问题 (5.4.1*) 和 (B2) 的每一个非零解在区域 G 上是振动的.

例 5.4.1 考虑如下的非线性脉冲时滞双曲边值问题

$$\begin{cases} u_{tt} = a(t)\dfrac{\partial^2 u}{\partial x^2} + \sqrt{t^3}\,\dfrac{\partial^2 u\left(t - \frac{\pi}{3}, x\right)}{\partial x^2} - t^4\left(3 + \sin\dfrac{x}{2}\right)u - \mathrm{e}^{x+2t}u\left(t - \dfrac{\pi}{3}, x\right) \\ \qquad \times \left[1 + u^2\left(t - \dfrac{\pi}{3}, x\right)\right], \quad t \neq k\pi, (t,x) \in R_+ \times (0,\pi), \\ u(t,0) = u(t,\pi) = 0, \quad t \neq k\pi, t \geqslant 0, \\ u(t_k^+, x) - u(t_k^-, x) = t_k^{-3}u(t_k, x)\cos\dfrac{x}{4}, \quad k = k\pi, k = 1,2,3,\cdots, \\ u_t(t_k^+, x) - u_t(t_k^-, x) = t_k^{-5}u_t(t_k, x)\sin\dfrac{x}{3}, \quad k = k\pi, k = 1,2,3,\cdots, \end{cases} \tag{5.4.45}$$

其中

$$a(t) = \begin{cases} a_0, \quad t = 0,\ a_0 > 0\text{为某常数,} \\ a_0 + \dfrac{1}{1 - \cos(2t)}, \quad t > 0,\ t \neq k\pi,\ k = 1,2,\cdots, \end{cases}$$

这里

$$n = 1, \quad \Omega = (0,\pi), \quad p(t,x) = t^4\left(3 + \sin\dfrac{x}{2}\right), \quad P(t) = 3t^4,$$

$$q(t,x) = \mathrm{e}^{x+2t}, \quad Q(t) = \mathrm{e}^{2t}, \quad f(u) = u(1 + u^2),$$

$$I(t,x,u) = t^{-3}u\cos\dfrac{x}{4}, \quad J(t,x,u_t) = t^{-5}u_t\sin\dfrac{x}{3}.$$

有

$$\int_0^\pi I(k\pi, x, u(k\pi, x))\mathrm{d}x = \int_0^\pi (k\pi)^{-3}u(k\pi, x)\cos\dfrac{x}{4}\mathrm{d}x$$
$$\leqslant (k\pi)^{-3}\int_0^\pi u(k\pi, x)\mathrm{d}x,$$

$$\int_0^\pi J(k\pi, x, u(k\pi, x))\mathrm{d}x = \int_0^\pi (k\pi)^{-5}u(k\pi, x)\sin\dfrac{x}{3}\mathrm{d}x$$
$$\leqslant (k\pi)^{-5}\int_0^\pi u(k\pi, x)\mathrm{d}x,$$

注意到

$$I(t,x,u)|_{t=k\pi} = t^{-3}u\cos\dfrac{x}{4}\Big|_{t=k\pi} \geqslant 0, \quad (t,x,u) \in R_+ \times [0,\pi] \times R_+.$$

$$\sum_{k=1}^\infty \dfrac{1}{(k\pi)^3} < +\infty, \qquad \sum_{k=1}^\infty \dfrac{1}{(k\pi)^5} < +\infty,$$

选取 $q(t) \equiv 1$, 容易看到

$$\limsup_{t \to +\infty} \int_{\tau}^{t} \prod_{s < k\pi < t} \left(1 + \frac{1}{k^5 \pi^5}\right) \sqrt{s^3} \mathrm{d}s = +\infty.$$

容易验证满足定理 5.4.8 的所有条件. 因此, 问题 (5.4.45) 的每一个非零解在区域 $R_+ \times (0, \pi)$ 内是振动的.

附 注

5.1 节的内容选自文献 [17], 5.2 节的内容选自文献 [6], 5.3 节的内容选自文献 [8], 5.4 节的内容选自文献 [10]. 和本章有关的内容还可以参看本章后面所列的参考文献.

参 考 文 献

[1] Bainov D, Kamont Z & Minchev E. Periodic boundary value problem fou impulsive hyperbolic partial differential equations of first order. Appl. Math. Comput., 1994, 80(1): 1~10.

[2] Bainov D, Lakshmilanthan V & Simeonov P S. Theory of Impulsive Differential Equations. Singapore: World Scientific Publishers, 1989.

[3] Bainov D, Minchev E & Nakagawa K. Asymptotic behaviour of solutions of impusive semilienar paraholic equations. Nonlienear Analysis, 1997, 30: 2725~2734.

[4] Erbe L H, Freedman H I, Liu Xinzhi & Wu Jianghong. Compareson principles for impulsive parabolic equalitions with applications to models of single species growth. J. Austral Math. Soc., Ser B, 1991, 32: 382~400.

[5] Fu Xilin & Liu Xinzhi. Oscillation criteria for a class of nonliear neutral parabolic partial defferential equations. Appl. Anal., 1995, 58: 215~228.

[6] Fu Xilin & Liu Xinzhi. Oscillation criteria for impusive hyperbolic systems. Dynamics of Continuous, Discrete and Impulsive Systems, 1997, 3: 225~244.

[7] Fu Xilin, Liu Xinzhi & Sivaloganathan S. Oscillation criteria for impulsive parabolic systems. Appl. Anal., 2001, 79: 239~255.

[8] Fu Xilin, Liu Xinzhi & Sivaloganathan S. Oscillation criteria for impulsive parabolic differential equations with delay. J. Math. Anal. Appl., 2002, 268: 647~664.

[9] Fu Xilin, Shiau Lie June. Oscillation criteria for impulsive parabolic boundary value problem with delay. Applied Mathematics and Computation, 2004, 153: 587~599.

[10] Fu Xilin, Zhang Liqin. Forced Oscillation for impulsive hyperbolic boundary value problems with delay. Appl. Math. Comput., 2004, 158: 761~780.

[11] Fu Xilin & Zhuang Wan. Oscillation of certain heutral delay parabolic equations. J.Math.Anal. Appl., 1995, 191: 473~489

[12] Gilbarg D & Trudingeer N S. Elliptic Partial Differential Equations of Second Order. Berlin: Springer-Verlag, 1977.

[13] Liu Xinzhi & Fu Xilin. Oscillation criteria for nonliear inhomogeneous hyperbolic equations with distributed deviating arguments. Journal of Applied Mathematics and Stochastic Analysis, 1996, 9: 21~23.

[14] Liu Xinzhi & Fu Xilin. High order nonlinear differential inequalities with distributed deviating arguments and applications. Appl. Math. Comput., 1999, 98: 147~167.

[15] 叶其孝, 李正元. 反应扩散方程引论. 北京: 科学出版社, 1990.

[16] Zhang Liqin. Oscillation criteria for certain inpulsive parabolic partial differential equations. Academic Periodical Abstracts of China, 1999, 5: 492~493.

[17] 张立琴. 一类脉冲抛物偏微分方程的振动准则. 中国学术期刊文摘, 1999, 5(4): 492~493.

[18] Zhang Liqin. Oscillation criteria for certain delay parabolic systems with fixed moments of impulsive effects. Chinese Sclence Abstracts, 2000, 6: 1380~1381.

[19] Zhang Liqin. Forced oscillation for a class of impulsive hyperbolic systems. Chinese Science Abstracts, 2001, 7: 73~75.

[20] 张立琴. 具有不依赖于状态脉冲的双曲型偏微分方程的振动准则. 数学学报, 2003, 43: 17~26.

[21] Zhang Liqin, Fu Xilin. Oscillations of certain nonlinear delay parabolic boundary value problems. Korean Journal of Computational & Applied Math., 2001, 8: 137~149.

[22] Zhang Liqin, Zhang Yufen. Forced oscillation for impulsive parabolic systems with delay. Science Technology and Enginerring, 2003, 3: 515~517.

第6章 非线性脉冲微分系统的应用

脉冲微分系统来源于实践, 应用于实践, 其应用在科技领域及工程技术中层出不穷. 最新研究表明脉冲微分系统在混沌控制、机密通讯、航天技术、风险管理、信息科学、生命科学、医学、经济领域均有重要应用[5,15,20,22~25].

本章给出了脉冲微分系统的若干应用模型. 6.1 节考虑了整合–激发电路模型 Marotto 意义下的混沌吸引子; 6.2 节研究了具有脉冲的捕食者–食饵模型周期解的存在性; 6.3 节分别考虑了具有脉冲和时滞的 Cohen-Grossberg 神经网络和 Hopfeild 神经网络模型的动力学行为; 6.4 节研究了超吕混沌系统的脉冲控制与同步, 还讨论了一类新的脉冲耦合网络的同步.

6.1 具有脉冲的整合–激发电路模型

人们往往利用电路来构造和模拟神经元及其网络模型, 以期观察网络的实际动力学行为. 本节先给出一个十分简化的整合–激发神经元模型, 然后考虑单个神经元的电路模型 —— 整合–激发电路模型[14~17] 及其混沌吸引子.

对于单个的动态神经元, 根据电流守恒定律, 可以考虑如下方程

$$\dot{\phi}(t) = f[\phi(t)] + A_1(t)\delta[\phi(t) - \theta] + A_2(t)\delta(t - T), \tag{6.1.1}$$

其中 $\phi(t)$ 表示单个神经元的膜电位, 或称为神经元的内部状态; 连续函数 $f(\cdot)$ 表示取决于神经元本身内部机制的膜上的电流函数; $\delta(\cdot)$ 表示 Dirac δ 函数, 常数 θ 表示神经元激发释放冲动的电势阈值; T 表示外部输入强制神经元激发释放冲动的时刻; 系数 $A_i(i = 1, 2)$ 表示相应的电势强度; 因为考虑的是单个神经元, 这里不考虑其他神经元的电流输入.

如果假设神经元膜电势 $\phi(t)$ 在 $t = T$ 的时刻并没有达到阈值 θ, 并且注意到如下的事实

$$\int_{t_0}^{\hat{t}} A_2(t)\delta(t - T)\mathrm{d}t = A_2(\hat{t})\varepsilon(\hat{t} - T),$$

其中分布函数

$$\varepsilon(t) = \begin{cases} 1, & t \geqslant 0, \\ 0, & t < 0. \end{cases}$$

方程 (6.1.1) 两边分别从时刻 t_0 到 $(T + 0)$ 和 t_0 到 $(T - 0)$ 积分得

$$\phi(T+0) - \phi(T-0) = A_2(T+0).$$

用同样的方法 —— 积分计算可以处理阈值 θ, 并得到与上式类似的结果. 于是得到描述单个神经元的膜电势动力学行为的脉冲微分系统

$$\begin{cases} \dot{\phi}(t) = f[\phi(t)], & \text{当 } \phi(t) \neq \theta \text{ 且 } t \neq T \text{ 时}, \\ \Delta I_1 = \phi(t+0) - \phi(t) = A_1(t+0), & \text{当 } \phi(t) = \theta \text{ 时}, \\ \Delta I_2 = \phi(t+0) - \phi(t) = A_2(t+0), & \text{当 } t = T \text{ 时}. \end{cases}$$

单个整合–激发电路模型的电路示意图由图 6.1.1 给出. 从图中可以看到, 两个出口的电势控制源 (2PVCCS) 和两个电容 C_1, C_2 构成了一个振荡电路. 电键 S 闭合表示或者是神经元自身释放脉冲, 或者是神经元受到外来的刺激后释放脉冲, 即或者是电容电势 v_1 达到了阈值电势 V_T 后使得电键 S 闭合, 或者是外在周期的脉冲输入使得电键 S 闭合. 无论是自身达到阈值还是受到刺激后释放脉冲, 当在电键 S 被闭合的瞬时, 左边电路两端 (电容 C_1) 的电势 v_1 被重新置为基准电势 E, 而右边电路两端 (电容 C_2) 的电势 v_2 保持不变.

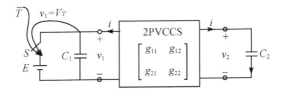

图 6.1.1 整合–激发电路模型的电路示意图

下面给出描述整合–激发电路模型的二维脉冲微分方程组

$$\begin{cases} \dfrac{\mathrm{d}v_1}{\mathrm{d}t} = \dfrac{g_{11}}{C_1}v_1 + \dfrac{g_{12}}{C_2}v_2, & \text{当 } v_1 < V_T \text{ 且 } t \neq nr \text{ 时}, \\ \dfrac{\mathrm{d}v_2}{\mathrm{d}t} = \dfrac{g_{21}}{C_2}v_1 + \dfrac{g_{22}}{C_2}v_2, & n = 1, 2, 3, \cdots, \\ \Delta v_1 = E - v_1(t), \Delta v_2 = 0, & \text{当 } v_1(t) = V_T \text{ 或 } t = nr \text{ 时}, \end{cases} \tag{6.1.2}$$

其中常数 $r > 0$ 表示外界刺激的输入周期. 下面定义电路释放脉冲的序列: $v_0(t)$ 是由达到阈值释放的脉冲电势 (输出脉冲序列); $u(t)$ 是由外界周期输入导致释放的脉冲信号 (输入脉冲序列). 它们可以表示如下

$$v_0(t) = \begin{cases} V_H, & \text{当 } v_1 = V_T \text{ 时}, \\ V_L, & \text{当 } v_1 < V_T \text{ 时}, \end{cases}$$

$$u(t) = \begin{cases} 1, & \text{当 } t = n\tau, n = 1, 2, \cdots, \\ 0, & \text{其他}. \end{cases}$$

记 P 为方程组 (6.1.2) 的系数矩阵, 并且假定矩阵 P 具有一对复特征根, 记为 $\delta\omega \pm \sqrt{-1}\omega$, 其中

$$\omega = \sqrt{-\frac{g_{12}g_{21}}{C_1 C_2} - \frac{1}{4}\left(\frac{g_{11}}{C_1} - \frac{g_{22}}{C_2}\right)^2} > 0,$$

$$\delta = \frac{1}{2\omega}\left(\frac{g_{11}}{C_1} + \frac{g_{22}}{C_2}\right) > 0.$$

作如下变量代换

$$\tau = \omega t, \quad d = \omega r, \quad p = \frac{1}{2\omega}\left(\frac{g_{11}}{C_1} - \frac{g_{22}}{C_2}\right), \quad q = \frac{E}{V_T},$$

$$\begin{pmatrix} x \\ y \end{pmatrix} = \begin{pmatrix} -\dfrac{1}{V_T} & 0 \\ \dfrac{p}{V_T} & \dfrac{g_{12}}{\omega C_1 V_T} \end{pmatrix} \begin{pmatrix} v_1 \\ v_2 \end{pmatrix}, \quad z = \frac{v_0 - V_L}{V_H - V_L}.$$

于是脉冲微分方程组 (6.1.2) 及相应生成的脉冲序列可以表示成如下形式

$$\begin{cases} \dfrac{\mathrm{d}x}{\mathrm{d}\tau} = \delta x + y, & \text{当 } x(\tau) < 1, \\[2mm] \dfrac{\mathrm{d}y}{\mathrm{d}\tau} = -x + \delta y, & \text{并且 } u(\tau) = 0\text{时}, \\[2mm] x(\tau + 0) = q, & \text{当 } x(\tau) = 1, \\[2mm] y(\tau + 0) = y(\tau) - p[x(\tau) - q], & \text{或者 } u(\tau) = 1, \end{cases} \tag{6.1.3}$$

$$z(\tau) = \begin{cases} 1, & \text{当}x(\tau) = 1\text{时}, \\ 0, & \text{当}x(\tau) < 1\text{时}, \end{cases}$$

$$u(\tau) = \begin{cases} 1, & \text{当 } t = nd, n = 1, 2, 3, \cdots, \\ 0, & \text{其他}, \end{cases}$$

这里的 $z(\tau)$ 与 $u(\tau)$ 分别表示归一化以后的输出与输入脉冲序列. 经过计算, 可以得到脉冲微分方程组 (6.1.3) 在 $x(\tau) < 1$ 且 $u(\tau) = 0$ 时解的表示形式

$$\begin{pmatrix} x(\tau) \\ y(\tau) \end{pmatrix} = \mathrm{e}^{\delta\tau} \begin{pmatrix} \cos\tau & \sin\tau \\ -\sin\tau & \cos\tau \end{pmatrix} \begin{pmatrix} x(0) \\ y(0) \end{pmatrix}, \tag{6.1.4}$$

其中 $(x(0), y(0))$ 表示在 $\tau = 0$ 时的初值. 那么根据上述解的表达式, 我们在图 6.1.2 中绘出了相应的积分曲线和输出、输入脉冲序列.

　　Saito 讨论了没有外界刺激, 即 $u(\tau) = 0$ 时, 整合–激发电路模型的复杂动力学行为, 分析并给出了产生混沌现象的参数区域, 同时结合数值模拟的结果给出了在有周期刺激下, 整合–激发电路模型产生混沌现象的可能.

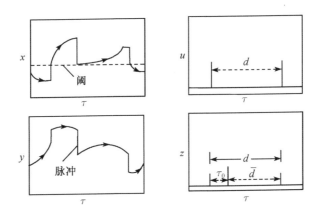

图 6.1.2 整合–激发电路模型的积分曲线与输出、输入脉冲序列

要证明整合–激发电路模型具有 Marotto 意义下的混沌, 需要利用混沌定义及 Poincaré 栅栏构造离散的 Poincaré 映射 (时间 $-d'$ 映射), 进而分析脉冲微分方程组 (6.1.3) 描述的整合–激发电路模型的动力学行为.

下面我们先构造 Poincaré 栅栏. 令 $\Sigma_n = \{(x, y, \tau_n)|x, y \in R, \tau_n = nd, n = 0, 1, 2, \cdots\}$. 考察平面族 $\Sigma_n (n = 0, 1, 2, \cdots)$ 和方程组 (6.1.3) 的解集 $\{(x(nd), y(nd), nd)|n = 0, 1, 2, \cdots\}$ 的交集. 如果直接利用这一系列的交点构造时间映射, 将给分析带来许多的困难, 这主要是由于脉冲微分系统解的不连续性所引起的. 为克服此困难, 转向考虑集合 $\{(x(nd + 0), y(nd + 0), nd)|n = 0, 1, 2, \cdots\}$ 与集合族 $\Sigma_n (n = 0, 1, 2, \cdots)$ 的交, 并且定义相应的时间映射为 $F : \Sigma_n \to \Sigma_{n+1}$. 另一方面, 我们考虑 Poincaré 栅栏构成的时间 $-d'$ 映射 $G : \Sigma_n^\varepsilon \to \Sigma_{n+1}^\varepsilon$, 其中 $d' = d + \varepsilon$, $\Sigma_n^\varepsilon = \{(x, y, \tau_n + \varepsilon)|x, y \in R, \tau_n = nd, n = 0, 1, 2, \cdots, \varepsilon$ 是充分小的正数 $\}$, 很自然地, 这两个映射之间有如下的关系式

$$G(\cdot) = \{\phi \circ F \circ \phi^{-1}\}(\cdot) : \Sigma_n^\varepsilon \to \Sigma_{n+1}^\varepsilon, \qquad (6.1.5)$$

其中 $\phi(\cdot) = [\bar{x}(nd+\varepsilon; nd, \cdot), \bar{y}(nd+\varepsilon), nd, \cdot), \cdot+\varepsilon]$, 而相应的 $\bar{x}(nd+\varepsilon; nd, \cdot) = x(\varepsilon; 0, \cdot)$ 与 $\bar{y}(nd + \varepsilon; nd, \cdot) = y(\varepsilon; 0, \cdot)$ 表示系统 (6.1.3) 的分段解 (6.1.4). 而这两个映射的交换图由图 6.1.3 给出. 如果两个映射有如图 6.1.3 的交换关系, 并且 $\phi(\cdot)$ 是同胚, 那

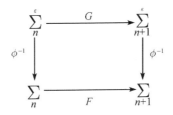

图 6.1.3 时间 $-d'$ 映射 G 与映射 F 的交换图

么时间 $-d'$ 映射与映射 F 必然是拓扑共轭的. 由于解 $x(\tau; x(0))$ 和 $y(\tau; y(0))$ 对初值是连续依赖的, 且由初值问题的唯一性保证了 $\phi(\cdot)$ 是一个同胚. 这样我们就很容易给出如下的定理.

定理 6.1.1　由系统 (6.1.3) 给出的映射 F 与相应的时间 $-d'$ 映射 G 是拓扑共轭的.

因此, 如果能对映射 F 的动力学行为有足够细致的分析的话, 那么相应的时间 $-d'$ 映射 G 的动力学行为也就迎刃而解了. 特别地, 如果证明了映射 F 在一定条件下具有 Marotto 意义下的混沌, 则时间 $-d'$ 映射 G 在相应的条件下具有 Marotto 意义的混沌.

首先, 给出相平面中直线 $x = q$ 与 $x = 1$ 上的几个关键点 (见图 6.1.4). 对于充分大的 q, 一定在直线 $x = q$ 存在两点 T_1 和 T_2, 使得系统 (6.1.3) 的解从或者 T_1 或者 T_2 出发的轨道最终将与直线 $x = 1$ 相切于点 $T(1, \delta)$. 因为

$$\mathrm{e}^{\delta \tau_T}(q \cos \tau_T + Y_{T_i} \sin \tau_T) = 1, \quad \mathrm{e}^{\delta \tau_T}(-q \sin \tau_T + Y_{T_i} \cos \tau_T) = -\delta, \quad i = 1, 2.$$

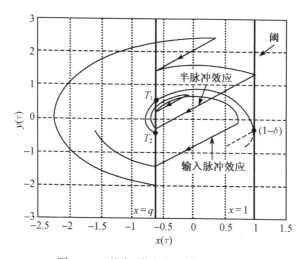

图 6.1.4　整合–激发电路模型的相平面

同时注意到

$$\mathrm{e}^{2\delta \tau_T}(q^2 + Y_{T_i}^2) = 1 + \delta^2.$$

因此可以得到如下两类情形:

(1) 对于给定的参数以及充分大的 q, 在直线 $x = q$ 上存在两个点 T_1 和 T_2. 在直线 $x = q$ 上, 从位于点 T_1 上方任何点出发的轨道到达阈值所需时间总是少于 $\tau = \tau_T < \pi$, 而从点 T_2 下方的任何点出发的轨道到达阈值所需的时间总是大于 $\tau = \pi$;

(2) 对于给定的参数以及较小的 q, 例如: $q < -1$, 则不存在这样的点 $T_i(i = 1, 2)$, 也就是说, 对于在直线 $x = q$ 上任何一点出发的轨道到达阈值所需时间总是少于 $\tau = \pi$.

于是在下面的讨论中, 我们总是假设外界刺激生成的脉冲序列周期 d 对于情形 (1) 在区间 $(0, \tau_T)$ 中变化, 对于情形 (2) 则周期 d 在区间 $(0, \pi)$ 上变化.

基于以上对于外界刺激生成的脉冲序列周期 d 的假设, 可以得到映射 F 的具体表达式

$$F(x, y, \tau) = \begin{cases} F_1(x, y, \tau), & y \leqslant \hat{Y}, \\ F_2(x, y, \tau), & y > \hat{Y}, \end{cases} \tag{6.1.6}$$

其中 $\hat{Y}$ 满足如下方程

$$e^{\delta d}(\hat{Y} \sin d + q \cos d) - 1 = 0, \quad \text{即} \quad \hat{Y} = \frac{1 - e^{\delta d} q \cos d}{e^{\delta d} \sin d},$$

并且

$$F_1(x, y, \tau) = (q, y e^{\delta d}(\cos d - p \sin d) + q[p - e^{\delta d}(\sin d + p \cos d)], \tau + d).$$

另外, 由于系统 (6.1.3) 在电路没有释放脉冲信号的时候是自治系统, 于是取 $\tau \bmod d$. 映射 F_1 的第一、第三分量在取模后是恒等映射, 而映射 F_2 的分量也具有相应的性质, 这样就只需要讨论和分析映射的第二分量的动力学行为. 于是置

$$f_1(y) = y e^{\delta d}(\cos d - p \sin d) + q[p - e^{\delta d}(\sin d + p \cos d)], \quad y \leqslant \hat{Y}.$$

如果在直线 $x = q$ 上的初始点 y 坐标分量小于 $\hat{Y}$, 那么从该点出发的轨道没有足够的时间到达阈值点, 即电容电势在没有达到阈值的时候已经受到了来自外界的脉冲刺激, 从而使得轨道在没有到达阈值直线 $x = 1$ 之前重新被置回了直线 $x = q$. 所以, 在直线 $x = q$ 上位于点 $\hat{Y}$ 下方的点及其生成点 y' 满足映射 $y' = f_1(y)$.

另一方面, 当初始值的 y 坐标分量 $y > \hat{Y}$ 时, 在没有受到外界刺激时已经一次或者多次达到了阈值, 而自身释放脉冲信号, 生成脉冲序列. 所以, 在考虑到自身释放脉冲的影响时, 这些初始值点及其生成点所满足的映射与映射 $f_1(y)$ 是有区别的, 于是给出映射 $f_2(y)$ 的表示式

$$f_2(y) = H^N(y) e^{\delta \bar{d}}(\cos \bar{d} - p \sin \bar{d}) + q[p - e^{\delta \bar{d}}(\sin \bar{d} + p \cos \bar{d})],$$

其中 N 表示电路在两次外界刺激之间自身释放脉冲的次数,

$$H(y) = e^{\delta \tau(y)}[y \cos \tau(y) - q \sin \tau(y)] - p(1 - q),$$

$$e^{\delta \tau(y)}[y \sin \tau(y) + q \cos \tau(y)] = 1.$$

电路在发生了 N 次脉冲信号以后, 达到阈值 $x = 1$ 的剩余时间记为

$$\bar{d} = d - \sum_{i=0}^{N-1} \tau_i(y), \quad \mathrm{e}^{\delta \tau_i(y)}[H^i(y) \sin \tau_i(y) + q \cos \tau_i(y)] = 1.$$

于是得到了可以刻画系统动力学行为的离散映射

$$f(y) = \begin{cases} f_1(y), & y \leqslant \hat{Y}, \\ f_2(y), & y > \hat{Y}. \end{cases} \tag{6.1.7}$$

下面给出一个关于映射 $f(y)$ 的连续性定理.

定理 6.1.2　映射 f 在区间 $(\bar{Y}, +\infty)$ 上是连续的, 其中 $\bar{Y}$ 是直线 $x = q$ 上的一个关键点, 即当从该点上方出发的轨道在外界刺激发生前至少要到达阈值并释放脉冲信号两次.

证明　为了证明映射 $f(y)$ 在区间 $(\bar{Y}, +\infty)$ 上是连续的, 只要验证映射 $f(y)$ 在点 $y = \hat{Y}$ 的右连续性即可, 这是因为当映射 $f(y)$ 在 $y \leqslant \hat{Y}$ 时等于线性映射 $f_1(y)$, 当周期 d 相对小, $\bar{Y} > y > \hat{Y}$ 时, 映射 $f(y)$ 又可以表示为连续映射 $f_2(y)$.

考虑点 $\Delta Y = \hat{Y} + \Delta y (\Delta y > 0)$, 那么它的迭代满足关系式

$$f_2(\Delta Y) = H(\Delta Y)\mathrm{e}^{\delta \bar{d}}(\cos \bar{d} - p \sin \bar{d}) + q[p - \mathrm{e}^{\delta \bar{d}}(\sin \bar{d} + p \cos \bar{d})],$$

其中

$$H(\Delta Y) = \mathrm{e}^{\delta \tau(\Delta Y)}[\Delta Y \cos \tau(\Delta Y) - q \sin \tau(\Delta Y)] - p(1 - q),$$

$$\mathrm{e}^{\delta \tau(\Delta Y)}[\Delta Y \sin \tau(\Delta Y) + q \cos \tau(\Delta Y)] = 1,$$

而 $\bar{d} = d - \tau(\Delta Y)$. 因此当 Δy 趋向于 0 时有 $\Delta Y \to \hat{Y}$. 所以

$$\tau(\Delta Y) \to d, \quad \bar{d} \to 0.$$

$$H(\Delta Y) \to H(\hat{Y}) = \mathrm{e}^{\delta d}(\hat{Y} \cos d - q \sin d) - p(1 - q),$$

$$f_2(\Delta Y) \to H(\hat{Y}).$$

另一方面, 有

$$f(\hat{Y}) = f_1(\hat{Y}) = \hat{Y}\mathrm{e}^{\delta d}(\cos d - q \sin d) + q[p - \mathrm{e}^{\delta d}(\sin d + p \cos d)] = H(\hat{Y}),$$

这是因为 $\mathrm{e}^{\delta d}(\hat{Y} \sin d + q \cos d) = 1$. 于是当 $\Delta y \to 0$ 时, $f_2(\Delta Y)$ 趋向于 $f_1(\hat{Y})$. 这就完成了本命题的证明.

上面给出的系统 (6.1.3) 的 Poincaré 时间 $-d'$ 映射及其拓扑共轭映射为讨论整合–激发电路模型中混沌现象的存在提供了保证. 下面首先给出一个关于映射 f 存在排斥回归子的定理, 并通过列出一个寻找排斥回归子存在的算法, 以证明定理的正确性.

定理 6.1.3 存在一定的参数区域 $\mathcal{H}$, 使得当参数对 $(p, q, d, \delta) \in \mathcal{H}$ 时, (6.1.7) 给出的映射 f 具有排斥回归子.

根据定理 6.1.2, 在一定的参数条件下映射 f 在区间 $(\bar{Y}, +\infty)$ 上是连续的, 此外, 显然由 f 的线性可知, 其在区间 $(\bar{Y}, +\infty)$ 上是可微的函数. 这就为寻找映射 f 的排斥回归子提供了连续可微的保证. 以下结合系统 (6.1.3) 具体的参数, 给出寻找排斥回归子的算法. 事实上, 算法给出的同时也就完成了定理 6.1.3 的证明.

[算法]

(1) 求映射 f 不动点 Y^*, 并且使其落在区间 $(\hat{Y}, -\infty]$. 于是根据不动点的定义, 有 $f(Y^*) = Y^*$, 并且 $Y^* < \hat{Y}$, 即有

$$Y^* = q \cdot \frac{p - \mathrm{e}^{\delta d}(\sin d + p \cos d)}{1 - \mathrm{e}^{\delta d}(\cos d - p \sin d)},$$

$$q \cdot \frac{p - \mathrm{e}^{\delta d}(\sin d + p \cos d)}{1 - \mathrm{e}^{\delta d}(\cos d - p \sin d)} < \frac{1 - \mathrm{e}^{\delta d} q \cos d}{\mathrm{e}^{\delta d} \sin d}. \tag{6.1.8}$$

(2) 构造不动点 Y^* 的邻域 $B_r(Y^*)$, 使得映射 f 在邻域 $B_r(Y^*)$ 中是扩张的, 也就是 $B_r(Y^*)$ 是 f 的不稳定集合.

于是构造不动点 Y^* 的邻域为 $B_r(Y^*) = (\hat{Y}, 2Y^* - \hat{Y})$. 为保证扩张性, 在邻域 $B_r(Y^*)$ 中, 映射 f 的导数绝对值都必须保证大于 1, 即

$$|Df(y)| = \mathrm{e}^{\delta d}|\cos d - p \sin d| > 1. \tag{6.1.9}$$

这里需要指出的是, 并不是所有的周期 d 都满足 (6.1.9), 我们可以给出导数 $|Df(y)|$ 关于 d 的函数图像 (如图 6.1.5).

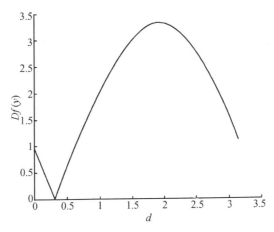

图 6.1.5 导数 $|Df(y)|$ 关于 d 的函数图像, 特别地, $\delta = 0.2, p = 3, d \in [0, \pi]$

从图中可以看到当 $d \ll 0.5$ 时, $|Df(y)| < 1$ 恒成立. 所以一般地, 取 $d > 1$, 并由 $\delta > 0$, $\mathrm{e}^{\delta d} > 1$, 及三角函数 $|\cos d - p\sin d| = |\sqrt{1 + p^2}\cos(d + \eta)|$ (其中 $\tan\eta = p$) 的有界性保证了存在 $d > 1$, 使得 $|Df(y)| > 1$ 一定成立. 这里还应该指出的是当 $d \ll 0.5$ 时, 不动点 Y^* 的邻域为 $B_r(Y^*)$ 是其稳定的集合, 即任何从中出发的轨道最终都将收敛到不动点 Y^*, 而这在 Saito 的文章中给予了分析.

(3) 在不动点 Y^* 的邻域 $B_r(Y^*)$ 中寻找一点 Z, 使得不动点 Y^* 成为排斥回归子, 即 $Z(\neq Y^*) \in B_r(Y^*)$, 使得 $f^2(Z) = Y^*$, 并且 $Df^2(Z) = Df(Y_0) \cdot Df(Z) \neq 0$.

由点 $Z \in B_r(Y^*)$ 出发的轨道必然受到外界的刺激而自身释放脉冲, 并被置回点 Y_0. 如果点 Y_0 落在邻域 $B_r(Y^*)$ 的外部, 那么从点 Y_0 出发的轨线必然在再次受到外界刺激而释放脉冲之前达到阈值至少一次. 特别地, 假设轨道在再次受到外界刺激之前达到阈值 $x = 1$ 并释放脉冲后回到点 Y_1, 而在下一次的外界刺激下释放脉冲, 并被重新置回到不动点 Y^*. 于是根据这样构造的排斥回归子, 可以给出如下寻找点 Z 的方法. 首先设不动点 Y^* 给定, 则有

$$Y_1 = \frac{Y^* - q[p - \mathrm{e}^{\delta\bar{d}}(\sin\bar{d} + p\cos\bar{d})]}{\mathrm{e}^{\delta\bar{d}}(\cos\bar{d} - p\sin\bar{d})}, \quad \bar{d} = d - \tau_0,$$

$$\mathrm{e}^{\delta\tau_0}(Y_0\sin\tau_0 + q\cos\tau_0) = 1,$$

$$\mathrm{e}^{\delta\tau_0}(Y_0\cos\tau_0 - q\sin\tau_0) = p(1 - q) + Y_1,$$

也就是

$$Y_1 = \pm\sqrt{\mathrm{e}^{2\delta\tau_0}(Y_0^2 + q^2) - 1} - p(1 - q). \tag{6.1.10}$$

如果 τ_0 是在区间 $(0, d)$ 上变化, 那么由上式, 对于给定的参数及 Y_1, 则很容易计算点 Y_0 的坐标分量. 从而可以得到点 Z 的坐标分量的表达式. 注意到 $Z \in B_r(Y^*)$, 得

$$2Y^* - \hat{Y} < Z = \frac{Y_0 - q[p - \mathrm{e}^{\delta d}(\sin d + p\cos d)]}{\mathrm{e}^{\delta d}(\cos d - p\sin d)} < \hat{Y}. \tag{6.1.11}$$

此外, 在第一步中选取的周期 d 保证了 $Df(Z) = \mathrm{e}^{\delta d}|\cos d - p\sin d| \neq 0$. 那么考虑

$$Df(Y_0) = \frac{\mathrm{d}H(Y_0)}{\mathrm{d}y}\mathrm{e}^{\delta\bar{d}}(\cos\bar{d} - p\sin\bar{d}) - \mathrm{e}^{\delta\bar{d}}[\delta H(Y_0) + q)](\cos\bar{d} - p\sin\bar{d})\frac{\mathrm{d}\tau(Y_0)}{\mathrm{d}y}$$

$$+ \mathrm{e}^{\delta\bar{d}}[H(Y_0) - \delta q](\sin\bar{d} + p\cos\bar{d})\frac{\mathrm{d}\tau(Y_0)}{\mathrm{d}y}, \tag{6.1.12}$$

其中, $\dfrac{\mathrm{d}H(Y_0)}{\mathrm{d}y} > 0$, $\dfrac{\mathrm{d}\tau(Y_0)}{\mathrm{d}y} < 0$. 于是在一定的参数条件下, $Df(Y_0) \neq 0$ 是可能的. 至此得到了寻找排斥回归子的算法, 而相应的参数区域为

$$\mathcal{H} = \{(p, q, d, \delta) | (p, q, d, \delta), \text{使得 } (6.1.9) \sim (6.1.11) \text{ 成立}, (6.1.12) \neq 0\}.$$

上述算法构造出了映射 f 的排斥回归子, 并同时给出了排斥回归子存在的充分条件. 根据混沌的判断准则, 这已经是 Poincaré 意义下的混沌, 并且可以根据混沌映射 f 的不变集上的性质解释系统 (6.1.3) 出现复杂动力学现象的原因.

上述算法可以利用计算机数值模拟实现.

6.2 具有脉冲的捕食者–食饵模型

在不脉冲影响时, 捕食者–食饵模型可由如下微分系统刻画 [23]

$$\begin{cases} x_1'(t) = x_1(t)[r_1(t) - a_{11}(t)x_1(t) - a_{13}(t)y_1(t)] + D_1(t)[x_2(t) - x_1(t)], \\ x_2'(t) = x_2(t)[r_2(t) - a_{22}(t)x_2(t)] + D_2(t)[x_1(t) - x_2(t)], \\ y'(t) = y(t)[-r_3(t) + a_{31}(t)x_1(t-\tau_1) - a_{33}(t)y(t-\tau_2)], \end{cases} \tag{6.2.1}$$

且满足初值条件

$$x_i(\theta) = \phi_i(\theta), \quad y(\theta) = \psi(\theta), \quad \theta \in [-\tau, 0],$$

$$\phi_i(0) > 0, \quad \psi(0) > 0, \quad \phi_i, \psi \in C([-\tau, 0], R_+), \quad i = 1, 2,$$

其中 $x_1(t)$ 和 $y(t)$ 分别表示种群 x 和 y 在生境 1 中的密度, $x_2(t)$ 表示物种 x 在生境 2 中的密度. 捕食者限制进入生境 2 而食饵能在两生境间扩散. $r_i(t)$ 是食饵在生境 $i(i = 1, 2)$ 中的内禀增长率; $a_{ii}(t)(i = 1, 2)$ 是食饵在生境 $i(i = 1, 2)$ 中的种内系数, $a_{33}(t)$ 是种群 y 的内作用系数; $a_{13}(t)$ 是捕食者的捕获率, $a_{31}(t)/a_{13}(t)$ 是功能反应系数, r_3 是捕食者的死亡率; $D_i(t)(i = 1, 2)$ 是食饵 x 在生境 1, 2 之间的扩散系数; $\tau = \max\{\tau_1, \tau_1\}$.

由于许多物种的捕获不是连续进行的, 因此为了更准确的描述这一系统, 必须考虑脉冲的影响. 文献 [29] 给出了如下具有脉冲的捕食者–食饵模型

$$\begin{cases} x_1'(t) = x_1(t)[r_1(t) - a_{11}(t)x_1(t) - a_{13}(t)y_1(t)] + D_1(t)[x_2(t) - x_1(t)], \quad t \neq t_k, \\ x_2'(t) = x_2(t)[r_2(t) - a_{22}(t)x_2(t)] + D_2(t)[x_1(t) - x_2(t)], \quad t \neq t_k, \\ y'(t) = y(t)[-r_3(t) + a_{31}(t)x_1(t-\tau_1) - a_{33}(t)y(t-\tau_2)], \quad t \neq t_k, \\ \Delta x_i(t_k) = b_{ik}x_i(t_k), \quad i = 1, 2, k = 1, 2, \cdots, \\ \Delta y(t_k) = b_{3k}y(t_k), \quad k = 1, 2, \cdots, \end{cases} \tag{6.2.2}$$

其中 $b_{ik}x_i(t_k)(i = 1, 2)$ 与 $b_{3k}y(t_k)$ 分别表示物种 $x_i(t)$ 和 $y(t)$ 在固定时刻 t_k 的捕获量. 整个这一节, 假定系统 (6.2.2) 满足下列条件:

(C1) $r_1(t), a_{ij}(t)(i, j = 1, 2, 3), D_1(t)$ 与 $D_2(t)$ 是连续正的, 周期为 ω 的周期函数, τ_1, τ_1 为非负常数.

(C2) $-1 < b_{ik} \leqslant 0(i = 1, 2, 3$ 及 $k \in N)$, 存在正整数 q 使得 $t_{k+q} = t_k + \omega$, $b_{i(k+q)} = b_{ik}, i = 1, 2, 3$ 且 $t_k - \tau_1, t_k - \tau_2 \neq t_m$.

本节将用到下列记号

$$\bar{f} = \frac{1}{\omega}\int_0^\omega f(s)\mathrm{d}s, \quad f^L = \min_{t\in[0,\omega]} f(t), \quad f^M = \max_{t\in[0,\omega]} f(t).$$

不失一般性, 我们假定 $t_k \neq 0, \omega$ 以及 $[0,\omega] \cap \{t_k\} = \{t_1, t_2, \cdots, t_q\}$.

系统 (6.2.1) 的正周期解的存在性已在文献 [23] 中讨论, 并有下面的结果.

引理 6.2.1　如果除条件 (C1) 外, 这下面的条件成立:

(H2) $a_{31L}\overline{(r_1 - D_1)} - \bar{r}_3 a_{11M} > 0$,

(H3) $\overline{(r_2 - D_2)} > 0$.

那么系统 (6.2.1) 至少有一个正的 ω 周期解.

文献 [23] 中的例 2 说明引理 6.2.1 有改进的余地.

下面, 将建立系统 (6.2.2) 周期解的存在性结果. 我们利用 Gaines 和 Mawhin 的延拓定理, 建立系统 (6.2.2) 至少存在一个正周期解的充分条件. 为此, 需要下面的预备知识.

设 X, Z 是实的 Banach 空间, $L : \mathrm{Dom}L \subset X \to Z$ 是指标为零的 Fredholm 映射, 即 ($\mathrm{index}L = \mathrm{dimKer}L - \mathrm{codimIm}L$), 设 $P : X \to X, Q : Z \to Z$ 都是连续投影算子, 且 $\mathrm{Im}P = \mathrm{Ker}L, \mathrm{Ker}Q = \mathrm{Im}L, X = \mathrm{Ker}L \oplus \mathrm{Ker}P, Z = \mathrm{Im}L \oplus \mathrm{Im}Q$. 用 L_p 表示 L 到 $\cap \mathrm{Ker}P$ 的限制, $K_p : \mathrm{Im}L \to \mathrm{Ker}P \cap \mathrm{Dom}L$ 是 L_p 的逆, $J : \mathrm{Im}Q \to \mathrm{Ker}L$ 是 $\mathrm{Im}Q$ 到 $\mathrm{Ker}L$ 的拓扑同伦.

现引入如下 Mawhin 延拓定理.

引理 6.2.2　设 $\Omega \subset X$ 是开的有界集, L 是指标为零的 Fredholm 映射, N 在 $\bar{\Omega}$ 上是 L 紧的. 如果

(a) 对每一个 $\lambda \in (0,1), x \in \partial\Omega \cap \mathrm{Dom}L, Lx \neq \lambda Nx$,

(b) 对每一个 $x \in \mathrm{Ker}L \cap \partial\Omega, QNx \neq 0$,

(c) $\deg\{JQN, \Omega \cap \mathrm{Ker}L, 0\} \neq\neq 0$.

那么在 $\bar{\Omega} \cap \mathrm{Dom}L$ 内 $Lx = Nx$ 至少有一个解.

还需引入下面的函数空间. 设

$$PC(R, R^3) = \{x : R \to R^3 \mid x \text{ 在 } t \neq t_k \text{ 处是连续的,}$$

$$x(t_k^+), x(t_k^-) \text{ 存在, 且 } x(t_k^-) = x(t_k), k = 1, 2, \cdots\}.$$

令 $X = \{(u_1(t), (u_2(t), (u_3(t))^\mathrm{T} \in PC(R, R^3) : u_i(t+\omega) = u_i(t), i = 1, 2, 3\}$, 其范数为

$$\|(u_1(t), (u_2(t), (u_3(t))\|^\mathrm{T} = \sum_{i=1}^3 \sup_{t\in[0,\omega]} |u_i(t)|,$$

及 $Y = X \times R^{3q}$, 其范数为 $\|u\|_Y = \|x\| + \|y\|, u \in Y, x \in X, y \in R^{3q}$, 其中 $|\cdot|$ 表示 Euclid 范数. 那么 X 与 Y 都是 Banach 空间.

定理 6.2.1 如果除条件 (C1) 和 (C2) 外还满足

$$\text{(C3)} \quad \frac{\overline{(r_1 - D_1)}\omega + \sum_{k=1}^{q} \ln(1 + b_{1k})}{\bar{r}_3\omega - \sum_{k=1}^{q} \ln(1 + b_{3k})} > \frac{a_{11}^M}{a_{31}^L}.$$

那么系统 (6.2.2) 至少有一个正的 ω 周期解.

证明 令

$$u_1(t) = \ln[(x_1(t)], \quad u_2(t) = \ln[(x_2(t)], \quad u_3(t) = \ln[(y(t)], \qquad (6.2.3)$$

那么系统 (6.2.2) 化为

$$\begin{cases} u_1'(t) = r_1(t) - D_1(t) - a_{11}(t)\mathrm{e}^{u_1(t)} - a_{13}(t)\mathrm{e}^{u_3(t)} + D_1(t)\mathrm{e}^{u_2(t)-u_1(t)}, \\ u_2'(t) = r_2(t) - D_2(t) - a_{22}(t)\mathrm{e}^{u_2(t)} + D_2(t)\mathrm{e}^{u_1(t)-u_2(t)}, \\ u_3'(t) = -r_3(t) - a_{31}(t)\mathrm{e}^{u_1(t-\tau_1)} - a_{33}(t)\mathrm{e}^{u_3(t-\tau_1)}, \\ \Delta u_i(t_k) = \ln(1 + b_{ik}), \quad i = 1, 2, 3, k = 1, 2, \cdots. \end{cases} \qquad (6.2.4)$$

容易看到, 如果系统 (6.2.4) 有一个 ω 周期解 $(u_1(t)^*, (u_2(t)^*, (u_3(t)^*)^{\mathrm{T}}$, 那么

$$(x_1^*(t), (x_2^*(t), (y^*(t))^{\mathrm{T}} = (\exp[u_1(t)^*], \exp[(u_2(t)^*], \exp[(u_3(t)^*])^{\mathrm{T}}$$

是系统 (6.2.2) 的正的 ω 周期解. 因此, 为了完成证明, 只需证明 (6.2.4) 有一个 ω 周期解.

定义

$$L : \mathrm{Dom}L \subset X \to Y, u \to (u', \Delta u(t_1), \cdots, u(t_q)),$$

$$Nu = \left(\begin{bmatrix} r_1(t) - D_1(t) - a_{11}(t)\mathrm{e}^{u_1(t)} - a_{13}(t)\mathrm{e}^{u_3(t)} + D_1(t)\mathrm{e}^{u_2(t)-u_1(t)} \\ r_2(t) - D_2(t) - a_{22}(t)\mathrm{e}^{u_2(t)} + D_2(t)\mathrm{e}^{u_1(t)-u_2(t)} \\ -r_3(t) - a_{31}(t)\mathrm{e}^{u_1(t-\tau_1)} - a_{33}(t)\mathrm{e}^{u_3(t-\tau_1)} \end{bmatrix}, \right.$$

$$\left. \begin{bmatrix} \ln(1 + b_{11}) \\ \ln(1 + b_{21}) \\ \ln(1 + b_{31}) \end{bmatrix}, \begin{bmatrix} \ln(1 + b_{12}) \\ \ln(1 + b_{22}) \\ \ln(1 + b_{32}) \end{bmatrix}, \cdots, \begin{bmatrix} \ln(1 + b_{1q}) \\ \ln(1 + b_{2q}) \\ \ln(1 + b_{3q}) \end{bmatrix} \right).$$

显然

$$\mathrm{Ker}L = \{u : u(t) = c \in R^3, t \in [0, \omega]\},$$

$$\mathrm{Im}L = \left\{ z = (f, a_1, \cdots, a_q) \in Y : \int_0^\omega f(s)\mathrm{d}s + \sum_{k=1}^{q} a_k = 0 \right\},$$

且 $\dim\mathrm{Ker}L = 3 = \mathrm{codim}\mathrm{Im}L.$

因此 $\mathrm{Im}L$ 是 Y 的闭子集, L 是指标为零的 Fredholm 映射. 定义

$$Px = \frac{1}{\omega}\int_0^\omega x(t)\mathrm{d}t, \quad Qz = Q(f, a_1, \cdots, a_q) = \left(\frac{1}{\omega}\left[\int_0^\omega f(s)\mathrm{d}s + \sum_{k=1}^q a_k\right], 0, \cdots, 0\right).$$

容易说明 P 和 Q 是连续投影算子, 并满足

$$\mathrm{Im}P = \mathrm{Ker}L, \quad \mathrm{Im}L = \mathrm{Ker}Q = \mathrm{Im}(I-Q).$$

更进一步, 通过简单的计算, 得到逆 $K_P : \mathrm{Im}L \to \mathrm{Ker}P \cap \mathrm{Dom}L$ 为

$$Kp(z) = \int_0^t f(s)\mathrm{d}s + \sum_{t_k < k} a_k - \frac{1}{\omega}\int_0^\omega f(s)\mathrm{d}s\mathrm{d}t - \sum_{k=1}^q a_k.$$

这样

$$QNu = \left(\left(\begin{array}{c} \frac{1}{\omega}\int_0^\omega [r_1(t) - D_1(t) - a_{11}(t)\mathrm{e}^{u_1(t)} - a_{13}(t)\mathrm{e}^{u_3(t)} \\ \quad + D_1(t)\mathrm{e}^{u_2(t)-u_1(t)}]\mathrm{d}t + \frac{1}{\omega}\sum_{k=1}^q \ln(1+b_{1k}), \\ \frac{1}{\omega}\int_0^\omega [r_2(t) - D_2(t) - a_{22}(t)\mathrm{e}^{u_2(t)} + D_2(t)\mathrm{e}^{u_1(t)-u_2(t)}]\mathrm{d}t \\ \quad + \frac{1}{\omega}\sum_{k=1}^q \ln(1+b_{2k}), \\ \frac{1}{\omega}\int_0^\omega [-r_3(t) - a_{31}(t)\mathrm{e}^{u_1(t-\tau_1)} - a_{33}(t)\mathrm{e}^{u_3(t-\tau_1)}]\mathrm{d}t \\ \quad + \sum_{k=1}^q \ln(1+b_{3k}), \end{array}\right), 0, \cdots, 0\right),$$

以及

$$K_P(I-Q)Nu = \left[\begin{array}{c} \int_0^t [r_1(t) - D_1(t) - a_{11}(t)\mathrm{e}^{u_1(t)} - a_{13}(t)\mathrm{e}^{u_3(t)} \\ \quad + D_1(t)\mathrm{e}^{u_2(t)-u_1(t)}]\mathrm{d}t + \frac{1}{\omega}\sum_{t > t_k} \ln(1+b_{1k}), \\ \int_0^t [r_2(t) - D_2(t) - a_{22}(t)\mathrm{e}^{u_2(t)} + D_2(t)\mathrm{e}^{u_1(t)-u_2(t)}]\mathrm{d}t \\ \quad + \frac{1}{\omega}\sum_{t > t_k} \ln(1+b_{2k}), \\ \int_0^t [-r_3(t) - a_{31}(t)\mathrm{e}^{u_1(t-\tau_1)} - a_{33}(t)\mathrm{e}^{u_3(t-\tau_1)}]\mathrm{d}t \\ \quad + \sum_{t > t_k} \ln(1+b_{3k}) \end{array}\right].$$

$$
-\left[\begin{array}{l}
\dfrac{1}{\omega}\int_0^\omega\int_0^t[r_1(t)-D_1(t)-a_{11}(t)\mathrm{e}^{u_1(t)}-a_{13}(t)\mathrm{e}^{u_3(t)} \\
\qquad +D_1(t)\mathrm{e}^{u_2(t)-u_1(t)}]\mathrm{d}t+\dfrac{1}{\omega}\sum_{k=1}^q\ln(1+b_{1k}), \\
\dfrac{1}{\omega}\int_0^\omega\int_0^t[r_2(t)-D_2(t)-a_{22}(t)\mathrm{e}^{u_2(t)}+D_2(t)\mathrm{e}^{u_1(t)-u_2(t)}]\mathrm{d}t \\
\qquad +\dfrac{1}{\omega}\sum_{k=1}^q\ln(1+b_{2k}), \\
\dfrac{1}{\omega}\int_0^\omega\int_0^t[-r_3(t)-a_{31}(t)\mathrm{e}^{u_1(t-\tau_1)}-a_{33}(t)\mathrm{e}^{u_3(t-\tau_1)}]\mathrm{d}t \\
\qquad +\sum_{k=1}^q\ln(1+b_{3k})
\end{array}\right]
$$

$$
-\left[\begin{array}{l}
\left(\dfrac{t}{\omega}-\dfrac{1}{2}\right)\int_0^t[r_1(t)-D_1(t)-a_{11}(t)\mathrm{e}^{u_1(t)}-a_{13}(t)\mathrm{e}^{u_3(t)} \\
\qquad +D_1(t)\mathrm{e}^{u_2(t)-u_1(t)}]\mathrm{d}t+\dfrac{1}{\omega}\sum_{k=1}^q\ln(1+b_{1k}), \\
\left(\dfrac{t}{\omega}-\dfrac{1}{2}\right)\int_0^t[r_2(t)-D_2(t)-a_{22}(t)\mathrm{e}^{u_2(t)}+D_2(t)\mathrm{e}^{u_1(t)-u_2(t)}]\mathrm{d}t \\
\qquad +\dfrac{1}{\omega}\sum_{k=1}^q\ln(1+b_{2k}), \\
\left(\dfrac{t}{\omega}-\dfrac{1}{2}\right)\int_0^t[-r_3(t)-a_{31}(t)\mathrm{e}^{u_1(t-\tau_1)}-a_{33}(t)\mathrm{e}^{u_3(t-\tau_1)}]\mathrm{d}t \\
\qquad +\sum_{k=1}^q\ln(1+b_{3k})
\end{array}\right].
$$

很明显, QN 和 $K_P(I-Q)N$ 是连续的. 由引理 6.2.2, 不难证明 $QN(\bar\Omega)$, $K_P(I-Q)N(\bar\Omega)$ 对于任意有界开子集 $\Omega\subset X$ 是相对紧的. 因此 N 在 $\bar\Omega$ 上是 L 紧的.

现在, 我们寻找一个适合的开的有界子集 Ω. 对应于 $Lu=\lambda Nu,\lambda\in(0,1)$ 有

$$
\begin{cases}
u_1'(t)=\lambda[r_1(t)-D_1(t)-a_{11}(t)\mathrm{e}^{u_1(t)}-a_{13}(t)\mathrm{e}^{u_3(t)}+D_1(t)\mathrm{e}^{u_2(t)-u_1(t)}], \\
u_2'(t)=\lambda[r_2(t)-D_2(t)-a_{22}(t)\mathrm{e}^{u_2(t)}+D_2(t)\mathrm{e}^{u_1(t)-u_2(t)}], \\
u_3'(t)=\lambda[-r_3(t)-a_{31}(t)\mathrm{e}^{u_1(t-\tau_1)}-a_{33}(t)\mathrm{e}^{u_3(t-\tau_1)}], \\
\Delta u_i(t_k)=\lambda\ln(1+b_{ik}),\quad i=1,2,3,k=1,2,\cdots.
\end{cases}
\tag{6.2.5}
$$

因为 $u_i(t),(i=1,2,3)$ 是 ω 周期函数, 我们只需考虑区间 $[0,\omega]$. 在 $[0,\omega]$ 上积分 (6.2.5) 得

$$\int_0^\omega a_{11}(t)\mathrm{e}^{u_1(t)}\mathrm{d}t + \int_0^\omega a_{13}(t)\mathrm{e}^{u_3(t)}\mathrm{d}t$$

$$= \int_0^\omega (r_1(t) - D_1(t))\mathrm{d}t + \int_0^\omega D_1(t)\mathrm{e}^{u_2(t)-u_1(t)}\mathrm{d}t + \sum_{k=1}^q \ln(1+b_{1k}), \quad (6.2.6)$$

$$\int_0^\omega a_{22}(t)\mathrm{e}^{u_2(t)}\mathrm{d}t$$

$$= \int_0^\omega (r_2(t) - D_2(t))\mathrm{d}t + \int_0^\omega D_2(t)\mathrm{e}^{u_1(t)-u_2(t)}\mathrm{d}t + \sum_{k=1}^q \ln(1+b_{2k}), \quad (6.2.7)$$

$$\int_0^\omega a_{31}(t)\mathrm{e}^{u_1(t-\tau_1)}\mathrm{d}t$$

$$= \int_0^\omega (r_3(t)\mathrm{d}t + \int_0^\omega a_{33}(t)\mathrm{e}^{u_3(t-\tau_2)}\mathrm{d}t - \sum_{k=1}^q \ln(1+b_{3k}). \quad (6.2.8)$$

那么由 $(6.2.5) \sim (6.2.8)$ 有

$$\int_0^\omega |u_1'(t)|\mathrm{d}t < \int_0^\omega (r_1(t) + D_1(t))\mathrm{d}t + \int_0^\omega D_1(t)\mathrm{e}^{u_2(t)-u_1(t)}\mathrm{d}t$$

$$+ \int_0^\omega a_{11}(t)\mathrm{e}^{u_1(t)}\mathrm{d}t + \int_0^\omega a_{13}(t)\mathrm{e}^{u_3(t)}\mathrm{d}t$$

$$= 2\int_0^\omega a_{11}(t)\mathrm{e}^{u_1(t)}\mathrm{d}t + 2\int_0^\omega a_{13}(t)\mathrm{e}^{u_3(t)}\mathrm{d}t$$

$$- \sum_{k=1}^q \ln(1+b_{1k}) + \int_0^\omega D_1(t)\mathrm{d}t,$$

$$\int_0^\omega |u_2'(t)|\mathrm{d}t < \int_0^\omega r_2(t)\mathrm{d}t + \int_0^\omega D_2(t)\mathrm{d}t + \int_0^\omega a_{22}(t)\mathrm{e}^{u_2(t)}\mathrm{d}t$$

$$+ \int_0^\omega D_2(t)\mathrm{e}^{u_1(t)-u_2(t)}\mathrm{d}t$$

$$= 2\int_0^\omega a_{22}(t)\mathrm{e}^{u_2(t)}\mathrm{d}t + 2\int_0^\omega D_2(t)\mathrm{d}t - \sum_{k=1}^q \ln(1+b_{2k}),$$

$$\int_0^\omega |u_3'(t)|\mathrm{d}t < \int_0^\omega (r_3(t)\mathrm{d}t + \int_0^\omega a_{31}(t)\mathrm{e}^{u_1(t)}\mathrm{d}t + \int_0^\omega a_{33}(t)\mathrm{e}^{u_3(t-\tau)}\mathrm{d}t$$

$$= 2\int_0^\omega a_{31}(t)\mathrm{e}^{u_1(t-\tau_1)}\mathrm{d}t + \sum_{k=1}^q \ln(1+b_{3k})$$

$$\leqslant 2\int_0^\omega a_{31}(t)\mathrm{e}^{u_1(t-\tau_1)}\mathrm{d}t. \quad (6.2.9)$$

用 $\mathrm{e}^{u_1(t)}$ 乘以 $(6.2.5)$ 的第一个方程, 并且在 $[0,\omega]$ 上积分, 得

$$-\sum_{k=1}^q b_{1k}\mathrm{e}^{u_1(t_k)} + \int_0^\omega a_{11}(t)\mathrm{e}^{2u_1(t)}\mathrm{d}t \leqslant (r_1 - D_1)^M \int_0^\omega \mathrm{e}^{u_1(t)}\mathrm{d}t + D_1^M \int_0^\omega \mathrm{e}^{u_2(t)}\mathrm{d}t,$$

因为 $-1 < b_{1k} \leqslant 0$, 因此有

$$\int_0^\omega a_{11}(t)\mathrm{e}^{2u_1(t)}\mathrm{d}t \leqslant (r_1 - D_1)^M \int_0^\omega \mathrm{e}^{u_1(t)}\mathrm{d}t + D_1^M \int_0^\omega \mathrm{e}^{u_2(t)}\mathrm{d}t,$$

从而

$$a_{11}^L \int_0^\omega \mathrm{e}^{2u_1(t)}\mathrm{d}t \leqslant (r_1 - D_1)^M \int_0^\omega \mathrm{e}^{u_1(t)}\mathrm{d}t + D_1^M \int_0^\omega \mathrm{e}^{u_2(t)}\mathrm{d}t. \tag{6.2.10}$$

类似地, 用 $\mathrm{e}^{u_1(t)}$ 乘以 (6.2.5) 的第二个方程, 并在 $[0,\omega]$ 上积分得

$$a_{22}^L \int_0^\omega \mathrm{e}^{2u_2(t)}\mathrm{d}t \leqslant (r_2 - D_2)^M \int_0^\omega \mathrm{e}^{u_2(t)}\mathrm{d}t + D_2^M \int_0^\omega \mathrm{e}^{u_1(t)}\mathrm{d}t. \tag{6.2.11}$$

利用不等式

$$\left(\int_0^\omega \mathrm{e}^{u_i(t)}\mathrm{d}t\right)^2 \leqslant \omega \int_0^\omega \mathrm{e}^{2u_i(t)}\mathrm{d}t, \quad i = 1, 2,$$

以及 (6.2.10)~(6.2.11), 有

$$a_{11}^L \left(\int_0^\omega \mathrm{e}^{u_1(t)}\mathrm{d}t\right)^2 < \omega(r_1 - D_1)^M \int_0^\omega \mathrm{e}^{u_1(t)}\mathrm{d}t + D_1^M \omega \int_0^\omega \mathrm{e}^{u_2(t)}\mathrm{d}t, \tag{6.2.12}$$

$$a_{22}^L \left(\int_0^\omega \mathrm{e}^{u_2(t)}\mathrm{d}t\right)^2 < \omega(r_2 - D_2)^M \int_0^\omega \mathrm{e}^{u_2(t)}\mathrm{d}t + D_2^M \omega \int_0^\omega \mathrm{e}^{u_1(t)}\mathrm{d}t. \tag{6.2.13}$$

如果 $\int_0^\omega \mathrm{e}^{u_2(t)}\mathrm{d}t \leqslant \int_0^\omega \mathrm{e}^{u_1(t)}\mathrm{d}t$, 那么从 (6.2.12) 得

$$a_{11}^L \left(\int_0^\omega \mathrm{e}^{u_1(t)}\mathrm{d}t\right)^2 < \omega(r_1 - D_1)^M \int_0^\omega \mathrm{e}^{u_1(t)}\mathrm{d}t + D_1^M \omega \int_0^\omega \mathrm{e}^{u_1(t)}\mathrm{d}t,$$

进而

$$\int_0^\omega \mathrm{e}^{u_2(t)}\mathrm{d}t \leqslant \int_0^\omega \mathrm{e}^{u_1(t)}\mathrm{d}t < \frac{\omega(r_1 - D_1)^M + \omega D_1^M}{a_{11}^L}. \tag{6.2.14}$$

如果 $\int_0^\omega \mathrm{e}^{u_1(t)}\mathrm{d}t \leqslant \int_0^\omega \mathrm{e}^{u_2(t)}\mathrm{d}t$, 那么可得

$$\int_0^\omega \mathrm{e}^{u_1(t)}\mathrm{d}t \leqslant \int_0^\omega \mathrm{e}^{u_2(t)}\mathrm{d}t < \frac{\omega(r_2 - D_2)^M + \omega D_2^M}{a_{22}^L}. \tag{6.2.15}$$

设

$$A = \max\left\{\frac{(r_1 - D_1)^M + D_1^M}{a_{11}^L}, \frac{(r_2 - D_2)^M + D_2^M}{a_{22}^L}\right\}, \tag{6.2.16}$$

由 (6.2.14)~(6.2.16) 得

$$\int_0^\omega \mathrm{e}^{u_i(t)}\mathrm{d}t < \omega A, \quad i = 1, 2. \tag{6.2.17}$$

因为 $u(t) \in X$, 因此存在 $\xi_i, \eta_i \in [0, \omega]$, 使得

$$u_i(\xi_i) = \min_{t \in [0,\omega]} u_i(t), \quad u_i(\eta_i) = \max_{t \in [0,\omega]} u_i(t), \quad i = 1, 2, 3. \qquad (6.2.18)$$

从 (6.2.17) 和 (6.2.18) 看到

$$u_i(\xi_i) < \ln A, \quad i = 1, 2. \qquad (6.2.19)$$

由于

$$\int_0^\omega e^{u_1(t-\tau_1)} dt = \int_0^\omega e^{u_1(t)} dt, \quad \int_0^\omega e^{u_3(t-\tau_2)} dt = \int_0^\omega e^{u_3(t)} dt,$$

由 (6.2.8) 和 (6.2.17) 得

$$
\begin{aligned}
a_{33}^L \int_0^\omega e^{u_3(t)} dt &= a_{33}^L \int_0^\omega e^{u_3(t-\tau_2)} dt \leqslant \int_0^\omega a_{33}(t) e^{u_3(t-\tau_2)} dt \\
&= \int_0^\omega a_{31}(t) e^{u_1(t-\tau_1)} dt - \int_0^\omega r_3(t) dt + \sum_{k=1}^q \ln(1 + b_{3k}) \\
&\leqslant \int_0^\omega a_{31}(t) e^{u_1(t-\tau_1)} dt \\
&= \int_0^\omega a_{31}(t) e^{u_1(t)} dt \leqslant a_{31}^M \omega A,
\end{aligned}
$$

从而得到

$$\int_0^\omega e^{u_3(t)} dt \leqslant \frac{a_{31}^M \omega A}{a_{33}^L} \qquad (6.2.20)$$

及

$$u_3(\xi_3) \leqslant \ln \frac{a_{31}^M A}{a_{33}^L}. \qquad (6.2.21)$$

由 (6.2.9) 及 (6.2.17) 与 (6.2.20) 有

$$\int_0^\omega |u_1'(t)| dt \leqslant 2a_{11}^M \omega A + 2a_{13}^M \omega A \cdot \frac{a_{31}^M \omega A}{a_{33}^L} + 2\omega \bar{D}_1 - \sum_{k=1}^q \ln(1 + b_{1k}) := c_1,$$

$$\int_0^\omega |u_2'(t)| dt \leqslant 2a_{22}^M \omega A + 2\omega \bar{D}_2 - \sum_{k=1}^q \ln(1 + b_{2k}) := c_2,$$

$$\int_0^\omega |u_3'(t)| dt \leqslant 2a_{31}^M \omega A. \qquad (6.2.22)$$

这样, 考虑到 (6.2.19), (6.2.21) 与 (6.2.22), 有

$$
u_1(t) = \begin{cases}
u_1(\xi_1) + \displaystyle\int_{\xi_1}^t u_1'(s) ds + \sum_{\xi_1 < t_k < t} \ln(1 + b_{1k}), & t \in (\xi_1, \omega], \\
u_1(\xi_1) + \displaystyle\int_{\xi_1}^t u_1'(s) ds + \sum_{t < t_k < \xi_1^-} \ln(1 + b_{1k}), & t \in (0, \xi_1]
\end{cases}
$$

$$\leqslant u_1(\xi_1) + \int_0^\omega |u_1'(t)|\mathrm{d}t - \sum_{k=1}^q \ln(1+b_{1k})$$

$$< \ln A + c_1 - \sum_{k=1}^q \ln(1+b_{1k}), \tag{6.2.23}$$

$$u_2(t) \leqslant u_2(\xi_2) + \int_0^\omega |u_2'(t)|\mathrm{d}t - \sum_{k=1}^q \ln(1+b_{2k})$$

$$< \ln A + c_2 - \sum_{k=1}^q \ln(1+b_{2k}), \tag{6.2.24}$$

$$u_3(t) \leqslant u_3(\xi_3) + \int_0^\omega |u_3'(t)|\mathrm{d}t - \sum_{k=1}^q \ln(1+b_{3k})$$

$$< \ln \frac{a_{31}^M A}{a_{33}^L} + 2a_{31}^M \omega A - \sum_{k=1}^q \ln(1+b_{3k}). \tag{6.2.25}$$

由 (6.2.8) 得

$$\int_0^\omega a_{31}(t)\mathrm{e}^{u_1(t)}\mathrm{d}t > \int_0^\omega r_3(t)\mathrm{d}t = \omega\bar{r}_3,$$

进而

$$u_1(\eta_1) > \ln \frac{\bar{r}_3}{\bar{a}_{31}}.$$

连同 (6.2.22) 推出

$$u_1(t) \geqslant u_1(\eta_1) - \int_0^\omega |u_1'(t)|\mathrm{d}t + \sum_{k=1}^q \ln(1+b_{1k})$$

$$> \ln \frac{\bar{r}_3}{\bar{a}_{31}} - c_1 + \sum_{k=1}^q \ln(1+b_{1k}). \tag{6.2.26}$$

令

$$R_1 = \max\left\{ |\ln A| + c_1 - \sum_{k=1}^q \ln(1+b_{1k}), \left|\ln \frac{\bar{r}_3}{\bar{a}_{31}}\right| + c_1 - \sum_{k=1}^q \ln(1+b_{1k}) \right\}.$$

式 (6.2.23) 和 (6.2.26) 说明

$$\max_{t\in[0,\omega]} u_1(t) < R_1. \tag{6.2.27}$$

由 (6.2.27) 得

$$\bar{a}_{22}\mathrm{e}^{u_2(\eta_2)} \geqslant \overline{(r_2 - D_2)} + \bar{D}_2\mathrm{e}^{u_1(\xi_1) - u_2(\xi_2)} + \sum_{k=1}^q \ln(1+b_{2k})$$

$$= \overline{(r_2 - D_2)} + \bar{D}_2\mathrm{e}^{u_1(\xi_1)} \cdot \mathrm{e}^{u_2(\eta_2)} + \sum_{k=1}^q \ln(1+b_{2k})$$

$$\geqslant \overline{(r_2 - D_2)} + \bar{D}_2 e^{-R_1} \cdot e^{u_2(\eta_2)} + \sum_{k=1}^{q} \ln(1 + b_{2k}),$$

进而有

$$e^{u_2(\eta_2)} \geqslant \frac{d + \sqrt{d^2 + 4\bar{a}_{22}\bar{D}_2 e^{-R_1}}}{2\bar{a}_{22}},$$

其中

$$d = \overline{(r_2 - D_2)} + \sum_{k=1}^{q} \ln(1 + b_{2k}),$$

因此

$$u_2(\eta_2) \geqslant \ln \frac{d + \sqrt{d^2 + 4\bar{a}_{22}\bar{D}_2 e^{-R_1}}}{2\bar{a}_{22}} := c_3. \tag{6.2.28}$$

由 (6.2.22) 和 (6.2.28) 可得

$$u_2(t) \geqslant u_2(\eta_2) - \int_0^{\omega} |u_2'(t)| \mathrm{d}t + \sum_{k=1}^{q} \ln(1 + b_{2k})$$

$$\geqslant c_3 - c_2 + \sum_{k=1}^{q} \ln(1 + b_{2k}). \tag{6.2.29}$$

连同 (6.2.24) 导出

$$\max_{t \in [0,\omega]} |u_2(t)| < \max \left\{ |\ln A| + c_2 - \sum_{k=1}^{q} \ln(1 + b_{2k}), \right.$$

$$\left. |c_3| + c_2 - \sum_{k=1}^{q} \ln(1 + b_{2k}) \right\} := R_2.$$

根据 (6.2.6), 有

$$\int_0^{\omega} a_{11}(t) e^{u_1(t)} \mathrm{d}t + \int_0^{\omega} a_{13}(t) e^{u_3(t)} \mathrm{d}t \geqslant \overline{(r_1 - D_1)}\omega + \sum_{k=1}^{q} \ln(1 + b_{1k}),$$

因而

$$a_{11}^M \int_0^{\omega} e^{u_1(t)} \mathrm{d}t + a_{13}^M \int_0^{\omega} e^{u_3(t)} \mathrm{d}t \geqslant \overline{(r_1 - D_1)}\omega + \sum_{k=1}^{q} \ln(1 + b_{1k}). \tag{6.2.30}$$

由 (6.2.68) 得

$$a_{33}^M \int_0^{\omega} e^{u_3} \mathrm{d}t = a_{33}^M \int_0^{\omega} e^{u_3(t-\tau_2)} \mathrm{d}t$$

$$\geqslant \int_0^{\omega} a_{31}^L e^{u_1(t)} \mathrm{d}t - \bar{r}_3 \omega + \sum_{k=1}^{q} \ln(1 + b_{3k}). \tag{6.2.31}$$

(6.2.30) 和 (6.2.31) 蕴含

$$\int_0^\omega e^{u_3} dt \geqslant \frac{a_{31}^L \left[\overline{(r_1 - D_1)}\omega + \sum_{k=1}^q \ln(1+b_{1k}) \right] + a_{11}^M \left[-\bar{r}_3\omega + \sum_{k=1}^q \ln(1+b_{3k}) \right]}{a_{11}^M a_{33}^M + a_{13}^M a_{31}^M}$$
$$:= \omega c_4,$$

这样

$$u_3(\eta_3) \geqslant \ln c_4. \tag{6.2.32}$$

因此, 由 (6.2.22) 和 (6.2.32) 有

$$u_3(t) \geqslant u_3(\eta_3) - \int_0^\omega |u_3'(t)| dt + \sum_{k=1}^q \ln(1+b_{3k})$$
$$\geqslant \ln c_4 - 2a_{31}^M \omega A + \sum_{k=1}^q \ln(1+b_{3k}). \tag{6.2.33}$$

结合 (6.2.25) 可推出

$$\max_{t \in [0,\omega]} |u_3(t)| < R_3,$$

这里

$$R_3 = \max \left\{ \left| \ln \frac{a_{31}^M A}{a_{33}^L} \right| + 2a_{31}^M \omega A - \sum_{k=1}^q \ln(1+b_{3k}), \right.$$
$$\left. |\ln c_4| + 2a_{31}^M \omega A - \sum_{k=1}^q \ln(1+b_{3k}) \right\}.$$

很明显, R_1, R_2 和 R_3 是不依赖于 λ 的常数. 类似于文献 [23] 的定理 2.1 的证明, 可以找到一个足够大的 $M > 0$ 来表示集合

$$\Omega = u(t) = (u_1(t), u_2(t), u_3(t))^T \in X : \|u\| < M, \quad u(t_k^+) \in \Omega, \quad k = 1, 2, \cdots, q,$$

使得对每一个 $u \in \text{Ker}L \cap \partial\Omega, QNu \neq 0$ 且

$$\deg JQNu, \quad \Omega \cap \text{Ker}L, \quad 0 = -1 \neq 0.$$

至此, Ω 满足引理 6.2.2 的所有要求. 因此 (6.2.4) 至少有一个 ω 周期解. 从而系统 (6.2.2) 至少有一个正的 ω 周期解. 定理证毕.

6.3 具有脉冲的神经网络模型

本节研究具有脉冲和时滞的 Cohen-Grossberg 神经网络和 Hopfeild 神经网络模型的动力学行为.

首先考虑具有脉冲的 Cohen-Grossberg 神经网络网络模型 [2,3]

$$
\begin{cases}
\dfrac{\mathrm{d}x_i(t)}{\mathrm{d}t} = -a_i(t, x_i(t))[b_i(t, x_i(t)) - \displaystyle\sum_{j=1}^{n} c_{ij}(t)f_j(x_j(t)) \\
\qquad\qquad - \displaystyle\sum_{j=1}^{n} d_{ij}(t)f_j(x_j(t - \tau_{ij}(t))) + I_i(t)], \quad t \neq t_k, \\
x_i(t_k) = (1 + b(ik))x_i(t_k^-),
\end{cases}
\tag{6.3.1}
$$

其中

(i) $a_i \in C(R^2, (0, +\infty))$ 关于第一个自变量是 ω 周期的, 且存在正常数 $\underline{a}_i$ 和 $\bar{a}_i$, 使得 $\underline{a}_i \leqslant a_i \leqslant \bar{a}_i$;

(ii) $b_i \in C(R^2, R)$ 关于第一个自变量是 ω 周期的;

(iii) $c_{ij}, d_{ij}, I_i \in C(R, R)$ 是 ω 周期的;

(iv) 存在 $L_j > 0$, 使得

$$
|f_j(x) - f_j(y)| \leqslant L_j|x - y|, \quad \forall x, y \in R,
$$

其中 $L_j > 0$ 是常数, $j = 1, 2, \cdots, n$;

(v) 对于 $\omega > 0$, 存在 $q \in N$, 使得 $t_k + \omega = t_{k+q}$ 和 $b_{i(k+q)} = b_{ik}, k = 1, 2, \cdots$;

(vi) $\tau_{ij} \in C^1(R, R), 0 \leqslant \tau_{ij}(t) \leqslant \tau, \tau_{ij} \in C(R, R), \displaystyle\inf_{t \in [0, +\infty)}\{1 - \dot{\tau}_{ij}(t)\} > 0, \tau_{ij}(t + \omega) = \tau_{ij}(t)$.

记 $\bar{c}_{ij} = \displaystyle\max_{t \in [0, \omega]}|c_{ij}(t)|, \bar{d}_{ij} = \displaystyle\max_{t \in [0, \omega]}|d_{ij}(t)|, I_i^M = \displaystyle\max_{t \in [0, \omega]}|I_i(t)|$.

假设系统 (6.3.1) 满足足够的条件确保初始条件 $x_i(t) = \phi_i(t), t \in [-\tau, 0]$ 的解是整体存在且唯一的.

令 $z_i(t) = x_i(t) - y_i(t)$, 其中 $x_i(t) = x_i(t, 0, \phi)$ 和 $y_i(t) = y_i(t, 0, \psi)$ 是系统 (6.3.1) 的解, 则

$$
\begin{aligned}
\frac{\mathrm{d}x_i(t)}{\mathrm{d}t} = &-a_i(t, x_i(t))[b_i(t, x_i(t)) - \sum_{j=1}^{n} c_{ij}(t)f_j(x_j(t)) \\
&- \sum_{j=1}^{n} d_{ij}(t)f_j(x_j(t - \tau_{ij}(t))) + I_i(t)] \\
&+ a_i(t, y_i(t))[b_i(t, y_i(t)) - \sum_{j=1}^{n} c_{ij}(t)f_j(y_j(t)) \\
&- \sum_{j=1}^{n} d_{ij}(t)f_j(y_j(t - \tau_{ij}(t))) + I_i(t)]
\end{aligned}
$$

$$=-[a_i(t,x_i(t))b_i(t,x_i(t))-a_i(t,y_i(t))b_i(t,y_i(t))]$$

$$+a_i(t,x_i(t))\sum_{j=1}^{n}c_{ij}(t)[f_j(x_j(t))-f_j(y_j(t))]$$

$$+[a_i(t,x_i(t))-a_i(t,y_i(t))]\sum_{j=1}^{n}c_{ij}(t)f_j(y_j(t))$$

$$+a_i(t,x_i(t))\sum_{j=1}^{n}d_{ij}(t)[f_j(x_j(t-\tau_{ij}(t)))-f_j(y_j(t-\tau_{ij}(t)))]$$

$$+[a_i(t,x_i(t))-a_i(t,y_i(t))]\sum_{j=1}^{n}d_{ij}(t)f_j(y_j(t-\tau_{ij}(t)))$$

$$-[a_i(t,x_i(t))-a_i(t,y_i(t))]I_i(t)$$

$$=-\alpha_i(z_i(t))+\beta_i(z_i(t))+\gamma_i(z_i(t))+P_i(z_i(t))$$

$$+Q_i(z_i(t))-R_i(z_i(t)),\quad t\neq t_k,$$

$$z_i(t_k)=(1+b_{ik})z_i(t_k^-).$$

定理 6.3.1 假设下面的条件满足:

(i) $|a_i(t,u)-a_i(t,v)|\leqslant L_i^a|u-v|,\forall u,v\in R,t\in[0,+\omega]$;

(ii) $\dfrac{\partial(a_i(t,u)b_i(t,u))}{\partial u}\geqslant\gamma_i^{ab},t\in[0,\omega],u\in R$;

(iii) $|f_j(u)|\leqslant M_j,\forall u\in R$;

(iv) $\gamma_i^{ab}-\sum_{j=1}^{n}[\bar{a}_j\bar{c}_{ji}L_i+L_i^aM_j(\bar{c}_{ij}+\bar{d}_{ij})]-L_i^aI_i^M-\sum_{j=1}^{n}\dfrac{\bar{a}_jL_i\bar{d}_{ji}}{1-\dot{\tau}_{ji}(\eta_{ji}^{-1}(t))}>0,\forall t\in$

$[0,+\infty)$, 其中 η_{ij}^{-1} 是 $\eta_{ij}(t)=t-\tau_{ij}(t)$ 的反函数;

(v) $|1+b_{ik}|\leqslant 1,i,k=1,2,\cdots,$

则系统 (6.3.1) 存在唯一的 ω 周期解, 且其他所有的解都全局指数收敛于它.

证明 由 (iv), 可知存在 $\varepsilon>0$, 使得对于任意的 $t\in[0,+\infty)$,

$$\varepsilon-\gamma_i^{ab}+\sum_{j=1}^{n}[\bar{a}_j\bar{c}_{ji}L_i+L_i^aM_j(\bar{c}_{ij}+\bar{d}_{ij})]+L_i^aI_i^M+\sum_{j=1}^{n}\frac{\bar{a}_jL_i\bar{d}_{ji}}{1-\dot{\tau}_{ji}(\eta_{ji}^{-1}(t))}\leqslant 0.$$

令

$$V(t)=\sum_{i=1}^{n}[\mathrm{e}^{\varepsilon t}|z_i(t)|+\sum_{j=1}^{n}\bar{a}_iL_j\int_{t-\tau_{ij}(t)}^{t}\frac{\mathrm{e}^{\varepsilon(s+\tau_{ij}(\eta_{ij}^{-1}(s)))}|d_{ij}\eta_{ij}^{-1}(s)|}{1-\dot{\tau}_{ij}(\eta_{ij}^{-1}(s))}|z_j(s)|\mathrm{d}s],$$

则

$$\frac{\mathrm{d}V(t)}{\mathrm{d}t}\Big|_{(6.3.1)}=\sum_{i=1}^{n}\Big\{\varepsilon\mathrm{e}^{\varepsilon t}|z_i(t)|+\mathrm{e}^{\varepsilon t}\mathrm{sgn}z_i(t)[-\alpha_i(z_i(t))+\beta_i(z_i(t))$$

$$+\gamma_i(z_i(t))+P_i(z_i(t))+Q_i(z_i(t))-R_i(z_i(t))]$$

$$+ \sum_{j=1}^{n} \bar{a}_i L_j \left(\frac{e^{\varepsilon(t + \tau_{ij}(\eta_{ij}^{-1}(t)))} |d_{ij}\eta_{ij}^{-1}(t)|}{1 - \dot{\tau}_{ij}(\eta_{ij}^{-1}(t))} |z_j(t)| \right.$$

$$\left. - e^{\varepsilon t} |d_{ij}(t)||z_j(t - \tau_{ij}(t))| \right) \Big\}$$

$$\leqslant \sum_{i=1}^{n} \left\{ \varepsilon e^{\varepsilon t} |z_i(t)| + e^{\varepsilon t} \gamma_i^{ab} |z_i(t)| + e^{\varepsilon t} \bar{a}_i \sum_{j=1}^{n} |c_{ij}(t)| L_j |z_j(t)| \right.$$

$$+ e^{\varepsilon t} L_i^a \sum_{j=1}^{n} |c_{ij}(t)| M_j |z_i(t)| + e^{\varepsilon t} \bar{a}_i \sum_{j=1}^{n} |d_{ij}| L_j |z_j(t - \tau_{ij}(t))|$$

$$+ e^{\varepsilon t} L_i^a \sum_{j=1}^{n} |d_{ij}(t)| M_j |z_i(t)| + e^{\varepsilon t} L_i^a I_i^M |z_i(t)|$$

$$+ \sum_{j=1}^{n} \bar{a}_i L_j \left(\frac{e^{\varepsilon(t + \tau_{ij}(\eta_{ij}^{-1}(t)))} |d_{ij}\eta_{ij}^{-1}(t)|}{1 - \dot{\tau}_{ij}(\eta_{ij}^{-1}(t))} |z_j(t)| \right.$$

$$\left. - e^{\varepsilon t} |d_{ij}(t)||z_j(t - \tau_{ij}(t))| \right) \Big\}$$

$$= \sum_{i=1}^{n} e^{\varepsilon t} \left\{ \varepsilon - \gamma_i^{ab} + \sum_{j=1}^{n} [\bar{a}_j \bar{c}_{ji} L_i + L_i^a M_j (\bar{c}_{ij} + \bar{d}_{ij})] \right.$$

$$\left. + L_i^a I_i^M + \sum_{j=1}^{n} \frac{\bar{a}_j L_i \bar{d}_{ji}}{1 - \dot{\tau}_{ji}(\eta_{ji}^{-1}(t))} \right\} |z_i(t)|$$

$$\leqslant 0, \quad t \neq t_k.$$

另一方面

$$V(t_k) = \sum_{i=1}^{n} \left[e^{\varepsilon t_k} |(1 + b_{ik}) z_i(t_k^-)| \right.$$

$$\left. + \sum_{j=1}^{n} \bar{a}_i L_j \int_{t_k - \tau_{ij}(t_k)}^{t_k} \frac{e^{\varepsilon(s + \tau_{ij}(\eta_{ij}^{-1}(s)))} |d_{ij}\eta_{ij}^{-1}(s)|}{1 - \dot{\tau}_{ij}(\eta_{ij}^{-1}(s))} |z_j(s)| ds \right]$$

$$\leqslant \sum_{i=1}^{n} \left[e^{\varepsilon t_k} |z_i(t_k^-)| + \sum_{j=1}^{n} \bar{a}_i L_j \int_{t_k - \tau_{ij}(t_k)}^{t_k} \frac{e^{\varepsilon(s + \tau_{ij}(\eta_{ij}^{-1}(s)))} |d_{ij}\eta_{ij}^{-1}(s)|}{1 - \dot{\tau}_{ij}(\eta_{ij}^{-1}(s))} |z_j(s)| ds \right]$$

$$= \sum_{i=1}^{n} \left[e^{\varepsilon t_k^-} |z_i(t_k^-)| + \sum_{j=1}^{n} \bar{a}_i L_j \int_{t_k - \tau_{ij}(t_k)}^{t_k} \frac{e^{\varepsilon(s + \tau_{ij}(\eta_{ij}^{-1}(s)))} |d_{ij}\eta_{ij}^{-1}(s)|}{1 - \dot{\tau}_{ij}(\eta_{ij}^{-1}(s))} |z_j(s)| ds \right]$$

$$= V(t_k^-), \quad k \in N.$$

因此

$$V(t) \leqslant V(0), \quad \forall t \in [t_k, t_{k+1}).$$

由 $V(t)$ 的定义可得

$$
\begin{aligned}
V(0) &\leqslant \sum_{i=1}^{n}\left[|z_i(0)| + \sum_{j=1}^{n}\bar{a}_i L_i \int_{-\tau_{ij}(0)}^{0}\frac{\mathrm{e}^{\varepsilon(s+\tau_{ij}(\eta_{ij}^{-1}(s)))}\bar{d}_{ij}}{1-\dot{\tau}_{ij}(\eta_{ij}^{-1}(s))}|z_j(s)|\mathrm{d}s\right]\\
&\leqslant \sum_{i=1}^{n}\left(|z_i(0)| + \sum_{j=1}^{n}\frac{\bar{a}_i L_j \mathrm{e}^{\tau}\bar{d}_{ij}}{\inf\limits_{s\in[-\tau,0]}\{1-\dot{\tau}_{ij}(\eta_{ij}^{-1}(s))\}}\int_{-\tau}^{0}|z_i(s)|\mathrm{d}s\right)\\
&\leqslant \|\phi-\psi\| + \sum_{j=1}^{n}\frac{\bar{a}_i L_j \mathrm{e}^{\tau}\bar{d}_{ij}\tau}{\inf\limits_{s\in[-\tau,0]}\{1-\dot{\tau}_{ij}(\eta_{ij}^{-1}(s))\}}\|\phi-\psi\|\\
&= \Lambda\|\phi-\psi\|.
\end{aligned}
$$

因此

$$
\sum_{i=1}^{n}z_i(t) \leqslant \Lambda\mathrm{e}^{-\varepsilon t}\|\phi-\psi\|, \quad \forall t\geqslant 0,
$$

即

$$
\|x_t(\phi)-y_t(\psi)\| \leqslant \Lambda'\mathrm{e}^{-\varepsilon t}\|\phi-\psi\|, \quad \forall t\geqslant 0,
$$

其中 $\Lambda' = \Lambda\mathrm{e}^{\varepsilon\tau}$.

定义 Poincaré 映射

$$
T: PC([-\tau,0],R^n) \longrightarrow PC([-\tau,0],R^n), \quad T\phi = x_\omega(\phi).
$$

则

$$
\|T^m\phi - T^m\psi\| \leqslant \Lambda'\mathrm{e}^{-\varepsilon(m\omega)}\|\phi-\psi\|.
$$

取 $m\in Z^+$, 使得 $\Lambda'\mathrm{e}^{-\varepsilon(m\omega)} \leqslant \dfrac{1}{2}$. 所以

$$
\|T^m\phi - T^m\psi\| \leqslant \frac{1}{2}\|\phi-\psi\|.
$$

这说明 T^m 是一个压缩映像. 因此存在唯一的不动点 $\phi^* \in PC([-\tau,0],R^n)$ 满足 $T^m\phi^* = \phi^*$.

注意到 $T^m(T\phi^*) = T(T^m\phi^*) = T\phi^*$, 则 $T\phi^*$ 是 T^m 的一个不动点. 因此 $T\phi^* = \phi^*$, 即 $x_\omega(\phi^*) = \phi^*$.

假定 $x(t,\phi^*)$ 是系统 (6.3.1) 满足初始条件 $x_t(0) = \phi^*$ 的一个解, 则 $x(t,x_\omega(\phi^*))$ 是系统 (6.3.1) 的解, 且

$$
x_{t+\omega}(\phi^*) = x_t(x_\omega(\phi^*)) = x_t(\phi^*), \quad \forall t\geqslant 0.
$$

因此, $x(t,\phi^*)$ 是一个 ω 周期解. 而且, 从上面的证明过程可以看出, 系统 (6.3.1) 的其他所有解都全局指数收敛于它. 证毕.

例 6.3.1

$$
\begin{cases}
\dot{x}_1(t) = -6 - \dfrac{\cos t}{1+x_1^2(t)}\left\{x_1(t) - \left[\dfrac{1}{10}\sin t\sin(x_1(t)) + \dfrac{1}{12}\cos t\cos(x_2(t))\right]\right. \\
\qquad\qquad \left. - \left[\dfrac{1}{21}\sin t\sin(x_1(t-\tau_1(t))) + \dfrac{1}{30}\cos t\cos(x_2(t-\tau_2(t)))\right] + \sin t\right\}, \quad t\neq t_k, \\
\dot{x}_2(t) = 5 + \dfrac{\sin t}{2+x_2^2(t)}\left\{x_2(t) - \left[\dfrac{1}{12}\cos t\sin(x_1(t)) + \dfrac{1}{18}\sin t\cos(x_2(t))\right]\right. \\
\qquad\qquad \left. - \left[\dfrac{1}{18}\cos t\sin(x_1(t-\tau_1(t))) + \dfrac{1}{30}\sin t\cos(x_2(t-\tau_2(t)))\right] + \cos t\right\}, \quad t\neq t_k, \\
x_1(t_k) = (1+b_{ik})x_1(t_k^-), \\
x_2(t_k) = (1+b_{ik})x_2(t_k^-),
\end{cases}
$$

$$(6.3.2)$$

其中

$$
b_{ik} = -1 + (-1)^k, \quad k = 1,2, \quad k \in N, \quad \tau_i(t) = \frac{1}{2}\sin t + 1, \quad i = 1,2,
$$
$$
t_{2k+1} = t_1 + 2k\pi, \quad t_{2k} = t_2 + 2(k-1)\pi, \quad 0 < t_1 < t_2 < 2\pi, \quad k \in N.
$$

经过计算可得

$$
L_1^a = 1, \quad L_2^a = \frac{1}{\sqrt{2}}, \quad \gamma_1^{ab} = 5, \quad \gamma_2^{ab} = 4,
$$
$$
L_1 = L_2 = 1, \quad \bar{a}_1 = 7, \quad \underline{a}_1 = 5, \quad \bar{a}_2 = 6, \quad \underline{a}_2 = 4, \quad I_i^M = 1, \quad i = 1,2,
$$
$$
\dot{\tau}_i(t) = \frac{1}{2}\cos t < 1, \quad t \in [0,+\infty), \quad b_{i(k+2)} = b_{ik}, \quad k = 1,2, \quad k \in N.
$$

可以验证定理 6.3.1 的条件均满足. 所以系统 (6.3.2) 有唯一的 2π 周期解, 且是全局指数稳定的.

其次考虑具有脉冲的 Hopfeild 神经网络模型 [24]

$$
\begin{cases}
x_i'(t) = -c_i x_i(t) + \displaystyle\sum_{j=1}^n a_{ij} f_j(x_j(t)) + \sum_{j=1}^n b_{ij} g_j(x_j(t-\tau_j(t))) + I_i, \quad t \neq t_k,\ t \geqslant t_0, \\
\Delta x_i|_{t=t_k} = x_i(t_k) - x_i(t_k^-) = d_k^{(i)}(x_i(t_k^-) - x^*). \quad i \in \Lambda,\ k = 1,2\cdots,
\end{cases}
$$

$$(6.3.3)$$

经过变换, 将其转换为

$$
\begin{cases}
y'(t) = Cy(t) + A\Omega(y(t)) + B\Gamma(y_\tau), \quad t \neq t_k,\ t \geqslant t_0, \\
y(t_k) = D_k y(t_k^-), \quad k = 1,2,\cdots, \\
y(t_0 + \theta) = \varphi(\theta), \quad \theta \in [-\tau,0],
\end{cases}
$$

$$(6.3.4)$$

其中

$$
y(t) = (y_1(t), y_2(t), \cdots, y_n(t))^{\mathrm{T}},
$$
$$
y_\tau = (y_1(t-\tau_1(t)), y_2(t-\tau_2(t)), \cdots, y_n(t-\tau_n(t)))^{\mathrm{T}},
$$

$$C = \mathrm{diag}[-c_1, -c_2, \cdots, -c_n]^{\mathrm{T}},$$

$$A = (a_{ij})_{n \times n}, \quad B = (b_{ij})_{n \times n},$$

$$D_k = \mathrm{diag}[1 + d_k^{(1)}, 1 + d_k^{(2)}, \cdots, 1 + d_k^{(n)}]^{\mathrm{T}},$$

$$\Omega(y) = [\Omega_1(y_1), \Omega_2(y_2), \cdots, \Omega_n(y_n)]^{\mathrm{T}},$$

$$\Gamma(y_\tau) = [\Gamma_1(y_1(t - \tau_1(t))), \Gamma_2(y_2(t - \tau_2(t))), \cdots, \Gamma_n(y_n(t - \tau_n(t)))]^{\mathrm{T}}.$$

引理 6.3.1 假设存在函数 $m(t) \in PC([t_0 - r, \infty), R_+)$, 常数 $P, Q > 0$, 使得
(i) 当 $t = t_k, m(t_k) \leqslant \gamma_k m(t_k^-)$, 其中 $\gamma_k > 0$ 满足

$$\max_{k \in Z_+} \left\{ \frac{1}{\gamma_k}, 1 \right\} < \frac{P}{Q};$$

(ii) 当 $t \geqslant t_0, t \neq t_k$,

$$D^+ m(t) \leqslant -Pm(t) + Q\widetilde{m}(t),$$

其中 $\widetilde{m}(t) = \sup_{t-r \leqslant s \leqslant t} m(s)$;
(iii) $r \leqslant t_k - t_{k-1}, \ k \in Z_+$. 则当 $t \geqslant t_0$ 时, 有

$$m(t) \leqslant \widetilde{m}(t_0) \left(\prod_{t_0 < t_k \leqslant t} \gamma_k \right) \mathrm{e}^{-\lambda(t-t_0)}, \tag{6.3.5}$$

其中 λ 满足

$$0 < \lambda \leqslant P - Q \max_{k \in Z_+} \left\{ \frac{1}{\gamma_k}, 1 \right\} \cdot \mathrm{e}^{\lambda r}. \tag{6.3.6}$$

证明 由条件 (i) 知, 存在 λ, 使得不等式 (6.3.6) 成立. 下面证明当 $t \geqslant t_0$ 时, (6.3.5) 成立. 首先, 显然当 $t \in [t_0 - \tau, t_0]$ 时, 有

$$m(t) \leqslant \widetilde{m}(t_0).$$

当 $t \in [t_0, t_1)$ 时, 只需要证明

$$m(t) \leqslant \widetilde{m}(t_0) \mathrm{e}^{-\lambda(t-t_0)}. \tag{6.3.7}$$

若不然, 则存在某个 $t \in [t_0, t_1)$, 使得

$$m(t) > \widetilde{m}(t_0) \mathrm{e}^{-\lambda(t-t_0)}.$$

为方便, 不妨令

$$W_0(t) = \widetilde{m}(t_0) \mathrm{e}^{-\lambda(t-t_0)}, \quad t^\star = \sup\{t | m(s) \leqslant W_0(s), s \in [t_0, t), \ t \in [t_0, t_1)\}.$$

则显然有 $t^\star \in [t_0, t_1)$ 且

(1_a) $m(t^\star) = W_0(t^\star)$;

(2_a) $m(t) \leqslant W_0(t), t \in [t_0, t^\star]$;

(3_a) 对任意的 $\delta > 0$, 存在 $t_\delta \in (t^\star, t^\star + \delta)$, 使得 $m(t_\delta) > W_0(t_\delta)$.

故可得

$$D^+ m(t^\star) \leqslant -Pm(t^\star) + Q\widetilde{m}(t^\star)$$

$$\leqslant -PW_0(t^\star) + QW_0(t^\star - \tau)$$

$$\leqslant -PW_0(t^\star) + Q \max_{k \in Z_+}\left\{\frac{1}{\gamma_k}, 1\right\} W_0(t^\star - \tau).$$

又由于

$$W_0'(t^\star) = -\lambda \cdot \widetilde{m}(t_0) e^{-\lambda(t^\star - t_0)}$$

$$\geqslant \left(Q \max_{k \in Z_+}\left\{\frac{1}{\gamma_k}, 1\right\} \cdot e^{\lambda\tau} - P\right)\widetilde{m}(t_0) e^{-\lambda(t^\star - t_0)}$$

$$= -PW_0(t^\star) + Q \max_{k \in Z_+}\left\{\frac{1}{\gamma_k}, 1\right\} W_0(t^\star - \tau).$$

因此, 得到 $D^+ m(t^\star) \leqslant W_0'(t^\star)$, 显然这与条件 ($3_a$) 矛盾. 即 (6.3.7) 对所有 $t \in [t_0, t_1)$ 成立.

另外, 考虑条件 (i), 有

$$m(t_1) \leqslant \gamma_1 m(t_1^-) \leqslant \gamma_1 \widetilde{m}(t_0) e^{-\lambda(t_1 - t_0)}.$$

下面证明当 $t \in [t_1, t_2)$, 有

$$m(t) \leqslant \gamma_1 \widetilde{m}(t_0) e^{-\lambda(t - t_0)}. \tag{6.3.8}$$

反证之. 否则存在 $t \in [t_1, t_2)$, 使得

$$m(t) > \gamma_1 \widetilde{m}(t_0) e^{-\lambda(t - t_0)}.$$

令

$$W_1(t) = \gamma_1 \widetilde{m}(t_0) e^{-\lambda(t - t_0)}, \quad t^* = \sup\{t | m(s) \leqslant W_1(s), s \in [t_1, t), t \in [t_1, t_2)\}.$$

则 $t^* \in [t_1, t_2)$ 且

(1_b) $m(t^*) = W_1(t^*)$;

(2_b) $m(t) \leqslant W_1(t), t \in [t_1, t^*]$;

(3_b) 对任意的 $\delta > 0$, 存在 $t_\delta \in (t^*, t^* + \delta)$, 使得 $m(t_\delta) > W_1(t_\delta)$.

鉴于条件 (iii), (6.3.7) 及 (2_b), 有

$$D^+ m(t^*) \leqslant -Pm(t^*) + Q\widetilde{m}(t^*)$$

$$= -PW_1(t^*) + Q\widetilde{m}(t^*)$$

$$\leqslant -PW_1(t^*) + Q \cdot \max\{\widetilde{m}(t_0)\gamma_1 e^{-\lambda(t^* - t_0 - \tau)}, \widetilde{m}(t_0) e^{-\lambda(t^* - t_0 - \tau)}\}$$

$$\leqslant -PW_1(t^*) + Q\max\{\gamma_1, 1\}\widetilde{m}(t_0)\mathrm{e}^{-\lambda(t^*-t_0-\tau)}$$

$$\leqslant -PW_1(t^*) + Q\max\left\{\frac{1}{\gamma_1}, 1\right\}\gamma_1\widetilde{m}(t_0)\mathrm{e}^{-\lambda(t^*-t_0-\tau)}$$

$$\leqslant -PW_1(t^*) + Q\max_{k\in Z_+}\left\{\frac{1}{\gamma_k}, 1\right\}W_1(t^*-\tau).$$

注意到

$$W_1'(t^*) = -\lambda\cdot\gamma_1\widetilde{m}(t_0)\mathrm{e}^{-\lambda(t^*-t_0)}$$

$$\geqslant \left(Q\max_{k\in Z_+}\left\{\frac{1}{\gamma_k}, 1\right\}\cdot\mathrm{e}^{\lambda\tau} - P\right)\gamma_1\widetilde{m}(t_0)\mathrm{e}^{-\lambda(t^*-t_0)}$$

$$= -PW_1(t^*) + Q\max_{k\in Z_+}\left\{\frac{1}{\gamma_k}, 1\right\}W_1(t^*-\tau).$$

因此, $D^+m(t^*) \leqslant W_1'(t^*)$, 这与上述假设 (3_b) 矛盾. 由此, 证明了 (6.3.8) 对所有 $t\in[t_1, t_2)$ 成立.

进一步, 可以证明

$$m(t) \leqslant \gamma_1\gamma_2\widetilde{m}(t_0)\mathrm{e}^{-\lambda(t-t_0)}, \quad t\in[t_2, t_3).$$

方法同上, 可类似定义 $W_2, \check{t}$, 只需注意

$$D^+m(\check{t}) \leqslant -Pm(\check{t}) + Q\widetilde{m}(\check{t})$$

$$= -PW_2(\check{t}) + Q\widetilde{m}(\check{t})$$

$$\leqslant -PW_2(\check{t}) + Q\cdot\max\{\widetilde{m}(t_0)\gamma_1\gamma_2\mathrm{e}^{-\lambda(\check{t}-t_0-\tau)}, \widetilde{m}(t_0)\gamma_1\mathrm{e}^{-\lambda(\check{t}-t_0-\tau)}\}$$

$$\leqslant -PW_2(\check{t}) + Q\gamma_1\max\{\gamma_2, 1\}\widetilde{m}(t_0)\mathrm{e}^{-\lambda(\check{t}-t_0-\tau)}$$

$$\leqslant -PW_2(\check{t}) + Q\frac{\max\{\gamma_2, 1\}}{\gamma_2}\gamma_1\gamma_2\widetilde{m}(t_0)\mathrm{e}^{-\lambda(\check{t}-t_0-\tau)}$$

$$\leqslant -PW_2(\check{t}) + Q\max_{k\in Z_+}\left\{\frac{1}{\gamma_k}, 1\right\}W_2(\check{t}-\tau).$$

通过简单归纳, 可以证明对 $t\in[t_m, t_{m+1})$, $m\geqslant 0$, 有

$$m(t) \leqslant \widetilde{m}(t_0)\left(\prod_{k=1}^m\gamma_k\right)\cdot\mathrm{e}^{-\lambda(t-t_0)},$$

即

$$m(t) \leqslant \widetilde{m}(t_0)\left(\prod_{t_0<t_k\leqslant t}\gamma_k\right)\cdot\mathrm{e}^{-\lambda(t-t_0)}, \quad t\geqslant t_0,$$

其中 λ 满足 (6.3.6). 因此, (6.3.5) 对所有 $t\geqslant t_0$ 成立. 引理得证.

注 6.3.1　从引理 6.3.1 的证明过程我们不难发现, 若 $\gamma_k \geqslant 1$ 对所有的 $k \in Z_+$ 成立, 则条件 (iii) $\tau \leqslant t_k - t_{k-1}$, $k \in Z_+$ 是多余的.

注 6.3.2　文献 [31] 中已给出类似引理. 但本节引理可适用于文献 [31] 不包含的情形. 这将在下面给出相应例子.

定理 6.3.2　假设存在 $n \times n$ 对称正定矩阵 P, 使得 $\lambda_1 > 0$ 是 P 最小的特征值, λ_3 是 $P^{-1}(CP + PC + PAA^{\mathrm{T}}P + PBB^{\mathrm{T}}P)$ 的最大特征值, η_k 是 $P^{-1}D_kPD_k$ 的最大特征值, 而且 $\lambda_1, \lambda_3, \eta_k$ 满足下列条件:

(H1)
$$\lambda_3 + \frac{M}{\lambda_1} + \frac{N}{\lambda_1} \cdot \max_{k \in Z_+} \left\{ \frac{1}{\eta_k}, 1 \right\} < 0;$$

(H2) 存在常数 $U(>0), \delta(\geqslant 0)$, 使得 $\delta < \mu$ 且对所有 $m \in Z_+$,

$$\sum_{k=1}^{m} \ln \eta_k - \delta(t_m - t_0) < U,$$

其中 $t_k - t_{k-1} \geqslant \tau$, $k \in Z_+$, μ 满足下列不等式

$$0 < \mu \leqslant -\lambda_3 - \frac{M}{\lambda_1} - \frac{N}{\lambda_1} \max_{k \in Z_+} \left\{ \frac{1}{\eta_k}, 1 \right\} \cdot \mathrm{e}^{\mu\tau}. \tag{6.3.9}$$

则系统 (6.3.3) 的平衡点是全局指数稳定的, 平衡指数为 $\dfrac{\mu - \delta}{2}$.

证明　令 $y(t) = y(\sigma, \varphi)(t)$ 为系统 (6.3.4) 通过 $(\sigma, \varphi), \sigma \geqslant t_0$ 的一解 (为方便, 假设 $\sigma = t_0$). 下面证明 (6.3.4) 的零解是全局指数稳定的.

构造 Lyapunov 函数
$$V(t, y(t)) = y^{\mathrm{T}}(t)Py(t),$$

则
$$\lambda_1 \|y(t)\|^2 \leqslant V(t, y(t)) \leqslant \lambda_2 \|y(t)\|^2,$$

其中 λ_2 是 P 最大的特征值. 又可得当 $t \in [t_k, t_{k+1}), k = 1, 2, \cdots$,

$$
\begin{aligned}
D^+V(t, y(t))|_{(6.3.4)} &= (y^{\mathrm{T}}(t))' Py(t) + y^{\mathrm{T}}(t)Py'(t) \\
&= (Cy(t) + A\Omega(y(t)) + B\Gamma(y_\tau))^{\mathrm{T}} Py(t) + y^{\mathrm{T}}(t)P(Cy(t) \\
&\quad + A\Omega(y(t)) + B\Gamma(y_\tau)) \\
&= y^{\mathrm{T}}(t)CPy(t) + \Omega^{\mathrm{T}}(y(t))A^{\mathrm{T}}Py(t) + \Gamma^{\mathrm{T}}(y_\tau)B^{\mathrm{T}}Py(t) \\
&\quad + y^{\mathrm{T}}(t)PCy(t) + y^{\mathrm{T}}(t)PA\Omega(y(t)) + y^{\mathrm{T}}(t)PB\Gamma(y_\tau)
\end{aligned}
$$

$$\begin{aligned}
&= y^{\mathrm{T}}(t)(CP+PC)y(t) + 2\Omega^{\mathrm{T}}(y(t))A^{\mathrm{T}}Py(t) + 2\Gamma^{\mathrm{T}}(y_\tau)B^{\mathrm{T}}Py(t) \\
&\leqslant y^{\mathrm{T}}(t)(CP+PC)y(t) + \Omega^{\mathrm{T}}(y(t))\Omega(y(t)) \\
&\quad + y^{\mathrm{T}}(t)PAA^{\mathrm{T}}Py(t) + \Gamma^{\mathrm{T}}(y_\tau)\Gamma(y_\tau) + y^{\mathrm{T}}(t)PBB^{\mathrm{T}}Py(t) \\
&\leqslant y^{\mathrm{T}}(t)(CP+PC+PAA^{\mathrm{T}}P+PBB^{\mathrm{T}}P)y(t) \\
&\quad + \Omega^{\mathrm{T}}(y(t))\Omega(y(t)) + \Gamma^{\mathrm{T}}(y_\tau)\Gamma(y_\tau) \\
&\leqslant \lambda_3 y^{\mathrm{T}}(t)Py(t) + My^{\mathrm{T}}(t)y(t) + Ny_\tau^{\mathrm{T}}y_\tau \\
&\leqslant \lambda_3 y^{\mathrm{T}}(t)Py(t) + M\lambda_1^{-1}y^{\mathrm{T}}(t)Py(t) + N\lambda_1^{-1}y_\tau^{\mathrm{T}}Py_\tau \\
&\leqslant [\lambda_3 + M\lambda_1^{-1}]y^{\mathrm{T}}(t)Py(t) + N\lambda_1^{-1}y_\tau^{\mathrm{T}}Py_\tau. \\
&\leqslant -PV(t,y(t)) + Q\widetilde{V}(t,y(t)),
\end{aligned} \tag{6.3.10}$$

其中 $\widetilde{V}(t) = \sup\limits_{t-\tau \leqslant s \leqslant t} V(s)$, $P = -\lambda_3 - M\lambda_1^{-1}$, $Q = N\lambda_1^{-1}$.

另外, 经过简单推导可知

$$V(t_k, y(t_k)) \leqslant \eta_k V(t_k^-, y(t_k^-)). \tag{6.3.11}$$

由此, 对任意的 $t \geqslant t_0$, 假设 $t \in [t_m, t_{m+1}), m \geqslant 0$. 利用引理 6.3.1 及条件 (H$_2$), (6.3.10), (6.3.11), 可得

$$\begin{aligned}
V(t) &\leqslant \widetilde{V}(t_0)\left(\prod_{k=1}^m \eta_k\right)\mathrm{e}^{-\mu(t-t_0)} \\
&\leqslant \widetilde{V}(t_0)\mathrm{e}^U \cdot \mathrm{e}^{\delta(t_m-t_0)} \cdot \mathrm{e}^{-\mu(t-t_0)} \\
&\leqslant \widetilde{V}(t_0)\mathrm{e}^U \cdot \mathrm{e}^{\delta(t-t_0)} \cdot \mathrm{e}^{-\mu(t-t_0)} \\
&\leqslant \lambda_2 \mathrm{e}^U \|\varphi\|_\tau^2 \mathrm{e}^{-(\mu-\delta)(t-t_0)},
\end{aligned}$$

因此, 对任意的 $t \geqslant t_0$,

$$\|y(t)\| \leqslant \mathrm{e}^{\frac{1}{2}U}\sqrt{\frac{\lambda_2}{\lambda_1}}\|\varphi\|_\tau \mathrm{e}^{-(\frac{\mu-\delta}{2})(t-t_0)}, \quad t \geqslant t_0,$$

其中, μ 满足不等式 (6.3.9).

因此, 系统 (6.3.4) 的零解时全局指数稳定的, 即系统 (6.3.3) 的平衡点是全局指数稳定的. 定理得证.

注 6.3.3 定理 6.3.2 中, 若 $\sup\limits_{n \in Z_+}\left(\prod_{k=1}^n \eta_k\right) < \infty$, 则显然在条件 (H3) 中可取 $\delta = 0$.

考虑二阶 HNN 模型[30]

$$
\begin{cases}
u_1'(t) = -2.5u_1(t) - 0.5f(u_1(t)) + 0.1f(u_2(t)) - 0.1f(u_1(t-\tau)) \\
\qquad\quad + 0.2f(u_2(t-\tau)) - 1, \quad t \neq t_k, \\
u_2'(t) = -2u_1(t) + 0.2f(u_1(t)) - 0.1f(u_2(t)) + 0.2f(u_1(t-\tau)) \\
\qquad\quad + 0.1f(u_2(t-\tau)) + 4, \quad t \geqslant t_0, \\
u_i(t_k) = (1 + d_k^{(i)})u_i(t_k^-), \quad i = 1, 2, \ k = 1, 2, \cdots,
\end{cases}
\tag{6.3.12}
$$

其中 $\tau = 0.17$. PWL 函数为 $f_i(x) = 0.5(|x+1| - |x-1|), i = 1, 2$, 及

$$
d_k^{(1)} = \sqrt{1 + \frac{1}{2k^2}} - 1, \quad d_k^{(2)} = \sqrt{1 + \frac{1}{k^2}} - 1, \quad t_k = k, \quad k \in Z_+.
\tag{6.3.13}
$$

则矩阵 A, B, C 为

$$
C = \begin{pmatrix} -2.5 & 0 \\ 0 & -2 \end{pmatrix}, \quad A = \begin{pmatrix} -0.5 & 0.1 \\ 0.2 & -0.1 \end{pmatrix}, \quad B = \begin{pmatrix} -0.1 & 0.2 \\ 0.2 & 0.1 \end{pmatrix}.
$$

选取 $M = N = 1, P = E, \lambda_1 = \lambda_2 = 1$. 简单计算可得

$$
P^{-1}D_kPD_k = D_k^2 = \begin{pmatrix} 1 + \dfrac{1}{2k^2} & 0 \\ 0 & 1 + \dfrac{1}{k^2} \end{pmatrix},
$$

$$
P^{-1}(CP + PC + PAA^{\mathrm{T}}P + PBB^{\mathrm{T}}P)
$$

$$
= 2C + AA^{\mathrm{T}} + BB^{\mathrm{T}} = \begin{pmatrix} -4.69 & -0.11 \\ -0.11 & -3.9 \end{pmatrix} = \Delta,
$$

考虑到 $\eta_k = 1 + \dfrac{1}{k^2}, \bar{\eta} = \prod\limits_{k=1}^{\infty}\left(1 + \dfrac{1}{k^2}\right) < \infty$. 矩阵 Δ' 的特征方程

$$
\lambda^2 + 8.59\lambda + 18.2789 = 0.
$$

经直接计算得最大特征值 $\lambda_3 \approx -3.885 < -2$. 取 $\delta = 0$ 利用定理知系统 (6.3.12) 的平衡点是全局指数稳定的, 平衡指数 μ 满足

$$
\mu + e^{0.17\mu} - 2.885 < 0.
$$

容易计算系统 (6.3.12) 的平衡点为 $u^* = (0.2258, 1.9548)^{\mathrm{T}}$. 模拟图见图 6.3.1 和图 6.3.2.

另外, 若取脉冲 $d_k^{(1)}, d_k^{(2)}$ 为

$$
d_k^{(1)} = \begin{cases} \sqrt{2.2} - 1, & k = 2n-1, \\ \sqrt{0.23} - 1, & k = 2n, n \in Z_+, \end{cases}
$$

$$d_k^{(2)} = \begin{cases} \sqrt{1.7} - 1, & k = 2n - 1, \\ \sqrt{0.4} - 1, & k = 2n, n \in Z_+, \end{cases} \qquad (6.3.14)$$

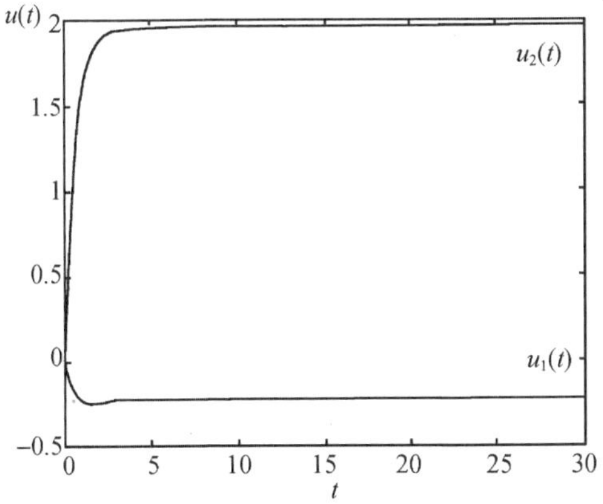

图 6.3.1　无脉冲影响情形

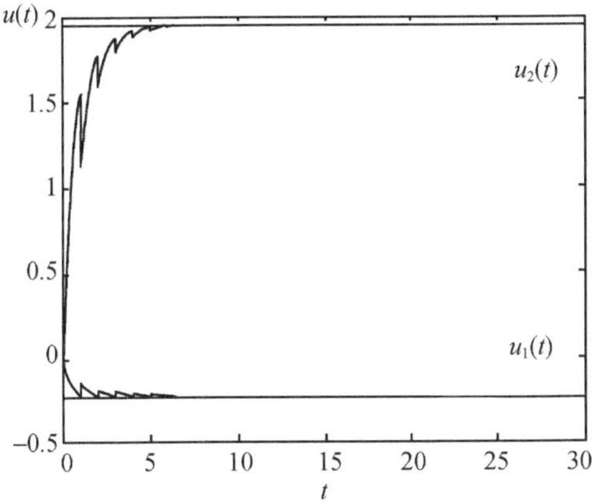

图 6.3.2　具有脉冲影响情形

我们最终可得 $\lambda_3 = -3.885 < -3.500$, $\delta = 0$. 利用定理知系统 (6.3.12) 的平衡点是全局指数稳定的, 平衡指数 μ 满足

$$\mu + 2.5e^{0.17\mu} - 2.885 < 0.$$

可是, 易验证文献 [31] 中 Halanay 不等式在这里是无法使用的. 因此, 我们的结果可适用于文献 [31] 不能包含的情形.

6.4　具有脉冲的混沌同步模型

脉冲控制正在因其易于操作和经济实用而被广泛应用. 它可以用于大型空间

航天器的减震装置、卫星轨道的转换技术、机器人的研制、神经网络、保密通讯等. 因此越来越引起人们的研究兴趣. 目前, 混沌系统的脉冲镇定与脉冲控制同步的研究已经有了一些结果, 比如用于单个系统平衡点的镇定、两个系统的脉冲控制同步、两个或多个系统线性耦合系统基础上的脉冲控制同步等. 本节讨论超吕混沌系统的脉冲控制与同步, 同时还考虑一类新的脉冲耦合网络的同步.

首先考虑超吕混沌系统的脉冲控制. 人们将具有多于一个正的 Lyapunov 指数的混沌系统称为超混沌系统、它广泛存在于自然界的诸多领域. 典型的例子有四维的超 Rossler 系统、四维的超 Lorenz-Haken 系统、四维超 Chua's 电路, 以及四维的超 Chen 系统. 最近, 陈爱敏等人提出了超吕混沌系统. 由于超混沌系统比低维混沌系统具有更为复杂的相空间, 因而具有高性能、高安全性以及高效率, 它在非线性电路、保密通讯、激光、神经网络以及生物系统等领域中具有广阔的应用前景. 关于超混沌系统的同步的研究刚刚开始, 那么对于超混沌系统脉冲控制的研究也很少见, 它的脉冲控制与一般的低维的混沌系统相比有相似处, 但更复杂. 本节考虑如下四维超吕混沌系统：

$$\begin{cases} \dot{x_1} = -a(x_1 - x_2) + x_4, \\ \dot{x_2} = cx_2 - x_1x_3, \\ \dot{x_3} = x_1x_2 - bx_3, \\ \dot{x_4} = x_1x_3 + dx_4, \end{cases} \tag{6.4.1}$$

其中 $a = 36, b = 3, c = 20, d = 1.3$, 原点 $(0,0,0,0)^{\mathrm{T}}$ 是不稳定的鞍点. 系统 (6.4.1) 的参数取 d 其他不同的值时系统表现不同的动力学行为：当 $-1.03 \leqslant d \leqslant -0.46$ 时, 系统为周期轨; 当 $-0.46 \leqslant d \leqslant -0.35$ 时, 系统为混沌吸引子; 而 $-0.35 \leqslant d \leqslant -1.30$ 时, 系统有两个正的 Lyapunov 指数, 此时系统为超混沌吸引子. 系统 (6.4.1) 的线性脉冲控制微分系统如下

$$\begin{cases} \dot{x_1} = -a(x_1 - x_2) + x_4, & t \neq t_k, \\ \dot{x_2} = cx_2 - x_1x_3, & t \neq t_k, \\ \dot{x_3} = x_1x_2 - bx_3, & t \neq t_k, \\ \dot{x_4} = x_1x_3 + dx_4, & t \neq t_k, \\ \Delta x = B_k x, & t \neq t_k, \end{cases} \tag{6.4.2}$$

其中 B_k 为 $n \times n$ 常数矩阵.

(6.4.2) 亦可写成如下形式

$$\begin{cases} \dfrac{\mathrm{d}x}{\mathrm{d}t} = Ax + \phi(x), & t \neq t_k, \\ \Delta x = B_k x, & t \neq t_k, \end{cases}$$

其中

$$x = (x_1, \cdots, x_4)^{\mathrm{T}}, \quad A = \begin{pmatrix} -36 & 36 & 0 & 1 \\ 0 & 20 & 0 & 0 \\ 0 & 0 & -3 & 0 \\ 0 & 0 & 0 & d \end{pmatrix}, \quad \phi(x) = \begin{pmatrix} 0 \\ -x_1 x_3 \\ x_1 x_2 \\ x_1 x_3 \end{pmatrix}.$$

以 $\lambda(A + A^{\mathrm{T}})$ 表示矩阵 $A + A^{\mathrm{T}}$ 的特征值, 则其中一个为 -6.0000, 由矩阵特征值的扰动理论得到其他特征值分别满足 $-83.5733 \leqslant \lambda(A + A^{\mathrm{T}}) \leqslant -81.5733, 49.5733 \leqslant \lambda(A + A^{\mathrm{T}}) \leqslant 51.5733, 2d - 1 \leqslant \lambda(A + A^{\mathrm{T}}) \leqslant 2d + 1$. 由混沌系统的有界性可以推得存在大于零的常数 $L_1 > 0$, 使得 $\|\phi(x)\| \leqslant L_1 \|x\|$ 成立.

我们首先讨论当系统 $a = 36, b = 3, c = 20, d = 1.3$ 时加以脉冲控制, 将系统控制到其不稳定的鞍点 $(0, 0, 0, 0)^{\mathrm{T}}$.

定理 6.4.1 记 $\lambda_2(A) = \lambda(A^{\mathrm{T}} + A), \beta_k = \lambda_{\max}[(I + B_k^{\mathrm{T}})(I + B_k)]$.

(i) 若 $\lambda_2(A) + 2L_1 = \eta < 0$ (η 为常数), 并且存在一个常数 $\alpha (0 \leqslant \alpha < -\eta)$, 使得

$$\ln \beta_k - \alpha(t_k - t_{k-1}) \leqslant 0, \quad k = 1, 2, \cdots$$

成立, 则系统 (6.4.2) 的平凡解是全局指数稳定的.

(ii) 若 $\lambda_{\max}(A) + 2L_1 = \eta \geqslant 0$ (η 为常数), 并且存在一个常数 $\alpha \geqslant 1$, 使得

$$\ln(\alpha \beta_k) + \eta(t_k - t_{k-1}) \leqslant 0, \quad k = 1, 2, \cdots$$

成立, 则如果 $\alpha = 1$ 表明系统 (6.4.2) 的平凡解是稳定的, 如果 $\alpha > 1$ 表明系统 (6.4.2) 的平凡解是全局渐近稳定的.

证明 构造 Lyapunov 函数 $V(x) = x^{\mathrm{T}} x$, 当 $t \in (t_{k-1}, t_k], k = 1, 2, \cdots$, 它沿着系统 (6.4.2) 的全导数为

$$\begin{aligned} \dot{V}(x(t)) &= (Ax + \phi)^{\mathrm{T}} x + x^{\mathrm{T}}(Ax + \phi) \\ &= x^{\mathrm{T}}(A^{\mathrm{T}} + A)x + (\phi^{\mathrm{T}} + x^{\mathrm{T}}\phi) \\ &= x^{\mathrm{T}}(A^{\mathrm{T}} + A)x + 2\phi^{\mathrm{T}} x \\ &\leqslant (\lambda(A) + 2L_1)V(x(t)), \end{aligned} \tag{6.4.3}$$

即

$$V(x(t)) \leqslant V(x(t_k^+ - 1)) \mathrm{e}^{(\lambda_2(A) + 2L_1)(t - t_k - 1)}, \quad t \in (t_{k-1}, t_k], k = 1, 2, \cdots. \tag{6.4.4}$$

又

$$V(x(t_k^+)) = [(I + B_k)x(t_k)]^{\mathrm{T}}(I + B_k)x(t_k) \leqslant \beta_k V(x(t_k)), \quad k = 1, 2, \cdots, \tag{6.4.5}$$

所以当 $t \in (t_0, t_1]$ 时有 $V(x(t)) \leqslant V(x(t_0^+))\mathrm{e}^{(\lambda_2(A)+2L_1)(t-t_0)}$，则

$$V(x(t_1)) \leqslant V(x(t_0^+))\mathrm{e}^{(\lambda_2(A)+2L_1)(t_1-t_0)}.$$

于是

$$V(x(t_1^+)) \leqslant \beta_1 V(x(t_1)) \leqslant \beta_1 V(x(t_0^+))\mathrm{e}^{(\lambda_2(A)+2L_1)(t_1-t_0)}.$$

类似地，当 $t \in (t_1, t_2]$ 时有

$$V(x(t)) \leqslant V(x(t_1^+))\mathrm{e}^{(\lambda_2(A)+2L_1)(t-t_1)}$$
$$\leqslant \beta_1 V(x(t_0^+))\mathrm{e}^{(\lambda_2(A)+2L_1)(t-t_0)}.$$

一般地，当 $t \in (t_k, t_{k+1}]$ 时有

$$V(x(t)) \leqslant V(x(t_0^+))\beta_1\beta_2\cdots\beta_k\mathrm{e}^{(\lambda_2(A)+2L_1)(t-t_0)}. \tag{6.4.6}$$

(i) 若 $\lambda_2(A) + 2L_1 = \eta < 0$，且存在 $\alpha(0 \leqslant \alpha < -\eta)$，则 $\forall t \in (t_k, t_{k+1}]$，

$$V(x(t)) \leqslant V(x(t_0^+))\beta_1\cdots\beta_k\mathrm{e}^{(\lambda_2(A)+2L_1)(t-t_0)}$$
$$= V(x(t_0^+))\beta_1\cdots\beta_k\mathrm{e}^{\eta(t-t_0)}$$
$$= V(x(t_0^+))\beta_1\cdots\beta_k\mathrm{e}^{-\alpha(t-t_0)}\mathrm{e}^{(\eta+\alpha)(t-t_0)}$$
$$\leqslant V(x(t_0^+))\beta_1\cdots\beta_k\mathrm{e}^{-\alpha(t_k-t_0)}\mathrm{e}^{(\eta+\alpha)(t-t_0)}$$
$$= V(x(t_0^+))\beta_1\mathrm{e}^{-\alpha(t_1-t_0)}\cdots\beta_k\mathrm{e}^{-\alpha(t_k-t_{k-1})}\mathrm{e}^{(\eta+\alpha)(t-t_0)}$$
$$\leqslant V(x(t_0^+))\mathrm{e}^{(\eta+\alpha)(t-t_0)},$$

即 $V(x(t)) \leqslant V(x(t_0^+))\mathrm{e}^{(\eta+\alpha)(t-t_0)}, t \geqslant t_0$. 于是，原脉冲系统的平凡解是全局指数稳定的.

(ii) 若 $\lambda_2(A) + 2L_1 = \eta < 0$，则当 $t \in (t_k, t_{k+1}]$ 时有

$$V(x(t)) \leqslant V(x(t_0^+))\beta_1\cdots\beta_k\mathrm{e}^{(\lambda_2(A)+2L_1)(t-t_0)}$$
$$\leqslant V(x(t_0^+))\beta_1\cdots\beta_k\mathrm{e}^{\eta(t-t_0)}$$
$$= V(x(t_0^+))\beta_1\mathrm{e}^{\eta(t_2-t_1)}\cdots\beta_k\mathrm{e}^{\beta(t_{k+1}-t_k)}\mathrm{e}^{\eta(t_1-t_0)}$$
$$\leqslant V(x(t_0^+))\frac{1}{\alpha^k}\mathrm{e}^{\eta(t_1-t_0)}.$$

从而定理 6.4.1 的结论 (ii) 成立.

注 6.4.1　定理 6.4.1 给出了超吕混沌系统的脉冲微分系统的平凡解全局指数稳定以及全局渐近稳定的充分性条件，这些结果同 Lorenz 系统族的脉冲控制有类似的结论，不需要对线性脉冲的矩阵有特殊的要求.

接下来考虑脉冲控制对耦合系统动力学的影响.

对于特定的常微分方程, 或是自治的, 或是时变的, 当给定的脉冲输入函数或是脉冲时间序列满足一定条件的时候, 可以将混沌系统控制到周期轨道, 亦能出现混沌的动力学行为, 也可对于单个脉冲微分系统中的两类混沌模型做讨论. 微分系统有脉冲信号输入之后, 系统的动力学行为发生的变化, 原来的系统可以从混沌到周期, 也可以从周期到周期, 或者是从混沌到混沌. 此处我们对新近提出来的超混沌系统, 也做了这样的讨论. 另外, 两个系统耦合成为新的耦合系统之后, 耦合系统的动力学并不是单个系统的动力学的简单叠加, 对于单个系统而有的性质, 对于耦合系统而言不一定也有. 这里我们讨论了两个系统耦合之后, 对耦合系统输入脉冲, 来观察它们的同步性以及耦合系统同步之后它们的动力学的变化.

先来看对如下单个系统的动力学的影响

$$\begin{cases} \dfrac{\mathrm{d}x}{\mathrm{d}t} = f(t,x), & t \neq t_k, k = 0,1,2,\cdots, \\ \Delta x(t) = I_k(x(t)), & t = t_k, k = 0,1,2,\cdots, \\ x(t_0^+) = x_0, & t_0 \geqslant 0. \end{cases} \tag{6.4.7}$$

引理 6.4.1 考虑 (6.4.7) 是自治可解的, 给以周期为 T 的脉冲输入, 脉冲输入函数具有如下形式: $I_k(x) = H(y_k + \varepsilon x) - x, t = t_k, k = 0,1,2,\cdots,$ 其中 $y_{k+1} = g(y_k), k = 0,1,2,\cdots,$ 如果以下条件满足:

(1) $H(0) = g(0) = f(0) = 0, H$ 是 $D \longrightarrow D$ 的一个 C^2 的同胚;

(2) 映射 $g : Y \longrightarrow Y \subset D$ 是一个 Devaney 意义下的 C^2 的混沌映射, Y 是紧的, 则当 $\varepsilon = 0$ 时, 系统 (6.4.7) 是 Devaney 意义下的混沌.

引理 6.4.2 若序列 $\{y_k\}, k = 0,1,2,\cdots$ 是 $\gamma(\gamma \geqslant 1)$ 周期的, 即 $y = g^\gamma(y)$, 则脉冲系统 (6.4.7) 的解是 $\gamma \cdot T$ 周期的, 即对任意 $t \in [0,+\infty), x(t) = x(t+\gamma T)$ 成立.

对于系统 (6.4.1), 考虑如下形式的脉冲控制系统

$$\begin{cases} \dot{x_1} = -a(x_1 - x_2) + x_4, & t \neq t_k, \\ \dot{x_2} = cx_2 - x_1 x_3, & t \neq t_k, \\ \dot{x_3} = x_1 x_2 - bx_3, & t \neq t_k, \\ \dot{x_4} = x_1 x_3 + dx_4, & t \neq t_k, \\ \Delta x_1 = I_k^1 = m_1 y_k + n_1 x_1 - x_1, & t = t_k, \\ \Delta x_2 = I_k^2 = m_2 y_k + n_2 x_2 - x_2, & t = t_k, \\ \Delta x_3 = I_k^3 = m_3 y_k + n_3 x_3 - x_3, & t = t_k, \\ \Delta x_4 = I_k^4 = m_4 y_k + n_4 x_4 - x_4, & t = t_k, \\ y_{k+1} = g(y_k), & y_0 = 0.5. \end{cases} \tag{6.4.8}$$

由引理 6.4.1 和引理 6.4.2 可得

定理 6.4.2　脉冲微分系统 (6.4.8) 中取 $y_{k+1} = \mu y_k(1 - y_k)$, 脉冲区间为 τ, 则微分系统 (6.4.8) 的解随着 Logistic 模型中参数 μ 的变化而改变, 即若 μ 使得 Logistic 系统为 $\gamma(\gamma \geqslant 1)$ 周期的, 则系统 (6.4.8) 为 $\gamma\tau$ 周期, 若 μ 使得 Logistic 系统为 Devany 意义下的混沌, 则系统 (6.4.8) 也是 Devany 意义下的混沌.

再来看两个系统耦合的脉冲控制.

两个系统的耦合系统, 不管原来是否同步, 我们也可以将它们控制到同一目标态, 这个目标态可以是平衡点、周期轨, 也可以是混沌轨道.

两个相同的 n 维系统的线性反馈耦合系统如下

$$\begin{cases} \dot{x} = f(t, x) + D(x - y) = Ax + \varphi(x) + D(x - y), \\ \dot{y} = f(t, y) - D(x - y) = Ay + \varphi(y) - D(x - y), \end{cases} \tag{6.4.9}$$

其中 $x = (x_1, x_2, \cdots, x_n)^{\mathrm{T}}, y = (y_1, y_2, \cdots, y_n)^{\mathrm{T}} \in R^n, f$ 是连续函数, D 为 $n \times n$ 的耦合强度矩阵, 并且 $\|\varphi(x) - \varphi(y) \leqslant L\|x - y\|, L > 0$, 关于 (6.4.9) 的同步研究已有不少结果. 上述耦合系统的脉冲控制同步也有一些结果, 模型如下

$$\begin{cases} \dot{x} = f(t, x) + D(x - y), & t \neq t_k, \\ \dot{y} = f(t, y) - D(x - y), & t \neq t_k, \\ \Delta x = I_k(x), & t = t_k, \\ \Delta y = I_k(y), & t = t_k, \\ x(t_0^+) = x_0, & t_0 > 0, \\ y(t_0^+) = y_0, & t_0 > 0. \end{cases} \tag{6.4.10}$$

可以将耦合系统控制到原点, 也可将耦合系统控制到某一同步流形, 此处

$$\begin{cases} \dot{x} = f(t, x) + D(x - y), & t \neq t_k, \\ \dot{y} = f(t, y) - D(x - y), & t \neq t_k, \\ \Delta x = I_k(z_k, x), & t = t_k, \\ \Delta y = I_k(z_k, y), & t = t_k, \\ x(t_0^+) = x_0, & t_0 > 0, \\ y(t_0^+) = y_0, & t_0 > 0, \end{cases} \tag{6.4.11}$$

其中 $I_k(z_k, x) = z_k B_k + C_k x - x, I_k(z_k, y) = z_k B_k + C_k y - y, C_k$ 为 $n \times n$ 的常数矩阵, B_k 为列向量. z_k 是满足某一离散模型的输出, 例如虫口模型等的输出序列.

我们将耦合系统 (6.4.11) 控制到 $s = \dfrac{x + y}{2}$, 则有

$$\begin{cases} \dot{s} = \dfrac{\dot{x} + \dot{y}}{2} = \dfrac{f(t, x) + f(t, y)}{2} = As + \dfrac{\varphi(x) + \varphi(y)}{2} = \bar{\varphi}, & t \neq t_k, \\ \Delta s = z_k B_k + C_k s - s, & t = t_k, \\ s(t_0^+) = \dfrac{x_0 + y_0}{2}, & t_0 > 0. \end{cases} \tag{6.4.12}$$

令 $e_1 = (e_{11}, e_{12}, \cdots, e_{1n})^{\mathrm{T}} = x - s = (x_1 - s_1, x_2 - s_2, \cdots, x_n - s_n)$, $e_2 = (e_{11}, e_{12}, \cdots, e_{1n})^{\mathrm{T}} = y - s = (y_1 - s_1, y_2 - s_2, \cdots, y_n - s_n)$, 则误差系统为

$$
\begin{cases}
\dot{e}_1 = Ae_1 + \varphi(x) - \dfrac{\varphi(x) + \varphi(y)}{2} + De_1 - De_2 \\
\quad\ = Ae_1 + \dfrac{\varphi(x) - \varphi(y)}{2} + De_1 - De_2, \quad t \neq t_k, \\
\dot{e}_2 = Ae_2 + \varphi(y) - \dfrac{\varphi(x) + \varphi(y)}{2} + De_2 - De_1 \\
\quad\ = Ae_1 + \dfrac{\varphi(y) - \varphi(x)}{2} + De_2 - De_1, \quad t \neq t_k, \\
\Delta e_1 = C_k e_1 - e_1, \quad t = t_k, \\
\Delta e_2 = C_k e_1 - e_2, \quad t = t_k, \\
e_1(t_0^+) = e_{10}, \quad t_0 > 0, \\
e_2(t_0^+) = e_{20}, \quad t_0 > 0.
\end{cases}
\tag{6.4.13}
$$

于是有如下定理.

定理 6.4.3 记 $\beta_k = \lambda_{\max}(C_k^{\mathrm{T}} C_k)$, 有

(i) 若 $\eta = \lambda_{\max}((A + D) + (A + D)^{\mathrm{T}}) + \dfrac{3L}{2} + 2\lambda_{\max}D < 0$, η 为常数, 并且存在一个常数 $\alpha(0 \leqslant \alpha \leqslant -\eta)$, 使得 $\ln \beta_k - \alpha(t_k - t_{k-1}) \leqslant 0, k = 1, 2, \cdots$ 成立, 则耦合脉冲控制系统 (6.4.11) 实现耦合系统的互同步.

(ii) 若 $\eta = \lambda_{\max}((A + D) + (A + D)^{\mathrm{T}}) + \dfrac{3L}{2} + 2\lambda_{\max}D \geqslant 0$, η 为常数, 并且存在一个常数 $\alpha \geqslant 1$, 使得 $\ln(\alpha\beta_k) + \eta(t_{k+1} - t_k) \leqslant 0, k = 1, 2, \cdots$ 成立, 则 $\alpha = 1$ 表明系统 (6.4.13) 的平凡解是稳定的, $\alpha > 1$ 表明系统的平凡解是全局渐近稳定的, 即脉冲耦合系统 (6.4.11) 实现同步.

证明 构造 $V(e) = V(e_1, e_2) = \dfrac{1}{2}(e_1^{\mathrm{T}} e_1 + e_2^{\mathrm{T}} e_2)$, 当 $t \in (t_{k-1}, t_k], k = 1, 2, \cdots$ 时, 它沿着系统 (6.4.13) 的全导数为

$$
\begin{aligned}
\dot{V}(e) &= \frac{1}{2}(\dot{e}_1^{\mathrm{T}} e_1 + \dot{e}_2^{\mathrm{T}} e_2 + e_1^{\mathrm{T}} \dot{e}_1 + e_2^{\mathrm{T}} \dot{e}_2) \\
&= \frac{1}{2}\Bigg[\left((A + D)e_1 + \frac{\varphi(x) - \varphi(y)}{2} - De_2\right)^{\mathrm{T}} e_1 \\
&\quad + e_1^{\mathrm{T}}\left((A + D)e_1 + \frac{\varphi(x) - \varphi(y)}{2} - De_2\right) \\
&\quad + \left((A + D)e_2 + \frac{\varphi(y) - \varphi(x)}{2} - De_1\right)^{\mathrm{T}} e_2 \\
&\quad + e_2^{\mathrm{T}}\left((A + D)e_2 + \frac{\varphi(y) - \varphi(x)}{2} - De_1\right)\Bigg] \\
&= \frac{1}{2}[e_1^{\mathrm{T}}((A + D) + (A + D)^{\mathrm{T}})e_1 + (\varphi(x) - \varphi(y))^{\mathrm{T}} e_1 - 2e_1^{\mathrm{T}} De_2
\end{aligned}
$$

$$+e_2^{\mathrm{T}}((A+D)+(A+D)^{\mathrm{T}})e_2+(\varphi(y)-\varphi(x))^{\mathrm{T}}e_2-2e_2^{\mathrm{T}}De_1]$$

$$\leqslant\frac{1}{2}\lambda_{\max}((A+D)+(A+D)^{\mathrm{T}})(e_1^{\mathrm{T}}e_1+e_2^{\mathrm{T}}e_2)$$

$$+\left\|\frac{\varphi(x)-\varphi(y)}{2}\right\|\|e_1\|+\left\|\frac{\varphi(y)-\varphi(x)}{2}\right\|\|e_2\|-2e_1^{\mathrm{T}}De_2$$

$$\leqslant\frac{1}{2}\lambda_{\max}((A+D)+(A+D)^{\mathrm{T}})(e_1^{\mathrm{T}}e_1+e_2^{\mathrm{T}}e_2)$$

$$+\frac{1}{2}L\|x-y\|\|e_1\|+\frac{1}{2}L\|y-x\|\|e_2\|+2\lambda_{\max}(D)\|e_1\|\|e_2\|$$

$$\leqslant\frac{1}{2}\lambda_{\max}((A+D)+(A+D)^{\mathrm{T}})(e_1^{\mathrm{T}}e_1+e_2^{\mathrm{T}}e_2)$$

$$+\frac{1}{2}L(\|x-s\|+\|y-s\|)\|e_1\|$$

$$+\frac{1}{2}L(\|y-s\|+\|x-s\|)\|e_2\|+2\lambda_{\max}(D)\|e_1\|\|e_2\|$$

$$=\frac{1}{2}\lambda_{\max}((A+D)+(A+D)^{\mathrm{T}})(e_1^{\mathrm{T}}e_1+e_2^{\mathrm{T}}e_2)$$

$$+\frac{1}{2}L(\|e_1\|\|e_1\|+\|e_2\|\|e_1\|)$$

$$+\frac{1}{2}L(\|e_2\|\|e_2\|+(\|e_1\|\|e_2\|))+2\lambda_{\max}(D)\|e_1\|\|e_2\|$$

$$\leqslant[\lambda_{\max}((A+D)+(A+D)^{\mathrm{T}})+L]\frac{1}{2}(e_1^{\mathrm{T}}e_1+e_2^{\mathrm{T}}e_2)$$

$$+\left(\frac{1}{2}L+2\lambda_{\max}(D)\right)\frac{1}{2}(e_1^{\mathrm{T}}e_1+e_2^{\mathrm{T}}e_2)$$

$$=[\lambda_{\max}((A+D)+(A+D)^{\mathrm{T}})+\frac{3L}{2}+2\lambda_{\max}(D)]\frac{1}{2}(e_1^{\mathrm{T}}e_1+e_2^{\mathrm{T}}e_2)$$

$$=[\lambda_{\max}((A+D)+(A+D)^{\mathrm{T}})+\frac{3L}{2}+2\lambda_{\max}(D)]V(e_1(t),e_2(t)).\quad(6.4.14)$$

令 $\eta=\lambda_{\max}((A+D)+(A+D)^{\mathrm{T}})+\dfrac{3L}{2}+2\lambda_{\max}(D)$, 则 $\dot{V}(e)\leqslant\eta V(e)$, 即

$$V(e_1(t),e_2(t))\leqslant V(e_1(t_{k-1}^+),e_2(t_{k-1}^+))e^{\eta(t-t_{k-1})},\quad t\in(t_{k-1},t_k],k=1,2,\cdots.$$

$$(6.4.15)$$

又

$$V(e(t_k^+))=e(t_k^+)_1^{\mathrm{T}}e(t_k^+)_1+e(t_k^+)_2^{\mathrm{T}}e(t_k^+)_2$$

$$=\frac{1}{2}[(C_ke_1(t_k))^{\mathrm{T}}C_ke_1(t_k)+(C_ke_2(t_k))^{\mathrm{T}}C_ke_2(t_k)]$$

$$\leqslant\lambda_{\max}(C_k^{\mathrm{T}}C_k)V(e(t_k))$$

$$\leqslant\beta_kV(e(t_k)).\quad(6.4.16)$$

由式 (6.4.15) 和 (6.4.16) 可得, 当 $t\in(t_0,t_1]$ 时有

$$V(e_1(t), e_2(t)) \leqslant V(e_1(t_0^+), e_2(t_0^+)) \mathrm{e}^{\eta(t-t_0)},$$

则

$$V(e_1(t_1), e_2(t_1)) \leqslant V(e_1(t_0^+), e_2(t_0^+)) \mathrm{e}^{\eta(t_1-t_0)}.$$

于是

$$V(e_1(t_1^+), e_2(t_1^+)) \leqslant \beta_1 V(e_1(t_1), e_2(t_2)) \leqslant \beta_1 V(e_1(t_0^+), e_2(t_0^+)) \mathrm{e}^{\eta(t_1-t_0)}.$$

一般地, $t \in (t_k, t_{k+1}] (k = 0, 1, 2, \cdots)$ 时有

$$V(e_1(t_1), e_2(t_1)) \leqslant V(e_1(t_0^+), e_2(t_0^+)) \beta_1 \beta_2 \cdots \beta_k \mathrm{e}^{\eta(t-t_0)}.$$

从而有 (i) 当 $\eta < 0$, 且存在 $\alpha(0 \leqslant \alpha \leqslant -\eta)$, 使得 $\ln \beta_k - \alpha(t_k - t_{k-1}) \leqslant 0, k = 1, 2, \cdots$ 成立, 则对 $\forall t \in (t_k, t_{k+1}]$, 有

$$
\begin{aligned}
V(e_1(t_1), e_2(t_1)) &\leqslant V(e_1(t_0^+), e_2(t_0^+)) \beta_1 \beta_2 \cdots \beta_k \mathrm{e}^{\eta(t-t_0)} \\
&= V(e_1(t_0^+), e_2(t_0^+)) \beta_1 \beta_2 \cdots \beta_k \mathrm{e}^{-\alpha(t-t_0)} \mathrm{e}^{(\eta+\alpha)(t-t_0)} \\
&\leqslant V(e_1(t_0^+), e_2(t_0^+)) \beta_1 \beta_2 \cdots \beta_k \mathrm{e}^{-\alpha(t_k-t_0)} \mathrm{e}^{(\eta+\alpha)(t-t_0)} \\
&= V(e_1(t_0^+), e_2(t_0^+)) \beta_1 \mathrm{e}^{-\alpha(t_1-t_0)} \beta_2 \mathrm{e}^{-\alpha(t_2-t_1)} \\
&\quad \cdots \beta_k \mathrm{e}^{-\alpha(t_k-t_{k-1})} \mathrm{e}^{(\eta+\alpha)(t-t_0)},
\end{aligned}
$$

即

$$V(e_1(t_1), e_2(t_1)) \leqslant V(e_1(t_0^+), e_2(t_0^+)) \mathrm{e}^{(\eta+\alpha)(t-t_0)}, \quad t \geqslant t_0.$$

于是系统 (6.4.13) 的平凡解是全局指数稳定的, 即当 $t \to \infty$ 时,

$$e_{1i}, e_{2i} \to 0, \quad \lim_{t \to \infty} \|e_{1i}\| = \lim_{t \to \infty} \|e_{1i}\| = 0, \quad i = 1, 2, 3$$

成立, 即原 (6.4.13) 零解是全局指数稳定的. 故

$$\lim_{t \to \infty} \|x(t) - y(t)\| = 0,$$

从而两个线性耦合系统的脉冲控制系统是同步的.

(ii) 当 $\eta \geqslant 0$, 且存在 $\alpha \geqslant 1$, 使得 $\ln(\alpha \beta_k) + \eta(t_{k+1} - t_k) \leqslant 0, k = 1, 2, \cdots$ 成立, 则 $\forall t \in (t_k, t_{k+1}]$,

$$
\begin{aligned}
V(e_1(t_1), e_2(t_1)) &\leqslant V(e_1(t_0^+), e_2(t_0^+)) \beta_1 \beta_2 \cdots \beta_k \mathrm{e}^{\eta(t-t_0)} \\
&\leqslant V(e_1(t_0^+), e_2(t_0^+)) \beta_1 \beta_2 \cdots \beta_k \mathrm{e}^{\eta(t_{k+1}-t_0)} \\
&\leqslant V(e_1(t_0^+), e_2(t_0^+)) \beta_1 \mathrm{e}^{\eta(t_2-t_1)} \beta_2 \mathrm{e}^{\eta(t_3-t_2)} \\
&\quad \cdots \beta_k \mathrm{e}^{\eta(t_{k+1}-t_k)} \mathrm{e}^{\eta(t_1-t_0)} \\
&\leqslant V(e_1(t_0^+), e_2(t_0^+)) \frac{1}{\alpha^k} \mathrm{e}^{\eta(t_1-t_0)},
\end{aligned}
$$

从而定理 6.4.3 的结论 (ii) 成立, 即耦合系统的脉冲微分系统实现了同步.

定理 6.4.3 说明, 如果系统 (6.4.11) 满足定理条件, 则可以保证 (6.4.12) 的解存在, 即脉冲系统 (6.4.12) 是可解的. 于是对于系统 (6.4.11) 有如下定理.

定理 6.4.4　若脉冲微分系统 (6.4.11) 满足定理 6.4.3 的条件, 脉冲输入函数记成如下形式:

$$
\begin{cases}
I_k(z_k, x) = H(z_k + \varepsilon x) - x = z_k B_k + C_k x - x, \\
I_k(z_k, y) = H(z_k + \varepsilon y) - y = z_k B_k + C_k y - y,
\end{cases}
$$

其中 $z_{k+1} = g(z_k), k = 0, 1, 2, \cdots$, 则

(1) 如果以下条件满足: (i) $H(0) = g(0) = f(0) = 0, H$ 是 $D \longrightarrow D$ 的一个 C^2 的同胚; (ii) 映射 $g : Y \longrightarrow Y \subset D$ 是一个 Devaney 意义下的 C^2 的混沌映射, Y 是紧的, 则当 $\varepsilon = 0$ 时, 系统 (6.4.12) 是 Devaney 意义下的混沌.

(2) 若序列 $z_k, k = 0, 1, 2, \cdots$ 是 γ 周期的, 即 $z = g^\gamma(z)$, 则该耦合脉冲系统实现耦合系统的互同步, 其同步态是 $\gamma \cdot T$ 周期的, 即对任意 $t \in [0, +\infty), s(t) = s(t + \gamma T)$ 成立.

接下来考虑一类新的脉冲耦合网络的同步.

复杂动力系统网络中的节点特性和网络的拓扑结构中自然也存在脉冲现象. 目前跟我们生活接触很紧密的 Internet 网络中传输的切换信号、节点之间的连接就具有脉冲特点. 目前, 关于复杂网络的脉冲控制与同步也刚刚开始, 而且主要集中在连续耦合网络上加脉冲控制 [10,12,28]. 我们将两个系统的脉冲同步看作一种离散的脉冲耦合同步, 将这一思想推广至多个系统, 并且将它们的连接方式一般化, 提出一个新的脉冲耦合网络模型. 事实上, 这样的模型在描述现实世界更真实一些, 这是因为在诸如生物中的种群食物模型、蚁群的信息传递与交换、细胞网络中的信息交换、神经网络、整合激发电路等等, 这些大的耦合系统中, 其耦合仅仅通过离散时刻的脉冲连接来实现的. 因此对于这样一类网络的同步能力的研究是非常重要的. 下面通过严格的数学理论证明, 得到了这样一类新的脉冲耦合同步的充分性条件.

考虑 N 个孤立系统, 每个系统为 m 维的动力系统. 状态系统为

$$
\begin{cases}
\dot{x}_1 = f(x_1) = Ax_1 + \varphi(x_1), \\
\dot{x}_2 = f(x_2) = Ax_2 + \varphi(x_2), \\
\qquad\cdots\cdots\cdots\cdots \\
\dot{x}_{N-1} = f(x_{N-1}) = Ax_{N-1} + \varphi(x_{N-1}), \\
\dot{x}_N = f(x_N) = Ax_N + \varphi(x_N),
\end{cases}
\tag{6.4.17}
$$

其中 $x_i, \varphi(x_i) \in R^m, i = 1, 2, \cdots, N$, 并且 $A \in R^{m \times m}$. 令 $X = (x_1^{\mathrm{T}}, x_2^{\mathrm{T}}, \cdots, x_N^{\mathrm{T}})^{\mathrm{T}}$, 于

是

$$\dot{X} = (I_N \otimes A)X + (\varphi^{\mathrm{T}}(x_1), \varphi^{\mathrm{T}}(x_2), \cdots, \varphi^{\mathrm{T}}(x_N))^{\mathrm{T}} = (I_N \otimes A)X + F(X,t),$$

其中 $I_N \otimes A$ 表示矩阵 I_N 和 A 的 Kronecker 积.

定义 6.4.1 (系统之间的脉冲耦合)   如果系统 x_i 与 x_j 之间在某时刻 $t_k(k = 1, 2, \cdots)$ 有能量交换, 其中 $t_1 \leqslant t_2 \leqslant \cdots \leqslant t_k \leqslant \cdots$, $\lim\limits_{k \to \infty} t_k = \infty$, 我们就定义这两个系统之间有连接, 或者是说有耦合, 并以一个 $N \times N$ 的矩阵 $G = (g_{ij})_{N \times N}$ 来表示 N 个系统之间 $t_k(k = 1, 2, \cdots)$ 时刻的耦合. 如果 x_i 与 x_j 在 t_k 时刻有连接, 那么令 $g_{ij} = g_{ji} = 1(i \neq j)$, 否则 $g_{ij} = g_{ji} = 0(i \neq j)$, 并且满足 $g_{ii} = -\sum\limits_{j=1, j \neq i}^{N} g_{ij}$. 于是, 这 N 个节点通过这种脉冲耦合构成了一个脉冲耦合网络.

脉冲耦合网络模型如下

$$\begin{cases} \dot{x}_i = Ax_i + \varphi(x_i), \quad t \neq t_k, \\ \Delta x_i = B_k \left(\sum\limits_{j=1}^{N} g_{ij} x_j \right), \quad t = t_k, k = 1, 2, \cdots, \\ x_i(t_0^+) = x_{i0}, \quad i = 1, 2, \cdots, N, \end{cases} \tag{6.4.18}$$

其中 B_k 为 $m \times m$ 的脉冲矩阵. 模型 (6.4.18) 可以写成如下形式

$$\begin{cases} \dot{X} = (I_N \otimes A)X + F(X,t), \quad t \neq t_k, \\ \Delta X = (G \otimes B_k)X, \quad t = t_k, \\ X(t_0^+) = X(t_0) = (x_1^{\mathrm{T}}(t_0), x_2^{\mathrm{T}}(t_0), \cdots, x_N^{\mathrm{T}}(t_0))^{\mathrm{T}} = X_0. \end{cases}$$

设脉冲耦合网络的同步流形为

$$M = x_1 = x_2 = \cdots = x_N = s = \frac{1}{N} \sum\limits_{i=1}^{N} x_i,$$

$$\dot{s} = As + \frac{\varphi(x_1) + \varphi(x_2) + \cdots + \varphi(x_N)}{N} = As + \bar{\varphi}.$$

设误差

$$e_1 = x_1 - s, e_2 = x_2 - s, \cdots, e_N = x_N - s, \quad e_i \in R^m,$$

并且令 $e = (e_1^{\mathrm{T}}, e_2^{\mathrm{T}}, \cdots, e_N^{\mathrm{T}})^{\mathrm{T}}$, 则系统 (6.4.17) 的误差系统为

$$\begin{cases} \dot{e}_1 = Ae_1 + \varphi(x_1) - \bar{\varphi} = Ae_1 + \psi(x_1, s), \\ \dot{e}_2 = Ae_2 + \varphi(x_2) - \bar{\varphi} = Ae_2 + \psi(x_2, s), \\ \quad \cdots\cdots\cdots\cdots \\ \dot{e}_N = Ae_N + \varphi(x_N) - \bar{\varphi} = Ae_N + \psi(x_N, s). \end{cases} \tag{6.4.19}$$

脉冲耦合系统的误差系统为

$$
\begin{cases}
\dot{e} = (I_N \otimes A)e + H(e,t), & t \neq t_k, \\
\Delta e = (G \otimes B_k)e, & t = t_k, \\
e(t_0^+) = e_0, & k = 1, 2, \cdots,
\end{cases}
\tag{6.4.20}
$$

其中 $H(e,t) = (\mathrm{phi}^{\mathrm{T}}(x_1, s), \mathrm{phi}^{\mathrm{T}}(x_2, s), \cdots, \mathrm{phi}^{\mathrm{T}}(x_N, s))$.

定义 6.4.2　如果系统 (6.4.20) 的零解是渐近稳定的, 即

$$
\lim_{t \to \infty} \| e_i(t) \| = \lim_{t \to \infty} \| x_i(t) - s(t) \| = 0, \quad i = 1, 2, \cdots, N,
$$

则耦合网络系统 (6.4.18) 达到渐近同步, 即

$$
\lim_{t \to \infty} \| x_i(t) - x_j(t) \| = 0
\tag{6.4.21}
$$

对于所有的 $i, j = 1, 2, \cdots, N$ 都成立, 其中 s 为上述定义. 以下主要讨论脉冲耦合网络 (6.4.18) 的同步条件, 找到同步于脉冲耦合结构矩阵 G, 脉冲矩阵 B_k 以及脉冲区间 $\tau_k(k = 1, 2, \cdots)$ 之间的关系.

按照规定, G 是满足行和为零的对称矩阵, 于是可用 $0 = \lambda_1 > \lambda_2 \geqslant \lambda_3 \geqslant \cdots \geqslant \lambda_N$ 表示矩阵 G 的所有特征值. 那么存在 $U = (u_1, u_2, \cdots, u_N), u_i = (u_{1i}, u_{2i}, \cdots, u_{Ni})^{\mathrm{T}}$, 使得 $G = U \Lambda U^{\mathrm{T}}$, 其中 $U^{\mathrm{T}} U = I_N, \Lambda = \mathrm{diag}(\lambda_1, \lambda_2, \cdots, \lambda_N)$. 并且设对应于特征值 $\lambda_1 = 0$ 的特征向量为 $u_1 = \left(\dfrac{1}{\sqrt{N}}, \dfrac{1}{\sqrt{N}}, \cdots, \dfrac{1}{\sqrt{N}} \right)^{\mathrm{T}}, u_1^{\mathrm{T}} = \left(\dfrac{1}{\sqrt{N}}, \dfrac{1}{\sqrt{N}}, \cdots, \dfrac{1}{\sqrt{N}} \right)^{\mathrm{T}}$. 令 $U \otimes I_m = C$, 则 $G \otimes B_k = (U \otimes I_m)(\Lambda \otimes B_k)(U^{\mathrm{T}} \otimes I_m) = C(\Lambda \otimes B_k)C^{\mathrm{T}}$, 且 $C^{\mathrm{T}}(I_N \otimes A)C = I_N \otimes A$.

假设 6.4.1　假设存在非负实数 L, 使得 $\|\varphi(x_i) - \varphi(x_j)\| \leqslant L\|x_i - x_j\|$ 对于任意 $i \neq j(i, j = 1, 2, \cdots, N)$ 成立.

定理 6.4.5　记

$$
\beta_k = \max_{1 \leqslant i \leqslant N} \lambda_{\max}[(I + \lambda_i B_k^{\mathrm{T}})(I + \lambda_i B_k)],
$$

$$
\eta = \lambda_{\max}(A^{\mathrm{T}} + A) + \frac{L}{N} \max_{2 \leqslant i \leqslant N} \left(\sum_{l=2}^{N} \sum_{p=1}^{N} ((2N-1)|u_{pi}u_{pl}| \right.
$$

$$
\left. + \sum_{j=1, l \neq p}^{N} (|u_{pi}u_{jl}| + |u_{pl}u_{ji}|)) \right).
$$

则 (i) 若 $\eta < 0$, 且存在 $\alpha(0 \leqslant \alpha \leqslant -\eta)$, 使得

$$
\ln \beta_k - \alpha(t_k - t_{k-1}) \leqslant 0, \quad k = 1, 2, \cdots
$$

成立, 则系统 (6.4.20) 的平凡解是全局指数稳定的, 即脉冲耦合网络 (6.4.18) 实现了 (6.4.21) 式意义下的同步.

(ii) 若 $\eta \geqslant 0$, 且存在 $\alpha \geqslant 1$, 使得

$$\ln(\alpha\beta_k) + \eta(t_{k+1} - t_k) \leqslant 0, \quad k = 1, 2, \cdots$$

成立, 则如果 $\alpha = 1$ 表示系统 (6.4.20) 的平凡解是稳定的; 如果 $\alpha > 1$ 表示系统 (6.4.20) 的平凡解是全局渐近稳定的, 即脉冲耦合网络 (6.4.18) 实现了 (6.4.21) 式意义下的同步.

证明从略.

注 6.4.2 上述定理给出了脉冲耦合网络同步的充分性条件. 这个结果中蕴涵着丰富的物理意义. 它表明脉冲区间和脉冲能量一方面与脉冲耦合结构矩阵 G 的特征值与特征向量有关, 另一方面与线性部分的矩阵 A 的特征值, 及非线性部分 $\varphi(x)$ 的 Lipschitz 常数 L 有关. 对于给定的耦合结构及一些条件, 从定理可以估计脉冲区间的大小. 如果减小脉冲能量仍然保持同步, 需要提高脉冲的频率.

特别的, 为了简单起见, 取所有的矩阵 B_k 对于不同的 k 都相同, 并且所有的脉冲区间 $\tau_k = t_k - t_{k-1}(k = 1, 2, \cdots)$ 也都取相同的数, 则有

推论 6.4.1 假设 $\tau_k = \tau > 0$ 以及 $B_k = B(k = 1, 2, \cdots)$, 则

(i) 若 $\eta < 0$, 且存在 $\alpha(0 \leqslant \alpha \leqslant -\eta)$, 使得

$$\ln\beta - \alpha\tau \leqslant 0$$

成立, 则系统 (6.4.20) 的平凡解是全局指数稳定的.

(ii) 若 $\eta \geqslant 0$, 且存在 $\alpha \geqslant 1$, 使得

$$\ln(\alpha\beta) + \eta\tau \leqslant 0$$

成立, 则 $\alpha = 1$ 表示系统 (6.4.20) 的平凡解是稳定的; $\alpha > 1$ 表示系统 (6.4.20) 的平凡解是全局渐近稳定的, 即脉冲耦合网络 (6.4.18) 实现了 (6.4.21) 式意义下同步.

下面考虑三个节点的环状脉冲耦合系统的一个结果.

对于 $N = 3$, 考虑耦合结构矩阵为

$$G = \begin{pmatrix} -2 & 1 & 1 \\ 1 & -2 & 1 \\ 1 & 1 & -2 \end{pmatrix}$$

的脉冲耦合网络. 这时, 可以得到同步的另一个充分性条件, 它的脉冲区间可以估计的更大一些. 这时脉冲耦合网络可以表示为

$$\begin{cases}
\dot{x}_1 = f(x_1) = Ax_1 + \varphi(x_1), \\
\Delta x_1 = B_k(x_2 + x_3 - 2x_1), \\
\dot{x}_2 = f(x_2) = Ax_2 + \varphi(x_2), \\
\Delta x_2 = B_k(x_1 + x_3 - 2x_2), \\
\dot{x}_3 = f(x_3) = Ax_3 + \varphi(x_3), \\
\Delta x_3 = B_k(x_1 + x_2 - 2x_3).
\end{cases} \tag{6.4.22}$$

此时可设误差 $e_1 = x_1 - x_2, e_2 = x_2 - x_3, e_3 = x_3 - x_1$. 于是其误差脉冲系统为

$$\begin{cases}
\dot{e}_1 = Ae_1 + \varphi(x_1) - \varphi(x_2), \\
\Delta e_1 = B_k(e_2 + e_3 - 2e_1) = -3B_k e_1, \\
\dot{e}_2 = Ae_2 + \varphi(x_2) - \varphi(x_3), \\
\Delta e_2 = B_k(e_1 + e_3 - 2e_2) = -3B_k e_2, \\
\dot{e}_3 = Ae_3 + \varphi(x_3) - \varphi(x_1), \\
\Delta e_3 = B_k(e_1 + e_2 - 2e_3) = -3B_k e_3.
\end{cases} \tag{6.4.23}$$

此时我们有如下定理.

定理 6.4.6 $\lambda_{\max}(P)$ 表示矩阵 P 的最大特征值, 记 $\beta_k = \lambda_{\max}[(I - 3B_k^{\mathrm{T}})(I - 3B_k)]$, 有

(i) 若 $\lambda_{\max}(A^{\mathrm{T}} + A) + 2L = \eta < 0, \eta$ 为常数, 并且存在一个常数 $\alpha(0 \leqslant \alpha \leqslant -\eta)$, 使得

$$\ln \beta_k - \alpha(t_k - t_{k-1}) \leqslant 0, \quad k = 1, 2, \cdots$$

成立, 则耦合脉冲控制系统 (6.4.11) 实现耦合系统的互同步.

(ii) 若 $\lambda_{\max}(A^{\mathrm{T}} + A) + 2L = \eta \geqslant 0, \eta$ 为常数, 并且存在一个常数 $\alpha \geqslant 1$, 使得

$$\ln(\alpha \beta_k) + \eta(t_{k+1} - t_k) \leqslant 0, \quad k = 1, 2, \cdots$$

成立, 则 $\alpha = 1$ 表明系统 (6.4.23) 的平凡解是稳定的, $\alpha > 1$ 表明系统的平凡解是全局渐近稳定的, 即脉冲耦合系统 (6.4.22) 实现 (6.4.23) 式意义下的同步.

证明   构造 $V(e_1, e_2, e_3) = (e_1^{\mathrm{T}} e_1 + e_2^{\mathrm{T}} e_2) + e_3^{\mathrm{T}} e_3$. 当 $t \in (t_{k-1}, t_k], k = 1, 2, \cdots$ 时, 它沿着系统 (6.4.23) 的全导数为

$$\begin{aligned}
\dot{V}(e_1(t), e_2(t), e_3(t)) &= \dot{e}_1^{\mathrm{T}} e_1 + \dot{e}_2^{\mathrm{T}} e_2 + \dot{e}_3^{\mathrm{T}} e_3 + e_1^{\mathrm{T}} \dot{e}_1 + e_2^{\mathrm{T}} \dot{e}_2 + e_3^{\mathrm{T}} \dot{e}_3 \\
&= (Ae_1 + \varphi(x_1) - \varphi(x_2))^{\mathrm{T}} e_1 + (Ae_2 + \varphi(x_2) - \varphi(x_3))^{\mathrm{T}} e_2 \\
&\quad + (Ae_3 + \varphi(x_3) - \varphi(x_1))^{\mathrm{T}} e_3 + e_1^{\mathrm{T}}(Ae_1 + \varphi(x_1) - \varphi(x_2)) \\
&\quad + e_2^{\mathrm{T}}(Ae_2 + \varphi(x_2) - \varphi(x_3)) + e_3^{\mathrm{T}}(Ae_3 + \varphi(x_3) - \varphi(x_1)) \\
&= e_1^{\mathrm{T}}(A + A^{\mathrm{T}})e_1 + e_2^{\mathrm{T}}(A + A^{\mathrm{T}})e_2 + e_3^{\mathrm{T}}(A + A^{\mathrm{T}})e_3 + 2(\varphi(x_1) \\
&\quad - \varphi(x_2))^{\mathrm{T}} e_1 + 2(\varphi(x_2) - \varphi(x_3))^{\mathrm{T}} e_2 + 2(\varphi(x_3) - \varphi(x_1))^{\mathrm{T}} e_3
\end{aligned}$$

$$\leqslant (\lambda_{\max}(A^{\mathrm{T}} + A) + 2L)V(e_1(t), e_2(t), e_3(t)),$$

即

$$V(e_1(t), e_2(t)) \leqslant V(e_1(t_{k-1}^+), e_2(t_{k-1}^+))e^{\eta(t-t_{k-1})},$$

$$t \in (t_{k-1}, t_k], \quad k = 1, 2, \cdots.$$

又

$$V(e(t_k^+)) = e(t_k^+)_1^{\mathrm{T}} e(t_k^+)_1 + e(t_k^+)_2^{\mathrm{T}} e(t_k^+)_2 + e(t_k^+)_3^{\mathrm{T}} e(t_k^+)_3$$

$$= ((I - 3B_k)e(t_k)_1)^{\mathrm{T}}((I - 3B_k)e(t_k)_1)$$

$$+ ((I - 3B_k)e(t_k)_2)^{\mathrm{T}}((I - 3B_k)e(t_k)_2)$$

$$+ ((I - 3B_k)e(t_k)_3)^{\mathrm{T}}((I - 3B_k)e(t_k)_3)$$

$$\leqslant \lambda_{\max}((I - 3B_k)^{\mathrm{T}}(I - 3B_k)V(e(t_k))$$

$$\leqslant \beta_k V(e(t_k)).$$

接下来的证明类似于定理 6.4.5, 从而定理 6.4.6 的结论成立.

推论 6.4.2 假设 $\tau_k = \tau > 0$ 以及 $B_k = B(k = 1, 2, \cdots)$, 则

(i) 若 $\eta < 0$, 且存在 $\alpha(0 \leqslant \alpha \leqslant -\eta)$, 使得

$$\ln \beta - \alpha\tau \leqslant 0$$

成立, 则系统 (6.4.23) 的平凡解是全局指数稳定的.

(ii) 若 $\eta \geqslant 0$, 且存在 $\alpha \geqslant 1$, 使得

$$\ln(\alpha\beta) + \eta\tau \leqslant 0$$

成立, 则 $\alpha = 1$ 表示系统 (6.4.23) 的平凡解是稳定的; $\alpha > 1$ 表示系统 (6.4.23) 的平凡解是全局渐近稳定的, 即脉冲耦合网络 (6.4.22) 实现了 (6.4.21) 式意义下的同步.

附　　注

6.1 节的内容选自文献 [11], 6.2 节的内容选自文献 [29], 6.3 节中定理 6.3.1 选自文献 [2], 而其余是新的, 6.4 节的内容选自文献 [8]. 和本章有关的内容还可以参看本章后面所列的参考文献.

参 考 文 献

[1] Chen T P, Rong L B. Delay-independent stability analysis of CohenGrossberg neural networks. Physics Letters A, 2002, 317: 436~449.

[2] 陈章. 复杂网络的动力学分析和混沌系统的控制与同步. 复旦大学博士学位论文, 2006.

[3] Cohen M, Grossberg S. Absolute stability and globlal patten formation and parallel memory storage by competitive neural networks. IEEE Transactions on Systems, Man and Cybernetics, 1983, 13: 815~821.

[4] Culshaw R V, Ruan Shigui and Webb G. A mathematical model of cell-to-cell spread of HIV-1 that includes a time delay. Journal of Mathematical Biology, 2003, 46: 425~444.

[5] Gourley Stenphen A, Liu Rongsong, Wu Jianhong. Eradicating vector-borne diseases via age-structureed culling. J. Math. Bio., 2007, 54: 309~335.

[6] Gumel Abba B, Ruan Shigui, Day Troy, Watmough James, Brauer Fred, Driessche P van den, Gabrielson Dave, Bowman Chris, Alexander Murray, Ardal Sten, Wu Jianhong, Sahai Beni M. Modelling strategies for controlling SARS outbreaks. Proceedings of the Royal Society B: Biological Sciences, 2004, 271: 2223~2232.

[7] 韩秀萍, 陆君安. 超吕混沌系统的脉冲控制与同步. 复杂系统与复杂性科学, 2005, 2(4): 16~22.

[8] 韩秀萍. 混沌耦合系统的同步. 武汉大学博士学位论文, 2007.

[9] Li Xuemei, Huang Lihong, Wu Jianhong. Further results on the stability of delayed cellular neural networks. Circuits and Systems I: Fundamental Theory and Applications, 2003, 50: 1239~1242.

[10] Li Z, Chen G R. Global synchronization and asymptotic stability of complex dynamical network. IEEE Trans. Circuits Syst.II, 2006, 53: 28~33.

[11] 林伟. 复杂系统中的若干理论问题及其应用. 复旦大学博士学位论文, 2002.

[12] Liu B, Liu X Z, Chen G R, Wang H Y. Robust impulsive synchronization of uncertain dynamical networks. IEEE Trans. Circuits Syst.I, 2005, 52: 1431~1440.

[13] Michel A, Wang K. Qualitative analysis of Cohen-Grossberg neural networks. Neural Networks, 2002, 15: 415~422.

[14] Mitsubori K & Saito T. Mutually pulse-coupled chaotic circuits by using dependent switched capacitors. IEEE Transations on Circuits and Systems I, 2000, 47(10): 1469.

[15] Nakano H, Saito T, Mitsubori K. Various impulsive synchronous patterns from mutually coupled ISC chaotic oscillators. Proc.of IEEE/ISCAS, Orlando, 1999: 475~478.

[16] Nakano H, Saito T. Bifurcation from pacemaker neuron type integrate-and-fire chaotic circuits. Proc. of ICONIP, 2000, 1: 221~226.

[17] Nakano H, Saito T. Basic dynamics from a pulse-coupled network of autonomous integrate-and-fire chaotic circuits. IEEE Transactions on Neural Networks, 2002, 12(1): 92~100.

[18] 阮炯, 顾凡及, 蔡志杰. 神经动力学模型方法和应用. 北京: 科学出版社, 2002.

[19] Ruan Shigui, Xiao Dongmei. Stability of steady states and existence of travelling waves in a vector-disease model. Proceedings of the Royal Society of Edinburgh: Section A Mathematics, 2004, 134: 991~1011.

[20] Smith R J, Wahl L M. Drug resistance in an immunological model of HIV-1 infection with impulsive drug effects. Bulletin of Mathematical Biology, 2005, 67: 783~813.

[21] Wang L, Zou X F. Harmless delays in Cohen-Grossberg neural network. Physica D, 2002, 170: 162~173.

[22] Xie W, Wen C & Li Z. Impulsive control for the stabilization and synchronization of Lorenz systems. Physics Letters A, 2000, 275: 67~72.

[23] Xu R, Chaplain M A J, Davidson F A. Periodic solution of a Lotka-Volterra predator-prey model with dispersion and time delays. Applied Math. and Comput., 2004, 148: 537~560.

[24] Tank D, Hopfield J J. Simple neural optimization networks: An A/D converter, signal decision circuit, and a linear programming circuit. IEEE Trans Circuits Syst., 1986, 33: 533~541.

[25] Yang Z, Pei J, Xu D, Huang Y et al. Global Exponential Stability of Hopfield Neural Networks with Impulsive Effects. Lecture Notes in Computer Science, 2005, 3496: 187~192.

[26] Yang Zhichun, Xu Daoyi. Existence and exponential stability of periodic solution for impulsive delay differential equations and applications. Nonlinear Analysis, 2006, 64: 130~145.

[27] Yang Zhichun, Xu Daoyi. Impulsive effects on stability of Cohen+Grossberg neural networks with variable delays. Applied Mathematics and Computation, 2006, 177: 63~78.

[28] 周进, 陈天平, 高艳辉. 脉冲控制下复杂网络的同步动力学行为. 第二届全国复杂动态网络学术论坛文集. 北京: 中国高等科学技术中心, 2005: 226~230.

[29] 李建利. 脉冲微分方程边值问题和周期解. 湖南师范大学博士学位论文, 2006.

[30] Q Zhang, X Wei, J Xu. Delay-dependent global stability results for delayed Hopfield neural networks. Chaos, Solitons and Fractals, 2007, 34: 662~668.

[31] Zhou J, Xiang L, Liu Z. Synchronization in complex delayed dynamical networks with impulsive effects. Physica A, 2007, 384: 684~692.